헬리콥터 역학과 비행

이 강 희 • 최 연 철 편저

비행연구원

이 강 희

- 영문학, 심리학 전공
- 장교영어반 및 미항공고등군사반 수료
- 육군항공 조종사 및 육군항공학교 헬리콥터 학과교관 및 비행교관 역임
- FAA 비행기 학과교관 및 비행교관 역임
- 주요 저서
  『운항학개론』『항공우주용어사전』『항법개론』『항공상식』『제트엔진』『비행기조종학』
  『계기비행』『계기비행절차』『항공무선통신』『경량항공기』『항공기 I』
  『항공교통정보지침서』『전자조종실』 기타 문제집 시리즈.

최 연 철

- 한국항공대학교 이학박사(항공운항 전공)
- (현)한서대학교 항공산업대학원장
- UCLA 헬리콥터 사고조사 과정, SMS과정 수료, ICAO 항공보안교관
- 육군항공 조종사 및 비행교관 역임
- 한서대학교 헬리콥터 조종학과 학과장 역임
- 주요 저서
  『항공우주용어사전』『항공안전관리론』『헬리콥터 비행원리』 기타 항공관련 논문 20편.

헬리콥터 역학과 비행(5판)

펴낸 곳/펴낸 날	비행연구원/2020.4.6
등　　　록	제17-174호(1996.6.12)
인터넷/e-mail	www.flightin.com /flight-in@hanmail.net
정　　　가	26,000원
헬리콥터 역학과 비행	1996.8.16 헬리콥터 비행교범(초판) 2000.1.20 헬리콥터 비행교범(2판) 2008.11.5 헬리콥터 조종학(3판) 2016.10.10 헬리콥터 역학과 비행(4판) 2020.04.06 헬리콥터 역학과 비행(5판)

Printed in KOREA by Flight Institute ISBN 978-89-87015-42-2 93550

머 리 말

헬리콥터는 인간이 날아 보고자 하는 원초적 욕구를 실현한 항공기이다. 비행기는 이착륙을 위한 활주로가 있어야 하지만 헬리콥터는 기체 길이의 공간만 허용된다면 이착륙이 가능할 뿐만 아니라 수직비행 능력은 장소 제한을 거의 받지 않는 독특한 운용 특성이 최대의 장점이다. 얼마 전까지만 해도 모든 헬리콥터는 외국에서 생산되었으나 KUH-1(수리온) 헬리콥터를 자체 생산하면서 세계 11번째 생산국 반열에 올랐다. "수리온" 제작 기술을 기반으로 경공격 헬리콥터 제작 프로젝트가 시작되어 항공산업은 한 층 더 발전할 수 있는 계기가 될 것이다.

헬리콥터의 운용 영역은 거의 무한정이다. 한없이 엉켜 있는 도심의 지상 교통망을 보면서 많은 사람이 편리한 장소에서 수직으로 부양하여 목적지 건물 옥상에 안전하게 수직으로 착륙할 수는 없을까 하는 상상을 해보았을 것이다. 이것이 바로 당신의 생각이고, 이는 곧 수 세기 전부터 상상해오던 것이 헬리콥터로 실현되었다. 헬리콥터는 제자리비행 및 측방 및 후진비행이 가능한 특성을 이용하여 산불 진화, 교통상황 중계, 초를 다투는 119구조대의 인명구조, 수해지역에 고립된 인원 구출 등 사람의 접근이 불가능한 지역에는 어김없이 헬리콥터가 등장하여 성공적으로 임무를 수행하고 있다.

헬리콥터 조종사는 육군항공학교에서 군 헬리콥터 조종사를 전문으로 배출하고 있지만, 최근에는 항공 관련 대학에서 헬리콥터 학과가 개설되면서 늦게나마 헬리콥터의 민간 영역을 개척해 나가고 있다. 헬리콥터의 수요가 증가하면서 헬리콥터에 관한 관심이 높아지고 있는 것 또한 헬리콥터를 포함한 항공산업의 초석이 되는 저변의 확대에 크게 기여할 것으로 본다.

이 책은 헬리콥터의 기원에서부터 주요 구조를 관련 그림과 함께 설명함으로써 일반인도 헬리콥터에 관한 해박한 지식을 얻는 데 부족함이 없도록 집필하였다. 아울러 각종 자격시험에도 대비할 수 있도록 연습문제를 수록하였다. 문제를 해결하는 과정에서 집중력이 매우 높아지는 점을 고려하여 관련 문제에 대한 해설을 곁들여 헬리콥터 지식을 더욱 확실하게 이해할 수 있도록 배려하였다.

헬리콥터 생산국의 지위를 확고히 하고 안전비행을 위해서는 헬리콥터 산업 및 운용에 종사하는 모든 항공인의 높은 지식수준이 필요하다는 점에서 이 책은 미래 항공산업을 이끌어 갈 수 있는 인재의 양성에 이바지할 것으로 기대한다.

끝으로 항공인 여러분의 성원에 감사드리고 한 권의 책이 항공분야의 발전을 좌우할 수 있다는 신념으로 항공인 여러분의 적극적인 참여와 관심을 기대해 본다.

저자 이 강 희 • 최 연 철

차 례

제1장 헬리콥터 소개

1.1 헬리콥터의 등장 ········ 7
1.2 헬리콥터의 유형 ········ 19
1.3 헬리콥터 조종실 ········ 29

제2장 헬리콥터 구조

2.1 개 요 ········ 41
2.2 헬리콥터의 기본구조 ········ 41
2.3 로터 시스템 ········ 66
2.4 동력전달계통 ········ 77
2.5 연료계통 ········ 81
2.6 전기계통 ········ 84
2.7 유압계통 ········ 86
2.8 안정성 증대장치 ········ 87
2.9 방빙장치 ········ 91

제3장 헬리콥터 역학

3.1 기초 물리법칙 ········ 93
3.2 에어포일 ········ 99
3.3 상대풍 ········ 104
3.4 받음각과 붙임각 ········ 108
3.5 양 력 ········ 110
3.6 공기의 흐름과 정압 ········ 112
3.7 에어포일에 작용하는 압력분포 ········ 112
3.8 항 력 ········ 114
3.9 로터 블레이드 운동 ········ 116
3.10 헬리콥터에 작용하는 힘과 균형 ········ 119
3.11 토 크 ········ 122
3.12 로터 주위의 공기흐름 ········ 125
3.13 헬리콥터의 축 ········ 126
3.14 안정성 ········ 128
3.15 선회 중 힘의 벡터 ········ 133
3.16 하중계수 ········ 134
3.17 회전운동의 세차와 사이클릭 운동 ········ 135
3.18 진자 운동 ········ 141

3.19 공 진 ························ 143
3.20 압축성 기류 ························ 144

제4장 무게와 균형
4.1 무게와 균형 ························ 149
4.2 무게와 균형 계산 ························ 156

제5장 헬리콥터 성능
5.1 성 능 ························ 163
5.2 성능 곡선 ························ 165
5.3 속도한계 곡선 ························ 168
5.4 동력 체크 ························ 173
5.5 높이-속도(H-V) 도표 ························ 186

제6장 제자리비행과 전진비행
6.1 제자리비행 ························ 191
6.2 제자리비행 기술 ························ 195
6.3 전진 비행 ························ 206
6.4 양력불균형 ························ 209
6.5 사이클릭의 위치와 속도의 관계 ························ 214
6.6 횡단류 효과 ························ 215
6.7 이 륙 ························ 216
6.8 착 륙 ························ 223

제7장 기본 및 고등비행
7.1 수평직선비행 ························ 231
7.2 상 승 ························ 235
7.3 강 하 ························ 237
7.4 선 회 ························ 238
7.5 직사각형 코스 비행 ························ 240
7.6 S-자 선회 ························ 243
7.7 원형 선회 ························ 245
7.8 제한지역 이착륙 ························ 247
7.9 산정 이착륙 ························ 248
7.10 급정지(퀵스톱) ························ 250
7.11 경사지 운용 ························ 252
7.12 장주권 비행 ························ 255

제8장 비상절차

8.1 후진 블레이드 실속 …… 263
8.2 동력고착 …… 267
8.3 마스트 범핑 …… 271
8.4 전복 또는 동적롤링 …… 275
8.5 헬리콥터 착빙 …… 279
8.6 헬리콥터 진동 …… 281
8.7 비상상황의 발생 유형 …… 283
8.8 불시착 …… 287
8.9 오토로테이션 …… 289
8.10 테일로터 효력상실 …… 300
8.11 수상 불시착 …… 304

[연습문제 I-기본] …… 313
[연습문제 II-고등] …… 327
[실전평가] …… 375
찾아보기 …… 381
참고서적 …… 383

제 1 장 헬리콥터 소개

1.1 헬리콥터의 등장

헬리콥터(helicopter)는 고정날개 항공기(fixed-wing aircraft)와는 다른 차원에서 날로 그 활동 영역이 증가하는 추세이다. 헬리콥터는 항공기의 분류에서 회전날개 항공기(rotary-wing aircraft or rotorcraft)의 한 종류이다. 먹이를 발견한 새매(hawk)가 높은 하늘의 일정한 고도에서 날개만 퍼덕거려 먹잇감의 위치를 확인하듯이 헬리콥터 역시 일정 고도에서 제자리비행(hovering)을 할 수 있는 가장 큰 특성이 있다. 넓은 공간을 차지하는 활주로가 필요하지 않고 커다란 수목이나 깊은 계곡 그리고 고층빌딩으로 둘러싸인 도심에서 운용할 수 있다. 특히 우리나라 지형의 약 70% 이상이 산악 지형인 점을 고려해 볼 때 헬리콥터의 수요는 꾸준히 증가하고 있으며 우리 생활 주변에서도 쉽게 군용 헬리콥터뿐만 아니라 이제는 민간 헬리콥터를 이용하여 원하는 목적지까지 여행할 기회가 많아지고 있다.

얼마 전까지만 해도 모든 헬리콥터가 외국에서 도입하여 운용해왔지만 2010년 3월 10일 한국형 기동 헬리콥터인 "수리온(Surion)"이 초도비행(지상에서 약 10m 높이까지 이륙하여 제자리비행 후 착륙하는 시험)에 성공하면서 세계 11번째 헬리콥터 개발국이 되었다. 한국형 헬기사업(KHP)에 따라 개발된 첫 한국형 기동헬기(KUH)는 2006년 6월 개발에 착수하여 2009년 8월 시제 1호기가 출고되었고, 2010년 3월 초도비행에 성공하였다. 이로써 육군은 30년 이상 운용하고 있는 UH-1H와 500MD 기본형을 대체할 한국형 고유 모델의 헬리콥터를 개발하였고, 이를 통하여 핵심 부품의 국산화와 헬리콥터 개발 역량을 확보하는 것을 목표로 한다. 2006년 6월 개발에 착수하여 2009년 8월에 시제 1호기가 출고되었으며 1조 3,000억 원의 개발비가 소요되었다. 무기체계에 따른 명칭은 KUH(Korean Utility Helicopter; 한국형 기동헬기)이고, 수리온은 통상 명칭(애칭)이다. 제원은 동체 길이 15m, 높이 4.5m, 너비 2m이며, 최대이륙중량은 8,709㎏이다. 최대 순항속도는 시속 259㎞이며, 9명의 중무장 병력을 태우고 2시간 이상 비행할 수 있다. 통합 디지털 엔진제어 방식의 "T-700 터보축" 엔진을 장착하고, 위성항법장치(GPS)와 관성항법장치(INS), 레이더 경보수신기(RWR) 등의 전자장비, 적의 미사일을 기만하기 위한 금속조각이나 불꽃을 발사하는 채프, 플레어 발사기 등을 갖추고 있으며, 연료탱크는 탄환을 맞았을 때 자동으로 밀봉(self-sealing)되어 연료 유출과 폭발을 방지한다. 산악 지형이 많은 한반도 전역에서 작전을 수행하고 1분당 150m 이상의 속도로 수직상승하여 백두산 높이인 8,800피트(2,700m) 정도의 고도에서 제자리비행을 할 수 있도록 설계되었다. 2013년 5월 20대가 실전 배치 된 것을 시작으로 2022년까지 200여 대가 실전 배치될 예정이다.

1.1.1 헬리콥터의 개발역사

(1) 대나무 비행 장난감

수직비행(vertical flight)에 대한 첫 기본개념은 [그림1-1]과 같이 중국의 기록에서 찾아볼 수 있다. BC 400년 중국에서 어린이들은 대나무 비행 장난감(bamboo flying toys)을 갖고 놀았다는 기록이 있다. 이 대나무 콥터(bamboo copter)는 로터에 달린 축(shaft)을 회전시키는 방식이다. 축을 두 손바닥에 놓고 강하게 비벼 축이 회전체를 회전시키면서 양력(lift)이 발생하고 이를 놓았을 때 회전체는 회전하면서 날아간다. 1480년대 Leonardo da Vinci는 [그림1-2]와 같이 "에어스크루(aerial screw)"라고 하는 수직비행에 대한 나르는 기계를 스케치한 기록이 있다. 이를 바탕으로 소형 모델을 설계했지만, 실제 비행에 관한 기록은 남아 있지 않다. 이후 수직비행에 대한 관심이 높아지면서 수많은 나르는 기계가 설계되고 개발되었지만, Leonardo da Vinci의 설계 개념(design concept)보다는 고대 대나무 비행 장난감에 더욱 유사한 회전날개의 비행기계(flying machine)의 개념(concept)이 정착되기 시작했다. 1754년 7월 "Russian Mikhail Lomonosov"는 스프링 장치(spring device)를 이용해서 로터(rotor)를 회전시킬 수 있는 소형 동축(co-axial) 모델을 개발하였다. 이후 로터를 서로 반대 방향으로 회전시키는 것과 같은 방식의 다양한 기술이 개발되었다.

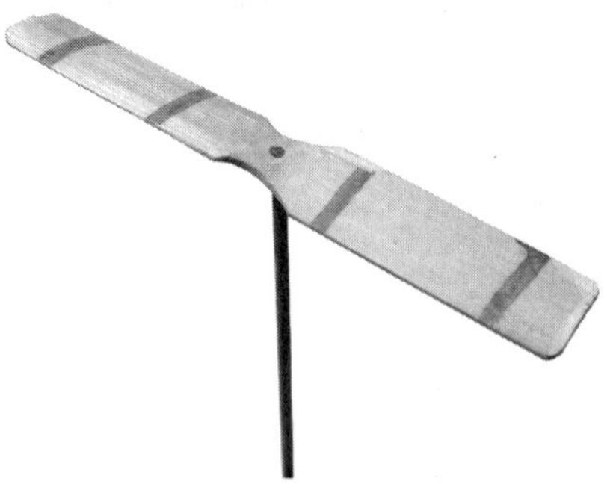

【그림1-1】 대나무 비행 장난감

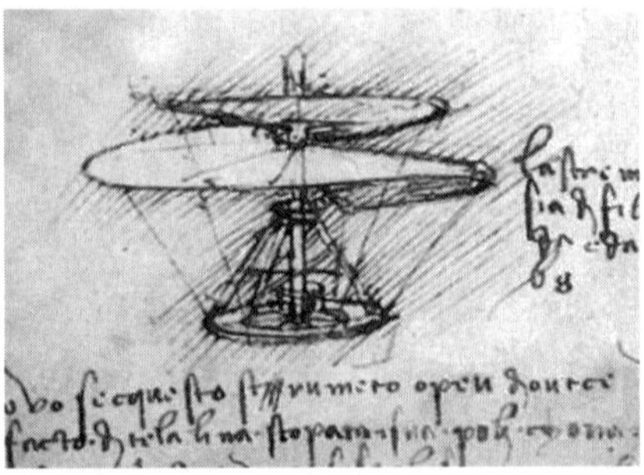

【그림1-2】 레오나르도 다빈치의 회전날개를 이용한 나르는 기계

(2) 첫 비행 기록

1906년 프랑스의 "Jacques and Louis Breguet" 형제는 헬리콥터를 위한 에어포일의 실험을 시작했고, 1907년 [그림1-3]과 같은 최초의 쿼드콥터(quadcopter)로 알려진 Gyroplane No.1을 개발하였다. Gyroplane No.1은 매우 불안정하기 때문에 안정성을 위해서 기체의 각 모서리에 사람이 탑승해야 했고, 약 2피트(0.6 m) 상공에서 약 1분 동안 공중

【그림1-3】 Gyroplane No. 1

에서 머물러 있었기 때문에 헬리콥터의 첫 유인비행(manned flight)으로 고려되지만 자유롭게 비행한 것은 아니다. 1907년 프랑스 발명가 "Paul Cornu"는 [그림1-4]와 같이 24마력 엔진으로 구동되는 20피트 길이의 두 개의 로터가 서로 엇회전하는 방식의 헬리콥터를 개발하였다. 11월 13일 1피트(0.3m)에서 약 20초 동안 공중에 머물러 있었다. 이 비행이 Gyroplane No. 1의 기록을 능가하지는 못했지만, 조종사에 의한 첫 자유비행(free flight)으로 기록되었다. 1912년 덴마크 발명가 "Jacob Ellehammer"는 [그림1-4, 오른쪽]과 같이 각 로터 디스크에 6개의 블레이드가 달린 두 개의 엇회전 디스크(counter-rotating discs)가 장착된 프레임으로 구조된 헬리콥터를 개발하였다.

(3) 현대 헬리콥터의 개발

헬리콥터는 한 개 이상의 수평 로터(rotor)를 이용해서 양력이 발생하고 추진하는 힘을 발생시키는 항공기이다. 각 로터는 두 개 또는 그 이상의 로터 블레이드로 구성되어 있다. 헬리콥터는 마스트(mast)를 중심으로 회전하고 있는 로터 블레이드로부터 양력의 원동력을 얻는 방식이다. 헬리콥터(helicopter)라는 용어는 1861년 Gustave de Ponton d'Améourt가 처음 사용한 프랑스 "héicoptèe"로부터 유래하였다. 이 뜻은 그리스 용어로 helix/helikos(spiral or turning) 그리고 pteron(wing)을 의미한다.

수직으로 떠오르는 나르는 기계 일명 직승기라고 하는 헬리콥터에 관한 기록은 15세기 "레오나르도 다빈치"의 스케치에서 찾아볼 수 있지만, 실제 조종사가 탑승하여 비행에 성공한 사례는 20세기에 들어선 직후로 볼 수 있다. 1907년 프랑스의 폴 코르뉴는 약 2m 높이에서 20초간 공중에서 제자리비행하는데 성공하였다. 그러나 비행이 가능한 회전날개 항공기가 세계 최초로 이륙하는데, 성공한 것은 1937년 "포케 울프(Focke-Wulf)

【그림1-4】 Paul Cornu 헬리콥터와 Ellehammer 헬리콥터

【그림1-5】 Focke-Wulf(Fw 61)

Fw 61"이다. 이 회전날개 항공기는 [그림1-5]에서 보는 것과 같이 전체적으로 비행기 구조를 그대로 사용했지만, 고정날개 대신에 철제 지지대를 장착하여 끝부분에 로터를 장착하였다. 양쪽 로터는 벨트로 구동되고 서로 반대 방향으로 회전하면서 토크를 상쇄한다. 프로펠러는 장착되어 있지만 순수한 엔진 냉각(cooling)을 위한 기능이고 추력은 발생하지 않는다. 헬리콥터의 본격적인 개발은 제2차 세계대전 말기부터였으며, 오늘날 운용되는 대부분의 단일 로터(single-rotor) 헬리콥터 모델의 시초는 1909년 러시아의 "시코르스키"에 의해서 최초로 개발되었고, 그 후 미국으로 망명하여 헬리콥터 개발을 계속하여 마침내 1939년 [그림1-6]과 같이 최초의 시코르스키 모델인 "VS-300"이 등장하게 되었다. 비록 헬리콥터가 첫 반세기 동안 다양한 형태로 개발됐지만, 전면 생산(full-scale production)되기 시작한 것은 1942년 Igor Sikorsky가 설계한 131대의 헬리콥터가 제작되면서부터이다. 대부분 헬리콥터 설계가 한 개 이상의 메인로터를 사용하기는 하였지만 한 개의 메인로터와 안티토크 테일로터(anti-torque tailrotor)로 구성된 유형이 전형적인 모델로 인식되었다.

【그림1-6】 V-300 초기 모델과 V-300A의 후기 모델, 현대 단일로터 헬리콥터의 기본 모델이 되었다. (1943년)

1.1.2 헬리콥터의 장점

헬리콥터의 최대 장점은 전통적으로 비행기와 같이 공중으로 부양 혹은 이륙하기 위해서 전진함이 없이 로터 블레이드를 회전시켜 양력을 얻는 방식이다. 이것은 헬리콥터가 활주로 없이 수직으로 이륙하고 착륙할 수 있는 새로운 비행 영역을 개척한 것이다. 이 같은 이유로 헬리콥터는 고정날개 항공기가 이륙 또는 착륙할 수 없는 인구 밀집 지역 또는 고립된 지역에 운항할

【그림1-7】 헬리콥터 제자리비행의 특징을 모두 보여주고 있다. 다른 수송수단에 비해서 신속하고 정확한 장소에서 인명을 구조하기 위해서 제자리비행으로 수직 상승 및 강하 그리고 전후좌우로 위치를 이동할 수 있는 능력은 최고의 장점이다.

수 있다. 또한, 로터로부터 양력은 헬리콥터를 일정 높이에서 제자리비행할 수 있게 함으로써 단거리 수직이착륙 항공기와 비교하면 더욱 효율적으로 운용할 수 있는 장점이 있다. 헬리콥터를 조종하는 것은 지속적인 동력장치에 대해 주의를 하면서 상당한 훈련과 기량이 필요하다.

(1) 제자리비행이 가능하다.

제자리비행(hovering)이란 일정한 고도와 방향을 유지하면서 공중에 머무는 비행술로 헬리콥터 비행술의 기본이다. 비행기는 엔진에서 발생한 회전력을 프로펠러에 전달하여 추력(thrust)을 발생시키고 여기서 발생한 추력과 날개(wings)를 이용하여 동체를 부양시키는 힘(lift)을 발생시킨다. 그러나 헬리콥터는 고정된 날개가 없기 때문에 회전하는 회전체(blades)가 형성하는 회전면에 의해서 추력과 날개의 역할을 동시에 수행한다. 따라서 헬리콥터는 회전날개(rotary wing)의 피치각(blade pitch angle)으로 부양하는 힘을 얻고 회전면(plane of rotation)의 경사에 의해서 추력(thrust)을 발생한다. 무풍 상태라고 가정할 때 제자리비행은 회전면이 지면과 수평을 이룰 때 상층부의 공기를 직하방으로 밀어내면서 헬리콥터는 부양하는 힘을 얻고 제자리비행이 가능하다. 헬리콥터는 제자리비행에서 시작하여 제자리비행으로 종료된다고 할 수 있을 정도로 여러 면에서 활용되고 있으며 초임 조종사에게 조종술의 반을 차지한다고 해도 과언이 아니다.

(2) 측방 및 후진 비행이 가능하다.

이제부터 헬리콥터를 이해하는 데는 회전면(plane of rotation)을 고려해야 한다. 고정날개(fixed wing) 항공기는 상상할 수 없는 측면 및 후진비행은 회전면을 측방으로 혹은 후방으로 기울임으로써 가능하다. 동체 상부의 구동축(drive shaft)에 연결된 블레이드는 매우 빠른 속도로 회전하기 때문에 회전체를 단일 개체로 고려할 수 없다. 제자리비행 상태에서 회전면이 좌측이나 우측으로 경사지면 헬리콥터는 경사진 방향으로 추력을 얻을 수 있다. 조종사가 사이클릭(cycle)을 측방으로 또는 후방으로 조종압(control pressure)을 적용하면 원하는 방향으로 비행할 수 있으며 그만큼 활동 영역은 증가한다.

(3) 수직 이착륙이 가능하다.

제자리비행이 가능하다는 특성은 헬리콥터의 동체 길이가 허용하는 정도의 공간만 확보되어도 그 장소에서 이착륙할 수 있다. 그러나 수직 이착륙은 헬리콥터의 많은 동력을 요구하기 때문에 매우 제한된 조건에서만 활용된다. 일반적으로 헬리콥터는 어느 조건에서나 수직 이착륙을 하는 것으로 잘못 인식하고 있으나, 대부분의 이착륙은 충분한 이륙활주 및 착륙 활주(takeoff roll or landing roll)가 가능한 조건에서 이루어진다. 한없이 엉켜 있는 도심의 지상 교통망에 아랑곳하지 않고 목적지 빌딩 옥상에 착륙하는 것은 헬리콥터만의 최고의 가치이다.

(4) 비상시 오토로테이션으로 착륙한다.

현대에 개발되는 항공기 엔진은 고도로 정밀하게 제작되었기 때문에 비행 중 엔진 고장률이 극히 낮으나 엔진고장의 가능성을 완전히 배제할 수는 없다. 항공기는 기종에 따라 활공률에 차이가 있고 통상 경비행기의 활공률은 헬리콥터의 활공률보다 높다. 회전날개(rotary wing) 항공기는 엔진에서 발생한 동력으로 회전날개(main blades)를 규정된 분당회전수(rotating per minute; RPM)에서 운용되고 있으며 필수적으로 이 규정 RPM이 유지되어야 한다. 스로틀을 이용한 동력(power) 자체를 변화시켜 추력을 변화시키는 고정날개 항공기와 달리 헬리콥터의 로터 블레이드(rotor blades) RPM은 반드시 규정범위를 유지해야 한다. 만약 규정 RPM보다 낮아지면 회전력에서 발생하는 원심력이 감소하여 헬리콥터는 정상적인 비행을 할 수 없게 된다. 이 때문에 헬리콥터의 로터(rotor) RPM은 매우 중요한 요소이다. 로터 RPM이 "0"이 된다는 것은 정지된 회전날개와 같아서 헬리콥터는 바윗덩어리와 다른 바 없다. 그러나 엔진이 정지된다 할지라도 조종사가 초동 조치만 잘 취한다면 헬리콥터는 자동으로 활공을 할 수 있고 이를 오토로테이션이라 한다.

헬리콥터가 활공할 수 있는 거리는 얼마나 될까? 활공비는 [그림1-8]과 같이 현재의 고도에서 엔진의 동력 없이 비행할 수 있는 수평거리이다. 예를 들어 활공비가 1:10이라면 고도 1,000피트에서 엔진 고장이 발생했을 때 활공할 수 있는 거리는 10,000피트가

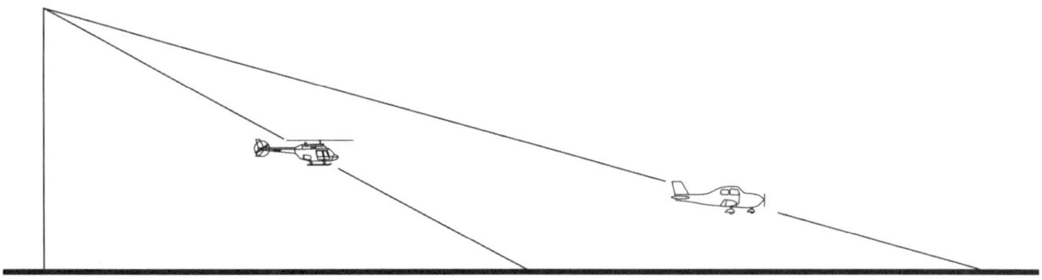

【그림1-8】 헬리콥터와 경비행기의 활공률을 단순하게 비교한 것이다. 활공률에는 다양한 요소들의 영향을 받을 수 있지만, 무엇보다 로터의 회전력 보존이 가장 중요한 요소이기 때문에 초동 조치가 매우 중요하다.

된다. 일반적으로 헬리콥터의 활공비는 1:3 또는 1:4 정도가 된다. 경비행기와 비교하면 활공 거리가 매우 제한된다. 헬리콥터에 대한 충분한 지식이 없는 사람은 공중에서 엔진고장과 같은 비상상황이 발생했을 때 헬리콥터 자체 기능으로 자동회전(autorotation)하는 것으로 알고 있으나 엔진고장을 인식한 순간부터 지면에 안전하게 불시착(forced landing)하기 위해서는 고도의 조종사 훈련이 요구된다. 예를 들어 바람개비를 높은 곳에서 놓으면 바람개비는 자동으로 회전한다. 자동으로 활공하는 바람개비가 지면에 어떻게 부딪히겠는가? 상당한 충격을 받을 것이고 이것이 수천 파운드의 헬리콥터라면 지면에 부딪히는 충격은 조종사뿐만 아니라 탑승객의 안전을 보장받지 못할 것이다. 이 때문에 헬리콥터의 오토로테이션 능력을 최대한 활용하여 지면에 안전하게 착지할 수 있는 것은 조종사의 능력에 달려있다.

1.1.3 헬리콥터의 단점

(1) 최대속도의 제한

어느 항공기나 최대속도(maximum airspeed)가 규정되고 그 속도를 초과했을 때 항공기에 상당한 무리를 가하게 될 것이다. 비행기는 음속(sound of speed)까지 돌파하고 있다. 헬리콥터도 음속을 돌파할 수 있을까? 여기서 말하는 헬리콥터 최대속도의 제한은 헬리콥터 회전날개(rotary wing)의 특성에 의한 속도 한계를 의미한다. 비행기는 최저속도(minimum airspeed)가 제한된다. 최저속도 이하에서 비행기는 실속(stall)에 들어가기 때문에 비행을 할 수 없다. 그러나 헬리콥터는 제자리비행이 가능하기 때문에 최저속도는 "0"이 되고 최저속도에 대한 영향을 받지 않으나 회전날개의 한계 때문에 최대속도가 제한된다.

항공기 범주(category)에 의한 추력(thrust) 발생을 보면 비행기는 엔진에서 발생한 회전력으로 프로펠러를 회전시켜 추력을 얻는다. 가스터빈엔진에서는 고온고압의 가스를 분출하는 힘을 이용하는 방법에 따라 추력을 발생하나 공통적으로 고온고압의 분출 가스를 이용한다. 이들 비행기가 떠 있을 수 있는 양력(lift)은 고정된 날개에서 발생한다.(물론 추력이 높은 항공기, 예를 들어 전투기와 같은 고정날개의 날개 의존도는 감소하지만) 헬리콥터의 경우는 엔진(왕복엔진, 가스터빈엔진)에서 발생한 힘으로 블레이드를 회전시켜 양력(lift)과 추력(thrust)을 동시에 얻는 독특한 구조이다. 헬리콥터의 추력(thrust)은 블레이드의 회전력과 회전면(plane of rotation) 경사로 얻을 수 있다. 헬리콥터가 더 큰 힘 그리고 더 빠른 속도를 얻기 위해서 로터 블레이드의 고속 분당회전수(RPM)가 요구된다. 그러나 RPM이 높을수록 전진비행에 따른 양력불균형(differential lift) 현상이 심화된다. 무풍에서 제자리비행할 때 회전면 전체에서 고르게 양력이 발생한다. 그러나 헬리콥터가 전진함(좌로 회전하는 회전날개)에 따라 회전면은 전진 방향 우측 블레이드는 전진 블레이드가 되고 좌측면은 후진하는 블레이드가 되어 상대적인 속도차가 발생하고 속도차는 필연적으로 양력 차를 발생하여 결국 양력불균형이 발생한다. 예를 들어 공격용 헬리콥터인 아파치(AH-64)의 최대속도는 300km/h이다. 만약 이 헬리콥터가 최대속도 이상으로 비행하면 주회전날개의 심한 양력불균형을 일으켜 블레이드 실속(blades stall)에 들어가 더 이상 비행에 필요한 양력(lift)을 발생할 수 없는 위험한 상황에 처하게 된다. 따라서 최대속도로 비행할 때 회전면은 순항속도보다 상대적으로 앞으로 많이 기울어진 자세가 되고 최대속도 이상을 초과할 때 동체의 심한 진동과 함께 실속 블레이드 쪽으로 경사져 정상 비행이 불가능해진다. 양력불균형에 대한 상세한 내용은 전진 및 후진 블레이드 실속에서 다룬다. 또 다른 원인으로는 전진 속도가 증가함에 따라 블레이드 뿌리 부분에서 공기흐름이 전진 방향에 반대로 흐르는 역류 구역(reverse flow region)이 증가한다. 또한, 블레이드 끝단(blade tip)에서는 음속에 도달하여 충격실속(shock stall)이 발생할 수 있어 필요 마력이 증가한다. 이들 요소가 결합하여 최대속도를 제한하는 원인이 된다.

(2) 추력과 양력 대비 무게 한계

항공기 설계에서 필수적으로 고려해야 할 요소 중의 하나가 헬리콥터에서 발생할 수 있는 추력과 양력에 대비한 무게의 비율이다. 헬리콥터 중 러시아에서 개발한 수송용 헬리콥터인 MI-26 Halo는 최대이륙중량이 56톤에 이르고, 주회전날개의 직경이 32m이다. 이 거대한 헬리콥터를 움직일 수 있는 동력장치에서 발생할 수 있는 축마력은 11,240으로 최대속도 295km/h로 비행할 수 있다. 민간 경제성을 놓고 볼 때 특수 목적으로만 제한될 수밖에 없다. 이 같은 문제점 해결을 위해서 동체의 무게를 최소한으로 감소시키기 위한 재료의 개발과 동체의 유선형 설계 등으로 어느 정도 해소하고 있지만 앞으로 계속해서 연구해야 할 과제이다.

(3) 소음과 하강풍의 영향

현대인의 생활이 쾌적한 환경을 요구하는 추세에서 헬리콥터의 소음은 사회적 문제의 소지를 안고 있다. 헬리콥터의 엔진에서 발생하는 소음(noise)과 블레이드의 회전으로 인한 강력한 공기 충격 소음은 헬리콥터의 큰 단점이다. 특히 군에서 운용하고 있는 구형 모델과 러시아제 헬리콥터의 소음은 많은 사회적 문제로 등장할 수 있는 요소를 안고 있다. 군용 헬리콥터의 소음은 적에게 노출될 가능성으로 인하여 매우 치명적이다. 일부 항공기에서는 엔진소음을 획기적으로 줄이기 위해서 상당한 방음장치를 장착하였지만, 그 방음장치 자체의 크기와 무게로 인하여 헬리콥터 성능을 현저하게 떨어뜨리는 결과를 초래하기도 한다. 현대에 개발되어 보급되는 가스터빈엔진을 장착한 헬리콥터는 엔진에서 발생하는 소음 자체를 감소시키기 위한 기술 개발과 회전 블레이드의 개선으로 소음은 많이 감소하였다. 아울러 대형 헬리콥터일수록 블레이드의 직경과 폭이 크고 이로 인해 착륙할 때 발생하는 하강풍은 때로는 40노트를 초과하기도 하여 활주로 주변의 다른 고정날개 항공기에 상당한 영향을 줄 수 있다.

(4) 높은 동력에서 시작해서 높은 동력으로 종료된다.

헬리콥터의 특징은 제자리비행이다. 대부분의 운용은 제자리비행으로 이륙해서 제자리비행으로 종료되는 것이 보통이다. 앞으로 학습하게 되겠지만 제자리비행 자체가 그 어떤 기동 못지않게 높은 동력이 필요하다. 고정날개 항공기는 최대동력을 적용하여 이륙하지만 착륙하는 과정에서는 최저 동력이 활용된다. 한여름 고온 및 높은 상대습도가 존재하는 조건에서 밀도고도(density altitude)는 매우 높다. 이 같은 상황에서 해수면에서 정상적으로 이륙할 수 있지만, 표고가 높은 산 정상에서는 제자리비행에 필요한 동력이 부족한 상황이 발생할 수 있다. 조종사 및 운용자는 이 조건에 맞게 헬리콥터의 총중량을 조절하거나 착륙장(landing site)의 위치를 변경해야 한다.

1.1.4 미래형 헬리콥터

얼마 전 백악관에서 사용하게 될 헬리콥터 기종이 발표된 적이 있다. 세부적인 기능과 성능에 대해서는 알 수 없지만, 이 헬리콥터는 적의 레이더망에 포착되지 않는 스텔스 기능과 핵으로 인한 공격에도 어느 정도 견딜 수 있는 방탄 기능과 내부의 첨단 장비는 세계 어느 곳에 있다 하여도 C4 기능을 원활히 수행할 수 있도록 설계되었다. 미래형 헬리콥터는 헬리콥터의 제한사항을 어떻게 해결하는가에 달려있다. 추력 대비 중량비의 개선을 위해서 엔진은 더욱 경량화될 것이고, 기체의 구조물 또한 견고하면서도 가벼운 복합소재들로 제작될 것이다. 속도의 한계를 극복하기 위해서는 블레이드에만 의존해서는 한계가 있다는 것이 통상 이론이라면 또 다른 가스터빈엔진과 조합된 동력장치가 대안으로 제시되고 있다. 그러나 가스터빈엔진은 무게의 증가를 극복해야 하는 중요한 과제이고, 가스터빈엔진(gas turbine engine)의 장착으로 속도가 증가했다면 로터 블레이드 자체가 최대속도를 제한하는 요소로 작용할 수 있기 때문에 이 또한 해결해야 할 과제이다. 현재 헬리콥터 개발자들은 헬리콥터의 특징을 최대로 활용할 수 있는 고속 고성능의 헬리콥터

【그림1-9】 현존하는 헬리콥터의 장단점을 고려하고 항공전자 및 첨단 소재산업을 기반으로 미래형 헬리콥터에 관한 연구와 개발이 진행되고 있다. 로터 블레이드의 형태에 새로운 설계 개념의 도입과 추력을 증대시키기 위한 하이브리드 형태로 발전할 것이다.

개발과 함께 일반 개인이 자유롭게 사용할 수 있는 초소형 회전날개 헬리콥터의 개발에 중점을 두고 있다.

1.1.5 무인 헬리콥터

무인 항공기(unmanned aerial vehicle; UAV)가 군사용뿐만 아니라 현대 항공산업에 빠르게 확산할 수 있는 배경에는 무인 항공기는 사람이 탑승하지 않아 사고 발생 시 인명 피해가 없고 인간 생리적 욕구가 필요하지 않기 때문에 고고도, 장시간 그리고 높은 G-하중 기동을 수행할 수 있는 장점 때문이다. 무인 헬리콥터 역시 무인 항공기의 범주에

【그림1-10】 MQ-8는 Schweizer 333 모델을 기반으로 설계된 무인 자율비행 헬리콥터다.(왼쪽) A160은 보잉사에서 개발한 무인 헬리콥터다.

【그림1-11】 소형 무인 헬리콥터에 카메라를 장착하여 사람의 접근이 어려운 장소에서 생방송이 가능하다. 왼쪽은 6개의 회전날개를 이용해서 수직으로 이륙 및 착륙할 수 있고, 부품의 소형화와 초소형 디지털카메라를 탑재한다면 벌새와 같은 무인 항공기 개발 영역은 무한정이다.

포함되지만 현재까지 무선에 의한 조종방식의 한계를 넘어 항공기 성능의 증대와 함께 무선 전자조종(radio control) 기술이 발달하면서 인공위성 통신망과 GPS의 결합으로 초보적인 인공지능을 갖춘 자율(autonomous) 헬리콥터가 개발되었다. [그림1-10]은 Northrop Grumman MQ-8 Fire Scout은 미국의 Northrop Grumman에서 개발한 무인 자율(unmanned autonomous) 헬리콥터이다. 이 무인 헬리콥터는 민간뿐만 아니라 군사용으로 정찰, 상황인식(situational awareness), 공중사격지원, 육해공 전력을 위한 정밀 표적지원 등의 임무를 수행한다. 엔진은 롤스로이스 250-C20W 터보축 엔진을 탑재하였고, 고도 6,000m 이하에서 순항속도 230km/h로 4시간을 비행할 수 있다. A160 Hummingbird는 보잉사에서 개발하여 2002년 첫 비행을 한 무인 헬리콥터로 18.7시간을 비행하는 세계 최장시간 비행기록을 남겼다. A160은 2010년까지 고도 30,000피트에서 항속거리 4,000km, 항속시간 24시간을 비행할 수 있는 능력을 목표로 개발이 계속되었다. A160T는 전장 10.7m, 로터 직경 11m로 실제 외형은 2인승 R-22 헬리콥터와 유사한 크기이다. A160T는 최신의 헬리콥터 기술인 Optimum Speed Rotor Technology를 개발하여 비행 고도의 조건에 따라 로터의 회전 속도를 변화시켜 연료소모 효율을 향상함으로써 최종적으로는 20~24시간의 연속 비행을 목표로 개발되고 있다. 무인 헬리콥터라고 해서 일반 유인 헬리콥터와 다른 구조와 기술이 적용되는 것은 아니다. 기본 구조와 설계 그리고 공기역학적 특성은 동일하지만, 모든 구조 및 부품을 소형화할 수 있는 장점이 있어 다양한 유형의 헬리콥터가 개발될 수 있다. [그림1-11]은 최근 방송용으로 최적화된 무인 헬리콥터이다.

1.1.6 항공레저 헬리콥터

앞에서 언급한 바와 같이 회전날개를 이용해서 물체를 날려 보내는 역사는 이미 오래 전부터였다. 오늘날 주변에서 자주 관찰할 수 있는 헬리콥터는 대부분 터보축(turboshaft engine) 엔진을 탑재하여 일반적으로 대중화가 쉽지 않다. 그러나 초기 헬리콥터의 동력

【그림1-12】 2인승 R-22 헬리콥터는 비행훈련과 관광용으로 주목을 받고 있다. 왕복엔진을 탑재하고 있어 정비 소요가 쉬운 것이 큰 장점이다. 이외에도 엔진이 소형화되면서 개인이 직접 제작할 수 있는 다양한 종류의 회전날개 항공기들이 개발되어 항공 마니아의 주목을 받고 있다.

장치는 왕복엔진(reciprocating engine or piston engine)을 탑재하였고 현대 기술의 발달로 고성능 소형 왕복엔진이 개발되어 있고 엔진의 크기와 무게는 점점 더 작아지고 높은 성능을 갖춘 엔진이 개발될 것으로 예상한다. 왕복엔진이 소형화되면서 다양한 목적으로 활용되고 있으며 소형 항공기 엔진으로 주목을 받을 것으로 예상한다. 왕복엔진 또는 피스톤 엔진은 자동차용 엔진과 동일하기 때문에 일반인이 다루기가 훨씬 수월한 장점이 있다. 예를 들어 [그림1-12, 위]와 같은 R-22 모델은 현대 성공적인 소형 왕복엔진 헬리콥터이다. 이 헬리콥터는 비행훈련 또는 관광용으로 인기가 있어 자가용 헬리콥터로 많이 활용되고 있다.

1.2 헬리콥터의 유형

1.2.1 단일로터 블레이드 헬리콥터

헬리콥터의 형태는 메인로터(main rotor)에서 발생하는 토크(torque)를 해소하는 방법에 따라 결정된다. 단일로터 블레이드는 우리 주위에서 가장 일반적으로 관찰할 수 있는 헬리콥터로 메인로터(main rotor)와 테일로터(tail rotor)로 구성된다. 헬리콥터의 기본 원리는 회전축 상부에 회전체를 달고 아래에 동체를 장착하여 하늘을 날아보고자 수많은 연구자와 발명가에 의해서 설계되고 제작되었지만, 회전체가 회전함에 따라 그 아래에 매달려 있는 동체가 반대 방향으로 돌아가려는 힘이 발생하여 이 문제를 해결하지 못하면 회전날개 항공기는 수평 상태를 유지할 수 없다. 후세에 이 같은 문제는 뉴턴의 운동 법칙 중 작용과 반작용의 법칙으로 설명되지만, 이 문제를 해결한 것이 1939년 9월 시코르스키에 의한 "VS-300" 모델이나 오늘날의 회전날개 항공기(rotorcraft) 형태로 개발된 모델은 VS-316A 모델이다. 메인로터(main rotor)의 회전력으로 인해서 아래에 매달려 있는 동체가 메인로터의 회전 방향에 반대로 회전하는 힘을 토크(torque)라 하고 발생한 토크를 상쇄시키기 위해서 테일붐 끝단에 안티토크 로터(anti-torque rotor)를 장착하여 세로축을 유지하는 형태의 헬리콥터를 단일로터 블레이드 헬리콥터라 한다. 엔진에서 발생한 회전력을 보기류 기어박스에서 회전력을 감소시켜 테일로터 구동축(drive shaft)을 통하여 테일로터를 회전시킨다. 단일로터 블레이드 헬리콥터에서 테일로터는 필수적이다. 테일로터는 수직으로 장착되어 회전하고 매우 빠른 속도로 회전하기 때문에 때로는 육안 식별이 매우 어렵다. 따라서 무의식적으로 헬리콥터 후방으로 접근 중 테일로터에 의한 사고가 자주 발생하였다. 최근에는 테일로터 대신에 [그림1-13]과 같이 가스터

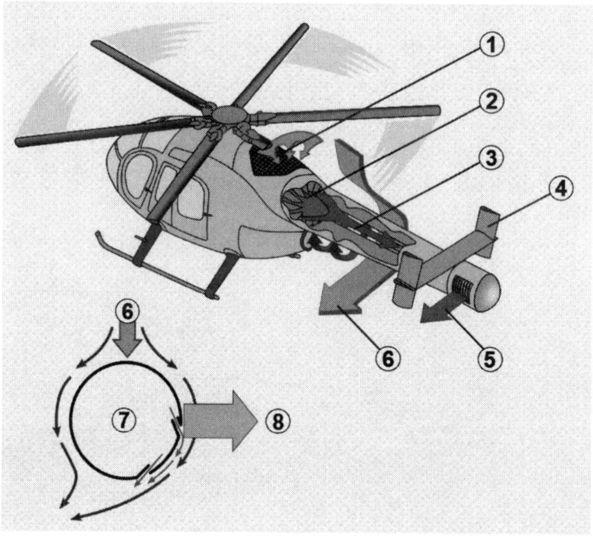

【그림1-13】 NOTAR

① Air intake
② Variable pitch fan
③ Tail boom with Coanda Slots
④ Vertical stabilizers
⑤ Direct jet thruster
⑥ Downwash
⑦ Circulation control tailboom cross-section
⑧ Anti-torque lift

빈엔진에서 발생한 고압 제트분사 추력장치를 개발하여 토크를 상쇄시키는 “NOTAR” 시스템을 갖춘 헬리콥터가 등장하였다. NOTAR의 작동 원리는 “Coanda Effect”에 근거하고 있다. 1910년 “Henri Coanda”는 곡선 표면을 따라서 동적인 힘(dynamic force)으로 공기흐름을 이동시켰을 때 공기흐름이 곡선 표면에 들러붙어 있으려는 경향이 있다는 것을 발견하였다. 이를 헬리콥터에 적용했을 때 메인로터(main rotor)에서 발생하는 하강풍(제자리비행)이 테일붐(tail boom)을 통과할 때 코안다 효과가 발생한다는 것을 관찰할 수 있고 이를 바탕으로 “McDonnell Douglas”에서 테일로터의 안티토크 추력(anti-torque thrust)을 발생하는 장치로 개발되었다. 예를 들어 제자리비행 중에 메인로터에서 발생하는 코안다 효과에 의해서 약 2/3의 힘이 방향을 유지할 수 있고 나머지 1/3의 힘은 테일붐 제트 분사구를 통해서 유지된다. NOTAR의 페달은 단일로터 헬리콥터의 테일로터와 동일한 개념으로 운용된다.

1.2.2 동축 엇회전 로터 헬리콥터

【그림1-14】 Ka-8

1859년 영국 특허청이 동축 헬리콥터를 개발한 Henry Bright에게 특허를 부여한 이래 현대의 동축 헬리콥터까지 개발이 이어져 오고 있다. 구소련의 “Nikolai I. Kamov”는 1920년 후반에 회전날개 항공기를 연구하기 시작하여 1945년에 [그림 1-14]와 같은 초경량 동축 엇회전 로터인 “Kamov Ka-8”을 개발하였다. Ka-8은 27 마력의 엔진을 장착하였고 주요 골격은 강철봉으로 제작되어 주로 시험비행용으로 사용되었다. 이후 지속적인 연구로 다양한 형태가 개발되었다. QH-50은 무인(drone) 헬리콥터로 1959년 첫 비행을 한 후 미 해군의 구축함(destroyer)에 탑재되어 대잠수함 어뢰 공격용으로 임무를 수행하였다. 동축 로터 시스템은 두 세트의 동축 로터 시스템이 동체를 들어 올릴 수 있는 양력과 어느 방향으로나 비행할 수 있도록 중심축 주변에서 균등한 힘을 발생시킨다. 헬리콥터의 기계적 복잡성(mechanical complexity)으로 인하여 한 개

【그림1-15】 동축로터 헬리콥터

【그림1-16】 동축로터 시스템과 프로펠러 추진장치를 조합한 복합 헬리콥터

의 로터를 사용했을 때 발생하는 문제점을 해결하기 위해서 설계 방식이 단일로터 헬리콥터 또는 종렬(전후)로터 배열 방식이다. 동축로터 시스템에서는 상하 로터가 서로 반대 방향으로 회전하면서 토크를 상쇄한다. 빗놀이 조종(yaw control)은 한 로터의 컬렉티브 피치를 증가시키고 다른 로터의 피치를 감소시킴으로써 토크의 불균형을 발생시켜 조종한다.

동축로터 헬리콥터에서는 전진 블레이드와 후진 블레이드 사이의 속도차에 따른 양력 불균형 현상이 발생하지 않는다. 동축로터 시스템에서는 테일로터를 위한 동력이 필요하지 않기 때문에 동일 엔진에서 더 높은 동력을 활용할 수 있다. 단일로터 시스템에서는 주회전로터(main rotor)와 꼬리회전로터(tail rotor)에서 발생하는 공기흐름 사이의 상호 작용으로 인한 강력한 소음이 발생하지만 동축로터 계통에서는 이 같은 현상이 발생하지 않아 소음이 낮은 장점이 있다. 동축로터를 사용하는 헬리콥터는 세로축(전장)이 테일로터를 필요로 하는 헬리콥터 유형보다 작기 때문에 더욱 좁은 공간에서 운용할 수 있는 이점이 있다. 실제 해군에서 운용하고 있는 Kamov 계열 헬리콥터는 최소한의 갑판(deck)에서 이착륙할 수 있어 헬리콥터 항공모함(helicopter carrier)에 더욱 적합하다.

이 유형의 헬리콥터는 로터 허브 계통이 매우 복잡하게 설계되어 있다는 것을 알 수 있다. 두 로터 시스템을 위한 연결장치와 스와시플레이트 모두 마스트 상부에 장착되어 서로 반대 방향으로 역할을 수행하도록 배열되어야 하기 때문에 기계적으로 더욱 복잡하다. 다른 로터 시스템에 비해서 많은 운동 부품(moving parts)들과 복잡성 때문에 동축로터 시스템은 기계적 결함(mechanical failure)과 고장 가능성이 높다. 또한, 블레이드가 마치 채찍을 휘두르듯이 크게 흔들리는 진동 현상(whipping)과 어느 한 블레이드의 결함이 발생했을 때 다른 블레이드에 충돌할 수 있는 위험성을 내포하고 있는 것도 하나의 단점이다. 일반적으로 단일로터 헬리콥터에서 나타날 수 있는 주요 단점들을 동축로터 시스템에서는 일부를 감소시키거나 완전히 제거할 수 있는 기능을 갖추고 있어 안전을 위한 중요한 장점이다.

• 동력고착(settling with power)-감소
• 후진 블레이드 실속-감소
• 중간 주파수 진동-감소
• 고주파수 진동-없음

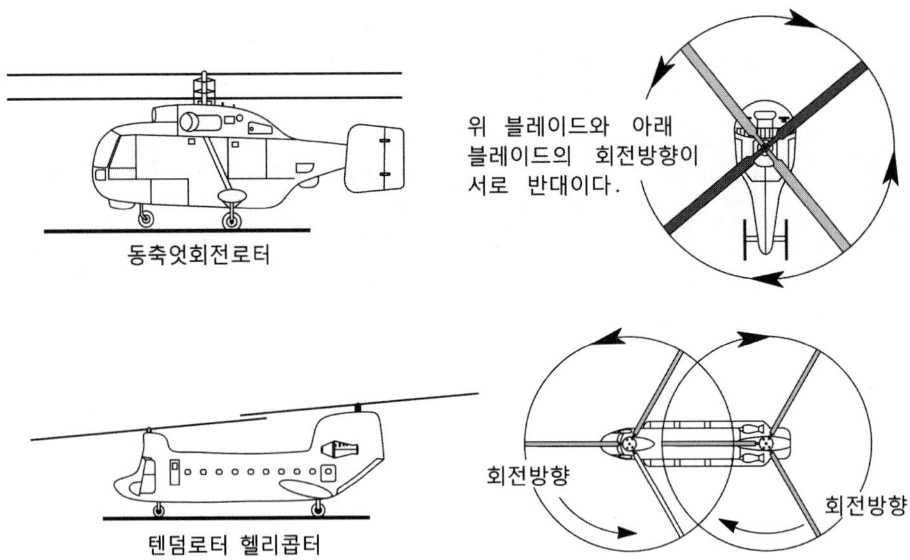

【그림1-17】 동축 엇회전 로터 시스템과 텐덤 로터 시스템의 토크 상쇄 원리

• 전진비행 중 안티토크 시스템 고장-없음
• 제자리비행 중 안티토크 고장-없음

최근에는 동축로터 시스템의 장점과 프로펠러 추진 방식을 결합한 하이브리드/복합 헬리콥터가 개발되고 있다. Sikorsky에서 설계하고 시험비행 단계에 있는 S-97은 [그림 1-16]과 같이 동축로터와 추진 프로펠러로 구조되어 있다. 유선조종방식(FBW)과 동적 진동방지 작동기(dynamic anti-vibration actuators)를 장착하여 동체의 떨림 현상을 제거하였다. S-97은 좌우 복좌식 조종실에 2명의 운항승무원 외에 6명의 승객이 탑승할 수 있고 최종적으로 1-인 조종사 자율조종(autonomous)이 가능하도록 기술 개발이 진행되고 있다.

1.2.3 텐덤로터(종렬) 블레이드 헬리콥터

회전날개에서 발생하는 토크를 상쇄하는 또 다른 원리가 적용되어 [그림1-17, 18]과 같이 마치 자벌레 모양의 헬리콥터로 육군과 공군에서 보유하고 있다. 헬리콥터의 전후방에 각각 한 개씩의 엔진이 장착되어 있다. 두 개의 마스트가 헬리콥터 전후에 자리 잡고 있으며, 각 블레이드는 상호 반대 방향으로 회전하면서 토크(torque)를 상쇄시킨다. 두 개의 엔진을 운용하기 위해서는 그만큼 높은 동력을 요구하고 연료 소모량도 많기 때문에 일반 민수용으로 활용되기보다는 군용 중수송기(heavy cargo)로 활용된다. 이 유형의 헬리콥터는 무게중심(center-of-gravity) 범위가 매우 넓고 세로 안정성이 양호한 장점이 있다. 반면 두 개의 대형 로터를 구동시키는데 복잡한 대형 트랜스미션이 필요하다. 전후 메인로터는 서로 반대 방향으로 회전하고 비행 중 엔진고장 상황을 포함해서 어느

【그림1-18】 종렬(전후)로터 헬리콥터

상황에서도 두 메인로터가 충돌하지 않도록 트랜스미션으로 연결되어 있다. 이 헬리콥터의 빗놀이 조종(yaw control)은 헬리콥터의 전후 끝을 반대 방향으로 당기도록 각 로터에 반대 좌우측 사이클릭을 적용하여 달성할 수 있다. 피치 조종(pitch control)을 위해서 반대 컬렉티브는 각 로터에 적용하면 한끝에서 생산되는 양력이 감소하고, 반대 끝에서 양력이 증가함으로써 헬리콥터는 전방 또는 후방으로 효과적으로 기울어진다. 텐덤로터 공기역학은 단일로터 설계보다 복잡하다. 텐덤로터 헬리콥터는 두 세트의 로터 시스템이기 때문에 상대적으로 짧은 블레이드로 더 높은 중량을 들어 올릴 수 있는 장점이 있지만, 후방 로터는 전방 로터 시스템의 공기역학적 영향을 받을 수 있어 효율성이 감소한다. 이 손실은 두 로터 허브 사이의 거리를 증가시켜 최소화하거나 허브의 높이를 다르게 설계하여 해소할 수 있다. 텐덤로터 헬리콥터는 단일로터 헬리콥터보다 상대적으로 작은 디스크 하중(disk loading)을 갖는 경향이 있다. 텐덤로터 헬리콥터는 제자리비행하는데 다소 작은 동력이 소요되고 단일로터 헬리콥터와 비교했을 때 더 낮은 속도 비행을 달성할 수 있다. 종렬로터 시스템에는 제자리비행 방향전환을 위한 페달이 있다. 왼쪽으로 제자리비행 선회하고자 할 때 왼쪽 페달 압을 적용하면 전방 로터 디스크는 왼쪽으로 기울어지고 후방 로터 디스크는 오른쪽으로 기울어져 동체는 경사지지 않으면서 왼쪽으로 선회할 수 있다. 그러나 로터 디스크가 지면과 90°를 이루지 않기 때문에 양력 일부를 상실할 수 있다. 이를 보상하기 위해서 블레이드는 동시에 더 큰 양력을 생산하기 위해서 기울어져야 한다.

1.2.4 쌍축로터 헬리콥터

1946년 후반에 “Charles H. Kaman”는 2개의 마스트가 설계된 쌍축 엇회전 회전날개 시스템을 장착한 “Kaman K-125A”를 시초로 지속적인 연구 개발로 “H-43A” 계열이 선보였다. 쌍축로터(Intermeshing rotors or synchropter) 헬리콥터는 [그림1-19]와 같이 2개의 로터 축이 약간 다른 각도로 장착되어 서로 반대 방향으로 회전하도록 설계되어 있다. 이 로터 시스템 역시 테일로터가 필요하지 않기 때문에 동력을 절약할 수 있다. 그러나 로터 시스템이 수직으로 양력을 발생하지 않기 때문에 각 로터의 효율성이 감소

【그림1-19】 쌍축로터 헬리콥터(HH-43-왼쪽, Kaman K-MAX-오른쪽)

한다. 헬리콥터의 빗놀이 조종(yaw control)은 한 블레이드 세트의 컬렉티브 피치를 증가시키는 방법으로 토크를 다르게 하여 달성할 수 있다. 대부분의 쌍축로터 설계는 일부 기종을 제외하고 마스트 당 2개의 블레이드로 구성되어 있다. 이 유형의 헬리콥터는 독일에서 대잠용 헬리콥터로 초기 Flettner Fl 265 그리고 후에 Flettner Fl 282 Kolibri가 개발되었다. 냉전 중 미국의 Kaman 항공기 회사에서 HH-43 Huskierk 미 공군의 소방 헬리콥터로 생산되었다. 1951년 후반 Kaman K-225 시험 싱크로콥터(synchropter)는 소형 터보축 엔진을 탑재하여 세계 최초의 가스터빈 동력 헬리콥터로 기록되었다. 쌍축로터 헬리콥터는 안정성이 매우 높고 강력한 양력 발생 능력을 갖추고 있다. 후에 개발된 Kaman K-MAX 모델은 건설 현장에 사용할 수 있는 스카이 크레인(sky crane)에 적합하도록 개량되었다.

1.2.5 기타 회전날개를 이용한 항공기

(1) 자이로플레인(gyroplane)

오토자이로(autogyro), 자이로플레인(gyroplane), 자이로콥터(gyrocopter) 그리고 로타플레인(rotaplane)은 자동회전(autorotation)하는 무동력 로터로 양력을 얻고 동력 프로펠러로 추력을 얻는 방식이 조합된 회전날개 항공기(rotorcraft)이다. 헬리콥터의 로터와 유사하지만 오토자이로의 로터는 로터 디스크에 공기가 흐르도록 하여 회전력을 얻는다. 스페인 엔지니어 Juan de la Cierva이 제작한 오토자이로가 1923년 안정된 회전날개 항공기로서 세계 첫 비행기록을 수록했다. 이 당시의 오토자이로는 [그림1-20]과 같이 오늘날의 비행기와 유사한 외형으로 설계되었다. 자동회전 로터 디스크에 작용하는 총공기역학적 반작용(total aerodynamic reaction)의 수직분력이 양력을 발생시키고 공중에서 비행이 가능하도록 한다. 이를 위해서 전방으로 추진시킬 수 있는 별도의 장치가 필요하고 일반 비행기와 같이 프로펠러가 전방 혹은 후방 위치에 따라 견인식(tractor)과 추진식(pusher)이라 한다. 자이로플레인은 헬리콥터와 달리 [그림1-21]과 같

【그림1-20】 초기 자이로플레인

이 블레이드(blades)를 동력(power)에 의존하지 않고 공기의 힘을 이용한다. 자이로플레인이 전진할 수 있는 추력(thrust)은 엔진으로부터 발생한 회전력을 자이로플레인 후미에 장착된 프로펠러를 회전시켜 자이로플레인을 전진시키는 힘을 얻는다. 이 부분은 비행기의 추력 발생 과정과 동일하나 양력 발생은 회전날개로 지지된다. 자이로플레인이 비행할 수 있는 기본 원리는 풍차(windmill)를 생각하면 이해하기 쉽다. 풍차는 외부의 동력 없이 순수한 바람의 힘으로 회전할 수 있도록 고안되어 있듯이 공중에서 회전면을 뒤로 경사지게 함으로써 전진하는 공기가 회전면을 통과하면서 회전체를 회전시켜 양력을 얻을 수 있다. 다시 말해서 헬리콥터는 엔진 동력으로 발생한 회전면을 앞으로 기울여 공기를 끌어들이면서 그 힘으로 동체가 전진하는 힘을 얻지만 자이로플레인은 프로펠러에서 생산한 전진 속도로 풍차와 같이 회전력을 얻음으로써 양력을 발생한다. 오토자이로의 피치 조종은 로터를 전후로 기울여 달성할 수 있고, 롤 조종(roll control)은 로터를 좌우로 기울여 달성할 수 있다. 로터를 기울이기 위한 장치로는 틸팅 허브, 스와시플레이트 또는 서보-플랩(servo-flaps)이다. 러더는 요 조종(yaw control)을 제공한다. 추진식 형상에서 러더가 프로펠러 흐름에 놓이도록 함으로써 저속에서 요 조종 효율성을 향상시킨다. 오토자이로의 조종 계통은 조종스틱, 러더 페달 그리고 스로틀로 구성되어 있다. 조종스틱은 헬리콥터의 사이클릭과 같이 로터를 기울여 원하는 방향으로 피치와 롤 조종을 할 수 있도록 한다. 러더 페달은 요 조종을 그리고 스로틀은 엔진 동력을 조정하는 데 사용된다.

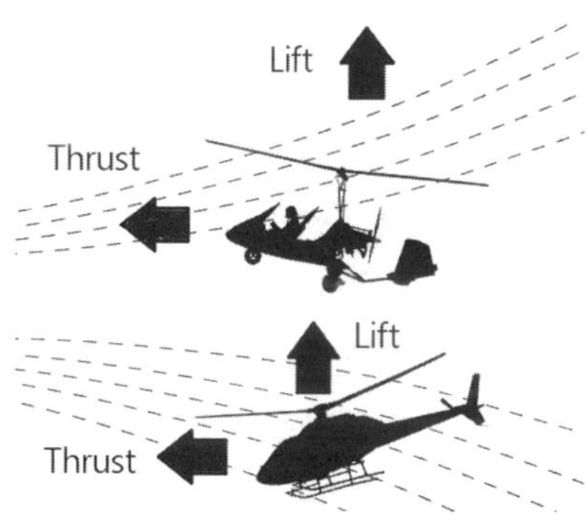

【그림1-21】 오토자이로와 헬리콥터 공기흐름의 차이

【그림1-22】 현대 오토자이로는 엔진 동력의 일부를 로터에 전달할 수 있는 장치를 갖추었다.

(2) 팁 제트 로터 블레이드

일부 헬리콥터 로터 블레이드의 팁에 [그림1-23]과 같이 제트 노즐(jet nozzles)을 달아 고속으로 분사하여 로터를 회전시킨다. 일부 팁 제트(tip jets) 로터 블레이드는 제트 추력을 생산하기 위해서 별도 엔진에서 제공하는 압축 공기를 사용하기도 한다. 팁 제트 로터 시스템은 수직 구동을 대체하기 때문에 토크가 발생하지 않아 테일로터가 필요하지 않다.

【그림1-23】 팁 제트 로터 시스템

(3) 전환식 항공기

전환식 항공기(convertiplane)는 비행 중 양력을 얻는 방식을 전환할 수 있는 항공기이다. 국제항공연맹에서는 수직이륙과 착륙(vertical takeoff and landing; VTOL)을 위한 로터 양력을 이용하고 정상 비행에서 고정날개 양력으로 전환할 수 있는 모델로 정의하고 있다. 전환식 항공기는 로터가 헬리콥터와 같이 고정되어 있는지 아니면 프롭로터와 같이 전진비행에서 추력을 제공하기 위해서 기울(tilted)일 수 있는지에 따라 두 범주로 분류한다. 프롭로터(proprotor)는 이들을 기울이는데 필요한 기계장치에 따라 틸트로터(tilt rotor) 또는 틸트 윙 형상(tilt wing configuration)이 될 수 있다. 어느 경우라도 엔진고장이 발생했을 때 치명적일 수 있다. 대부분은 자이로플레인과 복합 헬리콥터(compound helicopter)는 양력과 추력장치가 고정되어 있어 비행 중 어떠한 전환이 없기 때문에 전환식 항공기 범주(aircraft category)에 포함되지 않는다. 그러나 최소한 두 항공기는 로터양력(rotorlift)보다 더 높은 날개양력(winglift)을 얻는다. 예를 들

【그림1-24】 틸트윙 항공기

어 “McDonnell XV-1”은 날개양력 대비 로터양력의 비율은 85:15%이다. 틸트로터 항공기는 수직 양력과 추력을 동시에 얻을 수 있도록 설계된 항공기이다. 추력과 양력 장치는 통상 고정날개의 끝에 장착하여 원하는 모드로 전환할 수 있다. 수직비행을 위해서 로터는 수평으로 전환하여 양력을 발생하기 때문에 헬리콥터와 같이 운용될 수 있다. 항공기의 속도가 점차 증가함에 따라 로터는 점진적으로 앞쪽으로 기울어져 회전면이 수직이 된다. 이 모드에서 날개는 양력을 제공하고 로터는 프로펠러와 같이 작용한다. 로터는 추력을 위해서 더 효율적으로 설계되었기 때문에 헬리콥터의 고유의 후진 블레이드 실속이 발생하지 않고 틸트로터는 헬리콥터보다 더 높은 전진 속도를 얻을 수 있다. 틸트로터 항공기는 로터가 전체 날개라기보다 회전축 역할을 하는 틸트윙(tiltwing) 항공기와 다르다. 이 방식은 STOL/STOVL 운용의 효율성을 위해서 수직비행에서 효율성과 맞교환한다. [그림1-24]와 같은 틸트윙 항공기(tiltwing aircraft)는 통상적인 전진비행일 때 날개가 수평이 되지만 수직 이착륙을 위해서 수직 위치로 회전시킬 수 있다. 틸트윙 항공기는 수직비행에서 틸트로터보다 장점이 많다. 로터에서 형성되는 공기흐름이 날개의 최소 면적이 부딪치기 때문에 틸트윙은 더 높은 엔진 동력을 양력 발생에 활용할 수 있다.

V-22 Osprey 틸트로터와 비교했을 때 날개의 간섭으로 약 10%의 추력 손실이 발생한다. 그러나 틸트로터 항공기의 고정날개는 STOL/STOVL 운용 중 우수한 받음각(superior angle of attack)을 제공하기 때문에 더 높은 양력과 짧은 이륙활주로 이륙이 가능하다. 틸트윙 항공기는 날개가 수직으로 기울어 있어 측풍에 많은 면적이 노출될 수 있어 제자리비행이 어려운 단점이 있다. 이에 비해 틸트로터 항공기는 틸트윙 항공기보다 양호한 제자리비행 성능을 갖지만 헬리콥터보다는 떨어진다. [그림1-25]는 대표

【그림1-25】 틸트로터 항공기

【그림1-26】 복합/하이브리드 헬리콥터

적인 전환식 항공기의 형태인 “V-22 Osprey”로 벨 헬리콥터의 틸트로터(tiltrotor) 기술과 보잉사의 터보프롭(turboprop) 수송기의 기술을 조화시켜 개발된 항공기이다. 날개의 양 끝에 한 쌍의 엘리슨 T-406 터보축(turboshaft) 엔진을 장착하여 수직과 수평 위치로 약 97.5°까지 회전시킬 수 있다. V-22 항공기의 헬리콥터 모드에서 최대 순항속도는 185km 그리고 비행기 모드에서 최대 순항속도는 582km에 도달한다.

(4) 복합 헬리콥터

최근 유로콥터에서 실험용으로 제작한 Eurocopter X³ (X-cubed)는 새로운 기술의 적용으로 고속, 장거리 비행을 할 수 있는 하이브리드 헬리콥터(hybrid helicopter)이다. 2013년 6월 7일 시험비행에서 수평비행으로 최대 255노트(293mph; 472km/h)를 기록하여 비공식 헬리콥터 최대속도를 달성했다. X³ 시제기는 [그림1-26]과 같이 Eurocopter AS365 Dauphin 헬리콥터를 기반으로 제작되었다. 짧은 날개에 추진식 프로펠러를 장착하여 좌우측 프로펠러의 피치를 다르게 설계하여 주회전날개의 토크 효과를 상쇄시켜 별도의 테일로터가 필요하지 않다. 쌍발 터보축 엔진으로부터 5-블레이드 로터 시스템을 구동시키면서 동시에 기어를 통해서 추진 프로펠러를 구동시킨다. 전진 블레이드 팁(blade tip)으로 항력을 피하고자 저속 로터 속도(15%)에서 고속 비행이 가능하고, 짧은 날개가 40~80% 양력을 대신하여 로터 하중(rotor load)을 줄여 후진 블레이드 실속(retreating blade stall)을 회피하였다. 헬리콥터는 회전 블레이드의 양력불균형으로 인하여 최대속도가 제한되는 단점이 있다. 휴즈 500D 계열 헬리콥터의 최대속도는 230km/h(124노트), AH-64 아파치 헬리콥터의 최대 속도는 309km/h(166노트), CH-47 치누크 헬리콥터의 최대속도는 286km/h, 등 대부분의 헬리콥터 최대속도가 시속 300km 이하이다. 영국의 “WESTLAND HELICOPTER” 회사의 “WESTLAND LYNX” 헬리콥터는 시속 약 400km에(215노트) 도달하는 세계 최고의 기록을 세웠지만, 이 속도는 마하(Mach) 기록을 경신한 고정날개 항공기의 최대속도에는 비교할 수 없는 속도이다.

1.3 헬리콥터 조종실

1.3.1 조종장치

헬리콥터의 조종장치는 [그림1-27]과 같이 컬렉티브, 사이클릭 그리고 안티토크 페달과 같이 3개의 주요 조종장치가 있다. 이외에도 동력 조종을 위한 스로틀이 컬렉티브 피치 조종간에 달려있다. 여기서 메인로터는 반시계방향으로 회전하는 헬리콥터를 기준으로 설명한다. 만약 메인로터가 시계방향(clockwise)으로 회전한다면 로터 블레이드 피치 변화의 면적, 안티토크 페달 운동 그리고 테일로터 추력 등은 좌우 반대로 적용된다.

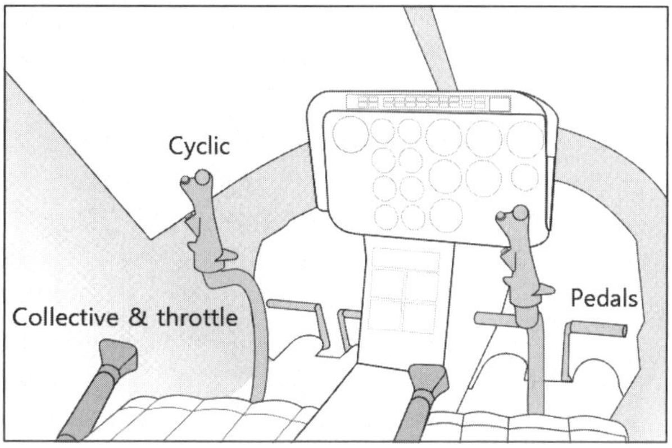

【그림1-27】 조종장치

(1) 사이클릭(cyclic)

사이클릭은 [그림1-27, 28]과 같이 조종사의 오른손으로 조종할 수 있으며 블레이드의 회전면(rotor disk or plane of rotation)을 변화시키는 데 사용된다. 사이클릭은 헬리콥터의 피치와 롤(pitch and roll) 자세를 조종할 수 있다. 사이클릭은 중심점을 기준으로 360° 어느 방향으로나 움직임이 가능하고 조종사가 힘을 적용한 방향으로 회전면이 기울어 헬리콥터는 그 방향으로 이동한다. 조종사는 사이클릭을 가볍게 쥐어야 회전면의 변화를 초래하는 감각(feeling)을 느낄 수 있다. 재래식 헬리콥터의 사이클릭 연결장치(linkage)는 기계적이기 때문에 다소 힘이 들어갈 수 있으나, 최근에 개발되는 대부분 헬리콥터는 유압식(hydraulic) 조종계통이 적용되기 때문에 사이클릭 움직임이 매우 민감하여 가벼운 힘으로도 헬리콥터를 조종할 수 있다. 많은 힘이 적용되었을 때 헬리콥터의 운동량은 그만큼 커지고 조종은 어렵게 될 수 있다. 사이클릭 상부와 안쪽에는 여러 개의 스위치가 부착되어 사이클릭을 잡은 상태에서 무선통신(radio

【그림1-28】 R-22 조종장치

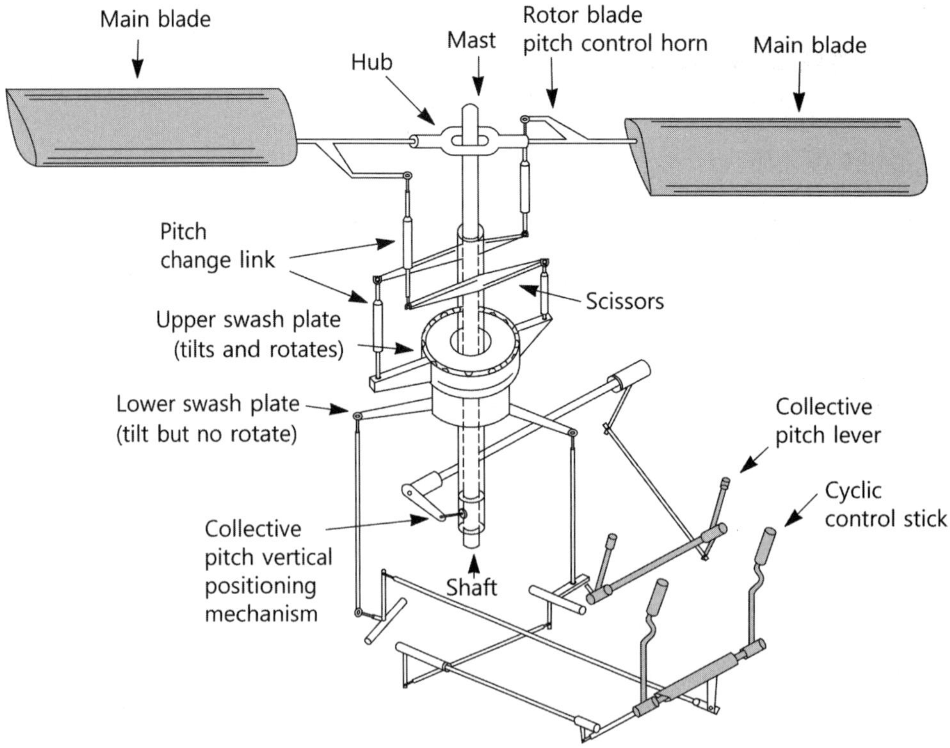

【그림1-29】 조종계통

communication)용 마이크 키(key)를 작동시키거나 군용 헬리콥터의 경우는 미사일 및 기관총 방아쇠(trigger)와 같은 특수 임무를 수행하는데 필요한 스위치로 이용된다. 공기역학적으로 총 양력 힘은 항상 메인로터의 팁-경로면에 수직이다. 사이클릭 피치 조종간의 목적은 원하는 수평 방향에서 팁-경로면을 기울이는 것이다. 사이클릭은 수평선 대비 로터 디스크 경사를 조종하여 조종사가 헬리콥터의 이동 방향을 조종할 수 있도록 로터 디스크 추력(rotor disk thrust) 방향을 결정한다. 사이클릭 피치 조종간이 움직이는 동일한 방향으로 로터 디스크가 기울어진다. 만약 사이클릭을 앞으로 밀었다면 로터 디스크는 앞쪽으로 기울고, 후방으로 당겼다면 뒤로 기울어진다. 로터 디스크는 자이로(gyro)와 같이 작동하기 때문에 사이클릭 조종 로드(cyclic control rods)를 위한 기계적 연결계통은 사이클릭 변위(cyclic displacement)에 도달하기 약 90° 전에서 로터 블레이드의 피치각이 감소하도록 그리고 사이클릭 변위의 방향에서 약 90°를 지난 후 로터 블레이드의 피치각(pitch angle)이 증가하도록 조절되어야 한다. 피치각의 증가는 받음각을 증가시키고 피치각의 감소는 받음각을 감소시킨다. 예를 들어 사이클을 앞으로 밀었다면 받음각은 로터 블레이드가 헬리콥터의 오른쪽 측면을 통과할 때 받음각이 감소하고 왼쪽 면에서 증가한다. 이것은 헬리콥터의 전방에서 로터 블레이드의 최대 하향 편향(downward deflection)을 유발하고 후방에서 최대 상향 편향(upward deflection)을 유발하여 로터 디스크가 앞쪽으로 기울어지는 원인이 된다.

(2) 컬렉티브(collective)

컬렉티브 피치 조종장치(collective pitch control)는 [그림1-30]과 같이 간단하게 컬렉티브 또는 추력 레버라고도 하고 조종석의 왼쪽에 있고 왼손으로 조작한다. 컬렉티브는 메인로터 블레이드의 피치각을 변화시키는 데 사용되고 용어가 의미하는 것과 같이 모든 블레이드가 동시에 작동된다. 컬렉티브를 올리면 모든 메인로터 블레이드들의 피치각(angle of pitch)이 동시에 그리고 균등하게 증가하고 내리면 반대로 피치각이 감소한다. 이것은 일련의 기계적 연결장치(mechanical linkages)를 통해서 이루어지고 컬렉티브 레버의 운동량은 블레이드 피치 변화의 양을 결정한다. 컬렉티브 레버의 부주의한 움직임을 방지하기 위해서 조절형 조임 장치(friction control; 조임 장치)가 설치되어 있다. 블레이드에서 피치각을 변화시키는 것은 각 블레이드에서 붙임각(angle of incidence)을 변화시킨다. 붙임각의 변화와 함께 항력이 변하여 메인로터의 속도 또는 분당 회전수(rpm)에 영향을 준다. 피치각이 증가함에 따라 붙임각이 증가하고 항력이 증가하면서 로터 rpm은 감소한다. 피치각이 감소하는 것은 로터 rpm이 증가하면서 붙임각과 항력 모두를 감소시킨다. 헬리콥터 운용에 필수적인 일정한 rpm을 유지하기 위해서 적절한 동력을 변화시켜 항력의 변화를 보상할 수 있어야 한다. 스로틀 조종 또는 거버너(throttle control or governor)는 자동으로 엔진 동력을 조절한다. 컬렉티브 상부에는 RPM 조정기(beeper switch)가 부착되어 필요할 때 RPM을 증가시키거나 감소시킬 수 있다.

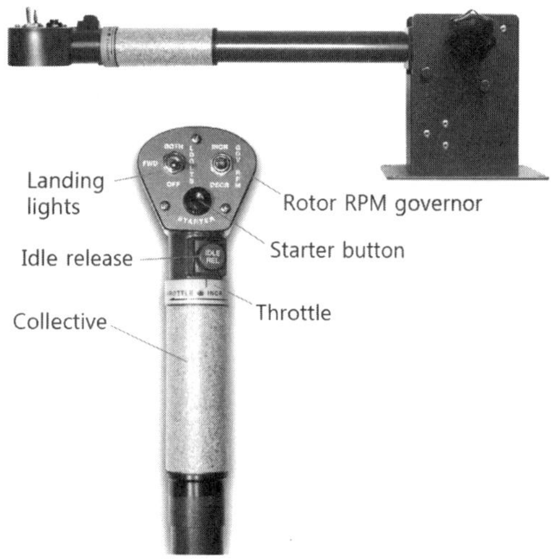

【그림1-30】 컬렉티브와 스로틀

(3) 안티토크 페달

안티토크 페달(antitorque pedals) 또는 테일로터 페달은 [그림1-31]과 같이 조종실 바닥에 위치해 있고 조종사는 양발을 이용해서 피치를 조종하기 때문에 테일로터 블레이드의 추력을 조종한다. 뉴턴의 제2운동 법칙에 따라 헬리콥터 동체는 메인로터 블레이드가 회전하는 반대 방향으로 돌아가려는 경향이 발생한다. 이것을 토크라 하고 이를 수정하지 않으면 비행경로와 헬리콥터의 세로축이 일치하지 않는다. 이를 수정하기 위해서 단일로터 헬리콥터 설계에서 안티토크 로터 또는 테일로터가 필수적이다.

안티토크 페달은 테일로터 블레이드의 피치각을 조종하여 전진비행에서 헬리콥터의 세로 트림(longitudinal trim)에 기여하고, 제자리비행 중 조종사는 360도 방향으로 선회할 수 있도록 한다. 안티토크 페달은 테일로터 기어박스(tail rotor gearbox)에 있는

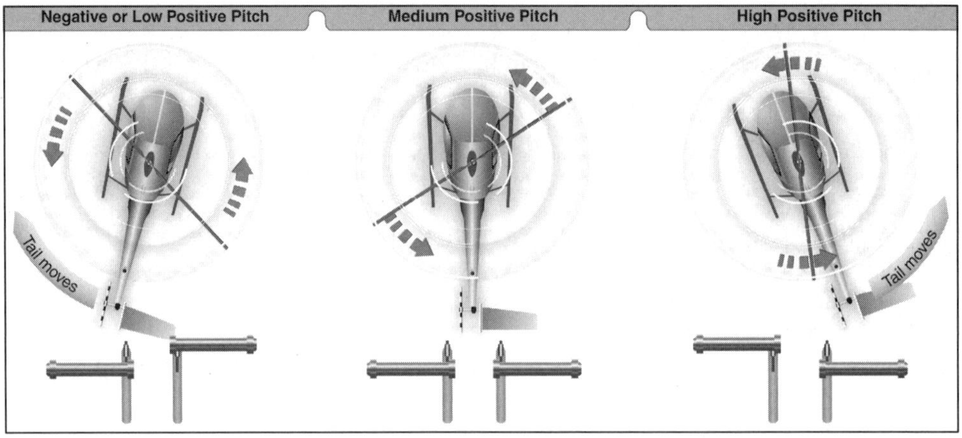

【그림1-31】 안티토크 페달과 제자리비행 선회

피치 변경 기계장치(pitch change mechanism)에 연결되어 있고 테일로터 블레이드에서 피치각을 증가 또는 감소시킨다. 테일로터는 제자리비행 중 또는 제자리비행 선회 중 메인로터의 토크를 상쇄시키면서 헬리콥터의 기수방위를 조종하는 데 사용된다. 제자리비행 선회는 통상 페달 선회(pedal turns)라고도 한다. 전이양력 이상의 속도에서 페달은 헬리콥터의 세로 트림(longitudinal trim)을 위한 토크를 보상하는 데 사용되기 때문에 균형비행(coordinated flight)을 유지할 수 있다. 사이클릭 조종은 원하는 방향까지 선회하여 기수방위를 전환하는 데 사용된다. 테일로터의 추력은 테일로터 블레이드의 피치각에 달려있다. 이 피치각은 [그림1-31]과 같이 양성, 음성 그리고 중립일 수 있다. 양성 피치각은 꼬리를 오른쪽으로 이동하게 하고, 음성 피치각은 꼬리를 왼쪽으로 이동하게 한다. "0" 피치에서는 추력이 생산되지 않는다. 일반적으로 테일로터의 최대 양성 피치각은 가용한 최대 음성 피치각보다 크다. 이것은 테일로터의 주요 목적이 메인로터의 토크를 상쇄시키는 것이기 때문에 왼쪽 추력(음성 피치각)이 생산되는 테일로터의 능력이 필수적이다. 이것은 오토로테이션 중 동력전달장치의 항력이 헬리콥터의 기수를 왼쪽으로 또는 메인로터가 회전하고 있는 방향과 동일 방향으로 빗놀이하게 하는 경향 때문이다. 중립 위치(neutral position)로부터 오른쪽 페달을 적용하는 것은 헬리콥터의 기수를 오른쪽으로 돌아가도록 하고 꼬리는 왼쪽으로 돌아가게 한다. 왼쪽 페달을 적용하면 반대의 효과가 발생한다. 안티토크 페달의 중립 위치에서 테일로터는 중간 양성(positive) 피치각을 갖는다. 순항비행 중 중간 양성 피치에서 테일로터 추력은 대략적으로 메인로터 추력의 토크와 동등하기 때문에 헬리콥터는 수평비행에서 일정한 기수방위(heading)를 유지할 수 있다. 수직 핀 또는 안정판(vertical fin or stabilizer)은 기수방위 조종에 도움이 될 수 있도록 대부분의 단일로터 헬리콥터에서 사용된다. 수직안정판은 제로(zero) 테일로터 추력 세팅과 함께 방향성 안정성(directional stability)을 최적화하기 위한 설계이다. 수직안정판의 크기는 이 설계에서 매우 중요하다. 만약 표면이 너무 크면 테일로터 추력이 방해받을 수 있다. 기수방위 조종은 저속과 제자리비행에서 수직안정판은 풍향계(weathervane)와 같이 작용하기 때문에 더욱 어려울 수 있다.

텐덤로터(tandem rotors) 시스템의 헬리콥터에서는 안티토크 로터가 없다. 이 유형의 헬리콥터는 두 개의 메인로터가 엇회전하면서 토크를 상쇄한다. 비행 중 방향 조종 안티토크 페달은 앞바퀴(forward gear)가 지면에서 부양하여 활주하는 것과 마찬가지로 항공기의 방향 조종을 위해서 사용된다. 쌍축로터 시스템은 각 로터 마스트에 약간의 다른 각도로 장착되어 있어 서로 반대 방향으로 맞물려(intermesh) 회전하는 두 블레이드는 충돌하지 않고 회전한다. 동축로터 시스템은 하나의 마스트에 상하로 로터 블레이드를 장착하여 서로 엇회전하면서 토크를 상쇄시킨다. 제자리비행할 때 기수방위 페달은 로터들 사이에 불균형 토크(unbalancing torque)가 헬리콥터를 선회할 수 있도록 하는 토크를 허용하는 방법으로 기수방위를 조종한다.

(4) 스로틀(throttle)

헬리콥터의 동력 운용 시스템은 경비행기의 동력 시스템과는 다소 차이가 있다. 경비행기의 동력 조정은 상황에 따라 최대허용동력(maximum allowable power)에서 아이들(idle)까지 감소시킬 수 있으나, 헬리콥터의 로터 블레이드는 일정한 속도로 계속 회전해야 하기 때문에 운용 범위가 매우 제한된다. 왕복엔진을 사용하는 구형 헬리콥터는 스로틀을 감아 주거나 풀어 주어 동력을 조절하였으나, 현재 개발되는 대부분 헬리콥터는 스로틀의 수동 조절 없이 컬렉티브를 올리거나 내리면 자동으로 동력의 증감을 보상해 주는 기계적 장치가 되어 있다. 스로틀은 컬렉티브 손잡이에 부착되어 있고 좌측으로 돌려주면 연료조정기(fuel control unit; FCU)를 통하여 엔진에 많은 연료가 공급되어 동력을 최대로 증가시킬 수 있고 우측으로 돌려주면 동력을 감소시킬 수 있다. 지상에서 대기 중일 때 동력은 아이들 위치에 놓고 운용하고 비행하기 위해서는 스로틀을 최대로 감아 주어 로터 회전계(rotor tachometer) 지시침이 허용 로터 RPM 범위에 위치하도록 한다. 로터 RPM의 최대 허용 범위와 최소 허용 범위는 컬렉티브 상단에 있는 RPM 조정기를 이용하여 조절할 수 있다. 스로틀은 [그림1-30]과 같이 컬렉티브의 손잡이에 부착되어 있기 때문에 무의식중에 스로틀을 회전시켜 동력을 감소시킬 우려가 있다. 이를 방지하기 위해서 스로틀 상단이나 하단에 나사형으로 스로틀의 풀림을 방지할 수 있는 스로틀 프릭션(throttle friction)이 있다. 이외에도 정지할 때 또는 컬렉티브의 상하 이동 유연성을 감소시키기 위한 컬렉티브와 사이클릭 프릭션(collective and cyclic friction)이 있다.

(5) 거버너

거버너(governor/correlator)는 로터와 엔진 rpm을 감지하여 로터 rpm을 일정하게 유지하는데 필수적인 동력을 조절하기 위한 감지 장치(sensing device)이다. 정상적인 운용에서 일단 로터 rpm이 조정되면 거버너는 일정한 rpm을 유지하고 조종사는 더 이상 스로틀 조절을 할 필요가 없다. 거버너는 터빈엔진(turbine engine)의 연료조정장치

(fuel control system)로서 모든 터빈엔진 헬리콥터에 장착되어 있고 일부 왕복엔진 헬리콥터에서도 사용되고 있다. 상관기(correlator)는 컬렉티브 레버와 엔진 스로틀 사이에 기계적으로 연결된 장치이다. 컬렉티브를 올릴 때 동력은 자동으로 증가하고 내리면 동력이 감소한다. 이 장치는 원하는 rpm 값을 유지하도록 하지만 미세 튜닝(fine tuning)을 위해서 스로틀의 조절이 필요하다. 일부 헬리콥터는 상관기 또는 거버너 장치가 없기 때문에 모든 컬렉티브와 스로틀은 상호 조화될 수 있도록 조작되어야 한다. 컬렉티브를 올릴 때 스로틀을 증가시키고 컬렉티브를 내리면서 스로틀을 감소시켜야 한다. 이 유형의 헬리콥터에서 과도한 컬렉티브 피치 또는 스로틀 조작은 회피해야 한다. 모든 수정 조작은 유연한 압(smooth pressure)으로 수행되어야 한다. 왕복엔진 헬리콥터에서 컬렉티브 레버는 매니폴드압(manifold pressure)을 위한 주요 조종이고 스로틀은 rpm을 위한 주요 조종(primary control)이 된다. 그러나 컬렉티브 피치 조종은 rpm에 영향을 주기 때문에 스로틀 역시 매니폴드압에 영향을 준다. 따라서 이들 각각은 다른 기능의 보조 조종(secondary control)으로 고려되어야 한다. 태코미터(tachometer; rpm indicator)와 매니폴드압 게이지 모두는 어느 것의 조종에 사용되고 있는지 확실하게 구분할 수 있어야 하고 이들의 관계는 아래 [표]와 같다.

RPM	매니폴드압	조 치
낮음(low)	낮음(low)	스로틀을 증가시켜 매니폴드압과 rpm 증가
낮음(low)	높음(high)	컬렉티브를 낮추면서 매니폴드압을 감소시키고 rpm 증가
높음(high)	낮음(low)	컬렉티브를 올리면서 매니폴드압을 증가시키고 rpm 감소
높음(high)	높음(high)	스로틀을 줄여 매니폴드압과 rpm 감소

(6) 트림 조종장치(trim)

로터 블레이드의 회전면(plane of rotation) 중심과 이를 조종하는 사이클릭의 중심점이 일치하여야 조종하기가 매우 쉽다. 공기역학적 특성인 전이성향은 헬리콥터를 우측으로 편류(drift)시키려는 경향이 있고, 이를 수정하기 위해서 마스트가 약간 좌측으로 기울게 설계되어 수정하거나 아니면 조종사에 의해서 회전면을 좌측으로 기울여 수정할 수 있다. 또는 제자리비행과 전진비행할 때 공기역학적으로 공기흐름이 변화되기 때문에 회전면이 변해야 하고 이로 인하여 사이클릭의 위치도 변하게 된다. 즉, 사이클릭의 중심점은 최초 조절된 위치를 계속 유지하고 있기 때문에 조종사는 조종피로(control fatigue)를 느끼게 할 수 있다. 이 같은 사이클릭에 전달되는 조종압(control pressure)을 완화하기 위한 장치가 사이클릭 트림이다. 트림은 사이클릭 상단에 부착되어 엄지손가락으로 조절할 수 있게 고안되어 있고 전후좌우 압을 적용하면 트림 모터(trim motor)가 작동하여 사이클릭 중심점을 이동시킬 수 있다. 일반적으로 제자리비행과 전진비행할 때 사이클릭의 공기역학적 중심점이 다르므로 현재의 조종 상태에 따라 적절한 트림 조작은 조종피로를 감소시킬 수 있다.

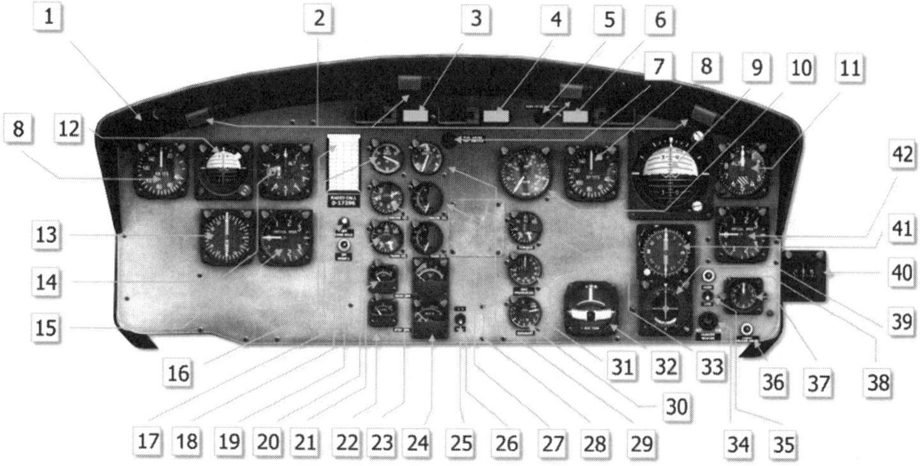

1. Glareshield
2. Secondary lights
3. Master caution
4. RPM warning light
5. Fire detector test switch
6. Fire warning indicator light
7. Fuel gauge test switch
8. Airspeed indicator
9. Attitude indicator
10. Dual tachometer
11. Altimeter indicator (AAU-31/A)
12. Attitude indicator
13. Radio compass indicator
14. Altimeter indicator (AAU-32/A)
15. Vertical velocity indicator
16. Compass correction card holder
17. Fuel pressure indicator
18. IFF code hold switch
19. IFF code hold light
20. Transmission oil pressure indicator
21. Main generator loadmeter
22. Standby generator loadmeter
23. Engine oil pressure indicator
24. AC voltmeter
25. Compass slaving switch
26. DC voltmeter
27. Transmission oil temperature indicator
28. Engine oil temperature
29. Fuel quantity indicator
30. Exhaust gas temperature indicator
31. Gas producer tachometer indicator
32. Turn and slip indicator
33. Torquemeter indicator
34. Marker beacon volume control
35. Marker beacon Sensing Switch
36. Cargo release armed light
37. Clock
38. Marker beacon light
39. Course deviation indicator
40. Magnetic compass
41. Radio compass indicator
42. Vertical velocity indicator

【그림1-32】 UH-1H 재래식 헬리콥터의 조종실

1.3.2 운용 제한

조종사는 승인된 회전날개 항공기 비행 매뉴얼, 표지(markings) 그리고 플래카드에 규정된 운용상의 제한사항(operating limitations)을 준수해야 한다. 대부분의 운용자 매뉴얼은 아래와 같은 항목들이 수록되어 있다.

- General Information
- Operating Limitations
- Emergency Procedures
- Normal Procedures
- Performance
- Weight and Balance
- Aircraft and Systems Description
- Handling, Servicing, and Maintenance Supplements
- Safety and Operational Tips.

(1) 개 요

일반정보 섹션(개요)은 헬리콥터와 동력장치를 위한 기본적인 서술 정보를 제공한다. 일부 매뉴얼에는 헬리콥터의 전장, 전폭 그리고 로터계통의 직경을 포함한 구성품의 치수를 제공하고 이해를 돕기 위해서 3차원 도면이 그려져 있다. 이것은 조종사 또는 운용자에게 항공기의 구조에 빠르게 익숙해질 수 있다. 조종사는 격납고 공간(hanger space), 착륙패드(landing pad) 그리고 지상 취급상의 필요에 따라 헬리콥터의 운용 지역의 적합성(suitability)을 결정해야 할 필요가 있기 때문에 해당 헬리콥터의 기본 구성품의 치수(dimensions)를 숙지하고 있어야 한다.

(2) 운용 제한사항

헬리콥터 운용 제한사항(operating limitations) 섹션은 회전날개 항공기, 동력장치 그리고 각종 시스템과 장비의 안전한 운용을 위해서 준수해야 하는 필수 제한사항들만 수록되어 있다. 또한, 운용상의 제한사항, 계기표지(instrument markings), 컬러 조합(color coding) 그리고 기본 플래카드(placards) 등이 포함되어 있고 항공기의 안전한 운항을 위해서 녹색, 적색 그리고 노란색이 사용될 수 있다. 녹색 표지는 정상 작동 범위를 지시하고, 적색 범위는 최대 혹은 최저 운용 범위를 그리고 노란색은 주의 또는 전이 구역(caution or transition)을 지시한다.

① 속도 제한

대기속도 한계는 속도계(airspeed indicator)에 컬러를 조합하여 보여주거나 플래카드 또는 그래프를 이용해서 보여준다. 속도계에 있는 적색선은 구조적 손상이 발생할 수 있는 대기속도 한계를 지시하고, 이를 초과금지속도(never exceed speed; V_{NE})라 한다. 녹색 범위는 정상 운용 범위를 그리고 일부 속도계에서 청색선은 최대 안전 오토로테이션 속도(maximum safe autorotation speed)를 지시한다. 최대지속동력(maximum continuous power; V_H)으로 수평비행(level flight)을 위한 최대 대기속도에서 또 다른 제한은 동력의 가용성(availability of power)을 지시한다. 무게의 증가 또는 높은 G-하중을 유발하는 기동으로 인하여 필수동력(power required)이 증가함에 따라 V_H는 감소한다. 밀도고도(density altitude)의 증가 또는 엔진 결함으로 인한 가용동력(power available)의 감소 역시 V_H를 감소시킨다.

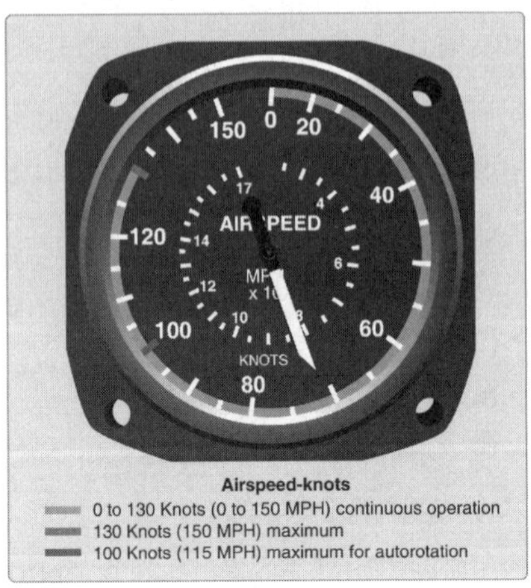

【그림1-33】 속도계

② 고도 한계

만약 회전날개 항공기가 최대 운항 밀도고도가 제한된다면 비행 매뉴얼의 이 섹션에서 규정되어야 한다. 헬리콥터의 기종에 따라 최대고도는 총중량(gross weights)에 따라 달라질 수 있다.

③ 로터 한계

로터의 분당 회전수가 낮으면 충분한 양력을 생산하지 못하고, 너무 높은 rpm은 구조적 파손(structural damage)을 일으킬 수 있기 때문에 로터 rpm 제한은 최저 그리고 최대치를 갖는다. [그림1-34]와 같이 녹색 원호는 정상적인 작동 범위를 지시하고 적색선은 최저 그리고 최대 한계를 보여준다. 로터 rpm 제한은 유동력과 무동력(power-on and power-off) 제한이 있다. 유동력 제한은 엔진이 로터를 회전시키는 동안 적용되고 아주 좁은 녹색 밴드(green band)로 그려진다. 노란색 원호는 진동과 고조파(vibrations or harmonics)가 증가할 가능성 때문에 이 범위 내에서 작동으로 제한된다는 것을 의미하는 전환 범위(transition range)를 보여준다. 이 범위는 테일붐 동적 모드(tailboom dynamic modes)와 관련이 있을 수 있다. 무동력 제한은 오토로테이션과 같이 엔진이 로터를 회전시키지 않을 때 적용된다. 이 경우 녹색 원호는 유동력 아크보다 넓다.

【그림1-34】 로터와 엔진 RPM-유동력일 때 로터 지시침은 외측 초록색 범위 그리고 무동력일 때 내측 초록색 범위를 지시해야 한다. (왕복엔진)

④ 동력장치 한계

동력장치 제한은 rpm 범위, 동력 한계, 작동 온도 그리고 연료와 오일 필수요건과 같은 품목을 포함하여 헬리콥터 엔진에서 작동 제한사항이 기술되어 있다. 대부분의 터빈엔진과 일부 왕복엔진은 최대동력과 최대지속동력(maximum continuous power) 정격이 지정된다. 최대동력(maximum power) 정격(rating)은 엔진이 생산할 수 있는 최대동력이고 통상 시간으로 제한된다. 최대동력 범위는 엔진 동력 게이지에 노란색 아크 그리고 초과해서는 안 되는 최대동력은 적색선으로 지시된다. 최대지속동력은 엔진이 지속적으로 생산할 수 있는 최대동력으로 녹색 원호로 표시된다. [그림1-36]과 같이 매니폴드압 게이지(manifold pressure gauge)에 있는 적색선은 최대동력의 크

【그림1-35】 토크와 터빈출구온도 지시계(터빈엔진)

기를 지시한다. 게이지에 있는 노란색 원호는 정격 동력(rated power)의 제한에 다가가고 있는 압력을 경고한다. 게이지 근처에 있는 플래카드(placard)는 특정 조건을 위한 최대 지시 값이 기록되어 있다.

【그림1-36】 매니폴드압 게이지

⑤ 무게와 하중 분배

무게와 하중 분배 면적은 무게중심 범위와 함께 최대 승인 중량이 포함된다. 무게중심을 산출하는데 사용되는 참고 데이텀(reference datum)의 위치 또한 이 섹션에 포함된다.

⑥ 비행 제한

이 섹션은 곡예비행이라든지 착빙(icing)이 발생할 수 있는 공역으로 지정된 구역을 비행할 때 비행에서 금지되는 행위가 포함되어 있다. 만약 회전날개 항공기가 오직 시계비행만 가능하다면 이 섹션에서 강조되어야 한다. 또한, 최저 승무원 필수요건 그리고 조종석의 위치가 서술된다.

⑦ 플래카드

모든 회전날개 항공기는 안전운항을 위해서 필요한 사항들이 기록되어 있는 한 개 혹은 그 이상의 플래카드를 갖추고 있다. 이들 플래카드는 조종실 내에 잘 보이는 곳에 부착되어야 한다. 고도와 함께 V_{NE}가 변하기 때문에 [그림1-37]과 같은 플래카드는 모든 헬리콥터에서 갖추고 있다.

Press Alt. (1,000 ft.)	V_{NE}—MPH IAS							Gross Weight
F OAT	8	4	6	8	10	12	14	
0	109	109	105	84	61	--	--	More than 1,700 lb
20	109	109	94	72	49	--	--	
40	109	103	81	59	--	--	--	
60	109	91	70	48	--	--	--	
80	109	80	59	--	--	--	--	
100	109	70	48	--	--	--	--	
0	**109**	**109**	**109**	**109**	**98**	**77**	**58**	1,700 lb or less
20	**109**	**109**	**109**	**109**	**85**	**67**	**48**	
40	**109**	**109**	**109**	**96**	**75**	**57**	**--**	
60	**109**	**109**	**108**	**84**	**66**	**48**	**--**	
80	**109**	**109**	**95**	**74**	**57**	**--**	**--**	
100	**109**	**108**	**84**	**66**	**48**	**--**	**--**	
Maximum V_{NE} Doors off—102 MPH IAS								

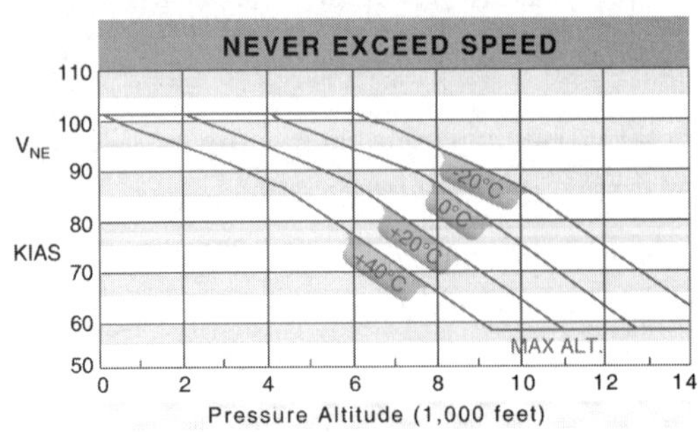

【그림1-37】 V_{NE} 플래카드

1.3.3 조종원리

헬리콥터를 부양시키기 위한 공기역학적 요소는 상당한 수준의 공학적 차원에서 연구가 요구된다. 헬리콥터를 비롯한 새로운 기계의 개발은 사용자에게 더욱 간편하게 이용할 수 있어야 한다. 공학적 수준만큼이나 조종원리가 복잡하고 어렵다면 실용성 면에서 매우 제한될 것이나, 규정된 시간의 훈련을 마치면 누구나 헬리콥터를 조종할 수 있도록 조종원리는 매우 간단하게 설계되어 있다.

① 사이클릭을 앞으로 밀면 기수숙여짐(nose-down)과 증속한다.

② 사이클릭을 뒤로 당기면 기수들림(nose-up)과 감속되며, 제자리비행 상태라면 후진 비행도 가능하다.

③ 제자리비행 중 사이클릭을 우측으로 압을 적용하면 우측으로 비행하고, 비행 중이라면 우선회한다.

④ 제자리비행 중 사이클릭을 좌측으로 압을 적용하면 좌측으로 비행하고, 비행 중이라면 좌선회한다.

⑤ 컬렉티브를 위로 올리면 동력이 증가하고 헬리콥터는 상승한다.

⑥ 컬렉티브를 아래로 내리면 동력이 감소하고 헬리콥터는 강하한다.

⑦ 제자리비행에서 우측 페달에 압을 적용하면 우측으로 선회하고, 비행 중이라면 오른쪽 빗놀이(right yaw)가 발생한다.

⑧ 제자리비행에서 좌측 페달에 압을 적용하면 좌측으로 선회하고, 비행 중이라면 왼쪽 빗놀이(left yaw)가 발생한다.

1.3.4 균형조종

헬리콥터의 조종은 양손과 양발이 모두 사용되고, 손발의 움직임이 일치해야 원하는 비행자세를 유지할 수 있다. 조종석에 편안하게 앉은 자세에서 왼손은 컬렉티브를 상하로 움직일 수 있도록 잡고, 오른손은 사이클릭을 조종할 수 있도록 가볍게 쥔다. 양발은 무릎이 약간 굽어질 정도의 자세를 취하고 한쪽 페달을 최대로 적용했을 때 불편함이 없을 정도가 적당하다. 균형조종(coordinated) 적응 훈련은 헬리콥터의 비행원리를 기초로 한다. 예를 들어 컬렉티브 상방압을 적용하면 동력이 증가하여 토크의 증가로 우빗놀이(right yaw)와 피치업(pitch-up) 경향이 발생한다. 반대로 컬렉티브 하방압을 적용하면 좌빗놀이(left yaw)와 피치다운(pitch-down) 현상이 발생한다. 이 같은 현상은 정상적인 헬리콥터 조종할 때 뚜렷하게 나타나는 현상이기 때문에 비행 전 지상에서 균형조종 적응 훈련은 실제 비행조작에서 무의식적인 수족의 반응(reaction)으로 비행조작에 큰 도움이 된다. 균형조종훈련은 컬렉티브, 사이클릭, 페달의 모양을 갖춘 간단한 모의조종장치를 이용할 수 있으며, 모의조종장치가 없을 경우는 의자에 앉아 가상(imaginary) 조종간을 사용하여 훈련할 수 있다. 모의조종 훈련할 때 이들 조종간은 독립적으로 작용하기보다 거의 동시 조작으로 이루어져야 하고 손발의 조화는 다음과 같이 일치시킨다.

① 컬렉티브 상방압 - 사이클릭 전방압 - 좌측 페달압

② 컬렉티브 하방압 - 사이클릭 후방압 - 우측 페달압

1.3.5 헬리콥터 조종실

헬리콥터 조종실 역시 일반 비행기 조종실과 같이 항공기 장치의 제어와 조종에 필요

【그림1-38】 AgustaWestland HH-139A 글래스 칵핏

한 모든 계기 또는 게이지 그리고 조종장치를 갖추고 있다. 대부분의 헬리콥터 조종실은 좌우 복좌식이지만 일부 공격용 헬리콥터는 전후 복좌식으로 되어 있다. 현대에 출시되는 항공기 대부분은 조종실 환경이 기존의 아날로그 재래식 조종실에서 전자비행계기와 LCD/LED 디스플레이로 구성된 글래스 칵핏(glass cockpit) 환경으로 바뀌고 있다. 초기 전투기 조종사의 상황인식 능력을 향상하기 위한 항공전자 기술의 발달에서부터 시작되어 현대는 대부분의 운송용 항공기 조종실에서 재래식 계기들을 거의 관찰할 수 없는 완전한 글래스 칵핏으로 출시되고 있다. 일부 재래식 항공기 조종실은 전자비행계기장치(EFIS)와 GNSS 항법장치 그리고 이동지도를 시현할 수 있도록 개조하여 운용되고 있다. 국산 수리온 헬리콥터의 조종실 역시 전자조종실 체계를 갖추었다. 따라서 기성 조종사는 물론이고 미래 조종사들은 전자조종실의 구조뿐만 아니라 이들 장비를 능숙하게 활용할 수 있는 능력을 갖추어야 한다.

제 2 장 헬리콥터 구조

2.1 개 요

이 장에서는 현대 헬리콥터의 주요 구성품, 섹션 및 계통에 대해서 다룬다. 헬리콥터는 다양한 크기와 모양으로 설계되지만, 대부분 주요 구성품과 기본 골격(frame)은 [그림 2-1]과 같이 유사하다. 비행기 구조에 대해서는 많이 알려졌지만, 헬리콥터의 구조에 대해서는 많이 알려지지 않은 것이 사실이다. 기본적으로 사용되는 용어가 다르고 회전날개(rotary-wing)라는 새로운 개념의 도입이 전제되어야 헬리콥터의 비행원리를 이해하는 기초가 될 것이다. 헬리콥터 역시 일반 비행기와 같이 동체, 엔진(동력장치), 회전날개, 착륙장치, 그리고 후방부로 구성되어 있다. [그림2-1]은 헬리콥터의 주요 구성품의 명칭과 일부 로터 시스템을 보여주고 있다. 여기서는 헬리콥터의 주요 구조와 기능에 대해서 세부적으로 다루게 될 것이다. 다만, 동력장치에 대해서는 별도의 서적이나 "제트엔진"을 참고할 것을 권장한다.

2.2 헬리콥터의 기본구조

헬리콥터는 항공기의 한 범주로서 양력을 발생시키고 동시에 추력을 생산하기 위한 다양한 외형과 동력장치의 조합으로 최고의 헬리콥터를 설계하기 위한 엔지니어의 노력 산물이다. 현대 헬리콥터의 기본구조는 [그림2-2]와 같이 유사하고, 기본구조에 익숙하게 하는 것은 기능고장과 비상상황을 쉽게 인지할 수 있도록 한다. 이들 계통의 상호관계를 이해함으로써 문제해결을 위한 방법을 찾아내고 정확한 수정조치를 취할 수 있다.

2.2.1 기 체

헬리콥터의 기체(airframe) 또는 기초 골격(fundamental structure)은 금속, 목재 또는 복합소재 혹은 이들을 혼합하여 제작된다. 현대 헬리콥터의 복합소재는 매끄러운 패널이 되도록 여러 겹의 섬유침윤수지(fiber-impregnated resins)로 이루어져 있다. 관 모양과 판금 하부구조(tubular and sheet metal sub-structures)는 통상 알루미늄으로 제작되지만, 스테인리스강 또는 티타늄은 높은 스트레스 또는 고열(stainless steel or

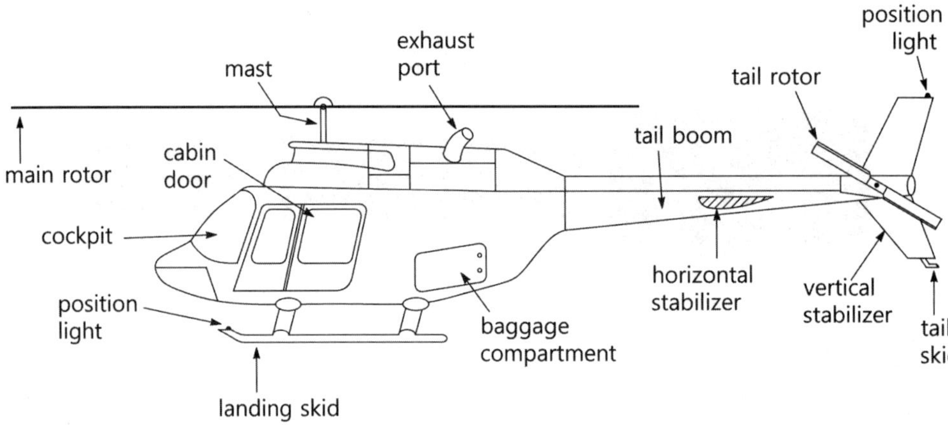

【그림2-1】 헬리콥터 외부의 주요 구성품이다. 대부분 헬리콥터가 유사한 구조로 설계되어 있다.

titanium)을 받는 구조물에 사용된다. 기체 설계(frame design)는 엔지니어링, 공기역학, 재료공학(materials technology) 그리고 제작 방식 등을 고려하여 성능, 신뢰성 그리고 비용 등에 따른 설계 목적을 달성할 수 있다.

2.2.2 동 체

어느 항공기를 막론하고 동체(fuselage)의 형태는 [그림2-2]와 같이 공기의 저항을 최소화하고 운용에 필요한 장비와 각종 기기(devices)를 적절히 배치(layout)함과 동시에 최대한의 공간을 활용하여 승객을 탑승시킬 수 있어야 한다. 동체의 전방부에는 조종실이 위치하여 각종 조종계통과 계기패널(instrument panel)이 배열되어 있다. 통상 조종석(기장)이 왼쪽이지만 일부 헬리콥터는 오른쪽 또는 중앙에 배열되어 있다. 동체는 엔진, 동력전달장치(transmission), 항공전자, 조종계통 그리고 동력장치 등이 내부에 장착된다. 이 같은 목적을 충족하고 헬리콥터의 용도에 적합한 다양한 구조로 설계된다. 예를 들어 500MD는 경무장 헬리콥터답게 달걀형의 동체로 구조되어 민첩한 기동성에 중점을 두었다. 헬리콥터의 조종장치는 컬렉티브(collective), 사이클릭(cyclic), 안티토크 페달(anti-torque pedals)이 있으며, 조종석은 좌우 복좌식이고, 일부 공격용 헬리콥터는 전후 복좌식으로 되어 있다. 조종간을 사용하는 방법은 컬렉티브는 좌측 손, 사이클릭은 우측 손, 그리고 페달(pedals)은 양발을 사용하여 조종할 수 있으며 이들이 상호 일치되어야 한다. 동체의 하부에 연료탱크가 위치하여 무게중심이 아래로 향하도록 고안되어 있다. 기수의 상부 또는 하부에 피토관(pitot tube)이 설치되어 헬리콥터 전진에 따른 충격압(impact pressure or ram air)을 받아들인다. 일부 헬리콥터는 동체 상부와 하부에 와이어 커터(wire cutter)가 장착되어 전선에 부딪혔을 경우 전선을 절단하는 데 사용된다. 동체 중앙에는 트랜스미션(transmission)이 장착되고 마스트(mast)를 중심으로 메인로터 블레이드(main rotor blade)가 회전한다. 동체의 주요 골격은 가볍고 단단한 알루미늄 합

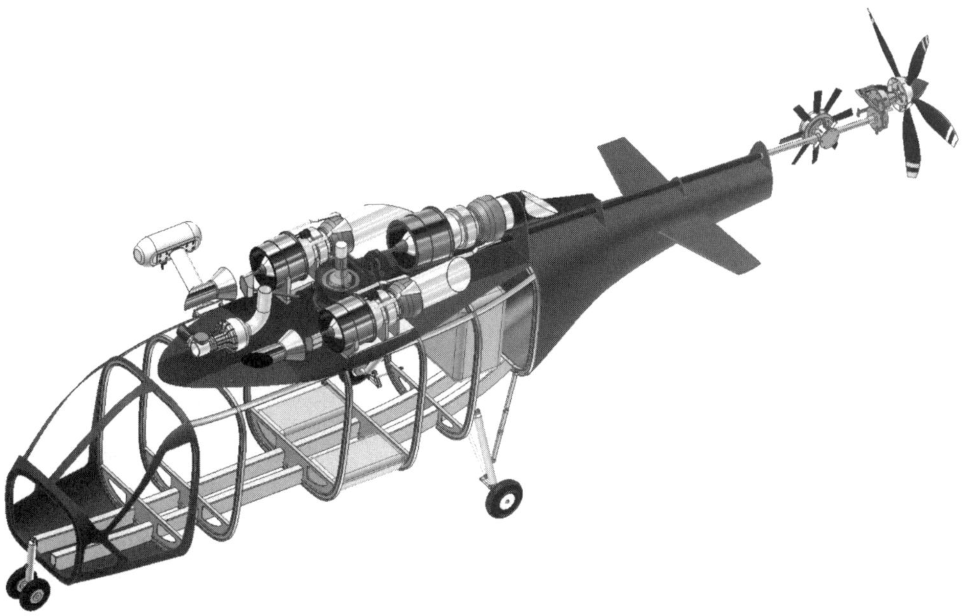

【그림2-2】 현대 고성능 헬리콥터의 기체 구조이다. 기본 골격에 여러 개의 프레임으로 구조를 강화하고 조종실과 객실의 공간을 확보하고 있다. 중앙에 트랜스미션이 장착되고 하부에 연료탱크를 배치하여 무게중심이 낮아지도록 설계되었다.

금(aluminium alloy)과 강철이 주로 사용되고 외피(skins)는 무게를 최소화할 수 있는 유리섬유(fiber glass)로 제작된다.

2.2.3 로터 블레이드

(1) 용어 및 구조

로터 블레이드(rotor blade)는 헬리콥터의 양력 발생 장치로 에어포일(airfoil)의 일종이며 주회전날개(main rotor blade)라 한다. 대부분 헬리콥터는 메인로터 블레이드와 꼬리회전날개 블레이드(tail rotor blade)의 조합, 두 개의 메인로터 블레이드의 상하 조합, 그리고 두 개의 메인로터 블레이드의 전후 조합의 형태로 운용된다. 블레이드의 표면은 [그림2-3, 4, 5]에서 보는 것과 같이 공기 저항을 최소화하기 위하여 매끄럽게 제작되고 내부는 벌집

【그림2-3】 R-22 경헬리콥터의 메인로터 블레이드

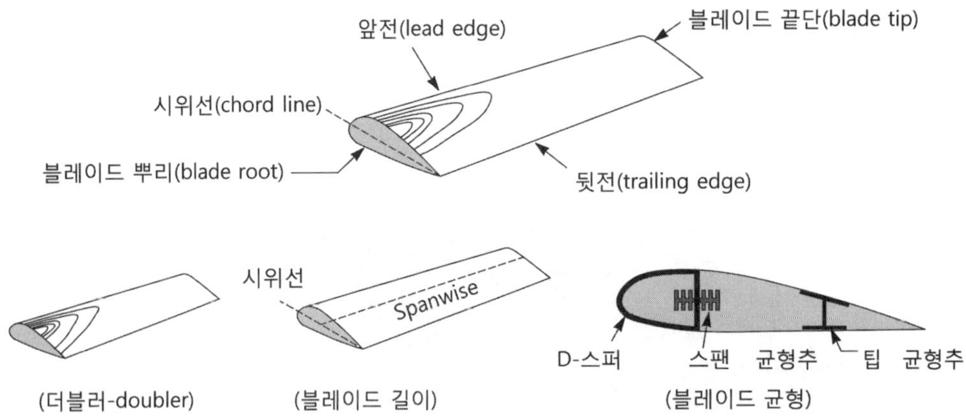

【그림2-4】 블레이드 용어와 내부 구조

구조(honeycomb)를 이루어 블레이드 전체의 강도를 강화한다. 바람을 받는 전면은 둥그렇게 그리고 후면은 뾰족하게 설계되어 공기흐름을 유연하게 하도록 제작되었다. 헬리콥터의 동력장치(powerplant)와 임무(mission)에 따라 에어포일의 폭(chord)과 길이(span)가 결정되고 여러 개의 블레이드로 구성된다. 로터 블레이드로 공기역학적 힘을 얻기 위해서는 블레이드가 빠른 속도로 회전해야 하고 회전하는 블레이드를 각각의 에어포일로 보기보다는 하나의 회전면(plane of rotation or rotor disk)으로 고려되어야 한다. 블레이드는 메인로터 헤드(main rotor head)에 다양한 방법으로 연결된다. 블레이드의 균형을 유지하고 진동을 방지하기 위한 장치로 앞전 스퍼 내부에 [그림2-4]와 같이 균형을 유지하기 위한 균형추(balance weights)를 추가하여 시위길이(chordwise)의 균형을 유지한다. 대부분의 경헬리콥터 블레이드의 앞전 부분은 [그림2-4]의 우측 하단의 그림과 같이 “D”-자 모양의 스퍼(spar)로 구조되는데 이는 블레이드 뿌리에서부터 끝단까지 강도를 제공하고 뒷전 부분은 공간으로서 허니콤(honeycomb) 재질로 채워 무게를 가볍게

【그림2-5】 블레이드의 더블러와 허니콤 구조

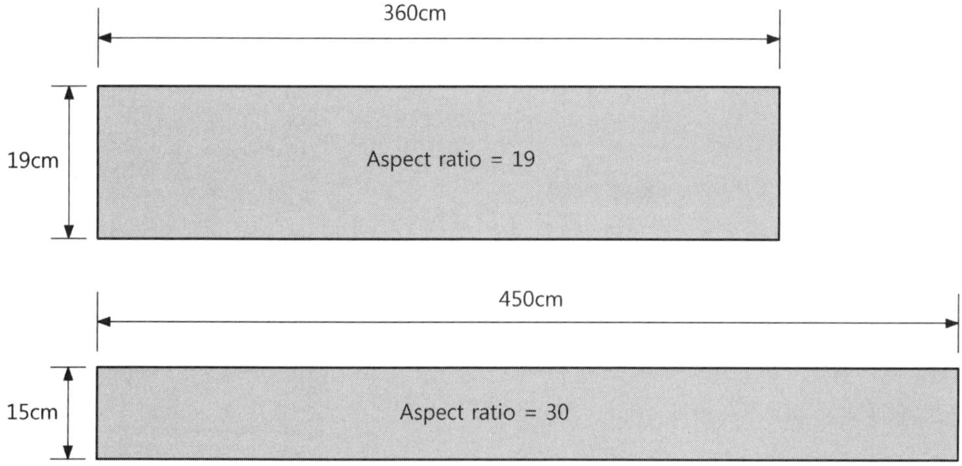

【그림2-6】 블레이드 가로세로비

한다. 블레이드의 성능을 개선하는 방법으로는 다음과 같은 요소들이 있으며 어느 한 요소보다는 상호 보완적으로 조합되어 개량된 블레이드가 개발되고 있다.

- 블레이드 가로세로비
- 블레이드 날씬비
- 블레이드 와시아웃과 컷 아웃
- 블레이드 젖힘각
- 강하고 질긴 복합소재의 개발

(2) 블레이드의 가로세로비(aspect ratio)

블레이드 전체를 평면으로 놓고 볼 때 긴 것과 짧은 것 그리고 폭이 넓은 것과 좁은 것이 있다. 이처럼 블레이드 스팬(blade span) 대비 시위(chord)의 비율을 [그림2-6]과 같이 가로세로비라고 한다. 가로세로비는 블레이드의 길이(span)를 폭(chord)으로 나눈 값이 된다. 일반 경헬리콥터 블레이드의 스팬이 450cm이고 시위가 15cm라고 했을 때 가로세로비는 30:1이 된다. 다음은 블레이드 스팬이 360cm이고, 시위가 19cm라고 했을 때 가로세로비는 약 19:1이 된다. 비록 가로세로비는 차이가 있지만, 전체 면적은 거의 동일하다. 전자의 블레이드는 높은 가로세로비(higher aspect ratio)가 되고 후자의 경우는 낮은 가로세로비(lower aspect ratio)가 된다. 블레이드의 가로세로비가 로터의 양력과 항력 그리고 오토로테이션에서 미치는 영향을 분석했을 때 가로세로비가 높을수록 블레이드 끝단에서 발생하는 와류(blade tip vortex)의 영향을 받는 구역이 현저히 차이가 있음을 알 수 있다. 그러나 블레이드 끝단에서 발생하는 와류 자체는 두 블레이드에서 거의 동일한 양의 양력이 발생한다고 볼 때 큰 차이가 없다. 따라서 가로세로비가 높은 블레이드가 더 양호한 양력계수를 갖는다. 반대로 높은 가로세로비를 갖는 블레이드가 항력을 최소한으로 감소시킬 수 있다면 오토로테이션에서는 최대의 공기 저항을 받을 수 있는 블레이드가 더욱 양호한 활공 성능을 갖게 될 것이다. 따라서 동일한 면적의 블레이드에 의한 오토로테이션 성능은 가로세로비가 낮은 블레이드가 더 양호한 활공 성능을 발휘할 수 있다는 점이 고려되어야 한다.

(3) 블레이드의 날씬비(fineness ratio)

블레이드 날씬비는 [그림2-7]과 같이 시위 길이(chord length)의 백분율로서 에어포일의 두께(thickness)이다. 일반적으로 블레이드의 최대 두께가 되는 지점은 앞전으로부터 약 25% 위치가 된다. 두께가 3cm이고 시위가 20cm인 블레이드는 이 위치에서의 날씬비는 약 15%가 되고 상대적으로 낮은 단면항력(profile drag)이 발생한다. 두께가 4cm라면 날씬비는 20%, 두께가 10cm라면 날씬비는 10%로 감소한다. 날씬비는 에어포일의 단면항력을 감소시키는 요소로 날씬할수록 공기흐름은 유연하여 경계층의 형성을 최소화할 수 있지만, 공기력에 견딜 수 있는 강하고 경량의 복합소재로 제작되어야 한다.

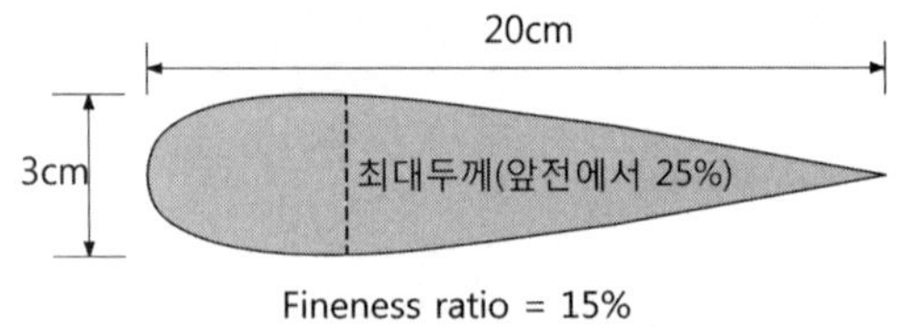

【그림2-7】 블레이드 날씬비

(4) 블레이드 팁 속도와 뒤젖힘(blade tip sweepback)

로터 블레이드의 원심력(centrifugal force)은 회전속도가 빠를수록 더 큰 원심력이 발생하고 블레이드에서는 더 큰 원심하중(centrifugal load)이 발생한다. 블레이드는 끝단의 속도가 더 빠르게 회전함으로써 음속에 가까워질 수 있다. 블레이드의 회전속도는 길이(span)가 길고 RPM이 높을수록 증가한다. 여기에 헬리콥터 자체의 비행속도가 빠르다면 블레이드에 와 닿는 상대풍의 속도는 더욱 증가하게 되어 음속(speed of sound)에 도달할 수 있다. 블레이드가 초음속(supersonic)에 도달하면 블레이드 전면에 강한 충격파(shock wave)가 발생할 수 있다. 충격파는 급격한 항력 증가를 유발시켜 헬리콥터 전체에 극심한 진동(vibration)이 발생하여 위험을 초래할 수 있다. 이를 방지하기 위해서 블레이드의 직경을 짧게 그리고 낮은 RPM일수록 고속에서 블레이드의 충격파 가능성을 배제할 수 있을 것이다. 또 다른 방법으로는 [그림2-8]에서 보는 것과 같이 블레이드 끝단 부분에서 상대 공기흐름(relative airflow)의 시위방향 분력(chordwise component)을

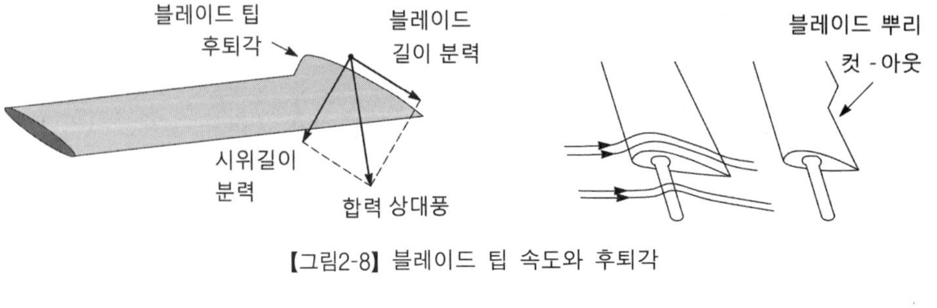

【그림2-8】 블레이드 팁 속도와 후퇴각

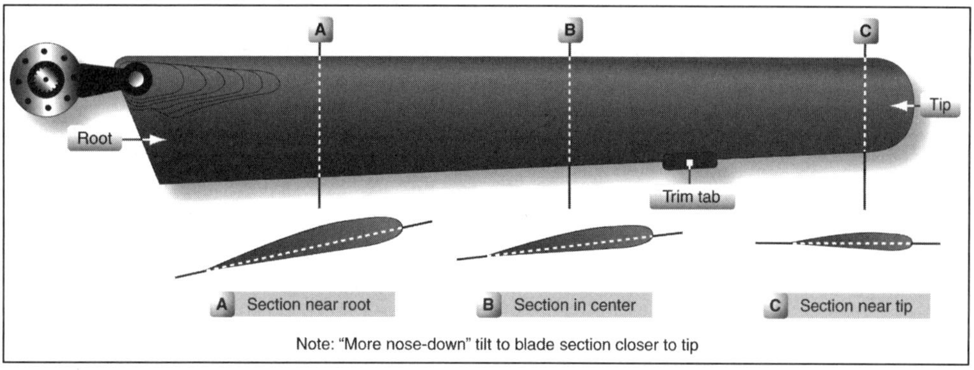

【그림2-9】 블레이드 섹션에 따른 비틀림 각도가 다르다.

감소시킴으로써 더 높은 속도에서 블레이드 실속(blade stall) 성향을 개선한다. 이 형태는 블레이드 끝단에서 발생하는 와류(vortex)를 감소시킬 뿐만 아니라 소음(noise) 감소에도 상당한 효과가 있다. 또한, 블레이드 뿌리(blade root)의 뒷전 부분을 [그림2-8, 오른쪽]과 같이 짧게 설계하여 고속 비행할 때 이 부근에서 벤투리 효과(venturi effect)에 의해서 발생하는 압력 감소로 인한 블레이드 뿌리의 응력(stress)을 감소시킨 설계를 컷아웃(cut-out)이라 한다.

(5) 블레이드 와시아웃(blade washout)

블레이드 선상을 따라서 다른 회전성 상대풍(rotational relative wind) 값으로 인한 양력 불균형(lift differential) 때문에 블레이드는 내적 블레이드 스트레스를 완화하고 블레이드 전체에서 균등한 양력을 발생할 수 있도록 [그림2-9]와 같이 정교하게 비틀림 설계가 되어야 한다. 블레이드는 [그림2-10]에서 보는 것과 같이 회전축에 장착되는 부분인 블레이드 뿌리(blade root)에서는 블레이드 각이 크고 블레이드 끝단으로 갈수록 블레이드의 각이 작게 설계되어 있다. 이는 회전면의 회전 속도차에 따른 것으로 블레이드 뿌리 부분의 속도, 중간 부분의 속도, 그리고 블레이드 끝단 부분이 회전하는 속도가 상대적으로 다르기 때문이다. 기수 위치에 있는 블레이드가 9시 방향의 위치까지 이동한다고 했을 때 블레이드의 외측 부분은 내측 부분보다 상대적으로 더 먼 거리를 이동해야 한다. 이동속도의 차이는 곧 양력의 차이가 발생한다. 이를 수정하는 방법은 블레이드 뿌리 부분의 각도를 크게 하여 더 많은 양력이 발생하도록 하고, 반면에 블레이드 끝단 부분의 각도를 작게 설계하여 상대적으로 적은 양력을 발생하도록 한 설계이다. 이 같은 설계를 블레이드 와시아웃(blades washout) 또는 비틀림(twist) 설계라 한다. 결국, 회전면 전체에서 [그림2-10]의 아래 그림과 같이 고르게 양력이 발생한다. 이 같은 블레이드 와시아웃은 [그림2-11]과 같이 고속으로 회전하는 공기역학적 힘에 의한 하중에 견딜 수 있는 재질과 구조가 되어야 한다. 로터 블레이드와 허브의 용어는 다음과 같다.

• 허브(hub); 마스트에서 블레이드의 뿌리가 장착되는 지점이고 중심점이다.

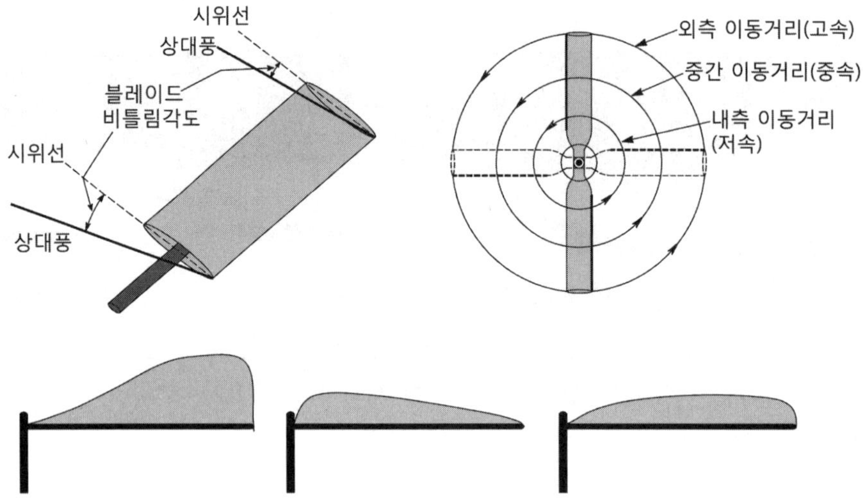

【그림2-10】 블레이드 와시아웃

- 블레이드 끝단(tip); 로터 블레이드의 가장 외측 단면이다.
- 블레이드 뿌리(root); 허브에 장착되는 지점이고 블레이드의 내측 끝단이다.
- 비틀림(twist); 블레이드 뿌리에서부터 외측 블레이드까지 블레이드 붙임각의 변화이다.

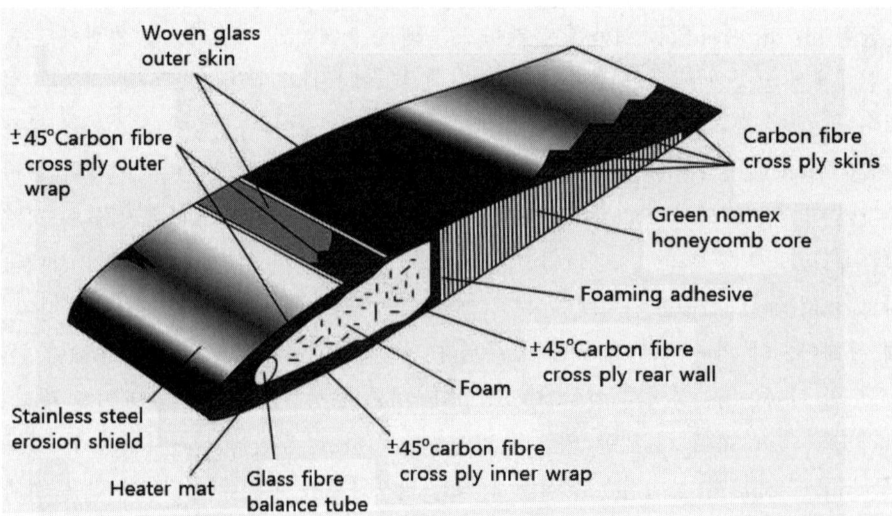

【그림2-11】 로터 블레이드는 고속으로 회전하면서 원심력과 함께 강한 비틀림 힘을 받을 수 있다. 로터 블레이드의 외피는 공기의 저항을 최소화할 수 있어야 하고 가벼우면서 비틀림 힘에 견딜 수 있도록 첨단 복합소재 블레이드가 개발되고 있다.

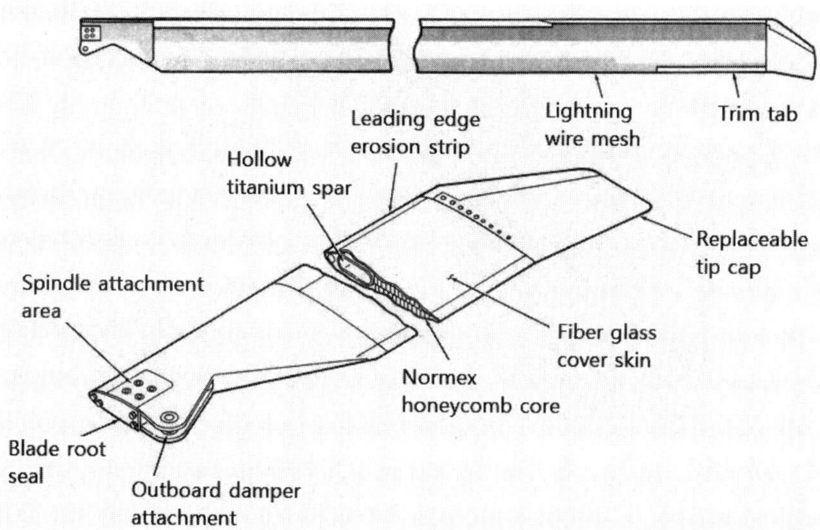

【그림2-12】 블레이드 팁의 압축성 효과를 감소시키기 위한 팁 뒤젖힘 설계

(6) 개량 블레이드 팁 설계

전형적인 로터 블레이드는 직사각형으로 설계되어 있다. 블레이드의 끝단에서는 상당한 와류(vortex)가 발생하고 이 와류가 블레이드 안쪽으로 확산하면서 양력뿐만 아니라 공기역학적 흐름을 불규칙하게 하여 소음과 진동 발생의 한 원인으로 작용한다. 공기역학적 진동과 소음을 줄이기 위한 다양한 블레이드 팁(blade tip) 설계가 적용되기 시작하였고, 고정날개 항공기의 뒤젖힘(sweptback) 날개는 고속비행에서 매우 적합한 설계라는 것이 입증되면서 이를 헬리콥터 로터 블레이드에 적용하기 시작했다. 전진비행에서 압축성 효과(compressibility effects)를 줄이고자 로터 블레이드 팁을 약간 뒤로 젖힌 상태로 설계하기 시작했다. 실제 UH-60 Blackhawk와 AH-64 Apache 헬리콥터의 블레이드 팁은 [그림2-12]와 같이 뒤젖힘(sweepback) 설계를 적용하여 소음과 진동을 줄이는데 기여했다. 그러나 블레이드 탄성 축(blade elastic axis)의 무게중심 또는 공기역학적 중심(aerodynamic centre; AC)이 후방으로 이동하는 성향 때문에 원하지 않는(undesired) 공기역학적 관성 커플링(inertial couplings)이 발생할 수 있다. 이를 해결하는 방법으로 제시된 것이 블레이드 팁의 앞젖힘(swept forward) 설계이다. 로터 블레이드 선상에서 회전성 속도가 다르므로 전체에 젖힘각을 적용할 수 없지만, 회전성 속도가 가장 빠른 블레이드 팁(blade tip)에서만 앞젖힘 면적이 적용될 수 있고 그 크기는 최소화되어야 한다.

BERP(British Experimental Rotor Programme) 로터 블레이드는 [그림2-12-1]과 같이 1970년대 후반에서 1980년대 중반까지 Westland 헬리콥터와 Royal Aircraft Establishment가 제휴하여 새로운 설계와 재료(designs and materials)로 사용하여 양력 성능을 향상하고 최대속도를 증가시키기 위해서 개발되었다. 이 블레이드의 설계 개념은 블레이드에

【그림2-12-1】 BERP IV 메인로터 블레이드 팁 설계에서 앞젖힘, 뒷젖힘, 하반각(약 25도) 그리고 노치 개념이 적용되었다. 이것은 전진 블레이드의 압축성 효과를 줄이고 후진 블레이드의 실속 특성을 개선하면서 동시에 와류는 하방과 후방으로 밀어내 소음과 진동 효과를 현저히 낮추고 공기역학적 특성을 개선하였다.

대한 정상적인 마하수를 젖힘 영역 내에서 일정하게 남아있도록 하는 것이다. BERP 블레이드의 큰 면적에서 적용된 최대 젖힘각은 30°이고 팁은 무차원 반경 "r/R=cos 30 = 86% radius"에서 시작된다. 이 팁의 면적 분배(area distribution)는 평균 팁 압력중심(mean tip centre of pressure)이 블레이드의 탄성 축에 위치하도록 한다. 이것은 86% 반경에서 국지적으로 1/4 시위 축 전방(chord axis forward)의 위치를 오프셋(offset)하여 달성할 수 있다. 이 오프셋은 앞전에서 불연속 또는 노치(discontinuity or notch)를 형성함으로써 블레이드에서 충격파의 강도를 줄여주는 것으로 알려졌다. 따라서 블레이드 젖힘의 기본 효과에 노치의 부가적 효과는 압축성 효과를 감소시키는 데 도움이 된다.

BERP 블레이드는 높은 마하수와 낮은 받음각에서 적합하게 설계되었기 때문에 아주 높은 받음각에서도 실속 없이 작동될 수 있다. 앞전이 매우 높은 각도로 젖혀 있어 이 앞전 분리는 앞전 주변에서 안정된 와류 구조(vortex structure)를 형성함으로써 상부 표면 위에 정착된다. 받음각이 증가함에 따라 이 와류는 앞전을 따라서 더욱 완만한 젖힘 구역 속으로 평면도형 기하 구조를 따라서 최대 끝단 지점에서 더욱 앞쪽으로 발달하기 시작한다. 받음각이 매우 높아졌을 때 와류는 노치 근처 앞전의 가장 앞부분에 가까워지기 시작할 것이다. 실제 강한 노치 와류(notch vortex)는 블레이드의 유선방향(streamwise)을 따라서 형성되는 것을 볼 수 있고 이 와류가 공기역학적 펜스(fence) 역할을 하여 팁 구역으로 침입하고 있는 흐름 분리 구역을 저지한다. 받음각이 더 증가함에 따라 매우 높은 받음각(흐름이 총체적으로 분리되는; 약 22°)에 도달할 때까지 흐름 구조가 약간 변화된다. 재래식 블레이드 팁 평면도형(tip planform)은 약 12°의 국지 받음각에서 총체적 흐름 분리가 나타난다. 따라서 BERP 블레이드는 전진 블레이드에서 압축성 효과를 감소시키면서 동시에 후진 블레이드 실속(retreating blade stall)의 형성을 지연시키는 효과를 얻음으로써 비행영역선도(flight envelope)를 크게 향상할 수 있었다.

최근 Eurocopter 헬리콥터에서는 [그림2-13]과 같이 앞쪽으로 약간 튀어나오면서 뒤로 젖혀진 모양으로 블레이드 팁을 설계하였다. 이 블레이드는 메인로터의 블레이드 와류 상호작용(blade-vortex interactions; BVI)을 최소화하여 소음을 3~4데시벨을 감소시킬 수 있었고 이를 블루 엣지(blue edge)라 한다. 일반 블레이드와 비교하면 제작이 어려운 단점이 있지만, 소음(noise)을 크게 줄여 인구 밀집 지역 운용에 따른 소음피해를 줄일 수 있어 친환경적이다. 또한, 군용 헬리콥터의 스텔스(stealth) 기능을 향상할 수 있을 것으로 기대된다.

【그림2-13】 Eurocopter 헬리콥터 블루 엣지

(7) 블레이드 처짐(blade droop)

블레이드가 회전할 때는 원심력으로 인하여 수평을 이루거나 하중을 받으면서 원추 모양을 이루지만 지상에 계류되어 있는 동안에는 자체의 무게로 인하여 [그림2-14]와 같이 아래로 처지는 현상이 발생한다. 또한, 정지상태 또는 저속으로 회전하는 블레이드에 주변의 강한 하강풍은 급격한 처짐각이 형성되어 장착부에 구조적 손상을 입을 수 있으므로 주의해야 한다. 또한, 강풍이라든지 계류 목적으로 블레이드를 결박(blades tie down)할 때도 주의해야 한다. [그림2-15]의 로터 블레이드의 처짐정지 장치(stop mechanism)는 블레이드의 플랩핑 힌지의 반대 측면에 한 쌍이 맞대어 있는 정지장치로 되어 있다. 인터포저는 힌지에 수직 평면에서 회전을 위한 회전성 축에 있는 암(arm)의 끝부분에 부착되어 있다. 축에 대해서 중앙에 있는 토션 스프링(torsion spring)은 한쪽은 고정되어 있고 다른 끝은 인터포저(interposer; 장치 사이에 놓여 있는 것)를 편의(bias)할 수 있도록 축과 연결되어 있어 정지장치들 사이에 배열되어 있어 블레이드 처짐을 방지한다.

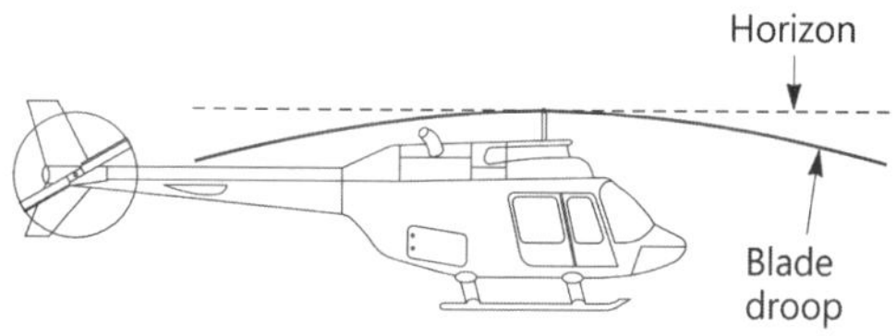

【그림2-14】 블레이드 처짐

【그림2-15】 블레이드 처짐정지 장치

【그림2-16】 트림 탭과 정전기 방전기

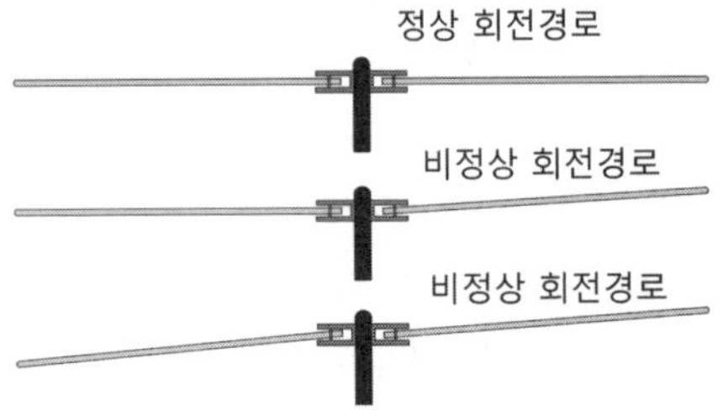

【그림2-17】 블레이드 트래킹

(8) 블레이드 트래킹(blade tracking)

헬리콥터의 각 블레이드는 동일한 회전경로를 따라서 이동해야 한다. 만약 [그림2-17]과 같이 어느 한 블레이드가 회전경로에서 벗어났다면 블레이드의 진동과 공기역학적 소음이 증가하는 원인이 될 수 있다. 이처럼 각 블레이드가 정확한 회전경로를 따라 이동할 수 있도록 하는 정비 절차를 트래킹(tracking)이라 한다. 먼저 각 블레이드가 정확한 회전경로를 따라 회전하고 있는지를 결정하기 위해서 [그림2-16, 17, 18]과 같이 도구를 이용하여 블레이드의 회전경로를 판단한 후 각 블레이드 뒷전에 장착된 블레이드 탭(blade tab)을 조절한다.

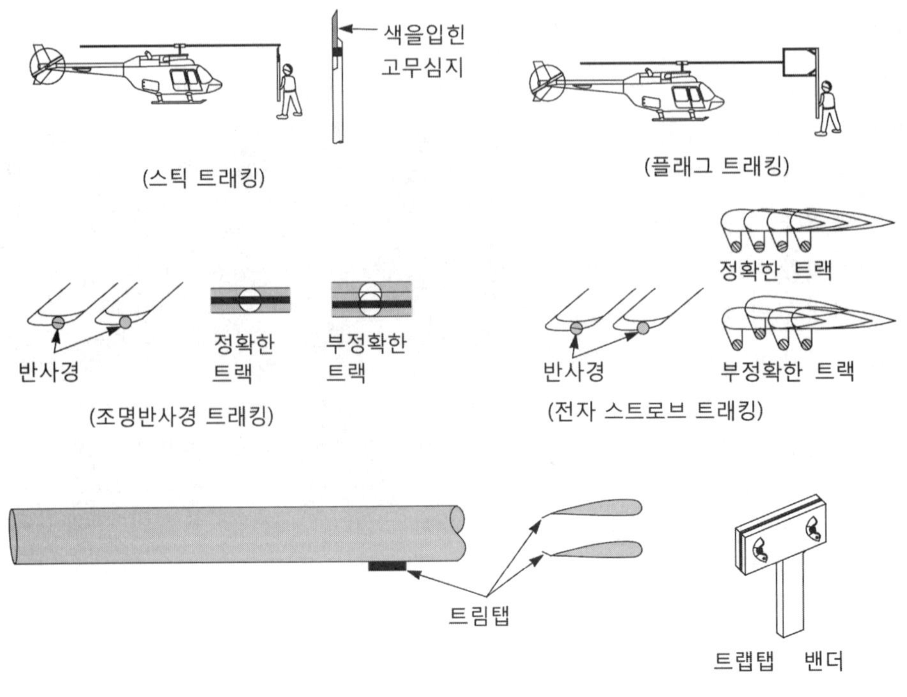

【그림2-18】 블레이드 트래킹

【그림2-19】 메인로터 헤드

2.2.4 메인로터 헤드

메인로터 헤드(main rotor head)는 [그림2-19]와 같이 회전날개를 구성하는 주요 구성품들의 집합체이다. 모든 헬리콥터의 메인로터 헤드의 기본구조는 동일하지만, 그림에서 보는 것과 같이 기종에 따라 더욱 복잡하게 구조되어 있다. 메인로터를 구성하는 주요 구성품과 기능은 다음과 같다.

(1) 로터 허브(hub)

블레이드를 마스트(mast)와 연결해주는 역할을 하는 것이 허브(hub)이다. 로터 허브의 설계 역시 헬리콥터 설계의 다양성만큼이나 여러 가지 형태로 개발되었다. 이 같은 로터 허브는 무게가 가볍고, 항력이 적으며 조종계통의 정확한 전달 기능을 갖추어야 한다. 대표적인 로터 허브의 형태는 벨(Bell) 헬리콥터, 로빈슨(Robinson) 계열의 시소형 허브(teetering hub) 그리고 휴즈 헬리콥터와 시코르스키 헬리콥터에서 볼 수 있는 전관절형(fully articulated hub) 허브이다.

(2) 스와시플레이트(swashplate)

스와시플레이트(swashplate)는 [그림2-20]과 같이 조종사의 정적조종입력(stationary control inputs)을 로터 블레이드 또는 조종면까지 연결될 수 있는 회전 입력(rotating inputs)으로 전환하는 역할을 하고, 회전(rotating) 스와시플레이트와 고정(stationary) 스와시플레이트가 있다. 고정 스와시플레이트는 메인로터 마스트 주변에 장착되고 일련의 푸시로드(pushrods)로 사이클릭과 컬렉티브에 연결되어 있다. 안티드라이브 링크(antidrive link)가 회전을 제한하지만 전 방향에서 기울어지고 수직으로 움직인다. 회전 스와시플레이트는 고정 스와시플레이트에 유니볼 슬리브로 고정 스와시플레이트에 장착된다. 드라이브 링크로 마스트까지 연결되어 있고 메인로터 마스트와 함께 일정한 상관관계를 형성하면서 회전해야 한다. 고정 스와시플레이트는 조종계통에 연결되어 있기 때문에 상하로 자유롭게 움직이거나 어느 방향으로든 경사가 가능하다. 회전 스와시플레이트는 고정 스와시플레이트 상부에 있고 피치 체인지 로드(pitch change rod)를 통해서 피치 체인지 혼(horn)에 연결되어 있어 블레이드의 피치와 경사 방향을 조절한다. 피치 체인지 혼은 각 블레이드의 뒷전에 부착되어 있다.

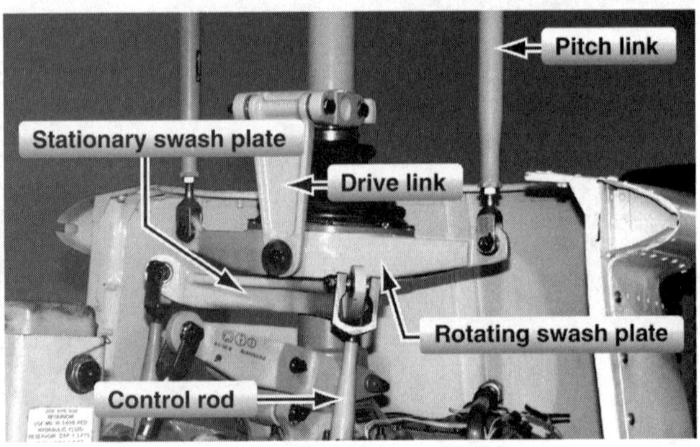

【그림2-20】 스와시플레이트

(3) 피치 체인지 로드

피치 체인지 로드는 [그림2-21]과 같이 회전 스와시플레이트(rotating)에서 피치 체인지 혼(horn)까지 연결된 부품이다. 피치 체인지 로드는 회전 스와시플레이트에서 주회전날개까지 조종계통(flight controls)에서 발생한 모든 운동을 전달한다. 피치 체인지 혼(pitch change horn)은 조종계통에서 발생한 운동을 피치 체이지 로드(pitch change rod)에서 주회전날개까지 지렛대 작용(leverage)을 지지하는 데 사용된다.

【그림2-21】 피치 체인지 링크와 혼

(4) 블레이드 댐퍼(blade damper)

블레이드 댐퍼는 [그림2-22]와 같이 허브(hub)와 주회전날개 사이에 장착되고 주회전날개의 수평 운동으로부터 발생하는 충격을 감쇠시킨다. 주회전날개가 지상에서 회전하기 시작하거나 정지될 때 또는 비행 중 블레이드의 큰 힘을 받는 갑작스러운 운동이 발생하였을 때 관성에 의한 블레이드 운동의 충격을 흡수할 뿐만 아니라 블레이드의 진동(hunting)도 제어된다.

(5) 시저(scissors)

회전 시저(rotating scissors)는 [그림2-20]과 같이 주회전날개 허브와 회전 스와시플레이트 사이에 부착된 부품으로, 회전 스와시플레이트에 전달되는 수직 및 경사 운동을 허용하면서 회전 스와시플레이트가 주회전날개 허부(hub)와 함께 회전하기 위한 토크 암(torque arm)으로 작용한다. 이에 반해 고정 시저(stationary scissors)는 메인 기어박스와 고정 스와시플레이트 사이에 부착되어 있다. 고정 시저는 스와시플레이트에 전달되는 수직 및 경사 운동을 허용하면서 주회전날개 헤드와 함께 회전하려는 고정 스와시플레이트를 보조한다.

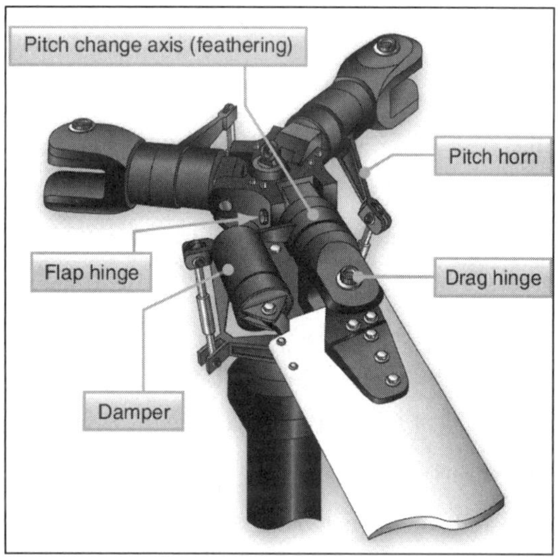

【그림2-22】 전관절형 로터 시스템에서 댐퍼, 피치 체인지 혼 그리고 드래그 힌지, 플랩 및 페더링 힌지가 장착되어 있다.

(6) 리드-래그(선도-지연) 힌지와 플랩핑 힌지

리드-래그(lead-lag) 힌지는 [그림2-22, 23]과 같이 로터 블레이드 끝단(rotor blade tip)이 회전면에서 앞뒤로 움직이는(move back and forth) 것을 허용하는 헬리콥터 회전날개 블레이드 뿌리(blade root)에 있는 힌지(hinge)이다. 리드-래그 힌지의 운동을

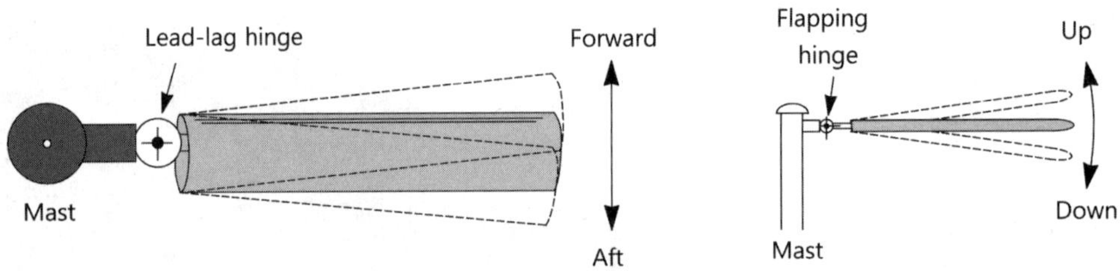

【그림2-23】 리드-래그 힌지와 플랩핑 힌지

드래깅(dragging)이라 하고 드래그 댐퍼(drag damper)에 의해서 반대 운동을 받는다. 반면에 플랩핑 힌지는 [그림2-22, 23]과 같이 블레이드 회전면(plane of rotation)에 평행한 축과 함께 있는 힌지이다. 델타 또는 플랩핑 힌지(flapping hinge)에 대한 헬리콥터 로터 블레이드의 상하운동을 허용함으로써 플랩핑에 의한 양력 불균형을 해소한다.

(7) 프리휠링 장치

헬리콥터에서 양력은 회전하는 에어포일에 의해서 발생하기 때문에 이들 에어포일은 엔진고장(engine failure)이 발생했을 때 자유롭게 회전해야 한다. 엔진 분당 회전수가 메인로터 rpm보다 낮아질 때 프리휠링 장치(freewheeling unit)는 [그림2-24]와 같이 자동으로 엔진을 분리시킨다. 이 장치는 메인로터와 테일로터가 정상적인 비행속도에서 계속 회전하도록 한다. 엔진과 메인로터 동력전달장치 사이에 있는 일방 스프로그 클러치(one-way sprag clutch)로 구성된 장치가 가장 많이 사용되고 있다. 일반적으로 이 장치는 왕복엔진 헬리콥터에서는 상부 풀리(upper pulley)에 있고 터빈 헬리콥터에서는 보기류 기어박스(accessory gearbox)에 장착되어 있다. 엔진이 로터를 회전시키고 있을 때 스프레그 클러치에 있는 경사 표면(inclined surfaces)이 외측 드럼(outer drum)에 대해서 롤러(rollers)에 힘이 가해진다. 이것은 엔진이 전달 rpm을 초과하는 것을 방지한다. 만약 엔진고장이 발생했다면 롤러(roller)는 안쪽으로 이동하여 내측 부분의 속도를 초과하도록 외부 드럼(outer drum)을 허용한다. 트랜스미션은 엔진 속도(rpm)를 초과하여 회전할 수 있다. 이 상태에서 엔진 속도는 롤러 구동 시스템의 속도보다 낮아지고 헬리콥터는 오토로테이션 상태(autorotative state)에 진입한다.

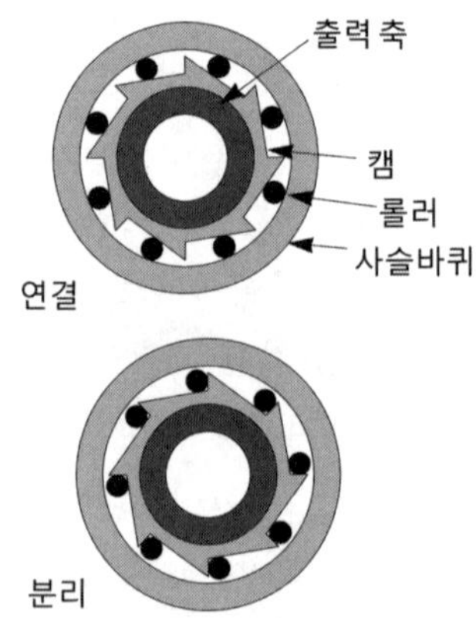

【그림2-24】 프리휠링 장치

2.2.5 테일로터

단일 로터(single rotor) 헬리콥터의 특징은 주회전날개의 회전에 따른 토크(torque)의 발생이다. 앞에서 언급한 것과 같이 이 문제를 해결하지 않는 한 단일 로터 헬리콥터는 존재할 수 없는 매우 중요한 역할을 하므로 헬리콥터 연구가들은 이 문제를 해결하는데 상당한 노력과 시간을 투자해야 했다. 토크는 회전체에 매달려 있는 물체가 회전 방향의 반대로 회전하려는 힘이 발생하고 이 힘을 제거해 주지 않는 한 단일 로터 헬리콥터는 운용될 수 없다. 따라서 단일 로터 시스템에서 토크를 방지하기 위한 별개의 로터 시스템이 요구된다. 테일로터를 회전시키기 위한 별도의 동력장치가 설치되는 것은 아니고 엔진에서 발생한 일부 동력을 테일로터(tail rotor)를 회전시키는 데 사용된다. 테일로터는 [그림2-25, 26, 27]에서 보는 것과 같이 주회전날개를 회전시키는 동력 일부를 연결장치를 이용하여 테일로터를 회전시킬 수 있다. 테일로터는 조종실 안티토크 페달(anti-torque pedals)에 연결되어 있으며 조종사의 양발을 이용하여 조종할 수 있고 회전날개를 음성 및 양성 피치각으로 조종할 수 있다. 테일로터는 동력전달장치(transmission)에 연결되어 있기 때문에 주회전날개가 회전하는 한 테일로터도 함께 회전한다. 이 같은 테일로터 계통은 헬리콥터의 설계에 따라 다양하게 고안 제작되지만, 필수적으로 구동축(drive shaft), 기어박스(gearbox), 회전날개 그리고 피치변경장치(pitch-change mechanism)로 구성된다. 테일로터의 주 기능은 토크를 상쇄시키는 것이기 때문에 주회전날개의 회전 방향에 따라 테일로터의 추력 방향이 결정된다. [그림2-25]는 시계반대 방향으로 회전하는 메인로터와 테일로터 추력의 관계를 보여주고 있다. 그러나 메인로터가 시계방향으로 회전한다면 테일로터 추력 역시 반대 방향으로 추력이 발생하도록 설계된다.

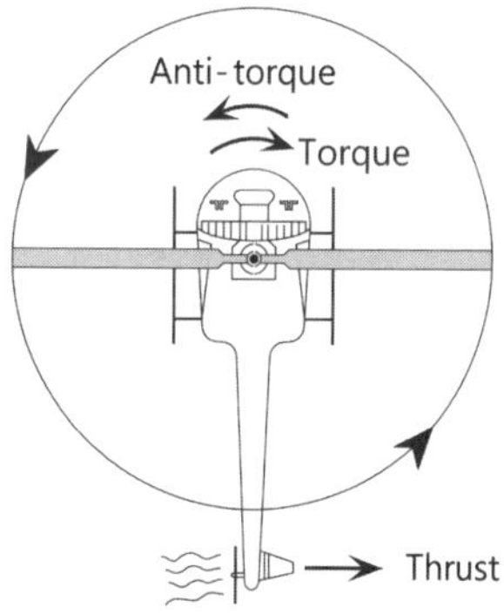

【그림2-25】 안티토크 추력

【그림2-26】 헬리콥터의 테일로터 장치에서 기어박스, 피치 체인지 링크 등을 관찰할 수 있다.

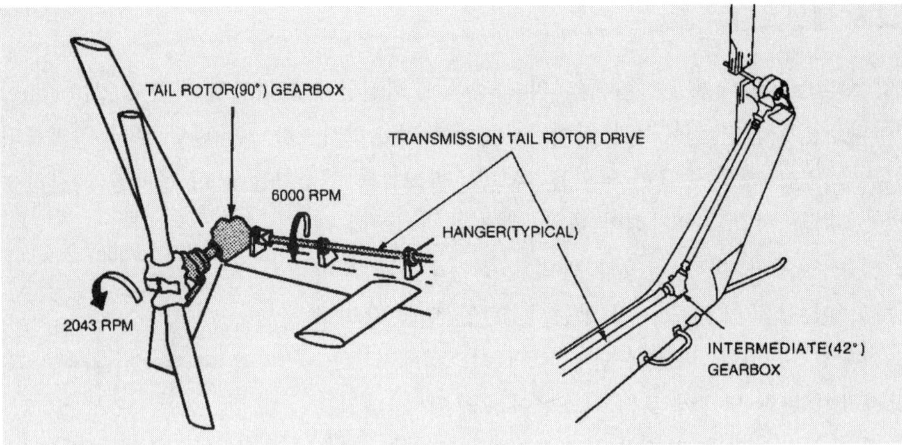

【그림2-27】 테일로터 및 테일로터 동력전달장치

(1) 테일로터 구동축(drive shaft)

동력전달장치(transmission)에서 정밀하게 조절된 회전력은 테일붐을 거쳐 테일로터까지 전달하는데 사용되는 구동축이다. 이 같은 구동축은 [그림2-27, 28, 29]와 같이 테일붐(tail boom)의 형태에 따라 외부에 노출되거나 대부분 테일붐 내부에 장착된다. 동력전달장치에서 테일로터까지 전달하는 과정에서 [그림2-27, 28]과 같이 중간중간에 구동축을 지지하고 구동축 정렬(alignment)을 위해서 축지지 베어링(hanger bearing)이 사용된다. 구동축 정렬은 진동을 방지하는 데도 매우 중요한 요소이다.

(2) 테일로터 기어박스(gearbox)

테일로터 기어박스는 구동축(drive shaft)에 의해서 전달된 회전력의 방향을 바꾸고 회전수(RPM)를 증가시키거나 감소시키는 역할을 한다. 테일로터는 주회전날개와 수직으로 또는 일정한 경사로 기울어 있으므로 회전 방향을 변경시켜야 하고 일반적으로 테일로터는 주회전날개보다 빠르게 회전하기 때문에 기어를 변경시켜 분당 회전수(RPM)를 증가시킨다. 일부 테일로터의 회전은 3,000 RPM을 초과하기도 한다. [그림2-27]의 오른쪽과 같이 테일로터 기어박스가 구동축과 수평으로 설계되지 않고 중간에 회전 방향을 변경해야 할 필요가 있을 때는 42° 중간기어박스(intermediate gearbox)를 장착하여 회전 방향을 전환한다.

(3) 테일로터 블레이드

테일로터 역시 제작 회사에 따라 다양하게 제작된다. 테일로터는 일반적으로 두 개의 회전날개 또는 그 이상의 회전날개로 구성된다.

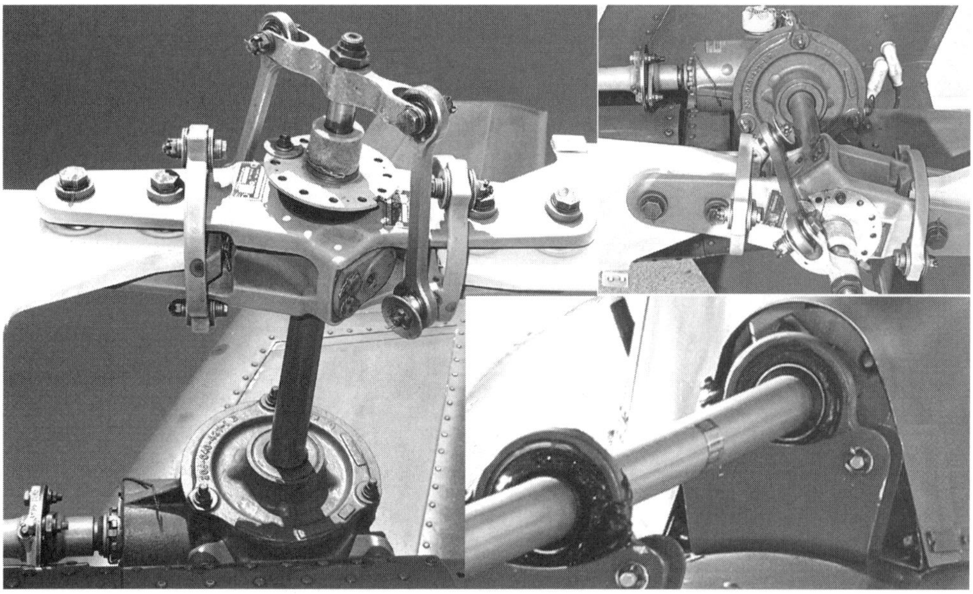

【그림2-28】 테일로터 90도 기어박스, 피치 체인지 링크 그리고 구동축을 관찰할 수 있다.

(4) 피치 체인지 메커니즘

테일로터의 피치(pitch)를 변화시킬 수 있는 장치로 대부분 푸시풀 로드(push-pull rod)가 이용되나 일부 헬리콥터는 강철 케이블(steel cable)을 사용하는 사례도 있다. 조종실의 테일로터 페달에서부터 테일로터 피치 체인지 로드까지 힘이 최대한 손실 없이 전달될 수 있도록 중간에 [그림2-29]와 같은 벨 크랭크, 페어리드 등으로 보호되어 있다.

(5) 테일로터의 형태

테일로터의 특성상 수직 방향에서 고속으로 회전하고 있으므로 비행 안전에 기여하고 테일로터에서 발생하는 소음을 최소화하기 위한 설계로 개발되고 있다. [그림2-29]는 현재 운용 중인 헬리콥터에서 사용되고 있는 다양한 모양의 테일로터이다.

① 재래식 테일로터

대부분 헬리콥터에서 오랫동안 사용되고 있는 방식으로 꼬리회전날개(tail rotor) 주변에 어떠한 보호 장치도 없다. 고속으로 회전하기 때문에 육안으로 식별이 어려워 사고 발생의 원인이 되어 왔다. 일부 대형 헬리콥터는 높은 수직안정판(핀) 상단에 테일로터를 장착하여 안전 문제를 해소하였다.

② 피네스트론

피네스토론 또는 팬-인-테일(fenestron or “fan-in-tail) 방식은 [그림2-30]과 같이 회전 블레이드들이 수직 테일(vertical tail) 내부에 보호되어 있다. 블레이드가 순환 덕트

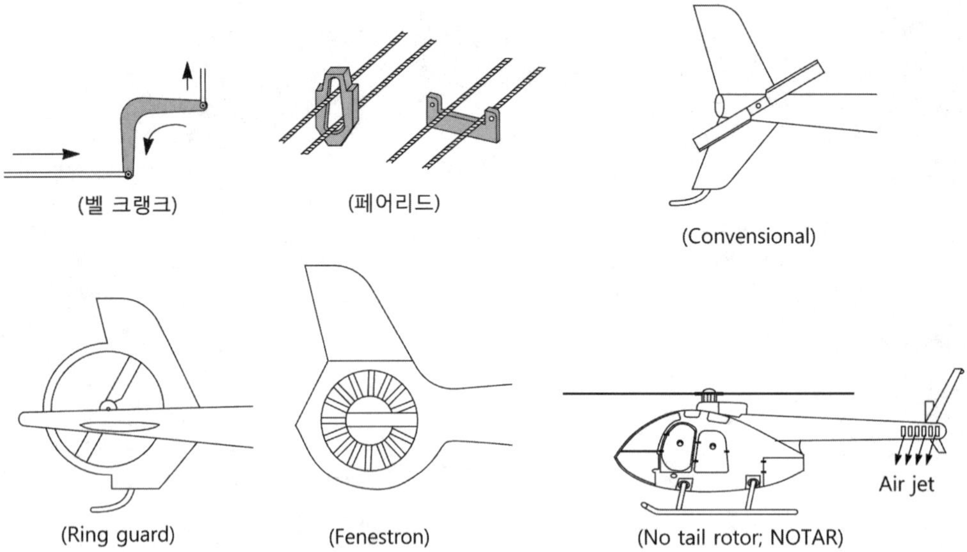

【그림2-29】 테일로터 형식과 부속 구조물

(circular duct) 안에 있어서 외부의 물체 또는 주변을 배회하는 사람과 부딪힐 가능성이 작다.

② NOTAR

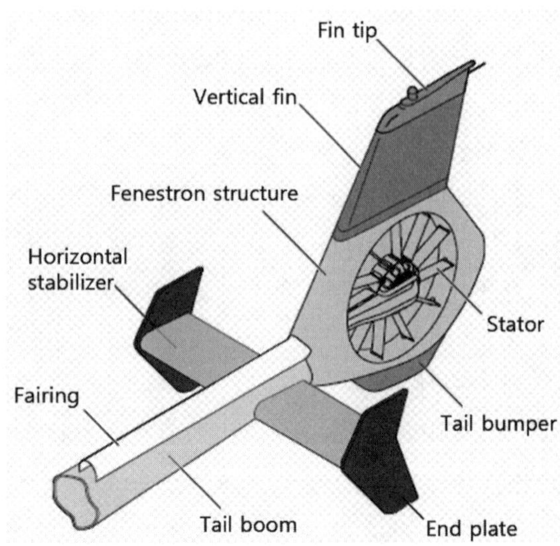

【그림2-30】 테일붐과 꼬리부의 구조

테일 추력 장치는 헬리콥터 공기역학의 자연적인 특성을 이용한 것으로 [그림1-13]과 같은 NOTAR 안티토크 장치는 더욱 안정되고, 낮은 소음, 높은 반응성 그리고 이물질손상(foreign object damage; FOD)으로부터 보호될 수 있다. 가변피치(variable-pitch) 복합 블레이드 팬은 복합 테일붐 주변에 대량의 공기를 압축시켜 저압을 형성한다. 공기는 오른쪽에 있는 테일붐(tail boom)의 길이 선상에 연결된 두 개의 구멍을 통해서 배출되면서 경계층 제어(boundary- layer control)를 유발하면 이를 코안다 효과(Coanda effect)라 한다. 이것은 테일붐을 로터 시스템의 하강풍 속에서 비행하고 있는 날개와 같은 역할을 하도록 함으로써 제자리비행에서 요구되는 약 60%의 안티토크를 생산해 낸다. 전진 비행에서 수직안정판(핀)은 대부분의 안티토크를 제공하지만, 방향 제

【그림2-31】 Kamov Ka-25의 꼬리부는 수평안정판과 앤드플레이트로 보강되었다.

트 추력기(direct jet thruster)는 방향 조종 역할을 한다. NOTAR 안티토크 시스템은 긴 구동축(long drive shafts), 행거 베어링(hanger bearings), 중간기어박스와 90도 기어박스 등과 같은 테일로터의 기계적 단점을 제거하였다.

2.2.6 테일붐과 수직 및 수평안정판

테일붐은 동체가 끝나는 부분에서부터 꼬리의 끝단(edge of tail)까지 이며 주로 테일로터 구동축(tail rotor drive shaft)을 보호하고 있는 부분으로 헬리콥터의 세로축을 형성한다. 테일붐 끝단에는 테일로터 기어박스에 테일로터가 장착되어 있고, 수평안정판(horizontal stabilizer) 또는 동기 승강타(synchronized elevator)와 수직안정판이 설치되어 순항속도에서 헬리콥터의 안정성(stability)에 기여한다. 수직안정판은 화살의 끝단에 부착되어 있는 깃과 같이 활시위를 떠난 화살이 원하는 방향으로 직진할 수 있도록 방향을 유지해 주는 역할을 한다. 예를 들어 헬리콥터가 순항 비행할 때 외부의 영향으로 기수가 좌측으로 틀어지면 꼬리의 수직안정판은 오른쪽으로 움직이게 된다. 그러나 꼬리 수직안정판 공기흐름은 우측으로 이동한 수직안정판을 다시 좌측으로 밀어내 헬리콥터는 정상 기축을 유지할 수 있게 된다. 수평안정판 역시 같은 원리로 기수의 상하운동은 꼬리 수평안정판의 상하운동을 유발하여 불균형된 공기흐름을 균형되게 유지함으로써 기수의 상하 안정성에 기여한다. 테일붐(tail boom) 역시 다양한 형태로 제작된다. BELL-47G와 같은 기종은 철골 구조로 되어 있으나 대부분 헬리콥터는 원통형 구조로 되어 있다.

【그림2-32】 테일붐이 철골로 제작되어 있다.

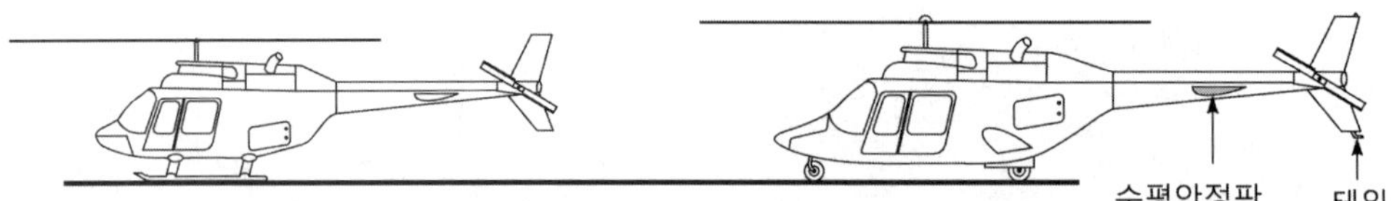

【그림2-33】 착륙장치와 테일 스키드

2.2.7 테일 스키드

헬리콥터는 후진비행이 가능하고 이를 위해서 조종사가 사이클릭(cycle)을 후방으로 압을 적용했을 때 회전면이 뒤로 기울고 헬리콥터는 뒤로 이동한다. 회전면은 상대적으로 뒤로 경사지고 동체 역시 뒤로 경사진 자세를 형성한다. 따라서 제자리비행 고도가 낮거나 정지 조작할 때 과도한 사이클릭 후방 압은 테일로터가 지면에 부딪힐 가능성이 있다. 이 같은 과도한 후방압에서 발생할 수 있는 사고를 방지하기 위해서 테일붐 끝단에 [그림2-33]과 같이 테일로터(tail rotor)를 보호하기 위한 테일 스키드가 장착되어 있다. 제자리비행이나 지면 가까이에서 운용 중에 발생할 수 있는 꼬리 하향자세는 테일로터(tail rotor)가 지면에 부딪힐 우려가 있으므로 조종사는 과도한 꼬리 하향자세를 유발하는 조작을 해서는 안 되며, 과도한 꼬리 하향자세가 발생했을 때는 테일 스키드가 테일로터를 보호한다.

2.2.8 착륙장치

헬리콥터의 착륙장치(landing gear)는 [그림2-33]과 같이 스키드형(skid type)과 바퀴형(wheel type)이 있다. 스키드형의 경우 지면에 착지했을 때 헬리콥터의 무게를 스키드 전체에 고르게 분포시킬 수 있지만, 지상 이동할 때 항상 3피트 이상의 고도를 유지하여 이동해야 한다. 반면에 바퀴형 착륙장치는 지면이 단단하지 못한 지역에서 어느 한쪽 바퀴에 불균형된 무게를 받으면 헬리콥터는 한쪽으로 쉽게 기울어질 수 있으나 단단한 활주로에서 지상 이동할 때 바퀴를 이용하여 활주할 수 있어 안전성을 더 보장받을 수 있다. 바퀴형의 형태는 삼각형 형태로 한 개의 앞바퀴와 두 개의 뒷바퀴로 구성되어 있다. 기종에 따라 접개들이 착륙장치(retractable landing gear)를 갖춘 헬리콥터도 있다.

2.2.9 동력장치

헬리콥터 엔진은 블레이드를 회전시킬 수 있는 동력(power)을 발생한다. 헬리콥터에 사용되는 엔진(engine)은 [그림2-34]와 같이 왕복엔진(reciprocal engine)과 가스터빈엔진(gas turbine)이 사용된다. 초기의 헬리콥터는 대부분 왕복엔진이 사용되었으나 헬리콥터의 성능이 증대함에 따라 가스터빈엔진이 주로 사용되고 있다. 비행 중 헬리콥터 엔진

【그림2-34】 헬리콥터 엔진은 메인로터 근처의 하단 혹은 측면에 장착된다.

고장(engine failure)과 같은 비상상황에 직면하면 자동회전(autorotation)할 수 있는 특성이 있으나, 대부분 헬리콥터는 낮은 고도에서 운용되기 때문에 매우 치명적 일 수 있다. 이러한 점을 고려하여 조종사의 생존성을 증대시키고 재산적 손실을 최소화하기 위해서 두 개의 엔진(twin engine)을 장착한 헬리콥터가 등장하였다. 소형 헬리콥터는 자체의 무게와 여러 가지 제한 요소 때문에 불가능하나, 최근 개발되는 중형 헬리콥터는 두 개의 엔진을 장착하여 한 개의 엔진이 정지되더라도 나머지 한 개의 엔진으로 최소한의 안전성을 보장받을 수 있도록 하였다.

2.2.10 헬리콥터 등화

(1) 위치등(position lights)

모든 항공기는 ICAO 규정에 따라 [그림2-35]와 같이 위치등(position lights)이 부착되어 있다. 헬리콥터의 위치등은 동체 또는 스키드에 부착되어 있고 좌측에 적색등(red light), 우측에 녹색등(green light) 그리고 꼬리에 백색등(white light)이 설치된다. 야간 비행을 하고자 하는 조종사는 해가 떨어진 후 1시간 후부터 위치등을 켜고 운항해야 한

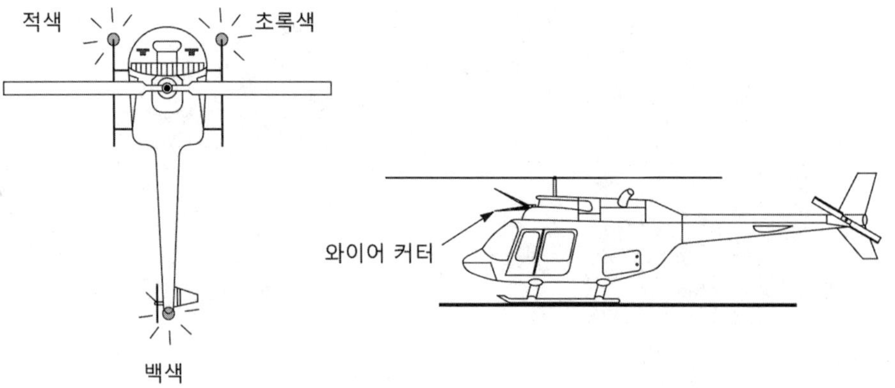

【그림2-35】 위치등과 전선 절단기

다. 야간비행 중 위치등의 색으로 다른 항공기의 위치를 식별할 수 있어야 한다. 예를 들어 앞에 보이는 항공기의 적색과 백색 불빛만 확인할 수 있다면 그 항공기는 우측에서 좌측으로 비행 중이고, 상대적인 움직임이 없이 적색과 녹색 불빛만 보인다면 두 항공기는 정면(head-on course)으로 접근하고 있다는 것을 판단할 수 있어야 한다.

(2) 착륙등(landing light)

야간 착륙을 위한 라이트로 야간 이륙 및 착륙할 때 활용된다. 불빛은 전진 방향을 향하여 일정한 각도로 조절되어 착륙장 식별에 큰 도움이 된다. 그러나 너무 낮은 고도에서 활용할 때 불빛의 확산 범위가 제한되고 반사되어 시각적 착각(illusions)을 일으킬 수 있으므로 주의해야 한다. 접근 중 다른 항공기 조종사에게 자신의 위치를 식별시키는 데도 착륙등을 사용할 수 있다.

(3) 충돌방지등(anti-collision light)

주간이나 야간에 항공기간의 상호 식별을 위한 적색의 비컨 라이트(beckon light)이다. 충돌방지등은 엔진 시동 전과 블레이드가 완전히 정지할 때까지 작동시켜 운용할 것을 권장한다. 야간비행 중 선행하는 헬리콥터의 적색 충돌방지등을 오랫동안 주시하면 눈의 피로와 함께 시각적 착각을 일으킬 수 있으므로 주의해야 한다. 또한, 충돌방지등은 지상인원에 대한 항공기의 위치를 경고해 주는 역할을 한다. 일부 헬리콥터의 충돌방지등은 강한 백색의 스트로브 라이트(strobe light; 섬광등)가 장착되어 있다.

(4) 조종실 및 기내조명

기내에 설치된 조명시설의 일종으로 조종사의 시력을 보조하고 계기 판독을 위한 계기패널조명(instrument panel lights)과 기내 전체를 밝힐 수 있는 기내조명(cabin lights)이 있다. 헬리콥터는 동체의 크기가 제한되기 때문에 조종실과 객실이 완전하게 분리되어 있지 않다. 따라서 너무 밝은 기내조명은 오히려 조종사의 계기 판독(read-out)에 지

【그림2-36】 전선 절단기와 바퀴형 착륙장치 헬리콥터

장을 초래할 수 있으므로 가능한 한 최소한의 조도를 유지한다.

2.2.11 전선 절단기

저속 저공으로 비행하는 헬리콥터는 지상의 장애물(obstructions)에 상당한 주의를 하여야 한다. 특히 고압선(power lines)이라든지 도시를 연결하는 수많은 전선과 통신 케이블은 헬리콥터 운항에 잘 보이지 않는 장애물이다. 만약 전선이 회전날개의 피치변경장치(pitch change system)에 걸려 손상되었거나 이들 장치에 전선이 감겼을 때 정상적인 기능을 수행할 수 없게 된다. 이 같은 상황을 대비해서 전선에 걸렸을 때 이를 절단할 수 있는 전선 절단기(wire cutter)가 [그림2-35, 36]과 같이 장착되어 있다.

2.3 로터 시스템

헬리콥터의 양력은 로터 블레이드의 회전으로 발생하고, 기능에 따라 메인로터 블레이드(main rotor blade)와 테일로터 블레이드(tail rotor blade)로 구분된다. 일반적으로 메인로터 블레이드는 동체 상부의 마스트(mast)에 연결되어 헬리콥터를 부양하고 전진시키는 힘을 발생하는 반면 테일로터 블레이드는 메인로터 블레이드의 회전에 따라 발생하는 토크(torque)를 방지하는 방향 조종(directional control)에 활용된다. 로터 계통은 양력을 발생하는 헬리콥터의 회전부이다. 로터 시스템에 따른 장단점은 다음 [표]와 같다.

로터 시스템	운동	장단점	적용 헬리콥터
고정식 로터 (경식 로터)	페더	•장점; 설계의 단순성과 뚜렷한 반응성 •단점; 관절형 로터보다 진동이 큼	MBB Bo 105 Eurocopter EC135
반고정식 로터 (반경식 로터)	페더, 플랩	•장점; 단순성, 지상 취급이 쉬움 •단점; 조종입력에 대한 반응이 관절형에 비해 느림, 진동은 관절형 다중-블레이드 시스템보다 큼	Bell 47 Bell 206/OH-58 Bell UH-1 Iroquois Robinson R22
전관절 로터	페더, 플랩 리드-래그	•장점; 양호한 조종 반응 •단점; 높은 공기역학적 항력, 복잡성, 고가	AgustaWestland AW109 Hughes TH-55 Osage MD Helicopters MD 500 Sikorsky S-300

2.3.1 로터 시스템 방식

로터는 마스트(mast), 허브(hub) 그리고 로터 블레이드로 구성되어 있다. 마스트는 동력전달장치로부터 위로 길게 뻗어 있고 주변 구조물에 지지되어 있으면서 회전하는 중동원통 금속 축(hollow cylindrical metal shaft)이다. 마스트 상단에 로터 블레이드를 위한 장착점(attachment point)이 있고 이를 허브(bub)라 한다. 메인로터 시스템은 메인로터 블레이드의 장착 방식 그리고 메인로터 허브에 상대적인 운동에 따라 경식(고정식), 반경식(반고정식) 그리고 전관절형 방식으로 분류한다. 일부 현대 로터 시스템은 무베어링 로터 시스템(bearingless rotor system)과 같이 기술적으로 혼합된 방식이 개발되어 적용되기도 한다.

【그림2-37】 전형적인 로터 헤드 구성품을 관찰할 수 있다.(반고정식 로터 시스템)

(1) 반고정식 로터 시스템

반고정식 로터 시스템(semirigid rotor system)은 [그림2-37, 38]과 같이 메인로터 허브에 견고하게 장착된 2-블레이드로 구성된다. 메인로터 허브는 메인로터 축에 대해서 자유롭게 기울어지고 이는 마치 시소와 같다 해서 티더링 힌지(teetering hinge)라 한다.

이 방식은 한 블레이드가 플랩-업(flap-up) 하면 다른 블레이드는 플랩-다운(flap-down) 하는 것과 같이 블레이드가 한 세트로 플랩 운동을 허용한다. 반고정식 로터 계통에서 수직 드래그 힌지(vertical drag hinge)가 없어 블레이드 밴딩(blade bending)은 선도/지연 힘(lead/lag forces)을 흡수하고 완화한다. 또한, 반고정식 로터에는 페더링 힌지(feathering hinge)가 있어 블레이드의 피치각을 변화시킬 수 있는 페더링(feathering) 작용을 한다.

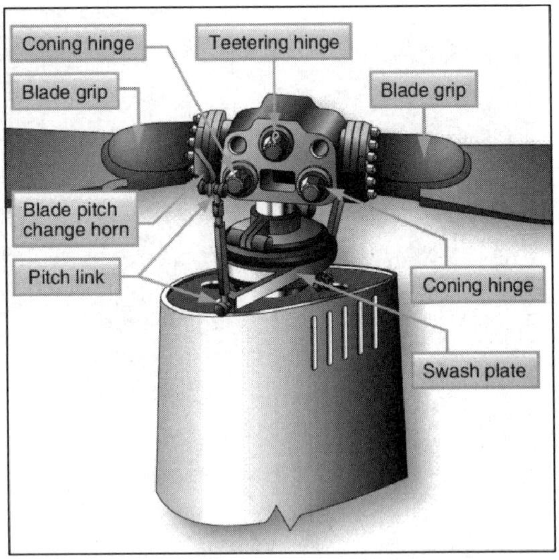

【그림2-38】 반고정식 로터 시스템

언더슬렁 로터 시스템(underslung rotor system)은 정상적인 회전평면보다 블레이드를 약간 낮게 장착함으로써 선도와 지연 힘(lead and lag forces)을 완화시켜 최소화한다. 블레이드가 위로 원추 모양이 되더라도 블레이드의 압력중심은 거의 동일한 평면이 유지된다. 만약 반경식 로터 시스템이 언더슬렁 로터라면 무게중심(center of gravity; CG)은 마스트에 장착된 부분 아래에 있다. 이 언더슬렁 장착 방식은 공통 플래핑 힌지(common flapping hinge)와 함께 블레이드의 질량중심(centers of mass)을 정렬시키기 위한 것이기 때문에 두 블레이드의 질량중심은 플랩핑 하는 동안 회전중심(center of rotation)으로부터 동등한 거리에서 변한다. 로터 시스템의 회전성 속도는 변하는 경향이 있지만, 엔진의 관성과 구동 장치의 유연성이 이것을 제한한다. 블레이드 뿌리에서 약간의 경직(stiffening)함만이 이 제한을 다루는 데 필수적이다. 결론적으로 이 방식(언더슬렁)은 기하학적 불균형(geometric imbalance)을 효과적으로 제거할 수 있다. [그림2-47, 48]

반고정식 로터 시스템은 마스트를 절단해 버릴 수 있는 로터 플랩 정지장치(rotor flap stops)의 원인이 될 수 있는 마스트 범핑(mast bumping)에 취약하다. 반고정식 로터 시스템에서 블레이드의 하향 플랩핑을 허용하는 기계적 설계는 일부 물리적 제한(physical limit)을 갖는다. 마스트 범핑은 과도한 로터 블레이드의 플랩핑으로 인한 결과이다. 각 로터 시스템 설계는 최대 플랩핑 각도가 지정된다. 만약 플랩핑이 이 설계 한계치를 초과한다면 정적 정지장치(static stop)는 마스트를 치게 될 것이다. 비행 중 정적 정지장치와 마스트 사이에 강한 충돌은 마스트의 손상 또는 분리를 초래할 수 있으므로 어떠한 경우라도 이 같은 부딪침이 발생하지 않아야 한다. 마스트 범핑은 로터 블레이드의 플랩 각도에 직접 관련이 있다. 수평직선비행에서 블레이드 플랩핑은 약 2° 정도로 최저가 된다. 플랩핑 각도는 높은 전진 속도, 낮은 로터 rpm, 고밀도고도, 높은 총중량 그리고 난기류

속에서 비행할 때 약간 증가할 수 있다. 무게중심을 크게 벗어난 사이드슬립(sideslip) 또는 저속비행에서 기동 중 더 큰 플랩핑 각도가 초래될 수 있다. 반고정식은 블레이드의 페더링과 플랩핑 운동을 허용할 뿐 선도-지연(lead-lag) 운동은 허용되는 않는 방식이다. 반고정식이라고 해서 리드-래그 운동이 없는 것은 아니지만 블레이드 자체에서 흡수되거나 블레이드 장착 지점에 리드-래그 힘을 흡수할 수 있는 플렉시블 장치(flexible units)를 사용하기도 한다. [그림2-38]은 반고정식 로터의 주요 구성품은 블레이드 뿌리가 장착되는 "U"-자 모양의 그립(grip)이 있고 이 그립을 지지하는 데 요크(york)가 사용된다.

【그림2-38】 블레이드 그립과 요크

⑵ 고정식 로터 시스템

고정식 로터 시스템(rigid rotor system)은 [그림2-39, 40]과 같이 기계적으로 단순하지만, 운용 하중(operating loads)이 힌지를 통해서 흡수되기보다 밴딩(bending)으로 흡수해야 하기 때문에 구조적으로 더 복잡하다. 이 시스템에서 블레이드 뿌리는 로터 허브에 견고하게 장착된다. 고정식 로터 시스템은 공기역학적으로 전관절형 로터 시스템과 유사한 행태를 보이지만 플랩핑 또는 리드/래그 힌지가 없다. 이들 로터 블레이드는 플랩 또는 리드/래그를 할 수 없지만 페더는 가능하다. 헬리콥터 공기역학과 재료공학의 발달로 고정식 로터 시스템이 널리 활용되고 있는 것은 본질적으로 설계가 쉽고 반고정식과 전관절형 로터 시스템 모두의 장점을 이용할 수 있기 때문이다. 고정식 로터 시스템은 반응(very responsive)이 매우 빠르고 로터 허브가 메인로터 마스트에 견고하게 장착되어 있으므로 반고정식 또는 전관절형과 같이 마스트 범핑의 영향을 받지 않는다. 이 방식은 로터와 동체가 일체가 되어 운동할 수 있도록 함으로써 다른 시스템에서 존재하는 진동(oscillation)을 크게 줄일 수 있다. 또 다른 장점은 로터 허브의 무게와 항력 그리고 플랩핑 암(flapping arm)이 작아지면서 상당한 조종 입력(control inputs)을 감소시켰다. 복잡한 힌지 없이도 로터 시스템은 다른 로터 시스템과 비교하면 신뢰성이 크게 높아졌다. 이 방식의 단점은 난기류 또는 돌풍에서 큰 하중을 흡수할 수 있는 힌지가 없으므로 다른 로터 시스템보다 더 큰 진동(vibrations)을 느끼게 되어 탑승감(quality of ride)이 떨어진다. 로터 헤드 설계(rotor head designs)의 변형 중 하나가 [그림2-39, 40]과 같은 무베어링 로터 시스템(bearingless rotor system)이고, 이 방식은 전관절 로터 시스템 설계에 가깝지만, 베어링 또는 힌지가 없는 점이 특징이다. 이 방식은 블레이드와 허브의 구

【그림2-39】 4-블레이드 고정식 무베어링 로터 시스템의 로터 블레이드는 유리섬유로 보강된 재료를 사용하였고 허브는 단일 티타늄 단조 방식으로 제조되었다. (MBB Bo 105)

조적 설계로 응력(stress)을 흡수한다. 고정식 로터 시스템과 무베어링 시스템의 주요 차이점은 무베어링 시스템은 페더링 베어링(feathering bearing)이 없고 커프(cuff) 내부 재료는 피치 체인지 암(pitch change arm)의 작용으로 비틀어진다. 따라서 거의 모든 무베어링 로터 허브는 섬유복합재료(fiber-composite materials)로 제작된다. 고정식 로터 시스템은 오직 블레이드의 페더링만 허용한다. 이 때문에 조종하중이 매우 높고 안정성을 달성하기가 어려운 방식이다. 전형적인 고정식 로터 시스템 방식이라기보다 신소재의 개발과 컴퓨터 시스템의 결합으로 고정식 로터이면서 다른 로터 시스템과 조화시켜 개발되고 있다. BO-105 모델과 AH-1G 그리고 ASar 350 모델은 전형적인 고정식 로터의 변형 형태라고 할 수 있다. BO-105 모델의 헤드 자체가 페더링을 허용할 수 있도록 한 개의 티타늄(titanium) 단조로 제작된 독특한 형태이다. 블레이드는 탄력성이 매우 우수한 유리섬유로 강화되었기 때문에 블레이드는 플랩핑이라든지 리드-래그를 자체적으로 흡수할 수 있다. 또한, AH-1G와 ASar 350 모델 역시 로터 헤드가 기존의 금속 재질이라기보다는 고강도 탄성을 지닌 유리섬유(fiber glass)로 제작하여 고정식 로터 형식을 반영하고 있다.

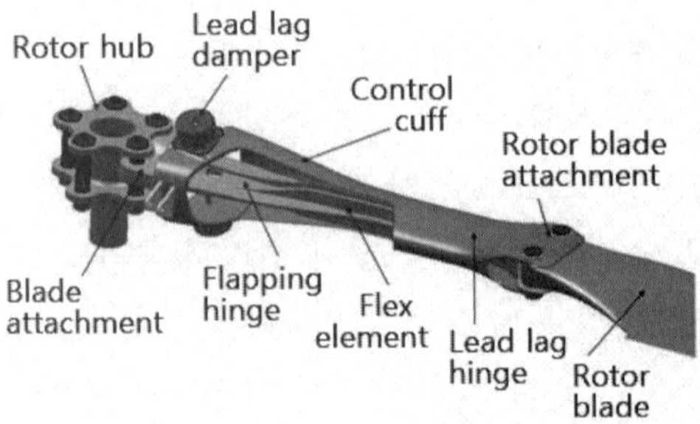

【그림2-40】 무베어링 로터 허브

(3) 전관절 로터 시스템

전관절 로터 시스템(fully articulated rotor system)은 [그림2-41]과 같이 다른 블레이드와 독립적으로 각 블레이드의 리드/래그(평면에서 전후 운동), 플랩(내부 장착 힌지에 대한 상하운동) 운동 그리고 페더(양력을 변화시키는 피치축에 대한 회전)를 허용한다. 전관절 로터 시스템은 2-블레이드 이상의 헬리콥터에 많이 적용되고 있다. 로터가 회전함에 따라 각 블레이드는 항공기를 조종할 수 있도록 조종계통으로부터 입력에 반응한다. 전체 로터 시스템에서 양력중심(center of lift)은 피치, 롤 그리고 상향 운동을 초래하는 이들 입력에 반응하여 운동한다. 이 양력 힘의 크기는 동시에 동일 방향에서 모든 블레이드에서 피치가 변하는 컬렉티브 입력에 달려 있다. 이 양력 힘의 위치는 조종사의 피치와 롤 입력에 달려 있다. 따라서 각 블레이드의 페더링 각도(feathering angle)는 로터와 함께 회전하면서 변하기 때문에 사이클릭 조종(cyclic control)이라 한다.

블레이드에서 양력이 증가함에 따라 블레이드는 위로 플랩하는 경향이 있다. 블레이드를 위한 플랩핑 힌지(flapping hinge)는 이 운동을 허용하고 블레이드의 무게 원심력에 의해서 균형을 이룸으로써 수평 평면을 유지한다. 어느 방법이든 일부 운동은 수용되어야 하고 원심력은 일정하다. 그러나 기동의 강도(severity of the maneuver-상승률, 전진 속도, 항공기 총중량)는 플랩핑 힘에 영향을 줄 수 있다. 블레이드가 플랩할 때 무게중심이 변한다. 이것은 로터 시스템에 관한 블레이드 관성의 국지 모멘트를 변하게 하고 그것은 나머지 블레이드와 전체 로터 시스템에 관한 속도를 빨라지거나 느려지게 한다. 리드/래그 또는 드래그 힌지가 이를 수용한다. 이것은 피겨 스케이트 선수의 스핀하는 모습을 연상시켜 시각화할 수 있다. 스케이트 선수가 팔을 오므릴 때 관성력이 변하면서 스핀 속도가 빨라지지만, 총에너지는 변함(마찰력 제외)이 없다. 반대로 팔을 뻗으면 스핀 속도는 줄어든다. 이를 각운동력 보존(conservation of angular momentum)이라고도 한다. 평면 댐퍼는 리드/래그 운동을 완화시킨다.

단일 회전이 중립 위치에서 시작되면서 단일 블레이드가 따라가기 때문에 하중이 증가된 페더링으로부터 증가함에 따라 블레이드는 플랩-업하고 앞쪽으로 선도(leads)한다. 블레이드가 계속 회전하면서 플랩-다운 그리고 뒤쪽으로 지연(lags)한다. 하중이 가장 낮은 지점에서 블레이드는 가장 낮은 플랩 각도 그리고 가장 뒤쪽의 지연 위치(lag position)가 된다. 로터가

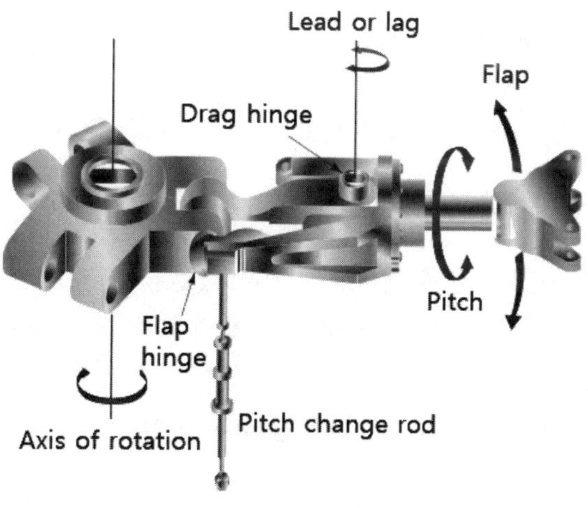

【그림2-41】 전관절 로터 시스템

【그림2-42】 Hughes 500D 계열 헬리콥터의 로터 헤드(전관절 로터 시스템)

큰 회전 질량이기 때문에 자이로스코프와 같은 성향이 나타난다. 이 효과는 조종 입력이 통상 회전축에서 조종 입력 변위 이전 90° 위치에서 실현된다. 설계자는 로터 시스템에 대한 조종 입력의 변위를 통해서 고려되어야 하므로 사이클릭 스틱의 전방 입력은 헬리콥터를 전방으로 이동하게 한다. 이것은 조종성을 단순화하기 위함이다. 구형 힌지 설계는 재래식 금속 베어링(metal bearings)을 사용했다. 이것은 기하학적으로 플랩핑과 리드/래그 힌지가 일치하지 못하게 함으로써 빈번한 재정렬이 필요하다. 새로운 로터 시스템에서는 두 축에서 운동을 허용하는 고무와 강철이 배열된 탄성 베어링(elastomeric bearings)을 사용한다. 이것은 위에서 언급한 운동학적 문제(kinematic issues)를 해결할 뿐만 아니라 압축성(compression)과 함께 검사를 용이하게 하였고 아울러 금속제 베어링으로 인한 정기적으로 윤활을 하지 않아도 되는 정비 문제를 간단하게 하였다. 탄성 베어링(elastomeric bearings)은 안전성을 제공하고 마모는 점진적이고 육안 확인이 가능하다. 복합소재의 개발로 최근에는 힌지 핀 대신에 베어링 또는 탄성을 갖춘 스트랩 팩(strap pack)으로 대체되고 있다. Hughes 500D 계열과 S-76 모델로 전관절형 로터 시스템이다. Hughes 500D 계열 리드-래그는 힌지에 의해서 허용되고 있는 반면 플랩핑과 페더링은 고강도 탄력성을 갖춘 스트랩 팩에 의해서 허용되고 있다. 반면에 S-76 계열에서는 탄성중합체 베어링(elastomeric bearing)을 사용하여 리드-래그 힌지와 플랩핑 힌지가 없이도 이들 운동을 허용할 수 있도록 개량되었다.

2.3.2 로터 시스템과 블레이드 장착

블레이드를 마스트(mast)에 연결하는 방법에 따라 [그림2-43]과 같이 분류하지만, 장력과 강성(tension and stiffness) 그리고 탄성(elastic)을 지닌 복합소재가 개발되면서 블레

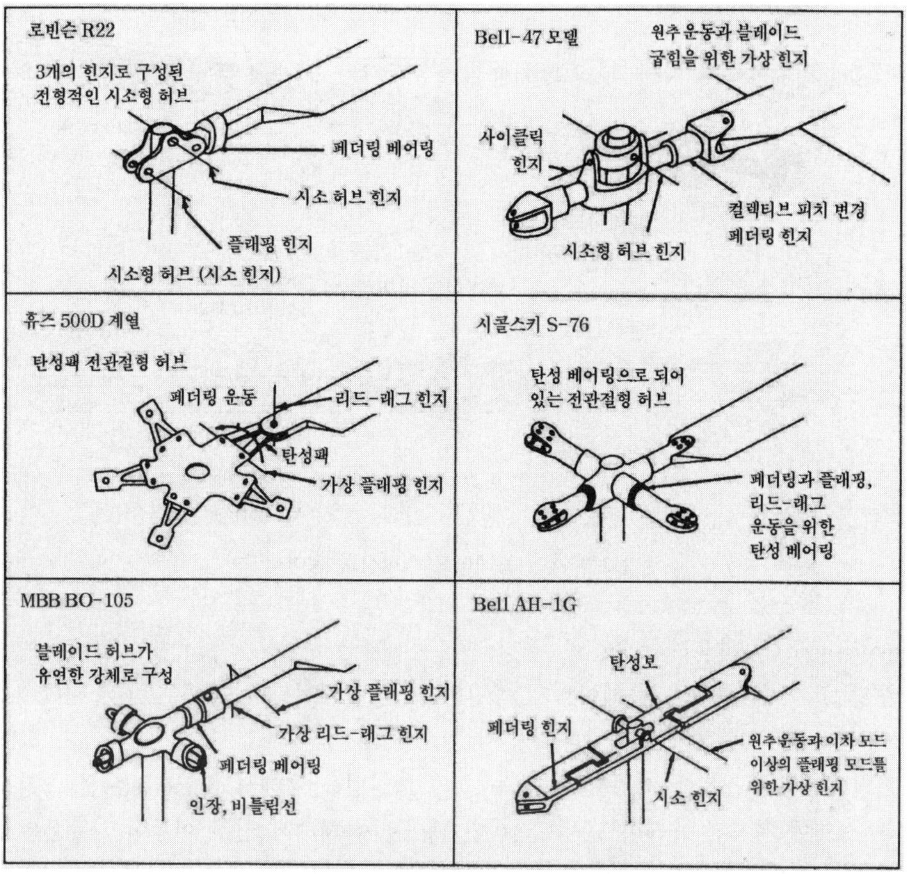

【그림2-43】 블레이드 장착 방식

이드의 로터 장착 시스템도 어느 한 방식보다는 혼합 방식을 채택하고 있다. 예를 들어 반고정식 로터는 고정식 허브에 블레이드 뿌리가 유연성과 탄성력을 갖춘 베어링이라든지 탄성팩(elastic pack) 등을 사용하기도 한다. 그러나 기본적으로 블레이드의 로터 장착 시스템은 전관절형, 반고정식 그리고 고정식으로 분류한다. 전관절형은 수직 및 수평 힌지 핀(vertical or horizontal hinge pin)으로 블레이드 그립(grip)에 연결된 형태로 이들 힌지 핀은 블레이드의 전후 및 상하운동을 자유롭게 할 수 있도록 허용한다. 반고정식은 [그림2-44]와 같이 수직 및 수평 힌지 핀이 없는 대신 요크(yoke)에 연결된 트러니언 베어링(trunnion bearing)으로 마스트에 연결되어 전후 또는 상하로 움직일 수 있도록 하였다.

① 마스트로부터 블레이드의 끝부분을 블레이드 끝단(blade edge)이라 하고 마스트에서 가까운 부분을 블레이드 뿌리(blade root)라 한다.
② 블레이드 스팬(span)은 블레이드 끝단에서부터 마스트 중앙까지의 길이이다.
③ 블레이드 시위(chord)는 블레이드 앞전과 뒷전의 길이이다.
④ 수직 힌지 핀은 다른 블레이드와 독립되어 한 블레이드의 전후 이동(fore and aft

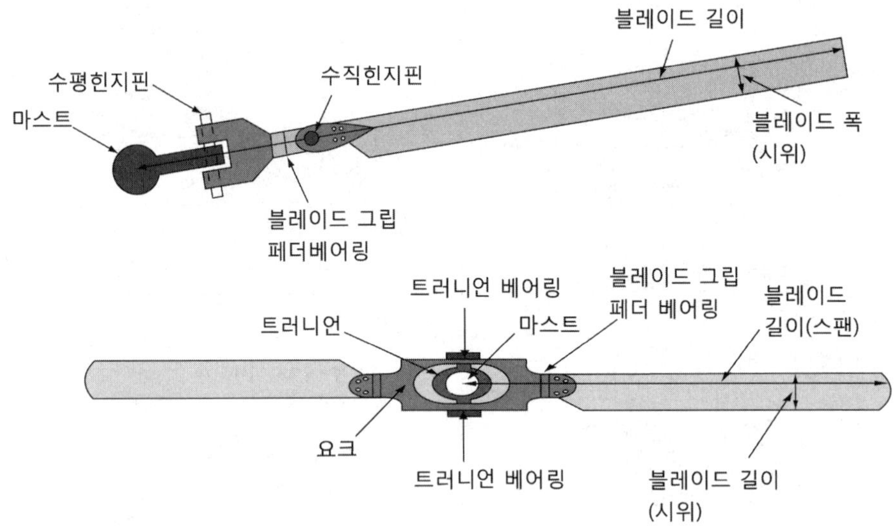

【그림2-44】 블레이드 장착점과 용어

movement)을 허용하는 축(axis)이다.

⑤ 수평 힌지 핀은 다른 블레이드와 독립되어 한 블레이드의 상하운동(up and down movement)을 허용하는 축이다.

⑥ 트러니언은 마스트에 끼워져 있고 두 개의 베어링을 통해서 요크(yoke)를 고정시킨다. 요크에 부착된 블레이드는 트러니언 베어링에 대해서 전후 이동이 자유롭다.

⑦ 요크(yoke)에는 블레이드가 장착되고 트러니언과 트러니언 베어링을 통해서 마스트에 로터 블레이드를 고정하는 구조물이다.

⑧ 블레이드 그립 페더 베어링(blade grip feather bearing)은 블레이드가 스팬 축에 대해서 회전하도록 허용되어 블레이드 피치가 변할 수 있다.

2.3.3 로터 안정성 장치

고속으로 회전하는 블레이드는 회전 특성 때문에 자체적으로 안정성을 갖지만, 자이로와 달리 플랩핑, 페더링, 그리고 선도-지연 등의 운동과 조종성 그리고 난기류와 같은 외적 요인으로 끊임없이 안정성을 방해받고 있다. 구형 헬리콥터에서 스태빌라이저 바와 안정성 패들(paddle) 방식이 사용되고 있다. 그러나 현대 헬리콥터에서 이 같은 안정성 장치는 사용되지 않는다. 대신 자이로 센서가 헬리콥터의 움직임을 감지하여 외부의 힘에 의해 기울어진 반대 방향으로 스와시플레이트를 기울여주므로 기계적인 안정성 장치가 필요하지 않다. 고가의 정밀한 자이로 센서(gyro sensor)를 사용함으로써 정적, 동적 안정성 모두를 향상할 수 있고 3-블레이드 이상의 다중-블레이드가 가능하고 항력이 적어 기동성(maneuverability)이 향상되었다. 또는 높은 추력을 낼 수 있을 뿐만 아니라 연비의 향상과 함께 부품 수가 적어 내구성이 크게 향상되고 정비 소요도 줄어드는 등의 장점이 있어 초기의 헬리콥터를 제외하고 안정성 장치를 필요로 하지 않는다. 안정성 장치는 스와시플레이트의 기울기와 스태빌라이저 바의 기울기를 어떻게 조화시키는가에 따라 벨 헬리콥터 방식(bell helicopter)과 힐러 헬리콥터(hiller helicopter) 방식이 있다.

(1) 스태빌라이저 바

스태빌라이저 바(stabilizer bar)는 주로 2-블레이드 로터의 안정성(stability)을 위해서 양 끝에 [그림2-45]와 같은 무게추가 달린 쇠막대는 메인로터 시스템과 90°로 장착되어 있다. 스태빌라이저 바는 메인로터와 같이 회전하면서 자이로(gyro)와 같이 작동하여 항상 수평을 유지하려는 힘을 갖는다. 따라서 메인로터가 난기류의 영향을 받아 회전면(plane of rotation)을 벗어났을 때 즉시 원래의 회전면으로 회복할 수 있도록 하는 역할을 한다. 스태빌라이저 바와 메인로터 피치 링크 사이에 믹싱 레버(mixing levers)는 정상 회전면을 벗어난 블레이드를 원래의 위치로 회복시키는 힘을 전달한다. 벨 헬리콥터 방식은 로터 그립에 믹싱 암(mixing arm)이 달려 있고, 그 믹싱 암의 한쪽은 스와시플레이트 그리고 다른 한쪽은 스태빌라이저 바에 연결되어 양쪽으로부터 사이클릭 입력을 받는다. 만약 조종사가 사이클릭 조작을 하지 않았는데 바람에 의해 헬리콥터가 뒤로 기울어지면, 스태빌라이저 바의 회전면은 자이로 현상에 의해 기울어지지 않으므로 헬리콥터는 마치 스태빌라이저 바가 앞으로 기울어진 것처럼 보인다. 이로 인해 스와시플레이트를 앞으로 기울인 것처럼 헬리콥터가 앞으로 기울어지려는 힘을 받고 바람에 의해 뒤로 기울어지는 것을 상쇄한다. 이 방식(스와시플레이트→로터←스태빌라이저)은 정적인 안정성이 높지만, 비행 중 스태빌라이저 바는 팽이처럼 계속 수평을 유지하려 한다.

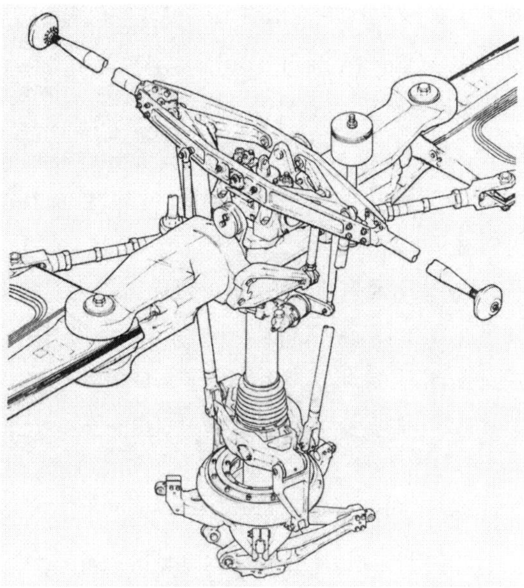

【그림2-45】 UH-1H의 스태빌라이저 구성품

(2) 힐러 시스템(Hiller system)

힐러 시스템 역시 스태빌라이저 패들이 메인로터 시스템에 90° 장착되어 있으며, 메인로터와 동일한 RPM으로 회전한다. 힐러 시스템은 무게추 대신에 [그림2-46]과 같은 에어포일 모양의 패들이 장착되어 있어 사이클릭 피치 운동은 패들의 피치를 변경시키고 이어서 메인로터 회전면의 경사를 변경시킨다. 난기류와 같은 외부의 영향으로 메인로터가 정상 회전면을 벗어났을 때 패들(paddle)의 공기역학적 작용으로 블레이드가 원래의 위치로 회복할 수 있도록 한다. 이 방식은 스와시플레이트의 사이클릭 입력이 로터로 직접 전달되지 않고 스태빌라이저로 전달되어 패들의 사이클릭 피치를 조종해 스태빌라이저 패들이 기울어지고, 스태빌라이저 패들에 연결된 로터 그립이 사이클릭을 간접적으로 전달받는 방식으로 스와시플레이트→스태빌라이저 패들→로터로 전달된다. 이 방식은 스태빌라이저 바가 안정성만 담당하는 벨 방식에 비해 정적 안정성(stability)은 떨어지고 사이클릭 입력이 간접적으로 로터에 전달되므로 미세한 조종성은 떨어지지만, 동적 안정성은 높다.

【그림2-46】 Hiller helicopter의 스태빌라이저 패들

(3) 언더슬렁 로터(underslung rotor)

언더슬렁 로터 시스템은 [그림2-47]과 같이 로터 마스트의 상부보다 낮은 위치에 있는 로터 헤드에 블레이드가 장착된 형태이다. 이 방식은 로터 시스템의 진동을 감소시키고, 리드-래그 힌지의 응력(stress)을 감소시킴으로써 로터 헤드의 전체적인 응력을 감소시켜 안정성이 증대된다. 언더슬렁 로터의 장점은 플랩핑(flapping)에 의한 불균형 운동량(momentum) 감소 또는 제거하는 기능이다. [그림2-48]은 일반 로터 시스템과 언더슬렁 로터 시스템을 비교한 것으로 플랩핑이 발생했을 때 블레이드의 무게중심이 어떻게 작용하고 있는지를 잘 보여주고 있다. 플랩핑이 발생했을 때 오른쪽 블레이드가 동시에 상향하는 것은 동일하다. 그러나 마스트 상부에 장착된 로터에서 무게중심이 왼쪽으로 이동하고 있다. 이 같은 원인은 회전면이 경사지면서 회전반경(radius of rotation)이 감소하여 무게중심은 안쪽으로 이동하고 무게중심이 안쪽으로 이동할수록 운동량(momentum)이 증가하여 블레이드를 가속시킨다. 결국, 플랩핑이 발생했을 때 블레이드의 무게중심이 안쪽 혹은 바깥쪽으로 이동하는 현상은 안정성을 저해하는 진동의 한 원인이다. 반면에 언더슬렁 로터는 장착부가 오른쪽으로 이동하도록 설계되어 있어 플랩핑에 의한 무게중심이 이동하려는 것을 상쇄시키며 결국 운동량 보존(conservation of momentum) 효과를 감소시키고 있다.

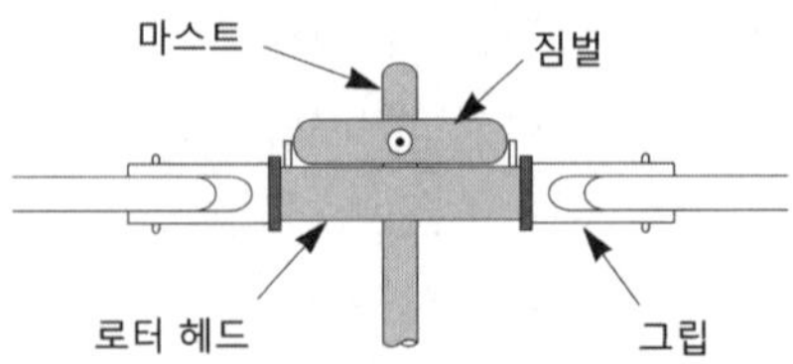

【그림2-47】 언더슬렁 로터 시스템

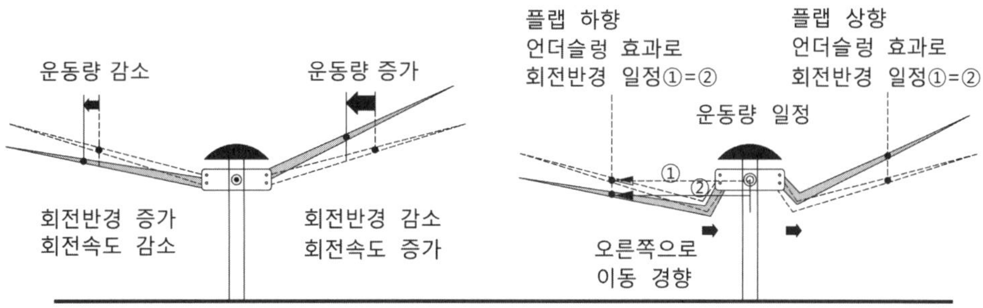

【그림2-48】 언더슬링 로터 시스템

2.4 동력전달계통

동력전달계통(transmission system)은 [그림2-49]와 같이 동력(power)을 엔진으로부터 메인로터, 테일로터 그리고 다른 부속품들까지 전달하는 장치이다. 트랜스미션의 주요 구성품은 메인로터 트랜스미션(main rotor transmission), 테일로터 구동장치, 클러치(clutch) 그리고 프리휠링 장치가 있다. 프리휠링 장치는 오토로테이션 중 메인로터 트랜스미션이 테일로터 드라이브 축을 구동시키는 데 사용된다. Bell BH-206과 같은 일부 헬리콥터 설계에서 프리휠링 장치는 보기류 기어박스에 장착되어 있다. 그것은 동력전달계통의 한 부품이기 때문에 트랜스미션은 자유 회전을 보장할 수 있도록 충분한 윤활이 필요하기 때문이다. 헬리콥터 트랜스미션은 자체 오일계통을 통해서 윤활과 냉각된다. 사이트 게이지(sight gauge)는 오일의 양을 점검하는 데 사용된다. 일부 트랜스미션은 섬프(sump)에 칩 탐지기(chip detectors)가 있다. 칩 탐지기는 내부 금속 부품의 문제로 금속 찌꺼기가 발생했을 때 이를 탐지할 수 있도록 조종실 계기판의 경고등이 설치되어 있다. 현대 헬리콥터의 일부 칩 탐지기에는 “burn off” 능력을 갖추고 있어 조종사의 조치 없이 상황을 수정할 수 있다. 만약 문제가 자체적으로 해결하지 못했을 때 조종사는 특정 헬리콥터를 위한 비상절차(emergency procedures)에 따라 행동해야 한다.

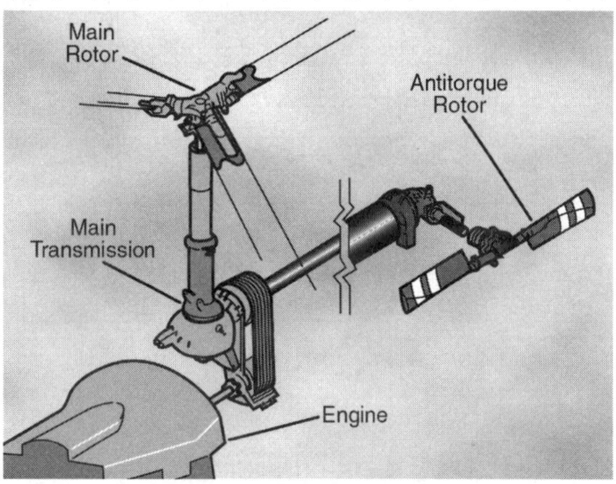

【그림2-49】 동력전달계통

2.4.1 메인로터 트랜스미션

메인로터 트랜스미션(main rotor transmission)의 주요 목적은 최적 로터 rpm을 위한 엔진 출력 rpm을 감소시키는 것이다. 이 감속 비율은 헬리콥터에 따라 다르다. 예를 들어 특정 헬리콥터의 엔진 rpm이 2,700이라고 가정했을 때 로터가 450rpm으로 회전해야 한다면 6:1의 감속이 필요하고, 9:1로 감속했다면 로터 rpm은 300이 된다.

(1) 복식 태코미터

대부분 헬리콥터는 엔진과 로터 rpm 또는 엔진과 로터 rpm의 퍼센트를 지시하기 위해서 복식-지시침 태코미터(dual-needle tachometer) 또는 수직 눈금(vertical scale) 계기를 사용한다. 로터 rpm 지시계(rotor rpm indicator)는 로터 가속을 관찰하기 위한 클러치 연결 중에 사용되고 오토로테이션 중에는 규정치 내에서 rpm을 유지하기 위해서 사용된다. 로터 rpm이 엔진 rpm보다 더욱 우선시되어야 한다는 것을 확실하게 이해해야 한다. 만약 로터 태코미터가 고장 났다면 동력 비행 중 엔진이 로터에 동력을 공급하고 있으므로 로터 rpm은 엔진 rpm에 의해서 간접적으로 지시될 수 있다. 헬리콥터 주요 사고 원인 중 하나가 조종사가 로터 rpm 태코미터의 고장에 반응하여 오토로테이션을 실행하면서 발생한 것을 보면 얼마나 중요시되어야 하는지 알 수 있다. [그림2-50]의 모든 게이지는 복식 태코미터 게이지(dual tachometer gauges)이다. 왼쪽에 있는 두 게이지는 두 개의 지시침이 있고 "T" 문자가 새겨진 것은 터빈이고 다른 지시침에는 "R" 문자가 새겨져 있고 이것은 로터를 의미한다. 아래 왼쪽 게이지는 동일 지시침 위치 안에 두 개의 원호 구역으로 표시되어 있다. 이 경우 두 지시침은 정상 작동 중 거의 함께 또는 겹쳐진(superimposed) 상태로 움직인다. 왼쪽 상단 게이지는 두 개의 숫자가 그려진 원호를 볼 수 있다, 외측 원호는 큰 숫자로 엔진 rpm 값에 적용된다. 내측 원호는 작은 숫자로 표기되고 로터 rpm 값을 지시한다. 정상적인 운용 상태에서 이들 지시침은 한 쌍으로 또는 겹쳐진 상태로 움직인다. 오른쪽 상단 게이지는 지시침 헤드와 관련된 컬러 제한 영역과 함께 게이지의 중간을 향해서 초점을 맞추어 독립된 지시침이 있다. 왼쪽 면은 엔진 작동 변수를 그리고 오른쪽은 로터 작동 변수를 지시한다. 현대에 출시되는 전자조종실(glass cockpit)을 갖춘 신형 헬리콥터에서 계기장치는 디지털 방식으로 LCD 스크린에 수직 눈금으로 지시된다. [그림2-50]의 오른쪽 하단 게이지는 수직눈금계기(vertical scale instrument)이다. 이 게이지에서 오른쪽은 엔진 rpm(NP)을 그리고 왼쪽은 로터 rpm(NR)을 보여준다. 컬러로 표시되는 것은 각 구성품 변수를 나타낸다.

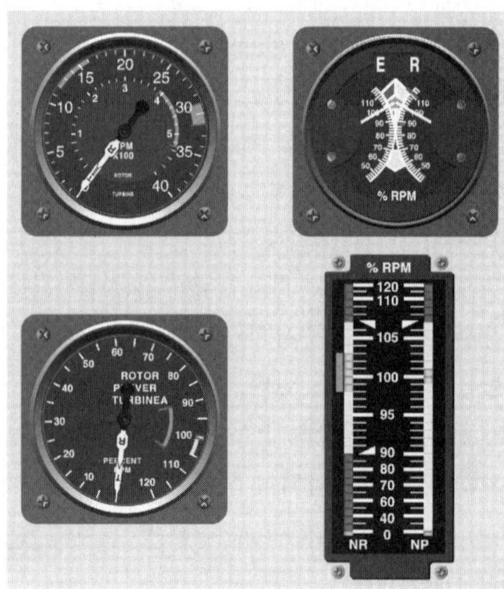

【그림2-50】 복식 게이지

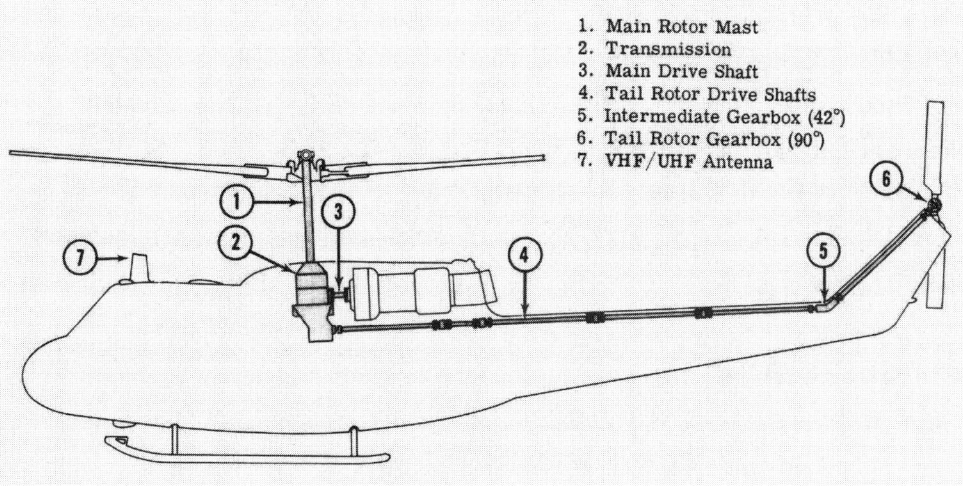

【그림2-51】 트랜스미션의 동력전달계통도

(2) 구조 설계

엔진이 수평으로 장착된 헬리콥터에서 메인로터 트랜스미션의 또 다른 목적은 [그림 2-51]과 같이 엔진의 수평축으로부터 로터 축의 수직축까지 회전축을 변경하는 것이다. 이것이 비행기 동력장치와 동력 트레인(power train)의 설계에서 비행기 프로펠러는 크랭크축에 직접 장착되거나 크랭크축(crankshaft)까지 기어로 연결되는 방식과 다른 점이다. 메인로터 rpm의 중요성은 양력을 직접 중계하는 것이다. 정상 한계 내의 RPM은 정상적인 기동(maneuvers)에 적절한 양력을 생산한다. 따라서 태코미터의 위치(location of the tachometers)를 알아야 할 뿐만 아니라 이들 계기가 지시하는 정보를 확실하게 이해해야 한다. 만약 로터 rpm이 정상 범위 이하가 되었다면 결과는 치명적이다.

2.4.2 클러치

재래식 비행기에서 엔진과 프로펠러는 영구적으로 연결되어 있다. 그러나 헬리콥터에서는 엔진과 로터 사이가 분리되어 작동될 수 있다. 비행기에서 동력장치와 프로펠러의 무게를 비교하는 것과 같이 엔진의 동력과 관련해서 로터의 무게가 더 무거워서 엔진 시동을 할 때 로터는 엔진으로부터 반드시 분리되어 있어야 한다. 클러치(clutch)는 엔진을 시동할 수 있는 위치에 놓여 있도록 하고 점진적으로 로터의 하중을 따라잡는다. 프리휠링 터빈엔진은 가스발생기 터빈(gas producer turbine)과 동력 터빈 사이의 에어 커플링(air coupling)이 시동 목적으로 에어 클러치(air clutch)로서 작동하기 때문에 별도의 클러치가 필요하지 않다. 엔진 시동을 걸 때 동력터빈으로부터 약간의 저항이 있다. 이것은 트랜스미션과 로터 계통의 회전을 저해하는 하중 없이 가스발생기 터빈이 정상 아이들 속도까지 가속할 수 있도록 한다. 동력 터빈(power turbine)을 통해서 가스압력이 증가함에 따라 로터 블레이드는 서서히 회전하기 시작하여 점차 정상 작동 rpm까지 가속된다. 단일 축 터빈엔진(single-shaft turbine engines)에서 클러치는 엔진 시동을 하는데 필수적이다. 공기 또는 풍차 시동(windmilling starts)은 가능하지 않다. 클러치는 원심 클러치(centrifugal clutch)와 아이들러(idler) 또는 수동 클러치가 있다. 헬리콥터 설계에 따라 클러치가 엔진 시동 중 메인로터 시스템에 연결되는 방식이 다르다. 왕복엔진 동력 헬리콥터는 자동차와 유사한 수동 클러치를 수동으로 클러치에 연결하는 데 사용된다. 이 방식은 엔진이 적정 작동 상태가 되었을 때 풀리를 위치시키는 전기 모터에 의해서 수행되지만, 조종실에 장착된 스위치로 작동된다. (적정 범위에 있는 오일 온도와 압력)

(1) 벨트 구동 클러치

일부 헬리콥터는 엔진 동력을 트랜스미션에 전달하기 위해서 [그림2-52]와 같이 벨트 드라이브(belt drive)를 사용한다. 벨트 드라이브는 벨트 또는 V-벨트의 세트 그리고 벨트의 장력(tension)을 조절하는 장치와 함께 엔진에 연결된 하부 풀리(lower pulley)와 트랜스미션 입력축에 연결된 상부 풀리(upper pulley)로 구성되어 있다. 벨트가 상하부 풀리에 느슨하게 장착되면 장력이 크게 떨어진다. 일부 헬리콥터는 시동을 걸 때 클러치(clutch)를 사용한다, 이것은 트랜스미션을 회전시키는데 필요한 동력 없이 엔진 시동을 걸 수 있게 한다. 이 방식의 장점은 엔진 시동에 어떠한 하중 없이 최저 스로틀 적용으로 수행할 수 있다. 그러나 시동 중 급격하거나 많은 스로틀 입력(throttle inputs)은 과속(overspeed)을 유발할 수 있으므로 주의해야 한다. 일단 엔진이 작동되기 시작했다면 벨트에 있는 장력이 점차 증가한다. 로터와 엔진 태코미터 지시침(needles)이 겹쳐질(overlap) 때 로터와 엔진은 동기화(synchronized)되고 클러치는 완전하게 연결된다. 이 장치의 또 다른 장점은 진동은 감소하고 정비가 단순할 뿐만 아니라 로터를 연결하지 않고 시동을 걸거나 난기작동(warm up)을 할 수 있다. 클러치가 연결되어 있지 않았을 때 엔진은 쉽게 과속할 수 있고 이로 인한 정밀한 검사와 고가의 정비를 필요로 한다. 이 단계에서 동력, 또는 스로틀 조종은 엔진 작동에 매우 중요하다.

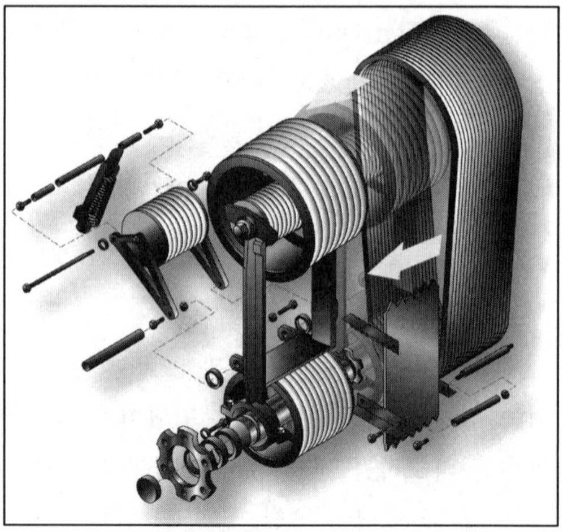

【그림2-52】 벨트 드라이브 클러치

(2) 원심 클러치

원심 클러치(centrifugal clutch)는 [그림2-53]과 같이 내부 어셈블리(inner assembly)와 외부 드럼(outer drum)으로 구성되어 있다. 엔진 구동축(engine drive shaft)에 연결된 내부 어셈블리는 자동차의 브레이크 라이닝(brake linings)과 유사한 재료로 안에 덧댄

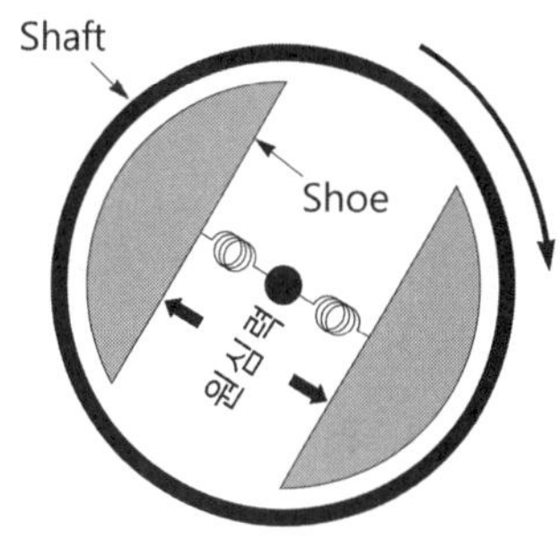

【그림2-53】 원심 클러치

슈즈(shoes lined with)로 구성되어 있다. 낮은 엔진 속도에서 스프링은 슈즈를 내부에 붙잡고 있어서 트랜스미션 입력축(transmission input shaft)에 연결된 외측 드럼과 접촉이 없다. 엔진 속도가 증가하기 시작하면서 원심력이 클러치 슈즈를 외측으로 움직이게 하여 외측 드럼에 대해서 미끄러지기 시작한다. 트랜스미션 입력축은 회전하기 시작하면서 초기에서는 로터를 서서히 회전시키지만, 클러치 슈즈와 트랜스미션 드럼 사이의 마찰이 증가함에 속도는 증가한다. 로터 속도가 증가함에 따라 로터 태코미터 지시침은 엔진 태코미터 지시침을 향해서 이동하기 시작한다. 두 지시침이 겹쳐졌을 때 클러치가 완전히 연결되어 더 이상의 클러치 슈즈의 미끄럼이 없이 엔진과 로터는 동기화(synchronized)되었다. 터빈엔진은 원심력으로 클러치와 연결된다. 로터 브레이크는 메인 구동축(main drive shaft) 그리고 이어서 메인로터의 자동 연결(automatic engagement)을 분리하지 않는 한 구동축은 엔진과 프리휠링 장치의 내부 드럼이 메인로터 시스템에 점진적으로 연결됨에 따라 동시에 회전한다.

2.5 연료계통

2.5.1 연료공급계통

헬리콥터의 연료계통은 [그림2-54]와 같이 연료공급계통과 연료조정계통으로 나누어진다. 연료공급계통은 연료탱크, 연료량 게이지, 연료차단 밸브(shut-off valve), 연료 필터, 연료 배관 그리고 프라이머(primer)와 연료 펌프 등으로 구성되어 있다. 일반적으로 연료탱크는 무게중심에 가능한 한 가까운 동체에 장착된다. 이것이 연료가 소모되면서 무게중심에 미치는 영향을 최소화한다. 드레인 밸브(drain valve)는 연료탱크의 하부에 붙어 있고 연료탱크 내부에 고여 있는 물과 찌꺼기(water and sediment)를 빼낼(drain) 수 있다. 연료 벤트(fuel vent)는 연료탱크 내의 진공(vacuum) 형성을 방지하고 과도한 연료가 흐르도록(overflow drain) 하여 연료탱크의 팽창을 허용한다. 연료는 연료탱크로부터 차단 밸브를 통해서 엔진까지 공급된다. 연료차단 밸브는 비상시 또는 화재가 발생했을 때 엔진에 연료 공급을 완전히 차단한다. 따라서 정상적인 작동 상태에서 차단 밸브는 개방되어 있어야 한다. 대부분 비-중력 급송장치(non-gravity feed fuel systems)는 전기 펌프와 기계적 엔진 구동 펌프 모두를 갖추고 있다. 전기 펌프(electrical pump)는 엔진 펌프(engine pump)가 일정한 연료압(fuel pressure)을 유지하는데 사용될 뿐만 아니라 기계 펌프가 고장 났을 때 예비(standby)로 사용된다. 전기 펌프는 조종실에서 스위치로 작동한다. 엔진으로 작동되는 펌프(engine driven pump)는 엔진에 연료를 공급하는 주요 펌프이고 엔진이 작동하는 동안 계속 작동된다.

연료 필터는 연료가 엔진 속으로 공급되기 전에 연료 속에 혼합된 물과 찌꺼기(sediment)를 걸러낸다. 이들 이물질은 연료보다 무거우므로 연료 필터 섬프(filter sump)의 바닥에 가라앉고 드레인 밸브(drain valve)를 열어 뽑아낸다. 일부 연료계통에는 손으로 작동시킬 수 있는 작은 펌프가 있고 이를 프라이머라 한다. 프라이머는 엔진 시동 전 연료를 직접 실린더의 흡입구에 분사할 수 있는 장치이다. 프라이머(primer)는 기화기(carburetor)가 추운 날씨 때문에 연료 분무화가 어려울 때 효과적이다. 유량계(fuel quantity gauge)는 조종실 계기판에 장착되어 있고 연료탱크 내부에 있는 감지장치로 측정된 연료의 양을 나타낸다. 규정에 따르면 유량계는 수평비행 중 연료탱크 속에 남아있는 연료량이 불가용 연료량(unusable fuel supply)과 일치할 때 "0"을 지시하도록 보정되어 있어야 한다. 따라서 조종사나 운용자에게 부분 또는 완전연료하중(partial or full fuel loads)을 확인하기 위한 정확한 수단을 결정하는 것은 매우 중요하다. 따라서 조종사는 비행 전 비행에 필요한 적절한 양이 들어 있는지를 육안으로 연료탱크에 있는 연료의 양을 확인하는 습관은 매우 중요하다. 또한, 신형 헬리콥터에서는 연료탱크에 가용 연료가 약 10분 정도 남아있을 때 운항승무원에게 경고를 제공할 수 있는 장치를 갖출 것을 요구하고 있다. 이때 조종사는 엔진에 연료 흐름이 지장을 초래할 수 있는 불필요한 급기동(erratic maneuvering)은 삼가야 한다. 비록 이들 연료계통이 정상적으로 보정되었을지라도 전적으로 신뢰해서는 안 된다. 실제 연료 계획을 잘못 수립했거나 유량계 지시의 고장으로 계획된 목적지에 도착하지 못한 사례가 적지 않게 발생하고 있다.

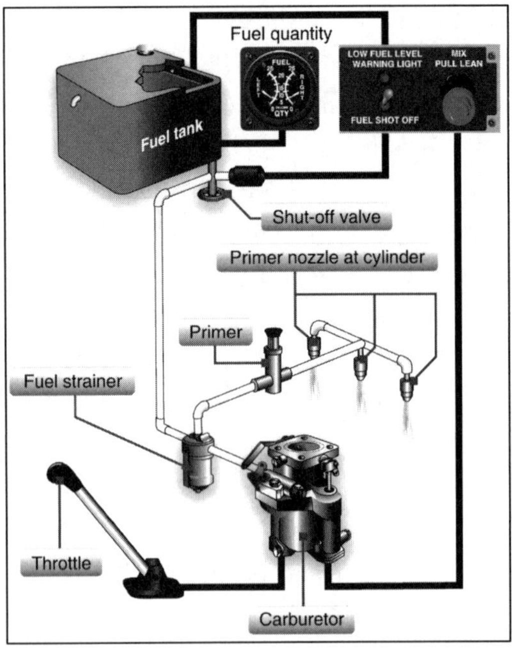

【그림2-54】 연료계통

2.5.2 연료조정장치

왕복엔진 또는 터빈엔진 모두는 동력원을 제공하기 위해서 연료/공기 혼합가스의 점화와 연소(ignition and combustion)를 사용한다. 연료조정계통(fuel control system)은 필요 동력의 양을 생산하는데 필요한 정확한 연료의 양을 계측(to meter)하기 위해서 여러 가지 구성품들을 사용한다. 공기흡입 구성품과 함께 연료조정계통은 연소실에서 점화될 수 있는 정확한 연료와 공기의 양을 혼합한다.

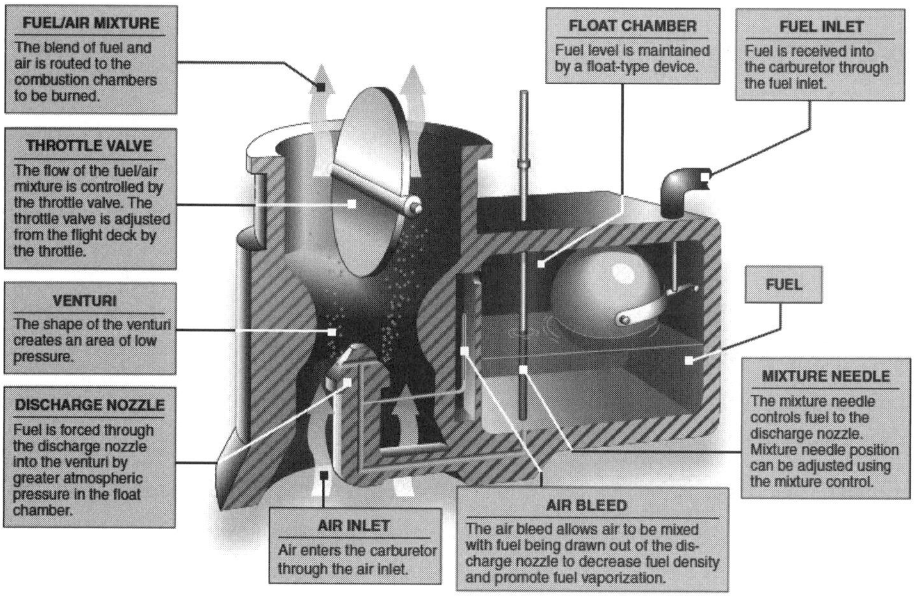

【그림2-55】 왕복엔진 플로트형 기화기 구조와 작동원리

2.5.3 기화기

연료 분무화(fuel vaporization)의 효과와 벤투리(venturi)에서 공기압의 감소는 기화기에서 온도를 급격히 떨어뜨린다. 만약 공기가 습하다면 공기 속에 있는 수증기(water vapor)는 응축된다. 대부분 지시침은 노란색 또는 녹색 원호 범위를 준수해야 한다. 이것은 [그림2-55]와 같이 기화기(carburetor)에 유입되는 공기를 배기 매니폴드(exhaust manifold)와 같이 열이 존재하는 부품으로 통과시켜 공급함으로써 얼음을 제거하거나 예방할 수 있다. 만약 적절한 조치를 하지 않는다면 기화기 내부에 착빙(icing)을 허용하여 엔진에 정상적인 공기를 공급하지 못하여 엔진이 불규칙하게 작동하거나 심하면 엔진이 정지될 수도 있다.

2.5.4 연료분사장치

연료분사장치(fuel injection system)에서 연료와 공기는 연료조정장치(fuel control unit; FCU)에서 측정되지만 혼합되지는 않는다. 연료는 실린더에 유입되기 직전 공기와 혼합되는 실린더의 흡입구에 직접 분사된다. 이 장치는 실린더 사이에 더욱 고른 연료의 분배와 분무화를 달성할 수 있어 연료 효율을 높일 수 있다. 이 장치는 기화기 착빙으로 인한 문제가 없어 기화기에 뜨거운 공기를 공급해야 하는 별도의 장치를 필요로 하지 않는다.

2.6 전기계통

대부분 헬리콥터에서 전기계통(electrical system)은 [그림2-57]과 같이 정교한 항공전자(sophisticated avionics)와 다른 전기 부속품의 사용과 밀접한 관련이 있고 오늘날의 비행 환경은 점점 더 항공기의 전기계통에 의존하는 경향이 있다. 그러나 모든 헬리콥터는 전기계통에 고장이 발생했거나 비상상황으로 인하여 전기가 공급되지 않을 때도 안전하게 비행할 수 있다. 헬리콥터는 14볼트 직류 또는 28볼트 직류(direct current) 중 하나를 사용한다. 소형 왕복엔진 헬리콥터의 전기 에너지는 자동차와 유사한 벨트와 풀리(belt and pulley) 장치를 이용한 엔진 구동 교류발전기(engine-driven alternator)로 공급된다. 교류발전기는 구형 발전기(generators)와 비교하면 무게가 가볍고 정비 소요가 낮다. 또한, 낮은 엔진 rpm에서 균등한 전기 출력을 유지할 수 있는 장점이 있다. 전기계통의 전기 압력의 측정 수단으로 전압(volts)은 수력계통(water systems)에서 제곱 인치당 파운드와 유사하고, 암페어(amperes)는 전기계통에서 전기 수량을 측정한 값이다.

터빈엔진 헬리콥터는 시동기/발전기(starter/generator) 시스템을 사용한다. 시동기/발전기는 보기류 기어박스에 영구적으로 연결되어 있다. 엔진 시동을 걸 때 배터리로부터 전원이 시동기/발전기에 공급되어 엔진을 회전시킨다. 일단 엔진이 작동되었을 때 엔진은 시동기/발전기를 구동시키고 발전기(generator)로 활용된다. 교류발전기 또는 발전기로부터 전류는 전압 조정기(voltage regulator)를 통해서 버스 바(bus bar)에 공급된다. 전압 조정기는 교류발전기 또는 발전기의 출력을 조정하여 전기계통에서 필요로 하는 일정한 전압(constant voltage)을 유지한다. 과전압 제어기(overvoltage control)는 전기 구성품을 손상할 수 있는 과도한 전압(excessive voltage)을 방지하기 위해서 사용된다. 버스 바(bus bar)는 전기를 필요로 하는 다양한 구성품에 전류를 배분하는 데 사용된다. 배터리는 엔진 시동 거는 데 사용되지만, 엔진이 작동되지 않을 때 필수 무선과 등화장치(radios and lights)와 같은 전기 부품만을 사용하는 것으로 제한된다. 또한, 배터리는 교류발전기 혹은 발전기의 고장이 발생했을 때 가용한 비상 또는 예비 전원 장치이다. 암미터 또는 부하계(ammeter or load meter)는 [그림2-56]과 같이 계통 내에서 전기 흐름을 관찰하는 데 사용된다. 암미터(ammeter)는 배터리로 유입되거나 흘러나오는 전류의 양을 지시한다. 충전 중인 암미터(charging ammeter)는 배터리가 충전되고 있음을 지시한다. 이것은 통상 엔진 시동 후에 나타나는데 엔진 시동에 배터리 전원이 사용되었기 때문이다. 배터리 충전이 완료된 후 교류발전기 또는 발전기에서 시스템에 필요한 전기를 공급하고 있으므로 암미터는 거의 제로 눈금에서 안정되어 있어야 한다. 방전 중인 암미

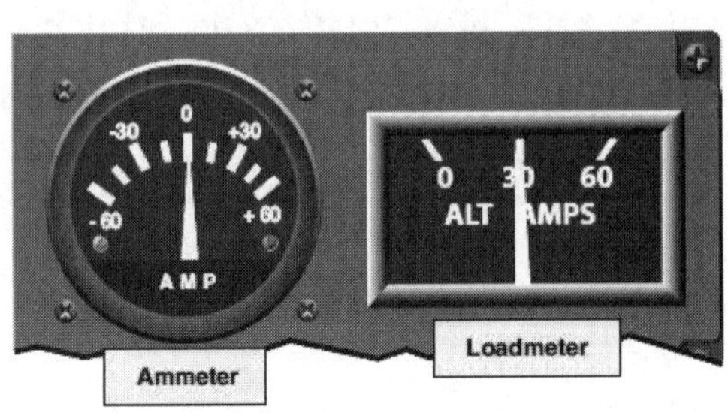

【그림2-56】 암미터와 부하계

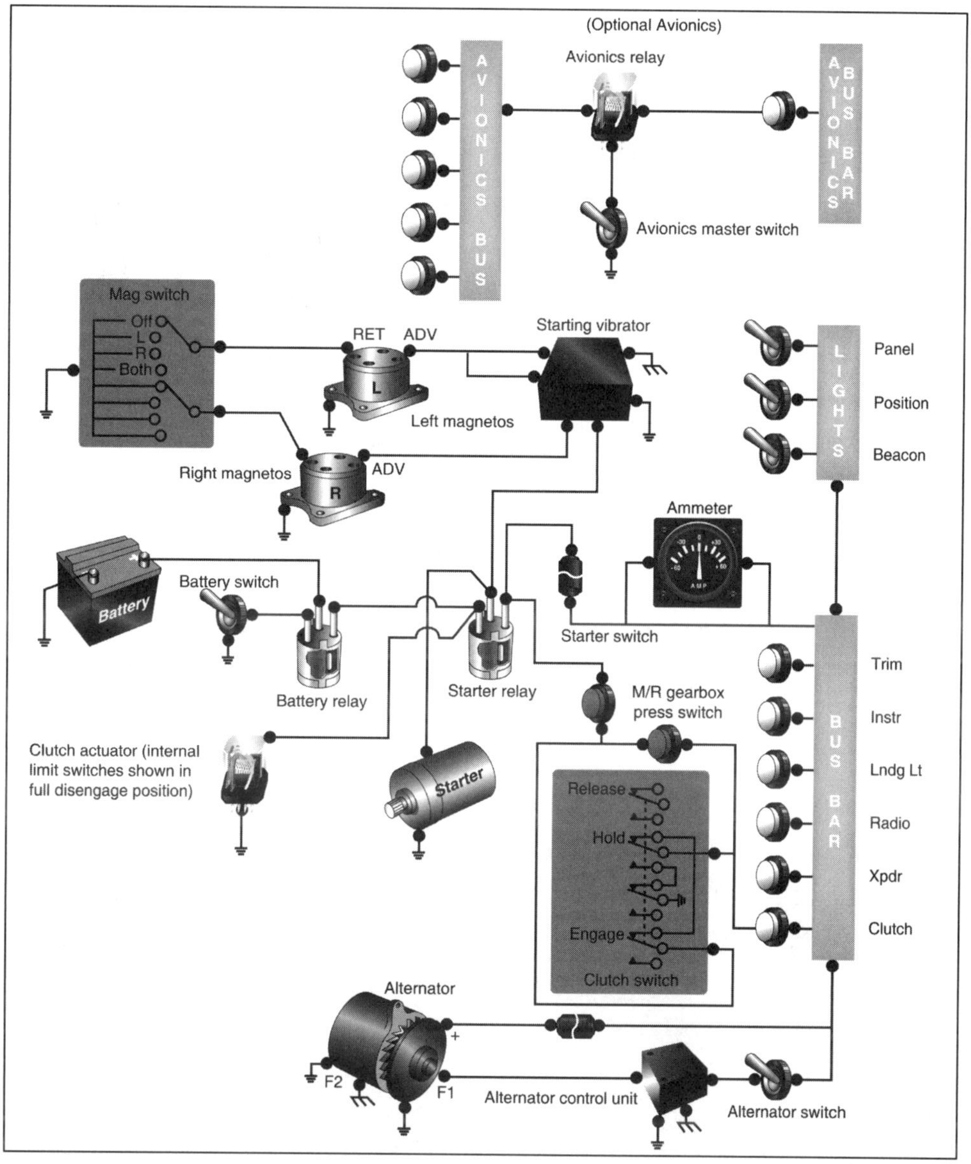

【그림2-57】 경헬리콥터 전기계통의 한 사례

터는 전기 부하가 교류발전기 또는 발전기의 출력(output)을 초과하였음을 의미하고 배터리에서도 전원을 추가로 공급하고 있다. 이것은 교류발전기 또는 발전기의 기능고장(malfunctioning) 또는 전기 부하가 과도하다는 것을 의미한다. 부하계는 전기 장비의 사용으로 교류발전기 또는 발전기에 존재하는 부하를 보여준다. 따라서 교류발전기 또는 발전기의 기능고장이 발생했을 때 부하계 지시침이 “0”을 지시한다. 전기 스위치는 전기 구성품을 선택하는 데 사용된다. 전원은 구성품에 직접 또는 계전기(relay)를 통해서 공급된다. 계전기는 스위치의 용량을 초과할 수 있는 고전류(high current) 또는 무거운 전기 케이블(heavy electrical cables)이 특정 구성품을 위해서 필요로 할 때 사용된다. 회

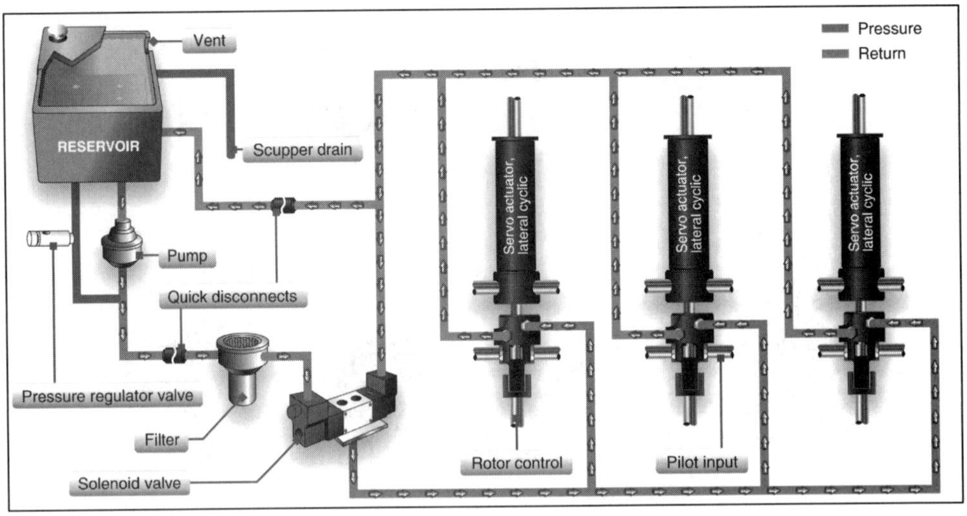

【그림2-58】 경헬리콥터의 유압계통

로차단기(circuit breaker) 또는 퓨즈(fuses)는 전기 구성품을 과부하(overload)로부터 보호하는 데 사용된다. 회로차단기는 해당 부품에 과부하가 적용되었을 때 튀어 나오도록(pops-out) 설계되어 있다. 회로차단기의 단선(단락) 또는 과부하(overload)가 존재하지 않는 한 다시 눌러서 원위치(reset)시킬 수 있다. 만약 회로차단기가 계속 튀어나온다면 전기계통의 고장을 나타낸다. 퓨즈는 과부하가 걸리거나 교체해야 할 때 단순하게 절단된다. 헬리콥터 제작자는 비행 중 퓨즈를 교체해야 할 필요가 있을 때를 대비해서 예비퓨즈(spare fuses)를 반드시 갖추어야 한다. 계기판에 있는 주의등(caution lights)은 전기 구성품의 고장을 보여준다.

2.7 유압계통

소형 왕복엔진 헬리콥터를 제외한 대부분 헬리콥터는 높은 조종력(control forces)을 극복하기 위해서 유압 작동기(hydraulic actuators)를 사용한다. [그림2-58]은 전형적인 유압계통으로 각 조종계통에 달린 작동기(actuators) 또는 서보(servos), 메인로터 트랜스미션으로 구동되는 펌프 그리고 유압을 저장하는 저장기(reservoir)로 구성되어 있다. 일부 헬리콥터는 유압계통의 압력 측면에 있는 축압기(accumulators)를 갖추고 있다. 이것은 계통에 지속적인 유체 압력을 유지하도록 한다. 조종실에 있는 스위치로 유압계통을 중지시킬 수 있다. 조종사가 유압 스위치/회로차단기를 “ON”에 놓았을 때 전원은 솔레노이드 밸브로부터 이동하여 계통으로 유압이 유입되도록 한다. 스위치/회로차단기를 “OFF” 위치에 놓았을 때 솔레노이드 밸브(solenoid valve)는 작동을 멈추고 폐쇄되어 유압은 작동기에 있는 유압과 함께 헬리콥터의 조종을 유지할 수 있도록 한다. 이것을 고장대비장치(failsafe system)라 한다. 만약 비행 중 헬리콥터 전원이 어떠한 이유로 공급되지 않는다 하더라도 조종사는 여전히 유압계통의 조종을 유지할 수 있다. 조종실의 압력 게이지는 유압계통을 관찰하기 위해서 설치될 수 있다. 조종사의 조종 입력(control input)이 적용될 때 서보가 작동되어 각 조종계통을 움직이는데 보조하는 힘을 제공함으로써 조종사의 조종력을 감소시킨다. 이처럼 증강된 조종력은 조종사의 업무와 피로를 감소시킨다. 유압계통의 고장이 발생했을 때 조종사는 여전히 헬리콥터를 조종할 수 있지만, 조종력(control force)이 매우 무겁다. 이들 헬리콥터에서는 조종력이 너무 무거워 유압 보조(hydraulic assistance) 없이는 조종할 수 없으므로 두 개 혹은 그 이상 독립된 유압계통을 갖추고 있다. 일부 헬리콥터는 유압 펌프가 고장 났을 때 비상용으로 단시간 사용할 수 있는 압력을 저장하고 있는 유압 축압기(hydraulic accumulators)를 사용한다. 축압기는 정상적인 조종으로 헬리콥터가 착륙할 때까지 충분한 시간을 부여한다.

2.8 안정성 증대장치

일부 헬리콥터는 비행 중이거나 제자리비행할 때 헬리콥터의 안정성에 도움을 줄 수 있는 안정성 증대장치(stability augmentation system; SAS)를 갖추고 있다. 이 장치의 원래 목적은 조종사의 업무와 피로를 감소시키는 데 있다. 이 장치를 사용함으로써 조종사는 다른 조종실 업무를 수행할 수 있고 장거리 비행에 따른 항공기의 자체 안정성을 부여하여 조종피로를 경감(lessened fatigue)시킨다.

2.8.1 트림장치

포스 트림(force trim)은 [그림2-59]와 같이 단순하게 사이클릭의 정위치를 잡아주는 수동 장치(passive system)이다. 이 시스템은 사이클릭 조종간을 놓았을 때 그 위치를 그대로 유지할 수 있도록 자기 클러치와 스프링(magnetic clutch and springs)을 사용한다. 이 시스템은 수정을 위한 센서기반 데이터(sensor-based data)를 사용하지 않고 조종사가 사이클릭을 원하는 위치에서 유지될 수 있도록 하는 데 사용된다. 대부분의 초기 버전은 조종사가 일정한 동력과 테일로터 입력에 필요로 하는 사이클릭에만 적용된다. 포스 트림을 사용하고 있을 때 조종사는 포스 트림 해제 버튼(force trim release button)을 사용하여 해제하거나 사이클릭에 더 큰 물리적 힘을 적용하는 방법으로 시스템을 오버라이드(override; 자동제어 등을 임의로 분리하는 것)할 수 있다. 일부 헬리콥터에서는 자세보유장치(attitude retention systems)라 한다.

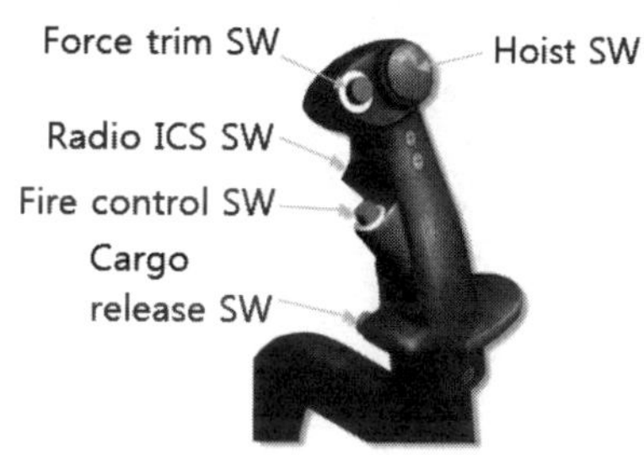

【그림2-59】 일부 기종의 포스 트림

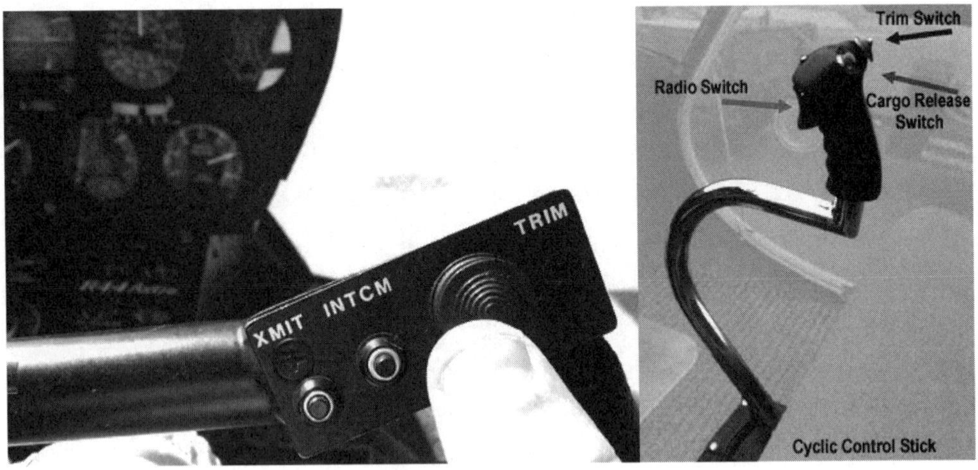

【그림2-60】 트림 스위치

2.8.2 액티브 증대장치

액티브증대장치(active augmentation system)는 유압 서보에 입력을 제공하는 전기 작동기(electric actuators)를 사용한다. 이들 서보는 바람과 난기류와 같은 외부 환경 입력(external environmental inputs)을 감지하는 컴퓨터로부터 조종 명령(control commands)을 받는다. SAS 복잡성은 제품에 따라 다르지만 3-축 안정성을 제공하는 것과 같이 매우 복잡하고 정교할 수 있다. 헬리콥터가 더욱 안정된 비행을 위해서 컴퓨터 기반 입력은 자세, 동력 그리고 항공기 트림을 조절해야 한다는 것을 의미한다. 조종사가 일단 SAS에 연결했을 때 이들 시스템은 조종사의 간섭 없이 모든 조종장치에 순간적인 조종 입력을 제공하기 위해서 안정된 자이로(stabilized gyros)로부터 전기-기계 작동기(electro-mechanical actuators)까지 다양한 센서를 사용한다. 모든 SAS는 조종사가 필요시 언제든지 해제할 수 있다. 자동비행조종장치(automatic flight control systems; AFCS)와 오토파일럿을 갖추고 있는 헬리콥터는 [그림2-60]과 같은 비퍼 트림 또는 쿨리 해트(beeper trim or coolie hat)라고 하는 트림 스위치(trim switch)를 갖추고 있다. 이 스위치는 최소한으로 원하는 트림 세팅을 하는 데 사용된다. 안정성 증대장치는 기본적으로 항공기 조종의 조화(control harmony)를 증가시키고 불균형을 감소시켜 조종사의 업무를 감소시킨다. 이들 시스템은 조종사가 슬링 화물(sling loading)을 운반하거나 수색과 구조 (search-and-rescue) 임무와 같은 다른 업무를 수행할 때 매우 유용하다. 기수 방위, 대기속도, 고도 그리고 항법 정보와 같은 다른 입력들은 완전한 자동조종장치를 실행하기 위해서 컴퓨터에 공급할 수 있다.

2.8.3 자동조종장치

헬리콥터의 자동조종장치(autopilot systems)는 안정성 증대장치와 유사하지만 몇 가지 중요한 특징이 있다. 자동조종장치는 실질적으로 헬리콥터를 비행할 수 있도록 하고 조종사가 선택한 특정 기능을 수행한다. 이들 기능은 헬리콥터에 설치된 자동조종장치와 시스템의 종류에 따라 다르다. 대부분의 공통 기능은 고도와 기수방위 유지 모드(hold mode)이지만 고성능의 자동조종장치는 일정한 상승률/강하율 또는 IAS를 유지할 수 있는 수직속도 또는 지시속도 홀드 모드(indicated airspeed hold mode)이다. 일부 자동조종장치(autopilot)는 IFR 상태에서 트래킹과 인터셉트에 특히 유용한 VHF VOR, ILS, GPS와 같은 항법 성능을 갖추고 있다. 이것을 연동 접근 시스템(coupled approach system)이라 한다. 이외에도 일부 헬리콥터는 비행 디렉터(flight director; FD) 장치를 갖추고 있다. FD는 선택된 측방과 수직(lateral and vertical) 모드에서 비행할 수 있도록 조종사에게 시각유도단서(visual guidance cues)를 제공한다. 첨단 자동조종장치는 초기 기능이 선택되었을 때 조종사의 간섭 없이 제자리비행까지 계기접근(instrument approach)을 수행할 수 있다. 자동조종장치는 조종장치에 연결된 전기 작동기(electric actuators) 또는 서보로 구성되어 있다. 이들 서보의 수와 위치는 설치되는 제품에 따라 다르다. 2-축 자동조종장치(two axis autopilot)는 헬리콥터의 피치와 롤을 제어한다. 한 서보는 사이클릭의 전후 (fore and aft) 움직임을 제어하고 다른 서보는 사이클릭의 좌우 움직임을 제어한다. 3-축 자동조종장치는 안티토크 페달에 연결된 또 다른 서보가 있어 헬리콥터의 요(yaw)를 제어한다. 4-축 자동조종장치는 컬렉티브를 제어하는 네 번째 서보가 장착되어 있다. 이들 서보는 중앙 컴퓨터(central computer)로부터 조종 명령을 받았을 때 각 조종장치를 움직인다. 이 컴퓨터는 자세 참고(attitude reference)를 위한 비행 계기들 그리고 항법과 트래킹 참고(navigation and tracking reference)를 위해서 항법 장비로부터 데이터 입력을 공급받는다. 조종사는 조종실에 있는 자동조종장치 패널에 있는 각종 기능을 이용해서 자동조종을 연결하거나 원하는 기능을 선택한다.

안전 목적상 자동조종장치의 해제 특징은 심한 난기류 속에 말려들었거나 극도로 높거나 낮은 비행 자세가 되었을 때 자동으로 해제되도록 설계되어 있다. 모든 자동조종장치는 조종사가 언제든지 우선 해제할 수 있지만, 조종사는 조종간을 잡고 있는 동안 자동조종장치를 완전히 해제할 수 있도록 사이클릭 또는 컬렉티브에 자동조종장치 해제 버튼(autopilot disengagement button)을 갖추고 있다. 자동조종장치와 설치는 기종에 따라 다를 수 있으므로 해당 제품의 사용설명서를 반드시 참고해야 한다.

2.8.4 객실 환경장치

헬리콥터의 객실(cabin)에 제공되는 냉난방(heating and cooling) 방식은 헬리콥터에 따라 다르다. 이 중에서 가장 단순한 냉각 방식은 외부 공기를 이용하는 것이다. 헬리콥터의 전방 또는 측면에 공기 덕트(air ducts)를 여닫아 기내에 공급하는 방식이다. 이 방식은 전진 속도가 있을 때만 유용하고 외부 기온에 달려 있다. 에어컨 시설은 더욱 양호한 냉각을 제공하지만, 더 복잡하고 헬리콥터의 무게를 가중한다. 헬리콥터를 냉각시키는 가장 단순한 방법의 하나는 출입문을 개방하거나 제거하여 기내와 엔진부(engine compartments)에 공기가 유입되도록 하는 것이다. 이때 제거한 출입문을 지정된 장소에

【그림2-61】 대부분 헬리콥터는 조종실과 객실 공간을 공유한다.

잘 보관해야 하고 기내에 보관할 때는 자세와 바람의 영향을 받지 않도록 단단히 고정해야 한다. 에어컨 또는 열교환기(air conditioners or heat exchanges)가 헬리콥터에 장착될 수 있다. 이들은 압축기로부터 끌어온 블리드 에어(bleed air)로 작동되고 이를 열교환기를 통과시켜 객실에 공급한다. 압축공기가 방출될 때 팽창(expansion)이 열을 흡수(absorbs)하여 객실을 냉각시킨다. 이 장치는 냉각 기능(cooling function)을 위해서 공기 또는 가스를 압축해야 하는 필수동력을 필요로 하기 때문에 엔진 성능의 일부를 빼앗는 단점이 있다. 일부 장치는 이륙과 착륙 중 사용이 제한된다. 왕복엔진 헬리콥터는 객실 난방을 위해서 배기 매니폴드 주변에 있는 열교환기 슈라우드(heat exchanger shroud)를 사용한다. 외부 공기가 파이프를 통해서 슈라우드에 공급되어 배기 매니폴드가 공기를 가열시킨 다음 객실로 끌어들인다. 공기의 난방은 배기가스가 아닌 배기 매니폴드로 가열된다. 터빈엔진에서는 난방을 위한 블리드 에어(bleed air) 시스템을 사용한다. 블리드 에어는 엔진 압축기로부터 방출될 때 고온의 압축공기이다. 고온 공기는 압축기로부터 동체에 장착된 흡입구를 통해서 주변 공기와 혼합되는 블리드 에어 히터 어셈블리(bleed air heater assembly)까지 덕트를 통해 공급된다. 헬리콥터 기내에 공급되는 난방 공기는 조종사가 블리드 에어 혼합 밸브(bleed air mixing valve)를 이용해서 조절된다.

2.9 방빙장치

방빙장치(anti-icing system)는 헬리콥터의 각종 표면 위에 눈, 얼음 등이 들러붙는 것을 방지하는 장치이다.

(1) 엔진 방빙

대부분의 터빈동력 헬리콥터에서 사용하는 방빙장치는 엔진에서 추출(bleed)한 고온 공기를 사용한다. 터빈엔진(turbine engine)에서 추출된 공기는 압축기 단계를 통과한 후 연소실에 유입되기 전의 고온압축 공기이다. 블리드 에어는 속이 빈 베인(hollow vanes)에 얼음이 형성되는 것을 방지하기 위해서 인렛가이드베인(inlet guide vanes)을 통해서 흡입구 자체까지 흐른다. 압축기에 있는 전기 작동 밸브는 조종사가 공기흐름을 제어한다. 엔진 방빙장치는 착빙 상태에 진입하기 전에 작동시켜야 하고 이 상태에서 완전히 벗어날 때까지 작동되어야 한다. 엔진 방빙장치는 항상 헬리콥터 운용자 매뉴얼에 따라 운용되어야 한다.

(2) 기화기 착빙

기화기 착빙(carburetor icing)은 어느 비행 단계에서나 발생할 수 있지만, 강하와 같은 동력이 감소한 상태일 때 특히 위험할 수 있다. 강하 중에는 조종사가 동력을 증가시키려고 할 때까지 알아채기가 쉽지 않다. 기화기 착빙(carburetor icing)의 징후는 엔진 rpm 또는 매니폴드압(manifold pressure)이 감소하고, 기화기 공기온도 게이지는 안전 작동 범위를 벗어난 온도를 지시하고 엔진 작동이 거칠어진다. 엔진 rpm 또는 매니폴드압이 다양한 원인으로 감소할 수 있으므로 기화기 착빙 가능성이 있을 때 기화기 공기온도 게이지(carburetor air temperature gauge)를 주의 깊게 관찰해야 한다. 기화기 공기온도 게이지에는 노란색 주의 아크 또는 초록색 작동 아크가 그려져 있다. 어느 경우라도 지시침이 정상 작동 범위에 있도록 유지되어야 한다. 기화기 착빙을 방지하기 위해서 배기 매니폴드와 같은 가열 장치를 통해서 기화기에 유입되도록 설계되어 있다.

(3) 블레이드 착빙

일부 대형 헬리콥터에서 기체와 로터 시스템을 위한 방빙장치가 사용될 수 있지만 복잡하고 고가이면서 상당한 무게 때문에 많이 사용되지 않는다. 로터의 앞전(leading edges)에 블리드 에어 또는 전열선을 이용해서 얼음이 형성되는 것을 방지한다. 만약 블레이드 선상에 [그림2-62, 8-11]과 같이 얼음이 불규칙하게 들러붙어 있다면 균형과 제어 문제(balance and control problems)가 발생할 수 있다. 이외에도 경량의 방빙 재료 또는 코팅이 사용되기도 한다. 이들 재료를 중요한 구역에 사용함으로써 얼음의 형성을 방지하고 성능 향상에도 기여한다. 헬리콥터에 있는 피토관은 얼음과 습기의 형성이 매

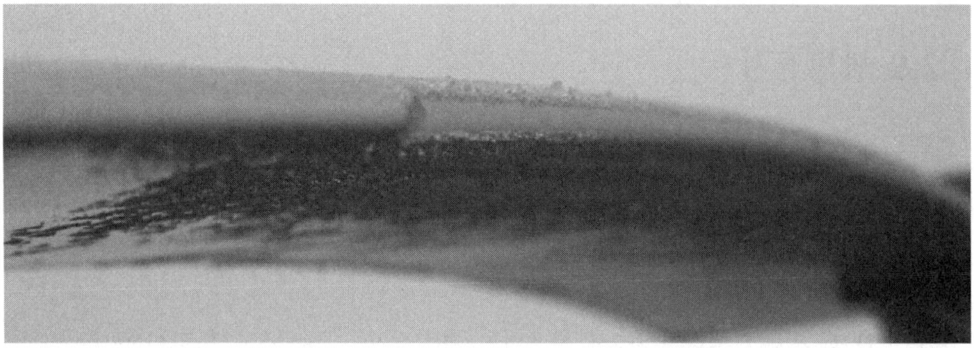

【그림2-62】 로터 블레이드 착빙은 양력 감소와 항력 증가 그리고 무게의 증가를 초래할 수 있다.

우 취약하다. 이를 방지하기 위해서 피토관은 튜브를 가열시키기 위해서 전기 열선을 사용하는 가열 장치를 갖추고 있다.

(4) 제 빙

제빙(deicing)은 눈, 얼음과 같이 기체 혹은 각종 표면에 이미 들러붙어 있는 얼음 결정체를 제거하는 과정이다. 헬리콥터 동체와 로터 블레이드의 제빙은 시동 전에 이루어져야 한다. 격납고 속에 들어 있지 않은 헬리콥터는 로터 블레이드와 동체에 착빙이 되는 서리, 눈, 결빙 이슬 그리고 어는비(freezing rain) 등을 그대로 맞을 수 있고 이들을 제거하지 않는 한 비행할 수 없다. 블레이드로부터 불규칙하게 벗겨진 얼음은 구성품 고장의 원인이 될 수 있고 흩날리는 얼음은 헬리콥터의 구조물에 부딪혀 파손시키거나 주변에 있는 사람을 다치게 할 수 있다. 특히 테일로터는 흩날리는 얼음에 매우 취약하다. 따라서 철저한 비행 전 점검을 수행하여 조종장치가 자유롭게 움직이는지 확인하고 모든 얼음 결정체는 반드시 제거해야 한다. 비행 중이라 할지라도 제빙 장치를 갖춘 헬리콥터는 착빙 기상상태에 진입한 후 즉시 작동시켜야 한다. [그림2-63]

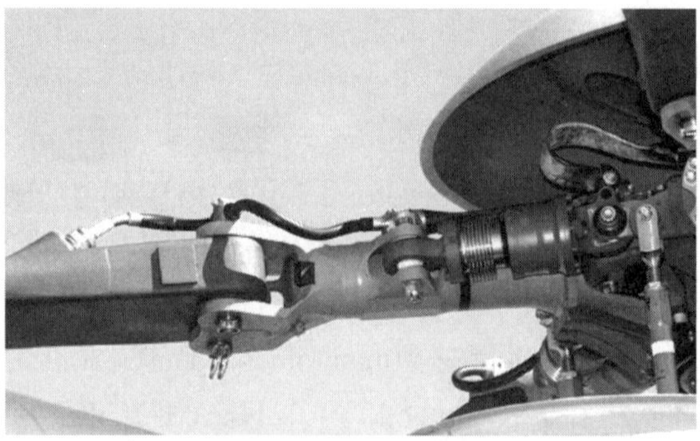

【그림2-63】 블레이드 착빙을 방지하기 위해서 블레이드에 뜨거운 공기 또는 전기를 공급하여 얼음이 들러붙는 것을 방지한다.

제 3 장 헬리콥터 역학

3.1 기초 물리법칙

3.1.1 개 요

헬리콥터가 비행할 수 있는 원리를 이론적으로 전개하는 데는 필수적으로 기초 물리법칙에 대한 이론의 적용이 필수적이다. 이론적 내용에 의한 실제 헬리콥터 비행이 일치하여야 그 이론의 적합성을 인정할 수 있게 될 것이다. 헬리콥터를 직접 조종하는 조종사뿐만 아니라 운용자 역시도 물리법칙이 헬리콥터 비행에 어떻게 적용되는지에 대한 기본적인 내용을 충분히 숙지하고 있어야 한다. 헬리콥터의 특성과 기본 구성품 그리고 구조에 대해서는 이미 학습한 바 있다. 비행체가 비행하기 위해서는 필수적으로 추력과 양력이 필요하다. 비행기에서 추력(thrust) 발생장치와 양력(lift) 발생장치는 명확하게 구분되어 있다. 비행기의 추력은 프로펠러 혹은 가스터빈엔진의 고온고압의 배기가스이다. 이에 따른 양력은 날개에서 발생한다.

고정날개가 없는 헬리콥터의 경우는 추력과 양력을 동시에 회전날개(블레이드)에서 발생시켜야 한다는 분명한 차이가 있다. 따라서 헬리콥터의 비행이론을 논할 때는 양력 발생장치 기능과 추력 발생장치 기능을 서로 분리해서 분석하게 될 것이고, 실제 비행에 적용될 때 이 두 기능이 동시에 고려되어야 한다. 예를 들어 헬리콥터가 제자리비행하고 있을 때 추력은 발생하지 않는다. 단지 양력만이 헬리콥터를 부양시키고 있는 힘이 된다. 그러나 앞에서 바람이 불고 있다면 양력과 추력을 동시에 고려해야 한다. 왜냐하면, 헬리콥터는 바람에 의해서 이동할 수 있으므로 이를 방지하기 위해서 바람에 의한 편류(drift)를 방지하기 위한 추력(thrust)이 요구되는 것이다. 그러나 실제 헬리콥터는 제자리비행하고 있는 상태가 된다.

헬리콥터의 비행이론을 설명하는데 가장 잘 알려진 이론이 운동량 보존의 법칙과 뉴턴의 운동법칙 그리고 베르누이정리이다. 비행기는 1세기 전에 발명되었지만, 이들 과학자 혹은 수학자들은 수 세기 전의 인물들로 그 당시는 하늘을 날아보고자 하는 인간의 기본적인 욕구와 상상력으로 그쳤던 시대였을 것이나 이들 이론이 과학적으로 입증되는 양력 이론의 바탕을 이루고 있다.

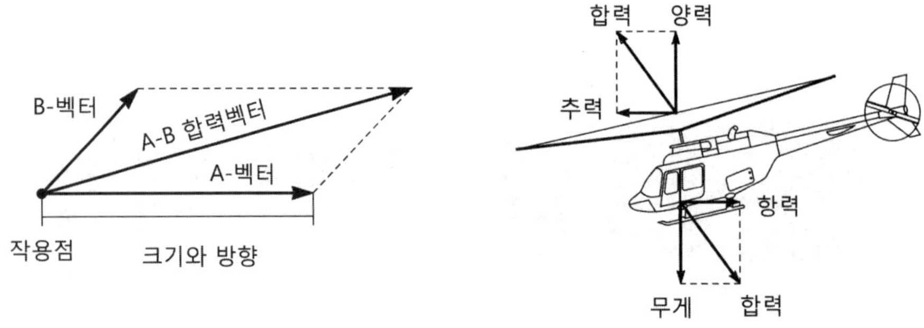

【그림3-1】 벡터와 합력벡터

3.1.2 벡터와 스칼라

일반적으로 공기역학적 힘의 분석과 표기는 스칼라양과 벡터양이 활용된다. 스칼라양과 벡터양의 근본적인 차이는 스칼라양(scalar quantities)은 단지 크기만을 갖는 역학적 힘인 데 비하여 벡터양(vector quantities)은 크기와 방향 모두를 갖는 역학적 힘으로 정의할 수 있다. 스칼라양의 대표적인 예로는 질량, 부피, 시간, 면적 등이 있고 벡터양은 속도, 가속도, 중량, 양력, 항력 등이 있다. 공기역학에 주로 활용되는 모든 힘은 대부분 크기와 방향을 갖는 벡터양이다.

(1) 벡터양

어느 한 힘의 벡터양은 화살표로 나타내고 화살표의 시작점이 힘의 근원으로 볼 수 있으며 화살표는 힘이 작용하는 방향을 지시한다.

(2) 벡터 문제 해결

단일 물체에 어느 한 방향으로 힘이 작용하였다고 가정했을 때 [그림3-1]과 같이 한 개의 화살표를 이용하여 벡터양을 나타낼 수 있으나, 두 개 이상의 힘이 작용할 때는 두 힘이 상호 작용하는 방향으로 지향하고 이를 힘의 합력(resultant force)이라 한다. 두 개 이상의 힘이 작용한 힘의 합력 벡터양을 구하기 위해서는 평행사변형(parallelogram method) 방법, 다각형(polygon method) 방법, 삼각형(triangle method) 방법이 있으나 공기역학을 해결하는 데는 대부분의 평행사변형 방법이 주로 적용된다. 평행사변형 방법은 하나의 물체에 두 개의 힘이 작용하였을 때 이용되고 합력 벡터양을 구하기 위해서는 각 힘의 방향과 크기가 동일한 평행선을 긋는다. 두 개의 평행선이 만나는 점과 두 힘이 작용했던 점이 이루는 직선이 두 힘의 합력(resultant)이다. 예를 들어 비행 중인 헬리콥터에 작용하는 힘을 벡터양으로 분석했을 때 [그림3-1]과 같이 나타낼 수 있다. 이외에도 두 개 이상의 힘이 각각 다른 방향으로 작용할 때 다각형 방법으로 합력을 구할 수 있다. 하나의 벡터를 기준으로 선정하고 이들 벡터의 꼬리와 머리 부분을 연결하여 기준 벡터의 원점과 마지막 벡터의 머리를 연결하여 합력 벡터(resultant vector)를 얻을 수 있다.

벡터는 모든 힘의 근원이고 힘의 작용 방향과 크기를 판단하는 요소로 공기역학적 힘을 분석하는 데 주로 활용된다.

3.1.3 뉴턴의 운동법칙

뉴턴의 운동법칙은 다음과 같이 3개의 법칙이 있다. 대부분 일반학습 과정을 거치면서 뉴턴의 운동법칙에 대해서는 생소하지 않을 것이다.

(1) 뉴턴의 운동법칙

① 제1법칙; 관성의 법칙

정지하고(at rest) 있는 물체는 계속 정지하려는 경향이 있으며 운동 중인(in motion) 물체는 같은 방향과 속도로 계속 운동하려는 경향이 있다. 이것은 어떤 물체를 정지시키거나 이동하게 하는 외부의 힘이 작용하지 않는 한 그 물체는 계속 움직이거나 정지하지 않는다는 단순한 의미이다. 지상의 운송수단과 달리 헬리콥터를 포함한 항공기는 공중공간에 떠 있는 상태이다. 이것이 의미하는 것은 지표면의 마찰력이 더 미미한 공기의 저항을 받고 있으므로 공중에서 관성력이 더욱 크게 작용한다. 이 같은 관성력(inertia)의 적용을 타성이라 하여 어떠한 기동의 시작과 끝에는 반드시 고려해야 하는 요소이다. 앞으로 전개되는 헬리콥터의 기동에서 이 같은 관성의 법칙이 어떻게 적용되고 이를 적절히 수정하는 방법에 관해서도 연구하게 될 것이다.

② 제2법칙; 가속도의 법칙

물체에 일정한 힘을 가하면 물체는 가속되고 이 가속은 물체의 부피에 반비례하고 적용된 힘에 비례한다. 가속도를 적용하는 주체에 따른 의미에는 약간의 차이가 있지만, 항공에서 가속이란 속도가 증가하는 것으로 본다. 예를 들어 급상승 중인 헬리콥터가 다시 급강하로 전환할 때 초기속도가 90노트였으나 가속이 붙으면서 속도는 150노트로 급격히 증가하였을 경우 이 헬리콥터는 가속되었다고 할 수 있다. 또 다른 의미로는 지구 중력(gravity)으로 인하여 자유낙하(free fall) 하는 물체의 속도가 단위 시간당 증가하는 것으로 해수면에서 가속도는 32.17 ft/sec^2(9.80665 m/sec^2)이다.

③ 제3법칙; 작용과 반작용의 법칙

한 물체가 다른 물체에 힘이 가해질 때마다 제2의 물체는 항상 크기가 같고 방향이 반대인 반작용(reaction)을 일으킨다. 예를 들어 사수가 총을 발사하는 순간 어깨에 상당한 반동(reaction)의 힘을 느끼게 되는 것과 당구공이 부딪히면서 서로 반대 방향으로 이동하는 것 등 주변에 이 같은 작용과 반작용에 관한 법칙은 얼마든지 경험할 수 있다. 항공기의 양력이론에서도 작용과 반작용의 법칙이 명백하게 적용되고 있다.

(2) 작용과 반작용에 의한 양력이론

헬리콥터 블레이드에서 발생하는 양력에 대한 작용과 반작용은 이론을 적용하려면 먼저 제자리비행하고 있는 헬리콥터를 가정하자. 헬리콥터가 제자리비행하기 위해서는 많은 양의 공기를 아래로 내려보내야 하고, 이를 하강풍(downwash)이라 한다. 반대로 하강풍이 없다면 헬리콥터는 제자리비행을 할 수 없다. 다시 말해서 헬리콥터는 하강풍의 힘으로 제자리비행을 하고 있다고 할 수 있으므로 이는 공기의 하강풍에 의한 반작용의 힘으로 헬리콥터는 제자리비행을 할 수 있다. 다음은 한 블레이드를 선정하여 이 블레이드의 운동이 작용과 반작용의 법칙에 따라 양력을 발생하고 있는지를 분석해야 한다.

블레이드 역시 하나의 에어포일(airfoil)이고, 여기서 에어포일은 초기에 많이 활용되었던 것으로 상부와 하부가 동일한 형태의 대칭형 에어포일로 가정한다. 이 에어포일이 지면과 수평을 이루고 있는 상태에서 회전하고 있다고 가정했을 때 아무리 빠르게 회전해도 헬리콥터를 부양시킬 수 있는 양력이 발생하지 않는다. 에어포일의 중심축 선(시위선)을 단 1도라도 증가시켰을 때 비로소 양력이 발생하기 시작한다. 이때의 공기흐름을 보았을 때 위에서 아래로 내리흐르는 하강풍이 발생하고 있는 이들 공기흐름을 유도기류라고 한다. 에어포일은 회전하면서 공기를 취하여 끌어 내리는 힘의 반동으로 블레이드는 양력을 얻는다. 이 같은 공기의 운동량에 의한 힘의 에너지를 동압(dynamic pressure)이라 한다.

항공기의 양력 발생이론에 베르누이정리가 소개되면서 날개 또는 블레이드의 양력이론 전체가 베르누이정리를 너무 강조되어서는 안 된다. 에어포일의 형태는 매우 다양하게 개발되어 실용에 적용되고 있으며 계속해서 더 효율적인 에어포일 개발을 위한 노력은 계속될 것이다. 위의 사례에서 대칭형 에어포일을 적용하였다. 만일 동일한 조건에서 대칭형 에어포일에서는 5도의 받음각이 필요하다면, 개량된 에어포일을 사용했을 때 4도에서 제자리비행할 수 있다면 에어포일의 효율은 획기적으로 증대되었다고 볼 수 있다. 여기서 에어포일의 효율 증대를 설명해 줄 수 있는 이론이 베르누이정리이다.

3.1.4 동압과 정압

유체가 갖는 압력은 정압(static pressure)과 동압(dynamic pressure)으로 구분할 수 있다. 여기서 유체의 흐름에 의해서 발생하는 힘을 동압 그리고 유체 자체가 갖는 힘을 정압으로 구분한다. 정압과 동압의 합을 전압(total pressure)이라 하고 비압축성 유체에서 전압은 항상 일정하다. [전압=동압+정압] 이동 중인 공기 속에 놓인 물체에 상대적으로 미치는 힘을 운동 에너지(kinetic energy)라 하고 이 힘을 단위 표면적 당 미치는 힘으로 계산했을 때 동압(dynamic pressure)이라 한다. 동압을 경험해보기 위해서 달리는 자동차의 차창 밖으로 손을 내밀었을 때 손바닥에 와 닿는 공기의 힘을 동압이라 할 수 있다. 동압의 크기는 공기에 대한 상대적인 물체의 속도(velocity)와 공기밀도(air density)에 달려있다. 예를 들어 [그림3-2]와 같이 10노트로 이동 중인 블레이드에 부딪

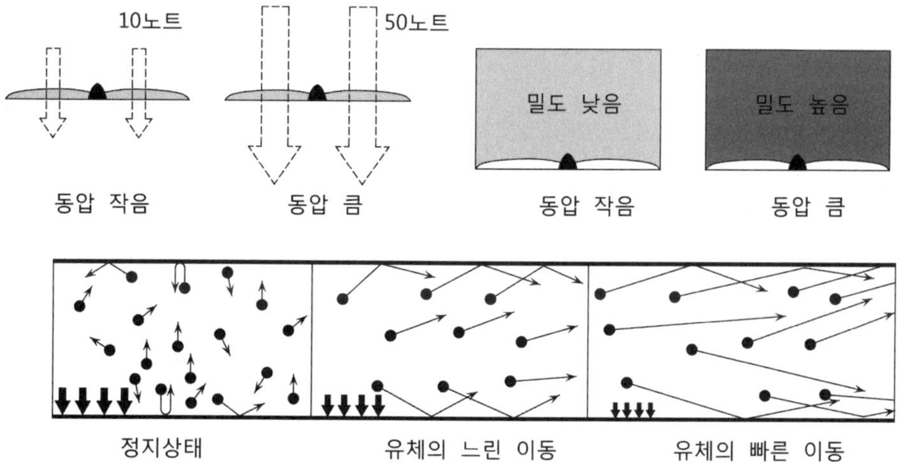

【그림3-2】 동압과 정압의 개념

히는 공기 분자량보다 50노트로 이동 중인 블레이드에 미치는 공기 분자량이 훨씬 많다. 이는 연구하게 될 상대속도(relative velocity)의 증가를 의미한다. 또한, 공기밀도가 높을수록 단위 시간당 부딪치는 공기의 분자 수가 많다는 것을 의미하고 이는 보다 큰 동압이 존재한다고 할 수 있다.

공기는 수많은 분자로 구성되어 있고 이들 분자는 테니스공이 지면에 부딪혀 튀어 오르는 것과 같이 어떠한 물체의 표면에 대해서도 튀어나오고 이때 물체 표면에는 힘이 발생한다. [그림3-2, 위]에서 보는 것과 같이 이들 힘의 크기는 공기 분자가 물체에 정면(head-on)으로 부딪쳤을 때 가장 크고 부딪치는 경사각이 클수록 힘은 약해진다는 사실을 알 수 있다. 물체의 면적에 미치는 이들 모든 힘이 물체의 표면에 압력을 형성하고 이를 정압(static pressure)이라 한다. 일련의 공기군이 어느 표면에 흐르고 있다면 이는 정면보다는 비스듬하게 흐르기 때문에 표면의 압력은 정면으로 작용하는 정압보다 작다.

유체의 어느 지점에서나 정압은 모든 방향에서 동등하게 작용하기 때문에 대기의 정압은 당신의 신체 어느 지점에서나 수직으로 작용하다. 전압(total pressure)은 항상 일정하다고 정의했다. 따라서 물체의 속도가 증가하면 동압이 증가하고 정압은 감소해야 한다. 반대로 물체의 속도가 감소하면 동압은 감소하고 정압은 증가해야 한다. 공기역학에서 정압은 유체의 속도에 따라 달라진다. 즉, 유체의 속도가 빠르면 정압은 낮아지고 유체의 속도가 느리면 정압은 증가한다. [그림3-2, 아래]는 유체의 속도에 따른 정압의 변화를 보여주고 있다. 공기도 하나의 물체로 인식하고 위에서 설명한 법칙들이 적용된다는 것을 이해하면 헬리콥터의 블레이드가 어떻게 양력 일부를 발생하게 되는지를 알 수 있을 것이다.

3.1.5 베르누이정리

(1) 기본개념

뉴턴이 그의 법칙을 제시한 후 반세기 후에 스위스의 수학자 다니엘 베르누이(Daniel, Bernoulli)는 움직이는 유체(fluid)의 압력이 유체의 속도에 어떻게 변화하는지를 설명하였다. 특히 그는 유체 이동속도의 증가는 유체의 압력을 감소시킨다는 것을 정리하였다. 이 정리가 에어포일의 굴곡진 표면(curved surface) 위를 흐르는 공기흐름(airflow)에 어떤 현상이 발생하는지를 명확하게 설명해 주고 있다. 유체를 이용한 실험에서 유체는 관을 통과하는 동안 어떠한 손실이 발생하지 않고 입구를 통해 유입된 양이 출구를 통해 동일한 양이 나와야 한다는 질량보존의 법칙에 입각한다. 이 개념을 바탕으로 관의 중간 지점에 직경이 다른 형태의 관에서 어떠한 현상이 발생할까? 관을 통과하는 유체는 단면적이 큰 곳에서는 유체의 속도가 느리고 반면에 관의 단면적이 작은 곳에서 유체는 빠르게 통과해야 동일한 양의 유체가 흐를 수 있다. [그림3-3]에서 보는 것과 같이 관의 단면적이 다른 곳에서 유체가 흐르는 속도에는 분명한 차이가 발생하고, 이에 따른 유체 자체가 지닌 압력에도 변화가 발생하고 있음을 알 수 있다.

베르누이정리를 실질적으로 적용한 것이 벤투리관(venturi tube)이다. 벤투리관은 입구와 출구의 직경이 같고 관의 중간 부분이 좁아지는 형태로 되어 있다. 이 관 속에 공기가 흐르고 있다고 가정하고 질량보존의 법칙(law of conservation of mass)에 따라 유입된 공기량과 밖으로 나온 공기량이 같다고 했을 때 공기의 속도는 관이 좁은 곳에서는 빠르게 이동하고 반면 좁은 관을 통과한 공기는 다시 원래의 속도로 흐르게 된다. 여기서도 마찬가지로 공기의 속도가 빠른 곳에서는 압력이 낮아지고 공기의 속도가 느린 곳에서의 압력은 커지는 결과를 얻을 수 있다.

(2) 에어포일과 정압의 관계

[그림3-3]의 상단 그림은 벤투리관을 통과하는 공기흐름이고 이를 중간 그림과 같이 굴곡진 부분을 블레이드의 윗면으로 가정했을 때 블레이드의 윗면과 아랫면에 흐르는 공기의 속도차에 의해서 정압의 차이가 발생한다. 아래 그림은 공기 속에서 작용하는 에어포일의 형태로 윗면을 흐르는 공기의 속도와 아랫면을 지나는 공기의 속도가 다를 경우 에어포일 윗면과 아랫면의 압력차가 발생하게 된다. 에어포일에 작용하는 공기흐름은 전면에 부딪히면서 상하로 분리되어 흐르고 윗면과 아랫면을 흐르는 공기흐름은 무한정 속도 차이를 나타내지 않고 일정 고도에서 다시 공기흐름은 같아진다. 이것은 에어포일 윗면에 흐르는 공기층은 공기흐름을 억제하는 역할을 하고 있음을 의미하고 압력은 높은 곳에서 낮은 곳으로 이동하므로 에어포일 아랫면의 높은 정압은 윗면의 낮은 정압 쪽으로 작용하여 블레이드를 부양시킬 수 있는 양력을 발생하게 된다. 양력의 크기는 공기의 속도, 받음각, 날개의 형태, 공기의 밀도 등에 따라서 다양하다.

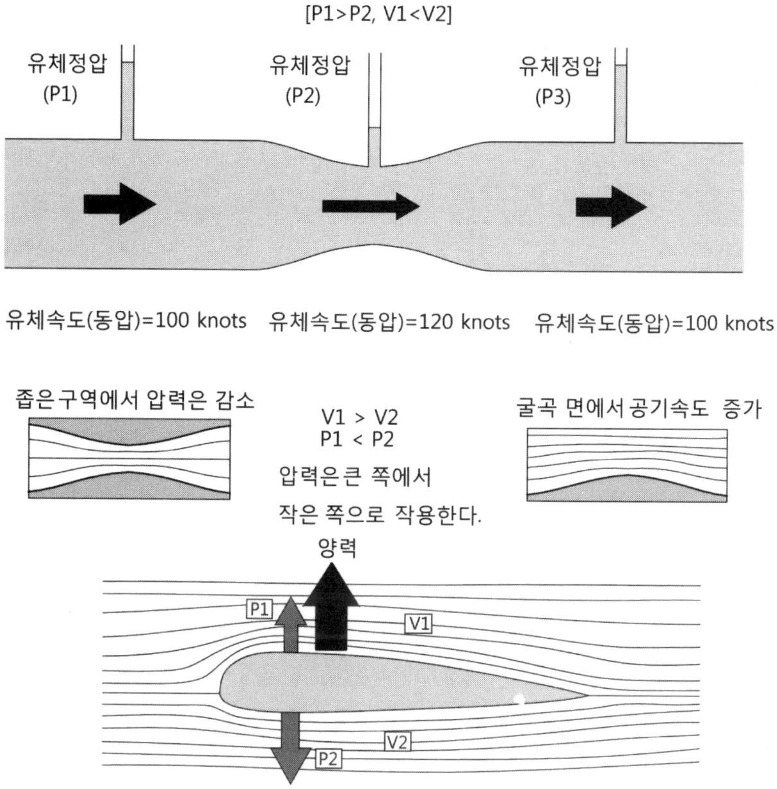

【그림3-3】 벤투리관과 공기 속에서 에어포일과 공기흐름의 행태

3.2 에어포일

3.2.1 에어포일의 정의

공기역학에서 에어포일(airfoil)은 매우 광범위하게 활용된다. 경비행기는 동체 전방에 프로펠러를 장착하여 추력을 얻어 날개와 상대풍이 이루는 각도를 이용하여 부양력을 얻는 형태지만 헬리콥터는 동체의 상부에 회전날개(blade)가 장착되어 이 회전날개의 경사에 의해서 헬리콥터를 추진시키는 힘을 얻는다. 에어포일이란 [그림3-4]와 같이 공기역학에서 주로 활용되는 용어(term)로 공기 속을 통과할 때 공기흐름에 대한 유용한 반작용(react)을 일으킬 수 있도록 고안된 물체로 양력(lift), 추력(propulsion) 발생에 사용된다. 에어포일의 전형적인 적용은 비행기 날개(wings)와 프로펠러(propeller), 헬리콥터의 로터 블레이드(rotor blade), 수평 및 수직안정판 또는 조종면(control surface) 등은 모두 이에 해당한다. 헬리콥터는 공기가 에어포일 주위를 통과할 때 발생하는 공기역학적 힘(aerodynamic forces)으로 인하여 비행할 수 있다. 에어포일은 적절한 각도에서 공기 속을 통과할 때 항력보다 양력이 더 크게 발생하는 모든 표면이라고 정의할 수 있다. 로

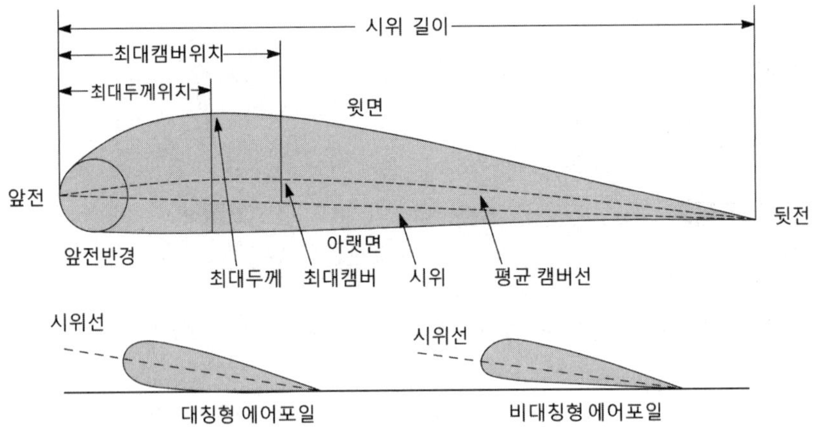

【그림3-4】 에어포일의 용어

터 블레이드와 같은 특정 에어포일은 이 기능의 일부가 약간씩 결합한 형태이다. 헬리콥터의 메인로터와 테일로터는 에어포일이고, 블레이드를 기계적 힘으로 회전시켜 공기를 통과시킨다. 일부 상태에서는 수직 그리고 수평안정판과 같은 동체의 한 부분이 에어포일이 되기도 한다. 에어포일은 특정 비행 특성(flight characteristics)에 적합하게 제작되어야 한다.

① 블레이드 스팬(blade span): 회전 중심으로부터 블레이드의 팁까지 로터 블레이드의 길이
② 시위선(chord line): 에어포일의 앞전과 뒷전이 교차하는 직선
③ 시위(chord): 앞전에서부터 뒷전까지 시위선의 길이. 이것은 에어포일 단면의 세로 치수의 특성이다.
④ 평균 캠버선(mean camber line): 에어포일의 윗면과 아랫면 사이의 중간을 잇는 선. 시위선은 평균 캠버선(mean camber line)의 끝에 연결된다. 캠버는 에어포일의 곡률이라 할 수 있고 평균 캠버선의 곡률/굴곡(curvature)으로 고려된다. 평균 캠버의 모양은 에어포일 단면(airfoil section)의 공기역학적 특성을 결정하는 데 중요하다. 최대 캠버 그리고 그 위치는 평균 캠버선의 모양을 지정하는 데 도움이 된다. 최대 캠버의 위치와 시위선으로부터 변위(displacement)는 기본 시위 길이의 분수 또는 백분율과 같이 나타낼 수 있다. 최대 캠버의 위치를 변화시켜 제작자는 에어포일을 특정 목적에 맞게 다듬을 수 있다. 단면 두께(profile thickness)와 두께 분포는 에어포일 단면의 중요한 성질(important properties)이다.
⑤ 앞전(leading edge): 에어포일의 앞부분
⑥ 비행경로 속도(flight path velocity): 공기 속을 통과하고 있는 에어포일의 속도와 방향. 비행기에서 에어포일은 비행경로 속도가 진대기속도(TAS)와 일치한다. 그러나 헬리콥터 로터 블레이드에서 비행경로 속도는 회전성 속도(rotational velocity)에 대기속도의 방향성 분력을 더하거나 감해 준 값과 동등하다. 로터 블레이드의 회전성 속도

는 허브 근처에서 가장 낮고 블레이드의 끝으로 갈수록 증가한다.

⑦ 상대풍(relative wind): 에어포일에 상대적인 공기흐름이고 에어포일이 공기 속을 통과하면서 발생한다. 회전날개 항공기에서 이 상대풍은 회전성으로 고려되어야 한다. 유도 공기흐름(induced airflow)이 비행경로 속도를 변화시킴에 따라 에어포일에 작용하는 상대풍은 에어포일이 이동하는 방향에 정반대가 되지 않는다.

⑧ 뒷전(trailing edge): 에어포일의 가장 뒷부분

⑨ 유도흐름(induced flow): 로터 디스크를 통과하는 하향 공기흐름

⑩ 합력 상대풍(resultant relative wind): 유도 공기흐름으로 인해서 변화된 상대풍

⑪ 받음각(angle of attack; AOA): 합력 상대풍과 시위선 사이에서 측정된 각도

⑫ 붙임각(angle of incidence; AOI): 블레이드의 시위선과 로터 허브 사이의 각도. 이 각도는 통상 블레이드 피치각으로 고려된다. 수직 핀 또는 수평안정판과 같은 고정 에어포일에서 붙임각은 에어포일의 시위선과 헬리콥터의 선정된 참고 평면(selected reference plane) 사이의 각도이다.

⑬ 압력중심(center of pressure): 모든 공기역학적 힘들이 작용하는 에어포일의 시위선을 따라서 지정되는 지점. 에어포일 표면 위에서 압력이 달라서 압력 변화의 평균 위치가 필요하다. 받음각이 변함에 따라 이들 압력 변화와 압력중심은 시위선을 따라서 이동한다.

3.2.2 에어포일의 종류

에어포일의 형태는 항공기의 활용 용도에 따라 다르게 고안되는데 이는 에어포일에서 발생할 수 있는 양력(lift)이 블레이드의 속도와 에어포일의 면적(area)에 따라 다르기 때문이다. 이 같은 필수요건을 충족하기 위해서 헬리콥터의 블레이드 윗면과 아랫면의 두께에 따라 대칭형 에어포일(symmetrical airfoil)과 비대칭형 에어포일(asymmetrical airfoil)이 있다.

(1) 대칭형 에어포일(symmetric airfoil)

에어포일의 시위선(chord line)을 기준으로 윗면과 아랫면의 캠버가 동일하게 제작된 에어포일이다. 대칭형 에어포일은 받음각이 변화해도 [그림3-5]와 같이 압력중심(center of pressure)이 거의 이동하지 않기 때문에 회전날개 항공기에 매우 적합한 형태이다. 그러나 주어진 받음각(angle of attack)에서 비대칭형 에어포일에 비교하여 양력 발생이 적다. 이 같은 문제를 해결하고 더 나은 제자리비행(hovering) 성능과 전진비행 성능을 위해서 고정날개 비행기에만 활용되었던 비대칭형 에어포일이 개발되었다.

(2) 비대칭형 에어포일(asymmetric airfoil)

비대칭형 에어포일은 윗면의 캠버선과 아랫면의 캠버선이 다르게 제작된 형태이고 더

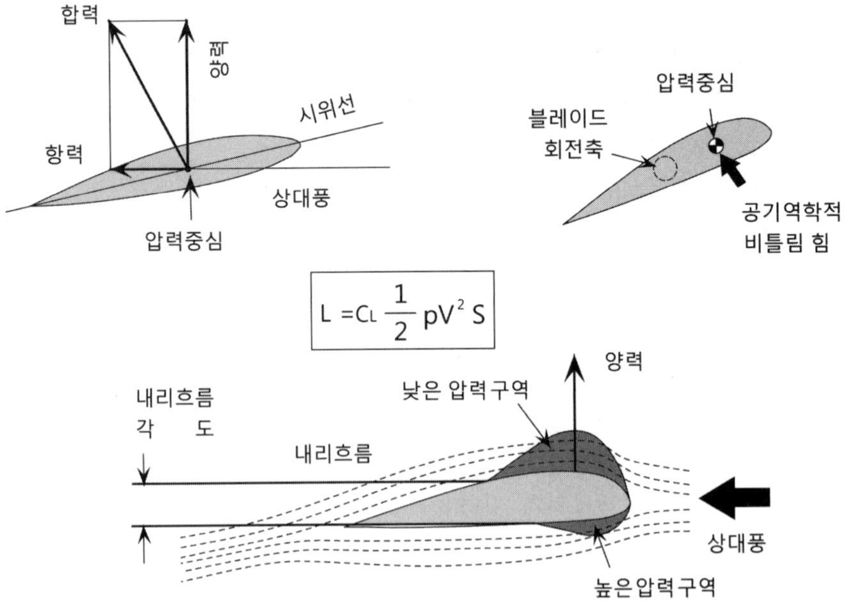

$$L = C_L \frac{1}{2} \rho V^2 S$$

【그림3-5】 에어포일에 작용하는 힘

큰 양력(lift)을 발생시키기 위해서는 아랫면의 캠버선보다 윗면의 캠버선이 더 크게 제작된다. 이 같은 형태의 에어포일은 대칭형과 비교하면 양력 발생이 크지만, 받음각의 변화에 따라 압력중심(center of pressure)이 변하기(시위선의 약 20%) 때문에 [그림3-5, 상단 오른쪽]과 같이 심한 비틀림 현상이 발생한다. 초기 헬리콥터에는 비대칭형 에어포일의 비틀림 힘(twisting force)으로 인하여 활용이 제한됐으나 최근에는 복합소재의 개발로 비틀림을 극복할 수 있어 고성능 헬리콥터에 많이 활용되고 있다.

구 분	대칭형 에어포일	비대칭 에어포일
양력	작다.	크다.
압력중심 이동	거의 없다.	많다.
구조	간단하다.	복잡하다.
비용	비용이 적다.	비용이 많이 든다.
적용 헬리콥터	OH-23, H-500	UH-60, AH-64

(3) 내리흐름(downwash)

내리흐름은 에어포일의 윗면으로 흐르는 공기가 뒷전 부분에서 경사면을 따라 내리흐르는 형태의 흐름으로 공기의 반작용을 유발하는 요인이다. 공기역학적으로 [그림3-5]의 아래 그림과 같이 헬리콥터의 로터 블레이드의 뒷전에서 아래와 후방으로 내리 밀리는 공기(air forced down)의 흐름이다. 공기역학적 양력은 공기가 하향으로 편향될 때 발생한다. 공기흐름의 방향과 에어포일을 벗어날 때 형성되는 각도를 내리흐름 각도(downwash angle)라 하고 블레이드의 윗면에서는 저압(low pressure) 구역이 그리고 아랫면에서는 고압(high pressure) 구역이 형성된다.

3.2.3 원심력

블레이드 회전력이 어떻게 수천 파운드의 헬리콥터를 부양시키는 힘을 발생하게 되는가? 이 같은 의문을 설명해 줄 수 있는 공기역학적 힘(aerodynamic force)은 원심력이다. 정지된 헬리콥터의 메인로터(main rotor)는 자체 무게를 이기지 못해 아래로 늘어져 있으며, 대형 헬리콥터일수록 에어포일(airfoil)의 길이와 무게가 무거우므로 늘어진 정도가 심하다. 회전하는 물체가 회전 중심으로부터 외부로 벗어나려는 힘을 원심력이라 하고 회전하는 물체에서만 발생하는 힘이다. 로터 블레이드가 회전하기 시작할 때 늘어져(droop) 있던 블레이드는 [그림3-6]과 같이 원심력을 받아 서서히 수평이 된다. 이같이 원심력에 의해서 발생하는 힘을 원심하중이라 하고 회전력에 따라 원심하중도 커진다. 예를 들어 2~4인승 헬리콥터의 블레이드에서 발생하는 원심하중(centrifugal loads)은 약 6~12톤으로 알려져 있고 이보다 큰 대형 헬리콥터의 원심하중은 각 블레이드 당 약 40톤의 힘을 발생한다.

3.2.4 원추 현상

블레이드가 수평 상태에서 원심하중은 헬리콥터를 부양시키지 못한다. 헬리콥터를 부양시키기 위해서는 블레이드의 피치각(pitch angle)을 증가시켜야 하고 피치각이 증가함에 따라 받음각이 증가하여 헬리콥터를 들어 올릴 수 있는 양력(lift)이 발생한다. 이때 블레이드는 헬리콥터의 무게만큼 블레이드 끝단(wing edge)이 [그림3-6]과 같이 위로 약간 굽어지는 원추(원뿔) 모양을 형성한다. 약간의 원추 현상은 불가피하나 여러 가지 원인에 의한 과도한 원추(excessive coning) 현상은 상대적으로 회전면(plane of rotation)이 감소하기 때문에 양력 발생을 저해하는 요인이 된다. 원추 현상의 주요 원인은 블레이드의 분당 회전수(RPM), 총중량, 비행 중 발생하는 하중계수(load factor)에 달려있다. 예를 들어 RPM이 일정하다면 원추 현상은 헬리콥터의 무게가 증가하거나 선회할 때 발생하는 하중계수가 커질수록 증가하고, 무게와 하중계수가 일정할 때 RPM이 감소하면 원심하중이 감소하므로 원추 현상은 커진다. 따라서 규정 RPM 이하에서 운용, 총중량을 초과한 운용 또는 과도한 하중계수를 초래하는 급선회 등은 과도한 원추 현상의 원인이 된다. [그림3-6]은 로터 블레이드에서 발생하는 원추 현상을 벡터로 보여주고 있다.

로터 블레이드가 회전하면서 비행기와 같이 기체가 공기 속으로 이동하지 않고 상대풍 분력을 만들어 낸다. 로터 블레이드의 운동과 헬리콥터 기체에 따라 많은 요소가 상대풍 방향을 변화시키는 원인이 된다. 로터계통의 회전은 메인로터 허브(main rotor hub)로부터 외측 직선으로 블레이드를 당기는 경향으로 인하여 원심력(centrifugal force)이 발생한다. 블레이드의 회전속도는 원심력에 비례한다. 이 힘이 헬리콥터의 무게를 지지할 수

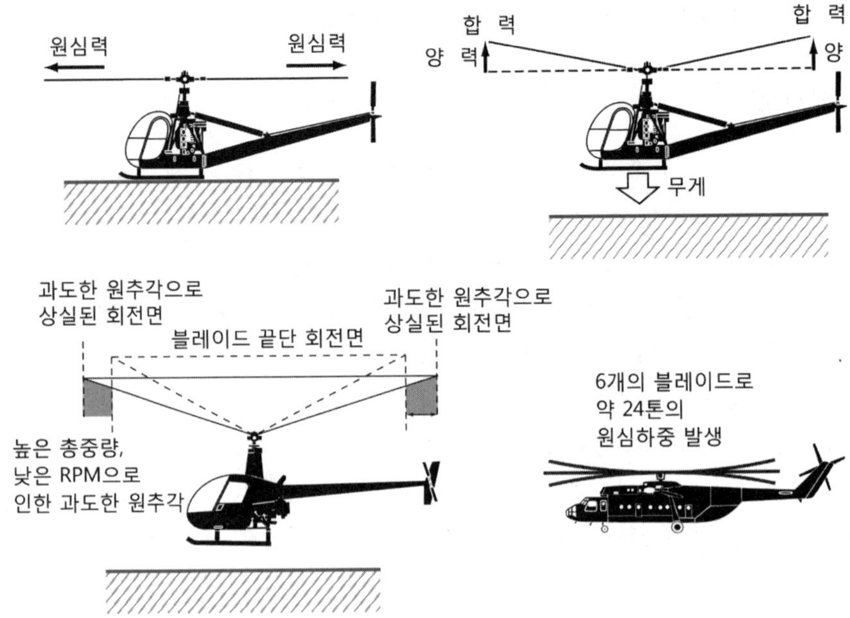

【그림3-6】 로터 블레이드 원심력, 원심하중 그리고 원추 현상

있도록 로터 블레이드에 힘을 부여한다. 최대 원심력은 최대로 회전할 수 있는 로터 회전수(revolutions per minute; RPM)에 달려있다. 예를 들어 이륙하기 위해서 블레이드의 양력이 증가함에 따라 외측(outward)으로 작용하는 원심력과 위(upward)로 작용하는 양력과 같은 두 개의 주요 힘들이 동시에 작용한다. 이들 두 힘의 결과는 블레이드가 마스트에 수직인 평면이라기보다 원추 경로(conical path)라고 볼 수 있다. 헬리콥터가 제자리비행으로 이륙할 때 평평한 로터 디스크가 약간 원추 모양으로 변하는 것을 볼 수 있다. 만약 로터 RPM이 너무 낮아진다면 원심력이 작아져 원추각(coning angle)은 더욱 커진다. 이것은 RPM이 너무 낮아졌을 때 어느 순간 로터 블레이드가 접히면서 회복이 불가능해질 수 있다.

3.3 상대풍

상대풍이란 비행경로(flight path)와 크기는 같으나 방향이 반대로 작용하는 바람이다. 공장 지역의 굴뚝에서 나오는 연기는 대기의 현상에 의해서 발생한 바람에 따라 방향이 바뀌고 이를 자연풍(native wind)이라 한다면 상대풍은 에어포일에 상대적으로 작용하는 바람이라고 할 수 있다. 예를 들어 달리는 차의 창밖으로 손을 내밀었을 때 무풍 상태에서 차가 정지해 있으면 상대풍은 발생하지 않는다. 그러나 자동차가 100km로 주행할 때 비록 무풍이라 할지라도 손에 강한 바람이 형성됨을 느낄 수 있다. 여기서 발생한 바람을 상대풍(relative wind)이라 하고 자연풍의 방향과 관계없이 차가 주행하는 방향으로만 작

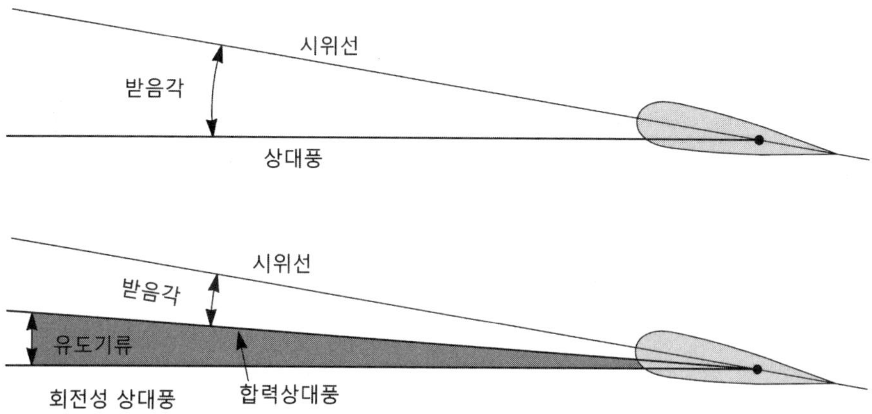

【그림3-7】 회전성 상대풍에 따른 받음각의 변화를 관찰할 수 있다. 위 그림은 유도기류가 없을 때의 받음각이지만 회전하면서 피치각이 적용될 때 발생하는 유도기류에 의한 받음각(아래)이 다르다는 것을 알 수 있다.

용한다. 고정된 날개를 갖는 비행기에서의 상대풍은 비교적 간단하게 생각할 수 있으나 회전날개에서 상대풍은 피치각 변화에 따른 유도기류(induced flow), 블레이드의 플랩핑(flapping), 신축성(flexing) 또는 조종사에 의한 회전면의 경사는 블레이드에 부딪히는 상대풍을 변화시키기 때문에 이들 변화 요인에 의해서 새로운 형태의 상대풍이 발생하고 이를 회전성 상대풍(rotational relative)이라 한다. [그림3-7]의 위 그림은 고정날개 또는 회전날개라 하더라도 유도기류가 발생하지 않을 때의 상대풍이다. 그러나 아래의 그림은 블레이드의 회전에 따른 회전성 상대풍을 고려해야 한다. 따라서 블레이드의 상대풍은 유도기류에 의한 회전성 상대풍의 합력 상대풍과 시위선이 이루는 각도가 받음각이 된다. 상대풍은 에어포일과 평행하게 작용하지만, 정반대 방향이다. 로터 블레이드가 공기 속으로 통과할 때 두 분력으로 분석해 볼 수 있다.

첫째, 수평 분력은 블레이드의 회전으로 인한 것이고 공기를 통해서 이동하고 있는 헬리콥터의 이동을 더해 주어야 한다.

둘째, 수직 분력은 공기가 로터 블레이드를 통해서 하향하는 힘에 의한 것으로 헬리콥터의 상승 또는 강하로 인해서 초래되는 블레이드에 상대적인 공기의 이동을 더해 주어야 한다.

마스트를 중심으로 회전하고 있는 로터 블레이드의 회전은 회전성 상대풍을 발생시킨다. 회전성 상대풍은 에어포일의 물리적 비행경로(physical flight path)에 반대로 흐른다. 앞전에 90도로 블레이드에 부딪히면서 회전면(plane of rotation)과는 평행하고 회전 중 방향이 끊임없이 변화한다. 회전성 상대풍 속도는 [그림3-8]과 같이 블레이드 팁에서 최대가 되고 마스트의 중심이 되는 회전축에서 "0"까지 균등하게 감소한다.

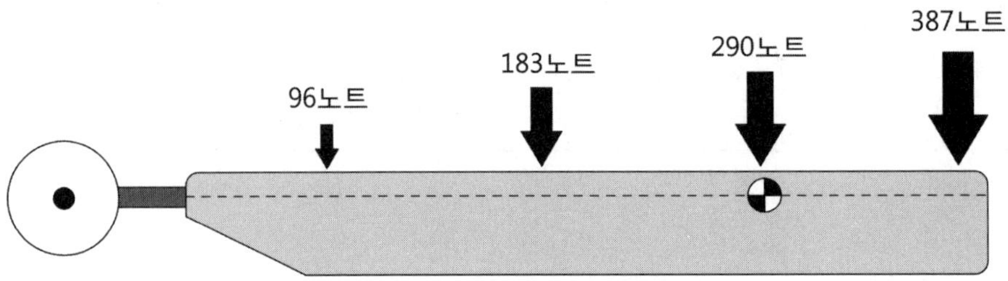

【그림3-8】 블레이드 길이에 따른 회전성 속도

(1) 제자리비행 중 회전성 상대풍(rotational relative wind)

헬리콥터가 무풍에서 제자리비행할 때 회전날개는 어느 지점에서나 동일한 유도기류가 발생하기 때문에 회전성 상대풍은 단지 유도기류의 크기에 따라 블레이드의 받음각이 결정된다. 합력 상대풍은 후방으로 약간 기울어 있고 물리적 비행경로(회전성 상대풍)보다 에어포일의 유효 비행경로(effective flightpath)에 반대이다. 또한, 합력 상대풍은 에어포일 위에서 양력, 항력의 발달과 총 공기역학적 힘(total aerodynamic force; TAF)의 벡터를 위한 참고 평면(reference plane)으로 볼 수 있다.

(2) 전진비행 중 회전성 상대풍

헬리콥터가 전진하면 비행 방향으로 전진하는 전진 블레이드(advancing blade)와 비행하는 방향에서 뒤로 진행하는 후진 블레이드(retreating blade)가 발생하고 이들 두 블레이드 사이에 속도차가 발생한다. 속도차가 발생하는 이유는 전진하는 블레이드 전면(blade face)에 부딪히는 상대속도는 블레이드의 회전속도에 비행속도를 더해 준 속도가 되고, 반대로 후진하는 블레이드의 속도는 블레이드의 회전속도에 비행속도를 감해 주어야 하기 때문이다. 여기서 발생한 속도차는 곧 양력 차이를 의미한다. 이 같은 양력 불균형은 다음 장에서 상세히 설명하기로 하고, 양력 발생은 유도기류의 크기를 결정한다. 다시 말하면 양력이 크면 유도기류도 커지고 양력이 작으면 유도기류도 작아진다. 따라서 블레이드 각 지점에서 유도기류의 크기는 변하고 회전성 상대풍도 변하여 받음각의 변화를 초래한다. [그림3-9]는 제자리비행과 전진비행할 때 상대속도의 크기를 보여주고 있으며, 이는 양력 불균형을 해소하는 블레이드 플랩핑(blade flapping)이나 사이클릭 페더링(cyclic feathering)을 이해하는데 기초가 되는 요소이다.

(3) 합력 상대풍(resultant relative wind)

블레이드의 회전은 회전성 상대풍(rotational relative wind)과 강한 하강풍을 발생하여 새로운 형태의 기류를 형성하는데 이를 유도기류라 한다. 이 유도기류에 의해서 하강기류의 흐름이 변화되어 [그림3-7]과 같이 합력 상대풍(resultant relative wind)을 발생시킨다. 결국, 회전날개 에어포일에서 받음각을 결정하는 요인은 에어포일의 시위선과 합력 상대풍이 이루는 각도가 된다. 따라서 블레이드의 위치에 따라 합력 상대풍이 변하고

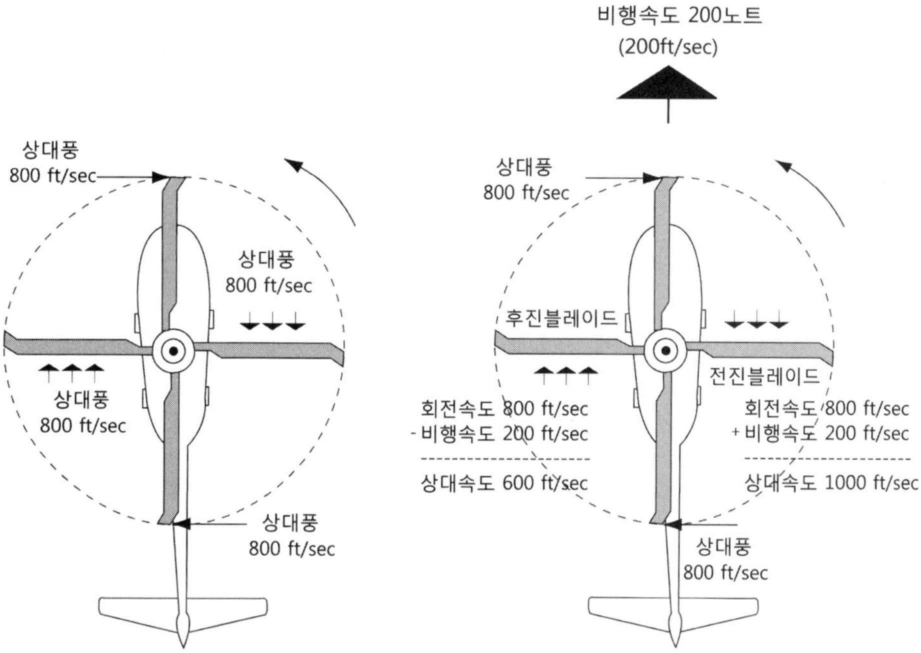

【그림3-9】 제자리비행과 전진비행시 회전 상대풍의 속도차

동체에 부딪히는 공기흐름은 헬리콥터의 비행경로(flight path)와 정반대가 되지만 에어포일(airfoil)에 부딪히는 공기흐름은 여러 형태로 변하고 그 원인은 다음과 같다.

- 원추현상
- 로터 시스템의 경사
- 블레이드 꼬임각
- 블레이드 피치각
- 전방 이동속도
- 헬리콥터의 수직 속도

(4) 유도흐름(하강풍)

유도흐름/유도기류는 공기역학에서 자주 등장하는 용어로 양력 발생으로 인하여 형성되는 공기흐름으로 하강풍(downwash or induced flow)이라고도 한다. 평평한 피치각(flat pitch)에서 공기는 앞전을 통과할 때와 동일한 방향에서 로터 블레이드의 뒷전으로 흐른다. 블레이드 각이 증가함에 따라 로터계통은 회전성 상대풍에 더해 주어야 하는 하향 공기의 분력을 발생시키면서 로터 블레이드를 통해서 하향 공기흐름이 유도된다. 블레이드는 수평으로 이동하기 때문에 일부 공기는 하향으로 벗어(displaced)난다. 블레이드는 동일 경로를 따라서 이동하고 빠르게 후속하면서 주어진 지점을 통과한다. 로터 블레이드 작용은 정적 공기(still air)를 강하하는 공기의 수직방향(column of descending air)으로 변화시킨다. 따라서 각 블레이드는 하강풍으로 인한 받음각의 감소 효과가 있다.

이 하향 공기흐름을 유도흐름(induced flow=downwash)이라 한다. 이 같은 현상은 무풍(no wind) 상태에서 제자리비행할 때 가장 뚜렷하다. 양력 발생이 없다면 유도기류의 발생도 없다. 제자리비행하기 위한 양력을 발생하기 위해서 컬렉티브를 들어주면 피치각(pitch angle)이 증가하여 상부의 공기흐름을 로터 시스템(rotor system)을 통하여 아래로 가속해 유도기류가 발생한다.

3.4 받음각과 붙임각

3.4.1 받음각

회전날개 항공기에서 받음각(angle of attack)은 좀 더 공기역학적 사고를 요구한다. 받음각은 에어포일 시위선과 합력 상대풍 사이의 각도이다. 받음각은 측정이 쉽지 않은 공기역학적 각도(aerodynamic angle)이고 블레이드 피치각(붙임각)이 일정한 상태에서도 변화하는 특성을 갖는다. 회전날개에는 회전성 상대풍(rotational relative)이 발생하고 이 회전성 상대풍은 유도기류(induced flow)에 의한 합력 상대풍(resultant relative)의 개념이 적용되어야 정확한 받음각을 이해할 수 있다. 따라서 헬리콥터의 받음각은 [그림3-10]과 같이 에어포일의 시위선(chord line)과 합력 상대풍(resultant relative wind)이 이루는 공기역학적 각도이다. 동일한 무게를 갖는 두 개의 물체가 서로 다른 속도로 비행할 때 속도가 빠른 물체는 추력이 하향(downward)으로 작용하는 중력(gravity)을 극복할 수 있으므로 지속적인 동고도로 비행을 할 수 있으나 속도가 부족한 물체는 중력의 영향을 받아 강하한다.

일반적으로 순항속도에서 받음각은 작고 저속이나 제자리비행에서 받음각이 증가해야 속도 부족으로 인한 양력을 보상하고 동일한 고도를 유지할 수 있다. 받음각의 증가는 양력을 증가시키나 무한정 받음각을 증가시킬 수 없으며 특정 임계받음각에 이르면 에어포일은 더 이상 양력을 발생하지 못하고 실속(stall)된다. 블레이드가 최대로 양력을 발생시킬 수 있는 받음각은 약 14~16°가 되며, 그 이상의 받음각에서는 블레이드 실속에 들어갈 수 있다. 받음각을 변화시키는 요소는 여러 가지가 있으며 일부는 조종사에 의해서 또는 로터 시스템 설계로 인해 자동으로 발생한다. 조종사는 사이클릭이나 컬렉티브 피치(pitch) 조종으로 받음각을 변화시킬 수 있다. 그러나 이들 조종계통을 운용하는 동안에는 일정하게 변화한다. 이외에도 블레이드 상하운동(flapping), 블레이드 유연성(flexing), 돌풍(gusty wind) 또는 난기류에 의해서 변화될 수 있다. 조종계통을 일정하게 유지하고 있다 하여도 받음각은 블레이드 회전면에 의해서 발생하는 양력과 항력(lift and drag)의 양을 결정하는 주요소(primary factors)이다.

피치각 또는 블레이드 각은 에어포일의 시위선(chord line)과 로터의 블레이드 끝단 비행경로(tip-path plane)가 이루는 각도이다. 이것은 공기역학적 각도라기보다는 기계적인

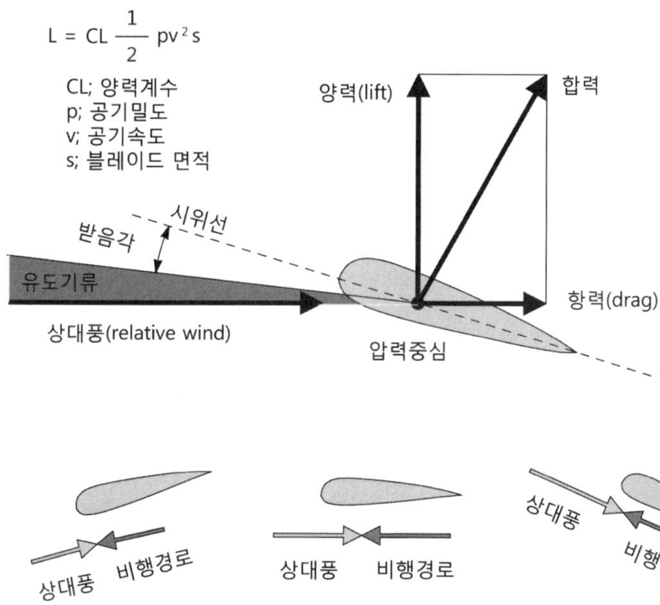

【그림3-10】 블레이드의 받음각과 양력 벡터

각도로 볼 수 있으며 받음각과 혼동해서는 안 된다. 유도기류(induced flow) 또는 헬리콥터 속도가 없다면 받음각과 피치각은 일치한다. 그러나 상대풍이 유도기류 또는 헬리콥터 속도에 의해서 변할 때마다 받음각과 피치각도 변한다. 이 같은 난기류 흐름은 항력을 크게 증가시키고 양력 발생 구역을 감소시킨다. 받음각이 증가함에 따라 양력은 임계받음각(critical angle of attack)에 도달할 때까지 증가한다. 임계받음각 이상으로 더욱 증가했을 때 실속되기 시작하고 양력은 급격하게 감소한다. 여러 요소가 로터 블레이드 받음각을 변화시킬 수 있다. 조종사는 조종 입력을 통한 간접적 개입을 예외로 하고 받음각을 직접 조종할 수 있는 여지가 거의 없다. 컬렉티브와 사이클릭 페더링은 이들 변화를 수행하는 데 도움이 된다. 페더링은 컬렉티브와 사이클릭 입력으로 스팬 방향 축(spanwise axis)에 대한 블레이드의 회전으로 블레이드 피치각에서 변화를 초래한다. 컬렉티브 페더링(collective feathering)은 모든 로터 블레이드를 동일 방향에서 동시에 균등하게 붙임각을 변화시킨다. 이 작용은 양력계수(coefficient of lift)를 변화시키는 받음각을 변화시키고, 로터계통의 전체 양력(overall lift)에 영향을 준다.

사이클릭 페더링은 로터계통 주변에서 서로 다르게 붙임각을 변화시킨다. 사이클릭 페더링은 로터계통을 가로질러 받음각을 다르게 변화시켜 로터계통에서 양력차를 유발한다. 조종사는 로터계통의 자세를 조종하기 위해서 사이클릭 페더링을 활용한다. 이것은 플랩핑 작용(flapping action)과 블레이드 플랩핑을 따라서 양력의 반작용 불균형(counteract dissymmetry of lift)에 의해서 초래되는 로터의 블로백(blowback)을 조종하기 위한 수단이다. 사이클릭 페더링은 로터 디스크의 자세(attitude of the rotor disk)를 변화시키는 원인이 되지만 로터계통에서 발생하고 있는 양력의 양은 변화시키지 못한다. 대부분의 받음각 변화는 대기속도와 상승률 또는 강하율의 변화로부터 초래된다. 플랩핑과 같은 다른 요소는 로터계통 설계로 인하여 자동으로 발생한다. 플랩핑(flapping)은 전관절형 로터계통(fully articulated rotor system)에서 힌지에 대한 로터 블레이드의 상하운동이다. 반고정식 로터계통은 힌지가 없지만, 플랩은 한 장치(flap as a unit)이다. 고정식 로터계통은 수직 또는 수평 힌지가 없으므로 블레이드는 플랩 또는 드래그(flap or drag)를 할 수 없지만 신축될 수 있다. 플렉싱(flexing)에 의해서 블레이드 그 자체는 울퉁불퉁한 힌지를 필요로 하는 힘들을 보상한다. 이것은 속도의 변화 또는 사이클릭 페더링으로 인한 양력의 변화에서 발생한다. 팁 경로 평면(tip-path plane)이 마스트에 수직일 때 플랩핑이 발생하지 않는다. 플랩핑 작용 단독(alone)으로 또는 사이클릭 페더링과 함께 양력 불균형(dissymmetry of lift)을 제어한다. 플랩핑은 양력 불균형을 보상하는 주요 수단이다.

3.4.2 붙임각

붙임각(angle of incidence)은 [그림3-11]과 같이 메인로터 또는 테일로터 블레이드의 시위선과 로터 허브 사이의 각도이다. 이 각도는 공기역학적 각도(aerodynamic angle)라기보다 기계적 각도(mechanical angle)라고 할 수 있고 때로는 블레이드 피치각이라 할 수 있다. 유도흐름(induced flow)이 없다면 받음각과 붙임각은 일치한다. 그러나 유도흐름, 내흐름(inflow-up flow) 또는 대기속도가 상대풍을 변화시킬 때 받음각과 붙임각은 일치하지 않는다. 컬렉티브 입력과 사이클릭 페더링(cyclic feathering)은 붙임각을 변화시킨다. 붙임각에서의 변화는 양력계수를 변화시키는 받음각을 변화시킴으로써 에어포일에서 생산된 양력을 변화시킨다.

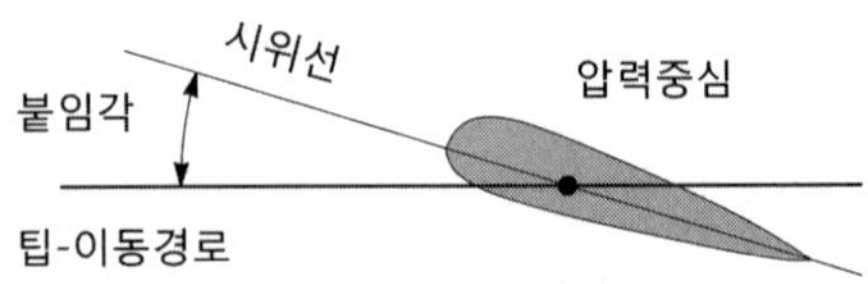

【그림3-11】 붙임각

3.5 양 력

헬리콥터 양력은 [그림3-10]과 같이 에어포일(airfoil)의 시위선과 합력 상대풍이 이루는 받음각에 의해서 발생하고 합력 상대풍(resultant relative wind)에 직각(right angle)으로 작용하는 힘이다. 예를 들어 대칭형 에어포일의 받음각이 "0"인 헬리콥터의 블레이드가 아무리 빠르게 회전한다 할지라도 헬리콥터를 부양시킬 수 있는 양력(lift)을 발생하지 못한다. 그러나 블레이드의 피치각(pitch angle)을 증가시켜 시위선과 합력 상대풍이 일정한 각도를 형성하였을 때 받음각이 형성되고 헬리콥터는 부양하려는 힘을 발생한다. 양력은 에어포일의 전체 면에서 압력중심(center of pressure)에 작용하고 [그림3-10,

11]은 압력중심에서 힘의 벡터를 묘사해 주고 있다. "베르누이정리"에서 확인한 유체의 속도와 압력의 관계를 공기 속을 통과하는 에어포일에 관련해서 실험했을 때도 같은 결과를 얻을 수 있다. 즉, 대기는 거대한 관으로 가정하고 에어포일이 통과하는 상층부와 하층부의 공기는 관 벽과 같은 역할을 하여 굽어진 공기흐름을 제한하는 역할을 한다. 따라서 에어포일의 윗면과 아랫면을 통과하는 공기는 속도 차이가 발생하고 이는 곧 압력차를 유발한다. 양력을 변화시키는 요인은 양력 방정식을 분석함으로써 더욱 명확하게 이해할 수 있다. 양력 방정식에 따른 양력은 양력계수, 에어포일(airfoil)의 속도, 공기밀도, 에어포일의 면적에 비례한다. 이들 중 조종사의 측면에서 보았을 때 에어포일의 면적, 공기밀도, 양력계수는 일정하다고 볼 수 있고 에어포일에 부딪히는 속도는 가변성이 있으며, 이를 정확히 이해하여야 양력 불균형과 같은 공기역학적 문제를 이해할 수 있다. 공식에서 양력은 속도의 제곱에 비례한다. 즉, 속도가 2배가 되면 양력은 4배로 증가한다. 전진비행할 때 전진 및 후진 블레이드 사이의 속도차는 곧 양력 발생 차이를 의미하고, 왜 양력 불균형이 발생하는지를 설명해 주고 있다.

양력은 물체가 유체흐름(flow of a fluid)의 방향이 변하거나 유체 속을 통과하고 있는 물체에 의해서 유체가 이동하려는 힘을 받을 때 발생한다. 물체와 유체가 서로 상대적으로 움직이고 물체가 그 흐름에 수직인 방향에서 유체흐름을 변화시킬 때 이를 행하는데 필요한 힘은 양력과 동등하고 반대의 힘을 발생하며 이것이 양력이다. 물체는 정적 유체(stationary fluid)를 통해서 이동할 수 있고, 또는 유체는 정적 물체(stationary object)를 통과해서 흐를 수 있다. 이것은 효과상으로 보았을 때 동일한 원리이지만 관찰하는 사람의 참고 프레임(frame of reference)이 다르다. 에어포일에 의해서 발생하는 양력은 다음과 같은 요소에 달려있다.

• 공기흐름의 속도
• 공기밀도
• 에어포일의 총면적
• 공기와 에어포일 사이의 받음각

받음각(angle of attack; AOA)은 에어포일이 밀려오고 있는 공기흐름과 만나는 각도이다. 헬리콥터의 경우 물체는 로터 블레이드이고 유체는 공기이다. 양력은 공기군(mass of air)의 흐름이 변할 때 발생하고 양력은 항상 합력 상대풍(resultant relative wind)에 직각(수직)으로 작용한다. 대칭형 에어포일(symmetric airfoil)은 양성 양력을 발생하기 위해서 반드시 양성 받음각이 필요하다. 받음각이 "0"일 때 양력은 발생하지 않으면, 음성 받음각에서 음성 양력이 발생한다. 캠버 또는 비대칭 에어포일(cambered or asymmetrical airfoil)은 받음각 "0" 또는 약간의 음성 받음각에서조차 양성 양력(positive lift)을 발생한다. 어느 경우라도 양력을 발생하기 위해서는 경사진 평판, 회전하는 실린더, 에어포일 등 회전하는 물체의 앞전에 부딪히는 흐름은 물체의 위와 아래로 분리된다. 물체 위에서 급격한 방향의 변화는 물체의 윗면에서 앞전 뒤에 저압 구역을 형성한다. 여기서 발생한 압력경도(pressure gradient)와 유체의 점성(viscosity)으로 인하여 물체 위의 상부 표면을 따라서 하향 가속된다. 동시에 물체의 아래로 흐르는 흐름은 속도가 급격히 감소하거나 정체되어 고압 구역(area of high pressure)을 형성한다. 또한, 이것은 물체의 윗면을 따라서 흐름을 가속하게 하는 원인이 된다. 윗면과 아랫면을 통과한 흐름은 운동량의 하향 분력(downward component of momentum)과 함께 물체의 뒷전을 떠나면서 양력이 발생한다.

3.6 공기의 흐름과 정압

에어포일(airfoil)의 윗면과 아랫면을 통과하는 공기흐름을 이해하여야 양력 발생의 원리를 쉽게 이해할 수 있을 것이다. 에어포일의 전체적인 형태는 앞전은 둥그렇게 뒷전은 뾰쪽하게 설계되어 공기흐름이 유연하도록 설계하였다.

① 에어포일에 정면으로 부딪친 상대풍은 순간적으로 속도가 "0"이 되고 이 지점을 정체점(stagnation point)이라 한다. 여기서 높은 압력이 발생하고, 이 압력의 파장이 공기를 분리하는 역할을 한다.

② 비대칭형 에어포일은 윗면과 아랫면의 길이가 다르다. 그러나 정체점에서 분리된 공기는 윗면과 아랫면을 통과하여 뒷전에서 다시 만난다.

③ 윗면은 곡선 비율과 피치각으로 인하여 공기의 이동 거리가 아랫면보다 상대적으로 길다. 따라서 공기의 속도는 빨라지고 빨라진 만큼 부분적인 진공(vacuum) 현상과 낮은 정압(static pressure)을 초래한다.

④ 아랫면은 상대적으로 이동 거리가 짧아 공기의 속도는 느려지고 정압은 높아진다.

베르누이 정리(Bernoulli's principle)에서 정압의 불균형을 다루었던 것과 같이 에어포일(airfoil) 윗면과 아랫면의 이동 거리 차이는 공기의 이동속도 차이를 형성한다. 공기 속도의 차이는 정압(static pressure)의 차이를 형성하여 압력이 큰 쪽에서 작은 쪽으로 이동을 초래한다. 이 같은 압력차는 약 1% 정도로 알려져 있으나 면적이 큰 표면에 적용되었을 때는 상당한 힘을 발생한다.

3.7 에어포일에 작용하는 압력분포

(1) 비대칭 에어포일의 압력분포

비대칭형 에어포일의 압력분포(distribution of pressure)는 [그림3-12]와 같이 윗면의 양력(upper surface lift)은 압력중심점 후방에 그리고 아랫면 양력(lower surface lift)은 압력중심점 전방에 형성된다. 양력이 없는 상태라고 가정한다면 윗면과 아랫면 양력의

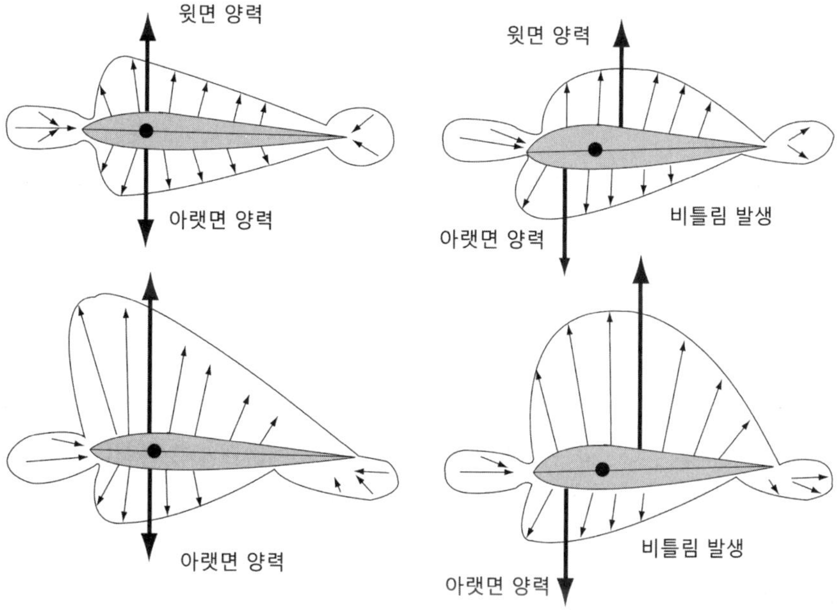

【그림3-12】 대칭형과 비대칭형 에어포일에서의 압력분포를 비교 관찰할 수 있다. 위는 양력이 발생하지 않을 때이고 아래 양력이 발생할 때 압력분포를 보여주고 있다. 압력중심의 변화를 관찰할 수 있고 이때 에어포일은 비틀림 힘을 받는다.

크기는 같다. 따라서 압력중심점(center of pressure)은 윗면과 아랫면 양력으로부터 동일한 선상에 위치하고 비대칭형 에어포일(asymmetrical airfoil)이라 할지라도 비틀림 현상이 발생하지 않는다. 그러나 양력이 발생한다고 가정했을 때 윗면의 양력은 커지고 아랫면의 양력은 상대적으로 적어진다. 따라서 윗면의 큰 양력과 아랫면의 작은 양력은 압력중심점을 기준으로 심한 비틀림 힘이 발생하고 압력중심 역시 압력이 낮은 쪽으로 이동하는 현상이 나타난다. 비대칭형 에어포일(asymmetrical airfoil)은 받음각 변화에 따라 압력중심의 위치가 계속해서 변화하기 때문에 회전날개 블레이드로 활용되기 위해서는 비틀림 힘을 충분히 보상할 수 있는 소재가 활용되어야 한다. 비대칭 에어포일에서 받음각이 증가하면 압력중심은 앞으로 이동하고, 받음각이 감소하면 압력중심은 뒤쪽으로 이동한다. 일반적으로 압력중심이 앞으로 이동하는 것은 불안정 이동(unstable movement)이라 하고 뒤로 이동하는 것을 안정 이동(stable movement)이라 한다.

(2) 대칭형 에어포일의 압력 형태

대칭형 에어포일에서의 압력분포는 비교적 단순하다. 양력(lift) 발생 여부와 관계없이 압력중심점은 변하지 않는다. 양력이 없을 때 압력분포는 압력중심점을 기준으로 윗면과 아랫면 양력이 동일한 형태를 형성한다. 양력이 발생할 때 윗면의 양력이 크고 아랫면의 양력이 작아 양력 차가 발생하지만 동일한 압력중심에서 작용하기 때문에 비틀림(twisting) 현상이 발생하지 않는다. 압력중심이 일정하다는 것은 로터 블레이드의 매 회전 받음각을 일정하게 변화시키는 특성이 있다.

3.8 항 력

대기(atmosphere)는 공기로 충만 되어 있으나 일상생활 중에 공기의 존재를 인식하기는 어렵다. 그러나 초를 다투는 기록경기나 자동차의 운행 중에 쉽게 공기의 존재를 인식할 수 있으며 이 같은 공기는 항공기를 부양시킬 수 있을 뿐만 아니라 속도나 양력 발생을 저해하는 요인으로 작용할 수 있고 이를 항력(drag)이라 한다. 항력은 추력(thrust)과 반대 방향으로 작용한다. 실제 항력이 큰 물체는 속도를 낮추거나 많은 연료가 소모될 수 있어 항공기뿐만 아니라 자동차, 선박 등도 항력의 영향을 최소화하기 위해서 유선형(streamline)으로 제작된다. 항력은 유해항력(parasite drag)과 유도항력(induced drag)으로 분류하지만, 회전날개에서만 발생하는 단면항력(profile drag)도 고려되어야 한다.

(1) 단면항력

단면항력(profile drag)은 블레이드가 공기 속을 통과할 때 마찰성 저항(frictional resistance)으로부터 발생하는 항력이다. 이 항력은 에어포일의 받음각에 따라 크게 변하지 않지만, 대기속도가 증가하면 완만하게 증가한다. 프로파일 항력은 형상과 표면 마찰(form drag and skin friction)로 구성된다. 형상항력(form drag)은 구조의 표면으로부터 공기흐름이 분리되면서 발생하는 난기류(turbulent)에 의해서 발생하는 항력이다. 항력의 크기는 상대풍에 돌출되는 구조물의 크기와 모양 모두에 따라 달라진다. 표면마찰(skin friction)은 구조물 표면의 거칠기(surface roughness)에 따라 결정된다. 비록 표면이 유연하게 보일지라도 확대해서 보았을 때 매우 거칠어 보일 수 있다. 얇은 공기층은 거친 표면(rough surface)에 들러붙어 있고 항력 일부가 되는 미세한 소용돌이(small eddies)를 만들어 낸다.

(2) 유해항력

유해항력(parasite drag)이란 공기가 항공기의 각 외부 부품에 부딪혀 발생하는 항력으로 헬리콥터 동체(fuselage)의 형태, 착륙장치 및 지지대, 엔진 덮개(cowling), 로터 허브(rotor hub), 테일붐(tail boom) 또는 가느다란 안테나조차도 속도에 제곱으로 증가한다. 예를 들어 속도가 2배로 증가하면 유해항력은 4배로 증가한다. 따라서 제작자는 유해항력을 최소화하기 위해서 모든 돌출 구조물은 유선형으로 제작한다. 유해항력의 일종으로 블레이드가 회전할 때 마찰성 저항(frictional resistance)으로부터 발생하는 단면항력(profile drag)이 있다.

(3) 유도항력(induced drag)

유도항력이란 양력 발생의 결과에 따라 발생하는 항력이라 할 수 있으며 받음각이 크면 양력(lift) 발생도 커지므로 이로 인한 유도항력(induced drag)도 커진다. 그러나 속도가 증가하면 받음각과 양력이 감소함에 따라 유도항력도 감소한다. 에어포일이 아무리 유연하게 제작되었다 하더라도 에어포일 상하부를 통과하는 공기흐름을 저해하는 와류(vortexes)가 발생한다. 이 같은 와류는 받음각이 증가하여 양력이 커질수록 증가한다. 유도항력은 로터 블레이드가 양력을 발생할 때 블레이드 주변을 맴도는 공기흐름에 의해서 발생한다. 블레이드 하부의 고압 구역과 상부의 저압 구역이 블레이드 뒷전과 로터 팁에서 합류한다. 이것이 양력이 발생할 때 각 블레이드의 뒤쪽으로 길게 뻗쳐지는 나선(spiral) 모양 또는 와류의 원인이 된다. 이 나선 모양의 와류는 블레이드의 근처에서 하향으로 편향시켜 하강풍을 증가시키는 원인이 된다. 따라서 블레이드는 근처에서 하향 그리고 후방(downward and rearward)으로 경사져 있는 평균 상대풍(average relative wind)에 작용한다. 블레이드에서 발생하는 양력은 상대풍에 직각이기 때문에 양력은 [그림3-13]과 같이 동일한 크기로 후방으로 기울어 있다. 후방으로 작용하고 있는 양력의 분력이 유도항력이다. 블레이드 상하부의 공기 압력의 차이는 받음각이 증가함에 따라 커지기 때문에 와류는 더욱 강해지고 유도항력은 증가한다. 일반적으로 블레이드의 받음각은 고속에서 낮고 저속에서 높으므로 유도항력은 대기속도가 증가하면 감소하고 대기속도가 감소하면 증가한다. 따라서 유도항력은 저속에서 주요 항력의 원인이 된다.

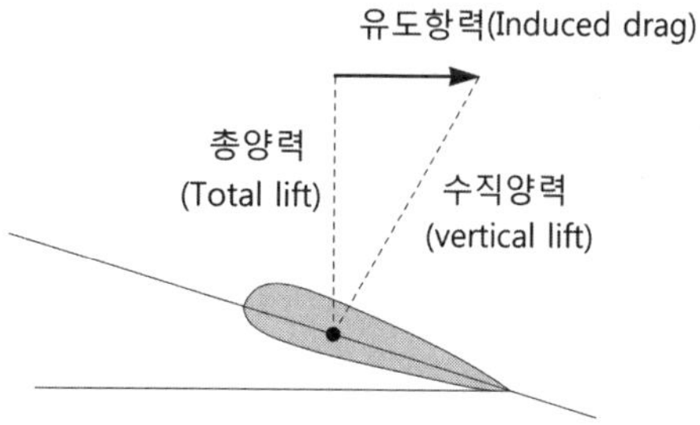

【그림3-13】 유도항력 벡터

(4) 총항력

헬리콥터의 총항력(total drag)은 위에서 언급한 항력 모두를 합한 값이다. 대기속도가 증가함에 따라 유해항력은 증가하고 유도항력은 감소한다. 단면항력은 고속에서 약간 증가할 뿐 전제 속도 영역에서 상대적으로 일정하다. 모든 항력 힘들을 결합한 것이 [그림3-14]와 같은 총항력 곡선(total drag curve)이다. 총항력 곡선에서 저점은 항력이 최저가 되는 대기속도를 보여준다. 이 지점은 양항비(lift-to-drag ratio)가 최대가 되고 L/DMAX라 한다. 이 속도에서 헬리콥터의 총항력과 비교했을 때 헬리콥터의 총양력 능력은 가장 양호하다. 이것은 헬리

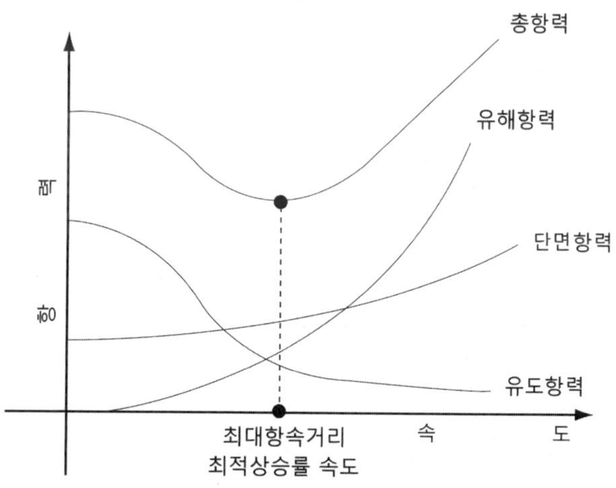

【그림3-14】 항력 그래프

콥터의 성능에서 중요한 요소이다. 총항력 곡선의 가장 낮은 지점에서의 전진속도는 최대활공거리를 위한 최대항속시간속도(maximum endurance), 최대상승률(best rate of climb), 그리고 오토로테이션에서 최소 강하율(minimum rate of descent)을 얻을 수 있는 속도가 된다.

3.9 로터 블레이드 운동

고속으로 회전하는 블레이드는 마스트에 고정되어 장착되어 있다면 회전특성과 원심력 그리고 전후 공기력 하중을 견디지 못한다. 이 같은 문제점을 해결하기 위해서 블레이드가 공기역학적 하중을 받았을 때 이를 흡수하고 유연하게 운동할 수 있도록 설계되어 있다. 대표적인 로터 블레이드 운동은 플랩핑(flapping), 페더링(feathering), 선도/지연(lead-lag) 운동이 있으며 로터 시스템의 연결 형태에 따라 다른 운동 특성을 갖는다. 예를 들어 전관절형 로터 시스템은 세 가지 운동을 모두 포함하는 반면 반고정식은 플랩핑과 페더링 그리고 고정식은 단지 페더링만 허용하고 플랩핑과 헌팅은 블레이드의 신축성과 굽힘성(flexing and bending)으로 흡수된다.

(1) 플랩핑

플랩핑은 회전 중에 플랩핑 힌지(flapping hinge)에 대한 블레이드의 상하운동이다. 블레이드 플랩핑은 공기역학적 힘으로 발생한다. 블레이드 끝단 회전면이 로터 구동축과 수직일 때 플랩핑 현상은 없다고 볼 수 있다. 그러나 헬리콥터가 전진하면 전진 블레이드와 후진 블레이드 사이의 양력 불균형이 발생한다. 플랩핑은 이 같은 양력 불균형을 해소하는 공기역학적 힘의 균형을 발생시킨다. [그림3-15]는 제자리비행과 전진비행할 때 발생하는 플랩핑 현상에 대한 과정을 잘 보여주고 있다. 플랩핑은 반고정식 시스템에서 트러니언 베어링 주위에서 그리고 전관절형(fully articulated)에서는 수평 힌지 핀 주위에서 발생한다. 전진비행할 때 플랩핑은 결코 바람직한 현상이 아니다. 이 때문에 가능하다면 모든 로터(메인로터 및 테일로터)에서 플랩핑을 감소시킬 수 있어야 한다.

기계적인 방법으로 플랩핑(flapping)을 감소시키기 위해서 [그림3-16]과 같이 델타-3 힌지(delta-3 hinge)를 사용하거나 오프셋 피치 혼(offset pitch horn)을 사용한다. 플랩핑은 블레이드의 진동과 함께 높은 상하운동 각을 갖는다. 특히 일반 플랩핑 힌지를 장착한 테일로터는 테일붐(tail boom)과 간격이 길어져야 하고 피치 체인지 로드 역시 길게 설계되어야 한다. 그러나 델타-3힌지 또는 오프셋 피치 혼을 사용한 테일로터에서는 플랩핑이 최소화되었기 때문에 플랩핑 운동 범위를 감소시킬 수 있고 테일붐에 더 가깝게 그리고 피치 체이지 로드 역시 짧게 제작될 수 있다.

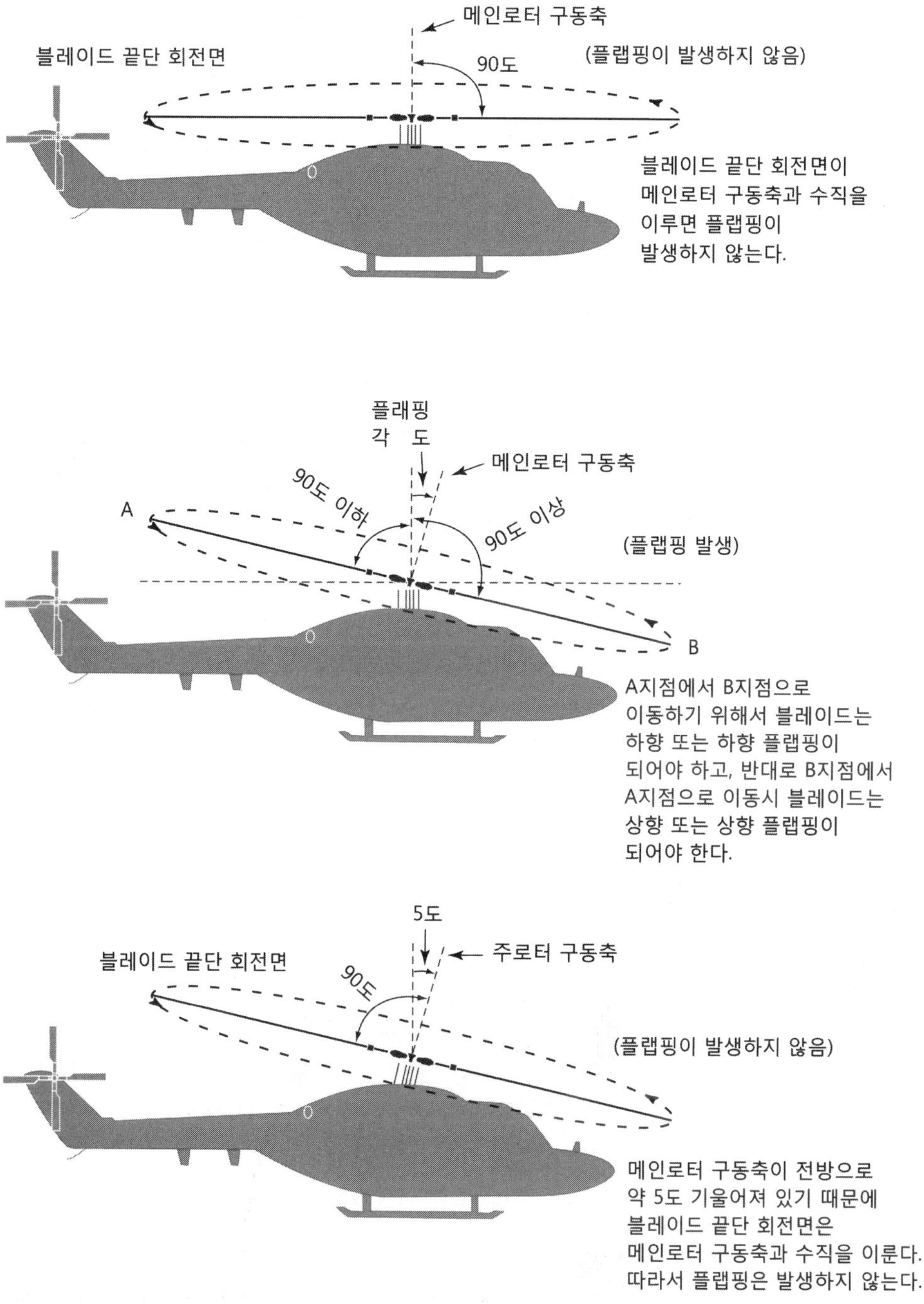

【그림3-15】 블레이드 플랩핑

① 델타-3 힌지(delta-3 hinge)

플랩핑 힌지(flapping hinge)는 [그림3-16]에서 보는 것과 같이 페더링 축에 90도로 장착되는 것이 일반적이다. 그러나 플랩핑 힌지를 페더링 축(feathering axis)에 90도가 아닌 다른 각도로 장착한 형태를 델타-3 힌지라 한다. 일반 힌지에서 플랩핑이 발생했을

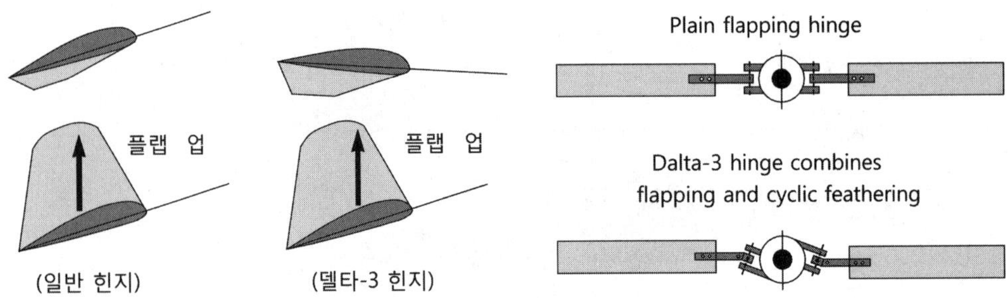

【그림3-16】 델타-3 힌지

때 양력 불균형은 오직 플랩핑 업과 다운 현상이 그대로 받아들이지만, 델타-3 힌지의 경우는 블레이드가 플랩핑 업 위치에서 기하학적 힌지 장착 각도에 의해서 [그림3-16]과 같이 뒷전이 더 많이 올라가는 현상을 초래한다. 이것은 플랩핑 업 위치에서 피치각(pitch angle)을 감소시키는 역할을 한다. 피치각의 감소는 양력계수를 감소시키고 이는 블레이드의 플랩핑이 적게 발생하는 데 도움이 된다.

② 오프셋 피치 혼

오프셋 피치 혼(offset pitch horn) 역시 델타-3 힌지와 마찬가지로 플랩핑을 억제하기 위한 장치이다. [그림3-17]과 같이 블레이드의 앞전 부분에 피치 혼을 부착하여 이를 스와시플레이트에 연결해 놓았을 때 플랩핑이 발생하여 블레이드가 위로 올라가려는 것을 제어한다. 기계적 힘으로 블레이드의 상향을 제어했음으로 피치각이 감소하고 플랩핑을 최소화할 수 있다.

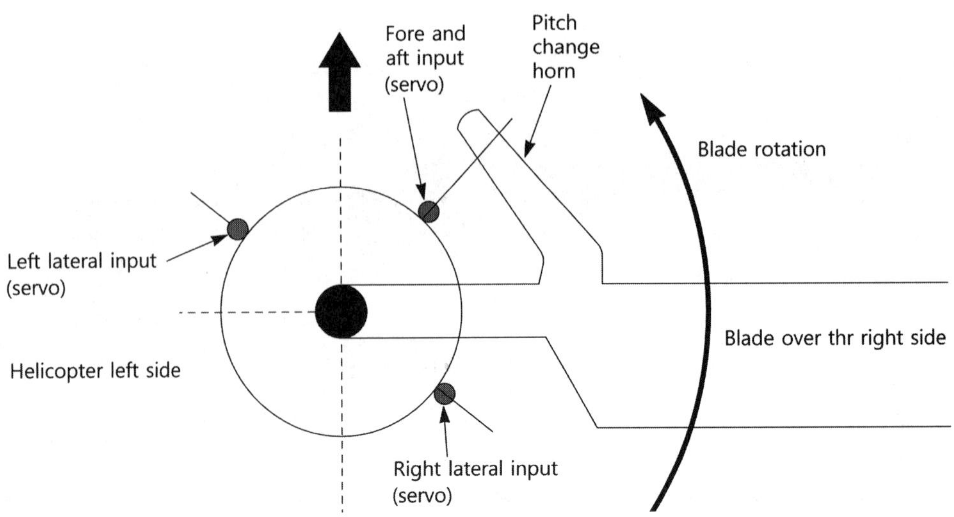

【그림3-17】 오프세트 피치 혼

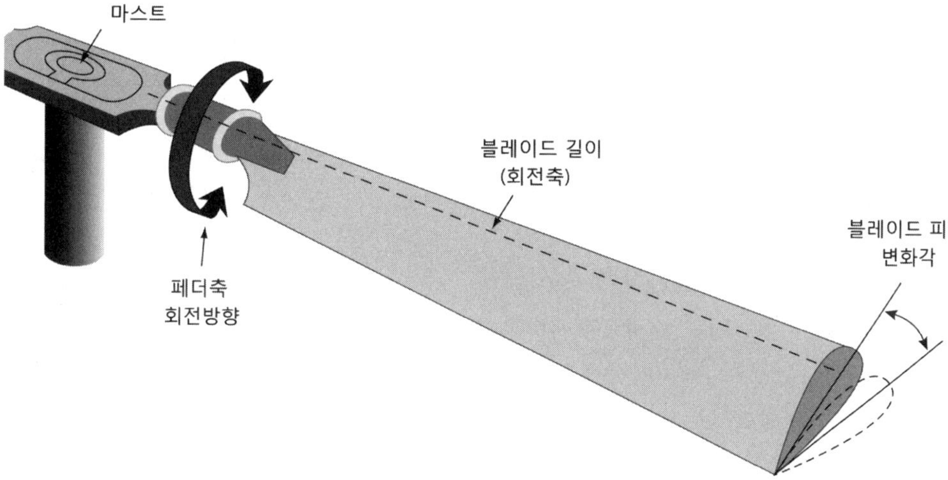

【그림3-18】 사이클릭 페더링

(2) 페더링(feathering)

조종사는 사이클릭이나 컬렉티브 조종을 통해서 블레이드의 피치각을 변화시킬 수 있다. 특히 사이클릭 조종은 블레이드의 회전면을 변화시킬 수 있을 뿐만 아니라 블레이드의 피치각도 변화시킬 수 있으며, 페더링은 [그림3-18]에서 보는 것과 같이 블레이드 스팬 축(span axis)에 대한 블레이드의 회전(rotation)이다. 페더링은 블레이드 피치각 변화를 허용하고 블레이드 그립(grip) 페더링 베어링으로 조종된다. 사이클릭 페더링은 플랩핑에 의한 양력 불균형을 해결하였으나 이로 인한 회전면 들림 현상이 발생하는 것으로 사이클릭 페더링으로 해소한다. 전진비행과 연관된 상세한 내용은 양력 불균형에서 언급된다.

3.10 헬리콥터에 작용하는 힘과 균형

비행 중인 헬리콥터에는 [그림3-19]와 같이 비행 전방으로 추력(thrust), 후방으로 항력(drag), 상방으로 양력(lift) 그리고 아래로 무게(weight)가 작용하고 이들 힘은 비행 상태에 따라 상호 균형을 이루게 된다. 예를 들어 등가속도 수평직선비행할 때 헬리콥터에 작용하는 힘은 "추력 = 항력, 양력 = 무게"의 관계가 성립된다. 그러나 상승하기 위해서는 일시적으로 양력이 무게보다 커지면 헬리콥터는 상승하게 되고 상승 자세에 안정되면 새로운 자세에서 "추력 = 항력, 양력 = 무게"의 관계가 다시 확립된다. 비행 중 헬리콥터에는 양력, 무게, 추력, 항력이 상호 작용하여 균형과 불균형(balance and unbalance)을 계속하게 된다. 예를 들어 등가속도 수평직선비행할 때 헬리콥터에 작용하는 4개의 힘은 양력 = 무게, 추력 = 항력의 관계가 성립되나 사이클릭을 전후 또는 좌우로 적용하였을 때 순간적으로 이들 힘의 균형이 깨져 불균형 상태를 지속하다가 다시 안정된 상태에서 힘의 균형상태를 유지한다.

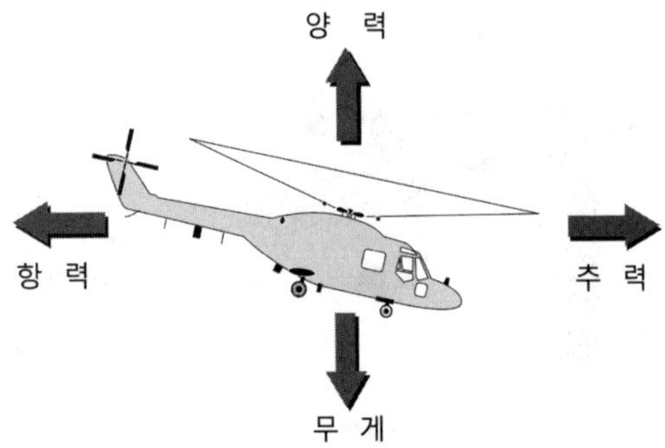

【그림3-19】 비행 중 헬리콥터에 작용하는 힘

로터 시스템에서 발생하는 힘을 총공기역학적 힘(total aerodynamic force)이라 하고 회전면 끝단(tip-path plane)에 수직으로 작용한다. 이 총공기역학적 힘은 양력과 추력의 합력 벡터양이다. 제자리비행할 때 총공기역학적 힘은 [그림3-20]의 우상단과 같이 양력과 일치하여 회전면과 수직을 이루나 사이클릭을 전방으로 적용하여 회전면이 앞으로 기울면 추력이 발생한다. 이때 총공기역학적 힘은 [그림3-20]의 좌상단과 같이 전방으로 기울고 동체에는 아직 유해항력(parasite drag)이 발생하지 않았기 때문에 헬리콥터는 불균형(unbalance)을 이룬다. 동체의 속도가 빨라져 유해항력이 발생하면서 새로운 자세에서 추력 = 항력의 관계가 재정립되고 균형을 이루어 헬리콥터는 지속적인 추력을 얻는다. 사이클릭 후방압을 적용했을 때 회전면이 뒤로 경사져 [그림3-20]의 아래와 같이 추력이 후방으로 작용하고 항력 역시 후방으로 작용하고 있는 상태에서 불균형을 이룬다. 헬리콥터의 이동이 정지된 후 총공기역학적 힘이 회전면과 수직을 이룰 때 양력과 무게가 균형을 이룬다. 양력과 항력에 대해서는 이미 충분히 설명되었고 여기서는 추력과 무게에 대해서만 다룬다.

(1) 무 게

일반적으로 무게는 헬리콥터 자체의 무게, 연료 그리고 탑승객 등과 같은 고정된 값으로 여겨져 왔다. 헬리콥터가 지면으로부터 수직으로 이륙하기 위해서 로터계통은 헬리콥터와 탑승객의 총 무게를 들어 올릴 수 있는 충분한 양력을 발생해야 한다. 뉴턴의 제1법칙은 "정지된 물체는 외부의 힘이 적용되지 않는 한 정지 상태를 유지하려는 경향이 있다"라고 서술하고 있다. 이 경우 물체는 헬리콥터가 되고 외부에서 작용하는 힘은 메인로터 블레이드의 피치각을 증가시켜 얻어진 양력이 된다. 이 작용이 헬리콥터가 지상에 머물러 있거나 아니면 제자리비행 상태와 같은 헬리콥터의 운동 상태를 결정한다. 헬리콥터의 무게는 공기역학적 하중(aerodynamic loads)의 영향을 받을 수 있다.

일정한 고도를 유지하면서 헬리콥터에 경사를 주었을 때 G-하중 또는 하중계수(load factor)가 증가한다. 하중계수는 로터 블레이드에 작용하는 실제 하중이고, 총무게로 나눈 값이다. 헬리콥터가 일정 고도에서 곡선 비행경로를 따라 비행하는 동안 로터 블레이드가 지지하고 있는 하중은 헬리콥터의 총무게보다 크다. 비행경로의 곡선이 더 크고, 경사가 더 클수록 그리고 급강하로부터 급격한 플레어(flare) 조작을 했을 때 로터 블레이드가 지지하는 하중은 [그림3-20]과 같이 더욱 크다. 따라서 하중계수는 그만큼 더 커진다. 이 같은 부가적인 하중계수를 극복하기 위해서 헬리콥터는 더 큰 양력을 발생할 수

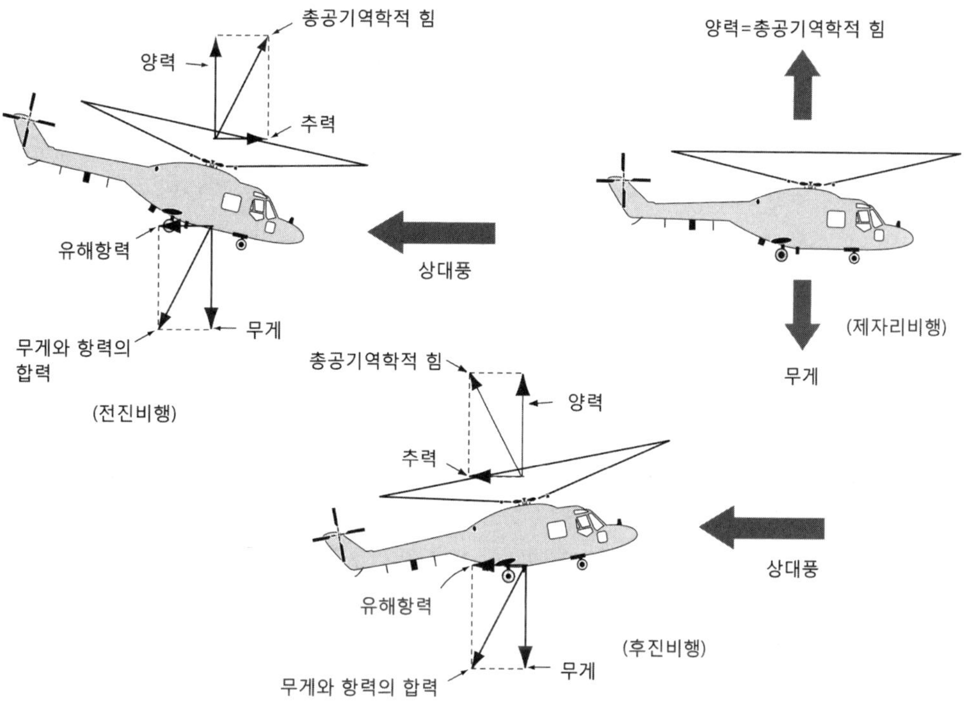

【그림3-20】 힘의 균형-제자리비행, 순항비행, 후진비행

있어야 한다. 만약 초과 엔진동력(excess engine power)이 가용하지 않다면 헬리콥터는 강하하거나 동고도를 유지하기 위해서 감속해야 한다. 경사가 약 30도까지는 하중계수에 따른 뚜렷한 총무게의 증가는 상대적으로 크지 않다. 그러나 고밀도고도, 난기류, 높은 총중량, 조종 기술 부족 그리고 초과동력 부족과 같은 악조건과 조화되었을 때 하중계수는 크게 증가할 수 있다. 조종사는 이륙에서부터 착륙을 위한 제자리비행까지 전체 비행을 통해서 이들 요소를 반드시 고려해야 한다.

경사가 30도에서 하중계수의 증가는 약 16%에 그치지만 60도 경사에서는 로터계통에 두 배의 하중을 받는다. 예를 들어 헬리콥터의 무게가 1,600파운드일 때 일정 고도의 30도 경사에서 로터 디스크가 지지하고 있는 무게는 1,856파운드{(1,600 + 16%(or 256)}이다. 경사가 60도로 증가했을 때 3,200파운드, 80도 경사에서는 6배에 해당하는 8,000파운드의 하중을 받게 된다. 여기서 중요한 것은 각 로터 블레이드는 총중량의 퍼센트를 지지해야 한다는 점에 유의해야 한다. 예를 들어 2-블레이드 시스템에서 1,600파운드 헬리콥터의 각 블레이드는 50%의 양력 또는 800파운드를 지지할 수 있어야 한다. 만약 이 헬리콥터가 3-블레이드라면 각 블레이드는 33% 또는 533파운드를 지지할 수 있어야 한다. 하중계수에 뚜렷한 영향을 주는 요소는 난기류(rough or turbulent air)이다. 난기류에서 발생하는 심한 수직 난기류는 받음각을 급격하게 증가시킬 수 있고, 헬리콥터의 관성(inertia)을 지지해야 하는 로터 블레이드 하중이 증가한다. 모든 헬리콥터는 구조, 크기 그리고 성능을 기초로 한 자체 한계가 지정되어 있다. 얼마의 무게를 운반할 수 있는지 또는 엔진 동력과 관계없이 헬리콥터는 공기역학적 과하중(overloading)에 민감한 영향을 받을 수 있다. 따라서 만약 조종사가 이 같은 성능 영역선도(performance envelope)를 초과하여 운용한다면 결과는 치명적일 수 있다. 헬리콥터에서 공기역학적 하중은 컬렉티브를 증가시키거나 깊은 경사각과 관계없이 매 순간 영향을 받을 수 있다. 따라서 특정 기동으로부터 결과를 예측하여 헬리콥터의 조종을 미리 조절하는 것과 같은 행위는 훌륭한 조종술이라고 할 수 없다. 대신 조종사는 어떠한 환경에서도 헬리콥터의 능력(성능)을 확실하게 이해하고 어느 경우라도 비행영역선도를 절대 초과하지 않도록 계획하는 것이 중요하다.

(2) 추 력

추력(thrust)은 양력과 같이 메인로터의 회전으로 발생한다. 헬리콥터에서 추력은 전방, 후방, 측방 그리고 수직 방향과 같이 전 방향으로 전환할 수 있다. 합력 양력과 추력은 헬리콥터의 운동 방향을 결정한다. 고형비(solidity ratio)는 [그림 3-21]과 같이 모든 로터 블레이드의 면적의 합을 총 로터 디스크 면적으로 나눈 총 로터 블레이드 면적의 비율이다. 이 비율은 추력과 양력을 제공하기 위한 로터계통을 위한 잠재력(potential)을 측정하는 수단을 제공한다. 각 헬리콥터를 위한 고형비를 계산하는데 필요한 수학적 계산은 조종사에게 중요하지 않지만, 양력을 생산하고 유지하기 위한 로터계통의 성능(능력)이 얼마인지는 알아야 한다. 많은 헬리콥터 사고는 로터계통에 과중한 하중으로 인하여 발생한다. 예를 들어 조종사가 로터계통에서 생산할 수 있는 양력보다 더 큰 양력 또는 동력장치가 제공할 수 있는 더 큰 동력이 필요한 기동을 시도했을 경우이다. 특히 높은 총중량 또는 돌풍이 존재하는 불리한 상황에서 기수를 높이 들어 착륙을 시도하는 것은 매우 위험할 수 있다. 테일로터 역시 추력을 생산한다. 추력의 양은 안티토크 페달의 사용에 따라 결정되고 헬리콥터의 빗놀이(helicopter's yaw)를 조종하는 데 사용된다.

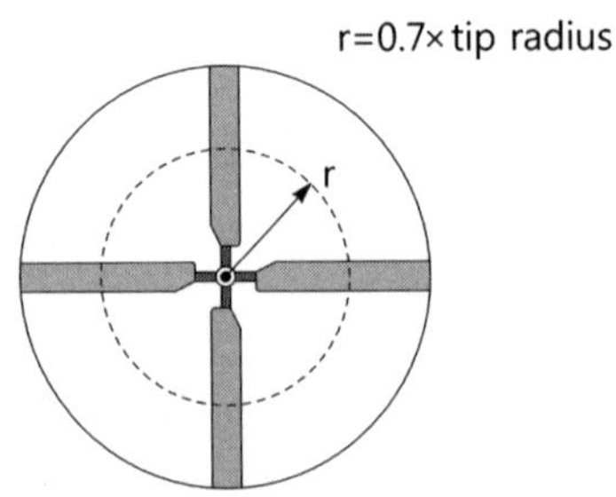

$$\text{Solidity} = \frac{\text{Number of blades} \times \text{chord at radius r}}{\text{Circumference at radius r}}$$

【그림3-21】 고형비

3.11 토 크

회전체에 매달려 있는 물체는 회전하는 반대 방향으로 회전하려는 힘이 발생하고 이를 토크라 한다. 프로펠러 비행기나 헬리콥터는 모두 토크(torque)가 발생한다. 단발 프로펠러 비행기의 토크는 비행기 동체를 우로 경사지게 하거나 좌로 빗놀이(yaw)하려는 경향이 있으나, 헬리콥터의 경우는 동체 상부에 매달려 있는 메인로터의 회전 방향 반대로 동체가 돌아가려는 힘이 발생한다. 토크의 발생 원인은 뉴턴의 작용과 반작용의 법칙(law of action and reaction)으로 설명할 수 있으며 회전날개 항공기에서 토크의 힘을 견제하거나 제거하지 않는 한 헬리콥터는 운용될 수 없다. 이 같은 필수요건에 따라 헬리콥터의 형태가 결정된다. 단일로터(single rotor) 헬리콥터는 토크의 힘을 상쇄시키기 위해서 [그림3-23]의 상단과 같이 반드시 안티토크 로터(antitorque rotor)가 요구된다. 그러나 종렬(직렬) 로터와 동축 엇회전 로터 시스템은 토크를 방지하기 위한 별도의 안티토크 로터가 요구되지 않고 [그림3-23]의 아래와 같이 로터의 회전 방향을 상호 반대로 회전하도록 설계하여 토크를 방지한다. 종렬로터(tandem rotor) 헬리콥터는 동체 전방과 후방에 각각 메인로터(main rotor)를 장착하여 서로 반대 방향으로 회전시킴으로써 토크를 상쇄시킨다. 동축 엇회전 로터 시스템은 동일 축에 2개의 로터 블레이드를 장착하여 서로 반대 방향으로 회전시킴으로써 토크를 상쇄한다. 종렬로터(tandem rotor) 시스템이나 동축로터(coaxial rotor) 시스템은 회전속도가 동일하게 증가하고 감소하기 때문에 토크의 영향이 거의 없다고 할 수 있으나 단일로터 방식은 회전속도가 빠르면 빠를수록 토크의 힘도 커지기 때문에 안티토크(antitorque) 힘도 증가해야 한다.

(1) 안티토크 로터(antitorque rotor)

토크의 힘을 상쇄하기 위한 안티토크 로터는 동체 후방의 테일붐(tail boom) 끝단에 장착되고 로터는 수직 또는 약간 경사지게 설치된다. 안티토크 로터를 일반적으로 테일로터(tail rotor)라 하며 수평 추력(horizontal thrust)을 발생시켜 헬리콥터 동체에서 발생하는 토크의 힘을 상쇄시킨다. 테일로터 역시 엔진 회전력을 트랜스미션(transmission)에서 일정 비율로 감소시켜 테일로터 구동축을 통하여 테일로터를 회전시킨다. 동력이 증가 또는 감소함에 따라 토크도 변하기 때문에 일정한 테일로터 피치만으로 토크의 균형을 유지할 수 없다. 즉, 동력 변화에 따른 테일로터의 추력도 변해야 하고 이를 위해서 테일로터 페달(pedals)을 설치하여 동력 변화에 따른 토크 변화를 상쇄시킨다. 테일로터 페달을 이용하여 테일로터 피치각(pitch angle)을 변화시켜 추력(thrust)을 조절할 수 있도록 고안되었다. 토크 현상을 상쇄시키기 위한 동력은 가용한 엔진 동력의 약 5~15% 정도 소요되며, 헬리콥터의 크기와 설계에 따라 다르다. 예를 들어 9,500마력의 헬리콥터에서 토크를 상쇄시키기 위한 마력은 약 1,200마력이 소요되고, 200마력의 헬리콥터는 약 10마력의 힘으로 토크를 효과적으로 상쇄시킬 수 있다.

(2) 전이성향(translating tendency)

메인로터와 테일로터의 추력이 효과적인 조화를 이룰 때 동체는 기하학적 균형을 이루나 헬리콥터 전체는 [그림3-22]와 같이 우측으로 편류(drift)하는 현상이 나타난다. 이 같은 현상은 단일 로터(single rotor) 헬리콥터의 제자리비행(hovering flight)할 때 나타나는 현상으로 전이성향이라 한다. 이는 토크 현상과 깊은 연관이 있으며, 토크를 방지하기 위한 추력의 힘이 헬리콥터 전체를 우측으로 편류(drift)하는 결과를 초래하는 것이다. 조종사는 전이성향(translating tendency)을 수정하기 위해서 사이클릭을 이용하여 메인로터의 회전면(plane of rotation)을 약간 좌측으로 기울여 줌으로써 편류를 방지할 수 있다. 전이성향은 다음과 같은 한 가지 방법을 사용하여 수정하거나 여러 방법을 결합하여 수정할 수 있다. 이 방법들은 반시계방향으로 회전하는 메인로터계통을 위한 것이다.

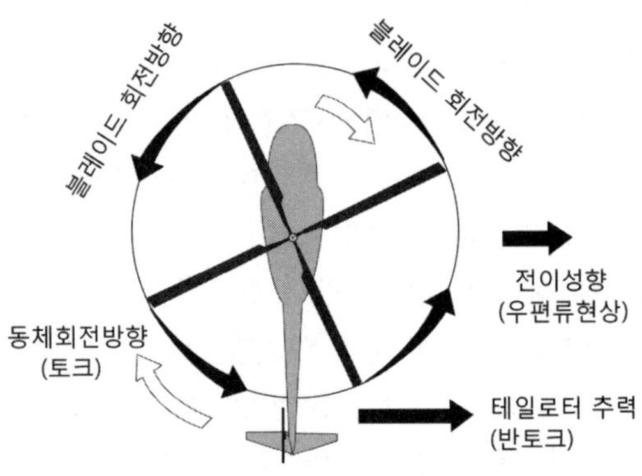

【그림3-22】 전이성향

① 동력전달장치는 약간 왼쪽으로 기울게 장착함(뒤에서 보았을 때)으로써 로터 마스트는 테일로터 추력에 반대로 기울어 있다.

② 사이클릭이 중앙에 있을 때 로터 디스크가 약간 왼쪽으로 기울도록 조종계통을 설치함으로써 제자리비행할 때 팁-경로면은 약간 왼쪽으로 기울어 있다.

③ 만약 로터 축(rotor shaft)이 동체에 관해서 수직이 되도록 동력전달장치가 장착되어 있다면 헬리콥터는 제자리비행에서 왼쪽 스키드가 낮아지게 매달려 있다. 시계방향으로 회전하는 로터계통에서 정반대가 된다.(위에서 보았을 때) 테일로터가 메인로터 디스크의 아래에 있고 안티토크 추력이 공급되고 있을 때 헬리콥터 동체는 약간 기울어질 수 있다. 동체 기울기는 동일 평면에서 메인로터 토크에 대한 테일로터 추력의 불완전한 균형(imperfect balance)에 의해서 초래된다. 헬리콥터는 두 개의 분리된 힘으로 인하여 기울어진다. 메인로터 디스크는 전이성향과 토크 작용의 평면 아래에 있는 더 낮은 테일로터 추력을 없애기(neutralize) 위해서 기울어진다.

④ 전진비행(forward flight)에서 테일로터는 계속해서 오른쪽으로 밀어내고, 헬리콥터는 로터가 수평일 때 바람과 함께 작은 각도를 형성하고 슬립 볼(slip ball)은 중앙이 된다. 이것을 고유 사이드슬립(inherent sideslip)이라 한다. 일부 대형 헬리콥터에서는 이 사이드슬립을 방지할 수 있도록 테일로터와 함께 수직 핀 또는 안정판(vertical fin or stabilizer)이 장착되고 제자리비행에서 기울기 일부를 방지한다. 또한, 수직 핀 또는 파일론(vertical fin or pylon)의 상부에 테일로터를 장착함으로써 안티토크는 토크의 수평 평면과 더욱 선형이 되거나 가까워져 테일로터로부터 동체 기울기가 더 작아지는 결과를 얻을 수 있다. 이외에도 테일로터가 지면으로부터 높아져 블레이드가 이물질과 충돌하는 위험을 줄일 수 있지만, 무게와 복잡성이 증가하여 제작비용이 상승한다.

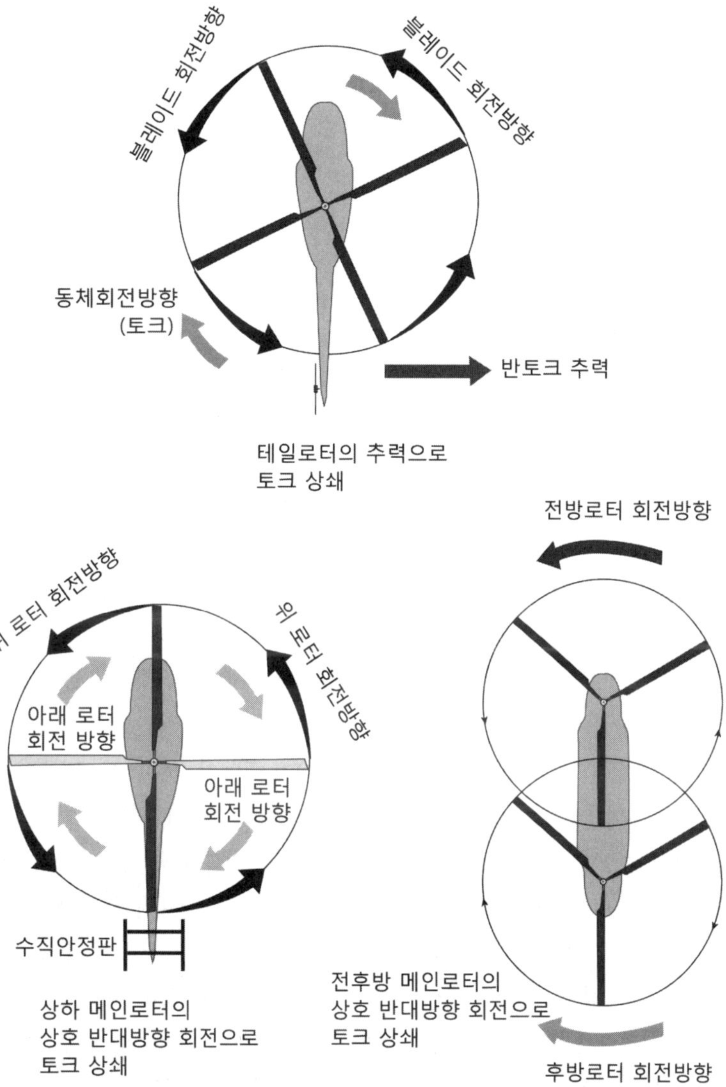

【그림3-23】 헬리콥터 유형에 따른 안티토크 작용과 상쇄의 힘

3.12 로터 주위의 공기흐름

로터 블레이드가 정지해 있을 때 헬리콥터의 양력 발생에는 무용지물이나 회전하기 시작하면 원심하중(centrifugal load)이 발생하고 이때부터 블레이드는 하나의 커다란 회전면(plane of rotation)을 형성하게 된다. 회전면의 경사에 따라 제자리비행, 전진비행, 측방비행, 후진비행 등이 가능하다. 제자리비행할 때 회전면은 전이성향을 방지하기 위한 좌경사양을 예외로 하고 거의 수평 상태가 된다. 컬렉티브를 들어 올렸을 때 블레이드 피치각이 형성되고 공기흐름(airflow)은 [그림3-24]의 왼쪽 그림과 같이 회전면 상부의 공

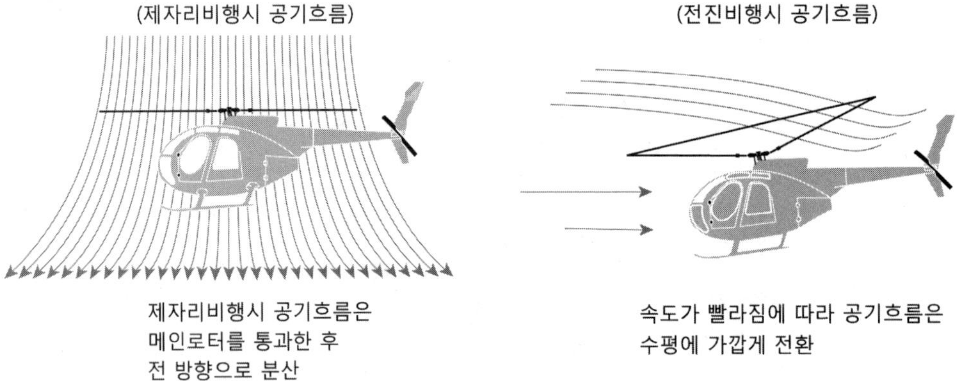

【그림3-24】 제자리비행과 전진비행에서 공기흐름의 변화

기를 끌어들여 로터 블레이드를 통하여 강한 하강풍(down wash or induced flow)을 형성하고, 블레이드에 의해서 자체 에너지화된 하강풍의 힘으로 제자리비행을 할 수 있다. 제자리비행할 때 공기흐름은 사방으로 고르게 분산된다. 무풍 상태의 제자리비행이므로 회전 블레이드의 어느 지점에서나 동일한 회전성 상대풍(rotational relative wind)이 발생한다. 단지 유도기류의 크기에 따라 합력 상대풍(resultant relative wind)의 위치가 결정되나 그 합력 상대풍 역시 어느 지점에서나 동일하다. 바람이 불거나 전진비행을 위해서는 사이클릭 전방압을 적용하여 회전면을 기울여 주어야 하고 이때 공기 전체의 흐름은 제자리비행할 때와 다르게 형성된다. 로터 회전면이 앞으로 약간 기울면 공기흐름 역시 후방으로 경사지는 형태로 변하면서 그 반작용으로 헬리콥터는 전진한다. 속도가 느릴 때 공기흐름의 경사도 완만해지나 속도가 점차 증속함에 따라 공기흐름은 비행경로와 수평을 이루는 형태로 변한다. 후진비행이나 측면 비행시도 같은 원리로 헬리콥터는 회전면이 기울어지는 방향으로 추력(thrust)을 얻고 기울기의 정도에 따라 전진속도가 결정된다. 헬리콥터가 전진하면 전진 블레이드와 후진 블레이드를 구분하여 상대속도 차이에 따른 양력 불균형 문제가 제기되나 블레이드 플랩핑과 사이클릭 페더링으로 이를 해소하고 전반적인 공기흐름은 수평 흐름이 된다.

3.13 헬리콥터의 축

헬리콥터를 포함한 모든 항공기는 [그림3-25]와 같이 무게 중심점(center of gravity)을 중심으로 3개의 축(axis)이 형성되고 항공기는 이 축을 중심으로 운동한다.

(1) 세로축(longitudinal axis)

헬리콥터의 기수에서 무게중심(center of gravity)을 통과하여 꼬리(tail)를 잇는 가상선을 세로축 또는 기축이라 한다. 헬리콥터는 이 축을 중심으로 동체의 좌우운동을 유발

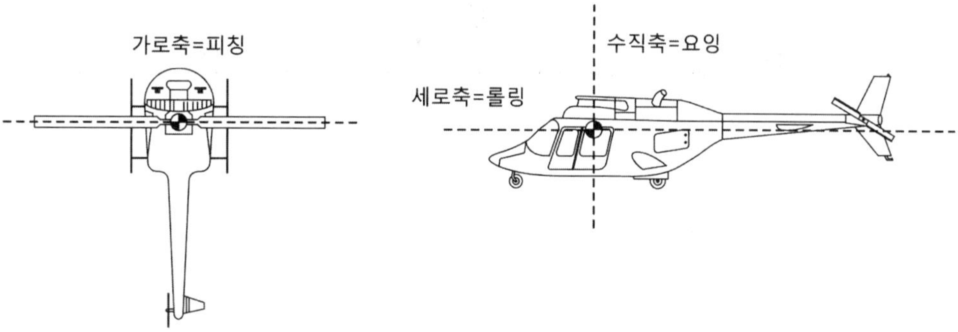

【그림3-25】 헬리콥터 축과 운동

한다. 예를 들어 조종사가 사이클릭을 좌우로 움직였을 때 동체는 마치 배가 좌우로 움직이는 것과 같은 좌우운동을 하고 이를 옆놀이/롤링(rolling)이라 한다. 세로축은 3개의 축 중에서 가장 긴 축이지만 가로축을 기준으로 한 피칭(pitching)에 비해 운동량이 작다.

[세로축 = 롤링(옆놀이)=동체 좌우운동]
[가로축 = 피칭(앞놀이)=기수 상하운동]
[수직축 = 요잉(빗놀이)=기수 좌우운동]

(2) 가로축(lateral axis)

동체의 좌측에서 무게중심을 통과하여 우측에 이르는 가상선을 가로축이라 한다. 헬리콥터는 이 축을 중심으로 기수의 상하운동을 유발하고 이를 앞놀이/피칭(pitching)이라 한다. 피칭 역시 사이클릭으로 조종할 수 있으며 롤링과 달리 사이클릭을 전후로 사용했을 때 기수의 상하운동이 유발되고 운동량이 크기 때문에 지연 현상이 발생할 수 있다.

(3) 수직축(vertical axis)

동체의 하부에서 무게중심(C.G.)을 통과하여 상부에 이르는 가상선을 수직축(vertical axis)이라 한다. 헬리콥터는 이 축을 중심으로 기수의 좌우운동을 유발하고 이를 빗놀이/요잉(yawing)이라 한다. 빗놀이 현상은 비행 중인 헬리콥터가 공기역학적 불균형으로 조종사의 몸이 뒤틀리는 듯한 현상으로 나타난다. 여기서 빗놀이 현상과 바람에 의한 편류를 수정하기 위한 크래빙 조작과는 구분되어야 한다. 빗놀이는 페달에 의해서 조종할 수 있으며, 좌빗놀이 또는 우빗놀이가 발생했을 때 반대편 페달의 압을 적용하여 수정한다. 이들 운동 방향 중 상방과 우측을 양성 운동(positive movement)이라 한다면 헬리콥터 주변에는 6개의 운동 방향이 성립된다. 비행 중 자세변경은 어느 한 개의 축을 중심으로 하나의 자세변경이 있을 수 있으나 대부분은 이들 축의 조화로 자세변경이 일어난다. 예를 들어 우상승 선회할 때 가로축(lateral axis)을 중심으로 상피칭(up-pitching)과 세로축을 중심으로 우옆놀이(right rolling) 운동이 동시에 일어나고 있다. 이 같은 현상을 크

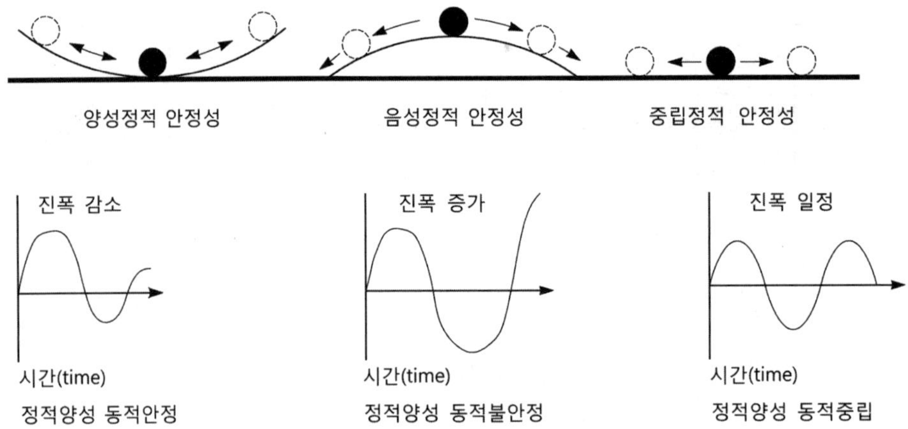

【그림3-26】 안정성

로스 커플링(cross coupling)이라 한다. 헬리콥터는 사이클릭에 의해서 피칭 및 옆놀이를 조종할 수 있으며, 페달에 의해서 빗놀이를 조종할 수 있다.

3.14 안정성

안정성(stability)이란 운동하는 물체가 지속해서 그 운동성(momentum)을 유지할 수 있는 특성으로 항공기에서의 안정성은 외부의 영향으로 헬리콥터의 자세(attitudes)가 변경되었을 때 원래의 자세로 스스로 회복(recovery)할 수 있는 특성이다. 모든 항공기가 이처럼 완전한 안정성을 갖추었다면 조종사가 수행해야 할 역할은 거의 없을 것이나 자체적으로 회복할 수 있는 성능에는 한계가 있어 조종사가 조종의 역할이 필요한 이유이다. 현재 제작되는 헬리콥터는 기술의 발달과 컴퓨터 제어 시스템으로 안정성이 크게 향상되어 일부 고성능 헬리콥터에서도 3-축 운동 모두를 컴퓨터로 자동 제어하여 자동조종(autopilot)할 수 있는 성능을 갖추었다. 일반적으로 안정을 정의하는 데는 정적안정성(static stability), 동적안정성(dynamic stability)으로 분류한다.

3.14.1 정적안정성

정적안정성(static stability)이란 운동 중인 물체가 외부의 영향으로 운동성향이 변화된 후 원래의 위치로(original position) 되돌아가려는 경향이다. 운동하는 물체가 어떠한 형태이든지 방해를 받은 후 원래의 위치(상태)로 회복하는 경향을 정적안정성이라고 본다. [그림3-26]과 같이 왼쪽 물체는 원래의 위치로 되돌아가고 있다. 이는 정적으로 안정되어 있고 이를 정적안정성(statically stable)이라 한다. 중간 물체의 운동성향은 원래의 위치로 되돌아가지 못하고 더욱 멀어지고 있다. 이 물체의 운동성향은 정적으로 불안정되어 있고 이를 정적불안정(statically unstable)이라 한다. 오른쪽 물체는 외부의 힘을 받았을 때 이동한 그 위치에서 원래의 위치로 돌아가거나 더 멀어지거나 하지 않고 그대로 머물러 있다. 이 물체의 운동성향을 정적으로 중립상태라 하고 이를 정적중립(statically neutral)이라 한다. 항공기 안정성은 반드시 정적안정성을 갖추어야 하고, 이후에 전개되는 헬리콥터의 안정성 역시 정적안정성을 바탕으로 한다.

3.14.2 동적안정성

동적안정성(dynamic stability)이란 정적안정성이 시간 경과에 따른 물체의 운동성향이다. 예를 들어 정적(statically)으로 안정된 상태의 물체가 외부의 영향을 받아 운동 방향에 변화가 발생했을 때 정적으로 안정되어 있으므로 그 원래의 위치로 회복할 수 있는 성향을 갖고 있고, 여기서 회복하는 데는 일정 주기(cycle)를 반복한 후에 원래의 위치로 되돌아오는 운동성향을 정적동적으로 안정된 상태라고 할 수 있다. 이처럼 동적안정성은 반드시 정적안정성을 바탕으로 한다. 결론적으로 항공기 운동의 안정성에서는 [그림 3-26]과 같이 세 가지 안정성에 대해서만 다룬다.

① 정적동적안정성(static and dynamic stability)
② 정적안정성과 동적불안정성(static stability and dynamic unstability)
③ 정적안정성과 동적중립성(static stability and dynamic neutral stability)

3.14.3 세로 안정성

세로 안정성은 헬리콥터의 가로축(lateral axis)을 중심으로 한 기수의 들림과 숙여짐(nose up and down) 운동이다. 헬리콥터의 안정성을 다루는 데 있어서 고려해야 할 사항이 회전면과 동체의 운동이다. 회전면과 동체의 운동이 동시에 수행된다기보다는 동체의 운동이 항상 한 템포(tempo) 느리게 운동한다는 점을 고려해야 한다. 헬리콥터가 제자리비행하고 있다고 가정하자. 제자리비행 중 앞쪽에서 순간적인 돌풍(gust)이 불었을 때 회전면이 먼저 들리면서 현재의 양력과 무게가 균형을 이루고 있는 상태에서 회전면이 뒤로 기울면서 동체가 따라 이동하게 될 것이다. 뒤로 이동하는 순간에 뒤쪽으로부터 바람을 받으면서 회전면은 다시 앞쪽으로 기울어지는 힘을 받아 앞으로 경사지게 될 것이나 이 순간 동체는 뒤로 이동하고 있는 운동량으로 인하여 즉각 반응이 나타나지 않고 잠시 후에 앞으로 이동하게 될 것이다. 이때의 운동량은 이미 증가한 상태가 되어 헬리콥터는 동적으로 불안정 성향을 띠게 된다. 전진비행시도 동일한 운동성향이 나타난다. 결론적으로 헬리콥터의 세로 안정성은 정적으로 안정되나 동적으로 불안정한 상태이다. 헬리콥터의 세로 안정성으로 향상하는 가장 효율적인 방법은 테일붐(tail boom)의 꼬리 부분에 수평안정판을 장착하는 것이다.

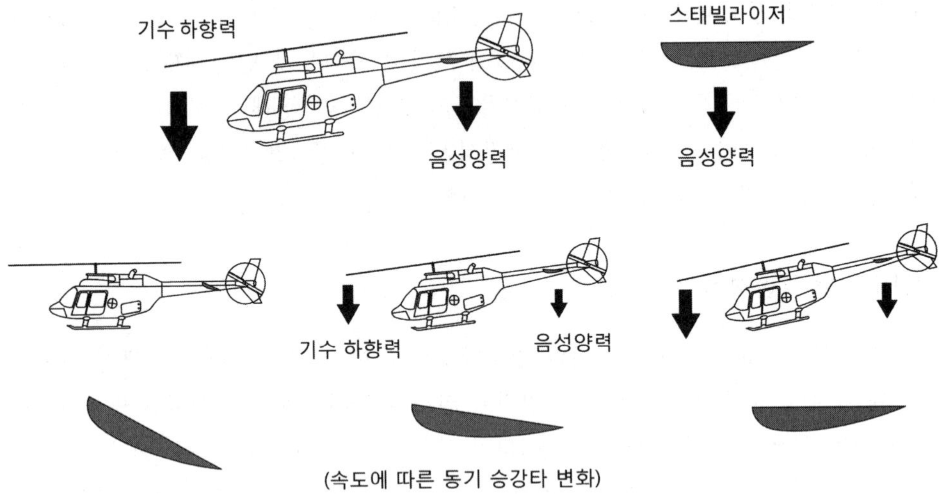

(속도에 따른 동기 승강타 변화)

【그림3-27】 스태빌라이저의 작동

(1) 스태빌라이저(stabilizers)

세로 안정성을 향상하기 위한 구조물로 대부분 헬리콥터에서 스태빌라이저를 사용하고 있다. 스태빌라이저는 [그림3-27]과 에어포일(airfoil) 모양을 갖춘 패널로 테일붐(tail boom)의 꼬리 부분에 장착된다. 전진비행을 할 때 스태빌라이저는 비행기의 날개와 같은 역할을 하지만 양력(lift)을 발생한다기보다 세로 안정성에 목적을 두고 있다. 스태빌라이저가 장착되는 각도는 순항속도(cruise speed)에서 기수의 상하운동(pitching)을 제어하는 데 도움이 되고, 실제 장착 각도를 결정하는 기준 역시 순항속도에서 최대의 성능을 발휘할 수 있도록 설계된다. 전진비행 중 앞쪽에서 발생한 난기류의 영향을 받았을 때 회전면(plane of rotation)이 뒤로 기울어지면서 기수가 들리게 될 것이다. 이때 스태빌라이저는 순항비행 자세보다 더 높아진 상태로 인하여 받음각이 더 커지는 결과를 초래한다.

받음각(angle of attack)의 증가는 스태빌라이저의 양력 발생을 유도하여 이로 인한 꼬리 하향(tail low)이 억제된다. 아울러 동체의 바닥 면과 스태빌라이저 자체에 부딪히는 공기의 반작용(reaction) 역시도 꼬리의 하향을 억제하여 기수가 다시 원래의 위치로 회복하는데 기여한다. 제자리비행할 때에는 속도가 없으므로 스태빌라이저의 상하운동에 따른 공기의 반작용에 의한 미약한 힘이 작용하기 때문에 헬리콥터의 조종성에는 거의 영향을 주지 못한다. 그러나 후진비행(rear flight)할 때에는 스태빌라이저의 역효과로 인하여 상당히 주의해야 한다. 후진비행하기 위해서 회전면이 뒤로 기울고 자세 역시 테일로(tail low) 상태에서 뒤로 이동할 때 스태빌라이저의 뒷전이 아래로 경사진 상태에서 윗면(upper surface)에 부딪히는 공기는 꼬리를 더욱 아래로 내리미는 힘이 추가되어 순간적으로 위험한 상태가 될 수 있다.

【그림3-28】 UH-60 동기 승강타와 수직안정판(핀)

(2) 동기 승강타(synchronization elevator)

스태빌라이저가 사이클릭과 동시에 작동할 수 있도록 고안된 장치이다. 순항속도에서 전진비행 중에는 외부의 영향으로 기수가 들렸거나 의도적으로 속도를 줄이기 위해서 사이클릭을 뒤로 적용했을 때 회전면이 뒤로 기울면서 기수들림과 테일로(nose up and tail low) 현상이 동시에 발생한다. 이 같은 기수들림을 최소화하기 위해서 동기 승강타는 [그림3-28]과 같이 최대의 받음각에서 공기력이 발생할 수 있도록 승강타의 각도를 변화시킨다. 동기 승강타는 다양한 속도에 반응할 수 있는 적절한 각도를 활용할 수 있는 장점이 있다.

3.14.4 가로 안정성

가로 안정성(lateral stability)은 세로축을 중심으로 한 동체의 롤링(rolling)이다. 비행 중 왼쪽에서 부는 바람의 영향을 받았다면 회전면은 오른쪽으로 기울면서(tile to right) 롤링이 발생하게 될 것이다. 헬리콥터가 오른쪽으로 옆놀이(roll)할 때 우측으로 빗놀이(yaw)가 동시에 발생하는 현상을 관찰할 수 있다. 이처럼 한 운동이 다른 운동을 동반하는 현상 역시 크로스 커플링(cross coupling)이다. 좌측으로 롤링할 때도 역시 롤링과 함께 발생한 슬립(slip)은 기수의 빗놀이를 동반하는 현상이 발생할 수 있다. 구조상으로 헬리콥터의 롤링을 완화할 수 있는 장치는 없으나 자이로 안정장치(gyro stabilization system)라든지 자동조종장치(autopilot) 등을 통해서 가로 안정을 달성할 수 있다. 결국, 헬리콥터의 가로 안정성에 대해서 정적으로는 안정되어 있지만, 동적으로는 불안정 상태라 할 수 있다.

3.14.5 방향 안정성

정상적인 제자리비행 상태에서 정확한 기축(longitudinal axis)은 조종사의 몸과 사이클릭 그리고 참고점이 일직선이 되었을 때이다. 헬리콥터의 방향 안정성(directional

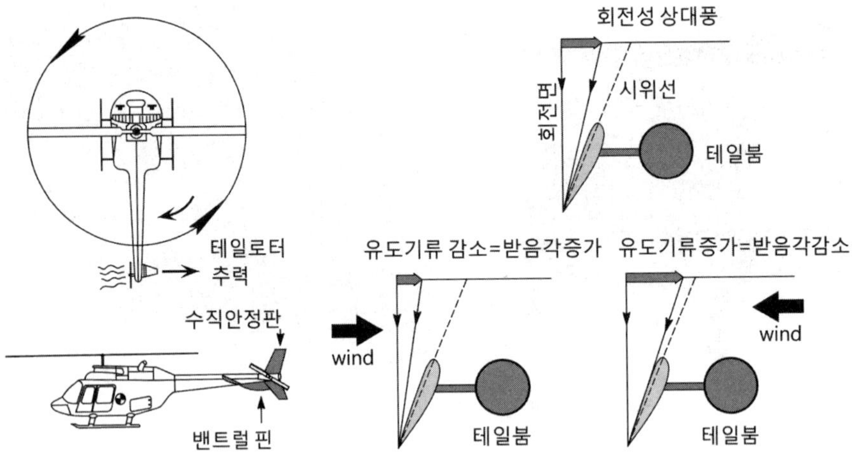

【그림3-29】 테일로터 추력의 변화

stability)은 테일로터에 의해서 수행된다. 기축이 정확하게 유지된 상태라면 테일로터의 추력과 토크가 일치된 상태로 볼 수 있다. 그러나 우측에서 돌풍이 불어 회전면이 들렸다면 헬리콥터는 좌측 롤링(left rolling)에 의한 슬립(slip)이 발생하면서 동시에 기수가 왼쪽으로 돌아가려는(left yawing) 현상이 발생한다. 이때 테일로터에 미치는 바람의 영향을 분석해야 할 것이다. 수직 또는 수직에 가깝게 장착된 테일로터에는 메인로터(main rotor)와 달리 수평으로 바람을 받고 또한 동일한 동력이 적용되고 있다고 가정했을 때 오른쪽에서 부는 바람은 [그림3-29]와 같이 테일로터의 유도기류(induced air flow)를 증가시키는 작용을 하고, 반대로 왼쪽에서 부는 바람은 테일로터의 유도기류를 감소시키는 작용을 한다. 따라서 유도기류는 받음각(angle of attack)의 크기에 영향을 미치기 때문에 오른쪽에서는 받음각이 증가하고 왼쪽에서는 받음각이 감소하는 현상이 발생할 수 있다. 이처럼 돌풍(gust)에 의한 테일로터 추력의 변화는 기수의 빗놀이를 초래하고 동체의 운동량(momentum)으로 인한 반복적 빗놀이는 동적으로 불안정한 상태라고 볼 수 있다.

그러나 순항속도에서의 방향 안정성은 제자리비행과 달리 동적으로도 안정된 상태가 된다. 이는 [그림3-30]과 같이 꼬리 주변에 장착된 수직안정판, 밴트럴과 도샬핀(ventral and dorsal fin), 동체의 세로축, 그리고 테일로터의 위치 등이 방향 안정성에 기여하는 요소들이다. 여기서 수직안정판이 클수록 그리고 테일로터의 위치가 무게중심에서 더 멀리 위치할수록 방향 안정성은 증대된다. 비행 중에 어떠한 영향에 의한 빗놀이의 허용은 동시에 다음과 같은 크로스 커플

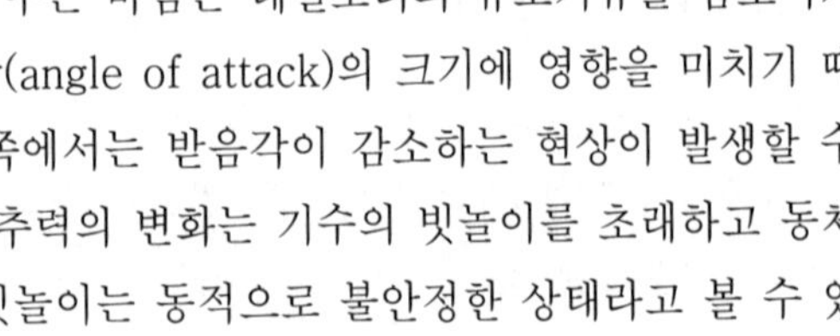

【그림3-30】 kamov 계열 수직안정판(앤드플레이트)

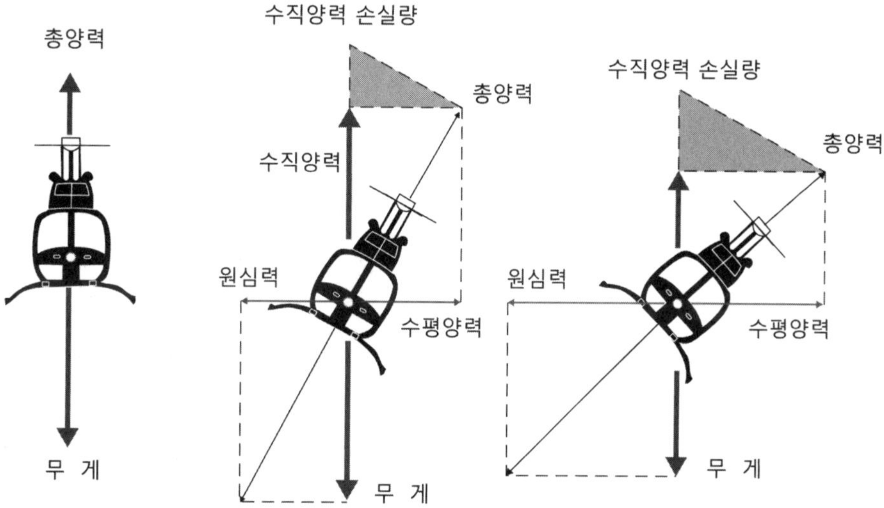

【그림3-31】 선회 중 힘의 벡터

링(cross coupling) 현상을 초래할 수 있다.

- 슬립으로 인한 동체의 롤링(반대 방향으로 롤링)
- 블로백(blowback)으로 인한 가로 안정성 감소
- 유해항력으로 인한 세로 안정성에 영향(기수 숙여짐)

3.15 선회 중 힘의 벡터

헬리콥터의 선회(turn)는 사이클릭(cyclic) 조종으로 이루어지고 원하는 방향으로 기수의 방향을 전환하는 기술로 헬리콥터의 경사(bank)에 의해서 수행된다. 조종사가 사이클릭으로 선회하고자 하는 방향으로 압을 가하면 [그림3-31]과 같이 로터 회전면(plane of rotation)이 기울어지면서 헬리콥터 역시 경사지고 선회의 힘을 얻는다. 수평직선비행할 때 헬리콥터에는 수직으로 작용하는 총양력(total lift)과 무게가 일치하여 동고도 비행이 가능하다. 그러나 선회하기 위해서 회전면을 기울이면 수직양력분력(vertical lift component)의 일부가 수평양력분력으로 분리되고 헬리콥터는 수평 양력에 의해서 선회한다. 경사각이 클수록 수직양력은 작아지고 수평양력은 증대된다. 따라서 선회할 때 수직양력을 보상해 주지 않으면 헬리콥터는 동고도를 유지하면서 선회할 수 없다. 이를 위해서 조종사는 선회와 동시에 적절한 컬렉티브 상방압이 적용되어야 동고도 선회를 할 수 있다. 또한, 선회 중 헬리콥터는 바깥쪽으로 벗어나려는 원심력(centrifugal force)이 발생하고 원심력과 무게의 합력으로 인해 헬리콥터는 총양력(total lift)의 반대 방향으로 힘이 작용한다. 이때 헬리콥터에 작용하는 힘을 하중계수(load factor)라 한다.

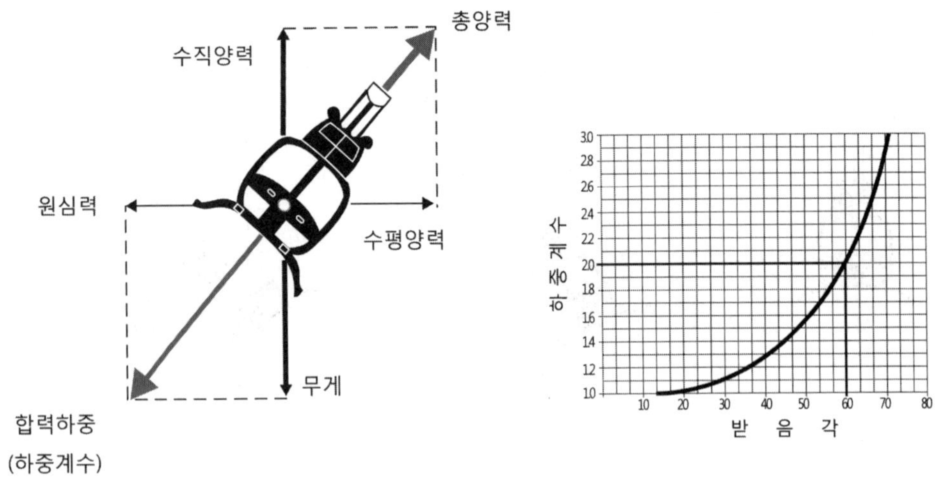

【그림3-32】 선회와 하중계수

3.16 하중계수

선회 중 원심력과 무게의 합력으로 발생하는 힘(force)을 하중계수(load factor)라 하고 경사각이 증가할수록 하중계수도 증가한다. 하중계수는 항공기에 부여되는 총하중(total load)이고 "G" 단위로 나타낸다. 예를 들어 10,000파운드의 헬리콥터가 수평직선 비행할 때 원심력이 발생하지 않기 때문에 헬리콥터의 무게만이 하중(load)이 되고 이때의 하중계수를 1G라 한다. 이는 헬리콥터에 작용하는 총하중이 10,000파운드임을 의미한다. 그러나 선회를 위한 경사가 형성되면 원심력이 발생하고 헬리콥터에 작용하는 하중(load) 역시 증가한다. [그림3-32]는 경사각(angle of bank)에 따른 하중계수(load factor)의 증가율을 보여주고 있다. 경사각이 60°까지는 하중계수의 증가율도 완만하게 증가하나 경사각이 클수록 하중계수의 증가율도 급격하게 증가하는 것을 알 수 있다.

모든 항공기의 60° 경사에서 약 2G의 힘을 받고, 헬리콥터 무게의 두 배의 하중이 걸린다. 예를 들어 10,000파운드의 헬리콥터가 60° 경사각으로 선회할 때 헬리콥터에 미치는 하중은 약 20,000파운드의 하중이 작용함을 의미한다. 하중계수의 증가는 경사각이 30°까지는 완만하게 증가하여 60°에서 2G가 되고 그 이상의 경사에서는 하중계수의 증가량도 급격히 상승하여 80° 이상의 경사에서는 거의 수직으로 하중계수가 증가한다. 이같은 하중계수는 항공기 구조에 미치는 힘이 되고 규정된 하중계수를 초과한 운용은 헬리콥터의 구조적 한계(structural limit)를 초과할 수 있다. 헬리콥터는 30° 이상을 초과할 때 과경사(overbanking)가 되고 이때는 약 1.2G, 45° 경사에서 1.4G, 60° 경사에서 2G, 그리고 75° 경사에서 약 4G의 공기역학적 힘을 받는다.

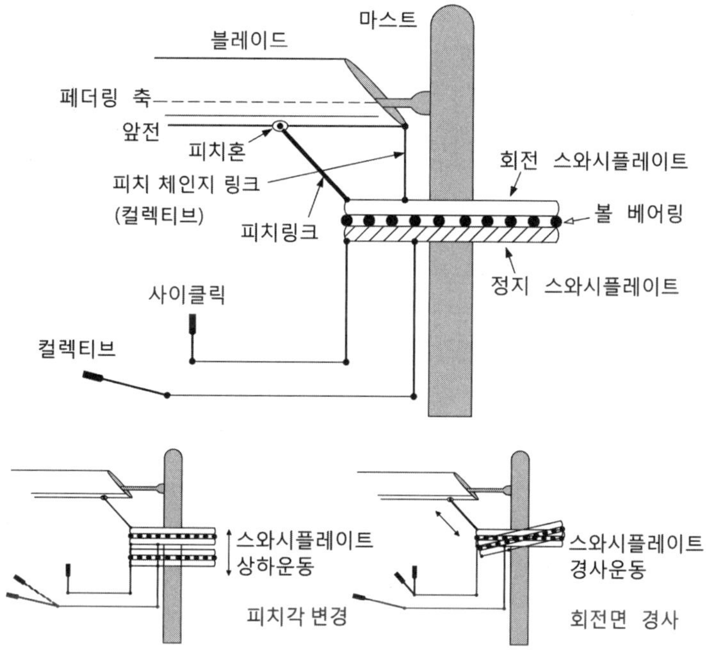

【그림3-33】 스와시플레이트와 조종계통

3.17 회전운동의 세차와 사이클릭 운동

(1) 스와시플레이트(swashplate)

스와시플레이트는 [그림3-33]과 같이 조종계통의 한 장치로 2개의 판(plates)으로 구성되어 있다. 하나는 회전하고 있는 스와시플레이트로 회전 스와시플레이트(rotating swashplate)라 하고, 다른 하나는 정지 상태로 작동하기 때문에 고정 스와시플레이트(stationary swashplate)라 한다. 이들 스와시플레이트의 주요 기능은 사이클릭과 컬렉티브의 힘을 블레이드까지 전달하는 것이다. 그림에서 보는 것과 같이 컬렉티브를 올리거나 내리면 스와시플레이트가 동시에 올라가거나 내려오면서 블레이드에 연결된 피치 체인지 로드(pitch change rod)를 통해서 블레이드의 피치각을 변화시킬 수 있다. 사이클릭 역시 피치 링크(pitch link)를 통해서 스와시플레이트와 피치혼(pitch horn)에 연결되어 있고, 이는 회전면의 경사를 조절하는 기능을 한다. 2개의 스와시플레이트 사이에는 볼 베어링(ball bearing)으로 접속되어 있어 조종사가 사이클릭을 움직일 때 이 힘을 고정 스와시플레이트 그리고 회전 스와시플레이트를 통해서 블레이드까지 전달한다. 고정 스와시플레이트와 회전 스와시플레이트는 사이클릭의 동일한 각도에서 어느 방향으로나 함께 움직인다. 사이클릭은 블레이드 페더 축(feather axis)을 중심으로 회전할 수 있도록 고안된 장치로 피치혼(pitch horn)과 피치 링크(pitch link)가 있다. 피치혼은 블레이드 앞전 혹은 뒷전에 돌출된 부분으로 피치 링크를 통해서 회전 스와시플레이트에 연결되어 있다.

(2) 회전면의 경사와 위상후행

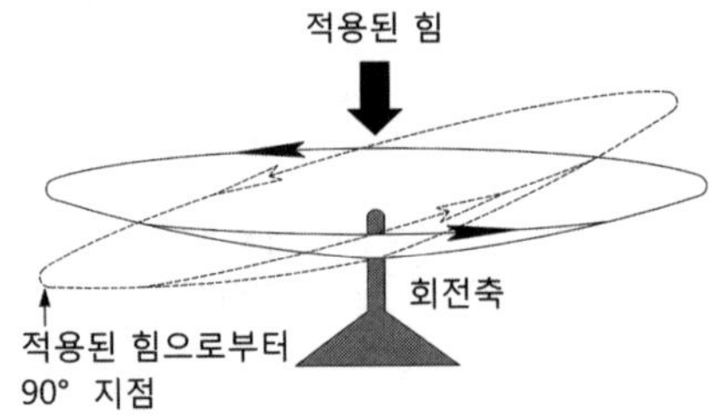

【그림3-34】 회전운동의 세차(위상후행)

로터 블레이드의 회전성 특성 중의 하나가 회전운동의 세차(precession)이며 회전하는 물체에 힘을 적용했을 때 그 힘은 [그림3-34]와 같이 회전 방향으로 90도를 지난 지점에서 분명해지는 현상으로 90도 늦게 진행한다 하여 위상후행(phase lag)이라고도 한다. 사이클릭을 앞으로 밀었을 때 스와시플레이트를 통해서 회전면(rotor disc)도 앞으로 기울어야 한다. 그러나 세차 현상으로 인하여 실제로 회전면이 기울어지는 위치는 좌측(시계반대방향으로 회전하는 로터)이 되면서 동체는 좌측으로 롤링(rolling)하게 될 것이다. 이 문제를 해결하는 방법은 스와시플레이트의 운동 방향과 피치 링크의 장착점을 변경시켜 블레이드를 인위적으로 끌어당겨 세차 운동을 해결하는 것이다. 사이클릭을 앞으로 밀었을 때 [그림3-36]과 같이 우측에서 피치각이 최저가 되고 하향 이동률은 최대가 되어야 한다. 이때 스와시플레이트가 메인로터와 동일한 방향으로 기울어 있다면 피치 링크는 회전 스와시플레이트가 기울어진 전방에 장착되어야 한다. 피치 링크의 다른 끝은 블레이드 앞전 혹은 뒷전의 피치혼에 장착되어야 한다. 이때의 위치가 [그림3-35]와 같이 블레이드의 페더 축과 90도를 이루고 피치 링크는 회전하면서 전진 블레이드의 앞전을 가장 낮은 위치로 끌어당긴다. 이처럼 스와시플레이트 상의 피치 링크의 장착점과 블레이드 축 사이의 각도를 전진각(advance angel)이라 한다. 스와시플레이트와 메인로터의 운동 방향이 일치하고 동시에 사이클릭 운동 방향이 일치되었을 때 위상후행은 완전히 해소될 수 있다. 위의 예에서는 사이클릭이 90도 위상후행의 경우지만 사이클릭의 위상후행 각도에 따라 전진각을 오른쪽 그림과 같이 조절한다.

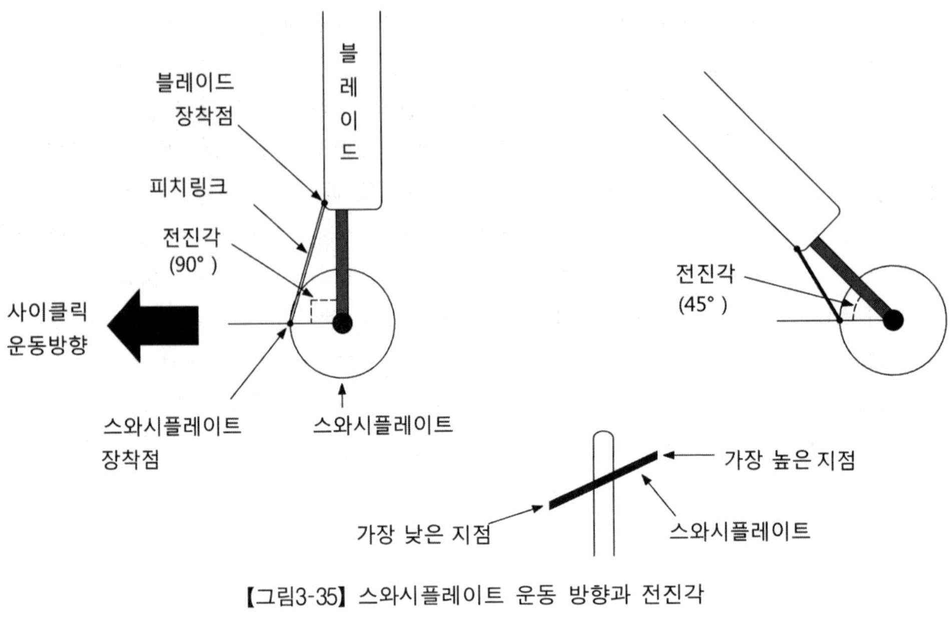

【그림3-35】 스와시플레이트 운동 방향과 전진각

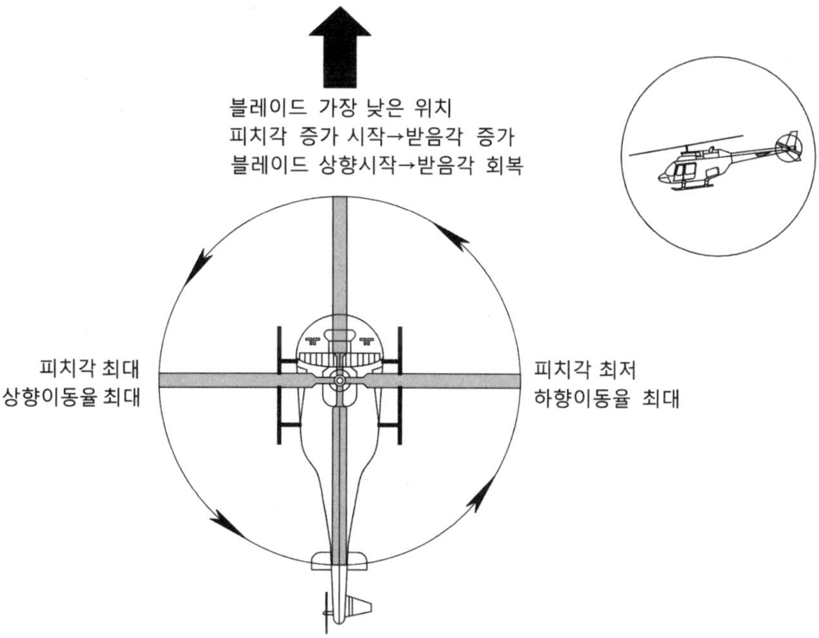

【그림3-36】 사이클릭 운동

(3) 회전면과 사이클릭

사이클릭이 회전면을 기울일 때 피치각(pitch angle)은 계속해서 변하지만, 받음각은 일정하다. [그림3-36]은 전진비행할 때 회전면이 앞으로 기울어 있을 때 블레이드의 운동을 보여주고 있다. 예를 들어 꼬리(tail) 위치에서 블레이드는 최대 높이가 되어야 하고 기수(nose) 위치에서 최저 높이가 되어야 한다. 피치각(pitch angle)은 우측에서 가장 낮아져야 하고 좌측에서는 가장 높아져야 한다. 따라서 피치각은 좌우측에서 최대 혹은 최저가 된다. 받음각은 꼬리 위치를 지나면서 피치각은 감소하고 받음각도 감소한다. 블레이드가 하향하기 시작하면서 받음각을 회복한다. 다시 기수 위치에서는 블레이드의 하향이동이 끝나고 블레이드는 가장 낮은 위치가 된다. 피치각이 증가하면서 받음각이 증가하고 블레이드가 상향 이동을 하면서 받음각을 다시 회복한다. 블레이드가 위로 또는 아래로 이동하는 비율은 피치각이 가장 낮아지는 지점에서 가장 빠르고, 피치각이 가장 높아지는 지점에서 가장 느리게 하향 이동한다.

(4) 회전운동의 세차와 동체의 운동

회전운동의 세차는 회전하는 로터 블레이드와 회전면을 경사지게 할 수 있는 사이클릭의 관계를 이해하는 데 도움이 된다. 전진비행할 때 회전면이 가장 낮아지는 지점은 기수 직상공이 된다. 회전운동의 세차(precession)를 고려할 때 사이클릭은 전방압을 가했지만, 실제 회전면에 적용되는 힘은 90도 전에서 힘이 적용되고 있다고 할 수 있다. 회전운동의 세차는 단지 사이클릭 조종에 의해서만 발생하는 것이 아니고 비행 중 난기류(turbulence)와 같은 외부 요인에 의해서 발생할 수 있다. 예를 들어 난기류의 영향으로 좌측 블레이드에 힘이 가해졌을 때 그 힘은 90도가 지난 꼬리에서 기수의 들림 및 숙여짐(nose-up and nose-down) 현상으로 나타난다. 이 같은 회전운동의 세차가 헬리콥터에 적용했을 때 다음과 같은 뚜렷한 반응을 얻을 수 있다. 회전운동의 세차로 인하여 좌우 선회 중 헬리콥터의 반응은 상반되게 나타난다. 예를 들어 좌선회를 위해서 경사를 좌측으로 주었을 때 기수숙여짐 경향(nose down tendency)이 나타나기 때문에 동고도를 유지하기 위해서는 반드시 동력을 증가하거나 사이클릭의 후방압을 적용해 주어야 한다. 반면에 우선회를 위하여 경사를 우측으로 주었을 때 기수들림 경향(nose up tendency)이 나타나기 때문에 좌선회보다는 동고도를 유지하기 위한 수정량이 적어진다. 블레이드의 운동에 따른 동체의 반응은 아래 [표]와 같다.

운동을 초래하는 힘	헬리콥터 반응
기수들림	우롤링(옆놀이)
기수숙여짐	좌롤링(옆놀이)
우롤링(옆놀이)	기수들림
좌롤링(옆놀이)	기수숙여짐

(5) 각운동량의 보존/코리올리스 효과

사이클릭은 전후좌우 어느 방향으로나 움직임이 가능하고 스와시플레이트를 통해서 각 블레이드의 피치각(pitch angle)을 변화시켜 회전면을 경사지게 하지만 로터 블레이드에서 발생하는 총로터 추력(total rotor thrust)에는 변화가 없다. 이는 오른쪽에서 피치각이 증가하면 왼쪽에서는 피치각을 감소시키는 작용을 동시에 수행하기 때문이다. 사이클릭으로 회전면을 경사지게 했을 때 다음과 같은 현상을 관찰할 수 있다. 각운동량의 보존(conservation of angular momentum)이란 회전 운동하는 물체에서 관찰할 수 있는 현상으로 코리올리스 효과(Coriolis effect)라고도 한다. 주어진 반경과 주어진 속도(velocity)로 회전하는 물체는 특정 운동량(momentum)을 갖고 그 운동량은 변화되지 않고 보존하려는 경향을 보인다. [그림3-37]과 같이 원추각의 증가로 회전반경(radius)이

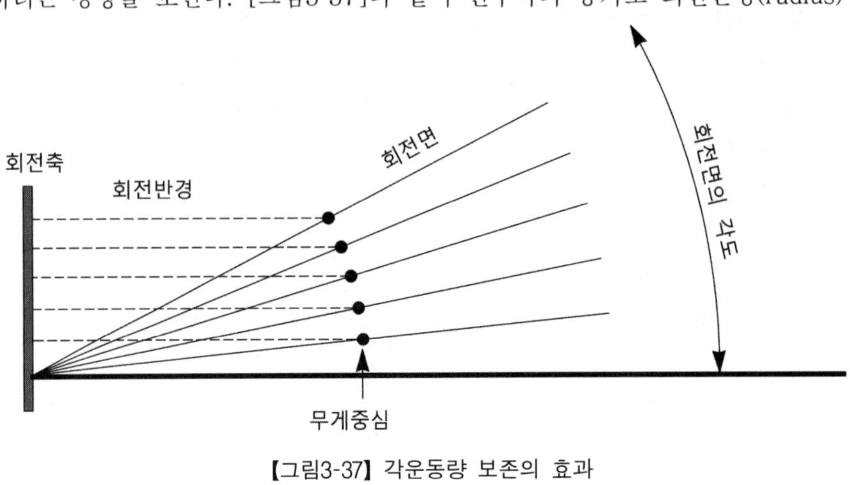

【그림3-37】 각운동량 보존의 효과

감소했을 때 무게중심은 안쪽으로 이동한다. 회전반경이 작아졌으므로 회전속도가 증가하여 결과적으로 운동량에는 변화가 없다. 반대로 원추각이 감소했을 때는 반대의 효과로 각운동량은 보존된다. 이 같은 특성은 헬리콥터의 회전면에서 뚜렷하게 관찰할 수 있는 현상으로 플랩 업(flap up)이 발생했을 때 회전반경이 감소하고 속도는 증가한다. 반대쪽에는 플랩-다운(flap down)으로 인하여 회전반경이 증가하고 회전속도는 감소하는 현상이 발생한다. 코리올리스 효과 역시 각운동량 보존의 법칙(law of conservation of angular momentum)이라고 할 수 있다. 회전하고 있는 물체의 각운동량의 크기는 외부 힘(external force)이 적용하지 않는 한 변하지 않는다고 서술하고 있다. 이를 로터 블레이드에 적용했을 때 회전하고 있는 물체(rotating body)는 외부 힘이 회전속도를 변화시키기 위해서 적용될 때까지 동일한 회전속도로 계속해서 회전하게 될 것이다. 각운동량은 회전속도를 곱한 관성 모멘트(moment of inertia)이다.

각속도(angular velocity)의 변화는 각가속과 각감속(angular acceleration and deceleration)이라 하고 회전하고 있는 물체의 질량이 회전축(axis of rotation)에 더욱 가까이 또는 더욱 멀어질 때 발생한다. 회전체 질량(mass)의 속도는 반경의 제곱(square of the radius)에 비례한다. 이에 관해서 스케이트 선수가 행하는 스핀 동작에서 전형적인 사례를 관찰할 수 있다. 스케이트 선수는 한 발로 회전하면서 다른 발과 양팔을 벌린다. 선수의 몸통은 상대적으로 느리게 회전한다. 선수가 양팔과 한쪽 발을 몸쪽으로 끌어들이는 순간 관성 모멘트(mass times radius squared)가 더욱 작아지면서 몸통은 눈이 따라갈 수 있는 것보다 더 빠르게 회전한다. 각운동량은 외부 힘이 적용되지 않았기 때문에 자연법칙에 따라 동일하지만, 각속도는 증가해야 한다. 로터 허브에 대해서 회전하고 있는 로터 블레이드는 각운동량(angular momentum)을 지닌다. 로터가 G-하중 기동으로 인하여 원추가 되면서 로터 디스크 또는 직경이 줄어든다. 각운동량 보존으로 인하여 비록 블레이드 팁이 로터 직경의 감소로 인하여 더 짧은 거리를 이동해야 할지라도 블레이드는 동일 속도로 계속 회전한다. 이 작용은 양력을 약간 증가시켜 로터 RPM의 증가로 이어진다. 대부분 조종사는 이 RPM 증가를 컬렉티브 피치를 증가시켜 억제한다. 블레이드 RPM 증가로 인한 양력은 블레이드가 위로 원추가 되면서 약간 작아진 디스크 면적에 의해서 다소 완화될 수 있다.

(6) 후크 조인트 효과

사이클릭 운동에 의한 또 다른 흥미로운 현상은 "후크 조인트 효과(Hook Joint Effect)"라는 현상을 관찰할 수 있다. 후크 조인트 효과는 모든 회전면의 중심축과 회전면을 지지하고 있는 축이 서로 일치하지 않을 때 발생하는 현상이다. [그림3-38]과 같이 정적 상태에서 제자리비행하는 헬리콥터의 회전에서 회전면의 축과 회전면을 지지하고 있는 축은 일치된 상태에서 어떠한 변화도 발생하지 않는다. 그러나 오른쪽 그림과 같이 사이클릭에 의해서 회전면이 경사졌다면 회전축과 지지축이 일치하지 않으면서 그림에서 보는 것과 같이 회전면이 앞으로 이동하고 있는 것을 알 수 있다. 이때 각 블레이드 끝단은 블레이드 끝단 회전경로 원주에서 각각의 반대 위치에서 보존되고 속도는 일정하게 유지되어야 한다. 이를 위해서 전진 블레이드 쪽에서는 리드-래그 힌지 앞으로 이동해야

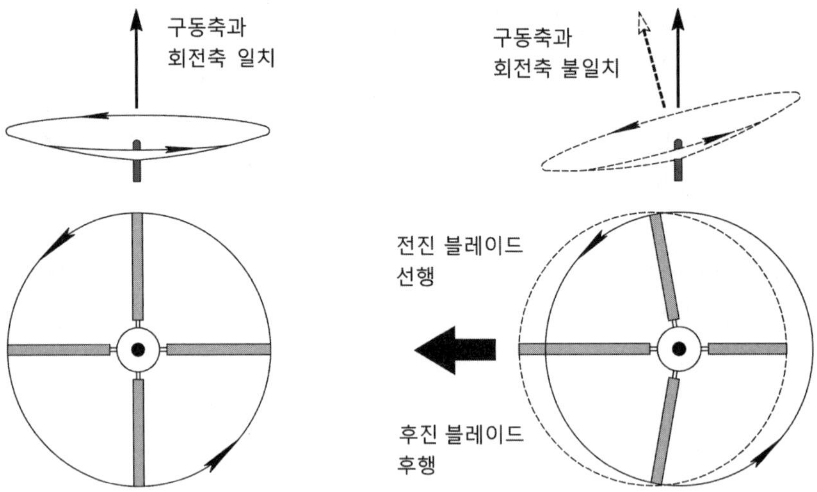

【그림3-38】 후크 조인트 효과

하고 반대쪽에서는 리드-래그 힌지 뒤로 이동하여야 한다. 이 같은 후크 조인트 효과는 전진 블레이드와 후진 블레이드의 중간 위치에서 가장 뚜렷하게 나타난다.

(7) 자이로 세차 사례

헬리콥터에서 회전하고 있는 메인로터는 자이로스코프(gyroscope)와 같이 작용한다. 이것은 자이로스코프의 세차(precession) 성질을 갖는다는 것을 의미한다. 자이로 세차(gyroscopic precession)는 힘이 이 물체에 작용할 때 회전하는 물체의 편향 또는 합력 작용(resultant action or deflection)이다. 이 작용은 힘이 적용된 지점으로부터 대략 90도 방향에서 발생한다. [그림3-39]의 2-블레이드 로터 시스템에서 자이로 세차가 팁-경로면의 운동에 어떻게 영향을 주는지 관찰해보자. 사이클릭 피치 조종을 움직이는 것은 한 로터 블레이드의 붙임각을 증가시켜 회전면에서 그 지점에 적용되고 있는 양력의 힘을 증가시킨다. 이 동일한 조종 운동은 동시에 다른 블레이드에서 동일한 크기의 붙임각(angle of incidence)을 감소시킴으로써 회전면(plane of rotation)에서 그 지점에 적용된 양력의 힘을 감소시킨다. 붙임각의 증가와 함께 블레이드는 플랩-업(flap up) 경향이 있고, 붙임각의 감소와 함께 블레이드는 플랩-다운(flap down) 경향이 있다. 로터 디스크는 자이로와 같이 작용하기 때문에 블레이드는 회전면에서 대략 90도를 지난 지점에서 최대 편향에 도달한다. [그림3-39]는 사이클릭을 앞으로 밀었을 때의 어떠한 현상이 발생하고 있는지 설명해 주고 있다. 블레이드가 각각 뒤쪽과 앞쪽에 있을 때 최대 편향(deflection)이 90도를 지나서 발생하기 때문에 팁-경로면이 전방으로 기울어지는 결과가 초래되면서 후진하고 있는 블레이드(retreating blade)의 붙임각은 증가하고 전진하고 있는 블레이드(advancing blade)의 붙임각은 감소한다. 3-블레이드 또는 그 이상의 블레이드 로터 시스템에서 사이클릭 피치 조종의 운동은 각 블레이드의 붙임각을 적절한 양(appropriate amount)으로 변화시키기 때문에 최종 결과는 동일하다.

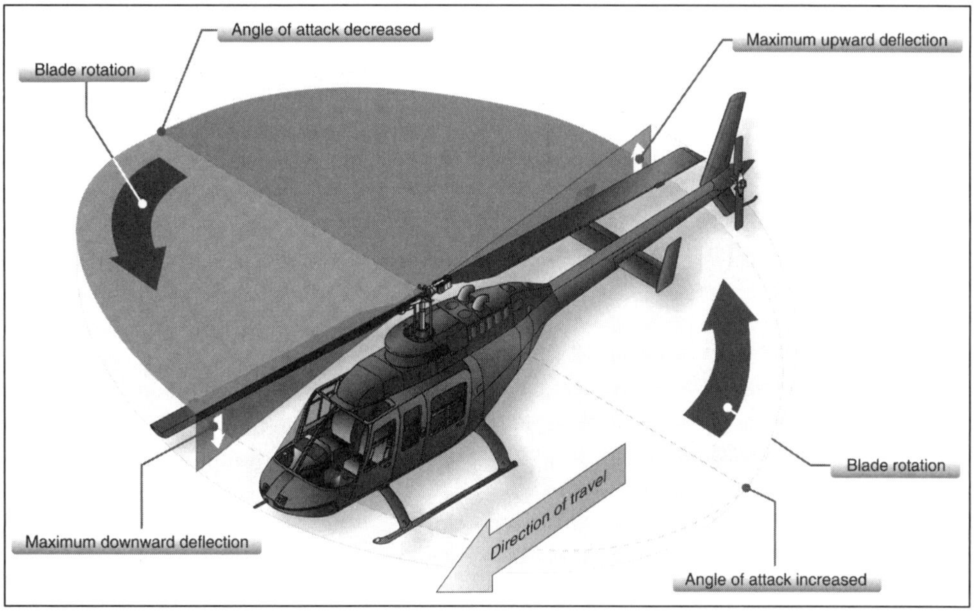

【그림3-39】 사이클릭과 블레이드 세차 운동

3.18 진자 운동

고정날개 항공기와 달리 헬리콥터 동체는 [그림3-40]과 같이 회전하는 로터 블레이드의 축에 매달려 있으므로 시계추와 같이 세로 또는 가로로 자유롭게 운동하고 이를 진자운동이라 한다. 단순한 진자운동만으로 헬리콥터에 작용하는 힘을 설명할 수 없으며, 동체의 운동은 로터 시스템과 결부되어 밀접한 양립 관계를 형성한다. 조종사의 조종성향이라든지 연료소모에 따른 자세 변화 등이 로터 시스템과 동체의 관계를 결정한다.

3.18.1 진자 운동의 특성

동체는 진자운동, 힘의 균형, 관성의 법칙에 따라 운동하는 반면 로터 시스템은 공기역학, 동역학 그리고 회전의 원리에 따라 운동하고 이들 무관한 두 시스템이 밀접한 양립관계를 형성하면서 심각한 충돌을 피하고 있다. 이외에도 헬리콥터의 진자운동을 초래하는 요인은 다음과 같다.

(1) 사이클릭 조종 반응(response)

사이클릭의 조종성(controllability)은 매우 민감하여 약간의 압으로도 즉각적인 반응이 나타난다. 단일 로터 헬리콥터에서 동일한 양의 사이클릭 압을 적용했을 때 사이클릭의 전후 조종에 따른 동체의 반응 양과 좌우 조종에 따른 반응 양이 다르다는 것을 알 수 있다. 이것은 결코 로터 반응의 지연(lag)이라 할 수 없으며, 단지 헬리콥터 세로축과 가로

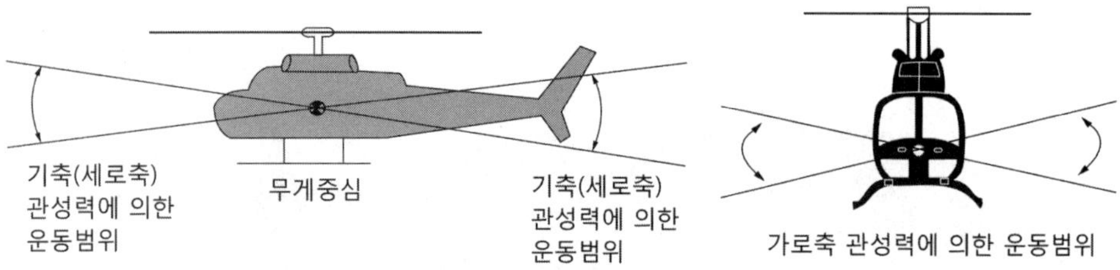

【그림3-40】 가로 및 세로 관성력에 의한 진자운동

축의 차이에서 발생하는 관성(inertia)의 차이 때문이다. 이 같은 현상은 세로축은 가로축에 비해 길지만, 운동 축이 짧은 옆놀이(rolling)를 하므로 관성력이 매우 작아 사이클릭 조종량이 작고, 반대로 가로축의 길이는 짧지만, 운동 축이 긴 피칭(pitching)은 관성력이 크기 때문에 사이클릭 조종량이 크다. 일반적으로 이 같은 세로 관성력(inertia)을 감소시키기 위해서 테일붐에 동기 승강타(synchronized elevator) 또는 고정된 수평안정판(horizontal stabilizer)이 부착되어 세로 관성력을 최소화하고 로터와 적절한 정렬(alignment)을 유지하게 한다. 사이클릭 움직임과 동시에 작동하는 동기 승강타 또는 스테빌레이터는 정상 비행속도에서는 효과를 거둘 수 있으나 속도가 느려지면 효과가 상실된다.

(2) 과도한 사이클릭 조종(overcontrolling)

동체는 회전체에 매달려 있어 회전체의 경사면은 사이클릭에 의해서 움직인다. 유연한(smooth) 사이클릭 조종을 했을 때 회전면의 움직임과 동체의 움직임이 일치하게 되어 있으므로 조종사는 항상 회전면과 동체의 움직임이 일치하도록 부드럽고 유연한 조작을 해야 한다. 그러나 사이클릭 적용 양을 급격히 증가시키는 것과 같은 과조작을 했을 때 회전면의 움직임에 따른 동체의 움직임이 따라 주지 못하는 현상이 발생한다. 이 같은 사이클릭 과조종(overcontrolling) 현상은 특히 제자리비행을 훈련하는 조종훈련생이 일반적으로 범할 수 있는 실수로 놀이기구의 바이킹을 타는 것과 같이 사이클릭 조종이 동체의 움직임을 선행하기 때문에 바이킹 현상은 타성이 붙어 더욱 악화되어 조종성을 상실할 우려가 있다. 이 같은 진자운동은 가로축(롤링)보다는 세로축(피칭)에서 더 뚜렷하게 나타난다.

3.18.2 연료 소모에 의한 자세변화

일반적으로 연료셀(fuel cells)은 후방 C.G.에 위치하고 연료가 소모됨에 따라 C.G.가 앞으로 약간 이동하여 헬리콥터는 약간 앞으로 숙여진 자세가 된다. 연료소모로 인한 C.G.의 이동과 더욱 가벼워진 헬리콥터로 인하여 순항비행 자세가 약간 아래로 전환되는 경향이 있다. 연료 하중(fuel load)이 감소함에 따라 더욱 가벼워진 동체는 기수 하향자세에서 발생하는 항력(drag)에 의해서 더욱 영향을 받는다. 이로 인하여 비행 중에는 더욱 낮은 기수 하향자세가 된다.

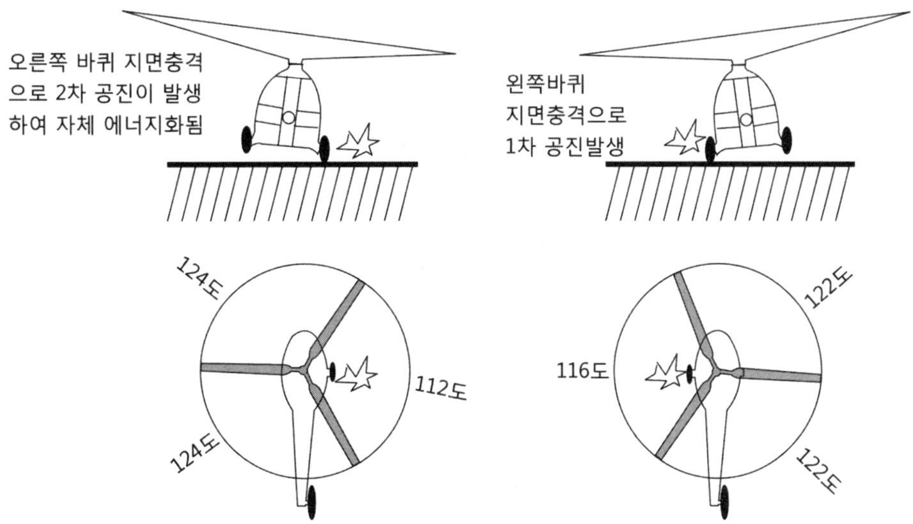

【그림3-41】 공진의 발생 원인과 블레이드 사이각의 변화

3.19 공 진

공진(resonance)이란 "U"자형 쇠막대기의 한쪽 면을 두드렸을 때 발생한 진동이 다른 쪽 면에 전달되어 함께 울리는 공명 실험에서 알 수 있듯이 일부 헬리콥터에서도 회전날개와 외부의 충격(shock)이 조화되어 발생하는 진동을 공진이라 한다. 헬리콥터의 공진은 감응공진(sympathetic resonance)과 지면공진(ground resonance)이 있다. 감응공진은 기계적 설계로 해소될 수 있으나 지면공진은 불안전한 이착륙과 블레이드 시스템의 조화로 인한 인적요소이기 때문에 조종사의 주의가 요구된다.

(1) 감응공진(sympathetic resonance)

감응공진이란 메인로터 시스템과 테일로터 시스템 사이 또는 다른 구성품 사이에 발생하여 항공기 손상을 입힐 수 있는 고주파 진동(harmonic beat)이다. 그러나 이 형태의 감응공진은 메인로터 회전과 테일로터 회전 비율을 홀수로 제작하여 감응공진을 제거하고 있으므로 조종사가 크게 염려하지 않아도 된다.

(2) 지면공진(ground resonance)

지면공진은 전관절형 회전날개 시스템의 헬리콥터가 이착륙할 때 연속된 지면 충격으로 블레이드의 균형을 잃은 상태로 이동할 때 발생하는 현상이다. 지면공진은 감응공진과 달리 외부의 충격(shock)으로 인하여 그 충격이 회전날개와 조화되어 발생하는 공진으로 동체의 파손을 초래할 수 있다. 일반적으로 지면공진(ground resonance)은 3-블레이드와 바퀴형 착륙장치를 갖춘 헬리콥터에서 주로 발생한다. 예를 들어 [그림3-41]과 같이 블레이드 간격이 120도 간격으로 설계되고 약간의 수평적 선행과 후행(lead and lag)을 허용하도록 설계된 헬리콥터를 가정할 때 지면공진은 착륙 또는 이륙 중 헬리콥터가 지면에 불균형적으로 착지할 때 발생한다. 헬리콥터의 한쪽 바퀴가 먼저 지면에 부딪히면 그 충격은 동체를 통하여 로터로 전달된다. 또 다른 바퀴가 지면에 부딪힐 때 역시 다른 충격(shock)이 로터에 전달된다. 이 같은 과정이 그림에서 잘 나타나 있으며, 첫 번째 충격으로 블레이드의 간격이 일차 형성되고 또 다른 충격으로 간격이 더욱 벌어져 공진이 형성되면서 동체의 자체 에너지화(self-energizing)되는 진동이 발생한다. 일반적으로 지면공진은 다음과 같은 원인에서 찾아볼 수 있다.

① 충격착륙으로 인하여 회전면 무게중심을 회전축으로부터 멀어지게 할 수 있다.
② 불균형 타이어 압력 및 화물 적재는 지면에 착륙해 있는 헬리콥터 자세의 불균형을 초래한다.
③ 불균형 블레이드 및 부정확한 트래킹
④ 선도/지연 댐퍼(lead-lag damper)의 고장

진동의 강도(severity)는 급격히 증가하고 다음 중 어느 하나의 조치를 즉각적으로 취하지 않는다면 헬리콥터는 파손될 수 있다.

① 로터 RPM이 정상 작동범위라면 제자리비행 이륙하라. 로터 RPM의 변화는 진동을 제거하는 데 도움이 될 수 있다.
② 로터 RPM이 정상 작동범위 이하라면 동력(스로틀)을 감소시켜라. 로터 브레이크(rotor brake)가 있다면 로터 브레이크의 사용은 진동을 감소시키는 데 도움이 될 수 있다.

3.20 압축성 기류

저속에서 공기는 압축되지 않는다. 압축성 공기흐름은 물, 유체 또는 다른 비압축성 유체와 동일한 특성이 있다. 항공에서 압축성 기류(compressible flow)는 에어포일이 공기 중을 매우 빠르게 통과하여 음속(speed of sound)을 돌파할 때 발생하는 현상이다. 헬리콥터에서도 이 같은 압축성 기류가 발생하는데 이는 헬리콥터 자체의 최대속도로는 불가능하고 회전면의 속도에서 발생할 수 있다.

(1) 속도의 구분과 압축성 기류의 발생 원인

이 단계까지 기초 공기역학에서 에어포일에 흐르는 공기 속도는 모두 음속 이하의 속도에서만 다루어 왔다. 그러나 헬리콥터의 성능이 증대되고 그만큼 속도가 빨라졌기 때문에 블레이드 속도는 음속을 돌파할 수 있다. 일반적으로 압축성 기류는 블레이드 속도와 음속과의 관계에 좌우되며 마하수를 사용한다. 마하수(Mach number; M)는 진대기속도(true airspeed; TAS)를 음속으로 나누어 얻은 값이다. 압축성 효과는 음속 이상의 속도에 제한되는 것이 아니다. 에어포일 주위에는 블레이드 회전속도보다 더 큰 속도가 발

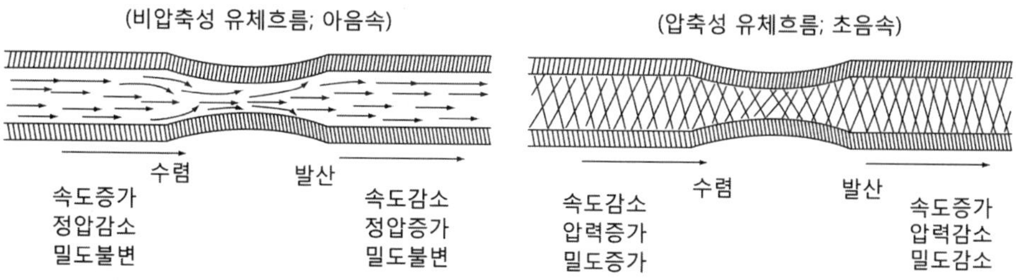

【그림3-42】 비압축성 유체와 압축성 유체의 행태

생하기 때문에 블레이드 속도가 음속 이하라도 압축성 효과가 발생할 수 있다. 일반적으로 마하수에 따라 다음과 같이 속도를 구분한다.

- 아음속(subsonic); 마하 0.75 이하
- 천음속(transonic); 마하 0.75~마하 1.20
- 초음속(supersonic); 마하 1.20~마하 5

압축성 기류를 판단할 수 있는 기준은 음속(speed of sound)이다. 표준대기조건에서 음속은 661.7노트(초당 340m 또는 1,116 feet)이다. 블레이드가 이 속도에 접근하면 에어포일의 상하부를 통과하는 공기흐름의 형태가 변한다. 블레이드의 회전과 전방 이동은 전진하는 블레이드와 후진하는 블레이드가 발생하고, 특히 전진 블레이드에 부딪히는 상대속도는 전진비행 속도를 더한 속도가 되기 때문에 더 쉽게 압축성(compressibility) 효과가 발생할 수 있다.

(2) 아음속과 초음속 기류

아음속 하에서의 공기흐름은 에어포일(airfoil) 전면에서 분리되어 상하부를 통과하나 어느 형태의 압축성 기류도 발생하지 않는다. 그러나 블레이드의 속도가 음속에 접근함에 따라 에어포일의 앞전에서 압축된 파형이 형성되며 압력과 속도의 변화가 급격히 나타난다. [그림3-42]는 아음속(subsonic)과 초음속에서 에어포일에 발생하는 기류의 형태를 보여주고 있다. 아음속 기류에서 에어포일 전면에 부딪힌 공기는 에어포일 앞으로 압력 파장이 확산해 가는 반면 초음속 기류에서는 앞전 전방의 공기흐름 방향에 변화가 발생하지 않는다. 아래의 그림은 아음속(subsonic)과 초음속(supersonic)에서 유체가 단면적이 다른 관을 통과할 때 비압축성(incompressible) 기류는 단면적이 좁아지는 지점에서(수렴; converging) 유체의 속도가 빨라지고 정압(static pressure)은 감소하지만, 다시 관(tube)의 단면적이 커지는(발산; diverging) 지점에서 속도가 감소하고 정압(static pressure)이 증가한다. 그러나 유체의 밀도(density)는 변함이 없다. 초음속에서 단면적이 좁은 지점을 통과할(수렴) 때 속도가 감소하고 정압과 밀도가 증가한다. 다시 관의 단면적이 커지는(발산) 지점에서 속도는 증가하고 정압과 밀도가 감소한다. 여기서 다음과 같은 압축성과 비압축성 기류의 뚜렷한 차이를 발견할 수 있다.

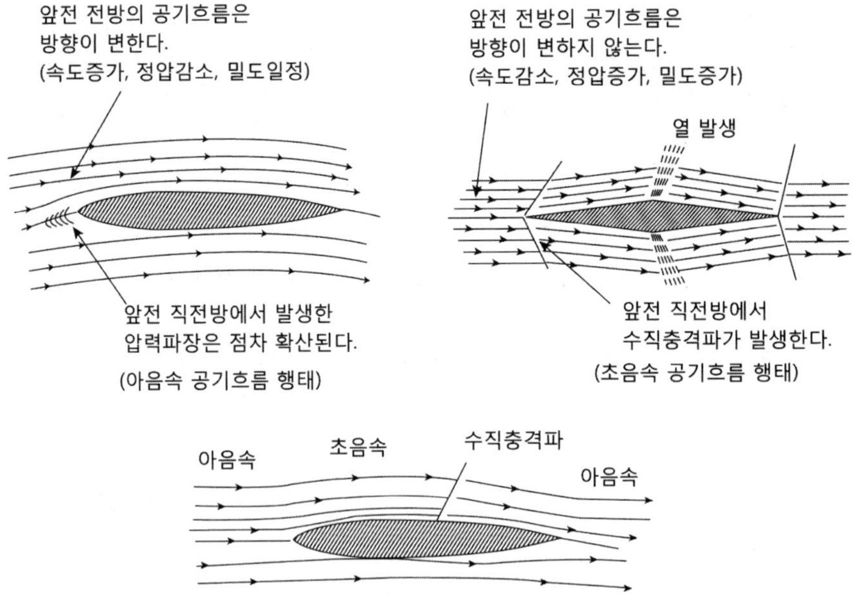

【그림3-43】 에어포일 주변에서 아음속 기류와 초음속의 행태와 충격파

① 압축성 기류는 밀도가 변화한다.
② 수렴(converging) 비압축성 기류(동에너지)는 팽창하며 압축성 기류는 압축된다.
③ 발산(diverging) 비압축성 기류(동에너지)는 압축되며 압축성 기류는 팽창한다.

(3) 충격파(shock wave) 형성

블레이드의 속도가 증가하여 초음속 기류가 발생하기 전까지의 속도를 임계마하수(critical Mach number)라 하고 이 속도를 초과하면 에어포일의 상부에서는 충격파와 경계층(boundary layer) 분리가 발생한다. 충격파는 앞전으로부터 분리되어 상부 기류와 수직으로 형성되고 충격파 직후방의 기류는 아음속이다. [그림3-43]은 충격파 형성과정을 보여주고 있으며 다음과 같은 특성이 있다.
① 충격파 직후방의 기류 방향은 불변이다.
② 충격파 후방기류의 정압은 상당히 증가한다.
③ 충격파 후방기류의 밀도는 증가한다.
④ 충격파는 막대한 에너지를 소비한다.
이같이 수직충격파(vertical shock wave)에 의한 후방기류의 정압은 크게 증가한다. 따라서 충격파가 강하다면 경계층은 분리된다. 임계마하수보다 약간 큰 속도에서는 충격파가 공기역학적인 힘에 상당한 변화를 주거나 경계층(boundary layer)을 분리할 정도로 충분할 정도로 강하지 못하다. 그러나 임계마하수(critical Mach number)보다 훨씬 큰 속도에서는 경계층을 분리할 정도로 충분하고 공기역학적 힘에 급격한 변화를 초래할 정도의 강한 충격파가 형성된다.

(4) 압축성 기류의 발생과정

[그림3-44]는 블레이드에 부딪히는 상대속도에 따라 압축성 기류가 발생하는 과정을 보여주고 있다.

① 마하 0.50으로 비행하고 받음각이 약간 상경사를 이룰 때 에어포일의 최대속도는 블레이드 속도보다 크지만, 음속보다는 대부분 낮다.
② 마하 0.72로 증속한다면 초음속 기류의 초기 징후가 발생할 것이다. 초음속 기류가 발생하지 않는 최대 블레이드 속도를 임계마하수(critical Mach number)라 하고 그 이상 속도에서 충격파(shock wave) 및 경계층 분리가 일어난다.
③ 마하 0.77에 이르면 에어포일의 상부에서 수직충격파(vertical shock wave)가 형성되고 기류의 분리가 시작된다.
④ 마하 0.82에 이르면 수직 충격파는 후방으로 이동하면서 크기가 증가하고 에어포일의 하부에서도 수직 충격파가 형성된다.
⑤ 마하 0.95의 속도에서는 수직 충격파가 에어포일 뒷전까지 확산하고 상하부에 커다란 초음속 기류가 형성된다.
⑥ 음속을 초과하는 마하 1.05의 속도에서는 에어포일의 앞전에 선수파(bow wave)가 형성된다. 속도가 더욱 증가하면 수직 충격파가 더 기울어지면서 선수파 앞전에 점점 더 가까워진다.

(5) 압축성 기류의 영향

헬리콥터의 속도가 증가함에 따라 전진 블레이드의 상대속도가 증가하여 임계마하수를 초과하면 압축성 효과가 발생하고 헬리콥터에 다음과 같은 영향을 미친다.

① 양력계수에 대한 항력계수의 항력이 크게 증가하여 에어포일의 공기역학적 중심이 후방으로 이동한다.
② 압축성 효과로 블레이드의 RPM을 유지하는데 더 많은 동력이 소요된다.
③ 블레이드의 진동과 사이클릭 떨림이 발생한다.
④ 블레이드에 좋지 못한 비틀림 힘이 작용한다.

양력계수가 높을 때(블레이드 받음각이 클 때)와 마하수가 클 때는 압축성 효과가 더욱 심해지고 다음과 같은 조건에서 압축성 효과는 더 심해진다.

① 속도가 높을 때
② 높은 로터 RPM
③ 총중량이 높을 때
④ 고밀도고도(high density altitude)
⑤ 기온이 낮을 때: 해수면 표준대기조건에서 음속은 661노트이고 절대온도의 제곱근에 비례한다. 따라서 기온이 감소하면 음속도 감소하기 때문이다.
⑥ 난기류: 돌풍은 순간적으로 블레이드의 받음각을 증가시켜 블레이드에 압축성 효과를 일으킬 수 있는 임계마하수(critical Mach number)를 낮춘다.

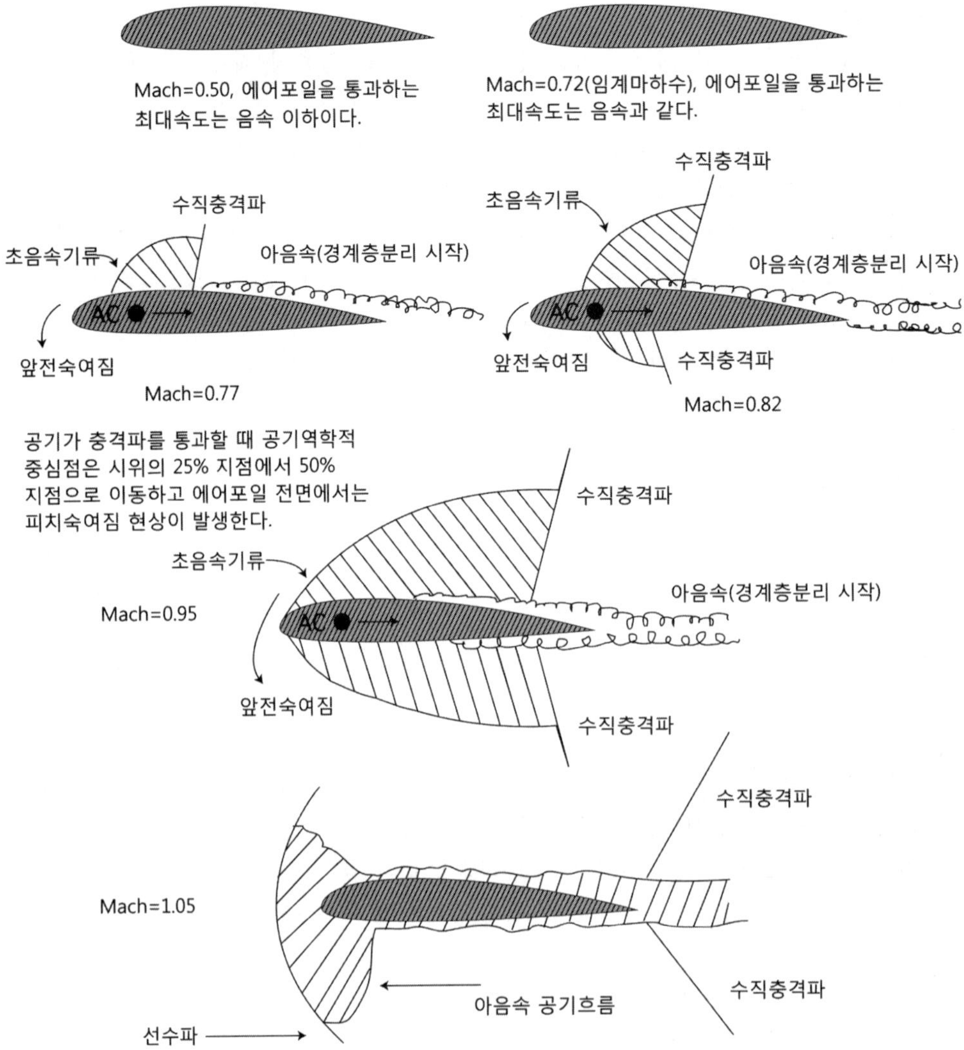

【그림3-44】 초음속 흐름과 충격파 발생

(6) 회복(recovery)

압축성 효과는 블레이드 피치각을 감소시키면 사라진다. 후진 블레이드 실속과 압축성 효과는 둘 다 무시할 수 없는 위험한 상황이지만 압축성 효과는 RPM이 높을 때 발생하고 후진 블레이드 실속은 RPM이 낮을 때 발생하는 특성이 있다. RPM 조절을 제외하고 회복 방법은 동일하다.

제 4 장 무게와 균형

4.1 무게와 균형

어느 항공기를 막론하고 무게와 균형(weight and balance)이 잘 조화를 이루어야 정상적인 비행 임무를 수행할 수 있다. 그러나 헬리콥터 전방에 과도한 무게가 실려 있다면 기수가 비정상적으로 숙여지는 결과를 초래하기 때문에 조종사는 이를 수정하기 위해서 부가적인 사이클릭 후방압이 적용되어야 한다. 따라서 모든 조종사는 임무 수행 전에 해당 헬리콥터의 무게와 균형표(weight and balance table)를 이용하여 화물(cargo)을 적재하거나 인원을 분산 탑승시켜야 한다.

4.1.1 무게중심 용어

헬리콥터의 안전운항을 위해서 무게와 균형을 준수하는 것은 매우 중요하다. 최대중량을 초과하여 운항하는 것은 헬리콥터의 구조적 문제와 성능에 악영향을 줄 수 있다. 균형 역시 중요한 요소이다. 예를 들어 완전히 적재된 헬리콥터에서 약 3인치의 무게중심을 벗어났다고 했을 때 헬리콥터를 조종하는 특성에 상당한 변화를 초래할 수 있다. 따라서 헬리콥터가 무게와 균형 한계 내에서 운용되지 않았을 때 안전을 보장받을 수 없다. 헬리콥터의 무게와 균형에 사용되는 용어는 [그림4-1]과 같은 용어들이 주로 사용된다. 운용자 매뉴얼에 따라 약간의 차이가 있을 수 있으며 해당 운용자 매뉴얼에서 정의하고 있다면 이를 준용하여야 한다.

① 암(arm): 데이텀으로부터의 수평거리이며 전방(기수 쪽으로)으로는 (-)암, 꼬리 쪽으로는 (+)암이 적용되고 인치 단위로 나타낸다.

② 무게중심(C.G.): 항공기가 어느 한 점에 매달려 있다고 가정할 때 헬리콥터가 전후좌우 균형을 이루는 지점이 되고 총모멘트를 총무게로 나누어 얻은 값이다. 항공기의 모든 운동은 무게중심을 중심으로 운동한다.

③ 무게중심한계: 무게중심을 기준으로 전방으로 한계점이 제한되고, 동일한 방법으로 후방으로도 한계가 제한된다. 헬리콥터는 가로 무게중심 한계가 제한되기도 한다.

④ 무게중심범위: 전방과 후방 무게중심 한계 사이의 거리 또는 좌우측 가로 무게중심 한계 사이의 거리다.

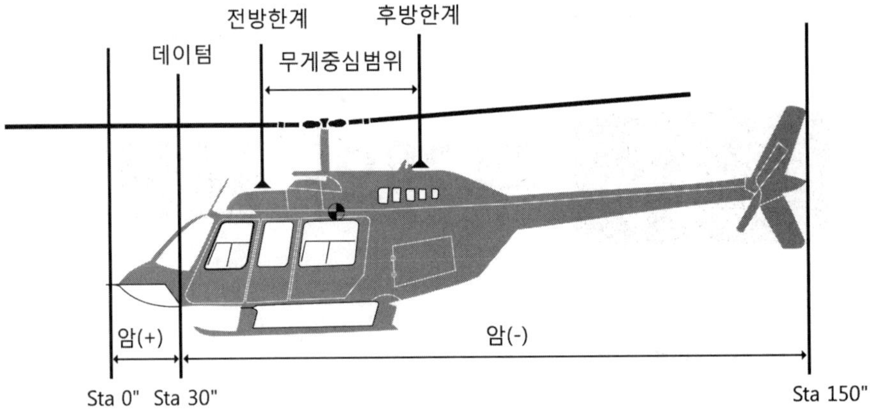

【그림4-1】 무게중심 용어

⑤ 데이텀(datum): 모든 암(arm)이 측정되는 가상 수평면 또는 선으로 제작자가 지정한다. 데이텀은 [그림4-1]과 같이 기수 전방이 될 수도 있고, 기수 앞쪽에 선정될 수도 있다.

⑥ 모멘트(moment): 무게와 암(arm)을 곱해서 얻은 값을 모멘트라 하고 단위가 크기 때문에 모멘트 지수 "mom/100" 또는 "mom/1000"을 사용한다.

⑦ 측점(station; STA): 측점은 암과 같이 데이텀으로부터의 수평거리이고 암(arm)과는 달리 숫자만 표기된다. 예를 들어 암(arm)이 (-)50일 때 측점(STA)은 50이 된다.

⑧ 자체중량(empty weight): 헬리콥터의 기체, 엔진, 고정된 기본 장비, 불배유 연료 및 오일(undrainable fuel or oil) 등의 무게이다. 대부분 자중과 자중 무게중심은 제작회사에서 제공된다. 때로는 자중에 포함되는 구성품이 다를 수 있으며 이때는 반드시 해당 운용자 매뉴얼의 지침에 따라야 한다.

⑨ 기본운용중량(basic operating weight; BOW): 헬리콥터의 자중에 조종사와 승무원, 승무원의 수화물과 필수 소지품(음식과 음료수 등) 등을 포함한 무게이다. 이는 총하중에서 유상하중과 가용연료를 제외한 중량이다.

⑩ 유상하중(payload): 수익의 대상이 되는 하중으로 승객과 수화물, 화물 등의 무게

⑪ 무연료하중(zero fuel load): 기본운용중량에 유상하중을 더한 무게

⑫ 램프하중(ramp weight): 무연료하중에 연료하중을 더한 무게

⑬ 최대이륙중량(maximum takeoff weight): 이륙하기 전의 활주와 엔진성능 점검할 때에 사용된 연료를 제외한 무게

⑭ 최대착륙중량(maximum landing weight): 목적지까지 비행하는 동안에 소모된 연료량을 제외한 무게다.

4.1.2 무 게

헬리콥터가 무게 한계 내에 있는지를 결정할 때 기본 헬리콥터의 무게, 승무원, 승객, 화물 그리고 연료의 무게가 모두 고려되어야 한다. 비록 유효 중량(effective weight-하중계수)이 기동 비행 중에 변할지라도 이 장에서는 주로 정지 상태에서 적재된 헬리콥터(loaded helicopter)의 무게에 대해서 다룬다. 비행 중에 최대허용중량(maximum allowable weight)이 변할 수 있다는 것을 반드시 이해해야 한다. OGE 제자리비행과 제한지에서 운용할 때 전 비행 단계에서 운항 중 헬리콥터는 적재된 무게를 확실하게 들어올릴 수 있는지 사전에 철저한 계획수립이 요구된다. 무게는 아침에는 수용될 수 있었지만 낮에는 밀도고도(density altitude)가 증가함에 따라 최대허용중량은 헬리콥터의 성능한계 내에서 운항하기 위해서 감소할 수 있다. 다음 용어는 헬리콥터의 무게와 균형을 산출하는데 사용된다.

(1) 기본자중

무게산출의 시작은 표준 헬리콥터의 무게인 기본자중(basic empty weight), 옵션 장비(optional equipment), 불배유 연료, 엔진과 트랜스미션 오일 그리고 유압을 포함하는 모든 작동 유체(operating fluids) 등이 포함된다. 일부 헬리콥터에서는 기본자중과 거의 동일한 의미의 면허자중(licensed empty weight) 용어를 사용하지만 전체 엔진 및 트랜스미션 오일이 포함되지 않고 단지 불배유 오일(undrainable oil)만 포함되는 점이 다르다.

(2) 최대 총중량

헬리콥터의 최대중량이다. 대부분 헬리콥터는 헬리콥터 구조 내부에 있는 무게를 고려하는 내부 최대 총중량(internal maximum gross weight)과 외부 하중(external load)과 함께 헬리콥터의 무게를 고려하는 외부 최대 총중량(external maximum gross weight)이 있다. 외부 최대 총중량은 헬리콥터에 장착되는 위치에 따라 달라질 수 있다. 일부 대형 화물 헬리콥터는 슬링 로드(sling load)를 위한 여러 개의 장착점이 있다. 이들 헬리콥터는 장착점(attachment points)의 위치가 헬리콥터의 무게중심 하부에 있을 때 상당한 무게를 운반할 수 있다.

(3) 무게 한계

무게한계(weight limitation)는 헬리콥터의 구조보전(structural integrity)을 보장하고 조종사가 헬리콥터의 성능을 정확하게 예측하는 데 필수적이다. 헬리콥터는 안전 계수(safety factors)에 따라 안전하게 제작되었지만 조종사는 의도적으로 헬리콥터가 승인된 하중한계(load limits)를 초과해서는 안 된다. 최저무게 이하에서 운용하는 것 역시 헬리콥터의 특성을 다루는데 악영향을 줄 수 있다. 일부 1-인 조종사 헬리콥터 비행 중 조종사는 제자리비행을 하기 위해서 많은 양의 사이클릭을 앞으로 사용할 필요가 있다. 헬리콥터에 균형추(ballast)를 추가함으로써 사이클릭 위치가 무게중심 근처로 이동하고 전방향에서 더 큰 조종 운동 범위(range of control motion)를 제공한다. 헬리콥터의 최저 무게 또는 그 이하에서 운항 중일 때도 추가 무게는 오토로테이션 강하를 더 빠르게 확립될 수 있기 때문에 오토로테이션 특성을 향상시킬 수 있다. 이외에도 최저 무게 이하에서 운용은 오토로테이션 중 원하는 로터 rpm을 얻는 것을 방해할 수 있다.

최대 중량 이상에서 운용은 비행 중 과도한 하중계수(load factors)를 받았거나 강한 돌풍 또는 난기류에 휘말렸을 때 구조적 변형(structural deformation) 또는 파손의 원인이 될 수 있다. 무게와 기동 한계 또한 구성품의 피로수명(fatigue life)을 결정하는데 고려되어야 하는 요소들이다. 헬리콥터에 규정된 무게 이상을 적재했을 때 구조에 과중한 스트레스를 받을 수 있어 예상 수명은 짧아질 수 있다. 따라서 조기 고장(premature failure)은 부품의 피로수명(fatigue life)과 수명주기(life cycles)를 결정하는 주요소이다. 비록 헬리콥터가 규정된 최대 총중량으로 승인되었을지라도 일부 상황에서는 이 하중 조건에서 이륙이 안전하지 않을 수 있다. 이륙, 상승, 제자리비행 그리고 착륙 성능에 악영향을 줄 수 있다면 연료를 줄인다든지 승객 또는 화물의 일부를 줄이는 방법으로 이를 해결해야 한다. 성능에 영향을 줄 수 있는 다음과 같은 상황에서는 비행계획을 더욱 신중하게 검토해야 한다.

- 고고도
- 고온
- 고밀도고도

4.1.3 균 형

헬리콥터 성능은 무게에 따라 영향을 받을 뿐만 아니라 그 무게의 위치에 따라 영향을 받는다. 따라서 모든 헬리콥터는 RFM의 무게와 균형 한계(balance limit)에 규정되어 있는 허용 무게중심 범위 내에서 하중이 적재되어야 한다.

(1) 무게중심

이상적으로 조종사는 헬리콥터를 완전하게 균형을 이룰 수 있도록 하고 있기 때문에 제자리비행에서 동체는 수평 상태를 유지할 수 있다.(바람 수정을 위한 사이클릭 적용을 제외하고) 동체는 로터에 매달려 있는 진자와 같이 작용하기 때문에 무게중심의 변화는 헬리콥터가 로터에 매달려 있는 각도가 변할 수 있다. C.G가 로터 마스트의 직하방에 놓여 있을 때 헬리콥터는 수평으로 매달려 있다. 만약 C.G가 마스트로부터 너무 앞에 있다면 헬리콥터는 기수가 아래로 기울어지면서 매달려 있을 것이다. 반대로 C.G가 너무 뒤에 놓여 있다면 기수는 위로 기울어진 상태에서 매달려 있을 것이다.

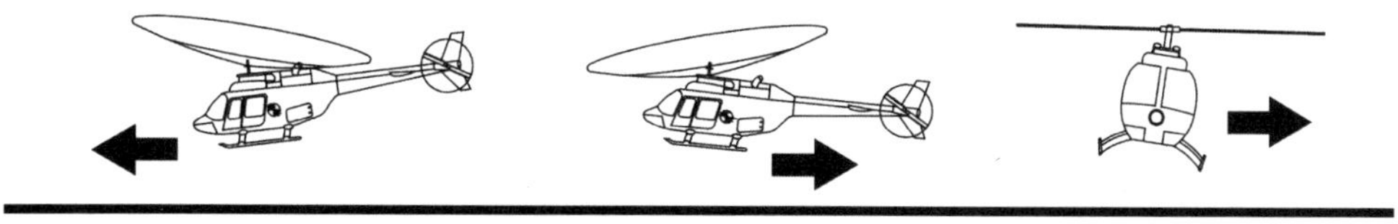

【그림4-2】 무게중심 초과에 따른 동체의 운동과 회전면의 관계. 무게중심의 위치는 헬리콥터 조종에 직접적인 영향을 줄 수 있다.

⑵ C.G 전방 한계

전방 C.G는 무거운 조종사와 승객이 로터 마스트의 후방에 화물 또는 적절한 균형추(proper ballast) 없이 이륙했을 때 발생할 수 있다. 이 상황은 연료탱크가 마스트 후방에 있어 연료가 소모되면서 C.G가 계속해서 앞으로 이동함에 따라 더욱 악화될 수 있다. 이 상태를 수직으로 이륙한 다음 제자리비행하는 동안 쉽게 인지할 수 있다. 헬리콥터는 무풍 상태에서 제자리비행하기 위해서 필요한 사이클릭의 양을 과도하게 뒤로 적용해야 하는 기수-낮음 자세가 될 것이다. 이 상태에서 계속 비행하는 것은 연료가 소모됨에 따라 조종사는 급격하게 후방 사이클릭 조종(rearward cyclic control)을 상실할 수 있다. 조종사는 또한 헬리콥터를 정지시키는데 필요한 충분한 감속이 불가능하다는 것을 발견하게 될 것이다. 엔진 고장으로 오토로테이션을 실행했을 때 착륙에 적절한 플레어를 위한 충분한 사이클릭 조종이 어려울 수 있다. 전방 C.G는 강한 바람을 받으면서 제자리비행할 때 무풍일 때보다 사이클릭의 후방 적용이 작게 필요로 하기 때문에 뚜렷하게 감지할 수 없다. 따라서 이 같은 중요한 성능의 변화를 결정할 때는 바람 속도와 사이클릭 조종의 후방 변위에 대한 관계를 면밀하게 고려해야 한다.

⑶ C.G 후방 한계

조종실에 적절한 균형추 없이 후방 C.G를 초과하는 것은 다음과 같은 상황에서 발생할 수 있다.

① 체중이 가벼운 조종사가 로터 마스트의 후방에 위치해 있는 최대연료하중(full load of fuel)과 함께 단독으로 이륙했을 때
② 체중이 가벼운 조종사가 로터 마스트의 후방에 있는 화물칸에 최대 화물을 적재하고 이륙했을 때
③ 체중이 가벼운 조종사가 로터 마스트의 후방에 있는 화물과 상당한 연료를 적재하고 이륙했을 때 조종사는 수직으로 이륙한 다음에 제자리비행할 때 후방 C.G 상태를 쉽게 인식할 수 있다. 헬리콥터는 테일-로 자세(tail-low attitude)가 되어 무풍 상태에서 제자리비행을 유지하기 위해서 사이클릭 조종의 과도한 전방 변위(excessive

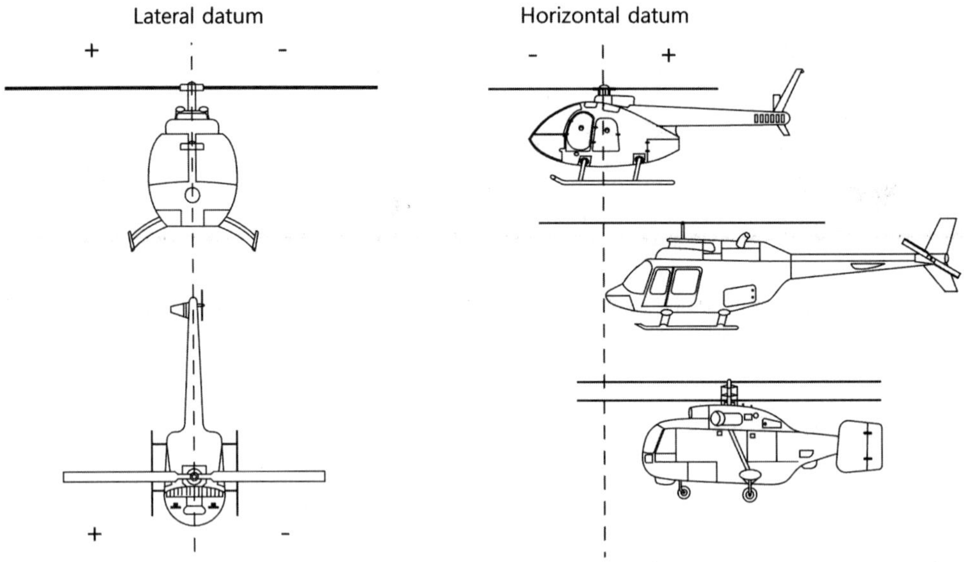

【그림4-3】 세로 및 가로 데이텀, 가로 데이텀은 세로축과 일치하고 어느 한쪽으로 치우쳤을 때 불균형될 수 있다.

forward displacement)를 필요로 할 것이다. 이 상황에서 바람이 있다면 사이클릭 전방 변위는 더 커질 수 있다. 이 상태에서 계속 비행한다면 기수-낮음 자세(nose-low attitude)를 유지하는데 필요한 부적절한 전방 사이클릭 양으로 인하여 더 높은 허용 가능한 대기속도 범위(upper allowable airspeed range)에서 비행이 불가능할 수 있다. 이외에도 과도한 후방 C.G, 돌풍과 난기류는 헬리콥터를 사이클릭을 전방으로 최대로 적용했을 때의 속도보다 더 빠른 속도까지 가속시킬 수 있다. 이 경우 양력불균형(dissymmetry of lift)과 블레이드 플랩핑은 로터 디스크를 후방으로 기울어지게 할 수 있다. 사이클릭은 이미 최대 전방으로 적용되었기 때문에 조종사는 조종을 상실하거나 또는 로터 블레이드가 테일 붐에 부딪칠 수 있다.

(4) 가로 균형

소형 헬리콥터의 정상적인 비행교육(flight instruction)과 승객 탑승을 위한 측방 C.G를 결정할 필요성은 없다. 소형 헬리콥터의 객실이 상대적으로 좁고 대부분의 옵션 장비(optional equipment)가 중심선 근처에 장착되어 있기 때문이다. 그러나 일부 헬리콥터 매뉴얼에는 단독으로 비행할 때 조종사가 착석해야 하는 좌석이 지정되기도 한다. 이외에도 측방 C.G에 영향을 줄 수 있을 정도로 체중이 무거운 조종사가 한쪽에 탑승하였거나 최대 연료의 무게가 어느 한쪽으로 쏠려 있는 것과 같은 비정상적인 상태라면 C.G 영역선도에 대한 이들의 위치를 정확하게 계산해야 한다. 만약 수평비행을 유지하는데 있어서 상당한 사이클릭 측방 변위를 필요로 하는 위치에 외부 화물(external loads)이 적재되었다면 전후방 사이클릭 효과 범위가 크게 제한될 수 있다. 일반적으로 제작자는 측

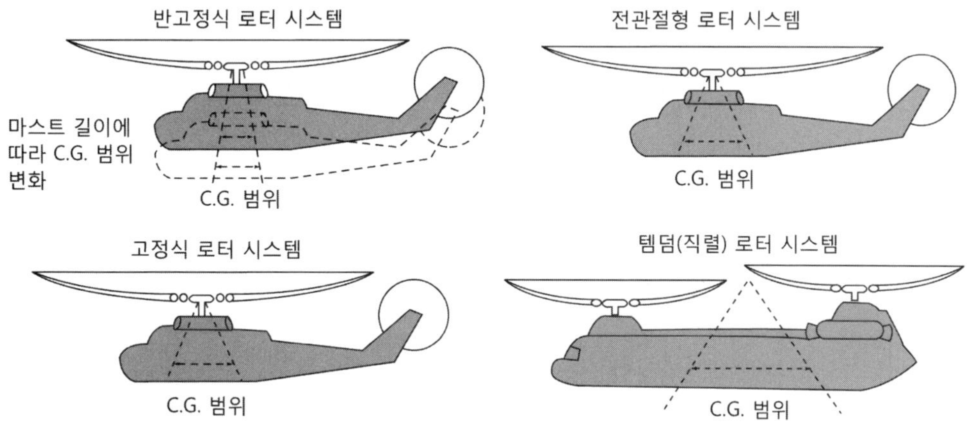

【그림4-4】 로터 시스템에 따른 무게중심의 차이

방 불균형(lateral imbalance)의 반대에 외부 장착점을 지정함으로써 측방 C.G 변위를 상쇄한다. 예를 들어 측면에 장착된 호이스트 장치(hoist systems)를 배치한다거나 군용 헬리콥터에서 많이 사용하고 있는 외부 연료 포드 또는 무장장치(external fuel pods or armament systems)는 날개에 장착된다.

(5) 데이텀

일반적으로 균형은 참고 데이텀(reference datum)으로부터 인치의 수로 기술되는 C.G의 위치로 결정된다. 수평 참고 데이텀은 헬리콥터의 세로축(longitudinal axis)을 따라서 임의로 지정된 가상 수직 평면(imaginary vertical plane) 또는 지점이고, 무게와 균형 목적을 위한 모든 수평 거리는 이 평면으로부터 측정된다. 따라서 참고 데이텀을 결정하기 위한 규칙은 없고 [그림4-4]와 같이 로터 마스트, 기수 또는 헬리콥터의 전방의 공간에 지정될 수 있다. 측방 참고 데이텀은 헬리콥터의 중앙에 지정된다. 참고 데이텀의 위치는 제작자가 결정하여 RFM에 지정된다.

(5) 로터계통과 무게중심 범위

헬리콥터의 무게중심한계는 로터 시스템에 따라 그 범위가 제한된다. 일반적으로 로터 시스템에 따른 무게중심한계의 크기는 다음과 같다.

① 반고정식 로터(semirigid rotor) 시스템은 동체에 자유롭게 매달려 있는 진자성 물체(pendulous mass)에 단지 지지력과 이동력(support and mobility)만을 제공하기 때문에 C.G. 한계가 매우 제한된다. 반고정식 로터에서 마스트의 길이에 따라 무게중심한계의 범위가 변하고 있음을 알 수 있다.

② 오프셋 힌지(offset hinge)로 연결된 전관절형(fully articulated) 로터 시스템은 블레이드의 원심력이 넓은 무게중심 이동을 지지할 수 있게 동체를 보조하는 역할을 하기 때문에 무게중심범위가 비교적 넓다.

③ 힌지가 없는 고정식(rigid) 로터 시스템은 블레이드 원심력이 전후좌우로 넓은 무게중심 범위를 통하여 동체를 수평으로 유지하려는 로터 강성(rotor rigidity)을 제공한다.

④ 전후 직렬로 배치된 두 개의 로터 시스템을 갖는 헬리콥터는 단일 로터 헬리콥터에 비해서 무게중심 한계가 매우 크다.

4.2 무게와 균형 계산

헬리콥터가 적절하게 적재되었는지 결정할 때 다음과 같은 두 개의 질문을 한다.

첫째, 총중량이 최대허용 총중량(allowable gross weight)과 동등하거나 낮은가?
둘째, CG가 허용 CG 범위 내에 있고 비행 중 조우할 수 있는 모든 하중 형상을 포함하여 전체 비행 단계에서 허용 범위 내에 있는가?

첫 번째 질문에 답하기 위해서 헬리콥터의 기본자중에 가용하중(useful load; 조종사, 연료, 오일, 화물 및 수화물)을 구성하는 항목의 무게를 더한다. 이때 총중량은 최대허용 총중량을 초과하지 않아야 한다. 두 번째 질문에 답하기 위해서 RFM에서 있는 하중 차트, 테이블 또는 그래프에서 제공되는 C.G 또는 모멘트 데이터를 이용한다. 아래에서 서술하고 있는 방법 중 하나를 사용하여 적재된 모멘트(loaded moment) 또는 적재된 C.G를 계산하고 그 결과가 RFM에 있는 허용 C.G 범위 내에 있는지 확인한다. 어떠한 무게와 균형 계산은 제공된 정보에 따라 정확하다는 것을 인식해야 한다. 따라서 겨울철의 두껍고 무거운 의복조차도 추가할 수 있도록 정확한 승객의 무게를 요청해야 한다. 화물은 가능한 한 정확한 무게를 측정해야 하고 이것이 가용하지 않다면 각 개별 예상치에 따라 개별적으로 계산되어야 한다. 특정 작동 유체(operating fluids)를 위한 표준 무게(standard weights)는 아래 [표]와 같다.

유 체	단 위
Aviation Gasoline (AVGAS)	6 lb/gal
Jet Fuel (JP-4)	6.5 lb/gal
Jet Fuel (JP-5)	6.8 lb/gal
Reciprocating Engine Oil	7.5 lb/gal*
Turbine Engine Oil	6 and 8 lb/gal*
Water	8.35 lb/gal
*오일 무게는 갤런 당 파운드, 오일 용량은 쿼트 단위를 사용한다. 1갤런(gallon)=4쿼트(quarts)이다.	

4.2.1 무게중심 계산

(1) 모멘트 계산

각 헬리콥터의 모멘트를 구하는 방법은 [그림4-5]와 같이 계산에 의한 방법과 해당 운용자 매뉴얼에 제시된 하중 그래프를 이용하는 방법 등이 있으며, 모멘트는 무게와 암을 곱한 값이다. (모멘트=무게×암) 또 다른 방법은 [그림4-6]과 같이 그래프에 조종사 및 승객을 위한 하중 선과 연료의 하중 선을 이용하여 계산할 수 있다.

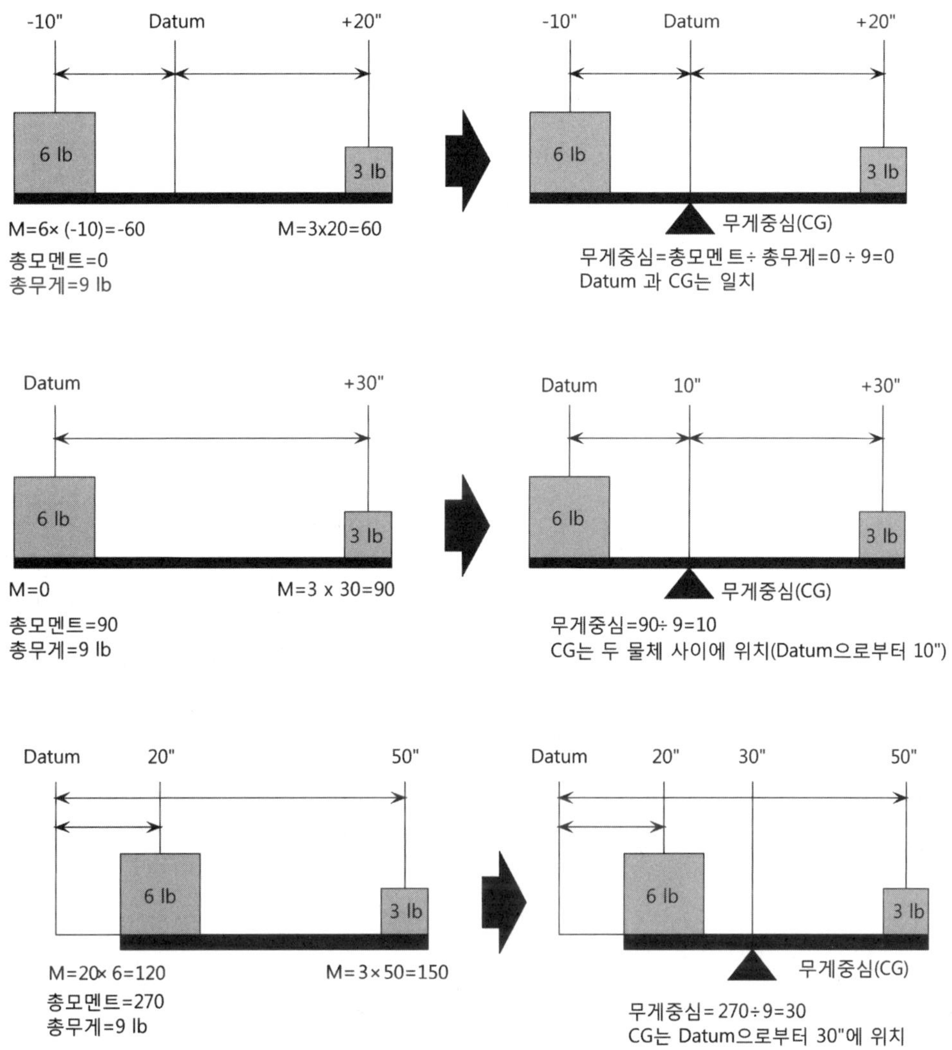

【그림4-5】 모멘트 계산

(2) 무게중심 계산

다음과 같은 하중 조건에서 무게중심을 구하고 영역선도 내에 있는지를 결정하라.

WEIGHT AND BALANCE SHEET MAX. GROSS WEIGHT 1480 lb FUEL FLOW 49 lb/hr			
Item	Weight	Longitudinal Arm	Lateral Arm
Empty weight	1020	93.1	+0.3
Pilot	150	72	+12.2
Passenger	160	72	-12.1
Fuel	148	95.2	-9.3

① 위의 조건에서 세로 C.G.를 구하고 영역선도 내에 있는지 결정하라.

무게중심을 계산하기 위한 모든 자료는 제공되었다. 때로는 조종사 스스로 승객이나 화물의 무게를 이용하여 해당 헬리콥터의 운용자 매뉴얼에서 제공하고 있는 그래프를 이용하여 모멘트를 구하여야 한다. 다음과 같이 표를 만들면 편리하다.

Item	Weight		Longitudinal Arm	Moment
Empty weight	1020	×	93.1	94962
Pilot	150	×	72	10800
Passenger	160	×	72	11520
Fuel	148	×	95.2	14089
Total	1478			131371

C.G = 총모멘트 ÷ 총무게 = 131371 ÷ 1478 = 88.8이 된다. 다음은 [그림4-7]의 위 그래프를 이용하여 무게와 C.G 값이 서로 만나는 점을 찾는다. 만약 이 점이 굵은 선 안에 있다면 이 헬리콥터는 이륙을 위한 무게중심한계 내에 있음을 의미한다.

② 목적지까지 비행하는데 약 2시간 30분이 소요된다고 가정했을 때 착륙시의 C.G를 구하고 영역선도 내에 있는지 결정하라. 연료소모율이 시간당 49파운드이므로 2.5시간에서 약 122.5파운드의 연료가 소모될 것이다. 착륙시 잔여 연료량은 25.5파운드가 된다. 이외의 다른 항목은 변동이 없다. 다음과 같이 표를 작성한다.

Item	Weight		Longitudinal Arm	Moment
Empty weight	1020	×	93.1	94962
Pilot	150	×	72	10800
Passenger	160	×	72	11520
Fuel	25.5	×	95.2	2427
Total	1355.5			119709

C.G = 총모멘트 ÷ 총무게 = 119709 ÷ 1355.5 = 88.3이 된다. 다음은 [그림4-7]의 위 그래프를 이용하여 무게와 C.G 값이 서로 만나는 점을 찾는다. 만약 이 점이 굵은 선 안

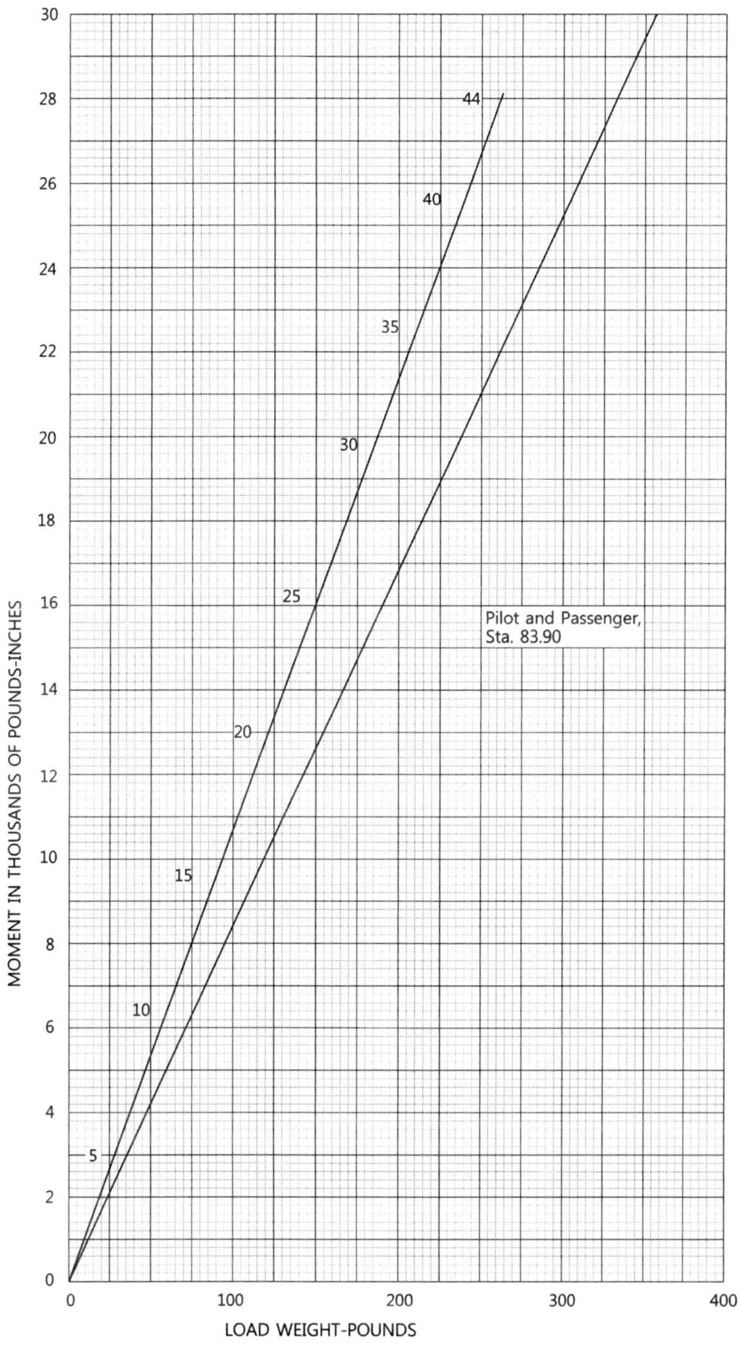

【그림4-6】 그래프를 이용한 모멘트 계산

에 있다면 이 헬리콥터는 이륙을 위한 무게중심한계 내에 있음을 의미한다.

③ 가로 C.G.를 구하고 영역선도 내에 있는지 결정하라. 가로 C.G 역시 동일한 방법으로 구한다. 다만 좌우측의 음성 값만 주의 한다. 다음과 같이 표를 작성한다.

Item	Weight	Lateral Arm	Moment
Empty weight	1020	+0.3	+306
Pilot	150	+12.2	+1830
Passenger	160	-12.1	-1936
Fuel	148	-9.3	-1376
Total	1478		-1176

C.G = 총모멘트 ÷ 총무게 = (-1176) ÷ 1478 = -0.79가 된다. 다음은 [그림4-7]의 아래 그래프를 이용하여 세로무게 중심과 가로 무게중심 값이 서로 만나는 점을 찾는다. 만약 이 점이 굵은 선 안에 있다면 이 헬리콥터는 이륙을 위한 가로 무게중심한계 내에 있음을 의미한다.

④ 조종사가 부조종사 좌석으로 이동하여 단독비행 했을 때 C.G를 구하고 영역선도 내에 있는지를 결정하라. 조종사가 부조종사 좌석(승객석)으로 이동하여 조종할 때의 C.G를 구하면 된다. 이를 위해서 조종사가 단독으로 비행할 때의 C.G가 얼마인지 계산하여야 한다. 대부분의 경헬리콥터는 조종사 단독으로 비행하는 것을 전제로 조종사석을 기준으로 가로 C.G를 산출해 놓았다. 그러나 사례와 같이 부조종사(승객) 석으로 이동하였을 때는 가로 무게중심에 영향을 줄 수 있다.

Item	Weight		Longitudinal Arm	Moment
Empty weight	1020	×	93.1	94962
Pilot	150	×	72	10800
Fuel	25.5	×	95.2	14089
Total	1318			119851

C.G = 총모멘트 ÷ 총무게 = 1318 ÷ 119851 = 90.9가 된다. 다음은 조종사가 부조종사석으로 이동했을 때의 가로 C.G를 구한다.

Item	Weight	Lateral Arm	Moment
Empty weight	1020	+0.3	+306
Pilot	150	-12.1	-1815
Fuel	148	-9.3	-1376
Total	1318		-2885

C.G = 총모멘트 ÷ 총무게 = (-2885) ÷ 1318 = -2.1이 된다. 다음은 [그림4-7]의 아래 그래프를 이용하여 세로무게 중심과 가로 무게중심 값이 서로 만나는 점을 찾는다. 이 점은 그래프의 ④번 위치와 같이 굵은 영역선도 밖에 있다. 따라서 조종사가 부조종사 좌석으로 이동하여 단독으로 비행했을 때 가로 무게중심한계를 벗어난다.

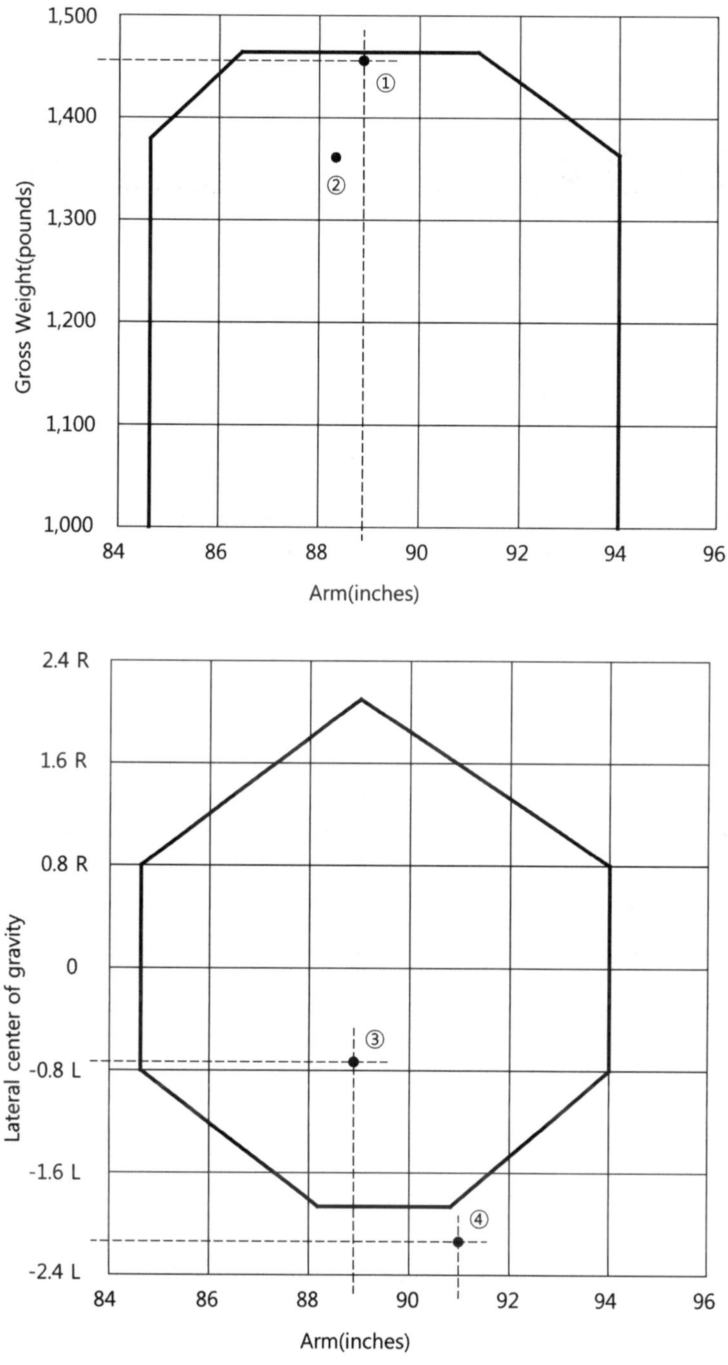

【그림4-7】 헬리콥터 무게중심 영역선도

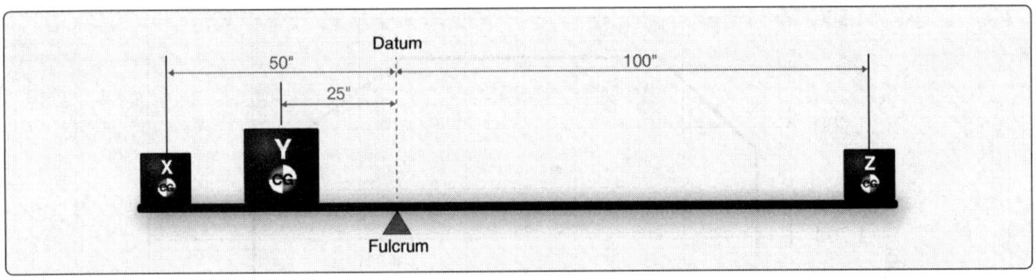

【그림4-8】

[사례1] 만약 50파운드의 무게가 [그림4-8]과 같이 X-지점에 있고 100파운드의 무게가 Z-지점에 있다면 평판의 균형을 유지하기 위해서 Y-지점에 얼마의 무게를 놓아야 하는가?

[해설] 위의 그림을 참고하여 받침점(fulcrum)의 좌우 모멘트를 구하고 서로 균등하게 조정해야 한다. 다음과 같은 방법으로 구할 수 있다.

- 50(50)+ Y(25)=100(100)
- 2,500+ 25Y=10,000,
- 25Y=7,500, Y=300파운드이다.

[사례2] 만약 50파운드의 무게가 [그림4-8]과 같이 X-지점에 있고 100파운드의 무게가 Y-지점에 있다면 평판의 균형을 유지하기 위해서 Z-지점에 얼마의 무게를 놓아야 하는가?

[해설] 위의 그림을 참고하여 받침점(fulcrum)의 좌우 모멘트를 구하고 서로 균등하게 조정해야 한다. 다음과 같은 방법으로 구할 수 있다.

- 50(50)+ 100(25)=Z(100)
- 5,000=100Z, Z=50파운드

제 5 장 헬리콥터 성능

5.1 성 능

모든 항공기는 해당 항공기의 적정 운용 범위를 지시해 주는 운용상의 성능이 규정되어 있다. 조종사는 해당 헬리콥터의 운용자 매뉴얼(operator's manual)에 명시된 성능 곡선을 이해할 수 있어야 비행 안전을 보장받을 수 있다. 일반적으로 비행에 영향을 미치는 요소들은 무게, 고도, 공기밀도, 기온 등이 조화되어 헬리콥터의 성능을 제한할 수 있다. 조종사가 원하는 비행 기동을 수행할 수 있는 헬리콥터의 성능은 그 기동을 수행하기 위한 필요동력(power required)과 로터 시스템에 대한 가용동력(power available)에 달려있다. 각 항공기 운용자 매뉴얼의 성능을 기술한 부분에는 무게, 고도, 기온의 다양한 조화에 따라 특정한 성능 요소가 기술된 차트가 제공되고 다음과 같은 성능 요소(performance factors)가 포함된다.

① 필요동력(power required)
② 가용동력(power available)
③ 최대속도(maximum airspeed)
④ 최대상승률속도(velocity for the best rate of climb)
⑤ 최대상승각속도(velocity for best angle of climb)
⑥ 최대항속시간속도(velocity for maximum endurance)
⑦ 최대항속거리속도(velocity for maximum range)

5.1.1 성능 영향 요소

성능 차트(performance charts)는 항공기 제작자가 헬리콥터와 조종사의 능력에 대한 특정 가정(assumptions)을 바탕으로 제작되었다. 헬리콥터는 양호한 작동 상태이고 엔진은 정격동력(rated power)을 생산하고 있는 것으로 가정한다. 조종사는 정상적인 운용 절차에 따르고 적절한 시간에 필수 과업을 수행할 수 있는 평균 비행 능력을 갖춘 것으로 가정한다. 이 같은 가정을 바탕으로 제작자는 실제 비행 테스트(flight test)를 기초로 헬리콥터의 성능 데이터를 작성한다. 그러나 헬리콥터는 성능 차트에 있는 모든 조건에서 시험비행이 수행되는 것은 아니다. 대신 특정 데이터를 평가하고 수학적으로 나머지 데이터를 산출해 낸다. 헬리콥터의 성능은 이륙 전에 얼마의 무게를 운반할 수 있는지 결정하는 데 도움이 된다. 만약 헬리콥터가 특정 고도와 기온(specific altitude and temperature)에서 안전하게 제자리비행할 수 있다면 장애물을 넘어 상승하는데 필요한 거리 그리고 최대 상승률은 얼마가 되어야 하는지 등을 결정할 수 있다. 헬리콥터의 성능은 엔진의 동력 출력(power output)과 로터에서 생산하는 양력에 달려있다. 엔진과 로터 효율성(efficiency)에 영향을 주는 요소들은 성능에 영향을 줄 수 있다. 성능에 영향을 미치는 주요소들은 다음과 같다.

(1) 습 도

습도(humidity)만으로 밀도고도와 헬리콥터 성능을 산출하는데 중요한 요소로 고려되지 않지만 다른 요소와 함께 고려했을 때 심각한 영향을 줄 수 있다. 밀도고도에서 습도의 영향을 계산하는데 사용되는 대략적인 방법은 없으나 일부 제작자는 80% 상대습도(relative humidity) 수직분포의 차트가 포함되어 있다. 동일 고도와 기온에서 건조 공기(dry air)와 비교했을 때 높은 습도 조건에서 제자리비행과 이륙 성능의 감소가 예상되는 성능이 약 3% 감소하는 것으로 나타났다. 비록 3%가 중요하지 않지만, 헬리콥터가 이미 한계 조건에서 운용 중일 때 사고로 이어질 수 있다.

(2) 무 게

대부분의 성능 차트는 가변 요소의 하나로 무게(weight)가 포함된다. 헬리콥터의 무게를 감소시킴으로써 조종사는 운항이 어려운 상황에서 더욱 안전하게 이륙 또는 착륙할 수 있다. 그러나 이륙 또는 착륙을 수행하는 데 안전에 문제가 있다고 의심된다면 현존하는 밀도고도 조건이 호전(favorable density altitude)될 때까지 대기해야 한다. 비행 중이라면 더욱 호전된 상태에서 착륙할 수 있도록 조치하거나 제자리비행이 요구되지 않는 장소에 착륙할 수 있도록 계획한다. 이외에도 높은 총중량에서 제자리비행을 위한 필수 동력은 더 큰 토크가 필요하고 더 큰 안티토크 추력(antitorque thrust)이 필요하다는 것을 의미한다. 일부 헬리콥터에서는 고고도에서 운용 중 총중량 한계 내에 있을지라도 제자리비행 중 테일로터에서 생산되는 최대 안티토크는 토크를 극복하는 데 충분하지 않을 수 있다.

(3) 바 람

풍향풍속 역시 제자리비행, 이륙, 상승 성능에 영향을 줄 수 있다. 전이양력은 로터 디스크 위의 상대 공기흐름이 존재할 때 언제든지 발생한다. 상대 공기흐름은 헬리콥터의 이동으로 인한 것이거나 아니면 바람으로 인한 것일 수 있다. 바람 속도가 증가함에 따라 전이양력이 증가하여 제자리비행에서 필요로 하는 동력보다 낮게 필요하다. 바람 방향 또한 중요하게 고려해야 하는 요소이다. 맞바람은 성능을 가장 크게 증가시키는 요소이다. 강한 측풍의 뒷바람은 방향 조종을 유지하기 위해서 더 큰 테일로터 추력이 필요할 수 있다. 테일로터 추력의 증가는 엔진 동력의 일부를 더 필요하다는 것을 의미하는 것으로 양력 발생하기 위해서는 메인로터를 위한 가용동력(power available)의 감소를 의미한다. 따라서 일부 헬리콥터는 임계 바람 방위 또는 최대 안전 상대풍(maximum safe relative wind) 차트가 제공된다. 이들 한계를 벗어난 운용은 테일로터 추력 효율성을 상실할 수 있다. 이륙과 상승 성능은 바람의 영향을 크게 받는다. 맞바람으로 이륙할 때 유효전이양력은 쉽게 얻을 수 있어 더 큰 양력과 상승률로 상승할 수 있다. 뒷바람으로 이륙할 때 전이양력을 얻을 때까지 더 많은 가속을 위한 이륙거리가 길어질 수 있다.

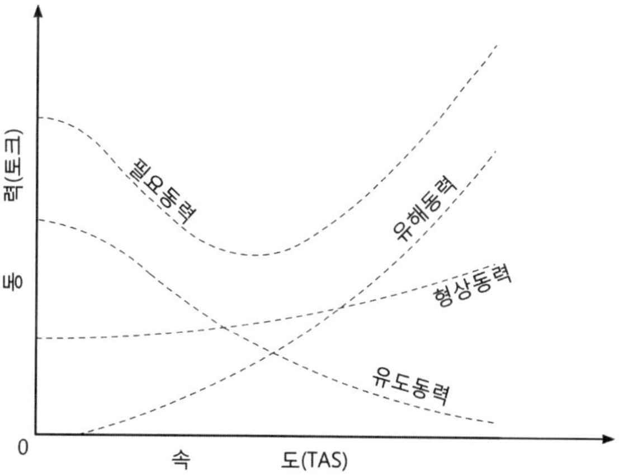

【그림5-1】 동력의 형태

5.2 성능 곡선

5.2.1 필요동력

헬리콥터의 전진을 방해하는 힘으로 항력(drag)이 발생하고 총항력(total drag)은 유도항력(induced drag), 유해항력(parasite drag), 그리고 단면항력(profile drag)의 합계가 된다. 총항력(total drag)은 제자리비행할 때 매우 높고 속도가 증가함에 따라 최저 항력으로 감소했다가 부가적인 속도와 함께 다시 증가한다. 필요동력을 나타내는 그래프는 [그림5-1]과 같이 항력곡선과 유사한 그래프로 그려진다. 이는 항력을 극복하기 위한 힘이 바로 동력이기 때문이다. 헬리콥터의 수평직선비행을 유지하는 데 요구되는 동력은 단면동력, 유도동력, 그리고 유해동력으로 구분해 볼 수 있다. 이외에도 발전기, 연료 및 유압 펌프 등을 작동시키기 위한 동력이 필요하나 이들 동력은 항력을 유발하지 않고 일정하므로 고려 요소에서 배제한다. 그러나 테일로터(tail rotor)를 구동시키기 위한 동력은 속도가 증가함에 따라 감소한다. 이는 주지한 바와 같이 전이양력을 얻는 순간 원형와류 구역에서 벗어나면서 부가적인 성능 증가로 토크 양이 감소하고 방향 안정성이 증가하기 때문이다.

필요마력 곡선은 저속과 고속에서 모두 매우 높은 동력이 요구되고 있음을 알 수 있다. 저속에서는 단면동력과 유도동력으로 인하여 그리고 고속에서는 유해동력으로 인하여 증가하고 있음을 알 수 있다. 이 같은 필요동력 곡선은 진대기속도(true airspeed; TAS)와 함께 그려지는 데 이는 동력이 바로 행한 일(work)의 비율이기 때문이다. 따라서 동력은 이동한 실제 거리를 그릴 수 있는 속도(TAS)에 대해서만 그려질 수 있다. 필요동력 곡선에서 간과할 수 없는 것은 제자리비행에 관한 동력으로 지면효과를 받을 때보다 무지면효과 제자리비행할 때 더 많은 동력이 요구된다. 일반적으로 필요동력 곡선에 영향을 줄 수 있는 요소는 다음과 같다.

첫째, 고도가 변함에 따라 유해항력과 유해동력은 변하지 않으나 공기밀도는 영향을 줄 수 있다. 공기밀도가 감소하는 것은 총로터 양항비가 감소하기 때문에 유도동력이 증가한다. 또한, 속도가 증가할수록 유입 공기흐름으로 인해 더 높은 필요동력이 요구되고 이는 단면동력의 증가를 초래한다.

둘째, 무게의 증가는 더 높은 총로터 추력이 요구되고, 이로 인한 유도기류의 증가는 유도동력이 증가해야 한다. 따라서 총 필요동력 곡선은 위로 그리고 오른쪽으로 이동하게 될 것이다.

셋째, 인양하중(slingloads)과 기타 유해항력 역시 무게, 고도와 같이 저속에는 큰 영향을 주지 않으나 속도가 증가하면서 유해항력이 제곱으로 증가하고 이는 유해동력 곡선이 점진적으로 상승하면서 오른쪽으로 이동하게 된다. 제자리비행이나 저속에서 인양 화물의 상태와 모양에 더 영향을 받는다. 예들 들어 제자리비행할 때 인양 화물은 헬리콥터 하강풍의 영향을 받아 하중이 부가될 것이고 이는 더 높은 유도동력이 필요하다는 것을 나타낸다. 반면에 속도가 증가하면서 하강풍의 영향을 벗어날 수 있다. 따라서 긴 인양 케이블이나 로프(cable or rope)는 이 같은 하강풍으로 인한 하향 하중을 감소시키는 데 도움이 될 수 있다.

(1) 단면동력(profile power)

단면항력은 회전하는 로터 블레이드의 속도에 의한 마찰력으로 인한 항력으로 로터 블레이드의 속도 제곱으로 변화한다. 무풍에서 제자리비행 중일 때 전진 블레이드와 후진 블레이드 사이에는 속도차가 발생하지 않기 때문에 큰 변화가 없다. 그러나 속도가 증가하면서 전진 블레이드의 단면항력이 후진 블레이드의 단면항력을 초과하는 현상이 발생하게 되고 전체적인 단면항력은 [그림5-1]과 같이 일정 속도까지는 거의 변화가 없다가 약간 증가하기 시작한다.

(2) 유도동력(induced power)

유도항력은 로터 블레이드가 회전하면서 발생하는 유도기류에 의한 항력이다. 유도항력을 극복하기 위한 유도동력 역시 유도항력 곡선과 유사하게 그려진다. 양력이 발생하면 유도항력이 발생하고 또한 헬리콥터를 지지하기 위한 유도동력이 필요하다. 제자리비행할 때 최대의 유도기류가 발생한다. 속도가 증가하면서 전이양력을 얻고 유도항력의 급격한 감소는 유도동력의 감소를 의미한다. 이 과정을 보여주고 있는 것이 [그림5-1]에서 유도동력 곡선이다. 곡선을 보면 제자리비행에서 최대가 되었다가 전이양력을 얻는 속도에서부터 급격히 감소한 후 서서히 감소하는 것을 알 수 있다. 그러나 유도동력은 결코 "0"이 되지는 않는다.

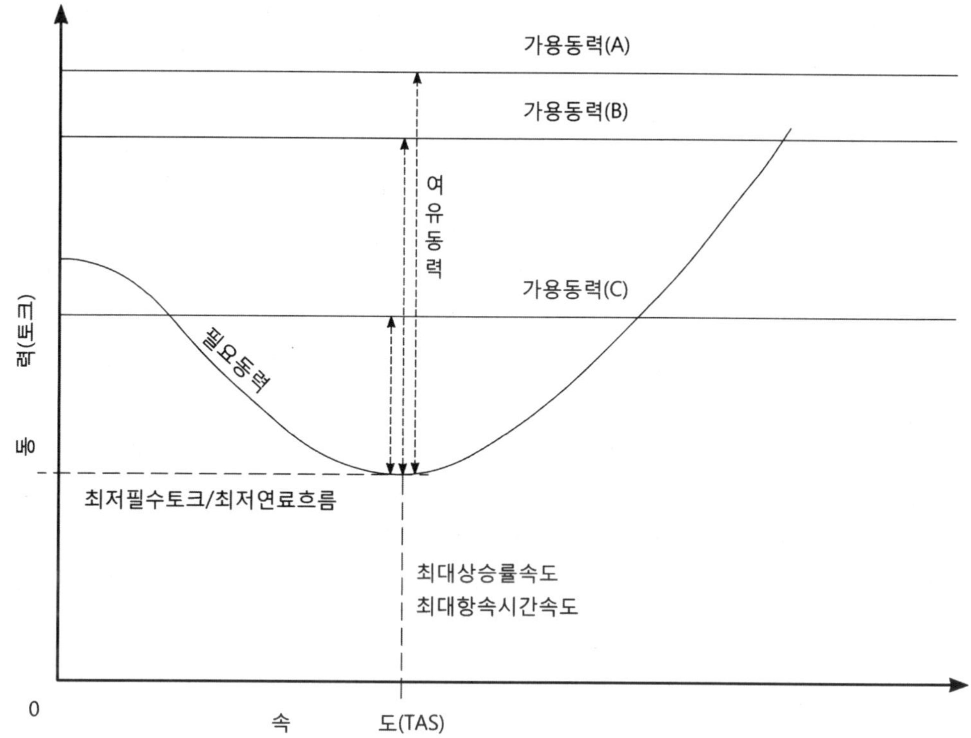

【그림5-2】 필요동력, 가용동력 그리고 초과동력의 관계

(3) 유해동력(parasite power)

헬리콥터의 속도가 증가할수록 유해항력은 속도의 제곱으로 증가한다. 헬리콥터의 속도가 증가하면서 로터 블레이드는 횡단류 효과를 받게 된다. 초기 속도에서 유입 공기흐름(inflow airflow)은 유선형으로 로터 블레이드를 통과하게 될 것이나 속도가 빨라짐에 따라 유입 공기흐름이 점차 로터 블레이드에 수직에 가깝게 형성되는 것을 알 수 있다. 이것은 헬리콥터의 회전면(rotor disc)이 더욱 앞으로 기울어진 상태가 되도록 한다. 이 때의 공기흐름을 분석했을 때 두 가지 결과를 얻을 수 있다. 하나는 유입 공기흐름의 각도가 증가함으로써 회전면(rotor disc)을 다시 후방으로 복원시키려는 반작용(reaction)을 일으켜 로터의 항력을 증가시키는 것이고, 또 다른 하나는 유입 공기흐름의 각도가 증가함으로써 수평비행을 유지하기 위한 받음각과 필수 총 로터 추력(total rotor thrust)이 감소한다. 이 같은 결과로 증가한 항력을 극복하기 위해서 피치각을 증가시켜야 한다. 이는 결국 유해동력의 증가를 의미한다.

5.2.2 가용동력

헬리콥터 엔진에서 생산될 수 있는 동력이 가용동력(horsepower available; HPA)이다. 가용동력의 양은 엔진의 종류에 따라 다양하지만, 헬리콥터 운용에 미치는 영향은 일정하다. 따라서 가용동력은 [그림5-2]와 같이 거의 수평으로 그려지고 있음을 알 수 있다. 가용동력은 속도와는 거의 무관하지만 밀도고도(density altitude)에 크게 영향을 받는다. 고도가 증가하거나 기온이 높을 때 공기밀도는 현저히 감소하기 때문에 로터 시스템에 대한 가용동력은 [그림5-2]와 같이 감소한다. 또한, 그래프에서는 가용동력과 필요동력과의 상관관계를 보여주고 있다. 필요동력은 전형적인 "U"-자 모양으로 그려지고 있다. 필요동력 곡선과 가용동력 곡선의 간격이 클수록 헬리콥터가 운용할 수 있는 동력의 양이 많아지고 있음을 알 수 있다. 이 여분의 동력을 초과동력(excess power) 또는 마진동력(margin power)이라 한다. 제일 윗줄의 가용동력(A)이 가용하다고 했을 때 제자리비행할 때 충분한 여분의 동력이 남아 있음을 알 수 있다. 속도가 증가하면서 초과동력이 급격히 증가하고 있는 것은 헬리콥터가 전이양력을 얻고 주변의 와류(vortex)의 영향권에서 완전히 벗어났기 때문이다. 최저의 동력으로 순항 비행할 때의 속도(TAS)에서 가용동력과 필요동력의 간격이 최대가 되고 이때 초과마력 역시 최대가 되고 있음을 알 수 있다. 이때의 속도가 최대상승률과 최대항속시간을 달성할 수 있는 속도가 된다. 가용동력(C)이 가장 낮은 극단적인 상황에서 제자리비행할 때의 필요동력보다 낮을 수 있다. 이 같은 상황에서는 제자리비행하기 위한 초과동력이 부족한 조건이 되고 있음을 알 수 있다.

5.3 속도한계 곡선

수평비행에서 최대속도는 항공기 구조상 또는 조종성 고려 요소(considerations)로 인하여 제한을 받는다. 헬리콥터의 최대속도를 제한하는 가장 큰 요소는 후진 블레이드 실속(retreating blade stall)의 효과를 들을 수 있다. 성능 차트상에 최대속도는 [그림5-3]과 같이 초과금지속도(never exceed speed; V_{NE})로 표기된다. 최대속도를 제한하는 다른 요소들은 동력의 가용성(availability of power)이라고 할 수 있다. 그림에서 필요동력 곡선과 가용동력 곡선이 만나는 점이 수평비행에서 최대지속동력(maximum continuous power; V_h)으로 비행할 수 있는 최대속도(maximum speed)로 정의할 수 있다. 여기서 총중량이 증가한다든지 또는 하중계수(load factor)의 증가를 유발하는 기동으로 인한 필요동력의 증가는 최대지속동력(V_h)을 감소시킨다. 밀도고도의 증가 또는 엔진 결함으로 인한 가용동력의 감소 역시 최대지속동력(V_h)을 감소시킨다. 최대지속동력(V_h) 속도보다 높은 속도는 초과금지속도(V_{NE})를 초과하지 않는 급강하(diving)로 달

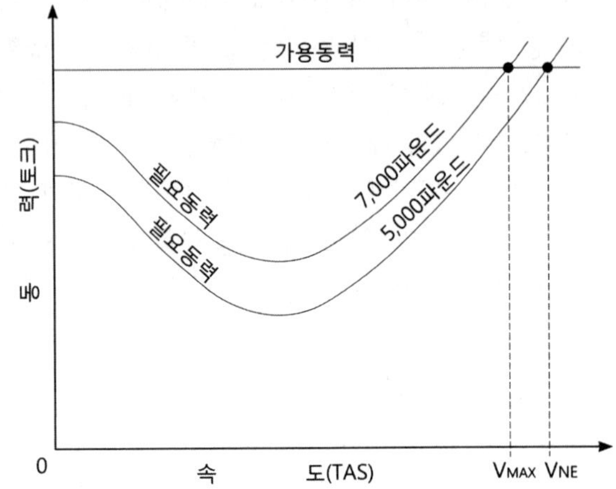

【그림5-3】 필요동력과 속도 한계

성할 수 있다. 헬리콥터의 총중량이 증가하면 총항력은 증가한다. [그림5-3]에서 7,000파운드의 헬리콥터 속도가 가용동력에 의해서 제한을 받는 동안 5,000파운드 헬리콥터의 속도는 VNE의 한계를 받고 있음을 보여주고 있다.

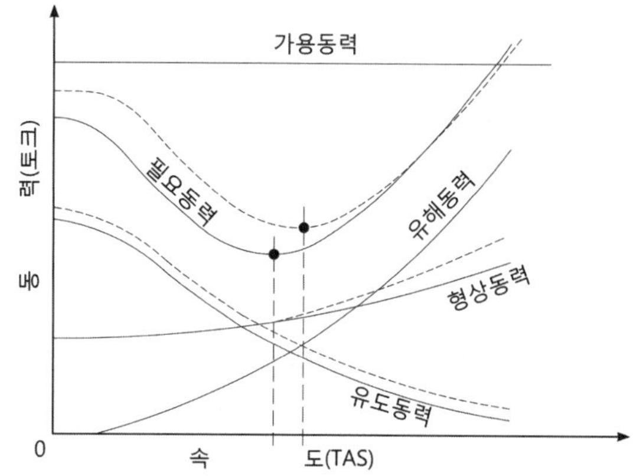

【그림5-4】 최대상승률 속도와 최대항속시간 속도

5.3.1 최대상승률속도

총중량, 동력세팅 그리고 고도에서 헬리콥터가 시간당 최대로 상승할 수 있는 최대상승률속도(maximum rate of climb; V_Y)는 [그림5-4]에서 보는 것과 같이 가용마력과 필요마력의 간격이 가장 큰 지점의 속도이다. 이는 초과마력이 최대를 의미하기도 한다. 이 속도(TAS)가 최대상승률속도보다 낮거나 높아질 때 "U"-자 모양의 필요마력 곡선이 높아지고 있고 이는 가용마력과의 간격이 점점 작아지면서 상승률이 감소한다는 것을 의미한다. 최대상승률을 증가시키는 방법은 가용동력과 필요동력의 간격을 더욱 높이는 방법일 것이다. 가용동력은 일정하다. 그러나 필요마력을 감소시키기 위해서 총중량(gross weight)을 감소시켰다면 간격은 더 벌어질 것이다. 반대로 총중량 증가로 인한 곡선은 [그림5-4]의 점선과 같이 오른쪽 그리고 위로 올라가고 있음을 알 수 있다. 이는 중량을 지지하는데 요구되는 더 큰 받음각의 증가가 요구되면서 유도동력의 증가를 초래하고 동시에 단면동력 역시 증가한 결과이다. 이로 인한 결과는 초과동력의 감소, 최대상승률속도 증가, 진대기속도(TAS)의 증가 등이 나타난다. 또한, 밀도고도의 증가는 최대상승률속도를 감소시킨다. 상승시 바람의 수평과 수직 속도는 공기군 내에 있으므로 바람은 상승률에 영향을 미치지 않고 고도와 총중량이 상승률에 영향을 미치는 주요 요소이다.

(1) 고도(altitude)

고도는 엔진 성능에 영향을 미친다. 고도가 증가하면 상승률 성능은 감소한다. 항공기의 절대상승한도(absolute ceiling)에서 상승률은 "0"이다. 이 고도에서 가용동력과 필요동력이 같아지기 때문에 초과마력(excess horsepower)이 "0"이다. 실용상승한도(service ceiling)는 항공기의 상승률이 100 fpm을 유지할 수 있는 고도를 의미한다. 단발 엔진으로 운용 중일 때 항공기는 분당 50피트 상승률을 유지할 수 있다.

(2) 무게(weight)

상승각(angle of climb)과 같이 무게는 상승 성능에 영향을 미친다. 즉, 무게가 증가하면 필요마력은 증가한다. 따라서 증가한 무게와 감소한 초과마력은 상승률을 감소시킬 것이다. 반대로 항공기 연료는 지속적으로 소모됨에 따라 무게는 감소한다. 이 무게의 감소로 인하여 더 높은 초과마력(excess horsepower)이 목적지 공항에 다가갈수록 상승 또는 감속을 위한 성능이 증가하고 있음을 알 수 있다.

5.3.2 최대상승각속도

최대상승각속도는 주어진 거리에서 최대의 고도를 얻을 수 있는 속도이다. 만약 높은 OGE(out of ground effect) 동력이 가용하다면 속도 없이 수직으로 상승할 수 있다. [그림5-5]는 가용동력이 다양한 조건에서 필요동력의 관계이다. 가용동력(A)이 가장 높을 때는 속도가 "0"일 때 가용동력과 필요동력의 간격이 충분히 존재한다는 것은 상승을 위한 초과동력이 가능하다는 것으로 최대상승각은 90도 즉, 수직상승이 가능하다는 것을 의미한다. 수직상승을 위한 초과동력은 가용동력과 필요동력의 간격이 얼마나 가용하느냐에 달려있다. 만약 가용동력이 필요동력과 교차하고 있다면 이는 수직상승을 위한 초과동력이 "0"이 되는 상태로 수직상승을 위한 초과동력이 없을 때를 나타낸다. 두 번째 가용동력(B)에서는 필요동력보다 낮은 상태임을 알 수 있고 수직상승은 불가능하다. 이 같은 상황에서는 속도에 의한 이륙이 불가피하므로 최대상승각속도를 결정하여야 한다. 최대상승각속도는 [그림5-5]와 같이 "0" 가용동력과 필요동력 곡선이 접하는 지점의 속도가 된다. 그래프에서는 최대상승각속도가 가능한 두 상황을 가정하였다. 두 번째 가용동력에서는 세 번째 가용동력(C)일 때보다 최대상승각속도가 더 높다는 것을 알 수 있다. 극단적으로 네 번째 줄의 가용동력(D)이라면 헬리콥터는 상승할 수 없다.

지속적으로 유지할 수 있는 상승각은 가용한 초과추력(excess thrust)에 달려있고 Vx에서의 비행은 동력상실이 발생했을 때 헬리콥터의 높이-속도 도표(height-velocity diagram)의 주의 또는 회피 구역으로 위치시킬 수 있는 임계비행(critical flight) 조건에 있을 수 있다. 따라서 일부 운용자 매뉴얼에 명시된 장애물 통과(obstacle clearance) 속도와 같이 최대상승각을 위한 권장 속도는 실제 Vx가 아니며 안전한 상승각 속도라고 할 수 있다. 이 속도는 실제 Vx보다 높고 상승 성능을 약간 감소함으로써 더욱 안전한 비행영역선도(flight envelope)에서 비행할 수 있도록 하였다. 장애물을 통과해야 할 상황에서 이륙 중 Vx를 반드시 적용해야 한다. 이것은 장애물까지의 수평거리를 커버하기 위한 최대 고도를 제공한다. 헬리콥터의 상승각에 영향을 미치는 주요소는 다음과 같다.

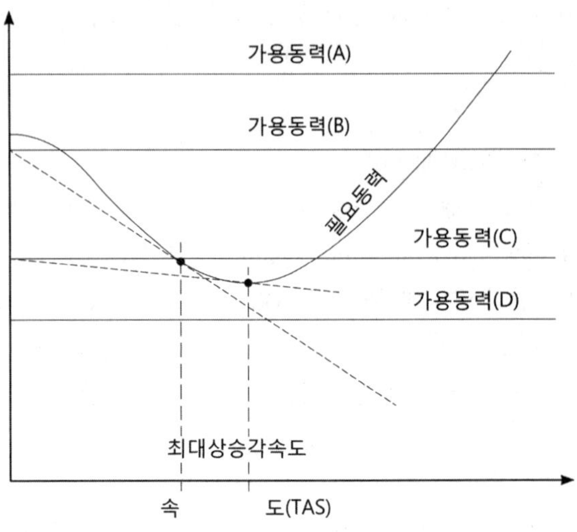

【그림5-5】 최대상승각 속도

① 고도

항공기 고도가 상승함에 따라 엔진에서 발생하는 추력은 일반적으로 감소한다. 이것은 터빈과 왕복엔진 모두에게 적용된다. 또한, 상승각은 가용추력(thrust available; T_A)이 감소하기 때문에 감소하고 초과추력(excess thrust) 역시 감소한다. 그러나 필요추력(thrust required; T_R)은 모든 고도에서 필수적으로 일정해야 한다. 이 때문에 항공기 상승각은 가용추력과 필요추력이 동등(T_A=T_R)해지는 절대상승한도(absolute ceiling)에 도달했을 때 "0"이 된다.

② 무게

헬리콥터 총중량의 증가는 [그림5-5]와 같이 필요추력은 증가시키면서 가용추력을 낮추기 때문에 상승각은 더욱 얕아지는 결과를 초래한다.

③ 바람

상승 중 장애물 통과에 주의해야 한다면 최대상승각속도(V_x)를 반드시 활용해야 한다. 이 속도는 주어진 거리에서 최대의 고도를 얻을 수 있다. 바람은 장애물을 통과할 수 있는 수평거리에 영향을 미치기 때문에 상승각에 영향을 미치는 요소로 고려된다. 대지속도(ground speed)가 낮을수록 헬리콥터는 더 깊은 각으로 상승할 수 있다. 그러나 바람이 상승률에는 영향을 미치지 않는다.

5.3.3 최대항속시간속도

최대항속시간은 가용한 연료로 공중에서 가장 오랫동안 비행할 수 있는 속도이다. 이를 위해서 최저의 동력과 함께 헬리콥터에 미치는 항력 역시 최저가 되는 상태가 조화를 이루었을 때 달성할 수 있다. 최대항속시간을 위한 속도는 [그림5-2, 4]의 그래프에서 보는 것과 같이 필요마력 곡선이 최저인 상태가 로터 블레이드의 최대양항비(L/D_{MAX})를 얻을 수 있는 속도이다. 또한, 최저의 연료흐름을 달성할 수 있는 속도이면서 최대상승률 속도이기도 하다. 최대항속시간속도 그래프에서 얻을 수 있는 영향 요소는 다음과 같다.

5.3.4 최대항속거리속도

최대항속거리속도는 가용한 연료로 가장 멀리 비행할 수 있는 거리이다. 총중량과 고도가 어떠한 형태로 조화를 이루더라도 최대항속거리를 비행할 수 있는 속도는 오직 하나만이 존재한다. 거리는 TAS(NM per hour)를 시간당 연료 소모량(pound per hour)으로 나누어 얻을 수 있다. 가용한 연료량으로 최대로 비행할 수 있는 거리는 항력이 최저인 상태에서의 속도가 될 것이다. 최저항력은 항력 곡선이 가장 낮은 지점으로 정의할 수 있으나 항력 곡선은 지시속도(IAS)를 적용한 것으로 비록 동력곡선과 유사하기는 하지만, 이를 적용할 수 없어 동력곡선을 적용한다. 따라서 동력곡선에서 최저항력은 "0" 속도를 지시하는 원점에서 필요동력 곡선으로 그어진 직선과 접하는 점의 속도가 된다. 어느 순간에 최대항속거리 속도는 VNE보다 높을 수 있다. 이 경우 VNE는 최대항속거리를 얻을 수 있는 최대속도로 활용될 수 있다. 최대항속거리속도는 필요동력 곡선의 가로 위치에 따라 달라진다. [그림5-6]과 같이 총중량이 증가하였을 때 필요동력 곡선은 위로 그리고 오른쪽으로 위치가 이동되고 최대항속거리를 위한 TAS는 증가하게 된다. 또한, 헬리콥터는 저속으로 비행하기 때문에 바람의 영향을 많이 받는다. 예를 들어 맞바람이 20노트 불고 있는 상태에서 지시속도 20노트로 비행했을 때 실제 대지속도(ground speed)는 "0"인 상태가 되는 것이다. 바람이 부는 상태에서는 바람 값을 "0" 대지속도에서부터 선을 그어야 한다. 예를 들어 [그림5-7]과 같이 30노트의 맞바람은 "0" 대지속도 값은 TAS 30노트가 되어야 한다는 것을 의미한다. [그림5-7]은 맞바람 30노트, 무풍, 그리고 뒷바람 30노트일 때의 최대항속거리를 위한 속도를 보여주고 있다. 각각의 원점 속도에서 필요동력 곡선과 접하는 선을 그

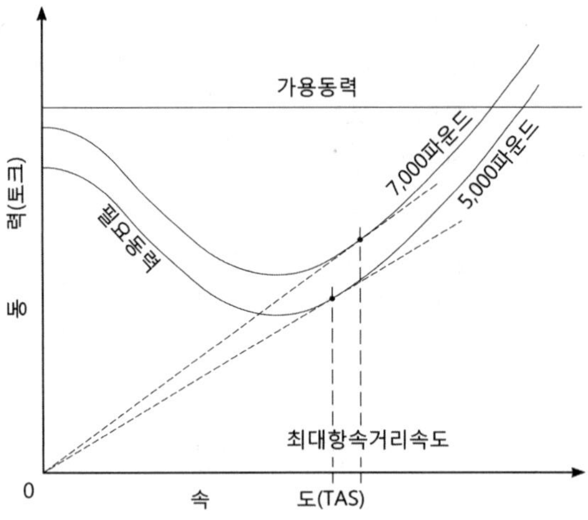

【그림5-6】 최대항속거리 속도

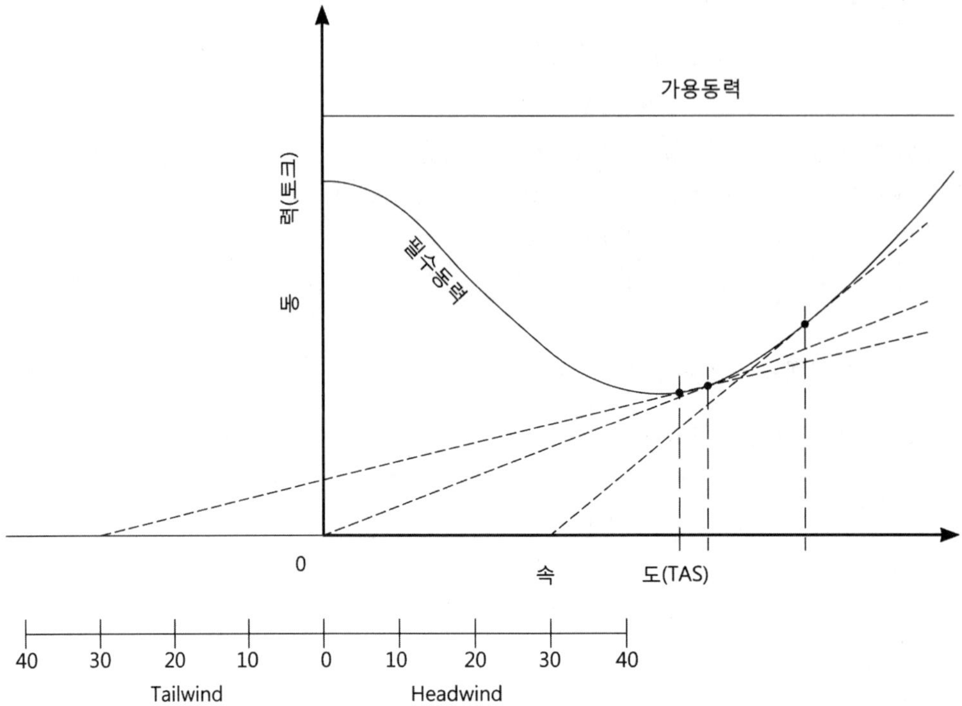

【그림5-7】 최대항속거리 속도와 바람의 영향

었을 때 맞바람에서의 TAS가 가장 높다는 것을 알 수 있고, 반면에 뒷바람일 때의 TAS는 가장 낮다는 것을 알 수 있다. 필요동력 면에서는 뒷바람일 때 가장 낮고, 맞바람일 때 가장 높다는 결론을 얻을 수 있다.

5.4 동력 체크

헬리콥터는 회전날개(rotary wing)의 기능이 절대적인 요소이다. 회전날개는 공기를 취하여 밀어 내리는 힘에 의한 반작용으로 양력과 추력(lift and thrust)을 생산하고 있는 것으로 본다면 회전날개는 공기밀도(air density)에 의해서 가장 큰 영향을 받는다고 볼 수 있다. 예를 들어 한여름 무더위 속에서 가용한 최대중량을 적재한 헬리콥터가 해수면의 지상에서 표고 5,000피트의 산 정상까지 화물을 공수해야 한다고 했을 때 조종사는 반드시 해당 헬리콥터의 운용자 매뉴얼을 참고하여 이착륙 위치에서 제자리비행(hovering)이 가능한지를 확인해야 한다. 특정 헬리콥터의 성능 그래프에서 가용마력(available horsepower)과 필요마력(required horsepower)에서 가용마력이 10노트에서 95노트까지라고 했을 때 [그림5-5]의 가용동력(B)이 그래프에 따른 순항비행을 위한 동력에는 문제가 없으나 제자리비행을 하기 위한 동력이 현저히 부족하다는 것을 알 수 있다. 이 같은 사실을 확인하지 않은 채 이륙한 조종사가 고도 5,000피트의 헬리패드에 착륙하기 위해서 접근하는 동안에는 동력이 감소한 상태이기 때문에 어떠한 문제도 인식하지 못할 것이다. 그러나 헬리패드에 도착하여 제자리비행으로 헬리콥터는 정지시키려는 컬렉티브를 최대로 적용하여도 헬리콥터 동력은 제자리비행하기에는 이미 성능을 초과하였기 때문에 최종 강하를 정지시키지 못하는 결과를 초래하게 될 것이다. 비록 극단적인 상황이라 할지라도 헬리콥터 운용 특성상 이 같은 임무는 빈번하게 수행할 수 있기 때문이다.

모든 동력 체크(power check)는 상대적으로 안정된 기류에서 순항동력 그리고 착륙 로터 RPM으로 수행한다. 먼저 헬리콥터를 수평직선비행(최저 동력)을 위한 속도로 비행하면서 이때의 매니폴드압(manifold pressure; 터빈엔진은 연료흐름)이 얼마인지 확인한다. 다음은 현재의 RPM을 유지하면서 최대 동력(full power)을 적용하여 이때의 매니폴드압(터빈엔진은 연료흐름)을 확인한다. 두 기동의 수행으로 동력의 차이를 확인할 수 있고 이 값이 초과동력(margin power)이다. 이 초과동력으로 헬리콥터는 최저의 속도로 비행할 수 있다. 헬리콥터 운용자 매뉴얼에는 기온, 기압고도(pressure altitude), 밀도고도(density altitude), 무게 등 다양한 조건에서의 운용 상태를 점검하기 위한 그래프들이 제공되고 있다. 여기서는 일반적으로 적용되고 있는 몇 가지 대표적인 그래프를 이용하는 방법에 대해서 학습한다.

5.4.1 제자리비행 성능

헬리콥터 성능은 헬리콥터가 제자리비행을 할 수 있는지를 결정한다. 제자리비행을 위한 동력은 여타 다른 비행 영역보다 더 크게 요구된다. 만약 장애물이 근처에 있고 제자리비행을 할 수 있다면 이륙은 전이양력의 부가적인 장점을 이용해서 이루어질 수 있다. 제자리비행 차트는 다양한 총중량, 고도, 기온 그리고 동력 조건에서 지면효과와 무지면효과(IGE or OGE) 제자리비행 모두를 위해서 제공된다. IGE 제자리비행 상승한도(hover ceiling)는 지면효과로부터 부가적으로 생산되는 양력 때문에 OGE 제자리비행 상승한도보다 높다. 조종사는 확인되지 않은 지역에 착륙해야 할 때 항상 OGE 제자리비행 동력을 확인해야 한다. 밀도고도가 증가함에 따라 제자리비행하는데 더 높은 동력이 요구된다. 특정 상황에서는 필수동력(power required)과 가용동력(power available)이 동등할 수 있다. 이것은 현존하는 상태 아래에 제자리비행 상승한도가 설정되도록 한다. 연료, 유상하중(payload)을 줄여서 총중량을 조절하는 것은 제자리비행 상승한도에 영향을 줄 수 있다. 총중량이 증가할수록 제자리비행 상승한도는 낮아지고, 총중량이 감소할수록 제자리비행 상승한도는 증가한다.

[1] 제자리비행 상승한도

[사례 1]

조종사는 야생동물의 사진을 촬영하기 위해서 장거리를 사진기자와 함께 비행해야 한다. [그림5-8]을 적용하여 출발지의 다음과 같은 조건에서 안전하게 IGE 제자리비행을 할 수 있는가?

• Pressure Altitude	8,000 feet
• Temperature	+15 °C
• Takeoff Gross Weight	1,250 lb
• RPM	104 percent

① 먼저 기압고도 8,000피트(A 지점)에서 오른쪽으로 이동하여 기온 +10°C와 +20°C 사이의 중간 지점을 찾는다.(B 지점)
② 이 지점에서 아래로 내려가 2-피트 제자리비행을 할 수 있는 최대 총중량을 찾는다. 이 경우 대략 1,280파운드가 된다.(C 지점)
③ 헬리콥터의 총중량은 이것보다 낮으므로 당신은 이 조건에서 안전하게 제자리비행할 수 있다.

[사례2]

조종사는 목적지에 도착하여 일부 사진을 촬영하기 위해서 OGE 제자리비행이 필요하다. 목적지의 기압고도는 9,000피트이고 50파운드의 연료를 소모했다. 새로운 총중량은 1,200파운드가 되었고 기온은 +15°C이다. [그림5-9]를 이용해서 임무를 수행할 수 있는지 결정하라.

① 기압고도 9,000피트에서 오른쪽으로 이동하여 +15℃ 기온 선과 만나는 점을 찾는다.(B 지점)

② OGE 제자리비행을 위한 총중량은 1,130파운드가 된다.(C 지점)

③ 총중량이 이 값보다 무거우므로 이들 조건에서 제자리비행을 할 수 없다. 임무를 수행하기 위해서는 출발하기 전 약 70파운드를 감해주어야 한다.

이들 단순한 두 개의 사례는 전체 비행 단계에서 총중량과 제자리비행 상승한도를 결정하는 데 있어 중요하다는 것을 보여주고 있다. 특정 총중량과 함께 이륙 장소에서 제자리비행을 할 수 있는 것이 착륙 지점에서 동일한 성능을 보장하는 것은 아니다. 만약 출발지점이 더 높은 표고, 기온 그리고 상대습도로 인해서 밀도고도가 더 높다면 그 장소에서 제자리비행을 위한 더 높은 동력이 요구된다. 따라서 당신은 헬리콥터 비행 매뉴얼에 있는 성능 차트를 이용해서 현존하는 기온과 바람 상태를 적용하여 제자리비행 중 그리고 접근과 착륙을 시작하기 전 특정 동력 점검을 수행하여 목적지에서 제자리비행 동력이 가용 한지를 예측할 수 있어야 한다. 쌍발엔진 헬리콥터를 위한 성능 차트는 두 엔진을 위한 토크 양을 제공한다.

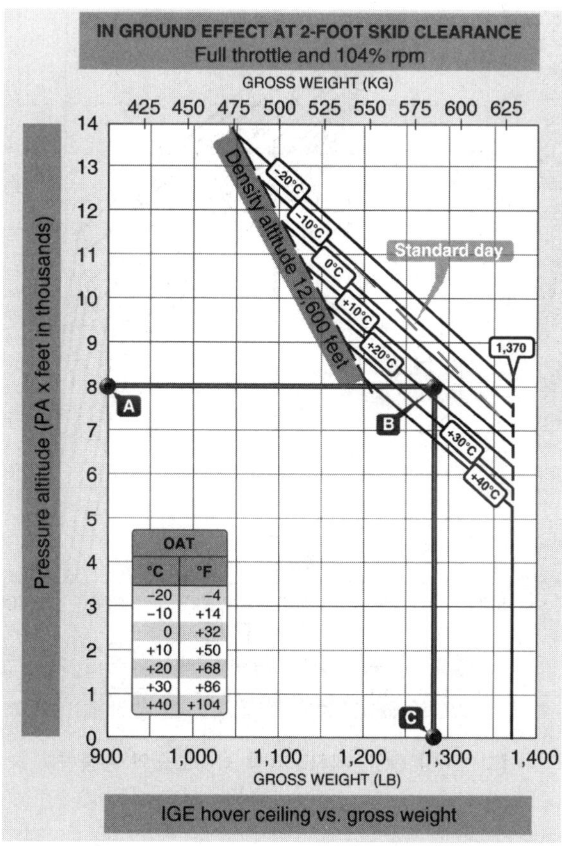

【그림5-8】 IGE 제자리비행 최대고도와 총중량

[사례3]

다음과 같은 조건에서 [그림5-10]과 같이 제자리비행하기 위한 필수 토크는 얼마인가?

- Pressure Altitude 9,500 feet
- Outside Air Temperature 0°C
- Gross Weight 4,250 lb
- Desired Skid Height 5 feet

① 차트에서 기압고도 9,500피트를 찾아 외부기온 0°C까지 오른쪽으로 이동한다.

② 이 지점에서 총중량 4,250파운드까지 내려가 만나는 점을 찾아 왼쪽으로 5-피트 스키드 높이(Skid Height)까지 이동한다.

③ 다음 수직 아래로 내려갔을 때 제자리비행을 위한 필수 토크는 66%가 된다.

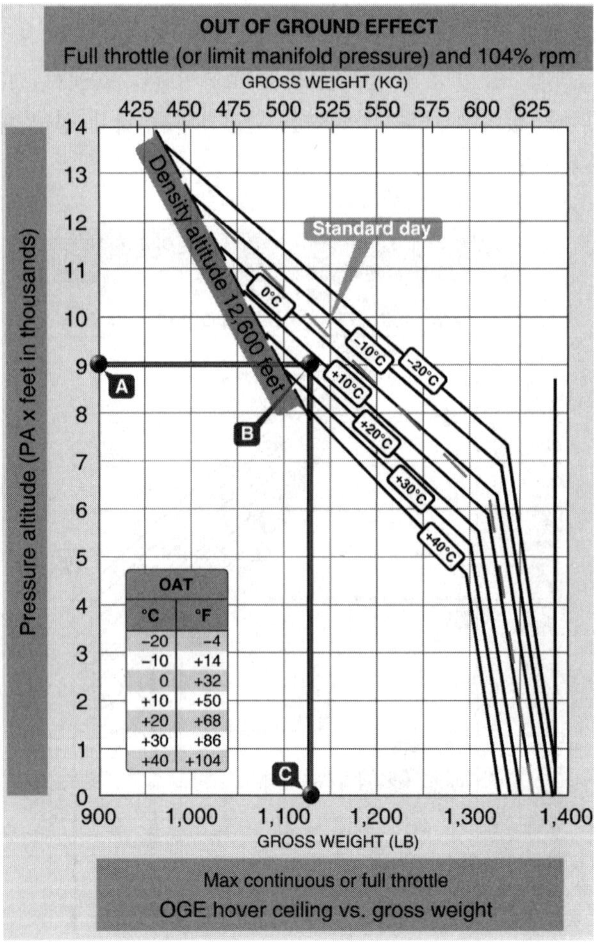

【그림5-9】 OGE 제자리비행 최대고도와 총중량

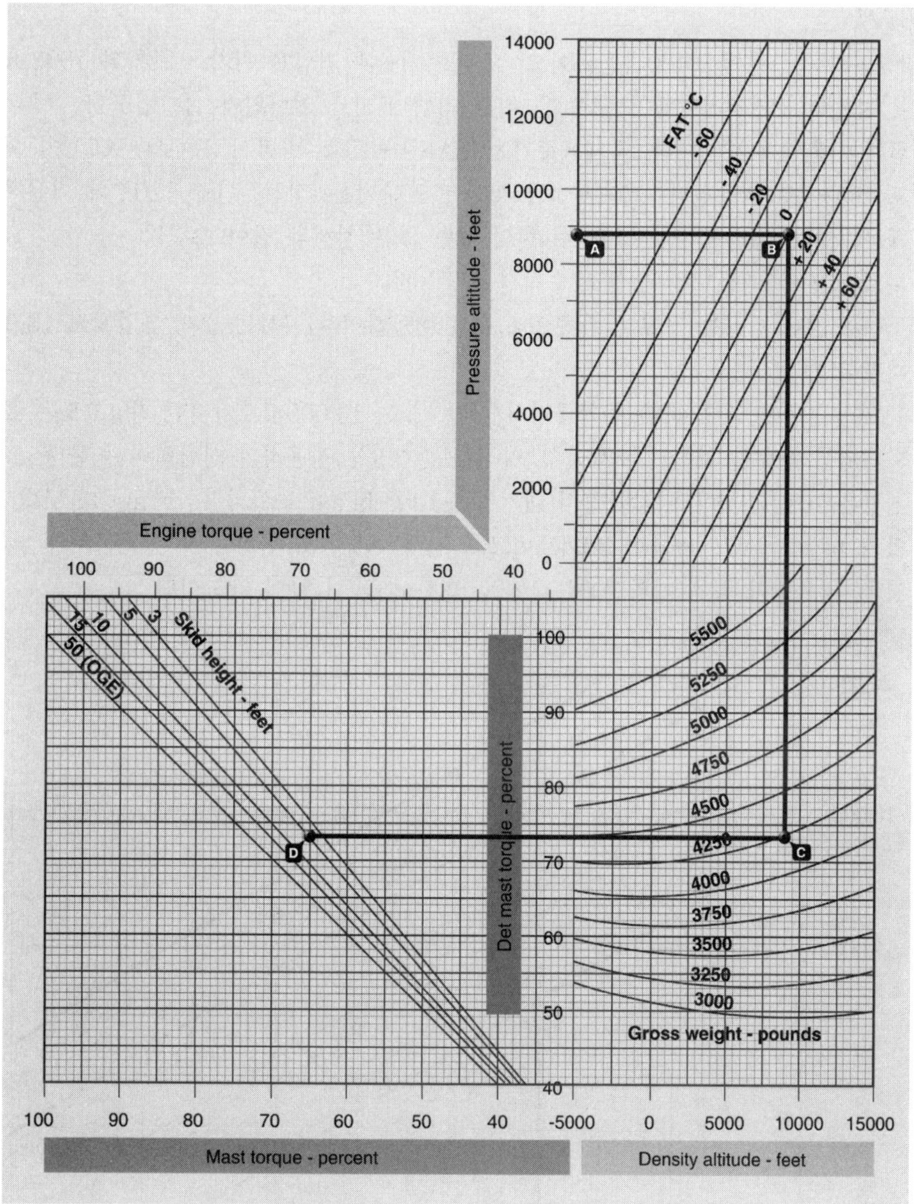

【그림5-10】 순항 또는 수평비행을 위한 필요토크

[사례4]

헬리콥터의 총중량이 2,400파운드이고, 해수면 기온과 기압은 각각 +22℃와 1003 hPa이다. 지면효과 제자리비행(2-피트)을 위한 최대 표고는 얼마인가? [그림5-11]

① 현재 기온이 +22℃이다. 국제표준기온(ISA)은 +15℃, 따라서 ISA보다 +7℃가 되므로 ISA+7로 적용한다. 그래프에서 실선은 표준기온, 점선은 ISA+20℃의 기온선이 제공되었다. 따라서 ISA+7은 두 선의 대략 얇은 점선과 같이 그린다.

② 무게가 2,400파운드에서 위로 수직선을 긋는다.

③ 두 유도선이 만나는 점에서 왼쪽으로 수평 이동하여 지시하는 값이 기압고도 13,000피트이다.

④ 표고를 구해야 한다. 따라서 착륙장의 기압고도는 13,000피트이지만 기압고도는 표준기온에서 산출한 값이므로 대기압 역시 표준기압을 적용하여 산출하여야 한다. 표준기압은 1013 hPa이다. 착륙장의 대기압은 1003 hPa이므로 약 10 hPa이 더 낮다. 기압 1 hPa 당 고도 변화는 30피트이므로 전체적인 고도 변화는 약 300피트가 된다.

⑤ 결국, 착륙장의 실제 기압고도는 12,970피트이고, 이 값이 표고이다.

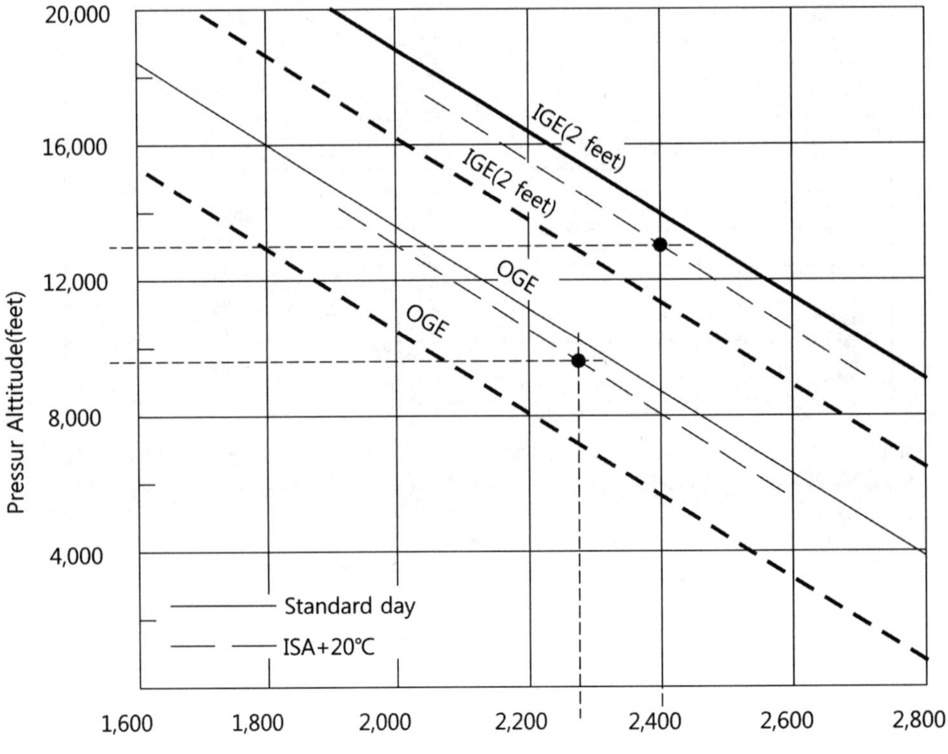

【그림5-11】 지면효과와 무지면효과에서의 제자리비행 상승한도

[사례5]

착륙장의 표고가 10,000피트이다. 착륙장의 기온이 -2℃로 보고되었고 해수면 대기압은 30.25"Hg이다. 현재 헬리콥터의 착륙 총중량이 2,250파운드이다. 착륙장에 착륙하기 전 무지면효과 제자리비행을 수행해야 한다면 이 헬리콥터가 운용할 수 있는가?

① 착륙장의 표고 10,000피트와 대기압 30.25"Hg를 이용하여 기압고도를 산출한다.
② 표준대기압은 29.92"Hg이다. 착륙장의 대기압이 30.25"Hg이므로 착륙장은 약 0.33"Hg가 더 낮고, 기압 1"Hg 당 고도는 1,000피트의 변화이므로 대략 330피트(0.33×1000)가 더 낮다. 따라서 기압고도는 9,670피트이다.
③ 현재 기압고도 9,670피트의 기온이 -2℃, 9,670피트(대략 9,500피트)의 표준기온은 -4℃이므로 2℃가 더 높다. 따라서 ISA+2가 된다.
④ OGE 기온선에서 표준일과 ISA+20℃ 사이에서 ISA+2℃ 유도선을 긋는다.
⑤ 기압고도 9,670피트에서 수평으로 오른쪽으로 이동하여 기온선과 만나는 점을 표시한다.
⑥ 이 점에서 수직으로 선을 그어 지시하는 값이 가용한 총중량 2,270파운드이다.

결론적으로 이 헬리콥터는 현재의 조건으로는 표고 10,000피트에서 무지면효과 제자리비행을 할 수 없다. 따라서 조종사 또는 운용자는 더 낮은 표고를 선정하거나 아니면 착륙 총중량을 낮추는 방법으로 착륙해야 안전을 보장받을 수 있다.

[2] 제자리비행 최대중량

헬리콥터가 2-피트 제자리비행을 위한 최대중량을 산출할 수 있는 그래프이다. 그래프는 이전의 제자리비행 실링을 위한 그래프와 유사하나 바람요소가 추가되었다. 여기에 제시된 그래프의 값은 사례를 설명하기 위한 목적으로 그려진 것임으로 대략적인 값이다. 그러나 실제 운용자 매뉴얼은 모눈종이에 그려지므로 더 정확한 값을 얻을 수 있다.

[사례1]

헬리콥터 표고 7,500피트에서 운용하고자 한다. 착륙장 기온이 ISA+3, 바람은 맞바람이 20노트가 불고 있으며 기압은 30.10"Hg로 보고되었다. 이 헬리콥터가 2-피트 제자리비행을 위한 최대중량은 얼마인가? [그림5-12]

① 기압고도를 산출한다. 대기압이 30.10-29.92=0.18, 표준대기압보다 180피트가 낮다. 따라서 기압고도는 7320(7,500-180)피트이고, 오른쪽으로 수평으로 이동한다.
② 기온은 ISA+3이므로 국제표준기온보다 3℃가 높다는 의미이다. 기압고도 7,320피트(대략 7,500피트)의 표준기온감률(15℃)을 적용했을 때 표준기온은 0℃이다. ISA+3임으로 착륙장 기온은 +3℃가 된다. 가장 가까이 있는 기온선을 기준으로 유도선을 긋고 기압고도와 만나는 점을 표시한다.
③ 기압고도와 기온선이 만나는 점에서 수직으로 내려와 기준선과 만나는 점을 표시한다.
④ 기준선에 가장 가까운 참고선을 이용하여 유도선을 긋고 풍속 20노트와 만나는 점을

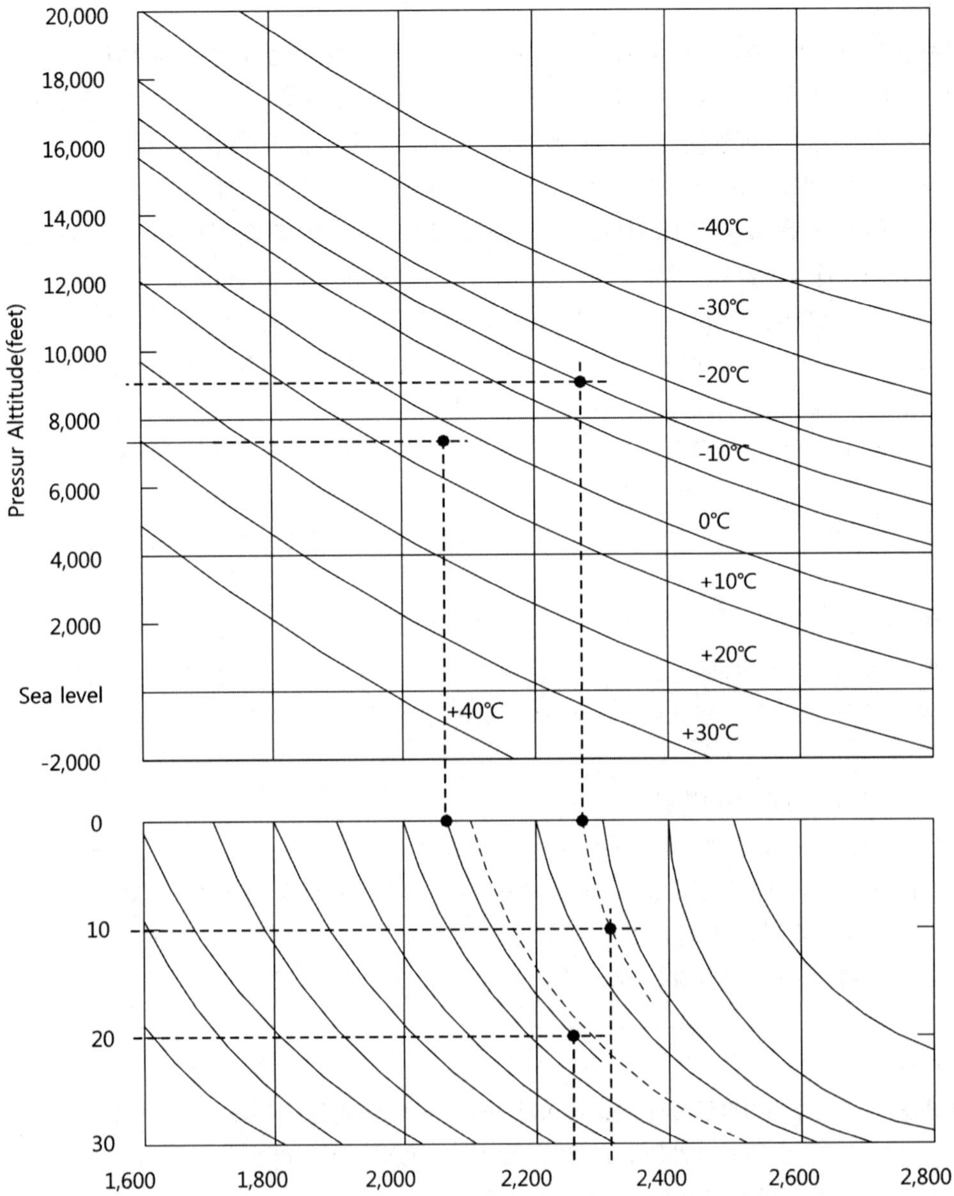

【그림5-12】 2피트 제자리비행을 위한 최대중량

표시한다.

⑤ 풍속과 만나는 점에서 아래로 수직 이동하여 지시하는 값이 2-피트 제자리비행을 위한 최대중량 2,250파운드이다.

[사례2]

헬리콥터의 총중량이 2,400파운드이다. 착륙장의 표고는 8,000피트이고, 기온은 -15℃,

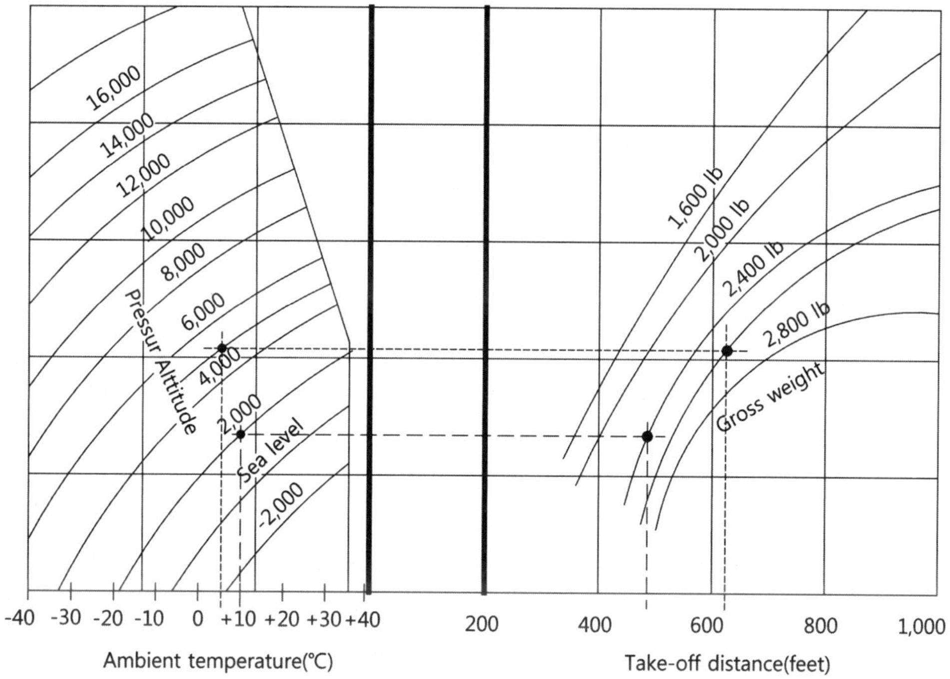

【그림5-13】 50피트 장애물 통과를 위한 이륙거리 그래프

기압 29.60"Hg, 그리고 바람은 10노트가 불고 있다. 이 헬리콥터가 2-피트 제자리비행으로 착륙하는 데 문제가 없겠는가?

① 총중량 2,400파운드에서 위로 수직 이동하여 맞바람 10노트와 만나는 점을 표시한다.
② 바람 유도선을 따라 기준선(base line)과 만나는 점을 표시한다.
③ 기준선에서 위로 수직 이동하여 기온 유도선 -15℃와 만나는 점을 표시한다.
④ 기온 유도선과 만나는 점에서 왼쪽으로 수평 이동하여 지시하는 값이 기압고도 9,100피트이다.
⑤ 착륙장의 대기압이 29.60"Hg이므로, 표준대기압보다 0.32"Hg(320피트)가 더 낮다. 따라서 실제 기압고도는 8,780피트이고, 이 기압고도가 곧 표고가 된다.
⑥ 표고가 8,000피트라 했음으로 이 헬리콥터는 착륙장에서 2-피트 제자리비행이 가능하다.

[3] 러닝 이륙(50-피트 장애물 통과를 위한 이륙거리)

일반적인 조건은 아니지만, 특정 조건에서 수직 또는 수직에 가까운 이륙이 불가능한 상황에서 이륙경로 선상의 50피트 장애물을 안전하게 통과하고 이륙할 수 있는 거리를 산출하기 위한 그래프가 제공된다. [그림5-13]의 그래프는 다양한 무게 조건에 적용할 수 있는 그래프이다. 그래프에서 이륙거리는 기압고도가 높아질수록 증가한다. 만약 거리가 한정되어 있다면 고도가 높아지거나 기온이 상승할 때는 총무게를 감소시켜 운용해야 한다. 예를 들어 기온 +10℃, 기압고도 2,000피트, 총중량 2,400파운드인 헬리콥터가

50-피트 장애물을 통과하여 이륙할 수 있는 총거리는 그래프의 점선과 같이 약 480피트가 된다. 헬리콥터의 총중량이 2,500파운드이고 주변 기온 +10℃ 그리고 기압고도 5,000피트에서 50-피트 장애물을 통과하여 이륙하는데 요구되는 총거리는 약 620피트가 된다.

5.4.2 상승 성능

제자리비행과 이륙 성능에 영향을 미치는 대부분 요소는 상승 성능에도 역시 영향을 준다. 이외에도 난기류, 조종사의 기량, 그리고 헬리콥터의 전반적인 상태 역시 상승 성능을 변화시킬 수 있다. 최대상승률속도(best rate-of-climb speed; V_Y)에서 비행하는 헬리콥터는 주어진 시간에 최대 고도를 상승할 수 있다. 이 속도는 상승 중 모든 장애물을 안전하게 통과하고 순항고도에 도달할 때까지 안전하게 상승할 수 있는 속도이다. 상승률은 상승각(angle of climb)과 혼동해서는 안 된다. 상승각은 주어진 거리에서 얻을 수 있는 고도와 관계있다. 따라서 V_Y는 가장 높은 상승률(highest climb rate)에서 얻을 수 있지만 가장 깊은 상승각(steepest climb angle)은 아니고, 장애물을 통과하는 데 충분하지 않을 수 있다. 최대상승각속도(best angle of climb speed; V_X)는 가용동력에 달려있다. 만약 가용동력이 충분하다면 헬리콥터는 수직으로 상승할 수 있다. 따라서 V_X는 제로이다. 바람 방향과 속도는 상승 성능에 영향을 주지만 가끔 잘못 이해할 수가 있다. 대기속도(airspeed)는 헬리콥터가 대기 속으로 이동하고 있는 속도이다. 바람은 헬리콥터가 지구 표면 위를 이동하고 있는 속도인 오직 대지속도(ground speed)에만 영향을 준다. 따라서 대기의 바람이 상승 성능에 영향을 주는 것은 오직 상승각(angle of climb)이지 상승률(rate of climb)은 아니다. 상승 성능을 계획할 때 수평비행에서 토크 세팅(torque settings)을 위한 계획이 가장 중요하다.

헬리콥터의 상승률(rate of climb)을 나타내는 그래프 역시 기종에 따라 매우 다양하게 그려지고 있다. 그러나 공통적으로 Y-축은 기압고도, X-축은 상승률, 기온선 그리고 총중량과 속도(CAS)가 제공된다. 그래프의 내용을 분석해 보면 표준기온보다 낮을 때 상승률은 증가하고 있고, 반대로 기온이 표준보다 높을 때 상승률은 점점 낮아지고 있는 것을 알 수 있다. [그림5-14]와 같이 기압고도 3,500피트에서 기온이 각각 0°F, 표준, 그리고 100°F일 때 상승률은 대략 750피트, 600피트, 그리고 400피트임을 알 수 있다. 표준기온에서 분당 상승률이 100피트가 되는 고도가 해당 헬리콥터의 실용상승한도(service ceiling)이고, 실질적인 상승률이 0피트가 되는 고도가 절대상승한도(absolute ceiling)이다. 사례에서 실용상승한도는 8,900피트이고, 절대상승한도는 10,000피트이다. 상승 성능 차트는 주어진 상승률 또는 강하율을 얻기 위한 동일한 총중량과 대기 상태에서 수평비행을 위해서 필요한 토크 위 또는 아래에서 토크의 변화를 보여준다.

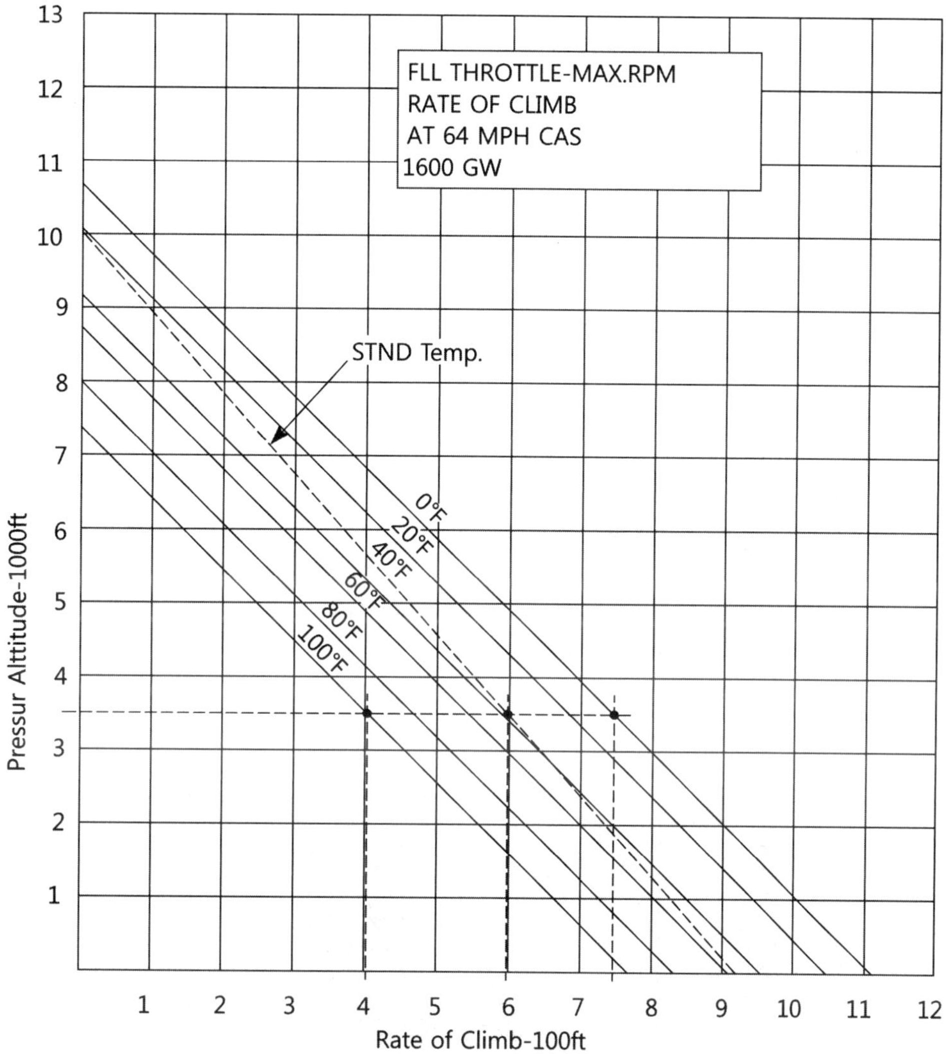

【그림5-14】 상승률 그래프

[사례1]

다음과 같은 조건을 이용해서 순항 또는 수평비행을 위한 토크 세팅은 얼마인가? [그림5-15]

• Pressure Altitude	8,000 feet
• Outside Air Temperature	+15 °C
• Indicated Airspeed	80 knots
• Maximum Gross Weight	5,000 lb

① 차트에서 기압고도 8,000피트와 OAT 15° 곡선을 확인한다.

② 지시속도(IAS) 80노트(A 지점)에서 오른쪽으로 이동하여 총중량 5,000피트와 만나는

점을 표시한다.(B 지점)

③ 이 점에서 아래로 내려와 수평비행을 위한 토크 값 74%(C 지점)를 찾는다.

이 토크 세팅은 순항비행으로부터 상승/강하 토크 퍼센트를 더하거나 감하여 다음 문제를 해결하는 데 사용된다.

[사례2]

다음 조건을 이용해서 상승/강하 토크 퍼센트를 결정하라. [그림5-16]

- Rate of Climb or Descent 500 fpm
- Maximum Gross Weight 5,000 lb

① 차트에서 먼저 500 fpm 상승률 또는 강하율을 표시하고 다시 오른쪽으로 이동하여 최대 총중량 5,000파운드(B 지점)를 찾는다.

② 그 지점에서 아래로 내려와 토크 퍼센트를 찾는다. 토크 퍼센트는 15%이다.(C 지점)

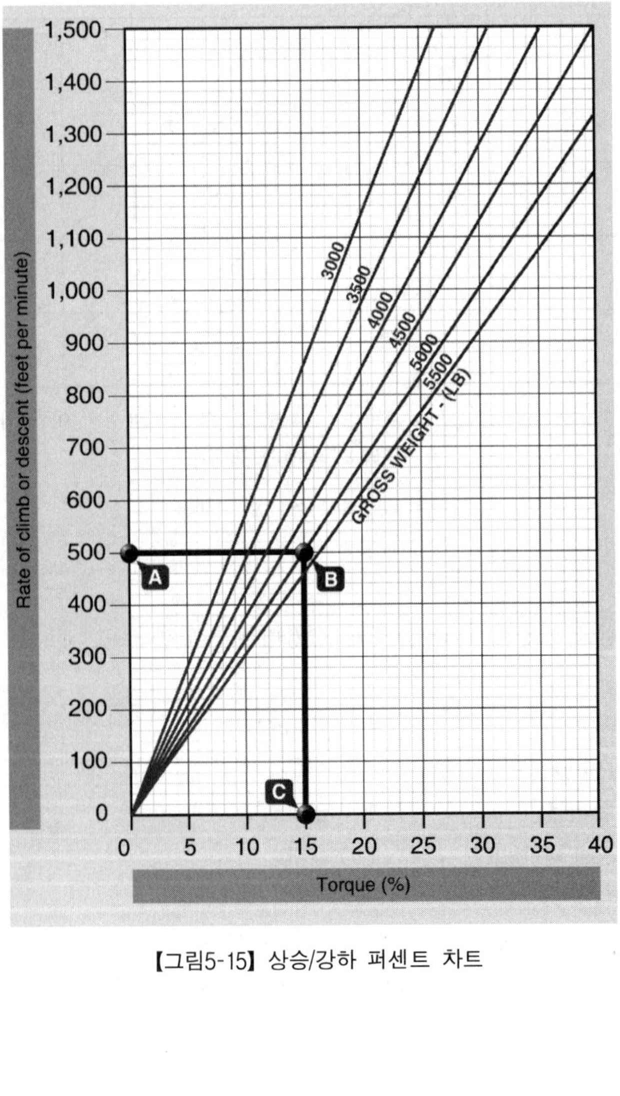

【그림5-15】 상승/강하 퍼센트 차트

③ 상승 또는 강하를 위해서 15% 토크는 수평 비행하는데 필요한 74% 토크로부터 가감해야 한다. 예를 들어 만약 이 값이 상승 토크(climb torque)에 사용된다면 조종사는 최적 상승 성능을 위해서 토크 세팅을 89%까지 조절해야 한다.

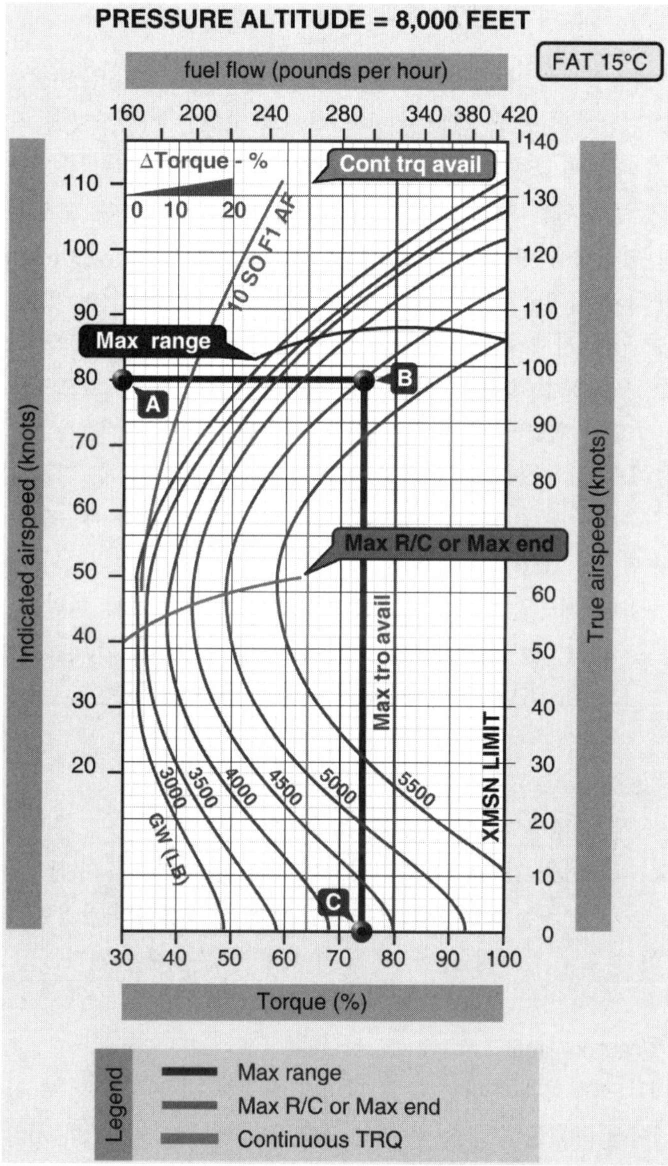

【그림5-16】 최대상승률 차트

5.5 높이-속도(H-V) 도표

5.5.1 고도와 속도의 위험한 조화

헬리콥터는 회전날개에 의해서 부양할 수 있는 양력과 추력(lift and thrust)을 동시에 얻고 있으며 회전날개의 규정 RPM 유지와 현재의 고도는 비상상황에 처했을 때 결정적인 요인이 되기 때문에 조종사는 높이와 속도의 상관관계를 이해할 수 있어야 하고 위험을 초래할 수 있는 범위는 가능한 한 빨리 회피할 수 있어야 한다. 고도와 속도가 어떻게 조화를 이루고 있는지에 대해서 [그림5-17, 18]의 높이-속도 도표(height and velocity diagram)의 주의와 회피구역(caution and avoid area)이 정의되어 있다. 헬리콥터의 특성상 일부 항공 임무 자체가 위험을 내포할 수 있다. 예를 들어 저고도 지형을 따라 비행 중 헬리콥터는 H-V 도표(diagram)의 위험 지역에서 운용될 수 있으므로 조종사는 높이-속도 도표의 주의와 위험구역과 비상절차에 익숙해 있어야 한다. 각 헬리콥터의 운용자 매뉴얼에는 높이-속도 도표가 제공되고 이는 헬리콥터의 총무게, 기압고도, 기온, 속도, 가용 엔진 동력, 엔진 수, 로터 회전속도 등에 달려있다. 운용자 매뉴얼에 제시되는 자료는 대부분 해수면에서 표준기온과 설계 총중량을 기준으로 작성되었기 때문에 다른 요소에 대해서는 운용자 매뉴얼에 제시된 조건들을 반드시 참고해야 한다. [그림5-17]에 제시된 높이-속도 도표는 일정한 속도와 고도에서 지속상태(steady-state)를 기준으로 작성된 도표이고, [그림5-18]의 H-V 도표는 이륙과 상승을 기준으로 작성되었다.

(1) 안전구역(safe area)

차트의 안전구역은 평균적으로 훈련된 조종사의 기량(skill)과 고장 인지의 경고 및 반응시간(reaction time)을 기준으로 안전한 오토로테이션 착륙을 수행할 수 있는 구역을 나타낸다. 헬리콥터의 특성상 다양한 임무를 수행한다. 조종사와 운용자는 특별한 전술적 임무 또는 기동이 요구되지 않는 한 이 구역 내에서 운용해야 한다.

(2) 주의구역(caution area)

H-V 도표의 주의구역은 부단한 경고 의식과 신속한 반응을 취할 수 있는 조종사가 안전한 오토로테이션 착륙을 수행할 수 있는 구역을 나타내고 있다. 이 구역에서 운용할 수 있는 조건은 평평한 개활지 또는 활주로 등으로 불규칙한 지표면이나 급격한 평지가 급격히 굽어진 지형이 아닌 곳에서 운용될 수 있는 조건이다. 이 구역에서는 짧은 러닝 착륙이 가능해야 한다.

(3) 회피구역(avoid area)

H-V 도표의 회피구역은 헬리콥터의 일부 파손이나 탑승객의 부상 없이 오토로테이션 착륙이 극히 어려운 위험한 높이-속도의 조화를 나타내고 있다. 이 구역 내에서의 운용

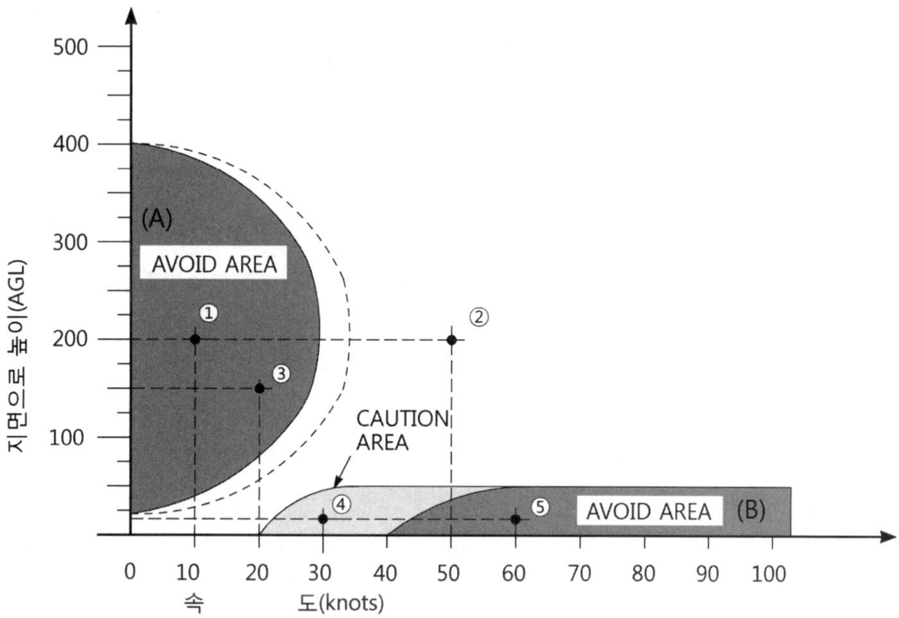

(높이-속도 도형; H-V 도형)

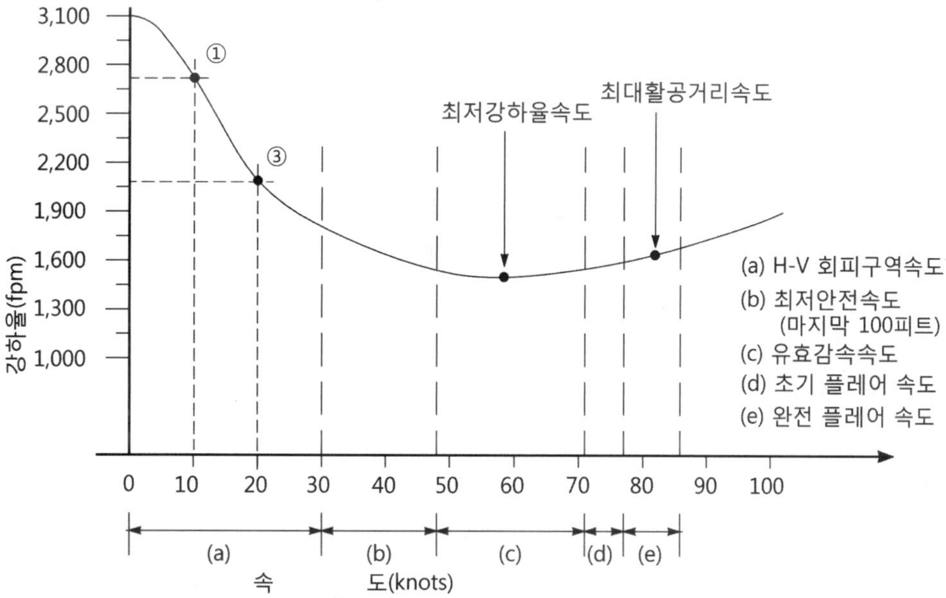

(오토로테이션 강하율 대비 속도 도형)

【그림5-17】 높이-속도 도형(H-V 도형)

은 금지되는 것은 아니지만 내재한 위험을 충분히 이해하고 필요시만 운용할 것을 강력히 권고한다. H-V 도표에서 주의 및 회피구역은 총중량의 증가, 고고도 운항, 고밀도고도에서의 운용, 그리고 유해항력을 증가시키는 요인이 작용할 때 더욱 확대될 수 있다.

① 회피구역(A)
[그림5-17] 회피구역(A)에서 운용은 착륙지대(landing site)가 가용하다면 어떠한 높이-속도 조화에서도 강하 비행 중에는 위험이 다소 덜하고, 이 도표는 시험비행과 기계 공학적 자료를 근거로 결정되었다. 여러 가지 요소가 고려되었고 주요 고려 사항은 다음과 같다.

첫째, 오토로테이션에서 로터를 회전시키기 위해서 요구되는 강하율은 특정 헬리콥터 형태에서 각 10노트(0부터 적색선 또는 최고 속도) 단위로 산정하였다.

둘째, 로터관성(inertial) 특성 또는 로터 RPM 감소율은 엔진고장 순간부터 또는 조종사가 엔진고장 징후를 인지할 때까지 고려하였다. 엔진고장 징후를 발견한 후부터 조종사의 반응시간이 추가되어야 한다. 또한, 엔진고장을 인지한 순간부터 로터를 회전시키기에 충분한 수직강하를 달성하는 동안에 발생할 수 있는 로터 RPM 감소를 고려하였다.

셋째, 지상에 쿠션 착륙이 가용한 로터 RPM과 최대 피치(full pitch) 에너지를 얻을 수 있는 각 높이-속도 조건을 위한 전이양력 값과 침하율을 포함하였다.

넷째, 착륙장치의 설계 응력 한계와 다른 구성품의 하드랜딩 파손 위험을 포함하였다.

② 회피구역(B)
[그림5-17] 회피구역(B)은 특정 저고도, 속도 그리고 지형의 조화에서 지속상태 운용에 대해서 제한(restrictions)을 지시하고 있다. 이들 제한은 다음 문제들을 기준으로 설정된다.

- 엔진고장 징후에 대한 조종사의 인지 시간
- 자세전환 시간
- 지면에 부딪힐 때의 대지속도와 엔진고장 인지 및 자세전환 동안의 고도상실

5.5.2 엔진 정지 중 로터 RPM 영향 요소

회전날개 항공기의 비행 중 엔진고장이 발생했을 때 무엇보다도 중요한 것이 로터 RPM을 유지하는 것이다. 높은 로터 블레이드 각도가 요구되는 비행 조건일수록 로터 RPM 감소에 더 큰 영향을 주게 될 것이다. 다음과 같은 상태의 운용은 정상적인 운용 조건보다 더 높거나 최대의 블레이드 피치 각도가 요구되는 기동이다.

- 제자리비행
- 고속비행
- 고고도 비행 및 고밀도고도 조건에서의 운용
- 최대동력이륙
- 급경사 선회

5.5.3 높이-고도 도표 활용

전형적인 H-V 도표는 [그림5-17]과 같이 음영 또는 빗금 구역으로 표시된다. Y-축은 지면으로부터의 높이 그리고 X-축은 속도(knots)이다. 내부에 점선으로 표시된 곡선은 밀도고도가 증가함에 따라 회피구역이 확대되고 있음을 알 수 있다. [그림5-18]은 전형적인 오토로테이션 속도에 따른 강하율을 나타내고 있다. 예를 들어 H-V 도표의 ①구역에서 고도 200피트와 속도 10노트에서 엔진고장이 발생했을 때 강하율은 분당 2,700 fpm이 된다는 것을 의미한다. ②구역은 동일한 고도에서 속도가 50노트이다. H-V 도표의 안전구역에 들어 있고 아래 도표에서 강하율은 약 1,500 fpm으로 감소한다. ③구역은 고도 150피트에 20노트이다. 이때 강하율은 2,100피트로 정상적인 오토로테이션 착륙이 불가능한 고도-속도의 조화이다. ④구역이라면 높이는 약 12피트 미만이고, 속도가 약 10노트를 유지하고 있을 때는 자세의 변화가 크지 않고 아직 유효전이양력을 받기 전의 단계이므로 엔진고장이 발생한다 하더라도 현재 가용한 블레이드 회전력, 관성력 등이 완전히 감소하기 전에 착륙이 이루어질 수 있으므로 안전하게 착륙할 수 있다. 그러나 ⑤구역에서 속도는 이미 20노트를 초과한 상태로 조종사가 엔진고장을 인지하고 속도를 감소하여 적절한 자세를 취하는데 요구되는 시간이 부족하거나 플레어 자세에서 테일로터가 지면을 칠 수 있는 상태가 된다. 이 구역은 개활지 또는 활주로에서 저고도 오토로테이션으로 착륙할 수 있지만 불규칙한 지면에서 착륙은 불안전하다. ⑥구역은 저고도에서 속도가 매우 빠른 상태이므로 ⑤구역 상태보다도 더 위험한 상태가 될 수 있다. 구역별 선정 기준은 다음과 같다. [그림5-18]의 도표는 또 다른 기종의 높이-속도 도표로 헬리콥터의 총중량이 2,200파운드, 그리고 해수면 운용을 위한 도표이다. 차트의 왼쪽이 지표면으로부터의 높이, 아래가 지시속도(마일), 그리고 그래프 안에는 빗금 부분은 반드시 회피해야 할 높이와 속도의 구역으로 회피구역(avoid area)과 안전구역(safety area)으로 구분되어 있다. 헬리콥터 운용 중에 높이-속도 도표의 빗금 구역은 반드시 회피하여야 한다. 그래프에서 수직으로 그려진 점선으로 그려진 것이 정상적인 고도와 속도에서 안전하게 상승할 수 있는 권장 이륙경로를 나타내고 있다. 조종사는 가능한 한 권장 절차에서 운용할 수 있도록 하는 것이 이륙 또는 상승 중에 발생할 수 있는 엔진고장으로 인한 안전한 오토로테이션 착륙을 보장받을 수 있다.

가용한 착륙지대와 함께 저속에서 지속상태(steady-state)의 오토로테이션과 안전한 착륙을 달성하기 위해서 경헬리콥터 조종사는 일반적으로 300피트를 그리고 대형 헬리콥터는 500~600피트를 허용해야 한다. 일반적으로 높이-속도 도표에 제시된 회피 또는 주의(avoid and caution) 구역 범위 내에서 상승하는 동안에 엔진고장은 헬리콥터를 파손시킬 것이다. 상승 중 헬리콥터는 높은 동력 세팅과 높은 블레이드 받음각으로 운용되고 있다. 엔진고장은 헬리콥터의 전진이 정지되기 때문에 급격한 로터 RPM을 정지시키는 원인이 된다. 로터를 회전시키고 정상 운용 범위로 RPM 증가를 안정시키기 위해서 강하가 시작된다. 여기서 강하율(rate of descent)은 엔진 정지의 순간에서 그 속도를 위한 정상적인 강하율이어야 한다. 그러나 이 순간 고도가 부적절하다면 헬리콥터는 RPM

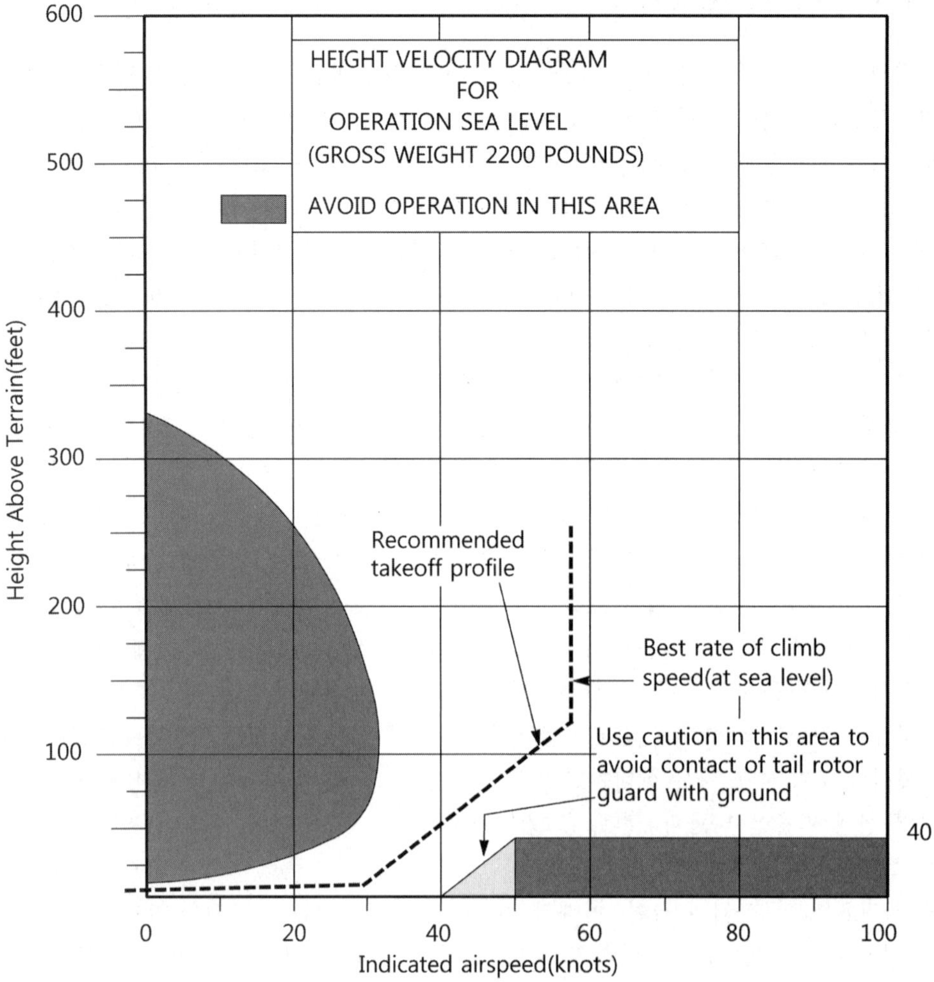

【그림5-18】 높이-속도 도형(H-V 도형)

의 감소, 침하율(sink rate) 증가, 감속 양력 부재(no deceleration lift), 미약한 전이양력(translational lift), 마지막 순간에 쿠션 착륙을 위한 컬렉티브 피치의 미약한 반응 등을 느끼게 될 것이다. 엔진 정지의 경우 회피해야 할 속도-고도의 조화는 [그림5-17]의 A, B 구역으로 나타나 있다. 그림은 해수면에서 단단한 표면(hard surface)을 기준으로 작성되었기 때문에 고밀도고도 또는 불량한 조건의 착륙 표면에서 특히 차트의 위험과 주의 지역에서는 부가적으로 오토로테이션에 의한 착륙을 더욱 어렵게 하고 위험성을 증가시키는 요인이다.

제 6 장 제자리비행과 전진비행

6.1 제자리비행

6.1.1 제자리비행의 이론적 적용

헬리콥터 훈련의 기본 단계는 제자리비행으로부터 시작된다. 헬리콥터 최대의 장점은 제자리비행(hovering)이라 할 수 있으며, 제자리비행이란 문자 그대로 지면의 일정 고도에서 전후좌우 편류(drift) 없이 공중에 떠 있는 비행 기술이다. 이를 힘의 균형으로 분석했을 때 양력과 무게는 동일해야 하고, 추력은 없으며 이에 따라 항력 역시 작용하지 않는 상태로 [그림6-1]과 같이 나타낼 수 있다. 따라서 헬리콥터의 모든 기동은 제자리비행에서 시작하여 제자리비행으로 종료된다고 할 정도로 헬리콥터에서 제자리비행이 차지하는 비중은 매우 크다. 제자리비행할 때 헬리콥터에는 블레이드의 피치(pitch), 하강풍이 지면에 부딪혀 발생하는 지면효과(ground effect), 전이성향, 토크와 테일로터의 추력(thrust), 동력(power) 등 공기역학적인 힘들이 상호 균형을 이룰 때 헬리콥터는 양력(lift)과 무게(weight)가 균형을 이루어 일정 고도에 떠 있을 수 있고, 주회전날개의 회전으로부터 발생하는 토크(torque)의 힘을 적절히 조절함으로써 제자리비행이 가능하다. 헬리콥터에서 발생하는 공기역학적 힘과 조종술이 일치되어야 정확한 제자리비행이 가능하므로 숙달되지 않은 조종훈련생으로서는 쉽지는 않다. 제자리비행도 수직비행(vertical flight)의 한 요소로 볼 수 있으며 무풍 상태에서 전이성향(translating tendency)을 방지하기 위한 회전면의 좌경사양을 예외로 했을 때 회전날개 끝단 회전면은 수평으로 회전한다. 로터의 분당 회전속도(RPM)가 일정할 때 컬렉티브를 위로 들어 올리면 피치각이 증가하여 받음각을 증가시키고, 받음각의 증가는 양력을 증가시켜 헬리콥터는 수직으로 상승한다. 반대로 컬렉티브를 내리면 블레이드 피치각(blade pitch angle)이 감소하여 받음각 감소와 함께 양력도 감소하여 헬리콥터는 수직으로 강하한다. 제자리비행의 형태는 고

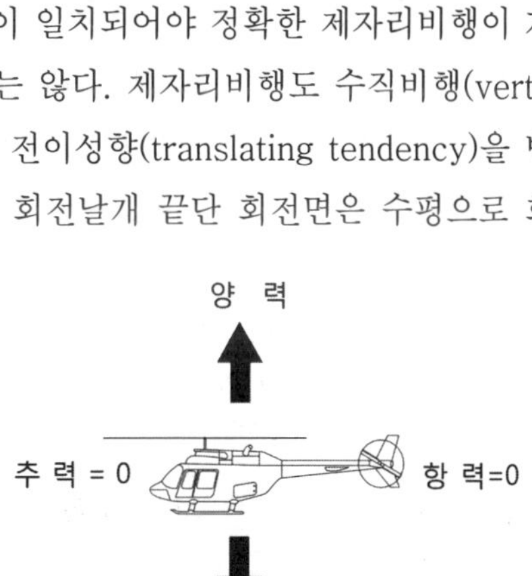

【그림6-1】 제자리비행 중 힘의 균형

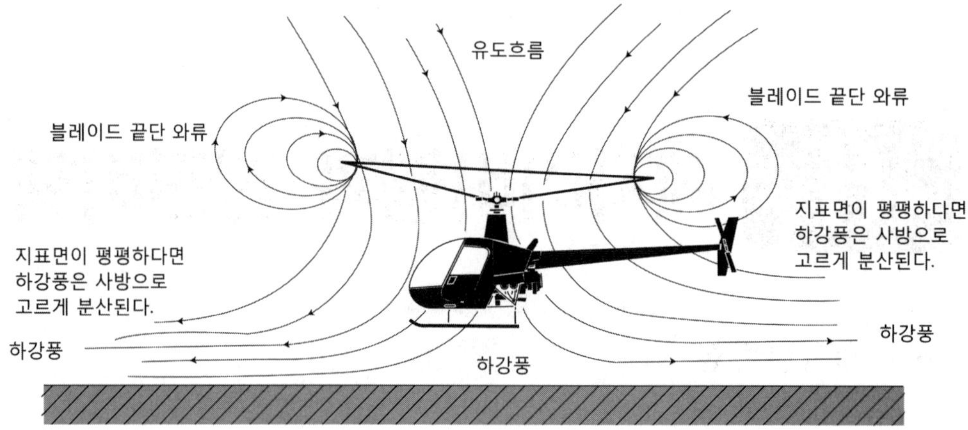

【그림6-2】 제자리비행 중 하강풍의 분산 행태

도에 따라 하강풍이 지면에 부딪혀 헬리콥터의 성능을 증대시키는 지면효과를 받는 고도에서의 제자리비행(in-ground effect; IGE)과 지면효과를 전혀 받지 않는 고도에서의 제자리비행(out of ground effect; OGE)으로 구분된다. 이 두 형태의 제자리비행할 때 공기흐름의 형태도 다르고 그에 따른 동력도 지면효과를 받을 때 더 작다.

6.1.2 제자리비행 중 공기흐름

무풍(wind calm) 상태라고 가정했을 때 [그림6-2]에서 보는 것과 같이 제자리비행 중 로터 블레이드는 상부의 공기를 끌어들여 아래로 밀어 내린다. 계속되는 공기흐름의 과정은 상대적으로 하강풍의 속도를 증가시키는 역할을 하여(운동량 이론) 하강풍의 속도는 헬리콥터의 크기와 총중량(size and gross weight)에 따라 60~100노트에 이른다. 회전면의 공기흐름을 분석해 볼 때 공기는 전체 회전면에서 전 방향으로 고르게 분산된다. 그러나 로터 블레이드 끝단(rotor tip)에서는 하강풍이 발생하지 않는 지역과의 마찰로 인하여 심한 로터 끝단 와류(rotor tip vortex)가 형성된다. 로터는 계속해서 회전하고 있으므로 첫 번째 블레이드가 스치고 지나간 와류구역을 뒤따르는 블레이드가 계속해서 와류 구역(vortex region)을 통과함으로써 와류의 강도는 계속되고 강해진다. 이 같은 와류(vortex)는 지면효과를 받을 때보다 받지 않고 제자리비행할 때 더욱 커지고 지면효과를 받는 제자리비행할 때보다 많은 동력을 요구한다.

6.1.3 제자리비행 중 지면효과

고정날개 또는 회전날개 항공기 모두는 지면효과의 영향을 고려하지 않을 수 없다. 고정날개에서의 지면효과(ground effect)는 날개의 넓은 패널이 지표면에 가까워지면서 그 사이를 흐르는 공기흐름의 간섭으로 인하여 날개의 효율이 증대되는 현상이며, 회전날개

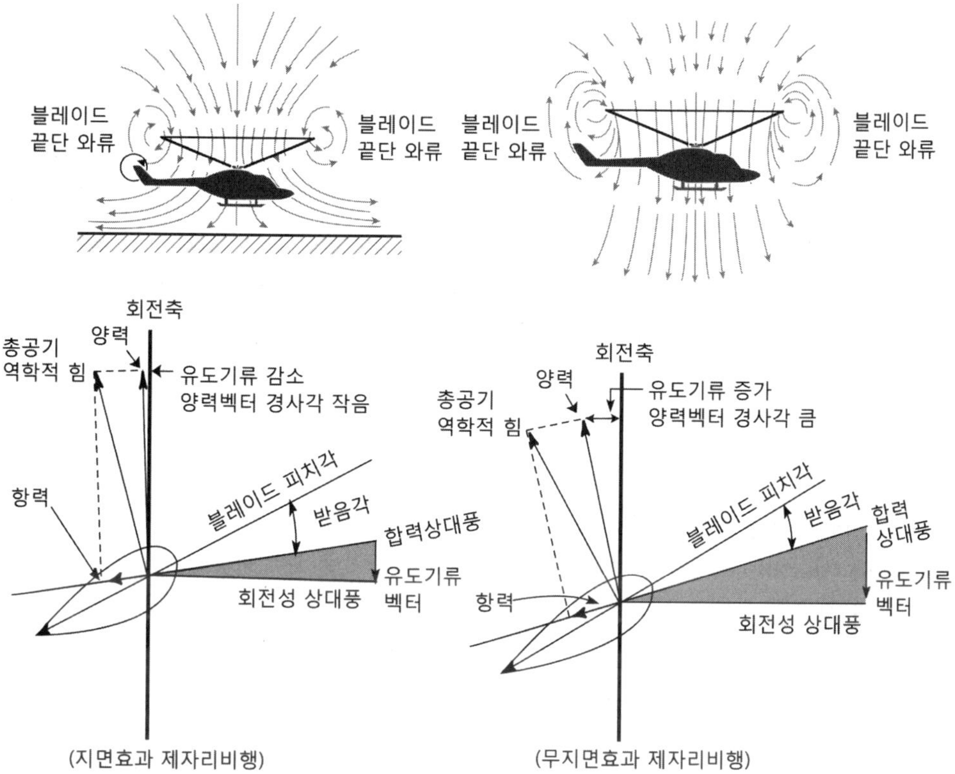

【그림6-3】 지면효과 또는 무지면효과에서 하강풍과 공기흐름 벡터

항공기에서는 주로 제자리비행 중 하강풍의 영향으로 지면효과를 받을 수 있다. 어느 경우든 지면효과는 항공기의 효율을 증대시킨다. 지면효과를 더 쉽게 이해하기 위해서는 지면효과를 받는 상태(in-ground effect)와 지면효과를 받지 않는(out of ground effect) 상태를 비교함으로써 명확하게 이해할 수 있다. 지면효과를 최대로 받는 고도는 통상 지면으로부터 스키드 높이가 약 3~5피트 정도의 고도라고 할 수 있다. 반면에 인명 구조나 관측 활동을 하는 헬리콥터는 수십 피트 상공에서 제자리비행을 하고 지면효과를 전혀 받지 않는다.

[그림6-3]은 지면효과와 무지면효과의 상태를 잘 보여주고 있다. 아래의 두 그림은 로터 블레이드에서 발생하는 하강풍의 흐름을 벡터로 나타낸 것으로 지면효과를 받는 상태에서 명확한 양력의 증가를 설명하고 있다. 두 로터 블레이드의 피치각은 동일하다. 헬리콥터가 지면 가까이에서 제자리비행할 때 로터 블레이드에서 발생하는 강한 하강풍 또는 유도기류(downwash or induced flow)는 지면에 부딪히면서 아래로 빠르게 분산되지 못하여 일련의 압축성 형태의 기류가 발생한다. 이 압축성 기류는 유도기류를 의미하며 유도기류의 속도는 자연히 감소한다. 유도기류의 감소는 유도항력의 감소와 수직양력(vertical lift)이 증가한다. 또한, 유도기류의 순환은 블레이드 끝단에 발생하는 와류를 밀어냄으로써 로터 효율이 동시에 증대된다.

그러나 지면효과를 받지 않는(out of ground effect) 헬리콥터의 하강기류는 지면 장애물의 간섭을 받지 않기 때문에 유도기류의 변화가 없으며 유도항력(induced drag)의 감소도 기대할 수 없을뿐더러 블레이드 끝단의 와류(vortex)에도 아무런 영향을 미치지 못하기 때문에 로터 효율(rotor efficiency)의 증가를 기대할 수 없다. 따라서 지면효과를 받는 상태에서는 더 작은 동력과 감소한 받음각으로 제자리비행을 할 수 있다. 모든 형태의 제자리비행에서 지면효과를 받는다고 할 수 없으며 고도에 따라 지면효과의 정도가 결정된다. 지면에 가까울수록 지면효과는 커지고 고도가 높아질수록 지면효과의 영향에서 멀어진다. [그림6-4]는 로터 직경의 높이에 대한 로터 효율성(rotor efficiency)을 보여주고 있다. 예를 들어 로터 직경(rotor diameter)의 1/2 높이에서 추력은 약 7%가 증가하고, 전체 로터 직경과 같은 높이에서는 매우 작고, 로터 직경의 1 1/4 높이에서 추력은 0%로 감소한다. 또한, 지면효과를 받는 같은 높이라 할지라도 지면의 상태에 따라 달라진다. 지면효과는 포장된 평평한 지역에서 최대가 되고 풀이 우거진 지역, 거친 지형 또는 수면 상공에서 지면효과는 현저히 감소한다. 헬리콥터가 지면효과 고도 이상에서 비행할 때 지면효과로 인한 이점이 상실된다. 주어진 상태에서 일정하게 제자리비행하기 위해서는 동력을 더 필요로 한다. 받음각이 감소하면서 양력이 감소하여 유도흐름 속도가 증가한다. 이 하향 흐름은 헬리콥터 주변으로 한정되기 때문에 국지적으로 흩어진 공기는 위험을 초래할 수 있는 비율로 침하하게 될 것이다. 이 효과를 유동력 침하(settling with power)라 한다. IGE 제자리비행과 동일한 받음각을 유지하기 위해서 더 높은 블레이드 피치 각이 요구된다. 피치 각이 증가함에 따라 항력 역시 더욱 커진다. 이 피치 증가와 항력은 IGE보다 OGE 제자리비행 하는데 더 큰 동력이 필요하다.

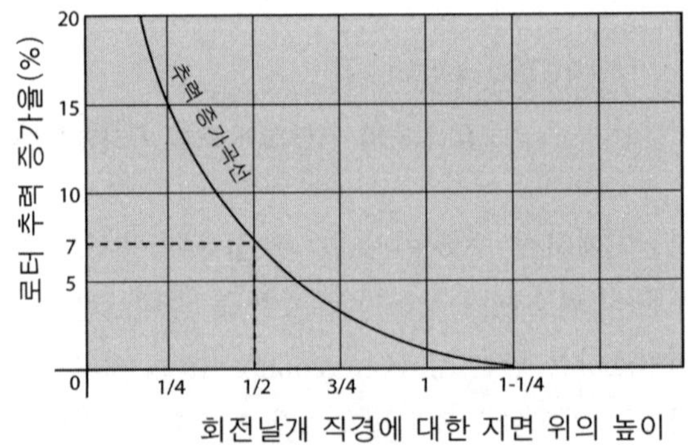

【그림6-4】 지면효과 유효 고도

6.2 제자리비행 기술

6.2.1 제자리비행 이륙

제자리비행 이륙(hovering takeoff)은 헬리콥터를 지면으로부터 부양시키기 위한 첫 단계이다. 이륙하기 위해서 스로틀을 감아 RPM을 최대로 증가시키고 규정된 이륙 전 점검을 한다. 여기서 소개하는 비행 조작술은 특정 헬리콥터를 대상으로 한 서술이 아닌 일반적으로 적용될 수 있는 조작술을 기술하였다. 따라서 특정 헬리콥터의 기동 기술은 해당 헬리콥터의 운용자 매뉴얼을 참고할 것을 권장한다.

[조작1] 참고점을 선정한다.
제일 먼저 전방의 약 40~50피트 정도의 거리에 나무 또는 전봇대 등과 같이 식별이 쉬운 참고점을 선정하여 헬리콥터의 전후좌우 흐름을 감지하는 데 이용한다. 선정된 참고점은 [그림6-5]에서 보는 것과 같이 조종사의 몸이 똑바른 상태에서 자신의 중심과 사이클릭 그리고 참고점이 일치할 수 있도록 하는 것이 좋다. 조종사의 시야는 참고점에 집중해서는 안 되고 전체를 확인할 수 있도록 주의력 분배(division of attention)가 이루어져야 한다. 만약 어느 한 지점에 시선이 고정되어 있을 때는 헬리콥터 자세(attitude) 변화를 감지하기가 매우 어렵다.

[조작2] 블레이드 끝단을 관찰하여 회전면을 수평으로 유지한다.
사이클릭을 적은 양으로 전후좌우로 움직이면 블레이드 회전면의 움직임을 관찰할 수 있다. 이때 블레이드 끝단의 회전면(plane of rotation)이 대략 수평을 유지하고 있는지를 확인한다. 때로는 사이클릭 트림이 어느 한쪽으로 조절되어 있을 수 있으므로 사이클릭 트림을 조절하여 회전면이 중앙이 되도록 조절한다. 회전면이 전후좌우 중앙에 위치한다면 사이클릭 조종간 역시 중심점에 와 있을 것이다. 만약 사이클릭이 중앙에 와 있지 않거나 회전면이 기울어 있는 상태에서 컬렉티브를 들어 올렸을 때 헬리콥터는 부양하는 순간 회전면이 경사진 방향으로 이동하려는 경향 때문에 수직으로 이륙하지 못하고 좌우측 또는 전후방으로 이동하면서 이륙하는 불안전 제자리비행 이륙이 될 수 있다.

[조작3] 무게의 전이를 확인한다.
컬렉티브를 서서히 들어 올려 헬리콥터의 무게가 스키드 또는 바퀴에서 회전날개로 전이되는 것을 확인한다. 모든 준비가 된 상태에서 컬렉티브를 서서히 들어주면 동력이 증가하면서 블레이드 피치각이 증가하여 양력이 발생하고, 하강풍으로 인하여 주변의 풀이 바람에 쏠리거나 먼지가 일어나는 것 등으로 양력 발생을 확인할 수 있다. 컬렉티브 상방

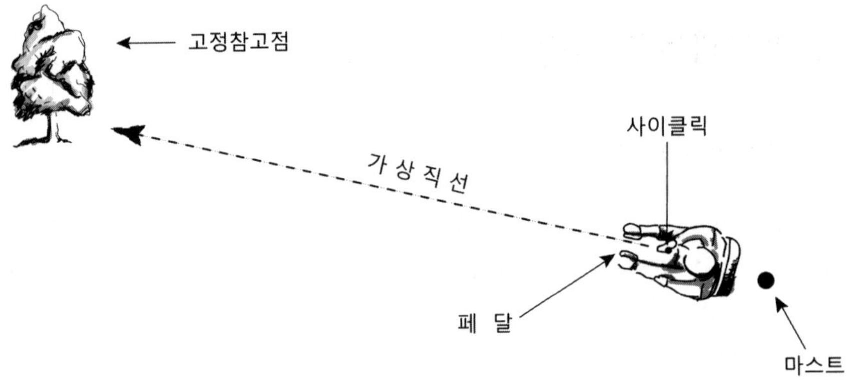

【그림6-5】 제자리비행을 위한 참고점 선정

압을 더했을 때 스키드(skid) 또는 바퀴가 가벼워지는 것을 느낄 수 있으며, 이 단계에서 조금만 더 컬렉티브 상방압을 증가시키면 헬리콥터는 지면으로부터 이륙하게 된다.

[조작4] 동력 증가에 따른 토크와 전이성향을 방지해야 한다.
컬렉티브의 지속적인 상방압은 토크(torque)를 증가시키고 동시에 전이성향(translating tendency)이 증가하여 사이클릭의 좌측 압과 우측 페달의 압을 동시에 적용하여 수정해 주지 않는 한 헬리콥터는 우측으로 편류하려는 경향이 발생한다. 조종사는 이륙할 때 이 같은 현상을 예측하고 적시에 수정할 수 있어야 수직으로 이륙할 수 있다. 만약 수정 조작이 늦어 전후 또는 좌우로 약간 이동하려 할 때는 사이클릭을 즉시 반대 방향으로 적용해 수정하고 모든 수정 조작은 가능한 적은 양으로 수행해야 한다. 수정 시기가 늦으면 늦을수록 수정 조작량은 증가한다.

제자리비행 이륙할 때 조작에 대한 전체적인 내용을 요약하면 다음과 같다.
① 참고점 선정(50피트 전방)
② 회전면 수평 유지
③ 컬렉티브 - 지속적인 상방압
④ 사이클릭 - 중립 유지 또는 약간의 좌측압
⑤ 페달 - 동력 증가에 따른 우측 페달압 유지
⑥ 전이성향을 방지하기 위한 사이클릭 좌측압

6.2.2 3피트 제자리비행

수직으로 이륙한 후 헬리콥터는 [그림6-6]과 같이 회전면(plane of rotation)에 매달려 있는 물체와 같다. 따라서 회전면의 변화가 심하면 그 아래에 매달려 있는 동체는 움직임

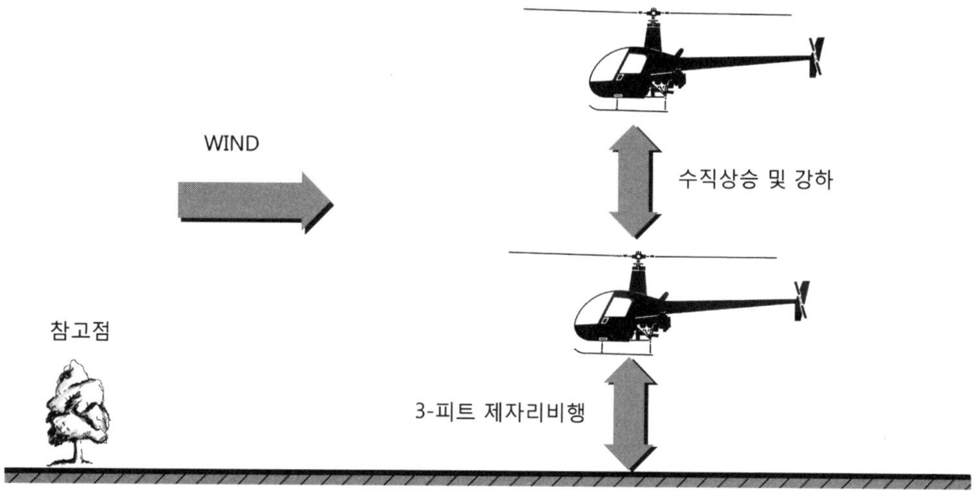

【그림6-6】 3-피트 제자리비행

이 심해지고 제자리비행은 더욱 어렵게 된다. 동체는 회전면에 매달려 있으므로 조작이 거칠면 회전면이 먼저 움직인 후 동체가 따라 움직인다. 동체의 움직임은 이미 회전면이 변했다는 것을 의미하고 이는 의식적이든 무의식적이든 공기역학적 중심점을 벗어났다고 볼 수 있다. 조종사가 회전면을 관찰하기는 어려우나 동체의 어느 일부분을 참고점으로 선정하여 동체 자세(attitude)의 움직임을 관찰하기는 그리 어렵지 않다.

[조작1] 동체의 움직임을 조기에 발견하도록 노력하라.

헬리콥터의 자세 변화를 조기에 감지하고 움직이는 반대 방향으로 동시에 사이클릭을 적용하여 수정한다. 비행 조작이 숙달되면 조종사는 자세 변화와 거의 동시에 사이클릭 수정 조작이 적용되므로 헬리콥터는 편류 없이 이상적인 제자리비행을 하게 된다. 동체의 변화를 인지하는 시기가 늦어질수록 사이클릭 수정량이 크고 늦어져 앞에서 언급한 진자운동(pendulum action)을 초래하여 자세 변화를 더욱 악화시킨다. 예를 들어 헬리콥터의 자세가 약간 앞으로 숙여졌을 때 즉각적으로 사이클릭 후방압을 적용하지 않으면 헬리콥터는 앞으로 이동한다. 즉 수정 조작이 늦었다는 것을 의미한다. 동체 변화를 늦게 감지한 조종사는 급히 사이클릭 후방압(back pressure)을 적용했으나 헬리콥터는 이미 앞으로 이동하려는 타성에서 뒤늦은 사이클릭 후방압은 전진 타성이 없어지고 다시 기수가 들리면서 후진하려는 타성이 생겨 조종량은 점점 커진다. 이 같은 불안전 진자운동은 전후좌우 어느 상태에서도 발생할 수 있으며 특히 초임 조종사에게 자주 발생하는 불안전 요소이다.

[조작2] 수정조작은 반량 수정의 개념을 적용하라.

이는 동체의 움직임을 인지하고 조종간을 적용할 때 처음 조종량의 반량을 적용하여 재수정하는 조작을 의미한다. 예를 들어 사이클릭을 좌측으로 10의 양을 적용했을 때 사이클릭을 10의 위치에 고정하는 것이 아니라 5의 양을 반대 방향으로 이차 수정량을 적용해 줌으로써 공기역학적 중심점을 유지할 수 있고 이를 협차법이라고도 한다. 실제 숙련된 헬리콥터 조종사는 아무리 거대한 동체의 헬리콥터라 해도 수 밀리의 미세조종으로 제자리비행을 할 수 있는 것은 이 같은 끊임없는 수정 조작의 결과이다.

[조작3] 불필요한 자세 변화는 조종훈련생 스스로 유발한다.

초기의 긴장감은 조종훈련생에게 손발에 필요 이상의 힘을 주어 조종간을 움직이는 양이 커지고 늦어진다. 최대한 몸의 긴장을 풀고 의도적으로 작은 양으로 조작하도록 노력한다. 기류가 좋은 상태에서 숙달된 조종사의 사이클릭 수정량은 동전 크기의 범위에서 이루어질 수 있다.

[조작 4] 균형조종이 되도록 노력하라.

균형조종이 잘 이루어져야 이상적인 제자리비행을 할 수 있다. 헬리콥터 조종에 활용되는 사이클릭, 컬렉티브, 페달은 상호 일치된 조작을 요구한다. 예를 들어 컬렉티브 상방압을 적용했을 때 블레이드 피치각이 증가하고 또한 토크가 증가하기 때문에 이를 수정하기 위해서 동시에 우측 페달압이 적용되어야 한다. 동력 변화에 따른 회전면 역시 변화될 수 있어서 사이클릭 중립으로 편류를 방지해 주는 조작이 따라야 한다.

[조작5] 맞바람 제자리비행을 실시하라.

바람이 일정한 방향으로 불어 준다면 제자리비행을 훈련하는 초임 조종사에게 매우 유리하게 작용한다. 맞바람의 상태에서는 사이클릭을 약간 바람 부는 방향으로 압을 적용해 바람의 흐름을 막음으로써 더 쉽게 제자리비행을 할 수 있다. 옆바람의 상황에서는 바람 부는 방향으로 사이클릭의 압을 적용하여 회전면을 바람 부는 쪽으로 기울여 바람의 영향을 상쇄시킴으로써 가능한 편류를 방지해야 한다.

[조작6] 사이클릭 트림을 적절히 활용하라.

제자리비행할 때 공기역학적 중심점과 사이클릭 중심점이 일치하면 매우 적은 양으로 유연한 조작이 가능하다. 그러나 사이클릭 트림(cycle trim)이 어느 한 방향으로 치우쳐 있을 때 사이클릭도 그 방향으로 이동하려 하므로 조종사는 이를 방지하기 위한 불필요한 조종압(control pressure)이 적용되어야 한다. 이 과정에서 조종압이 증가하고 조종 피로(control fatigue)가 증가한다.

3피트 제자리비행에 관한 내용을 요약하면 다음과 같다.
① 참고점을 선정한다.
② 동체의 움직임을 조기에 발견하고 즉각적인 수정 조작을 적용한다.
③ 컬렉티브 - 3피트 고도에 도달하면 현재의 상방압을 유지한다.
④ 사이클릭 - 편류를 방지하고 반량 수정 개념을 적용한다.
⑤ 페달 - 동력의 변화가 없는 한 토크 양도 일정하므로 양발에 일정한 압을 유지한다.
⑥ 사이클릭 트림이 적절한지 확인한다.

6.2.3 제자리비행 이동

제자리비행 기술이 어느 정도 숙달되면 동고도를 유지한 상태에서 헬리콥터를 앞으로 전진시키는 기술을 익힌다. 이동하고자 하는 방향의 참고점을 선정하여 좌우로 편류하지 않도록 사이클릭을 전진 방향으로 압을 적용하고 페달을 이용하여 세로축과 비행경로가 일치하도록 유지한다. 앞으로 이동함에 따라 헬리콥터의 세로축을 참조점과 일치시켜 비스듬한 상태에서 전진하는 것을 방지해야 한다. 이동 속도는 숙달 정도에 따라 느린 걸음 속도에서 더 빠른 걸음 속도까지 실시하고 자세의 급격한 변화 없이 수행되어야 한다. 헬리콥터의 이동을 정지시키기 위해서는 사이클릭 후방압을 적용하여 동시에 방향 조종과 고도 변화에 따른 컬렉티브 수정을 수행한다.
① 참고점을 선정하고 가상 항적을 그린다.
② 컬렉티브 - 3피트 제자리비행 고도를 유지하기 위한 조종압을 유지한다.
③ 사이클릭 - 이동 목표를 향하여 전진할 수 있도록 전방 압을 적용한다.
④ 페달 - 헬리콥터의 세로축과 지상항적이 일치되도록 좌우압을 유지한다.
⑤ 이동속도 - 보통 걸음 속도
⑥ 정지지점을 예측하여 사이클릭 후방압 적용과 동고도 유지를 위한 컬렉티브 조종과 세로축을 유지한다.

6.2.4 제자리비행 선회

제자리비행 상태에서 좌우로 방향을 전환하는 훈련으로 주로 페달로 이루어진다. 좌측으로 선회하고자 할 때는 좌측 페달에 압을 적용하고, 우측으로 선회하고자 할 때는 우측 페달에 압을 적용하면 된다. 페달의 사용은 양발에 균형된 힘을 주어 토크를 방지하고 어느 한쪽 페달의 압을 증가시키거나 압을 풀어 주면 헬리콥터는 좌우측 힘의 균형이 상실되어 선회한다. 선회할 때 오직 페달에만 의존하기보다는 공기역학적 공기흐름의 변화에 따라 사이클릭과 컬렉티브의 동시 조작이 요구된다. [그림6-7]과 같이 선회는 선정된 어느 한 지점을 중심으로 편류하지 않도록 하고 90도 선회를 약 4초 동안에 수행한다. 선회정지 조작은 원하는 방향에 거의 도달했다고 판단되면 반대편 페달에 압을 주어 정지

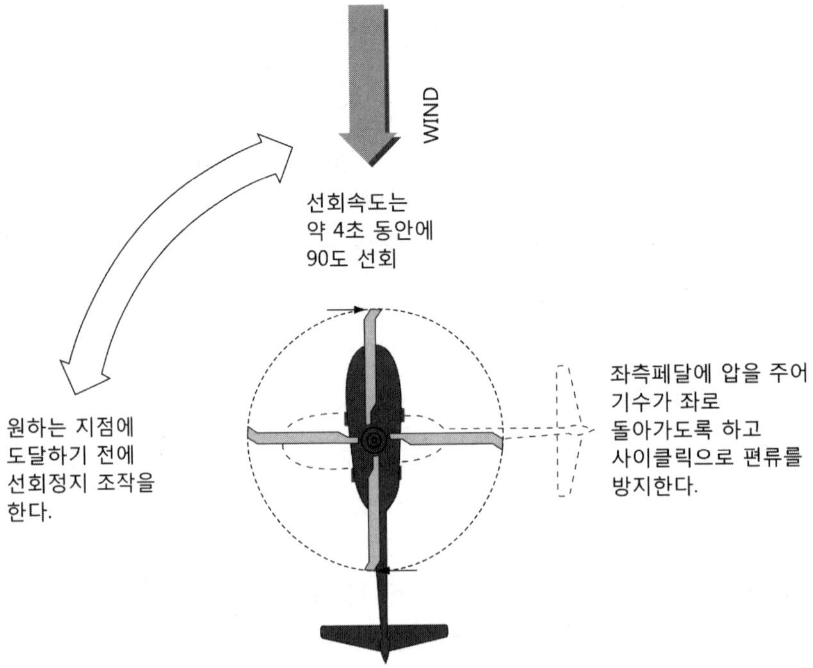

【그림6-7】 제자리비행 선회

시킨다. 선회의 숙달 정도에 따라 90도, 180도, 360도 선회한다. 특히 뒷바람에서 맞바람으로 선회할 때 헬리콥터는 풍향계와 같은 현상이 나타나고 뒷바람 속도에 따라 매우 빠르게 선회할 수 있으므로 주의한다.

① 선회방향을 결정하고 가용한 참고점을 선정한다.

② 페달 - 선회하고자 하는 방향의 페달에 압을 적용하면서 반대편 페달 압을 풀어 준다.

③ 사이클릭 - 선회 중 헬리콥터가 편류하지 않도록 조종압을 적용한다.

④ 컬렉티브 - 동고도 유지를 위한 상방압을 유지하고 고도 변화에 따라 적은 양으로 수정한다.

⑤ 원하는 방향에 도달하기 전에 선회 반대편 페달의 압을 적용하여 선회정지한다.

⑥ 선회율은 90도를 약 4초 동안에 선회가 이루어질 수 있도록 조절한다.

6.2.5 측방 및 후진비행

헬리콥터는 측방 및 후방(side and rear) 비행이 가능하다. 제자리비행 상태에서 조종사는 이동하고자 하는 방향으로 사이클릭 압을 적용하면 블레이드는 사이클릭의 압이 가해진 방향으로 약간 기울고(tilt) 헬리콥터는 측방 또는 후방으로 이동한다. 이 조작 역시 페달, 사이클릭, 컬렉티브가 일치되어야 제자리비행 고도와 세로축을 유지하면서 이동할 수 있다. 측방 및 후방으로 이동할 때 조종사의 시선은 제한되어 있으므로 좌우측 장애물 경계를 확실하게 실시하고, 특히 이동 중 고도가 낮을 때는 한쪽 스키드가 지면에 부딪힐

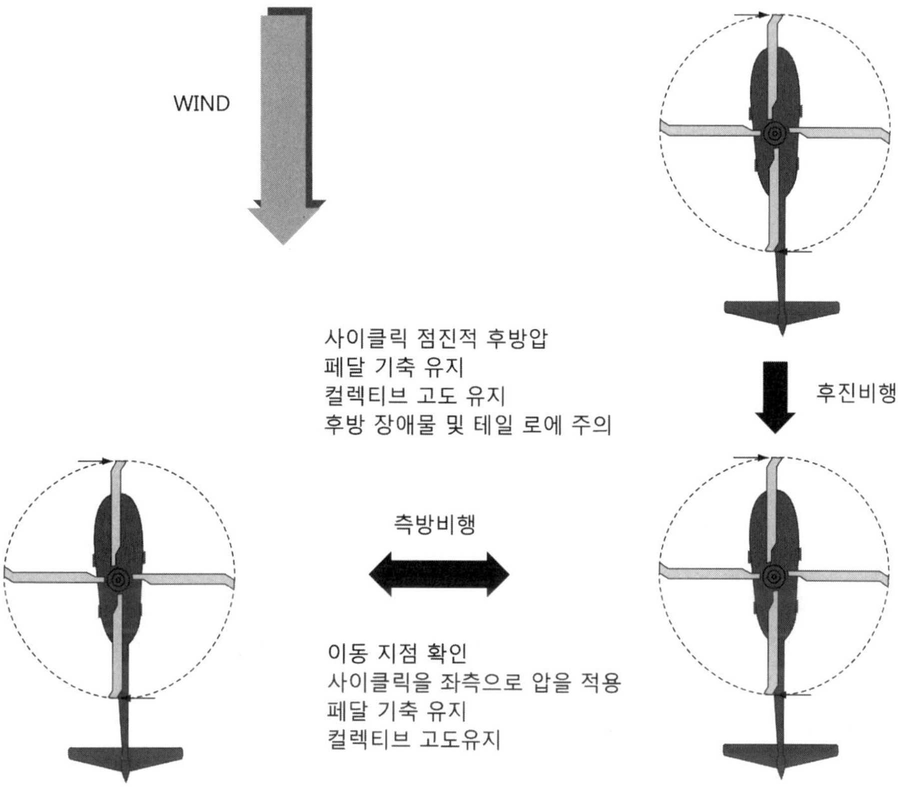

【그림6-8】 측방 및 후진비행

우려가 있어 주의해야 한다.

① 이동 방향과 참고점을 선정한다.

② 사이클릭 - 원하는 방향으로 이동할 수 있도록 사이클릭 압을 적용한다.

③ 컬렉티브 - 3피트 고도 유지를 위한 압을 유지한다.

④ 페달 - 선정된 참고점과 세로축이 일치하도록 기축을 유지한다.

⑤ 조종사 시계가 제한될 수 있으므로 철저한 주변 경계를 한다.

⑥ 측방 및 후진비행할 때 고도 강하는 한쪽 스키드가 지면에 부딪혀 전복될 우려가 있으므로 3피트 고도 유지에 특히 주의하여 이동한다. [그림6-8]

6.2.6 수직 상승 및 강하

제자리비행 상태에서 수직 상승 및 강하(vertical climb and descent)는 주로 컬렉티브로 이루어진다. 컬렉티브를 상방으로 압을 적용하면 블레이드 피치의 꼬임각이 증가하여 받음각이 증가하고 받음각의 증가는 양력을 증가시켜 헬리콥터는 상승한다. 반대로 컬렉티브를 하방으로 압을 적용하면 받음각이 감소하여 헬리콥터는 강하한다. 상승 및 강하할 때 동력의 증감은 토크 변화를 수반하여 세로축의 변화를 초래하므로 반드시 이를 방지하기 위한 페달 조종(pedals control)이 필수적이다. 예를 들어 상승할 때 동력 증가는 토크를 증가시켜 헬리콥터가 우로 돌아가려는 경향이 있으므로 좌측 페달에 압을 증가시켜야 하고, 반대로 강하할 때는 우측 페달에 압을 증가시켜야 세로축의 변화 없이 수직 상승 및 강하할 수 있다. 조종사의 시선은 참고점을 확인하면서 헬리콥터의 움직임을 동시에 관찰할 수 있어야 하고, 지면효과를 벗어난(out of ground effect) 고도에서는 지면효과를 받고 있을 때의 비행보다 동력이 더 많이 요구된다.

① 컬렉티브 상방압; 좌측 페달압 증가 - 사이클릭 후방압
② 컬렉티브 하방압; 우측 페달압 증가 - 사이클릭 전방압
③ 상승 동력은 제자리비행보다 약 7~8 psi 더 적용
④ 주변 참고점을 이용하여 수직으로 상승 및 강하를 위한 적절한 주의력 분배

6.2.7 제자리비행 착륙

제자리비행 상태를 유지하면서 지면에 착지(touchdown)시키는 기술로 가능한 한 부드럽게 수행되어야 한다. 착륙 위치를 확인하고 수직 강하할 때와 같은 요령으로 서서히 컬렉티브 하방압을 적용하거나 받쳐 주고 있던 힘을 약간 풀어 줌으로써 헬리콥터는 강하한다. 헬리콥터가 지면에 가까워질수록 지면효과(ground effect)의 영향을 받아 불규칙하게 흔들리려는 경향이 발생하나 지속해서 강하하여 두 스키드가 동시에 지면에 착지되도록 조작한다. 초임 조종사는 착지에 주의를 집중한 나머지 세로축의 요(yaw)와 편류의 발견이 늦어져 지면에 착지하는 순간에 한쪽 스키드가 먼저 지면에 하드랜딩(hard landing)을 일으키거나 편류(drift)하는 현상이 발생한다. 강하할 때 컬렉티브 하방압은 토크 양을 감소시켜 헬리콥터는 좌측으로 돌아가려 하므로 우측 페달 압으로 견제해 주어야 하고, 사이클릭의 공기역학적 중심점을 유지하지 못했을 때 헬리콥터는 전이성향의 영향을 받아 우로 편류(drift)하려는 현상이 발생할 수 있다. 초임 조종사의 경우 시선을 직전방에 두었을 때는 시각적 착각을 유발할 수 있으므로 충분히 멀리 두고 감각에 의한 스키드의 착지 감각을 발달시켜야 한다. 양쪽 스키드가 지면에 착지 되었다고 판단되면 컬렉티브의 하방압을 일시 중지한 후 블레이드에 실려 있던 힘을 서서히 스키드에 전이되도록 한 후 컬렉티브를 완전히 내려(full down)준다.

① 참고점을 선정한다.
② 컬렉티브; 서서히 하방압을 적용한다.
③ 사이클릭; 편류(drift)를 방지할 수 있도록 조종하고 전이성향을 방지하기 위해서 약간 좌측압을 적용한다.
④ 페달; 동력감소에 따라 좌요가 발생하므로 우측 페달압으로 방지하여 세로축을 유지한다.
⑤ 스키드(skid)가 동시에 지면에 착지 되도록 조종하고 스키드의 지면 착지 감각을 발달

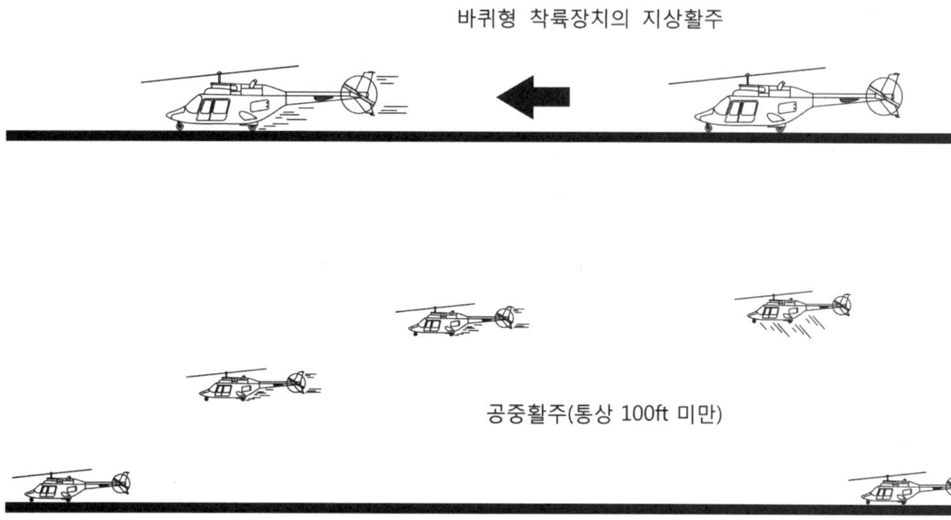

【그림6-9】 헬리콥터 지상활주 및 공중활주

시킨다.

⑥ 스키드가 일단 지면에 착지하면 컬렉티브 하방압을 일시 중지한 후 헬리콥터의 무게가 스키드에 실릴 수 있도록 컬렉티브를 완전히 내려준다.

6.2.8 지상활주

헬리콥터의 착륙장치는 스키드형과 바퀴형이 있다. 스키드형은 지면에 닿는 면이 상대적으로 넓기 때문에 지면이 비교적 연약지반의 지형에서도 동체의 무게를 전체에 고르게 전달할 수 있지만, 공항 활주로에서 이동할 때도 반드시 제자리비행 상태에서 이동해야 하는 단점이 있다. 바퀴형 착륙장치는 전 바퀴에 무게가 실리기 때문에 연약지반 위에 착륙했을 때 바퀴의 빠짐에 상당한 주의를 기울여야 한다. 하지만 활주로와 같은 평평한 지형에서는 제자리비행을 하지 않고도 이동할 수 있으며 러닝 이륙 또는 착륙할 때 매우 유리한 장점이 있다. 바퀴형 착륙장치를 장착한 헬리콥터가 지상에서 이동할 때는 [그림 6-9]와 같은 조작으로 이동한다.

[조작1] 제자리비행 RPM을 유지한다.
로터 블레이드의 RPM은 제자리비행을 할 수 있는 RPM으로 증가시킨다. 이는 지상활주 중 불안전 요소가 발생했을 때 즉각적으로 지면에서 이륙할 수 있도록 할 수 있기 때문이다. 대부분 이 RPM은 스로틀을 최대로 감은 상태가 될 것이다.

[조작2] 컬렉티브를 완전히 내렸는지 확인한다.
헬리콥터의 모든 무게가 바퀴에 실릴 수 있도록 하고, 만약 제동장치가 되어 있다면 동체가 움직이지 않도록 제동장치를 견고하게 유지한다.

[조작3] 사이클릭을 이동 방향으로 적용한다.
지상활주하기 전에 사이클릭으로 회전면을 [그림6-9]와 같이 기울인다. 만약 바람이 불고 있다면 바람을 수정할 수 있는 방향으로 약간 기울여 주어야 한다. 사이클릭 조종으로 이동 속도를 조절하는 것은 아니다.

[조작4] 테일로터 페달은 기축 조종에 사용한다.
테일로터 페달은 정중앙에 위치할 수 있도록 조종하고, 지상활주할 때 기축은 반드시 테일로터 페달에 의해서 수행되어야 한다. 공중에서 선회하는 것과 같은 생각으로 사이클릭으로 방향을 조종해서는 안 된다. 통상 앞바퀴는 3륜 이동 카트와 같이 뒤쪽의 이동 힘으로 방향을 유지하는 형태이다. 따라서 방향을 전환할 때는 선회하고자 하는 러더페달의 압을 적용하여 꼬리에서 어느 한 방향으로 밀면 기수가 원하는 방향으로 전환한다.

[조작5] 출발, 정지, 그리고 속도조절은 컬렉티브로 조종한다.
지상활주를 위한 모든 준비는 마쳤다. 지상활주를 위한 출발, 정지, 그리고 속도의 조절은 컬렉티브로 조종하여야 한다. [그림6-9]와 같이 회전면은 이미 진행 방향으로 기울어 있으므로 컬렉티브를 약간 들어 올리면 동체의 이동을 감지할 수 있다. 이때 너무 많은 양을 적용하면 지면에서부터 부양하는 힘을 받을 수 있으므로 이동을 감지하는 순간 컬렉티브의 상방압을 중지한다. 이동 속도가 너무 빠르다고 판단할 때는 컬렉티브를 약간 하방압을 적용하여 조절한다. 이동 속도는 제자리비행 활주와 마찬가지로 성인의 보통 걸음걸이 속도가 적당하다.

6.2.9 공중활주

헬리콥터의 특성을 이용한 기동으로 [그림6-9]의 아래 그림과 같이 제법 먼 거리를 이동해야 할 때 적용하는 기동이다. 모든 적용 기술은 제자리비행 기술과 동일하다. 다만 고도가 100피트 미만에서 수행할 것을 권고하고 있고, 때로는 헬리콥터의 높이-속도 그래프를 참고하여 위험구역에서의 운용을 피해야 한다. 특히 많은 항공기가 운용되는 장소에서 대형 헬리콥터의 공중활주는 강력한 하강풍의 영향으로 지상에 계류 중인 비행기에 피해를 줄 수 있어서 절대로 사람이나 항공기 위로 이동하는 행위는 금지되어 있다.

6.2.10 제자리비행 종합훈련

제자리비행 역시 앞에서 학습한 모든 이론이 적용되고 있음을 알 수 있다. 제자리비행 상태에서 다양한 기동을 완성한 후에는 전체적으로 제자리비행을 위한 훈련을 수행할 것이다. 이는 [그림6-10]에서 보는 것과 같이 직사각형 장주를 형성하고 3-피트 제자리비행으로 각 구역을 이동하면서 제자리비행 기술을 익히는 종합훈련이다. 바람이 어느 한 방향으로 불고 있다고 가정할 수 있고, 제자리비행 이동 중에 바람에 의한 편류를 확실하게 수정할 수 있어야 한다. 사례에서는 우측풍을 받으면서 제자리비행 이동 훈련을 하고 있다. 제자리비행 기동 중에 제일 하단에 있는 헬리콥터는 뒷바람의 영향을 받고 있다. 기축 유지에 상당한 주의를 기울여야 할 것이고, 특히 제자리비행 정지를 위해서 우선회할 때 헬리콥터 동체는 마치 풍향계와 같은 영향을 받아 뒷바람의 강도에 따라 급회전이 발생할 수 있음에 주의하여야 한다.

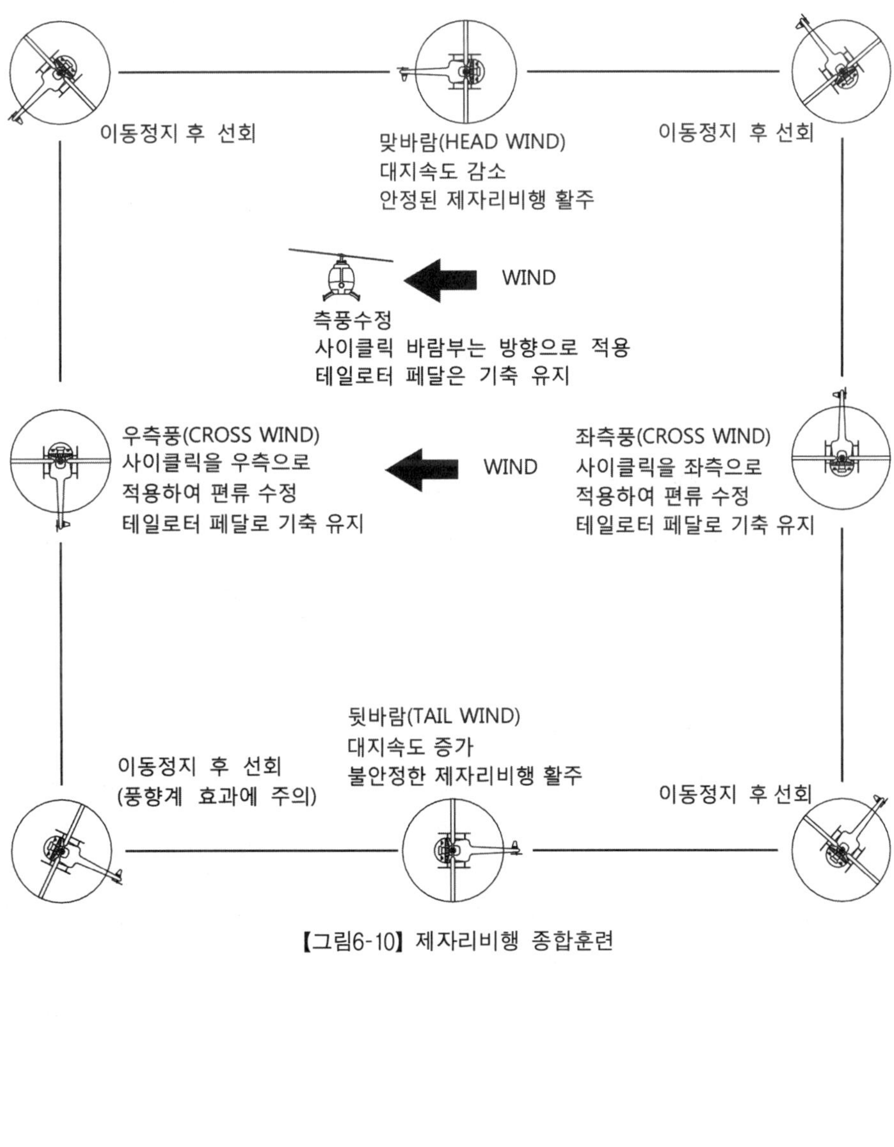

【그림6-10】 제자리비행 종합훈련

6.3 전진비행

6.3.1 헬리콥터의 전진비행

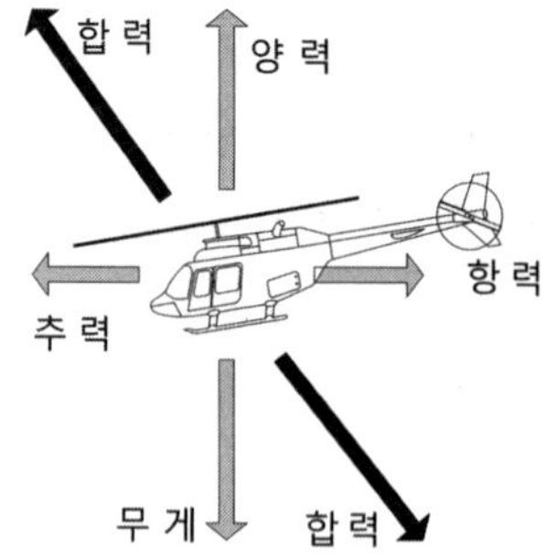

【그림6-11】 전진비행 중 힘의 벡터

이제까지는 헬리콥터의 제자리비행에서의 여러 기동 형태에 대해서 학습하였다. 이제는 제자리비행의 한계를 벗어나 본격적인 전진비행에 관한 내용을 학습한다. 어느 항공기에나 작용하는 4개의 힘은 추력, 항력, 양력, 무게가 상호 균형을 이룬 상태가 된다. 제자리비행 상태에서 추력=0이다. 추력이 발생하기 위해서는 회전날개를 기울여야 한다. [그림6-11]과 같이 조종사가 사이클릭을 앞으로 밀어 회전면을 기울이면, 회전면의 양력 일부가 추력으로 전환되는 것을 옆의 벡터를 통해서 알 수 있다. 이로 인한 양력과 추력의 합력(resultant force)은 수직에서 약간 기운 상태가 되면서 헬리콥터는 전진하게 된다. 이때부터 4개의 힘은 등속 수평직선비행을 한다면 상호 균형을 이루게 될 것이다. 제자리비행 상태에서 초기에 전진하는 헬리콥터에서는 벡터에서 분석한 것과 같이 양력 일부가 수평양력분력인 추력으로 전환되면서 고도상실 현상이 발생할 수 있으나 전진속도가 점점 빨라지면서 회전날개에서 유입되는 새로운 공기흐름의 순환으로 인하여 회전날개의 효율이 증대될 수 있다. 이를 입증하는 내용이 전이양력이다.

6.3.2 제자리비행에서 전진비행으로 전환

제자리비행할 때 블레이드 상방에서 수직으로 유입된 공기흐름(flow of air)은 헬리콥터를 중심으로 360° 어느 방향으로나 고르게 분산되는 형태를 띠나 전진하면 블레이드의 회전면(plane of rotation)이 기울어져 공기흐름을 뒤로 밀어내면서 헬리콥터는 전진한다. 전진비행 중 헬리콥터의 효율은 증가한다. 이 같은 이유는

첫째, 제자리비행 중 주회전날개 끝단(main rotor tip)에 형성되는 와류(vortexes)가 헬리콥터의 전진에 따라 조금씩 뒤로 밀려나고 전진속도가 빨라질수록 와류는 완전히 뒤로 쳐져 공기흐름이 점점 수평 상태로 변한다.

둘째, 테일로터 역시 전진속도가 증가함에 따라 공기역학적 효율성이 증가한다. 제자리비행 중 테일로터 주변에 와류가 형성된다. 헬리콥터가 전진함에 따라 테일로터의 와류도 뒤로 밀려나면서 효율이 증대된다. 테일로터 효율의 증대는 테일로터 추력 증가를 의미하므로 꼬리가 우측으로 밀리는 힘을 받고 기수는 좌측으로 돌아가려는 경향(left-yaw

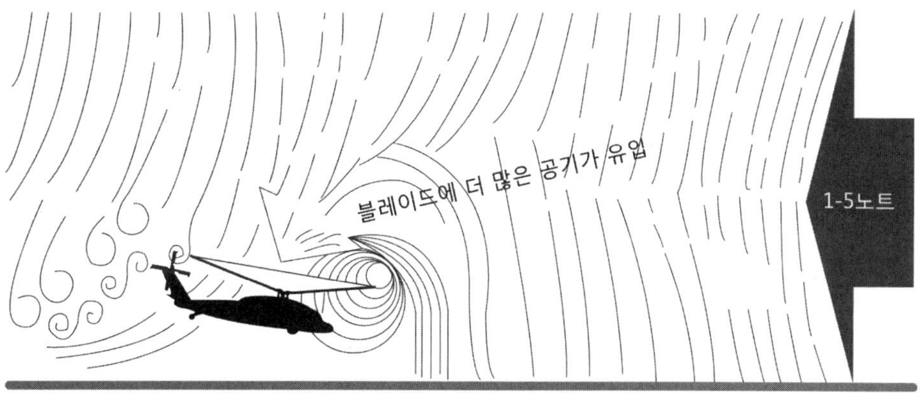

메인로터 하강풍과 테일로터에서 발생한 와류 역시 뒷쪽으로 이동한다.

메인로터 하강풍과 테일로터에서 발생한 와류 역시 뒷쪽으로 이동한다.

【그림6-12】 저속비행(1~5노트)에서 공기흐름

tendency)이 발생한다. 따라서 조종사는 헬리콥터의 속도가 증가함에 따라 우측 페달압을 적용해야 기축 안정을 유지할 수 있다.

6.3.3 저속에서의 공기흐름

제자리비행에서 [그림6-12]의 위 그림과 같이 사이클릭을 약간 전방으로 압을 주어 헬리콥터가 전진하기 시작할 때(약 1~5노트) 직상방에서 유입되던 공기(incoming air)가 약간 경사지고 테일로터 주변의 와류(vortex)도 서서히 뒤로 밀리기 시작하는 형태를 보인다. 이 상태에서는 주회전날개 끝단과 테일로터 주변에 상당한 와류가 발생하고 있음을 알 수 있다. 또한, 공기흐름 패턴이 제자리비행할 때보다 전진 방향으로 경사지고 있는 것을 관찰할 수 있다. 전진속도가 빨라짐에 따라 유입되는 공기흐름은 더욱 수평이 되어 전진속도가 약 10노트에 이르면 유입되는 공기 전단이 기수 위의 블레이드 하단 위치를 통과하고, 전진속도가 약 15노트에 이르면 유입 공기 전단(forward edge)이 테일로터를 통과할 정도로 수평을 이루면서 새로운 형태의 공기흐름을 형성한다. 다시 말하면 속

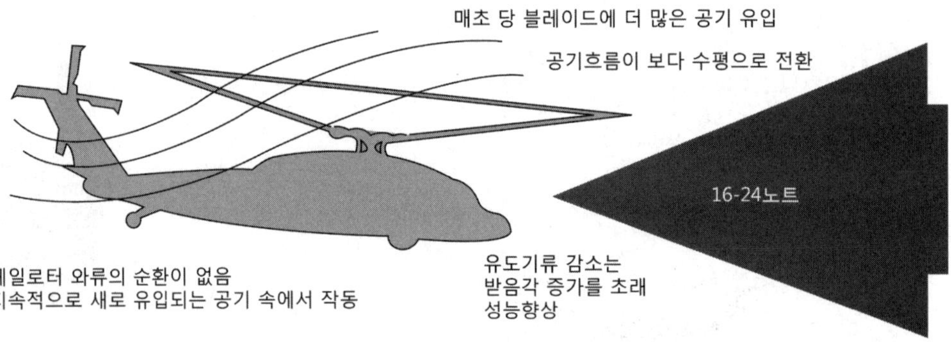

【그림6-13】 유효전이양력

도가 빨라지면서 양력 불균형(dissymmetry of lift)과 횡단류 효과(transverse effect)의 영향을 받는다.

6.3.4 유효전이양력

전진비행 속도가 느릴 때는 아직도 와류의 영향에서 완전히 벗어나지 못한 상태라 할 수 있으나, 속도가 16~24노트에 이르면 로터는 공기의 재순환(recirculation) 구역에서 완전히 벗어나고 지속적으로 새로운 기류를 받아들이게 된다. 공기역학적으로 분석해 볼 때 속도가 증가함에 따라 새로운 공기의 유입은 유도기류(induced flow)를 감소시키고 유도기류의 감소는 유도항력(induced drag)을 감소시켜 받음각(angle of attack)이 증가한다.

(1) 유효전이양력 효과

속도가 증가하여 유효전이양력을 받은 헬리콥터는 동시에 횡단류 효과가 발생하기 때문에 [그림6-13]과 같은 현상이 발생한다. 헬리콥터가 유효전이양력을 받는 순간 성능증가로 인한 여러 가지 변화가 발생한다.

첫째, 유도항력(induced drag)의 감소로 받음각이 증가한다. 제자리비행에서는 회전성 상대풍으로 인한 받음각이 매우 컸으나 전진비행으로 인한 유효전이양력이 발생하는 순간 유도기류가 수평으로 전환되면서 이로 인한 유도항력의 감소는 상대적으로 받음각의 증가를 초래한다.

둘째, 기수들림(nose-up) 현상이 발생한다. 회전성 와류구역에서 벗어나 순간적인 받음각의 증가는 기수가 급격히 들리는 현상이 발생한다.

셋째, 우옆놀이(right roll)가 발생한다. 헬리콥터 자체의 와류구역 속에서 이동 중에 이 구역을 벗어나면서 동체의 전이성향이 증가하여 동체는 오른쪽으로 롤링하려는 경향이 증가한다.

넷째, 좌빗놀이(left yaw)가 발생한다. [그림6-12, 13]에서 보는 것과 같이 유효전이양력이 발생하기 전까지 테일로터 역시 주회전날개에서 발생하는 와류구역 내에 있었으나 전진비행 속도가 증가하면서 와류구역을 벗어날 수 있다. 이로 인하여 테일로터의 효율이 증가하는 현상이 발생하고 이는 기수를 좌측으로 돌아가게 하는 원인을 초래한다. 이처럼 헬리콥터가 유효전이양력을 얻는 순간 발생하는 성능의 증대 현상은 정형화된 것으로 어느 회전날개 항공기에서나 거의 유사하게 발생한다. 따라서 조종사는 전이양력을 받는 순간 적절한 조종으로 대처했을 때 정상적인 전진비행으로 연결될 수 있다. 예를 들어 기수들림을 적절히 대응하지 못하면 전진 비행하기보다는 회전면이 뒤로 기울면서 전진 비행하지 못하고 다시 와류의 순환 구역 속으로 진입할 수 있다.

(2) 유효전이양력 효과

유효전이양력을 받는 순간 이를 적절히 전진비행으로 전환하기 위해서 다음과 같은 초동조작이 요구된다. 제자리비행에서 벗어나는 순간 지면효과의 일부 감소와 양력성분의 추력 전환으로 약간 침하하는 현상이 발생할 수 있으나 후속하여 유도항력의 감소로 인한 받음각 증가 현상이 따르기 때문에 자체적으로 상승할 수 있으나 만약 지면과 너무 낮은 높이에 있다면 착륙장치가 지면에 부딪힐 우려가 있다. 이를 방지하기 위해서 약간의 컬렉티브 상방압이 요구되나 유효전이양력을 받는 순간 원래의 동력으로 전환해 주어야 유효전이양력과 추가로 부가된 양력이 조화되어 급격한 기수 들림을 방지할 수 있다. 사이클릭은 유효전이양력으로 인한 기수들림과 우측 롤(roll) 현상을 동시에 수정하여야 한다. 이를 위해서 조종사는 사이클릭 좌전방압이 적용되어야 현재의 자세에서 자연스럽게 상승으로 연결될 수 있다. 테일로터 페달은 유효전이양력을 받는 순간 좌요(left yaw)가 발생하므로 이를 수정하고 기축(세로축)을 유지하기 위해서는 우측 테일로터 페달에 압을 적용하여야 한다.

6.4 양력 불균형

6.4.1 양력 불균형의 원인

무풍 상태에서 제자리비행 중에는 양력 불균형(differential lift)이 발생하지 않는다. 제자리비행 중 공기흐름은 로터 블레이드의 어느 방향에서나 회전성 상대풍이 일정하기 때문이다. 그러나 헬리콥터가 100노트로 비행할 때 블레이드는 위치에 따라 전진하는 블레이드와 후진하는 블레이드가 발생한다. 로터가 좌측으로 회전한다고 했을 때 우측 블레이드는 전진 블레이드(advancing blade)가 되고 좌측에 있는 블레이드는 후진 블레이드(retreating blade)가 된다. 테일로터를 통과한 블레이드는 전진 블레이드로 3시 방향이 되었을 때 상대속도가 최대가 되고, 이때 상대속도는 헬리콥터의 전진속도를 더해 주어

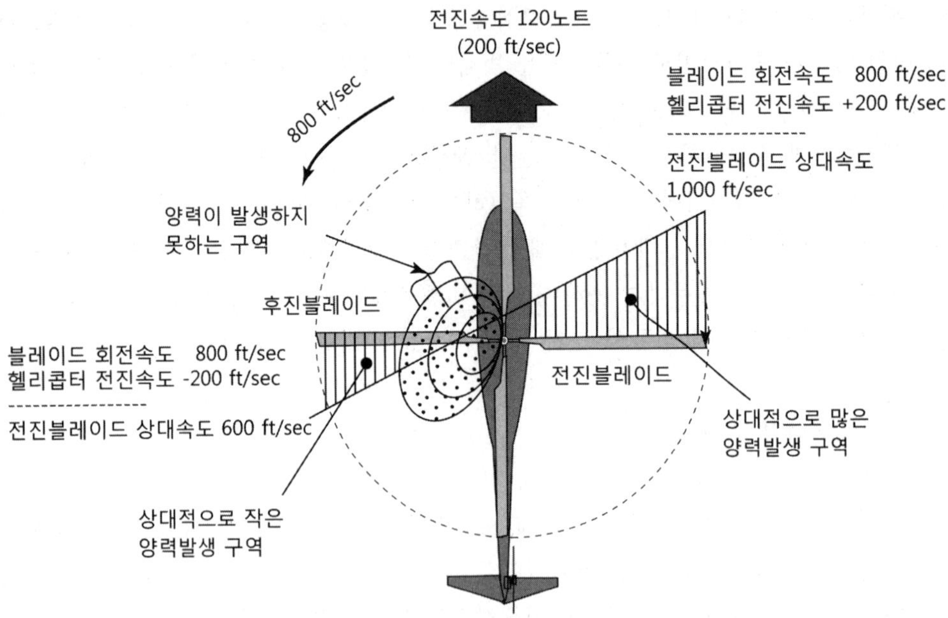

【그림6-14】 전진 블레이드와 후진 블레이드 사이의 속도차에 따른 양력 불균형

야 한다. 반대로 기수를 통과한 블레이드는 후진 블레이드가 되어 9시 방향에서 최소가 되며 이때 속도는 헬리콥터의 속도를 감해 주어야 한다. 예를 들어 로터가 분당 394노트로 회전할 때 3시 방향의 전진 블레이드는 494(394 + 100)노트가 되고, 후진 블레이드의 속도는 294(394-100)노트가 된다. 따라서 전진 블레이드와 후진 블레이드의 속도차는 무려 200노트에 달하고 회전 속도차는 곧 양력차와 관계가 있으므로 좌측 블레이드의 양력 불균형은 헬리콥터 운용에 커다란 장애 요소가 된다. (양력은 속도의 제곱으로 증가함) [그림6-14]는 전체 회전면에서 발생하고 있는 양력 불균형 상태를 잘 보여주고 있다. 헬리콥터는 최대속도가 제한된다는 점은 이미 강조되었다. 사례에서는 헬리콥터의 속도가 120노트로 가정했을 때지만 이보다 더 빠른 속도로 비행할 때 후진 블레이드 회전면 구역에서 실속 구역이 점점 증가하여 결국 심각한 양력 불균형을 초래하게 되는 것이다. 결국, 양력 불균형의 원인은 전진 블레이드와 후진 블레이드의 속도차라고 할 수 있다.

양력 발생에 영향을 주는 요소 중 공기밀도(density of air)와 블레이드 면적(blade area) 그리고 블레이드의 모양은 전진 및 후진 블레이드가 동일하나 받음각과 블레이드의 속도만이 가변 요소가 되기 때문에 이 두 요소를 적절히 조화시켜야 양력 불균형을 해소할 수 있다. 그러나 이 두 요소 중 블레이드의 속도(RPM) 역시 일정한 운용범위 한계가 규정되기 때문에 결국 조종사가 양력 불균형을 상쇄시키는 방법은 단지 받음각 변화밖에 없다. 이 같은 양력 불균형은 헬리콥터의 최대속도를 저해하는 요인이지만 정상적인 운용범위 내에서는 이를 해소할 수 있도록 블레이드의 운동을 허용하고 있다. 각각의 헬리콥터에는 초과금지속도(V_{NE}; never exceed speed)가 지정되어 있다. 이 속도 한계를 초과하면 실제 후진 블레이드 실속이 발생하여 더 이상의 비행이 불가능하다. 양력 불균형 해소를 위한 로터 블레이드의 피치각은 제로(flat)에서부터 실속(stalling) 피치각까지 변화시킬 수 있으며, 양력 불균형을 해결하는 방법으로 각 블레이드는 자체적으로 블레이드 플랩핑(blade flapping)과 사이클릭 페더링(cyclic feathering)으로 해소된다.

6.4.2 블레이드 플랩핑

블레이드의 플랩핑은 양력 불균형을 해소하는 주요 작용을 한다. 플랩핑이란 플랩핑 힌지(hinge)에 대해서 로터 블레이드의 상하운동이라 했다. 헬리콥터가 전진함에 따라 전진 블레이드와 후진하는 블레이드 사이에서 발생하는 속도차에 의해서 양력 불균형이 발생한다는 것은 주지의 사실이다. 이를 해소하기 위한 조건은 전진 블레이드 측면에서는 양력이 감소해야 하고 후진 블레이드 측면에서는 양력이 증가해야 한다. 이 같은 역할을 하는 것이 플랩핑 작용이다. 전진하는 블레이드는 비행속도가 추가되기 때문에 높은 공기흐름 속도에 접하게 되고 속도의 증가는 양력을 증가시켜 블레이드를 상승하게 한다. 따라서 블레이드의 최대 상향 플랩핑 속도는 3시 방향이 된다. 반대로 후진하는 블레이드는 속도가 감소하고 이로 인하여 양력도 감소하여 하향 플랩핑을 하고 9시 방향에서 최저 하향 플랩핑 속도가 된다. 이 같은 플랩핑으로 양력 불균형을 해소할 수 있을 뿐만 아니라 마스트를 중심으로 회전면을 자유롭게 기울일 수 있고 돌풍과 같은 외부 요인으로 인한 플랩핑을 허용함으로써 로터 시스템에 미치는 영향을 최소화할 수 있다.

[그림6-15]는 회전면에서 발생하고 있는 블레이드 플랩핑 작용을 잘 보여주고 있다. 회전하는 블레이드의 피치각은 어느 위치에서나 동일하다. 다른 점이 있다면 상대속도의 차이에 따른 유도기류의 변화 부분을 유심히 관찰하여야 한다. 그림에서 음영으로 표시된 구역이 유도기류의 크기를 나타내고 있다. 기수 부분이나 꼬리 부분에서는 유도기류는 동일하게 발생하고 있다. 그러나 앞에서 언급한 것과 같이 3시 방향에서는 유도기류의 증가로 인한 회전성 상대풍의 각도가 증가하고 결국 회전성 상대풍과 시위선의 각도인 받음각이 감소하고 있는 것을 볼 수 있다. 반대로 9시 방향에서는 회전속도의 감소로 인한 유도기류의 감소는 회전 상대풍과 시위선의 각도를 증가시켜 결국 받음각의 증가를 초래하고 있음을 알 수 있다.

(1) 블레이드 변위(displacement) 위치

전진하는 블레이드는 계속 상향하여 최대 상향 플랩핑 속도가 3시 방향 위치에서 최대 상향 플랩 블레이드 변위(displacement)가 헬리콥터의 기수 위에 도달할 때까지 반응한다. 후진하는 블레이드는 계속 하향하여 최대 하향 플랩핑 속도가 9시 방향 위치에서 최대 하향 플랩 블레이드 변위가 발생하여 테일로터 위에 도달할 때까지 반응한다. 따라서

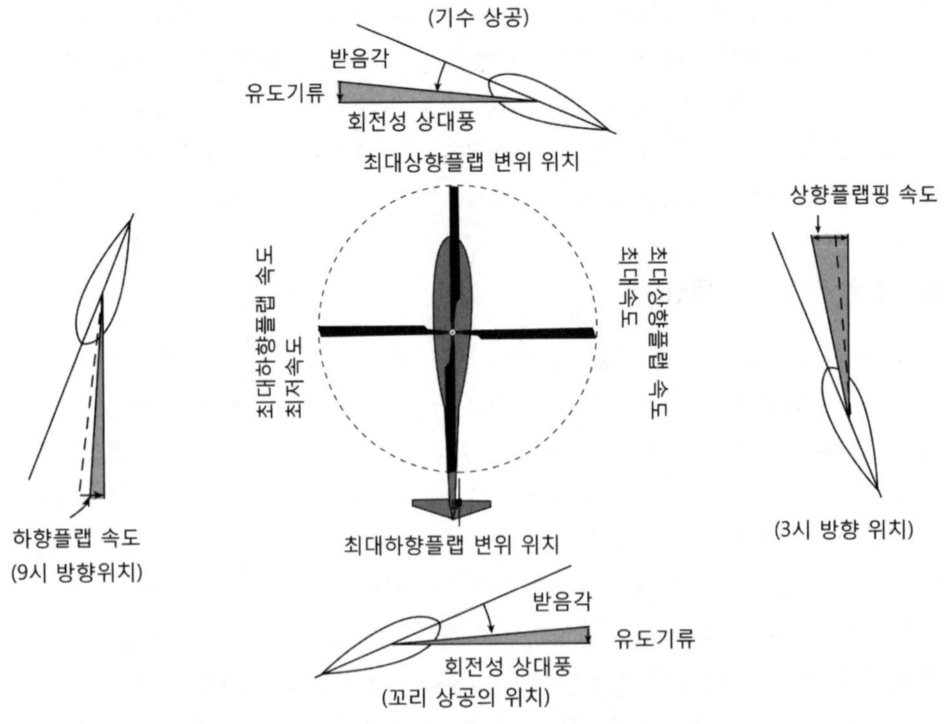

【그림6-15】 블레이드 플랩핑

블레이드 회전면은 기수에서는 최대 상향이 되고 꼬리에서는 최저 하향 위치가 되어 전체적인 회전면은 후방으로 기울어진 상태가 된다. 이러한 현상을 블로백(blowback)이라 한다. 블레이드 플랩핑으로 양력 불균형은 해결되었지만, 회전면이 후방으로 기울어 전진 비행을 방해하는 요소가 발생하고 이를 해소할 수 있는 역할은 사이클릭 페더링이다.

(2) 받음각 변화

상향 플랩핑 블레이드는 공기를 로터 블레이드를 통해서 하향으로 이동하여 유도기류의 증가와 동일한 효과를 나타내 받음각을 감소시키게 된다. 따라서 상향 플랩핑 블레이드에서 발생하는 유도기류는 [그림6-15]와 같이 블레이드 선상에 증가한 공기 속도로 인해서 증가한 양력을 상쇄시킬 수 있는 정도의 받음각을 감소시킨다. 반대로 하향 플랩핑 블레이드는 공기를 로터 블레이드를 통해서 위로 이동하여 유도기류를 감소시키는 것과 동일한 효과를 나타내 받음각을 증가시킨다. 하향 플랩핑 블레이드에서 발생한 유도기류는 그림과 같이 블레이드 선상에 감소한 공기 속도로 인하여 감소한 양력을 상쇄시킬 수 있는 정도의 받음각을 증가시킨다. 블레이드 전체를 보았을 때 전진 블레이드에서는 유도기류가 증가하여 받음각이 감소하고, 후진 블레이드에서는 유도기류가 감소하여 받음각이 증가하기 때문에 전체 회전날개에서 발생한 받음각의 양을 결국 변화시키지 않고 균형을 이룬다.

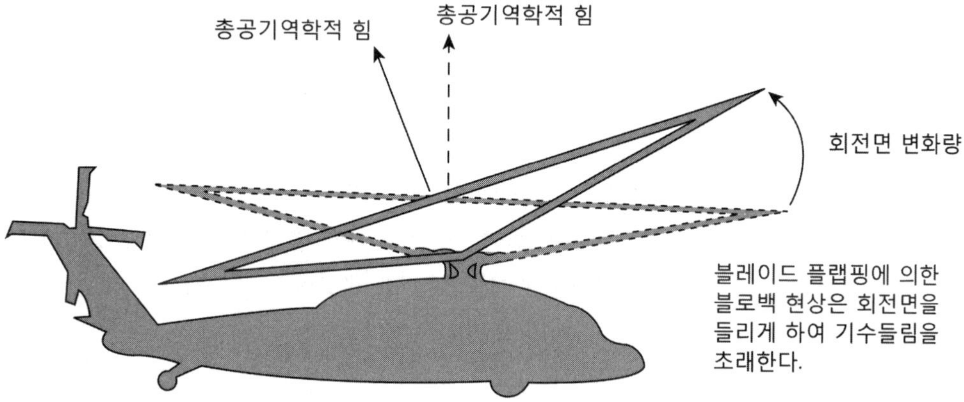

【그림6-16】 블로백

6.4.3 사이클릭 페더링

헬리콥터가 전진할 때 발생하는 양력 불균형은 앞에서 설명한 블레이드 플랩핑에 의해서 해소되었으나, 이로 인하여 회전면이 [그림6-16]과 같이 후방으로 경사지는 블로백(blowback) 현상이 발생하여 전진속도를 제한하는 또 다른 문제가 발생한다. 블로백 경향을 해소하고 지속적인 전진비행을 위해서는 사이클릭의 작용이 요구된다. 전진비행할 때 회전면이 가장 낮아지는 지점은 기수 직상방이 되어야 한다. 이를 위해서 전진 블레이드는 3시 방향 위치에서 받음각이 감소하여야 위로 향하는 대신에 아래로 향하고 위상후행(phase lag)으로 인하여 기수 직상방에서 최대 하향 플랩 블레이드 변위(maximum downflap blade displacement)가 된다. 반대로 후진 블레이드에서는 9시 방향 위치에서 받음각이 증가해야 위로 향하고, 위상후행(phase lag)으로 인하여 테일로터 상공에서 최대 상향 플랩 블레이드 변위가 일어난다. 이처럼 전진 블레이드와 후진 블레이드의 받음각 변화를 시켜 주는 것을 사이클릭 페더링이라 한다.

사이클릭의 전방 이동은 3시 방향 위치에 있는 블레이드의 받음각과 피치 각도를 감소시키고 동시에 9시 방향 위치에 있는 블레이드 받음각과 피치 각도를 증가시킨다. 3시 방향 위치에 있는 감소한 받음각은 그 위치에 있는 블레이드의 양력을 감소시켜 하향 플랩핑을 유도한다. 최대 플랩핑 속도는 블레이드 피치와 받음각이 가장 낮아지는 지점에서 발생하고 이 순간이 3시 방향 위치이다. 위상후행으로 인하여 블레이드 최대 하향 플랩핑 변위(down flapping displacement)는 헬리콥터 기수 상방에서 발생한다. 반대로 9시 방향으로 증가한 블레이드 피치와 받음각은 양력 발생을 증가시키고 헬리콥터 테일로터 상공에서 최대 상향 플랩핑 변위(upflapping displacement)가 발생한다. 기수 상공에서 최대 하향 플랩핑 변위와 테일로터 상공에서 최대 상향 플랩핑 변위는 로터 회전면과 추력 벡터를 전방으로 기울게 한다. 속도가 증가함에 따라 양력 불균형은 전진 블레이드를 상향으로 그리고 후진 블레이드를 하향으로 향하게 하여 블로백(blowback) 경향을 발생시키려 하므로 조종사는 사이클릭을 전방으로 이동시켜 이를 방지해야 지속적인 전진비행이 가능하다. [그림6-17]은 제자리비행, 저속 및 고속비행할 때 전진 블레이드와 후진 블레이드의 피치각도(pitch angle)가 어떻게 변하고 있는지 보여주고 있다. 제자리비행 중 전진 블레이드와 후진 블레이드의 피치각도는 동일하다. 속도가 약간 증가한 상태에서 전진 블레이드와 후진 블레이드의 피치각도는 차이가 발생하고 있으며, 속도가 빨라질수록 전진 블레이드와 후진 블레이드의 피치각도 변화량은 증가하여 회전면(plane of rotation)도 역시 기울기가 증가한다.

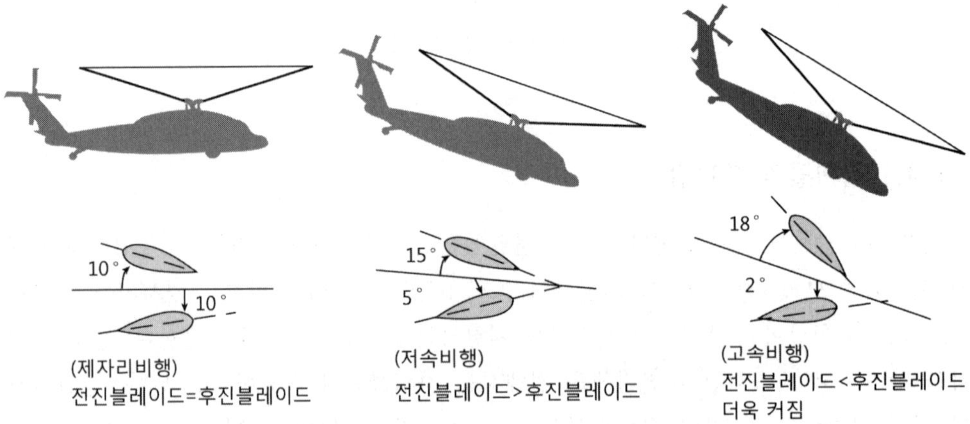

【그림6-17】 사이클릭 페더링과 받음각 변화

6.5 사이클릭의 위치와 속도의 관계

헬리콥터의 피치(pitch) 또는 롤(roll) 자세 변화는 주로 사이클릭에 의해서 이루어진다. 공기역학적으로 사이클릭의 위치가 정중앙에 있을 때 정확한 수평 자세를 유지할 수 있다. 헬리콥터의 전진비행은 로터 블레이드의 회전면(plane of rotation)의 경사에 의해서 이루어지고 전진속도에 따른 전진 블레이드(advancing blade)와 후진 블레이드(retracting blade) 사이에 발생한 양력차를 수정하기 위해서 사이클릭의 위치가 어떻게 변화되는지를 그림을 통해서 관찰할 수 있다. [그림6-18]의 “X”점이 지상에 있을 때 사이클릭 중심점이고, 하단 지점이 제자리비행 할 때 사이클릭의 위치이며 속도 변화에 따라 사이클릭의 위치도 변하고 있다.

① 제자리비행 상태의 공기역학적 사이클릭 중심위치는 회전면의 약간 하단으로 치우쳐 있으며, 그 위치에서 전후좌우로 반량 수정을 적용하여 자세의 변화를 방지할 수 있어야 한다.

② 속도가 20~40노트 사이에서는 사이클릭이 약간 좌측으로 치우치고 속도가 증가함에 따라 사이클릭 중심점은 앞으로 이동한다. 증속을 원할 때 사이클릭의 위치는 계속해서 변하고 그 속도를 유지하기 위한 적은 양의 조작이 지속해서 따라 주어야 한다. 감속할 때도 마찬가지로 사이클릭을 후방압 했을 때 사이클릭의 위치도 변화된다. 그림에서 보듯이 제자리비행에서 최대속도에 이르기까지 속도 변화에 따라 사이클릭의 위치도 변한다. 따라서 조종사는 사이클릭의 감각(feel), 촉감(touch)에 너무 의존하기보다는 특정 자세를 익히는 기술을 습득해야 한다.

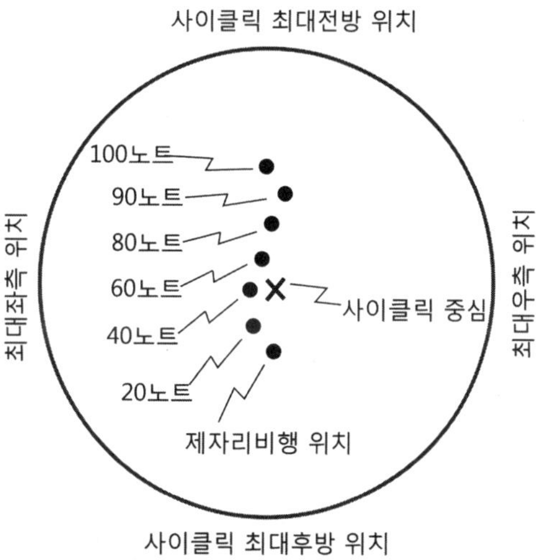

【그림6-18】 사이클릭 위치의 변화

6.6 횡단류 효과

(1) 횡단류 효과의 원인

앞에서 언급했듯이 헬리콥터의 전진비행 속도가 증가하면 회전면에 유입되는 공기의 형태도 달라지며, 여기서 나타나는 대표적인 현상은 양력 불균형과 횡단류 효과이다. 블레이드의 회전면을 4등분했을 때 전진 방향에서 좌우측 블레이드의 회전 속도차에서 발생하는 불균형을 양력 불균형(dissymmetry of lift)이라고 한다면 전후 회전면에 유입되는 공기흐름의 차에 의해서 발생하는 현상을 횡단류 효과(transverse effect)라 한다. 횡단류 효과는 유효전이양력을 얻는 속도에서 헬리콥터가 약간 우측으로 롤링(rolling)하려는 현상과 함께 진동을 느낄 수 있으며, 착륙 중 유효전이양력을 상실한 순간에 헬리콥터의 진동(vibration)이 발생하는 것은 횡단류 효과의 대표적인 현상이다. [그림6-19]에서 보듯이 회전면의 전반부에 유입되는 공기의 각도와 후반부에 유입되는 공기의 각도는 명확하게 차이가 발생한다. [그림6-19]에서 헬리콥터의 속도가 약 20노트 정도에 도달했을 때 A지점에서 유입되는 공기흐름은 회전면을 어느 정도의 각도를 형성하여 통과하지만, B지점의 공기흐름은 거의 회전면에 수평으로 통과하고 있음을 알 수 있다. 이를 벡터로 분석했을 때도 역시 유도기류의 변화에 의한 것임을 알 수 있다. 위의 벡터 분석에서 A지점의 유도기류는 크게 발생하고 있지만 B지점의 유도기류는 상대적으로 감소하면서 두 지점의 받음각 차이가 발생하고 있다. 받음각의 차이는 곧 회전면 전후면에서의 양력 불균형을 초래한다.

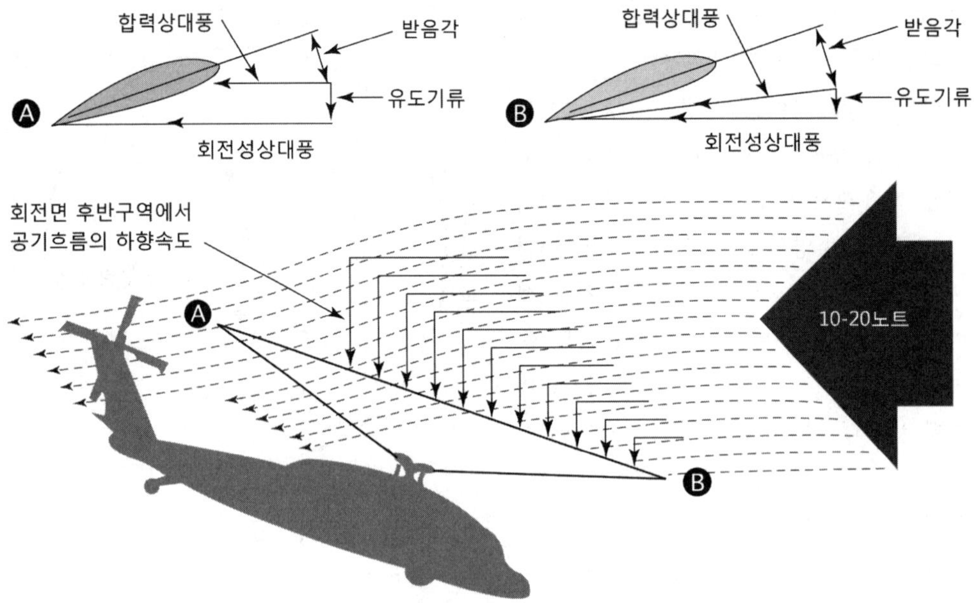

【그림6-19】 횡단류 효과

(2) 횡단류 효과로 인한 현상

전반부에 유입되는 공기흐름의 각도는 후반부에 유입되는 공기흐름의 각도보다 작다. 따라서 로터 회전면의 전반부 유도기류(induced flow)는 작고 로터 회전면 후반부의 유도기류는 커져 전후 회전면 사이의 양력 불균형을 이루면서 항력 차이가 발생하여 진동(vibration)과 함께 기수가 들리는 현상이 동시에 발생한다. 횡단류 효과를 방지하기 위해서 조종사는 사이클릭을 좌측으로 압을 적용하면 로터 후반부의 받음각이 증가하여 전반부 로터 블레이드의 받음각을 감소시킨다. 비행속도가 증가함에 따라 회전면에 유입되는 공기흐름이 수평으로 변하면서 로터 전반부 블레이드와 후반부 블레이드 사이의 양력 불균형이 감소하기 시작하면서 횡단류 효과는 점차 소멸한다.

6.7 이　륙

헬리콥터의 이륙은 제자리비행 상태에서부터 서서히 증속하여 이륙하는 방법이 있는가 하면 매우 제한된 공간에서 수직으로 상승하여 이륙하는 방법 등 상황에 따라 매우 다양한 기술을 적용하여 헬리콥터의 성능을 최적화할 수 있어야 한다. 주로 적용되는 이륙 기술은 다음과 같다.

- 정상이륙-3피트 제자리비행(normal takeoff)
- 정상이륙-지면으로부터 이륙 또는 러닝이륙(running takeoff)

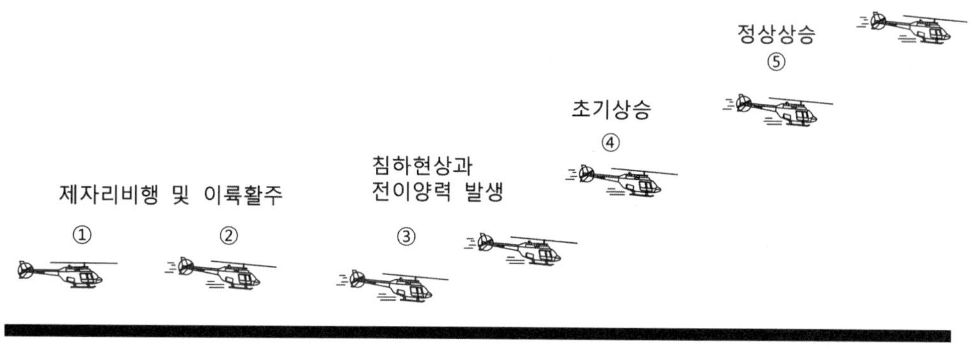

【그림6-20】 정상이륙-3피트 제자리비행으로부터 이륙

- 측풍이륙(crosswind takeoff)
- 최대성능이륙(maximum performance takeoff)

6.7.1 정상이륙 - 3피트 제자리비행

정상이륙이란 맞바람(head wind)의 조건에서 이륙경로(takeoff path)에 장애물이 없으며 헬리콥터가 유효전이양력을 얻을 수 있을 때까지 충분한 활주거리(takeoff roll)가 제공된 상태에서의 이륙 절차이다. 이륙하기 전에 모든 헬리콥터는 동력체크를 수행할 것을 권고하고 있다. 이는 해당 항공기의 운용자 매뉴얼에 명시된 조건에 따라 수행하여야 하고, 그 날 기온과 고도에 따라 제자리비행의 여유마력을 확인하는 것으로 이는 해당 헬리콥터의 필요마력과 유효마력 사이의 차이가 얼마인가를 결정하는 것이다. 이륙은 일련의 조작이 연속적으로 이루어지는 기술이지만 이륙활주 단계, 유효전이양력 발생 단계, 초기상승 단계로 구분하여 설명한다.

(1) 제자리비행과 이륙활주 단계

이륙의 가장 기본적인 단계는 3피트 제자리비행으로부터 이륙하는 절차이다. 정확한 3피트 제자리비행을 실시하고 이륙경로 선상의 현저한 지형지물을 참고점으로 선정하여 가상 항적(track)을 그린다. 활주로에서 이륙한다면 활주로 중앙선과 기축(세로축)을 일치시킨다. 활주로 중앙선을 따라서 이동하거나 지정된 참고점을 향하여 진행한다는 생각으로 사이클릭 전방압을 적용하여 헬리콥터를 서서히 전진시킨다. 이 상태에서는 제자리비행에 적용되는 단계로 제자리비행 중에 나타날 수 있는 현상들을 경험하게 될 것이다. 전진속도는 제로의 속도에서 서서히 증가해야 자세의 변화가 없으며 과도한 양의 사이클릭 압은 자세의 변화를 초래할 수 있고 이를 수정하기 위한 이차 수정 조작이 요구된다. 정상적으로 속도가 증속하여 유효전이양력을 얻을 수 있는 속도에 도달하면 헬리콥터는 지면효과를 완전히 벗어나는 단계에서 약간 침하(sink) 현상이 발생할 수 있다. 정상적인 상태에서 침하(sink) 고도는 1~2피트 정도가 되기 때문에 부가적인 컬렉티브 상방압을 적용하지 않아도 침하 후 자연스럽게 유효전이양력을 얻어 상승할 수 있다. 그러나 지면 상태가 불규칙하거나 더 이상의 침하를 허용하지 않기 위해서 침하하는 순간 컬렉티브를 약간 상방압을 적용하여 1~2 psi의 동력으로 침하량을 방지할 수 있다. 침하량을 방지하기 위해서 1~2 psi의 동력을 적용했을 때 유효전이양력을 받는 순간 최초의 이륙 동력으로 감소시켜야 급격한 기수들림에 의한 급상승을 방지할 수 있으며, 이 시기가 이륙활주 단계가 종료되는 시기이다.

(2) 전이양력 발생 단계

헬리콥터의 속도가 약 16~24노트에 이르면 수직으로 흐르는 공기흐름의 순환 속에서 완전히 벗어나 와류의 영향이 최소화되어 헬리콥터의 이륙성능이 증대된다. 아울러 공기역학적으로 유효전이양력을 얻으면 양력 불균형과 횡단류 효과의 영향을 받아 헬리콥터는 다음과 같은 현상이 발생한다.

① 기수들림(양력 불균형에 의한 블로백)

② 좌빗놀이(테일로터 추력 증대)

③ 우옆놀이(회전면 전반부 양력 감소)

헬리콥터가 유효전이양력을 얻는 순간 위의 현상이 뚜렷하게 나타나고 적절한 수정 조작이 따라 주지 못했을 때 헬리콥터는 이륙하지 못하고 주저앉게 된다. 조종사가 취해야 할 수정 조작은 다음과 같다.

① 사이클릭 좌전방압(기수들림과 우옆놀이 방지)

② 우측 페달압 증가(좌빗놀이 수정)

조종량을 적용하는 데 있어서 사이클릭 압이 많았을 때 헬리콥터는 상승하지 못하고 직진으로 증속하며, 페달 적용량이 많았을 때 기수는 우측으로 과도하게 빗놀이되어 이차 수정 조작이 요구되고 헬리콥터는 지그재그로 이륙하는 현상이 나타날 수 있다. 정확한 조종량의 적용은 많은 훈련을 통해서 감각적으로 익혀야 하고 헬리콥터의 움직임 양에 따라 적절히 조절할 수 있어야 한다.

(3) 초기상승 단계

유효전이양력을 얻는 단계에서 적절한 수정 조작을 수행했다면 헬리콥터는 최초 이륙할 때보다 약간 숙여진 자세에서 상승한다. 이 단계에서 헬리콥터의 회전면은 와류의 영향권에서 완전히 벗어나고 새로운 기류를 받아들이기 때문에 유연하게 상승할 수 있다. 일단 상승자세가 확립되면 조종사가 익혔던 상승자세와 속도계, 고도계, 승강계 등을 참고하여 교차점검(cross-check)을 수행한다. 이륙 동력이 정상적이라면 상승단계에서 속도와 고도는 헬리콥터의 자세로 변화시킬 수 있다. 예를 들어 상승속도가 빠르고 상승률이 적다면 자세가 너무 숙여진 상태이므로 사이클릭을 약간 후방압하여 상승자세를 들어주는 조작이 필요하다. 반대로 상승속도가 느리고 상승률이 크다면 자세가 너무 들린 상태이므로 사이클릭을 약간 전방으로 밀어 자세를 낮추어 준다.

(4) 일반적인 실수

① 제자리비행을 정확하게 수행하지 못하고, 전이양력 발생에 따른 부적절한 초동조작
② 증속이 불규칙하게 이루어짐
③ 적절한 상승속도 및 상승률을 유지하지 못함
④ 직선 지상항적을 유지하지 못함

6.7.2 정상이륙 - 지면으로부터 이륙(러닝이륙)

3피트 제자리비행 이륙 절차에 숙달된 후 지면으로부터의 이륙 절차를 익힌다. 지면으로부터의 이륙은 최소한의 동력으로 이륙할 수 있는 비행 기술로 더욱 세밀하고 숙련된 기술이 요구된다. 지면으로부터 이륙 또는 러닝이륙이라고도 한다. 특히 눈이나 먼지 등이 날릴 수 있는 장소에서 이들 시정장애물의 영향을 최소화하거나 높은 하중에서 고온다습한 고밀도고도의 조건에서 최저의 동력으로 이륙하고자 할 때 매우 유용한 이륙 기술이다. 최초 이륙 단계에서 이륙경로 선상의 목표물을 선정한다. 스키드가 지면에 착지된 상태에서 컬렉티브 상방압을 적용하여 스키드가 가벼워지는 것을 느낄 때까지 들어올린다. 대부분의 헬리콥터 무게가 스키드에서 블레이드로 전이되었다고 판단되었을 때 사이클릭을 약간 전방으로 적용하여 회전면이 앞으로 기울어지도록 한다. 아직 헬리콥터 무게의 일부가 스키드에 실려 있는 상태가 되며, 컬렉티브 상방압과 사이클릭 전방압의 적절한 조화는 헬리콥터를 지면으로부터 약 1~2피트 고도를 유지하면서 전진하게 한다. 이후의 절차는 정상이륙과 동일하나 침하 현상을 반드시 방지해 주어야 한다. 이는 지면으로부터 매우 낮은 높이를 유지하고 있으므로 침하를 방지하지 않았을 때 스키드가 지면에 부딪힐 우려가 있기 때문이다. 바퀴형 착륙장치는 스키드형보다 러닝이륙이 유리하다. 바퀴형 착륙장치의 지면으로부터의 이륙은 지상활주하는 방법과 동일한 방법을 적용하되 가능한 한 빨리 부양할 수 있도록 컬렉티브의 양을 정밀하게 조종해 주어야 한다.

[조작1] 참고점 선정과 맞바람을 최대한 이용할 수 있도록 위치시킨다.

[조작2] 컬렉티브를 서서히 들어 올려 스키드가 가벼워질 때까지 상방압을 적용한다.

[조작3] 사이클릭은 컬렉티브 상방압과 사이클릭 전방압의 적절한 조화로 부양 순간에 전진할 수 있도록 사이클릭을 적용한다.

[조작4] 유효전이양력을 받기 직전 동체의 침하 현상을 방지하기 위하여 컬렉티브 상방압을 적용하다.

[조작5] 유효전이양력을 받으면서 발생하는 현상을 수정하여 지속적으로 초기상승과 상승속도를 유지할 수 있도록 조작한다.

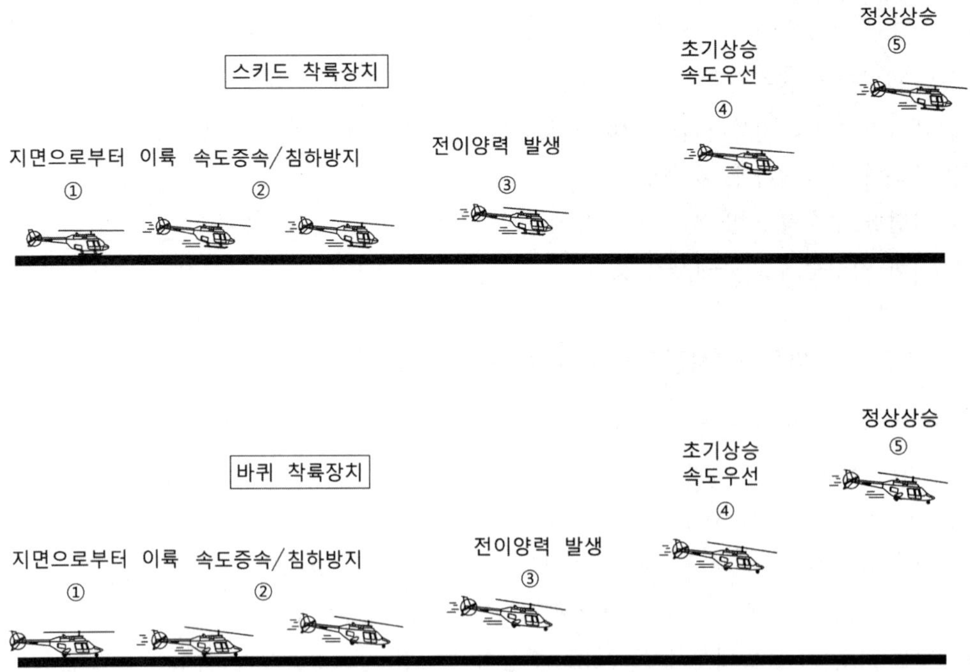

【그림6-21】 정상이륙-지면으로부터 이륙(러닝이륙)

[조작6] 유효전이양력과 함께 발생할 수 있는 요잉을 적절한 페달압으로 수정하여 직선 항적을 유지한다.

[일반적인 실수]

① 컬렉티브의 양이 많아 고도가 높았다. 이는 동력의 효율을 달성할 수 없다.
② 사이클릭의 적용 압이 너무 크면 기수의 급격한 숙여짐으로 스키드가 지면을 치는 사고가 발생할 수 있다.
③ 적절한 침하량 수정을 하지 못했다. 이는 수정량이 적으면 지면에 부딪힐 수 있고, 많으면 러닝이륙의 효과를 달성할 수 없다.

6.7.3 측풍 이륙

헬리콥터는 이륙 및 착륙할 때 정지상태에서 최대속도까지 활용할 수 있으므로 고정날개 항공기와 비교하면 이륙 및 착륙 방향에 크게 제한을 받지 않으나 상황에 따라 이륙 및 접근 방향이 제한될 수 있다. 맞바람을 받으면서 이륙하는 것이 가장 이상적이라 할 수 있으나 항상 맞바람의 상황만을 기대할 수 없으므로 옆바람(crosswind)을 받으면서 이륙하는 절차를 익혀야 한다. 일반적으로 바람의 영향을 상쇄시킬 수 있는 조작은 크래빙(crabbing)과 슬립(slip) 방법이 이용되고 있으며, 50피트 이하의 고도에서는 슬립 방법을 적용할 것을 권장하고 그 이상의 고도에서는 크래빙 방법을 적용할 것을 권장하고 있다. 크래빙(crabbing)이란 헬리콥터의 기수를 바람 부는 방향으로 틀어 세로축과 비행경로 사이에 일정한 각도를 유지하면서 비행하는 방법이다. 슬립(slip) 방법은 헬리콥터의 기축(세로축)과 비행경로 방향을 일치시켜 비행하는 방법이다. 낮은 고도에서는 항상 슬립 방법으로 측풍을 수정할 것이 권장되는데 이는 엔진 정지와 같은 비상상황에서 기축의 일치는 매우 중요한 요소이기 때문이다.

이륙 패드 상공에서 옆바람 수정을 하면서 3피트 제자리비행을 실시한다. 이륙활주는 정상이륙 절차와 동일하나 단지 바람 부는 방향으로 사이클릭 압이 적용되어야 편류를 수정할 수 있고 동시에 페달압을 유지하여 기축이 이륙경로와 일치하도록 조작한다. 이때 헬리콥터의 이륙 자세는 바람 부는 방향으로 회전면이 약간 기울어진 자세로 증속하게 된다. 헬리콥터가 전이양력을 받아 상승한 후 지면으로부터 약 50피트의 고도에 도달하면 헬리콥터의 기수는 바람 부는 방향으로 향하고 선회계의 볼을 중앙에 위치시킴과 동시에 사이클릭은 비행경로 방향을 지향하는 크래빙 조작으로 전환한다. 이후의 이륙 절차는 정상이륙절차와 동일한 방법으로 상승한다.

[조작1] 참고점 선정 및 이륙경로

[조작2] 측풍 상태에서 제자리비행 실시

[조작3] 사이클릭으로 바람 부는 방향으로 압을 유지하면서 전방압 적용

[조작4] 컬렉티브는 지속해서 제자리비행 고도를 유지할 수 있도록 적용

[조작5] 테일로터 페달은 기축과 이륙경로가 일치할 수 있도록 슬립 자세 유지 (50피트 이하)

[조작6] 고도 50피트(AGL)에서 도달하여 크래빙 조작으로 전환

6.7.4 최대성능이륙

헬리콥터의 최대성능을 적용한 이륙 절차로 이륙경로 선상에 존재하는 장애물을 안전하게 통과하고자 할 때 적용할 수 있는 기술이다. 최대성능이륙을 실시하기 전에 제자리비행을 실시하여 얼마의 제자리비행 토크(hovering torque)가 적용되는지를 판단한다. 최대성능이륙을 위한 토크는 기종에 따라 차이가 있으나, 통상 제자리비행 토크 양에 약 8~12 psi를 더한 값이 적당하다. 최대성능이륙은 정상이륙 절차와 같이 일정 거리의 이륙활주를 요구하지 않기 때문에 정상이륙에서 나타나는 공기역학적 현상이 적용되지 않는다. 이륙경로 선상의 장애물을 확인하고 컬렉티브를 서서히 상방압을 적용하여 헬리콥터가 지면에 착지해 있을 때의 자세를 그대로 유지하면서 원하는 토크에 도달할 때까지 지속해서 컬렉티브를 당겨 상승한다. 동력의 증가량이 많기 때문에 토크 양의 변화는 기수의 요잉 현상이 증가할 수 있으므로 좌측 페달의 압도 증가해야 기축을 유지할 수 있다. 지속적으로 상승하여 고도가 약 200피트(AGL)에 도달했다고 판단되면 조종사는 사

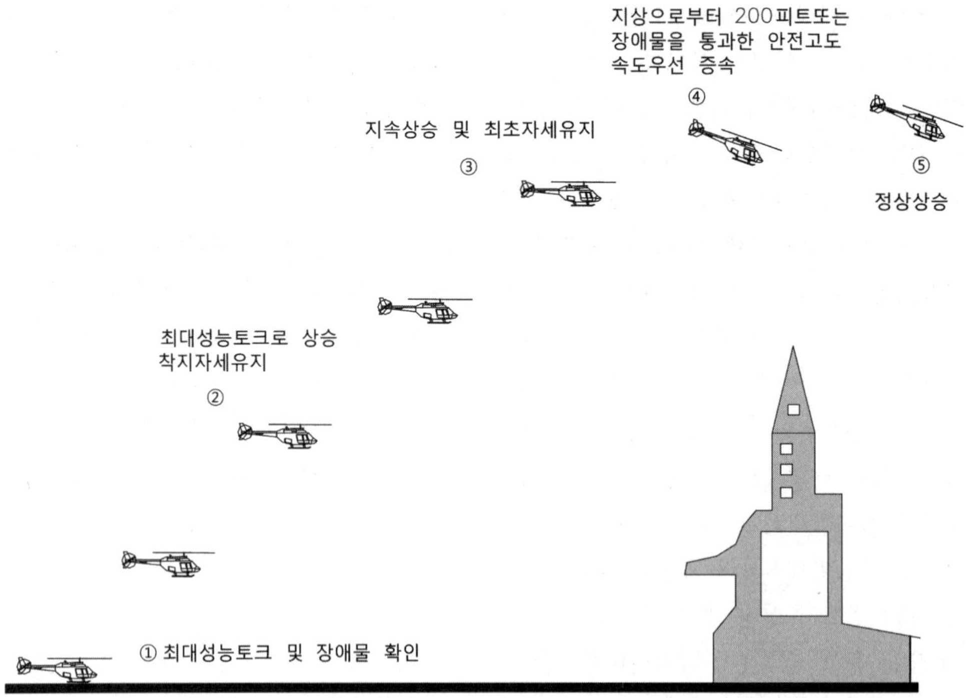

【그림6-22】 최대성능이륙

이클릭을 전방으로 밀어서 속도를 증가시키고, 증속하는 것을 확인하면서 컬렉티브 하방압을 적용하여 정상 이륙시의 상승 토크를 유지한다. 이후의 조작절차는 정상 이륙과 동일한 방법으로 수행한다. 장애물의 위치와 높이에 따라서 수직으로 상승 후 이륙하는 사례로 있으며, 이때는 주위 장애물의 위치를 확실하게 확인하여 장애물로부터 안전하게 회피할 수 있는 충분한 고도를 유지한 후 정상 조작에 들어간다. 장애물을 회피할 수 있는 충분한 고도에 이르렀다고 판단되면 사이클릭으로 증속을 한 후 동력을 조절한다.

[조작1] 참고점 선정 및 장애물 위치와 대략적인 높이 판단

[조작2] 제자리비행하여 토크 값을 확인하고, 착륙하여 사용할 수 있는 토크 값을 결정한다.

[조작3] 현재 착지 상태의 자세를 그대로 유지하여 상승할 수 있도록 대략적인 자세를 눈에 익히고, 서서히 그리고 지속적으로 컬렉티브를 당겨 지정된 토크 값(제자리비행 토크 양의 8~12psi)까지 동력을 적용한다.

[조작4] 사이클릭은 최초 착지자세를 유지할 수 있도록 자세를 유지한다.

[조작5] 페달은 컬렉티브 상승 압에 따른 동력이 증가함에 따라 상당한 좌요잉이 발생하고 이를 방지하기 위해서 우측 페달압을 적용하여 원래의 기축을 유지한다.

[조작6] 고도가 지면으로부터 약 200피트에 도달했다고 판단되거나 지정된 장애물을 충

분히 통과할 수 있는 안전고도에 도달했다고 판단되면 사이클릭 전방압을 적용하여 증속을 시도한다.

[조작7] 증속을 확인하면서 컬렉티브는 하방압을 적용하여 정상적인 상승 또는 직선 비행으로 전환한다.

[일반적인 실수]

① 제자리비행 토크 양의 점검을 수행하지 않았다. 대략적으로 얼마의 토크 양을 적용할 수 있는지를 판단하는 것이 곤란하다.

② 컬렉티브의 지속적인 상방압을 적용하지 못하고, 컬렉티브의 상방압 적용이 불규칙하다.

③ 최초의 자세를 유지하는 데 실패했다.

④ 적절한 테일로터 페달압의 적용이 부적절하였다.

6.8 착 륙

6.8.1 정상착륙

착륙은 비행을 최종적으로 종료하는 단계로 그 어느 조작보다도 세부적인 조작과 판단력을 요구한다. 정상착륙은 맞바람의 상황에서 접근경로 선상에 장애물이 없어야 하고 헬리콥터의 전이양력을 상실한 후부터 착륙지점에 정지상태로 착륙하기까지 충분한 활주 공간이 제공되는 상태에서 이루어지는 절차이다. 착륙절차 역시 일련의 연속된 과정이지만 다음과 같이 4단계로 구분하여 설명한다.

(1) 최종접근경로 진입 및 접근각 확립

배풍경로(downwind leg)가 끝나는 지점에서부터 고도 강하를 시작하여 기초경로 구간(base leg)에서 규정된 고도와 속도를 유지한 상태에서 최종접근경로(final approach leg)를 향하여 수평 선회를 수행한다. 최종접근경로에 진입한 조종사는 착륙지점을 확인하고 헬리콥터의 기축(세로축)과 활주로 연장선이 일치하도록 헬리콥터를 위치시키고 조종사의 눈높이와 착륙지점을 목측으로 판단한다. 대략적으로 지면으로부터 약 300피트의 고도에서 정상접근의 목측각은 약 8~10°가 적당하고 이 지점에서부터 최종접근조작에 들어간다. 최종 강하조작 지점에 도달했을 때 착륙 패드(landing pad)의 형태에 따라 대략적인 고도의 높낮이를 판단할 수 있다. 접근 고도에 따라 착륙 패드 또는 활주로의 형태를 달리 보일 수 있으며, 고도가 높다면 착륙 패드의 평면 형태가 뚜렷하게 보일 것이고 고도가 낮으면 패드의 형태는 매우 납작하게 보일 것이다. 접근 단계에서 시선 처리

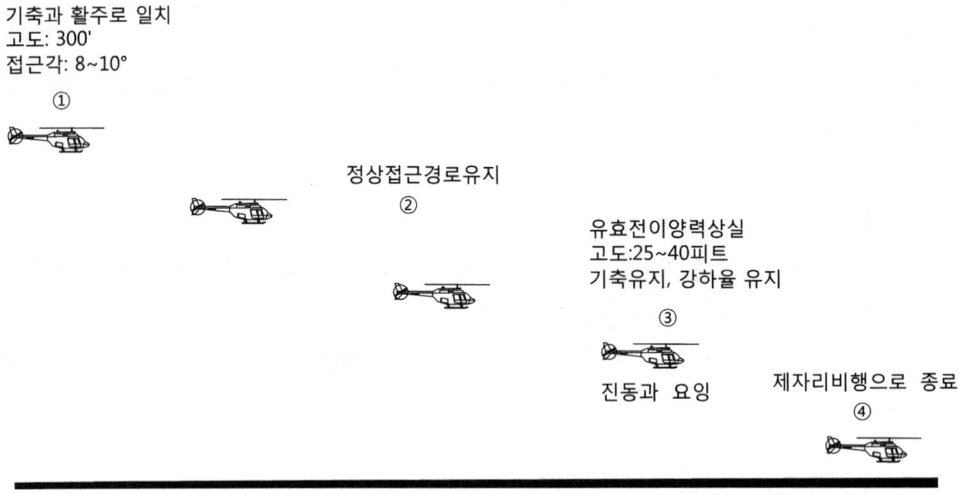

【그림6-23】 정상착륙

역시 매우 중요한 요소이다. 조종사의 시선은 착륙 패드에 고정하기보다는 눈의 초점은 패드(landing pad)를 지향하되 접근경로 전체를 볼 수 있도록 주변시를 충분히 사용하여야 고도감각 및 속도 감각을 느낄 수 있으며, 착륙 패드에 시선이 고정되어 있다면 고도 강하 및 속도감소 감각을 인지하기가 매우 어렵다. 또한, 고도가 낮아짐에 따라서 속도가 감소하고 있음에도 속도가 빨라지는 듯한 감각을 느끼게 되는 것은 그만큼 지면에 가까워졌다는 것을 의미한다. 이 같은 시각적 착각은 조종 훈련생은 과도한 사이클릭 후방압으로 미도착을 유발할 수 있다.

(2) 접근 강하 조작

최종접근경로 선상에서 접근각이 확립되었다고 판단되면 조종사는 컬렉티브 하방압을 적용하여 강하 동력에 조절하고 동시에 사이클릭의 후방압으로 자세가 변하지 않도록 조작한다. 헬리콥터는 동력이 감소하였기 때문에 강하하기 시작한다. 과도한 자세 변화가 발생하지 않도록 하고 동력감소에 따른 토크 양도 변하기 때문에 적절한 페달압을 적용하여 헬리콥터의 기축과 접근경로를 일치시킨다. 일정한 접근경로를 따라 강하해야 하고 속도 역시 접근속도에서부터 정지까지 지속적으로 감소시키는 조작이 필요하다. 접근경로를 유지하는 기술은 강하조작할 때 형성된 패드의 형태를 유지하면서 강하하거나 동체의 일부분과 패드와의 간격을 유지하면서 접근각을 유지하는 방법이 있을 수 있다. 어느 경우든 강하율 접근속도의 조절은 사이클릭과 컬렉티브의 적절한 조화로 일정한 강하각을 유지할 수 있어야 한다. 예를 들어 접근고도가 높다고 판단했을 때 조종사는 컬렉티브 하방압과 동시에 자세를 숙여 주면 빠르게 정상 접근경로에 재진입할 수 있다. 반대로 접근고도가 낮다고 판단되면 컬렉티브를 들어 올려 상승하기보다는 정상 접근경로에 재진입할 때까지 강하율을 감소시킨 후 정상 접근경로(normal approach path)에 재진입하여 다시 정상접근을 수행한다.

(3) 유효전이양력 상실

헬리콥터가 계속 접근하여 지면으로부터 약 25~40피트 상공에 이르면 헬리콥터는 진동이 발생하면서 기축(세로축)의 흔들림과 침하 그리고 기수들림(nose-up) 현상이 발생한다. 이 같은 현상은 전이양력이 상실되어 발생하는 현상으로 헬리콥터가 와류 발생 구역으로 접어들었기 때문이다. 조종사는 과도한 침하량과 속도의 급감속을 방지하기 위해서 컬렉티브를 약간 받쳐 주어야 하며 그 양은 고도 강하를 정지시키기보다는 과도한 침하량을 방지할 수 있을 정도여야 한다. 동시에 사이클릭 전방압을 적용하여 착륙지점까지 지속적으로 비행할 수 있는 속도를 유지한다.

(4) 제자리비행으로 종료 또는 지면으로 착륙

착륙지점에 가까워질수록 속도감소와 함께 지면효과와 와류의 영향권에 접어든 헬리콥터는 피칭과 롤링 운동이 두드러지기 때문에 적절한 조종압을 적용하여 방지하고 3피트 제자리비행으로 종료하거나 착륙지점에 착지시킨다. 착륙지점 상공에서 속도가 제로가 되었을 때 헬리콥터의 모든 무게가 블레이드에 실리기 때문에 반드시 컬렉티브 상방압으로 제자리비행에 요구되는 동력을 적용해 주어야 한다. 지면에 착륙할 때는 착륙 패드 전방 1/3 지점에 스키드가 착지하도록 조작하고 지면에 착지(touchdown) 후에도 컬렉티브를 곧바로 완전 하방압을 적용하기보다는 서서히 컬렉티브를 내려 동체의 무게가 블레이드에서 착륙장치(스키드 또는 바퀴)로 전환되도록 한다.

[조작1] 최종접근경로에 진입하여 헬리콥터를 최종접근경로와 일치시킨다.

[조작2] 규정된 접근 고도와 속도를 유지하여 접근하면서 접근각 또는 최종 강하지점을 확인한다.

[조작3] 컬렉티브의 하방압으로 강하 동력으로 조정하고 일정한 강하율이 되도록 조종한다.

[조작4] 사이클릭 후방압을 적용하여 과도한 기수숙여짐을 방지한다.

[조작5] 페달은 동력감소에 따라 우측 빗놀이(yaw)를 방지하기 위해서 좌측 페달압을 적용한다.

[조작6] 컬렉티브와 사이클릭의 적절한 조화로 정상 접근경로를 유지한다.

[조작7] 착륙 패드 상공에 도착하여 3피트 제자리비행으로 종료하거나 지면에 착지한다.

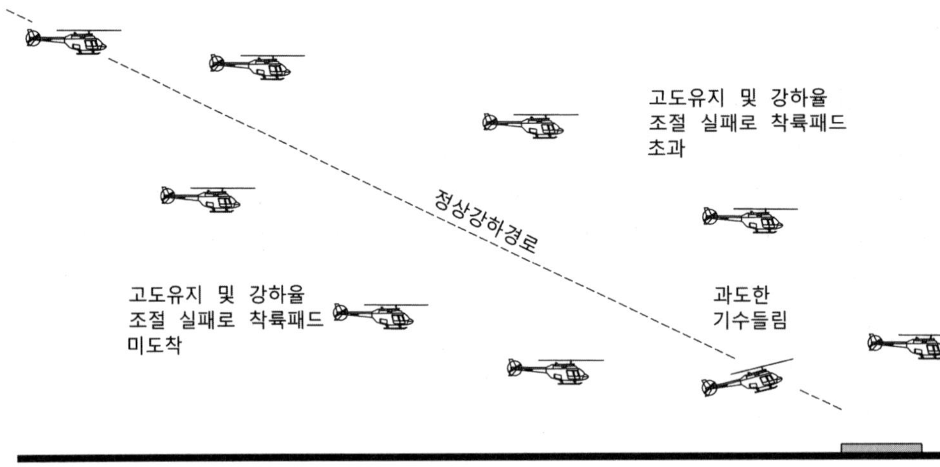

【그림6-24】 불안전 접근 형태

6.8.2 불안전 접근의 형태

헬리콥터는 제자리비행 능력이 있어 고정날개 항공기의 접근 과정에서 발생할 수 있는 여러 가지 불안전 접근의 형태와는 다소 차이가 있으나, 조종 및 판단 미숙으로 발생할 수 있는 불안전 접근의 형태는 다음과 같다.

(1) 착륙지점 미도착

최초 강하지점에서 정상적으로 강하를 수행했으나 접근 중에 컬렉티브의 사용량이 많아 접근경로 중간에서 강하율 증가를 인지하지 못하고 그대로 접근함으로써 정확한 착륙지점에 도달하지 못하고 중간 지점에서 착륙이 종료(under shooting)되는 경우로 정상 침하율을 느낄 수 있는 감각을 발달시키고 컬렉티브를 활용한 수정조작 능력을 훈련한다.

(2) 높은 고도로 착륙지점 통과

착륙지점을 높은 고도로 통과해 버리는 경우 역시 강하감각을 느끼지 못하고 적절한 컬렉티브 사용 능력이 부족하기 때문이다. 강하감각을 느낄 수 있도록 주의력 분배 능력을 발달시키고, 중간에 고도가 높다고 판단했을 때 컬렉티브 하방압 양을 증가시켜 정상 접근경로에 진입한다.

(3) 속도조절 실패

속도는 접근속도에서 제로까지 감속되어야 한다. 이를 위해서 사이클릭은 매우 적은 양으로 지속적인 후방압을 적용하여 속도를 감소시킨다. 사이클릭 후방압 양이 크며 자

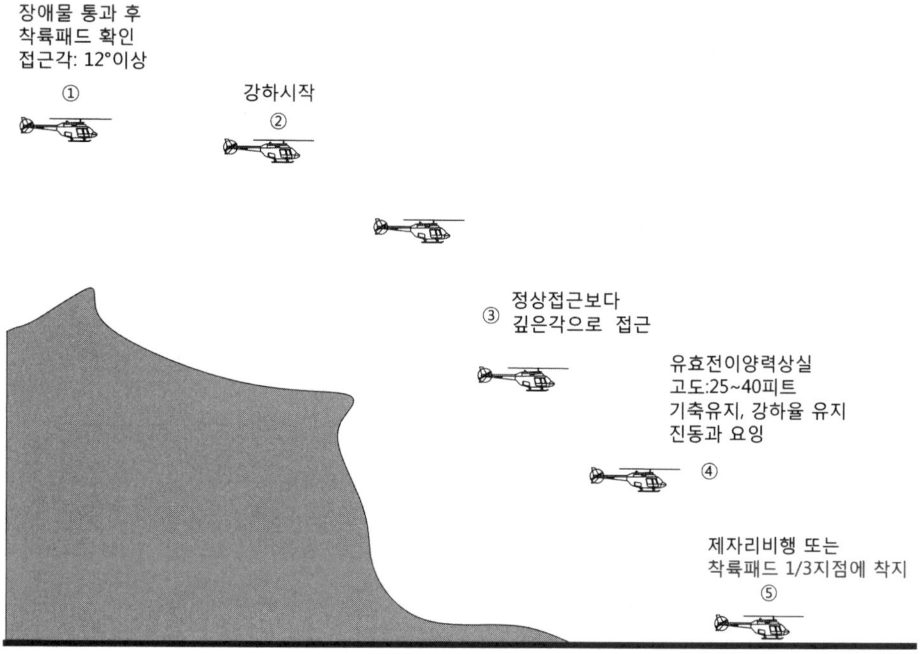

【그림6-25】 깊은각 접근

세 변화량도 크기 때문에 속도는 급격하게 감소할 수 있다. 따라서 최소한의 후방압 양으로 감속 조작을 한다. 이 같은 감속 조작이 실패했을 때 헬리콥터가 착륙 패드에서 매우 빠른 속도를 유지하고 있으므로 원하는 장소에 정지하지 못하고 통과하게 된다. 또는 급정지를 위한 과도한 사이클릭 후방압은 꼬리가 낮아지는 자세를 초래하여 테일 스키드가 지면에 부딪힐 우려가 있다. 고도에 따른 속도 감각을 발달시키고 사이클릭 적용 양에 따른 헬리콥터의 반응을 익히는 훈련을 해야 한다.

6.8.3 깊은각 접근

접근경로 선상에 나무와 같은 장애물이 있다고 가정한 상황에서의 접근 절차이다. 강하를 시작하기 전까지의 절차는 정상접근 절차와 동일하나 깊은각 접근 시는 약 12° 이상의 접근각을 유지하여 접근 착륙을 시도한다. 깊은각 접근은 착륙지점과의 거리가 짧아 속도 및 고도의 변화가 크다고 할 수 있다. 접근각이 일치되는 지점에 도달했다고 판단되면 컬렉티브 하방압을 적용하여 강하를 시작하고 동시에 사이클릭 후방압을 적용하여 속도의 증가를 방지한다. 접근 자세는 크게 변함이 없도록 균형조종이 되어야 한다. 전이양력을 상실하는 단계에 접어들면 헬리콥터는 진동이 발생하면서 과도한 침하 현상이 나타나고 속도 역시 감소한다. 따라서 조종사는 컬렉티브 상방압으로 과도한 침하량을 방지하여야 하나 강하를 정지할 정도가 되어서는 안 된다. 동시에 사이클릭 전방압과

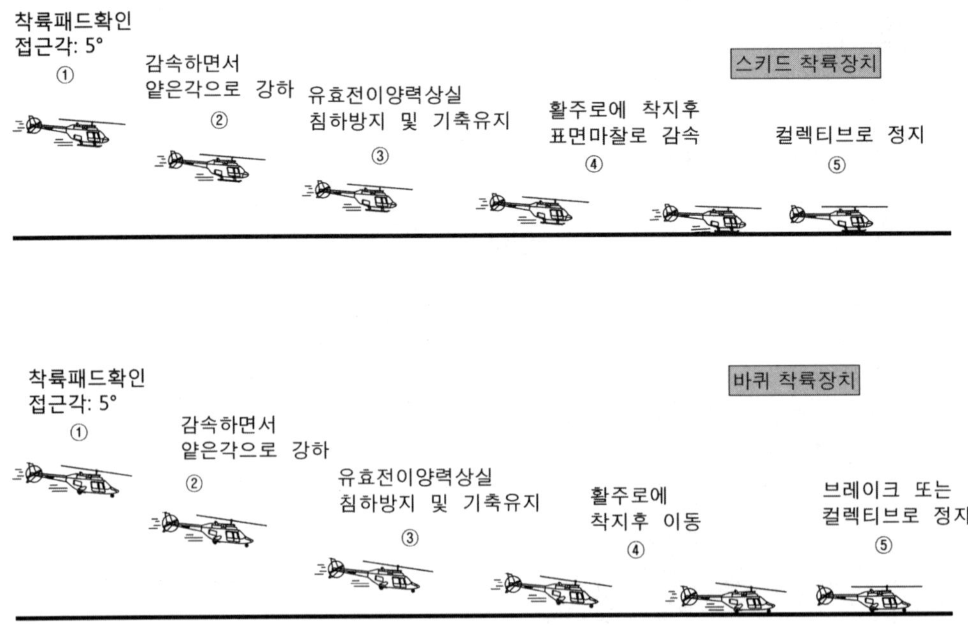

【그림6-26】 얕은각 접근과 러닝착륙

우측 페달압으로 착륙지점까지 강하가 될 수 있도록 적절한 수정조작이 요구된다. 유효전이양력 상실 단계를 벗어난 후 헬리콥터가 지면효과를 받는 고도에 이르면 유연한 컬렉티브의 상방압과 하방압의 적절한 조화로 착륙지점 1/3 지점에 스키드가 착지 되도록 조작한다.

[조작1] 착륙지점을 확인하고 기축과 비행경로를 일치시킨다.

[조작2] 접근각이 약 12° 정도 확립되면 강하를 시작한다.

[조작3] 컬렉티브를 정상접근할 때의 하방압보다 많은 양의 압을 적용한다.

[조작4] 사이클릭은 정상 접근할 때보다 많은 양으로 후방압을 적용하여 기수가 급격히 숙여지는 것을 방지한다.

[조작5] 페달은 동력감소에 따라 좌요를 방지하기 위해서 우측 페달압을 적용한다.

[조작6] 컬렉티브 및 사이클릭의 적절한 조화로 접근 고도 및 속도를 적절히 조절한다.

[조작7] 착륙 패드의 1/3 지점에 착지한다.

6.8.4 얕은각 접근과 러닝랜딩

깊은각 접근이 착륙장 주변의 장애물을 넘어서 착륙하는 절차라고 한다면 얕은각 접근은 반대로 지면에 최대한 가깝게 접근하여 착륙하는 방법으로 높은 하중으로 정상적인 착륙에 어려움이 있을 때 적용할 수 있는 착륙 기술이다. 이를 수행하기 위해서는 접근경로 선상에 어떠한 장애물이 없이 가능한 한 평평해야 한다. 통상 얕은각 접근은 접근각이 약 5° 정도를 적용하여 접근한다. 이 접근에서는 고도보다는 속도를 우선으로 하기 때문에 속도가 제로가 되는 순간에 착륙이 이루어질 수 있도록 계획하여야 한다. 접근각이 형성되면 속도가 급격히 줄지 않도록 사이클릭을 서서히 후방압을 적용하여 속도를 감소시킨다. 아울러 지정된 참고점까지 지속해서 강하할 수 있도록 접근한다. 속도가 거의 유효전이양력을 상실하는 단계에 접어들었을 때 헬리콥터가 급격히 떨어지지 않도록 컬렉티브로 수정해 주면서 지속적으로 착륙 패드까지 이동한다. 이 단계는 이미 제자리비행 이동으로 볼 수 있으나 착륙 패드까지 이동하여 착륙할 수 있도록 계획하여야 한다. 이 같은 얕은각 접근은 필수적으로 지면이 평평해야 하고 스키드가 어느 한쪽이 먼저 지면에 닿거나 앞부분이 먼저 부딪쳤을 때 지면과의 마찰이 증가하여 불안전 착륙이 될 수 있으므로 주의해야 한다. 만약 바퀴형 착륙장치는 바퀴를 지면에 가볍게 착지시키면서 컬렉티브 하방압을 적용하여 정지시킨다. 만약 브레이크가 있다면 브레이크를 적용하여 정지시킬 수 있으나 사이클릭으로 정지시키려고 조작해서는 안 된다.

6.8.5 측풍 착륙

헬리콥터는 바람 방향에 따라 어느 방향으로나 접근 착륙이 가능하지만 제한된 공간에서 또는 지정된 활주로 방향으로 착륙을 시도하여야 할 상황에서는 측풍(cross wind)을 극복하고 착륙할 수 있어야 한다. 최종접근구간에 진입하여 접근 방향의 바람 상태를 확인한 후 헬리콥터의 기수를 바람부는 방향으로 약간 틀어 주고 회전면을 진행 방향으로 비행할 수 있도록 사이클릭을 조종하면 헬리콥터는 마치 게걸음과 같이 측방으로 비행하는 형태가 되어 바람에 의한 편류를 방지할 수 있고 이를 크래빙(crabbing)이라 한다. 헬리콥터가 유효전이양력을 상실하는 단계에 접어들면 반드시 헬리콥터의 기축과 활주로 연장선이 일치될 수 있도록 크래빙 조작을 풀고 페달을 이용하여 기축을 일치시키면서 사이클릭을 바람 부는 방향으로 압을 주어 슬립(slip) 자세로 전환해 주어야 한다. 고정날개 항공기에서의 이 조작은 필수적이라 할 수 있지만, 헬리콥터는 제로의 속도까지 감속할 수 있어 그리 치명적은 아닐지라도 낮은 고도에서 엔진고장과 같은 상황이 발생했을 때 비상조치를 위한 기축의 일치는 매우 중요한 요소로 간주한다. 측풍의 강도에 따라 조종사는 바람 부는 방향으로 지속적인 압이 가해져야 하고 만약 이 압을 풀면 헬리콥터는 편류하여 반대편 스키드가 먼저 지면에 부딪혀 착륙 사

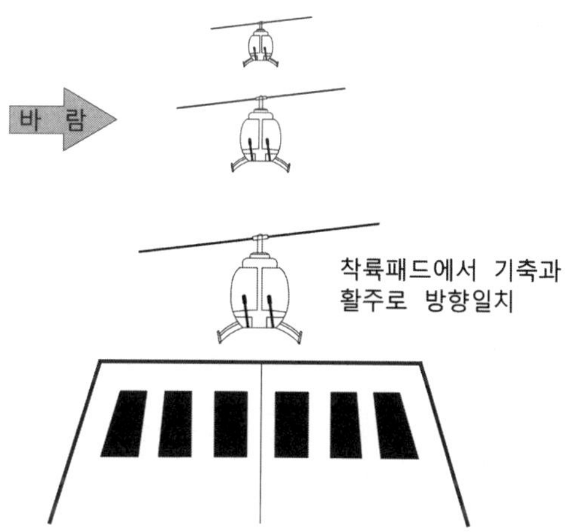

【그림6-27】 착지단계에서 슬립 자세

고를 유발할 수 있으므로 주의가 요망된다.

[조작1] 편류수정 조작을 제외하고 정상 접근할 때와 동일한 최종접근경로에 진입한다.

[조작2] 지상으로부터 50피트 이상의 고도에서는 크래빙 조작으로 편류를 수정한다.

[조작3] 고도가 50피트 이하가 되었을 때부터는 기축을 비행경로와 일치시키는 슬립 기동으로 전환하여 접근한다.

[조작4] 기타의 절차는 정상 접근조작과 동일하게 적용한다.

제 7 장 기본 및 고등비행

7.1 수평직선비행

7.1.1 개　요

기본 기동(maneuvers)은 수평직선비행(straight and level flight), 상승(climb), 강하(descent), 그리고 선회(turn) 기동과 같이 4가지로 분류하다. 그 외의 기동들은 기본 기동을 응용한 것이다. 수평직선비행이란 일정한 고도와 헤딩 또는 방향을 유지하여 비행하는 기술이다. 공중 기동에서 가장 기본이 되는 기동의 한 형태로 두 개 이상의 현저한 지형 참고점(reference points)을 선정하고 선정된 지점 사이를 고도 및 속도의 변화 없이 비행하는 기술을 익힌다.

7.1.2 적용 기술

(1) 참고점 선정

지상 참고점은 식별이 쉬운 큰 나무, 독립가옥, 철탑 또는 도로나 제방과 같은 선형 지형 등이 적절하다. 선정된 두 참고점을 잇는 가상선을 긋고 조종사는 형성된 직선을 따라서 똑바로 비행할 수 있도록 조종하여야 한다. 조종사는 기수방위 지시계(heading indicator)를 이용하기보다는 외부의 시각 참고점(visual reference)을 이용하여 수평직선비행을 실시한다. 기동에 들어가기 전에 주위 경계를 하고, 지면으로부터 약 500피트(AGL) 이상의 고도를 유지한다. 훈련 초기에는 맞바람(headwind)이나 뒷바람(tailwind)으로 실시하고 숙달 정도에 따라 측풍(crosswind) 상황에서 편류 수정(drift correction)하는 기술을 익힌다.

(2) 직선비행

직선항적(straight track)을 따라 비행하기 위해서 시선은 주변을 경계하면서 참고점을 지향한다. 조종사와 기축 그리고 참고점이 일치할 수 있도록 조종하여야 한다. 사이클릭은 지정된 지시속도를 준수할 수 있도록 하고, 페달은 동체가 사이드슬립(sideslip) 상태가 되지 않도록 선회경사지시계(turn and slip indicator)의 볼이 중앙에 있는지 확인한다. 직선비행을 어렵게 하는 요인은 바람이다. 공중에서 선정된 참고점까지의 가상선을

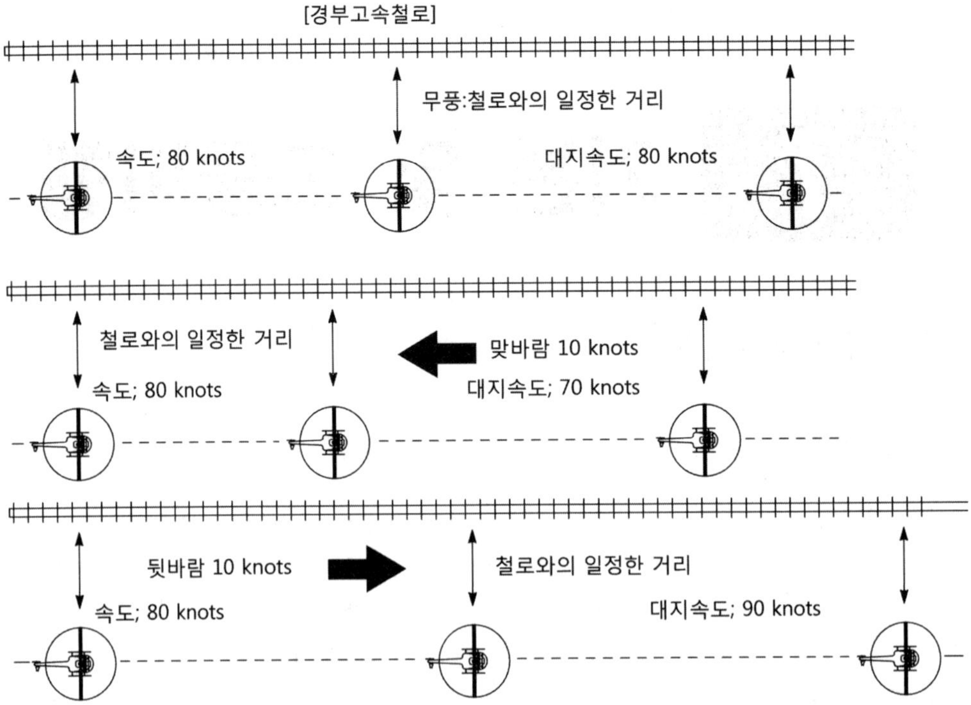

【그림7-1】 바람에 따른 지시속도와 대지속도의 변화

따라 직선비행 중 어느 한쪽으로 밀려가는 것을 감지했다면 이는 바람에 의한 현상으로 판단하여야 한다. 정상적인 직선비행 기동으로는 직선 항적을 그리지 못하고 항적이 휘면서 참고점에 도착하게 될 것이다. 이를 방지하기 위해서 밀려가는 반대 방향으로 기수를 향하고 사이클릭은 비행하고자 하는 직선항적 방향을 지향할 수 있도록 함으로써 바람을 효과적으로 상쇄시킬 수 있다. [그림7-1]

(3) 수평비행

수평직선비행 중 고도는 컬렉티브로 조종한다. 지정된 고도에 도달해서는 고도의 변화 없이 참고점까지 비행할 수 있도록 해야 한다. 만약 고도가 떨어지는 것을 감지했다면 즉시 컬렉티브를 적용하여 수정할 수 있어야 한다. 그러나 고도 및 속도의 변화가 어느 한 요소에 의해서만 발생하는 것이 아니므로 조종사는 고도의 변화를 반드시 컬렉티브로 수정해야 한다는 것은 아니다. 예를 들어 기류의 영향으로 기수가 들렸다면 속도가 감소하고 동시에 고도는 증가하게 될 것이다. 이 같은 상황을 컬렉티브만으로 수정하기보다는 사이클릭으로 기수를 낮추면 속도가 증가하고 동시에 고도로 감소시킬 수 있다. 모든 기동을 수행하는 데 있어서 반드시 균형조종이 되어야 헬리콥터는 원활한 수평직선비행이 가능하다. 특히 헬리콥터의 조종장치는 약간의 지연특성으로 인하여 조종사가 조종간을 적용한 즉시 기동하기보다는 한 템포 늦게 기동이 진행되는 상태라는 것을 염두에 두고 조종간을 적용한 후 잠시 대기하여 원하는 기동이 수행되고 있는지를 관찰한다.

[조작1] 지상으로부터 약 500피트(AGL) 고도에 도달하여 두 개 이상의 참고점 또는 선형 지형지물을 선정하고 주변 경계를 한다.

[조작2] 사이클릭으로 지정된 속도를 유지하고 지정된 직선항적으로 유지할 수 있도록 조종한다.

[조작3] 컬렉티브는 지정된 고도를 유지할 수 있도록 적절한 압을 유지한다.

[조작4] 페달은 기축과 직선비행경로가 일치하도록 균형된 압을 적용한다.

[조작5] 측풍을 감지했을 때는 크래빙을 적용하여 수정한다.

[조작6] 속도 및 고도의 변화가 발생했을 때 적절한 사이클릭 또는 컬렉티브를 적용하여 수정한다.

7.1.3 바람의 영향

비행과 바람은 매우 밀접한 관계가 있으며 항공기는 공중에 떠 있는 상태이기 때문에 항상 바람의 영향을 고려해야 한다. 바람은 어느 방향에서나 불 수 있으나 헬리콥터에 부딪히는 바람에 따라 맞바람(headwind), 뒷바람(tail wind) 그리고 옆바람 또는 측풍(crosswind)으로 구분한다. 이륙이나 착륙은 가급적 맞바람(headwind)으로 실시하는 것이 헬리콥터의 성능(performance)을 증대시킬 수 있고 뒷바람으로 이륙 및 착륙을 하면 이륙 및 착륙활주 거리(takeoff and landing roll)가 길어지고 충분한 성능을 기대하기가 어렵다. 그러나 일단 이륙한 후에는 이착륙과 반대의 영향을 받는다.

(1) 맞바람과 뒷바람(headwind and tailwind)

[그림7-2]는 선형 지형지물을 따라서 비행할 때 바람의 영향에 대해서 잘 보여주고 있다. 만일 바람이 없는 무풍(wind calm)이라고 가정한다면 속도계의 지시속도와 대지속도(ground speed)는 일치할 것이다. 그러나 맞바람을 받으면서 비행할 때 지시속도는 변함이 없지만, 실제 대지속도는 바람의 속도만큼 감해 주어야 한다. 반대로 뒷바람을 받으면서 비행하고 있을 때는 헬리콥터는 바람의 속도만큼 더 빠르게 비행하고 있다는 것을 알 수 있다. 이 같은 대지속도는 목적지에 도달하는 예상시간을 예측하는 기준이 된다. 항속시간의 증가는 연료소모량과도 연관이 있어서 경제적 비행을 위한 바람을 이용할 수 있는 것도 현명한 운용방법의 하나이다.

(2) 측풍(crosswind)

바람이 항상 맞바람 또는 뒷바람으로 분다고 할 수 없으며 상황에 따라 옆에서 부는 바람을 옆바람 또는 측풍이라 한다. 이 같은 옆바람의 영향은 흐르는 강물 위로 배를 띄워 놓고 직선으로 횡단하도록 조종했을 때 배는 비록 직선 방향으로 건넜지만, 실제 배가 지나간 흔적(track)은 하류 쪽으로 흐른다. 이를 방지하고 직선 항적으로 강을 건너기 위해

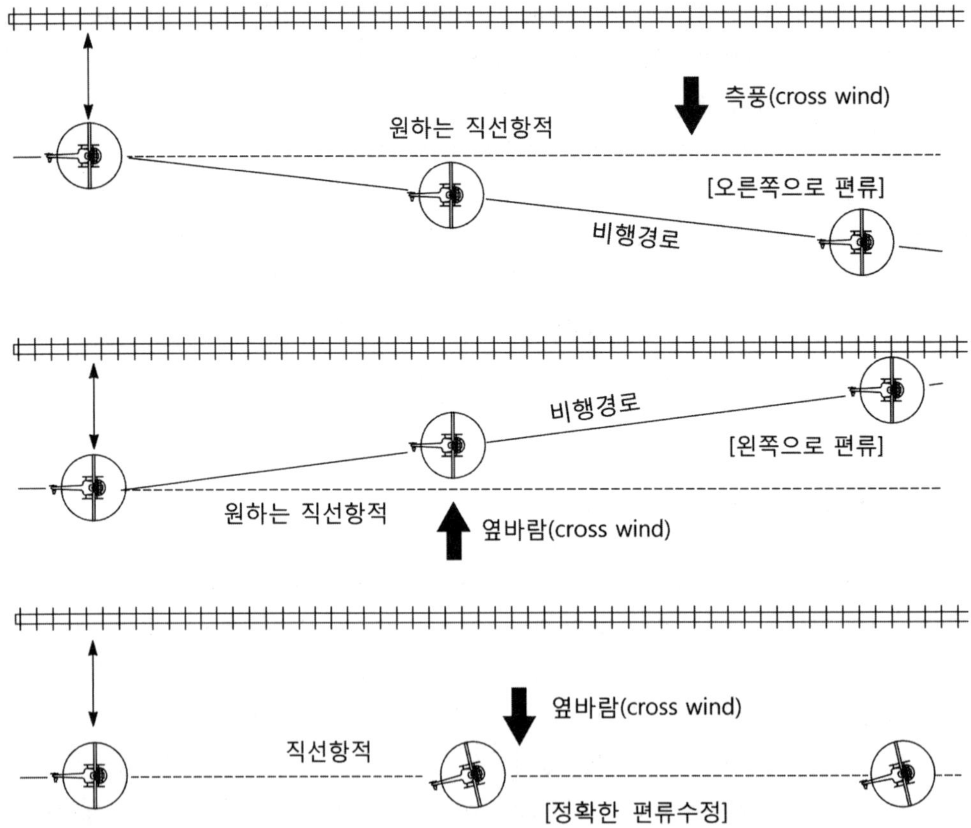

【그림7-2】 측풍과 편류수정

서는 뱃머리를 상류 쪽으로 향해야 원하는 직선으로 강을 건널 수 있다. 이같이 유체의 영향으로 흘러가는 현상을 편류(drift)라 한다. 공기 중에 떠 있는 헬리콥터도 이와 마찬가지로 바람 방향과 속도에 따라 편류하고 적절한 수정 조작이 따라 주지 않으면 조종사가 원하는 방향으로 비행할 수 없게 된다. [그림7-2]는 비행 중인 헬리콥터가 어떻게 바람의 영향을 받아 편류하고 있는지를 보여주고 있으며 효과적으로 바람의 영향을 수정하여 비행하는 방법에 대해서 보여주고 있다. 헬리콥터에서 편류를 수정하는 기술은 고도에 따라 크래빙(crabbing) 또는 슬립(slip) 방법이 적용된다.

(3) 크래빙(crabbing)

비행고도가 지면으로부터 약 50피트 이상의 고도에서는 이 방법을 적용할 것을 권장한다. 크래빙은 마치 게걸음(crabbing)을 연상하면 쉽게 이해할 수 있다. 조종사는 바람 부는 방향으로 기수를 틀어 주고 선회계의 볼(ball)을 중앙에 위치시키면서 동시에 사이클릭은 진행 방향으로 압을 적용함으로써 헬리콥터는 직선항적(straight track)을 유지할 수 있다.

(4) 슬립(slip)

슬립은 통상 지면으로부터의 고도가 약 50피트 이하일 때 권장된다. 크래빙과는 달리 헬리콥터의 기축(세로축)이 바람과 관계없이 비행경로와 일치시켜야 한다. 조종사는 바람 부는 방향으로 사이클릭 압을 적용하면서 페달로는 기축을 비행 방향과 일치시켜야 한다. 따라서 선회계의 볼(ball)과는 상관없이 페달로 비행경로와 세로축을 일치시켜야 하므로 헬리콥터는 바람의 세기에 따라 기울어진 자세(slip)가 된다. 그러나 일단 착륙 패드에 착륙한 후에는 기수를 바람방향으로 전환하여 맞바람상태에서 제자리비행을 수행할 것을 권고한다.

7.2 상　승

(1) 기본 기술

비행 중 고도를 높이고자 할 때 적용하는 기본 기동이다. [그림7-3]과 같이 상승은 초기상승과 지속상승 그리고 수평조작 순으로 실행된다. 순항비행 중 지정된 고도까지 상승하기 위해서는 컬렉티브의 상방압으로 상승 동력까지 증가시키고 동시에 토크 증가에 따른 빗놀이(yawing)를 방지하기 위한 좌측 페달압과 사이클릭 전방압을 적용하여 기수 상승을 방지하고 상승자세를 확립한다. 사이클릭 전방압의 양은 기수의 과도한 상승으로 속도의 급감속을 방지할 수 있을 정도여야 한다. 과도한 사이클릭 전방압은 고도 상승을 지연시키고 과도한 사이클릭 후방압은 속도의 급감속과 급상승을 유발할 수 있다. 상승자세에 안정되면 승강계(vertical speed indicator)를 확인하여 원하는 상승률과 속도를 유지하고 있는지 교차점검(cross-check)한다. 원하는 고도에 접근함에 따라 조종사는 수평조작(level-off) 할 준비를 하고 그 시기는 상승률의 약 10%의 리드 양(amount of lead)을 적용한다. 예를 들어 분당 500피트로 상승 중일 때 수평조작 시기는 50피트 전에 시작함으로써 나머지 50피트는 상승 타성(inertia)에 의해서 원하는 고도에 도달할 수 있다. 수평직선비행으로 회복하기 위해서 조종사는 먼저 사이클릭 전방압을 적용하여 헬리콥터의 상승자세를 수평으로 만들고 순항속도에 도달하면 컬렉티브 하방압을 적용하여 수평 동력으로 감소시킨다. 사이클릭의 전방압이 너무 많아 과도한 자세의 변화는 나머지 고도의 상승을 저해하여 또 다른 상승 조작이 요구되므로 적절한 비행자세의 변화가 요구된다.

[조작1] 상승 고도 결정

[조작2] 컬렉티브를 서서히 들어 올려 상승 동력에 조정한다.

[조작3] 사이클릭은 상승 동력에 따른 기수들림을 방지하기 위해서 약간 전방압을 적용하여 상승자세를 확립한다.

[조작4] 페달은 동력증가에 따른 좌측 페달압을 적용하여 일정한 기축을 유지한다.

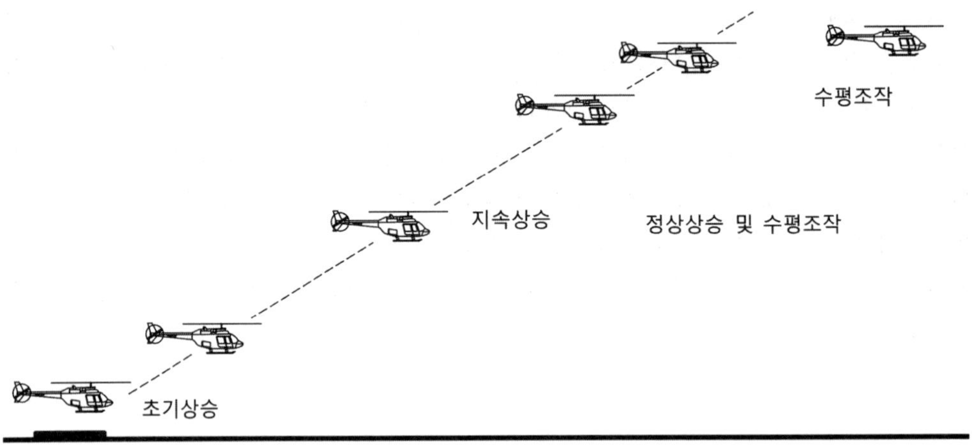

【그림7-3】 상승 절차

[조작5] 원하는 고도에 거의 도달하면 상승률의 약 10%의 리드 양을 적용하여 수평조작을 적용한다.

[조작6] 수평조작은 사이클릭 전방압으로 자세를 수평으로 만들고 순항속도에 도달하면 컬렉티브 하방압을 적용하여 수평비행 동력으로 조정한다.

(2) 수직상승 및 강하

헬리콥터의 상승은 비행기와 달리 수직상승을 할 수 있는 성능이 가장 큰 장점 중의 하나이다. 수직상승에 대해서는 제자리비행 과정에서 학습한 내용으로 지면효과를 벗어난 높은 고도에서 수직으로 상승 및 강하해야 하는 기동이 적지 않다. 예를 들어 대형 화물을 인양하는 헬리콥터는 지상에 있는 화물을 동체에 연결된 고리에 연결하여 지상 장애물을 회피할 수 있는 고도까지 수직으로 상승해야 한다. 높은 고도까지 수직상승은 전후좌우로 편류함이 없이 수직으로 상승해야 한다는 조건에서 그리 쉬운 기동은 아니다. 멀리 있는 지형지물을 이용한 가능한 한 2개의 참고점을 선정한다. 하나는 정면의 참고점으로 좌우의 편류를 판단하는 데 사용하고, 또 다른 하나는 전후의 편류를 판단하기 위한 참고점으로 선정하여 활용하여야 편류 여부를 쉽게 판단할 수 있다. 필요하다면 승무원 또는 부조종사의 도움을 받아 수직으로 상승할 수 있도록 해야 한다.

(3) 정률상승 및 정속상승

순항비행 중 대부분의 상승은 일정한 상승률에 따라 상승 기동하는 것이 일반적이다. 이는 앞서 언급한 것과 같이 사이클릭으로 상승자세를 확립하고 컬렉티브를 상승 동력에 조정하면 상승하기 시작할 것이고 확립된 상승률을 원하는 고도까지 유지하여 상승하는 절차이다. 그러나 때로는 일정한 상승률보다는 상승속도에 중점을 두고 상승하는 기동의 형태가 있을 수 있다. 정속상승에서는 사이클릭으로 컬렉티브 변경에 의한 자세 변화로 유발될 수 있는 속도가 변화하지 않도록 주의하여야 한다.

7.3 강 하

(1) 기본 기술

고도를 낮추기 위한 기동으로 컬렉티브 하방압을 적용하여 강하 동력으로 토크를 감소시키고 회전면이 앞으로 기울어지는 것을 방지하기 위해서 사이클릭 후방압을 적용하여 속도의 증가를 방지한다. 동시에 토크 감소에 따른 빗놀이(yaw)를 방지하기 위해서 우측 페달에 압을 적용해 주어야 한다. 강하 자세가 확립되면 속도계와 승강계를 점검하여 원하는 강하율과 속도를 유지하는지를 교차점검 한다. 원하는 고도에 접근함에 따라 수평직선비행으로 회복하기 위해서 컬렉티브 상방압을 적용하면서 사이클릭 전방압을 적용하여 기수의 상승을 방지하고 좌측 페달압을 적용하여 빗놀이를 방지한다. 강하에서 수평조작 역시 강하율의 10% 리드양을 적용하여 원하는 고도 전에 실시함으로써 수평 고도에 도달할 수 있다.

[조작1] 강하고도 결정

[조작2] 컬렉티브 하방압으로 강하 동력에 조정한다.

[조작3] 사이클릭은 컬렉티브 조종에 따른 기수숙여짐을 방지하기 위한 후방압을 적용한다.

[조작4] 페달은 동력감소로 인한 좌요를 방지하기 위해서 우측 페달압을 적용하여 일정한 기축을 유지한다.

[조작5] 원하는 고도에 거의 도달하면 강하율 10%의 리드 양을 적용한다.

[조작6] 수평조작은 컬렉티브를 상방압으로 순항 동력으로 조정하고 사이클릭은 수평자세를 확립한다.

(2) 정률강하 및 정속강하

순항비행 중 대부분의 강하는 일정한 강하율에 따라 강하 기동하는 것이 일반적이다. 특히 계기비행 중에 지정된 상승률 및 강하율의 준수는 필수 요소이기 때문에 대부분 정률강하가 일반적인 강하 기동의 형태이다. 컬렉티브를 내려 적정 강하 동력에 조정하고 사이클릭으로 지정된 속도를 유지함으로써 헬리콥터는 일정한 강하율을 유지하여 강하할 수 있다. 일정한 강하율을 유지하여 강하 중 자세의 변화는 즉각적으로 속도의 변화와 함께 강하율을 변화시킬 수 있다. 강하율과 속도가 너무 크다고 한다면 컬렉티브를 약간 들어 올려 동력을 조정함과 동시에 사이클릭 후방압으로 강하율을 조절할 수 있다. 그러나 강하율이 원하는 강하율을 약간만 초과했다면 컬렉티브를 사용한 수정보다는 사이클릭을 약간 후방압을 적용함으로써 정상 강하율을 유지할 수 있다. 때로는 일정한 강하율보다는 강하 속도에 중점을 두고 강하하는 기동의 형태가 있을 수 있다.

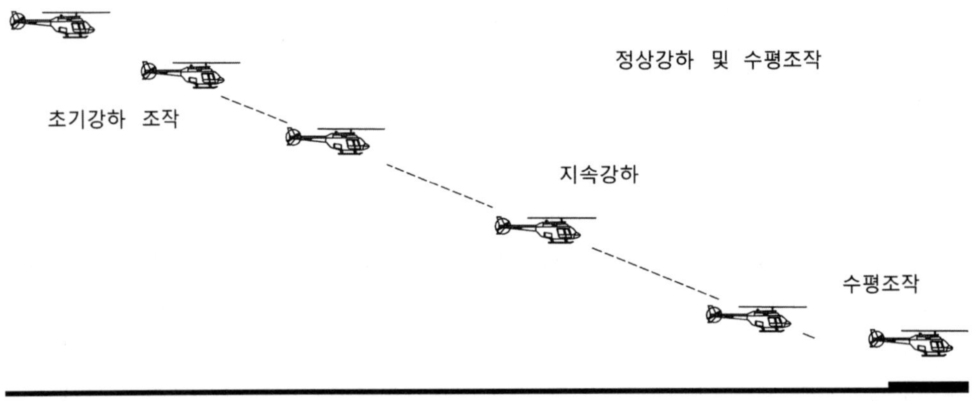

【그림7-4】 강하 절차

7.4 선 회

(1) 기본 기술

선회(turn) 기동은 블레이드 회전면의 경사에 의해서 이루어진다. 사이클릭을 원하는 방향으로 압을 적용하면 수직양력분력(vertical lift component)의 일부가 수평양력분력(horizontal lift component; HCL)으로 분리되어 선회의 힘을 얻는다. 선회는 경사각에 따라 완선회, 정상선회, 급선회로 구분한다. 일반적으로 비행기의 급선회는 45도를 초과하는 경우를 헬리콥터에서는 자체의 불안정성으로 인하여 30도 이상을 초과하는 경사각을 급선회(steep turn)라 하고 급격한 수직양력분력의 감소와 급격한 기수숙여짐(nose-down)이 동반한 불안정성으로 발전할 수 있다. 선회방향의 결정은 헤딩지시계의 방위를 이용하거나 외부 시각 참조물을 확인하고 원하는 방향으로 사이클릭 압을 적용하여 헬리콥터의 경사를 이룬다. 선회할 때 헬리콥터에 작용하는 힘에 대해서는 앞에서 설명한 것과 같이 경사각의 크기만큼 수직양력(vertical lift)이 감소하기 때문에 반드시 이를 보상해 주지 않으면 동고도를 유지할 수 없다. 따라서 사이클릭 경사와 함께 컬렉티브 상방압을 적용하고 동시에 선회방향의 페달에 약간의 압을 적용하여 선회경사지시계의 볼(ball)을 중앙에 위치시켜야 헬리콥터는 [그림7-5]의 중앙 그림과 같이 기축을 유지하면서 선회할 수 있다. 원하는 방위각에 접근함에 따라 선회정지(roll-out) 조작을 준비하고, 적절한 리드양(amount of lead)을 적용하여 미리 선회정지 조작을 해야 타성(inertia)에 의한 방위초과(overshooting)를 방지할 수 있다. 선회정지 조작을 하여 블레이드가 수평 위치로 회복함에 따라 수직양력분력이 증가할 수 있고, 이로 인한 동력의 증가는 상승을 초래할 수 있으므로 컬렉티브에 의한 동력의 재조정(readjust)이 요구된다. 회전운동의

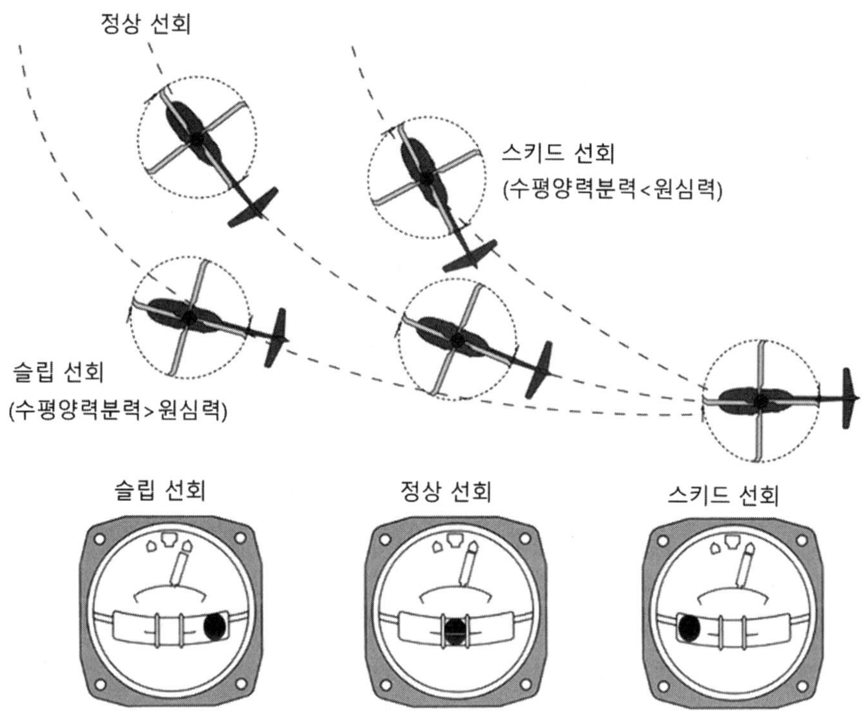

【그림7-5】 균형선회와 스키드 및 슬립

세차에서 언급했듯이 우선회할 때는 기수가 들리고 반대로 좌선회할 때는 기수가 낮아지는 현상이 발생한다는 것도 염두에 두어야 할 요소이다. 균형조종(coordinated)이 되지 않았을 때는 선회율과 원심력의 불일치로 스키드(skid) 또는 슬립(slip) 현상이 초래된다. 선회 중 균형조종을 유지하기 위해서 선회경사 지시계의 볼 변위를 주시하면서 만약 볼이 어느 한쪽으로 벗어난다면 항공기는 균형조종이 이루어지지 않은 상태라고 판단하고 볼이 벗어난 쪽의 페달압을 적용하여 수정한다.

[조작1] 선회방향 또는 방위를 결정하고, 주변 경계를 한다.

[조작2] 선회진입은 15° 완경사 선회로 시작한다.

[조자3] 사이클릭을 선회하고자 하는 방향으로 압을 적용한다.

[조작4] 컬렉티브는 선회 중 수직양력이 감소하므로 동고도 선회를 위해서 약간 상방압을 적용한다.

[조작5] 페달은 균형조종 선회를 위해서 선회방향의 페달압을 적용한다.

[조작6] 선회정지 시기를 판단하여 원하는 방향에 도달하기 전에 선회정지 조작을 시작한다.

[조직7] 선회정지 조작은 유연하게 실시하고 수평으로 회복할 때 수직양력이 증가할 수 있으므로 컬렉티브를 적용하여 동력을 약간 감소시킨다.

(2) 슬립(slip), 선회율<경사각=원심력<수평양력분력

선회 중에 경사각에 의한 원심력(centrifugal force; CL)이 수평양력분력(HCL)보다 작아 기수가 선회경로 외측을 향하면서(꼬리는 선회 내측) 헬리콥터는 [그림7-5]의 그림과 같이 정상 선회경로 밖으로 미끄러지면서 선회하는 현상이 발생한다. 이때 선회경사지시계의 볼(ball)은 선회방향의 안쪽으로 벗어난다. 이를 수정하기 위해서 조종사는 경사각을 감소시키면서 동시에 선회경사 지시계의 볼(ball)이 벗어난 쪽의 페달에 압을 가하여 볼을 중앙에 위치시켜야 선회경로를 따라 정확한 기축(세로축)을 유지하면서 선회할 수 있다. 이것은 선회율을 증가하거나 경사각 감소 또는 이 두 방법을 적절하게 적용하는 것이다. 선회진입 중 슬립을 방지하기 위해서 선회진입과 동시에 선회방향 페달압을 적용해 주어야 한다.

(3) 스키드(skid), 선회율>경사각=원심력>수평양력분력

정상적인 선회 중 경사각에 의한 원심력(CL)이 수평양력분력(HCL)보다 크기 때문에 기수가 선회경로 내측을 향하면서(꼬리는 선회 외측) 헬리콥터는 정상 선회경로 안쪽으로 미끄러지면서 선회하는 현상이 발생한다. 이것은 선회율이 경사각보다 큰 상태이다. 선회경사지시계의 볼은 선회방향 외측으로 벗어난다. 이를 수정하는 방법은 경사각을 증가시키면서 선회지시계의 볼(ball)이 벗어난 쪽의 페달에 압을 적용하여 볼이 중앙에 위치하도록 한다. 이것은 선회율을 줄이거나 경사각 증가 또는 이 두 방법을 적절하게 적용하는 것이다.

7.5 직사각형 코스 비행

(1) 훈련목적

선정된 지형을 참고하면서 주의력분배(division of attention)와 편류(drift)를 수정하는 비행 기술을 익힌다. 논이나 밭과 같은 직사각형(rectangular)의 지형을 참고점으로 선정하고 지형의 경계선과 적절한 거리를 두고 비행하는 기술을 익힘으로써 공항 구역에서의 장주(traffic pattern)에 익숙하게 한다. 조종사는 주위 경계를 하여 다른 항공기의 접근을 경계하고 500~800피트의 안전 고도를 유지한다. 비행경로는 가능하다면 바람과 수직을 이루도록 선정하는 것이 좋다.

(2) 지형지물 선정

지상에 있는 직사각형 모양의 참고점을 선정한다. 이 같은 목적 달성에 적합한 것은 [그림7-6]과 같이 논두렁으로 경계구역이 획정된 것이 가장 이상적인 지형지물로 활용될 수 있다. 대략 한 면의 길이가 약 1마일 정도의 거리면 적당하다. 선정된 4면의 각 모서

리에서 선회 기동을 수행할 수 있도록 계획하여야 하고, 실제 비행은 각 면의 경계선을 따라서 비행하는 것이 아니라 지정된 경계선으로부터 약 1/4~1/2마일 정도의 간격을 형성하여 비행한다. 만약 비행이 경계선에 근접하여 비행할 때 직선비행경로에서는 별문제 없으나 선회하여 다음 면의 항적으로 진입하는 데 급선회가 될 우려가 있으므로 적절한 훈련 성과를 거둘 수 없다. 따라서 비행하는 동안 좌측이나 우측에서 경계선을 충분히 육안으로 확인할 수 있는 거리와 고도를 선정할 것을 권고한다.

(3) 기동 절차

사각코스를 위한 세부조작 절차는 다음과 같다.

[조작1] 진입 및 배풍경로 비행

사각코스의 훈련목적이 장주 비행을 목적으로 한 것인 만큼 가급적 배풍경로(downwind leg)로 진입할 것을 권장한다. [그림7-6]의 사각코스에서 바람은 좌측풍이 불고 있다. 따라서 최초진입은 배풍경로에 45도 각으로 진입하였다. 진입한 후 즉시 지정된 지시속도와 고도를 확인하면서 좌측의 경계선과 일직선이 되도록 간격을 유지하여 평행으로 비행한다. 배풍경로에서 헬리콥터는 뒷바람을 받고 있어서 대지속도가 증가한다. 배풍경로가 거의 종료되는 지점에 도달해서는 좌선회를 준비한다.

[조작2] 제1선회

배풍경로 비행을 종료하고 다음 구간으로 선회할 때 바람의 영향을 고려해야 한다. 배풍경로에서 헬리콥터의 대지속도는 지시속도보다 빨라진 상태이기 때문에 정상적인 선회를 수행한다면 헬리콥터는 바람에 상당히 밀려가게 될 것이다. 따라서 정상적인 선회를 수행하려면 계획된 선회 지점보다 전에서 선회를 시작하거나 아니면 선회 경사각을 증가시켜야 정상적인 선회경로를 따라 비행할 수 있다. 또한, 선회가 종료된 후에도 좌측풍을 수정해야 하므로 크래빙 기동이 필수적이다. 따라서 선회방위 역시 90도보다는 증가해야 정상적인 지상항적을 유지할 수 있다.

[조작3] 크래빙 기동-좌측풍 수정

이 구간에서 헬리콥터는 좌측풍을 받고 있다. 경계선을 확인하고 일정한 간격을 유지하면서 수평직선비행을 한다.

[조작4] 제2선회

그림과 같이 현재 좌측풍을 수정하는 크래빙을 적용하고 있다. 이 상태에서 맞바람으로 선회하는 것이기 때문에 선회는 비교적 서서히 진행될 것이다. 아울러 이미 크래빙을 적용하고 있으므로 선회각도 역시 90도 되지 않아도 다음 구간에 진입할 수 있다.

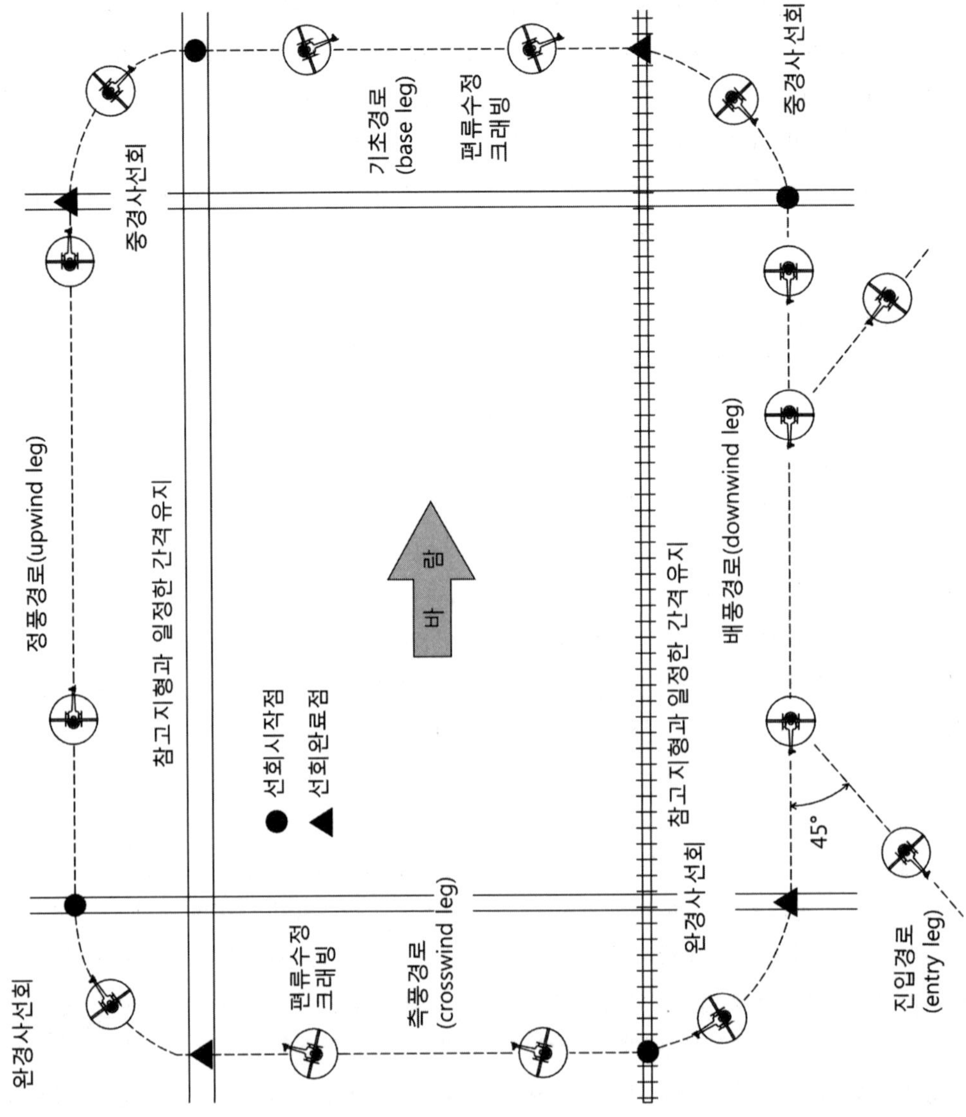

【그림7-6】 사각 코스 비행

[조작5] 정풍경로 비행

이 구간에서는 맞바람을 받고 있으므로 항공기의 대지속도는 지시속도보다 낮으면 그 어느 구간보다 여유 있게 비행할 수 있다. 이 구간에서도 물론 정확한 지상항적과 고도 및 속도 등을 준수할 수 있어야 한다. 정풍경로가 끝나는 지점에서 제3선회를 준비한다.

[조작6] 제3선회

정풍경로에서 맞바람을 받는 상황이고, 선회가 종료된 후에는 우측풍을 수정하기 위한 크래빙 기동이 필수적이다. 선회 중에 헬리콥터는 바람에 의해서 안쪽으로 밀릴 수 있다는 점과 선회완료 후 크래빙 각도를 적용해야 한다는 점이 고려되어야 한다. 따라서 예상 선회 지점을 지나서 정상적인 선회를 수행하는 방법과 정상적인 경사각보다 적은 경사각을 적용한 완경사 선회하는 방법을 고려할 수 있다. 제3선회에서의 실제 선회는 90도보다 적은 각도로 수행된다.

[조작7] 크래빙 기동-우측풍 수정
이 구간에서 헬리콥터는 우측풍을 받고 있다. 경계선을 확인하고 일정한 간격을 유지하면서 수평직선비행을 한다.

[조작8] 제4선회
헬리콥터는 우측풍을 수정하기 위한 크래빙을 적용하고 있다. 현재의 상태에서 배풍경로로 선회하기 위해서 고려해야 할 요소는 선회 후반부에 뒷바람을 받아 급격히 안쪽으로 밀려올 수 있고, 현재 우측풍을 수정하기 위한 크래빙 각도에서부터 선회를 시작해야 하므로 경사각은 90도를 초과해야 한다는 점을 고려해야 한다. 따라서 정확한 지상항적을 따라 비행하기 위해서는 초기에 중간경사각 선회로 시작하여 점차 경사각을 증가시켜야 원하는 항적을 유지할 수 있다. 제4선회를 정상적으로 수행한 후에는 최초진입과 마찬가지로 정확한 지상항적과 속도 및 고도를 유지하여 수평직선비행을 하고, 일련의 구간에서 부족한 점이 발견되면 다시 한번 동일 코스를 이용하여 정확한 지상항적을 유지할 수 있어야 한다. 실제 바람은 선정된 직사각형의 한 면에 수직으로 부는 경우가 거의 없으므로 전 구간에서 적절한 크래빙을 적용하는 기술과 선회 능력을 반복 숙달하여야 한다.

7.6 S-자 선회

(1) 훈련목적

선정된 S-자형 지형을 참고하면서 주의력분배(division of attention)와 편류(drift)를 수정하는 비행 기술을 익힌다. 철로, 제방, 또는 논두렁과 같은 일직선으로 뻗어 있는 지형지물을 선택한다. 조종사는 주위 경계를 실시하여 다른 항공기의 접근을 경계하고 권장 고도는 500~800피트의 안전 고도를 유지한다. 훈련에 들어가기 전에 선형 지형지물을 기준으로 가상 비행경로를 그려본다. S-자의 항적은 [그림7-7]과 같이 첫 반원과 후기 반원으로 구성되고 두 반원이 거의 유사하게 그려질 수 있도록 조종해야 한다. S-자 선회는 선형 지형지물을 통과하면서 선회를 시작하고 선회가 종료되면서 선형 지형지물을 수평으로 통과할 수 있도록 계획하여야 한다. 또는 바람에 따라 뒷바람을 받는 구간에서는 경사각은 증가되어야 하고 선회 중에 적절한 편류 수정을 하지 못했다면 원하는 반원 항적을 그리지 못하게 될 것이다. 비행경로는 가급적 선형 지형지물과 바람이 수직을 이루도록 선정하는 것이 좋다.

(2) 기동 절차

[조작1] 진입 및 배풍경로 비행

선정된 진입 지점을 수평으로 통과한다. 통과하자마자 최대의 경사각을 적용하여 선회를 시작한다. 이는 이 지점에서 대지속도가 최대가 되기 때문에 머뭇거리거나 경사각이 적으면 헬리콥터는 계속 밀리면서 선회가 이루어지기 때문이다. 반원 중간 지점을 통과하면서 경사각을 감소시켜 주어야 한다. 이 지점에서부터 헬리콥터는 서서히 맞바람을 받기 시작하기 때문이다.

[조작2] 반원 중간 통과

반원의 중간 지점으로 향하면서 경사각을 약간 감소시켜야 하고 필요하다면 비록 짧은 시간이지만 반원 중심을 향하여 적절한 크래빙 각도를 적용하는 것도 적절한 반원 항적을 위한 조치이다. 반원 중심을 통과하면서 바람은 맞바람 분력으로 변화되었음을 알 수 있고 대지속도는 감소하기 때문에 완경사 선회를 하여 수평비행을 준비한다.

[조작3] 수평비행

정상적으로 S-자 선회가 수행되었다면 180도 선회를 완료하는 순간 선형 지형지물을 수평으로 통과할 수 있어야 한다. 그러나 선회 반경이 짧게 이루어졌다면 180도 선회 중에 선형 지형지물을 통과하게 될 것이고, 반대로 선회 반경이 너무 길어졌다면 180도 선회를 완료한 후 한동안 수평비행으로 선형 지형지물을 통과해야 할 것이다. 이 같은 실수는 주로 경사각 조절을 실패한 경우이고, 때로는 대지속도를 적절하게 예측하지 못했을 때 발생한다. 이후의 후반부 반원 기동 역시 적절한 대지속도와 경사각의 조화로 정확한 S-자 선회가 될 수 있도록 훈련되어야 한다.

[조작4] 후반 반원 진입

선형 지형지물을 통과하자마자 즉시 선회에 진입한다. 이때는 맞바람을 받는 상태이기 때문에 완경사 선회로 선회해야 한다. 만약 경사각이 크다면 헬리콥터는 반원 안쪽으로 바람에 밀려 비정상적인 반원 항적을 그리게 될 것이다.

[조작5] 후반 반원 중간 통과

반원 중간 지점을 통과하면서 서서히 경사각을 증가시켜 중간경사각에서 반원으로 통과할 수 있도록 계획한다. 반원을 통과하면서부터는 뒷바람을 받아가면서 선회한다.

[조작6] 제2수평비행 및 종료

S-자 선회가 거의 종료되는 지점에서는 뒷바람을 받기 때문에 대지속도 역시 최대가 될

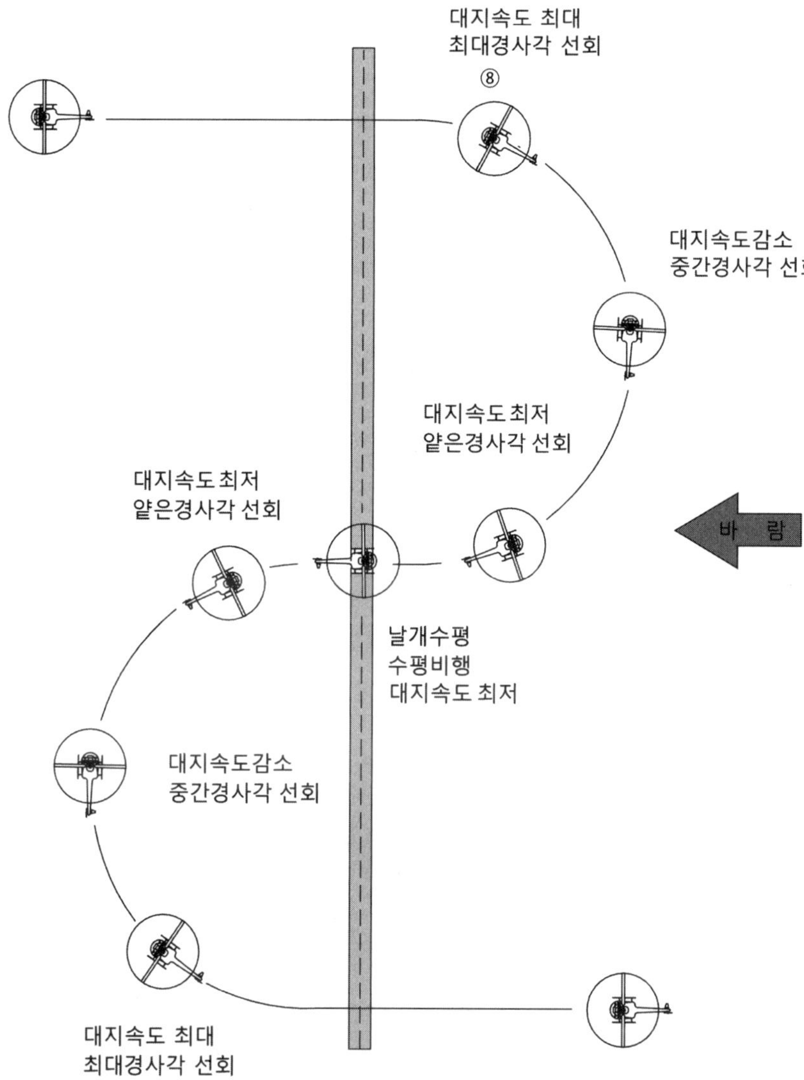

【그림7-7】 S-자 코스 비행

것이다. 이 지점에서 경사각을 최대로 적용하여야 헬리콥터는 선형 지형지물을 수평으로 통과하면서 S-선회 비행을 종료한다.

7.7 원형 선회

(1) 훈련목적

다른 지형지물을 이용한 선회 기동과 마찬가지로 360도 선회를 하면서 적절한 바람 수정을 적용하여 일한 원형 항적으로 그리면서 비행할 수 있어야 한다. 지상 참고점은 식별

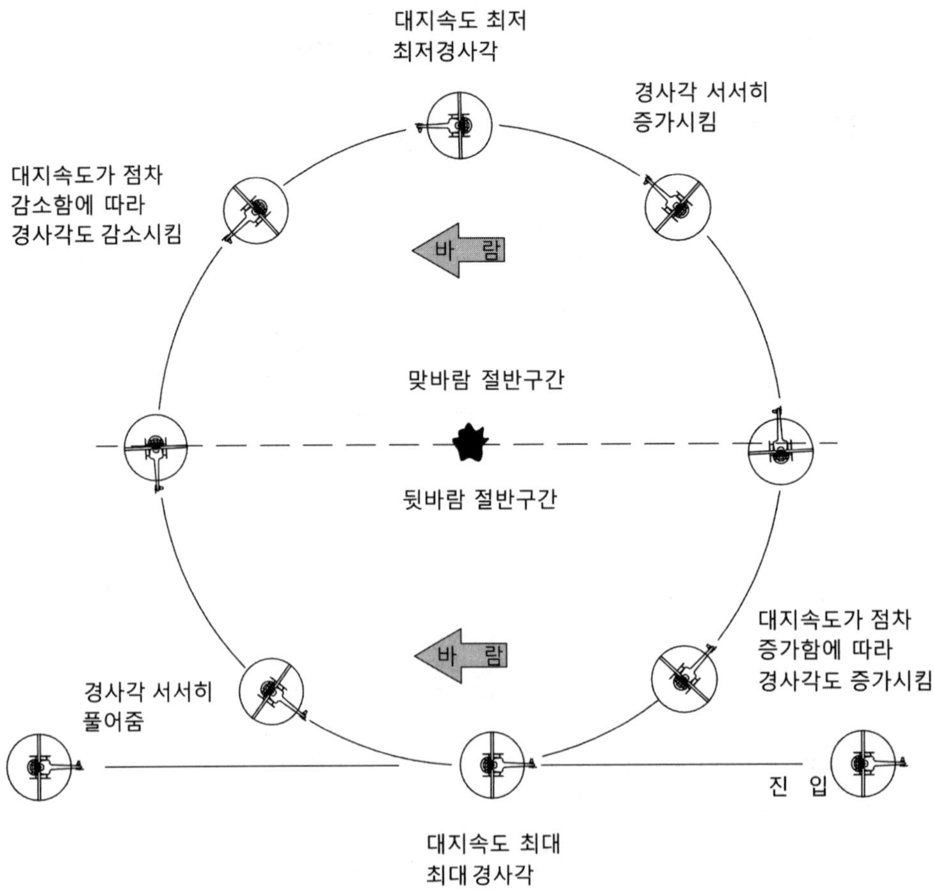

【그림7-8】 원형 선회

이 용이한 독립가옥이라든지 한그루의 커다란 나무 등은 양호한 참고점이 될 수 있다. 이 훈련 역시 지상으로부터 600~1,000피트의 안전 고도에서 수행하여야 하고 훈련을 시작하기 전에 또는 훈련 중에 다른 항공기의 접근을 확인할 수 있는 적절한 주의력분배가 이루어져야 한다. 원형 선회 역시 최대로 적용할 수 있는 경사각은 30도 이내로 제한되어야 하고 참고점과 거리가 가까워질수록 경사각이 증가해야 한다는 점을 고려하여 적당한 거리와 고도를 선정한다. 앞서 훈련한 S-자 선회와 마찬가지로 뒷바람을 받는 구역에서는 최대의 경사각으로 선회가 이루어져야 하고 반대로 맞바람을 받는 구간에서 경사각은 최저로 적용하여야 원하는 원형 항적을 그리면서 비행할 수 있다.

[조작1] 진입은 어느 방향으로나 무방하며, 진입 즉시 사이클릭 압을 적용하여 선회를 시작한다.

[조작2] 선회할 때 바람방향에 따라 적절한 편류 수정을 적용한다.

[조작3] 맞바람의 상황에서는 대지속도가 감소하기 때문에 적은 양의 경사각을 적용한다.

[조작4] 뒷바람의 상황에서는 대지속도가 지시속도보다 빠르므로 경사각을 크게 적용해

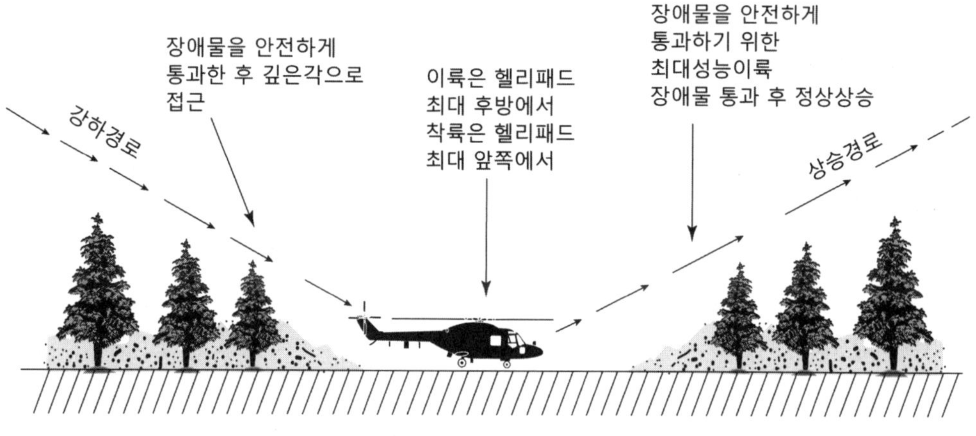

【그림7-9】 제한지역 이륙과 착륙 절차

야 원하는 원형 항적을 그릴 수 있다.

7.8 제한지역 이착륙

제한지역(confined area)이란 착륙 장소가 장애물로 둘러싸여 있는 지역에서의 이착륙 절차이며 바람 방향, 장애물의 높이, 착륙장의 크기 등을 신중히 고려하여 접근 계획을 수립해야 한다. 착륙장의 위치를 확인한 조종사는 풍향 지시기나 연막 등을 이용하여 바람 방향에 따라 맞바람으로 접근 방향을 결정한다. 바람 방향을 정확하게 판단할 수 없을 때는 저공 정찰을 하여 바람 방향을 정확히 판단한 후 접근 조작에 들어간다. 접근각은 장애물의 최대 높이를 고려하여 안전하게 통과할 수 있도록 고려하고, 상황에 따라 착륙장의 위치가 매우 협소한 장소에서는 착륙장 상공까지 접근 후 수직으로 강하하는 것도 고려한다. 제한지역에서의 착륙 절차는 깊은각 접근과 같은 접근 조작 기술을 적용하여 착륙을 시도한다.

제한지역 이륙(confined area takeoff) 역시 기수를 맞바람으로 향하고 최대성능이륙(maximum performance takeoff)시와 같은 기술을 적용하여 이륙한다. 지상에서 비행 방향을 전환할 때 세로축을 고려하여 주위 장애물에 부딪히는 일이 없도록 주변 경계를 철저히 실시한다. 지면에 착지 된 자세에서 장애물을 안전하게 통과할 수 있는 높이를 판단하고 가상 상승경로를 선정한 후 충분한 동력을 적용하여 이륙 후 장애물을 완전히 통과했다고 판단되면 기수를 낮추어 순항속도로 증속하여 정상상승(normal climb) 기동을 수행한다.

7.9 산정 이착륙

(1) 개　요

헬리콥터 최대의 장점 중의 하나는 최대속도에서 정지 상태까지 운용할 수 있다. 산정 이착륙(pinnacle takeoff and landing)이란 산 정상에 착륙장이 선정되어 있거나 높은 빌딩의 옥상에 헬리패드(helipad)가 설치된 장소에 착륙하는 절차이다. 고층 건물의 옥상에 헬리패드가 그려져 있고 에어택시의 주요 발착장으로 활용되고 있다. 또한, 주요 산봉우리의 평평한 구역을 헬리패드 구역으로 설정하여 긴급환자 후송에 매우 유용하게 활용되고 있다. 산정 이착륙 또는 옥상 헬리패드(building helipad)에서 이착륙은 앞에서 학습한 깊은각 접근(steep approach)이라든지 최대성능이륙(maximum performance takeoff)을 적용한 비행 기술이다. 특히 고층 빌딩의 옥상이나 산정상에서는 매우 강한 국지성 바람 또는 지형성 난기류가 불고 있으므로 조종사는 바람을 충분히 활용할 수 있어야 한다.

(2) 고공정찰 및 저공정찰

고공정찰은 [그림7-10]과 같이 높은 고도에서 착륙장 주위를 선회하면서 풍향풍속, 착륙장 위치, 착륙장 주변의 장애물, 접근 방향 및 출발경로, 그리고 주변의 불시착 장소 등을 판단하기 위한 절차이다. 고공정찰을 위한 적절한 고도는 착륙장으로부터 약 300~500피트(AGL)가 적당하며, 그 이상의 높이에서는 풍향풍속이라든지 착륙장의 상태를 확인하기가 곤란하다. 저공정찰은 고공정찰을 마치고 일단 착륙을 결심한 후 접근하는 과정에서 착륙 패드에 가까웠을 때 고공정찰에서 확인했던 사항들을 더 세밀하게 확인하는 것이다. 고공정찰에서 관찰하지 못했던 주변을 지나는 전선, 착륙장의 경사도, 착륙 패드의 상태 등을 재차 확인하여 최종적으로 착륙을 결심한다. 이 같은 최종적인 착륙 결심은 유효전이양력이 상실하기 전에 이루어져야 한다. 헬리콥터는 제자리비행을 할 수 있으므로 착륙장 주변에 제자리비행할 수 있는 공간이 있다면 착륙 패드 상공에 도착하여 최종적으로 착지 여부를 결정할 수 있다.

(3) 풍향풍속 결정

산정이라든지 고층 건물의 옥상은 지상보다 매우 강한 바람 또는 지형성 난기류가 존재할 수 있어 때로는 헬리콥터의 성능한계를 쉽게 초과할 수 있는 바람이 상존한다는 것을 염두에 두어야 한다. 일반적으로 고층 건물의 헬리패드 주변에는 풍향 지시기가 설치되어 있어 고공에서 바람 방향을 쉽게 결정할 수 있으나 그 같은 시각보조물이 없을 때는 연막 또는 연기 등이 흐르는 방향으로 결정한다. 어느 것도 가용하지 않다면 지상의 한 지점을 참고점으로 선정하여 선회 비행을 하면서 편류하는 방향으로 판단할 수 있다.

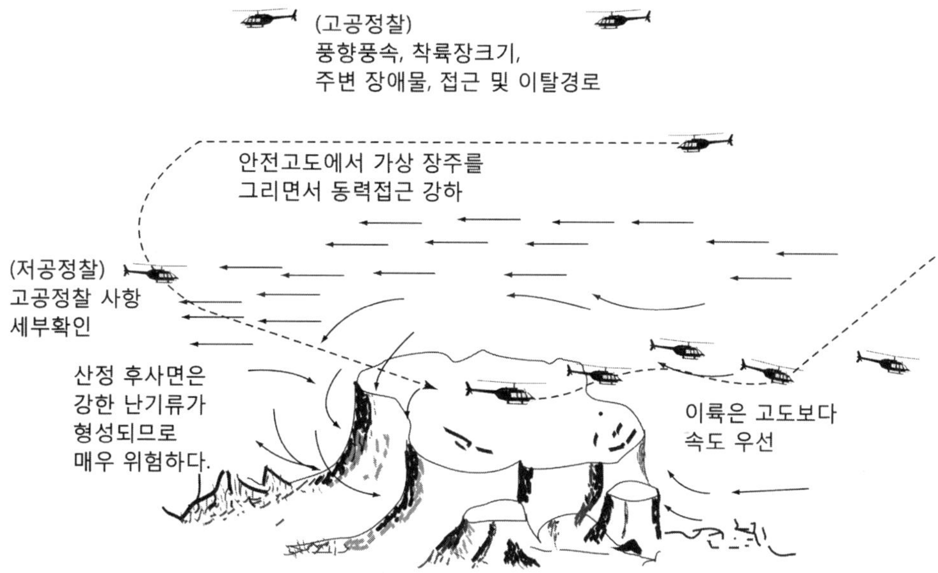

【그림7-10】 산정 이륙과 착륙 절차

(4) 접 근

통상 착륙장이 지면보다 매우 높은 위치에 있으므로 바람이 강하고 대지속도의 판단이 매우 어렵다. 산정에서의 이착륙은 맞바람으로 실시하고 산정을 흐르는 바람의 영향을 회피할 수 있는 충분한 고도가 요구된다. 특히 [그림7-10]에서 보는 것과 같이 산정 후사면에는 상당한 난기류가 형성되므로 이 지역으로 말려들어 가지 않도록 주의한다. 고공정찰을 하여 착륙 방향을 결정한 후 일정 형태의 장주를 계획한다. 최종접근경로(final approach leg)에 진입하여 착륙장까지의 가상 접근각을 형성한다. 정상 접근할 때보다 여분의 동력을 유지하면서 깊은각(steep) 접근 기술로 착륙 패드에 접근을 시도한다. 바람의 속도에 따라 지시속도는 매우 높게 지시될 수 있으므로 외부 시각 참조물을 이용하여 정확한 대지속도를 판단해야 한다. 착륙장이 급경사를 이루는 지역일수록 또는 고층 빌딩일수록 착륙 패드와의 높이가 매우 높이 있는 것 같이 보이기 때문에 정확한 고도와 대지속도 판단이 매우 어려울 수 있다.

(5) 착 지

착륙 패드가 설치된 장소나 옥상 헬리패드는 착륙 지면이 단단하기 때문에 별문제 없이 착륙 패드의 1/3 지점에 정상적으로 착지(touchdown)하면 된다. 그러나 착륙 패드가 설치되어 있지 않은 장소의 지반은 때로는 착지하는데 부적합할 수 있다. 이 같은 상황을 대비하여 착륙 패드 상공에서 제자리비행하면서 지면의 상태를 확인한다. 안전한 상태를 확인한 후 지면에 착지하여 서서히 회전날개로 지지하고 있던 무게는 스키드 또는 바퀴에 실릴 수 있도록 컬렉티브를 내려준다. 산정 혹은 고층 건물에서 강풍이 불 때 동력을 아이들(idle)로 줄이거나 엔진 정지를 시킬 때 블레이드가 바람의 힘을 받아 쉽게 정지되지 않거나 바람에 의해서 기울어지거나 들릴 수 있다는 점을 고려하여야 한다. 이 같은 상황에서 곧바로 이륙해야 할 상황이라면 스로틀을 줄이지 않거나 아이들 상태에서 대기하는 것이 현명한 방법이다.

(6) 이 륙

산정(pinnacle)에서의 이륙 절차는 고도보다 속도를 우선으로 조작한다. 이는 착륙장 자체가 주변의 지형보다 높은 위치에 있기 때문이다. 헬리콥터의 기수를 맞바람으로 정렬(align)시키고 컬렉티브 상방압과 사이클릭 전방압으로 지면에서 부양하자마자 전진할 수 있도록 조작하여 헬리콥터가 착륙 패드를 벗어나면 즉시 사이클릭 전방압을 적용하여 증속시킨 후 어느 정도 속도를 얻은 후 정상상승 조작을 한다. 산정이라든지 고층 건물의 주위에는 불시착 장소가 매우 제한되기 때문에 이륙하자마자 가능한 한 빨리 정상속도를 취하는 것은 매우 중요한 요소이다. 이륙 도중에 엔진고장과 같은 비상상황이 발생했을 때 속도는 주변의 불시착 장소까지 활공할 수 있는 절대 요소이기 때문이다. 그렇다고 해서 착륙 패드에서 부양 즉시 경사로를 따라서 급강하시키는 기동은 바람직하지 않다.

7.10 급정지(퀵스톱)

헬리콥터의 특성은 정지 상태에서 최대속도까지 운용할 수 있으며, 제자리비행 특성을 최대로 활용하여 비행 중 급정지할 수 있다. 급정지(quick stop)의 목적은 헬리콥터가 원하는 속도로 정지하는 중에 일정한 고도와 헤딩(constant altitude and heading)을 유지하는 데 있다. 이 같은 상황은 저고도 비행 중 수직 장애물이 등장하여 불가피하게 급정지시켜야 할 상황에 직면하거나 활주로에서 이동 중 다른 항공기나 장애물을 만났을 때 고도 및 헤딩의 변경 없이 헬리콥터 최대의 특성을 이용하여 정지시킬 수 있다. 급정지 조작은 모든 동력, 사이클릭, 컬렉티브 그리고 페달이 잘 조화되어야 한다. 특히 헬리콥터의 높은 피치자세(기수들림)가 발생할 수 있으므로 테일로터가 지면에 충돌하지 않도록 충분한 고도를 유지하고 있는지 반드시 확인해야 한다. 또한, 급정지 기동이 완료되었을 때 제자리비행 고도는 반드시 운용자 매뉴얼에 명시된 최대 안전 제자리비행 고도 이하에서 운용되어야 한다.

(1) 주변 경계

주변 장애물에 대해 경계하고 어느 지점에서 가속하여 어느 지점에 정지할 것인가에 관한 판단을 한다. 특히 저고도에서 피치 자세(pitch attitude)가 높아질 때 꼬리가 낮아져(tail low) 지면에 부딪힐 수 있으므로 특별한 주의가 요망된다. 급정지 조작은 맞바람 조건에서 활주로, 넓은 개활지 등에서 실시한다. 이 기동이 수행되는 동안에 높이-속도 도표(height-velocity chart)의 음영 구역에서 벗어나 있어야 한다. 일부 군항공기의 기동

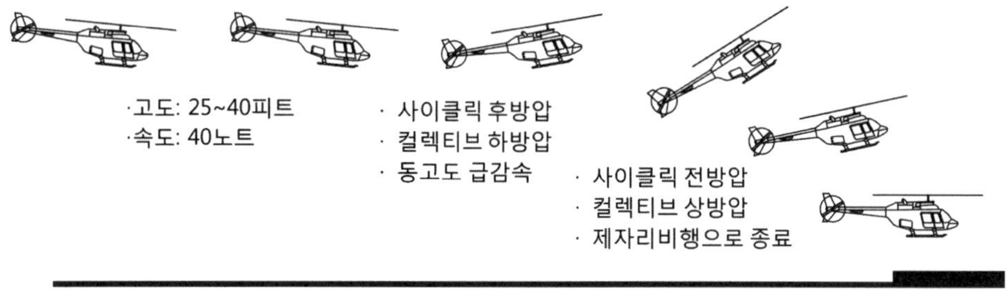

【그림7-11】 급정지 기동

훈련 중이라면 지상의 장애물에 대해서 충분한 확인 및 경계하고 장애물로부터 확실한 안전 고도를 유지한다.

(2) 가 속

정상이륙(normal takeoff)을 하여 지표면으로부터 고도가 약 25~40피트에 도달했을 때 수평비행(level-off)으로 헬리콥터를 안정시킨 후 서서히 증속하여 약 45노트 이내에서 실시하는 것이 좋다.

(3) 감속 조작

전방의 가상 장애물을 확인한 조종사는 [그림7-11]과 같이 사이클릭 후방압을 적용하여 전진 속도를 감소시킨다. 이때 회전면이 후방으로 경사짐에 따라 에어브레이크(air brake)의 역할을 하고 기수가 과도하게 들리기 때문에 고도가 급격히 상승할 수 있다. 따라서 사이클릭 후방압과 동시에 컬렉티브 하방압을 적용하여 고도 상승을 방지한다. 이때 컬렉티브의 양은 동고도를 유지할 수 있을 정도가 적당하다. 컬렉티브 하방압과 동시에 기수가 좌측으로 돌아가려는 현상이 발생할 수 있으므로 동일한 헤딩(heading)을 유지하기 위해서 우측 페달압을 적용하여 일정한 기축을 유지한다. 또한, 로터 회전면의 급격한 하중의 감소로 인하여 로터 RPM이 규정 범위를 초과할 수 있으므로 이를 잘 관찰하여 운용 한계를 초과하지 않도록 스로틀을 조절해 줄 수 있어야 한다.

(4) 정지 조작

일단 속도가 완전히 감속되면 동력은 이미 최소한으로 감소하였기 때문에 즉각적인 수정 조작이 따라 주지 않으면 헬리콥터는 침하하게 될 것이다. 따라서 사이클릭을 서서히 전방으로 압을 적용하여 기수를 수평으로 회복하고 동시에 컬렉티브 상방압으로 동고도를 유지할 수 있는 동력을 증가시켜야 한다. RPM을 수정했다면 스로틀을 재조절하여 운용 한계 내에 위치시키고 동력이 다시 증가함에 따라 기수가 우측으로 돌아가려는 경향이 발생하기 때문에 일정한 기축을 유지하기 위해서는 좌측 페달압을 적용하여 일정한 헤딩을 유지한다.

[조작1] 기동의 시작과 정지 지점을 선정하고, 주변의 장애물을 확인한다.

[조작2] 정상이륙을 위한 고도(25~40피트)를 높이고, 속도는 약 45노트까지 증속한다.

[조작3] 사이클릭은 속도를 감속시키기 위해서 후방압을 적용한다.

[조작4] 컬렉티브는 고도의 상승을 방지할 수 있을 정도의 하방압(필요할 때 RPM 감소)을 적용한다.

[조작5] 페달은 동력이 감소함에 따라 우측 페달압으로 기축을 유지한다.

[조작6] 속도가 정지 상태로 감속됨에 따라 사이클릭 전방압과 컬렉티브 상방압 그리고 기축 유지를 위한 적절한 균형조종(삼타일치) 조작을 한다.(필요하다면 RPM 회복)

(5) 일반적인 실수

① 컬렉티브를 먼저 적용하여 강하하려는 경향은 헬리콥터의 전진 타성을 감소시키지 못한다.

② 과도한 사이클릭 후방압은 헬리콥터의 급격한 상승을 유발할 수 있다.

③ 부적절한 감속 조작은 꼬리하향(tail low) 자세에서 헬리콥터의 전진을 초래한다.

④ 동력 변화를 인식하지 못했을 때 기축의 변화를 초래할 수 있다.

⑤ 지면과 안전 고도를 유지하지 못했다.

⑥ 부적절한 균형조종(삼타일치) 조작은 전반적으로 기동이 유연하지 못하고 불규칙하다.

7.11 경사지 운용

헬리콥터의 장점은 제한된 지역(confined area)에서 운용될 수 있을 뿐만 아니라 다양한 형태의 지형에서도 운용될 수 있다. 지상 운용할 때 헬리콥터의 회전면(rotor disc)은 바람에 의한 편류(drift)를 방지하기 위하여 회전면이 경사진 경우를 제외하고 항상 지면과 수평이 되도록 운용해야 하나 경사지(slope)와 같은 곳에서는 동체는 기울되 회전면은 수평을 유지하거나 경사도 방향에 따라 또는 바람 방향에 따라 사이클릭과 컬렉티브의 적절한 조화가 이루어져야 한다. 경사지에 착지했을 때 헬리콥터의 마스트(mast)는 경사면과 수직을 이루지만 회전면은 수평선에 또는 약간 반대 방향으로 기울어지기 때문에 사이클릭의 운동 범위를 초과할 수 있다. 이 같은 현상은 마스트 범핑(mast bumping) 또는 동적 롤링(dynamic rolling)을 일으키는 주원인이 된다.

(1) 착륙지역 경사도 판단 및 접근

착륙지역에 대한 사전 답사 혹은 공중정찰을 통하여 지형의 경사도를 판단하고 정상접근 절차와 같은 방법으로 접근을 시도한다. 착륙 패드가 계곡에 있을 때 강풍의 상황이라면 상당한 난기류를 예상할 수 있어야 하고 가능한 한 맞바람 접근을 시도한다. 대부분의 헬리콥터 범주에서 정상적으로 운용할 수 있는 최대 경사도는 약 5°로 제한된다.

[경사지 위쪽으로 착지]

① 경사지 접근 ② 경사지 위쪽 스키드 착지 ③ 경사지 아래쪽 스키드 착지 ④ 경사지 안착 및 브레이드 상태

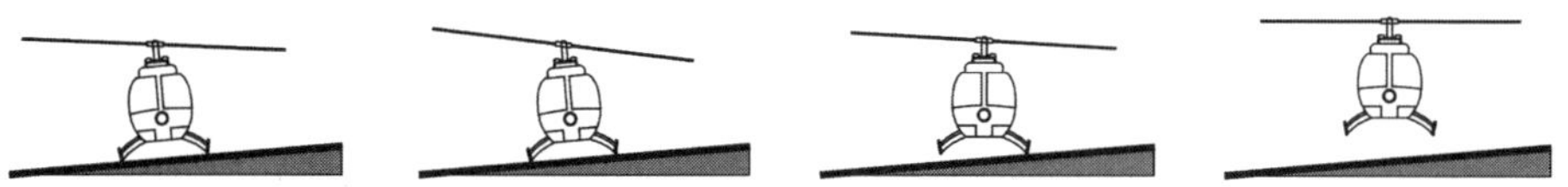

① 경사지 위쪽으로 사이클릭 적용 ② 경사지 아래쪽 스키드 부양 ③ 수평자세 ④ 제자리비행 이륙

【그림7-12】 경사진 지형에서 착지 및 이륙

(2) 경사 방향에 따른 착지

만일 착륙 장소가 [그림7-12]와 같이 위로 경사진(up-slope) 지형이라면 가능한 한 위쪽에 착지할 수 있도록 계획해야 한다. 이는 테일로터 쪽의 지형이 평지가 되거나 약간 높은 지형일 때 테일로터가 지면에 너무 가까워져 테일로터가 지면에 부딪힐 우려가 있기 때문이다. 경사지 위쪽에 스키드(skid)가 착지 된 순간 컬렉티브를 곧바로 내리지 말고 동체의 무게를 회전날개에 의지한 상태에서 약간씩 컬렉티브 하방압을 적용하면서 사이클릭도 전방으로 압을 적용하여 동체의 무게가 스키드로 전이되도록 세심한 조작이 요구된다. 동체의 무게가 완전히 스키드에 실렸다고 판단되면 컬렉티브를 완전히 내린다.

바퀴형 착륙장치는 착륙 전에 브레이크를 잠가 주어야 후진을 방지할 수 있다. 반대로 착륙해야 할 장소가 아래로 경사진 상태라면 메인로터와 지면과의 간격이 가까워져 어느 상태에서도 위험한 상황이 발생할 수 있으므로 이착륙이 매우 불리함으로 이 같은 착륙 형태는 회피하는 것이 현명하다. 어느 경우든 경사도가 심하여 사이클릭 조종 한계에 도달할 것으로 판단되면 착륙을 포기하고 다른 장소로 이동할 것을 권고한다. 그러나 불가피하게 그 지역에서만 임무를 종결해야 할 상황이라면 경사지 한 면에 스키드를 걸친 상태에서 컬렉티브 압을 유지하여 동체의 무게를 회전날개와 스키드에 분산하는 방법을 적용할 수도 있다.

(3) 경사지 측면 착지

좌측이나 우측으로 경사진 지형에도 마찬가지로 [그림7-12]의 중간 그림과 같이 서서히 접근하여 경사지 위쪽에 한쪽 스키드(skid)를 착지시키고 사이클릭은 스키드 착지면쪽으로 압을 적용한다. 일단 균형을 잡은 상태에서 서서히 컬렉티브를 내리면서 사이클릭도 스키드가 착지 된 방향으로 압을 적용하여 반대편 스키드를 착지시킨다. 이때 풍향과 풍속은 마스트(mast)와 회전면의 경사에 영향을 미친다. 예를 들어 경사도가 높은 쪽에서 바람이 불어온다면 사이클릭 적용 양은 더욱 커지고, 반대편에서 바람이 불어올 때는 사이클릭 적용 양이 그만큼 감소할 수 있다. 이 경우도 마찬가지로 사이클릭 적용 한계를 벗어날 것으로 판단되면 마스트 범핑(mast bumping)이나 진동이 발생할 수 있으므로 착륙을 즉각 중지하고 다른 장소로 이동하거나 제자리비행 상태에서 임무를 종결한다. 일반적으로 경사도가 5° 이상을 초과할 때 정상적인 운용을 고려해야 한다. 양쪽 스키드 또는 두 바퀴가 완전히 지면에 착지된 후에 컬렉티브 피치를 지속해서 완전히 내려준다. 헬리콥터의 무게가 스키드에 완전히 실릴 때까지 정상 운용 RPM을 유지해야 한다. 이 같은 이유는 헬리콥터가 비정상적으로 기울어질 때 즉각적으로 동력을 적용하여 이륙할 수 있기 때문이다. 스키드에 헬리콥터의 무게가 완전히 실렸다고 판단되어 RPM을 줄이기 전에 사이클릭을 전후좌우로 움직여 안전 여부를 판단한다.

(5) 경사지 이륙

경사진 지형에서 지면으로부터 이륙은 상당한 위험을 초래할 수 있으며 경사지 착륙 절차에 반대로 적용하여 이륙한다. RPM을 감소시켰다면 스로틀을 증가시켜 정상이륙을 위한 RPM을 회복한다. RPM이 증가함에 따라 사이클릭 역시 경사지 위쪽으로 압을 적용하여 처음 착지할 때와 같은 자세를 유지한다. 컬렉티브를 서서히 위로 올려 스키드가 가벼워지는 것을 느끼면서 동시에 사이클릭의 압도 풀어 준다. 경사지 아래쪽에 있는 스키드부터 부양시켜 일단 수평자세를 유지한 상태에서 경사지 위쪽에 있는 스키드를 부양시킨다. 동체의 무게가 스키드에서 회전날개로 완전히 전환되었을 때 제자리비행을 실시하고 이 상태에서 정상이륙보다 약간 높은 동력을 적용하여 지면으로부터의 이륙 또는 3피트 제자리비행으로부터 이륙 절차에 따른다.

(6) 일반적인 실수

① 착륙 가능한 경사도 및 방향 그리고 풍향풍속의 결정이 부적절했다.
② 경사지에 안전하게 이륙 및 착륙하는 동안에 RPM 유지가 부적절했다.
③ 사이클릭 수정량의 판단 미숙으로 경사지 아래쪽 스키드가 급격하게 착지하는 현상이 초래되었다.
④ 경사지 위쪽으로 과도한 사이클릭 적용으로 마스트 범핑이나 진동이 발생하였다.
⑤ 이륙 조작 중 사이클릭을 경사지 위쪽으로 과도하게 힘을 적용함으로써 편류가 발생했다.

7.12 장주권 비행

7.12.1 장주권에서 헬리콥터 운용

헬리콥터의 제자리비행 기술과 공중 기본 기동 훈련이 완성된 후 이들 기동술을 종합적으로 적용할 수 있는 장주권 이착륙 훈련을 한다. 장주권에서의 훈련은 여러 기종의 항공기가 동시에 운용될 수 있으므로 항공기간의 충분한 간격과 이착륙 보고 및 요청 그리고 관제사의 지시에 따라 훈련이 이루어져야 한다. 공항은 관제탑이 운용되는 공항이 있는가 하면 관제탑이 없는 공항이 있다. 관제탑(control tower)이 운용되는 공항에서는 관제사의 지시에 따라 운항하면 되겠지만 관제탑이 없는 공항에서는 규정에 따라 운항하여야 다른 항공기와 공중충돌을 방지하고 원활한 교통흐름(traffic flow)을 달성할 수 있다. 일반적으로 헬리콥터는 비행기와 달리 이착륙 방향에 대한 제한이 적기 때문에 고정날개 항공기(fixed-wing aircraft)가 운항하는 공항에서 헬리콥터는 고정날개 항공기의 교통흐름을 피하여 운항할 수 있도록 계획하여야 한다.

7.12.2 장주와 선분원

일반적으로 장주(traffic pattern)란 활주로를 중심으로 마치 육상경기장과 같은 직사각형 모양으로 그려진다. 일정한 지리적 위치가 지정되는 것이 아니고 활주로 중앙선 연장선을 기준으로 이륙경로 및 착륙경로 그리고 이착륙 경로를 연결하는 측풍경로가 있고 이륙경로에서 착륙경로로 진입하기 위해서 반대 방향으로 비행하는 배풍경로가 있다. 장주의 고도는 기종에 따라 600~1,000피트 정도를 유지한다. 또한, 각 구간의 길이 역시 속도가 빠른 항공기는 길게 형성되고 비교적 속도가 느린 항공기는 짧게 형성하여 이착륙한다. 헬리콥터는 수직으로 이착륙할 수 있는 장점을 갖고 있다 하여 이착륙할 때 일정 형태의 장주가 불필요하다고 할 수 없으며, 활주로를 갖춘 공항이나 헬리패드(helipad)만 갖춘 지역에서도 바람 방향이나 장애물 등의 위치를 고려하여 직사각형 형태의 장주를 형성한다. 공항 활주로의 시각지시기 또는 관제사가 우장주(right traffic pattern)를 지시하지 않는 한 좌장주를 표준장주로 적용한다. [그림7-13]의 활주로 측면에 선분원이 그려져 있는 것을 볼 수 있다. 이 표지는 관제탑이 없는 공항에서 활주로의 장주 방향과 착륙방향 그리고 풍향 지시기가 설치되어 공항에 도착한 조종사에게 착륙에 대한 정보를 제공한다. 위의 확대 그림에서 굵은 선은 활주로 방향을 나타낸다. 활주로 방향 지시기에서 수직으로 그려진 선이 장주 방향을 지시한다. 원의 내부에는 풍향 지시기와 사면체가 설치되어 있다. 사면체는 착륙방향을 지시하는 것으로 뾰쪽한 부분이 항공기의 기수 부분으로 연상하면 된다. 따라서 현재의 상태에서 가장 적절한 착륙활주로와 장주는 RWY 09이고, 장주는 좌장주(left traffic pattern)가 지정되어 있음을 알 수 있다.

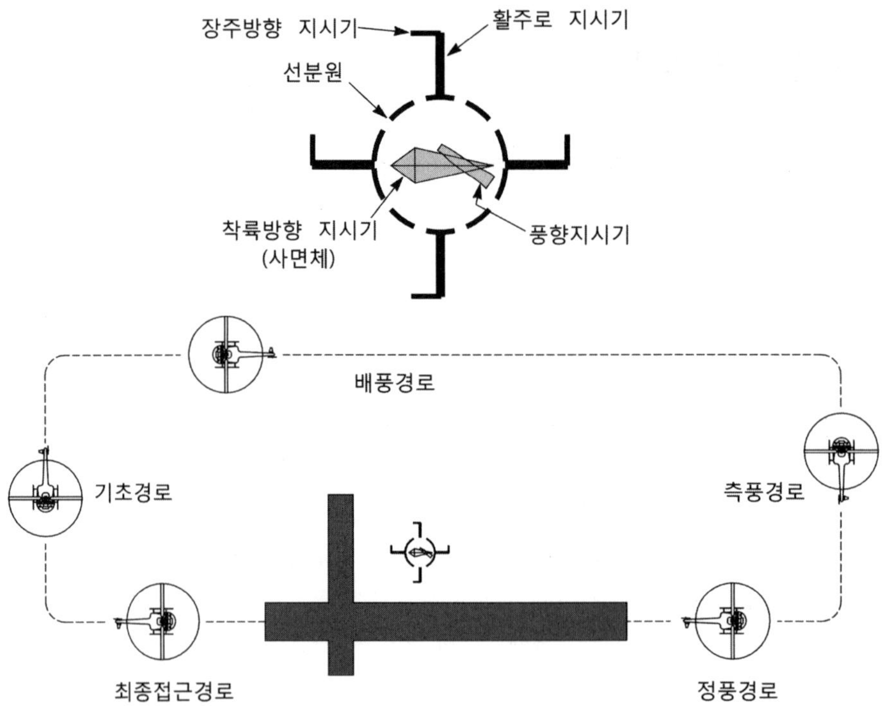

【그림7-13】 장주와 선분원

7.12.3 장주 진입 및 이탈 방법

어느 항공기를 막론하고 공항 근처에 약 10마일 전에서 관제탑을 호출하여 자신의 위치와 착륙 의도를 전달하고 착륙인가와 관련된 정보를 요청한다. 관제사는 고정날개 항공기의 흐름에 방해가 되지 않도록 헬리콥터의 접근 방향을 지시하게 될 것이다. 그러나 헬리콥터 전용 공항이라든지 고정날개 항공기가 운용되지 않을 때는 정상적으로 장주에 진입하여 착륙 절차를 수행하게 될 것이다. 또는 비관제 공항에서는 조종사 스스로 장주에 진입하여 정상적인 장주를 그리면서 착륙해야 한다. 장주에 진입하는 방법은 [그림7-14]에서 보는 것과 같이 착륙방향에 따른 배풍경로를 확인하고 배풍경로에 45도 각도로 진입한다. 헬리콥터의 출발 역시 관제사는 고정날개 항공기의 교통흐름을 피해서 장주와 관계없이 이륙시킬 수 있다. 그러나 헬리콥터 전용 공항이라든지 고정날개 항공기가 없는 경우 정상적인 절차에 따라 이륙하여 공항 구역을 벗어나야 한다. 공항 구역을 벗어나는 방법은 통상 [그림7-14]에서 보는 것과 같이 정풍경로를 따라 이륙하여 안전고도에 도달한 후 원하는 방향으로 비행하고, 때로는 반대 방향으로 비행하고 자 할 때는 배풍경로에 진입하여 원하는 방향으로 이탈하면 된다.

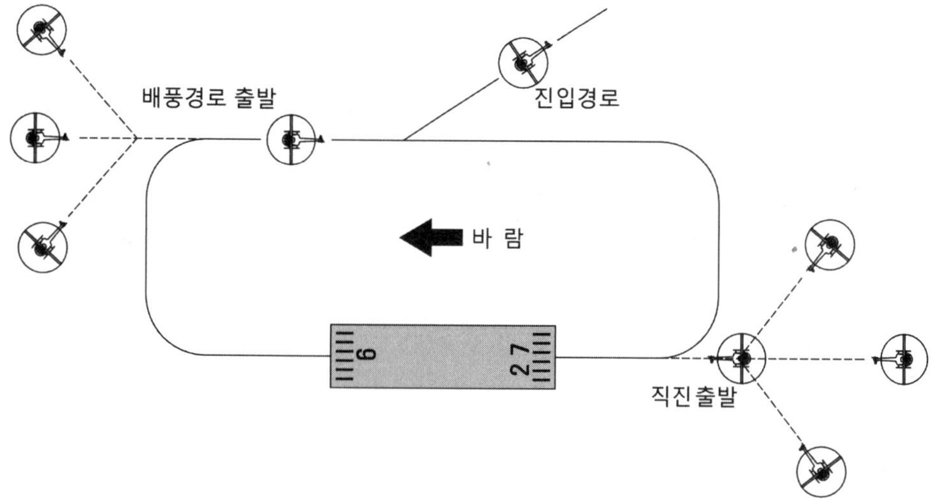

【그림7-14】 장주 진입 및 이탈/출발

7.12.4 장주의 배열

장주 배열의 기준은 이착륙 방향과 바람방향에 따라 지정된다. [그림7-13]에서 현재 바람은 동쪽에서 불고 있으므로 착륙 활주로는 RWY 09가 지정된다. 만약 바람 방향이 정반대로 바뀌었다면 착륙 활주로는 RWY 27로 변경될 것이다. 구간에 대한 용어는 다음과 같다.

(1) 정풍경로(upwind leg)

헬리콥터의 이륙 및 착륙은 반드시 맞바람으로 실시할 것을 권장하고 있다. 여기서 정풍경로란 헬리콥터의 이륙 방향을 기준으로 바람을 안고 이륙 상승하는 구간이 된다. 따라서 이륙 성능은 그만큼 증대된다.

(2) 측풍경로(crosswind leg)

정풍경로(upwind leg)를 기준으로 90도 각을 이루는 구간이 측풍경로가 되고, 이 구간에서 헬리콥터는 옆바람을 받기 때문에 조종사는 적절한 편류 수정(drift correction) 기술을 적용해야 직선 항적(track)을 유지할 수 있다.

(3) 배풍경로(downwind leg)

정풍경로와 평행을 이루면서 바람 방향은 정반대가 되는 구간으로 뒷바람의 영향을 받아 헬리콥터의 대지속도(ground speed)는 지시속도(indicated airspeed)보다 빨라진다.

(4) 기초경로(base leg)

배풍경로가 끝나는 지점에서부터 90도 각을 이루는 구간으로 측풍(crosswind)을 받기 때문에 적절한 편류 수정을 적용해야 직선 항적을 유지할 수 있다.

(5) 최종접근경로(final approach leg)

기초경로와 90도를 이루고 정풍경로(upwind leg)와 동일 선상에 위치하는 구간으로 맞바람(headwind)을 받으면서 접근하기 때문에 착륙 성능이 증가한다.

(6) 진입경로(entry leg)

해당 공항에 착륙하기 위해서 장주권(traffic pattern)에 진입하기 위한 구간이며 통상 배풍경로(downwind leg)에 약 45도 각을 이루는 구간이다.

7.12.5 장주 이착륙 절차

일반적으로 장주에서 수행하는 이착륙 절차는 다음과 같은 순서로 진행된다. 이륙 → 1선회(상승선회) → 1차 수평조작 → 2선회(수평선회) → 배풍경로 비행 → 1차 강하조작 → 3선회(수평선회) → 2차 수평조작 → 4선회(수평선회) → 최종강하조작 → 유효전이양력 상실 단계 → 3피트 제자리비행으로 종료와 같이 진행된다. 단계별 세부조작은 다음과 같다.

(1) 이 륙

이륙 패드 상공에서 이륙 전 점검을 마친 후 관제사에게 이륙 보고를 한다. 이륙인가를 받은 조종사는 제자리비행 상태에서 사이클릭 전방압을 적용하여 헬리콥터를 전진시킨다. 유효전이양력 속도에 도달하면 헬리콥터는 약간 침하 현상이 발생하면서 유효전이양력을 받아 기수가 들리고, 좌요잉, 우롤링 현상이 거의 동시에 나타난다. 조종사는 이를 방지하기 위해서 사이클릭을 좌전방압을 적용하면서 우측 페달압을 적용해야 정상적인 상승률과 상승속도 그리고 직선 항적을 유지할 수 있다. 상승 자세에 안정되면 속도계, 고도계, 승강계 및 토크를 교차점검(cross-check)하여 규정된 상승을 하고 있는지를 점검한다.

(2) 1선회: 상승선회

정상적으로 이륙한 헬리콥터는 순항 고도까지 지속적인 상승을 계속해야 하므로 1선회 지점에서는 상승하면서 측풍경로(crosswind leg)를 향한 선회가 되어야 한다. 선회 지점에 도달하면 선회방향으로 사이클릭 압을 적용하여 약 15~30도의 경사각으로 상승 선회(climbing turn)를 한다. 선회 중 경사량에 따라 고도 상승률이 감소할 수 있으므로 약간의 동력을 적용할 수도 있으며, 선회방향의 페달압을 적용해야 슬립 또는 스키드(slip or skid) 선회를 방지할 수 있다. 1선회를 완료한 후부터 헬리콥터는 측풍의 영향을 받게 되므로 적절한 편류 수정 기술을 적용한다.

(3) 1차 수평조작

정상적인 기동을 수행했을 때 측풍경로 중간 지점에 도달하면 장주 고도에 도달한다. 수평조작 시기는 규정된 장주 고도의 약 50피트 전에서 실시함으로써 상승 타성에 의해서 원하는 고도에 도달할 수 있다. 수평조작 방법은 사이클릭의 전방압을 적용하여 자세를 숙여 속도를 순항속도까지 증속시키고 순항속도에 도달하면 컬렉티브 하방압을 적용하여 순항 동력에 조정한다. 동력 조정에 따른 페달압이 적절히 적용되어야 균형조종(삼타일치) 조작이 가능하다.

(4) 2선회: 수평선회

수평조작을 실시하여 장주고도, 순항속도를 유지한 상태에서 2선회는 수평선회(level turn)가 된다. 이때 바람은 선회방향으로 불어오기 때문에 정상 선회경로 안쪽으로 밀려가지 않도록 완경사로 선회해야 한다.

(5) 배풍경로 비행

배풍경로 구간에 접어든 헬리콥터의 대지속도(ground speed)는 속도계의 지시속도(indicated airspeed)보다 빠르다는 것을 인식해야 한다. 이 구간에서 규정된 배풍경로 점검과 고도, 속도를 유지하고 있는지 교차점검(cross-check) 한다. 배풍경로가 거의 종료되는 지점에서 기초경로로 선회하기 위한 지점을 판단하는 방법은 [그림7-15]의 오른쪽과 같이 헬리콥터가 활주로 끝단을 수직으로 통과하는 지점에서부터 약 45도 방향 또는 8시 방향이 적절하다. 그러나 배풍경로에 존재하는 바람의 속도에 따라 선회 지점을 적절히 조절할 수 있어야 한다. 바람이 제법 세게 불고 있는 상황에서 정상적인 선회를 했다면 헬리콥터는 상당한 거리까지 밀려가게 될 것이고, [그림7-15]의 왼쪽 그림과 같이 예상 선회 지점보다 빨리 선회했을 때는 최종접근경로가 짧아질 수 있다는 점을 고려해야 한다.

(6) 1차 강하조작

착륙지점에서 배풍경로와 약 45도 지점에 도달하면 착륙을 위한 1차 강하조작을 실시한다. 컬렉티브 하방압을 적용하여 순항 동력(토크)의 약 10 psi 정도를 감소시키고 사이클릭으로는 증속하지 않도록 후방압을 적용하여 동력이 감소함에 따라 고도 및 속도가 지속적으로 감소할 수 있도록 조작한다.

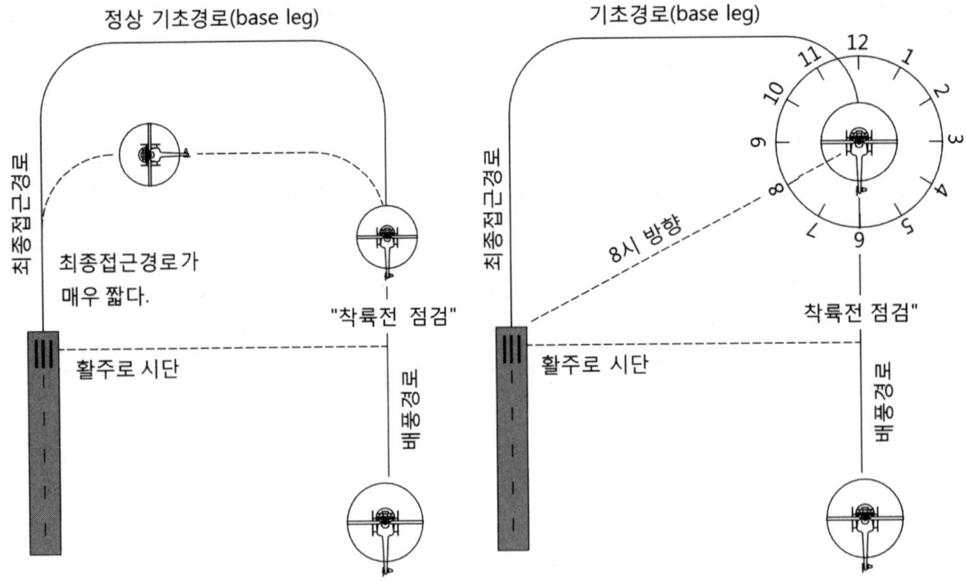

【그림7-15】 최종접근경로에 진입을 위한 정확한 위치 판단

(7) 3선회: 강하선회

3선회 지점에 도착한 헬리콥터는 강하 중이기 때문에 이 지점에서는 강하선회가 된다. 뒷바람의 빠른 대지속도(ground speed)를 유지하고 있으므로 정상 항적을 유지하기 위해서는 깊은각 경사로 선회한다. 경사각이 깊어질수록 수직양력분력의 감소는 강하율을 증가시킬 수 있으므로 적절한 동력의 적용도 고려되어야 급강하를 방지할 수 있으며, 선회완료 후에는 편류 수정을 위한 크래빙(crabbing) 기동을 수행한다.

(8) 2차 수평조작

강하선회를 완료한 후 기초경로(base leg)에서 2차 수평조작을 실시한다. 수평조작을 실시하는 시기는 강하율의 약 10%의 리드양을 적용하고 컬렉티브를 서서히 받쳐 순항동력을 회복하고 규정된 고도와 속도를 유지한다.

(9) 4선회: 수평선회

규정된 속도와 고도를 유지하면서 4선회 지점에 도착하면 완경사로 수평선회를 실시한다. 4선회에서의 수평선회는 수평조작이 완료된 후 헬리콥터의 기축이 [그림7-16]과 같이 활주로 또는 착륙지점의 연장선과 일치해야 한다. 따라서 조종사는 착륙 패드를 확인하면서 기축이 활주로 중앙 연장선과 정렬될 수 있도록 경사각을 조절한다. 4선회의 시기가 늦거나 경사각이 적을 때 헬리콥터는 정상 선회경로 밖으로 벗어나고 반대로 선회시기가 너무 빠르거나 경사각이 클 때는 정상 선회경로 안쪽으로 정렬되어 이차 수정 조작을 해야 한다. 이 구간에서는 실질적인 접근 시작 단계로 볼 수 있으므로 규정된 속도

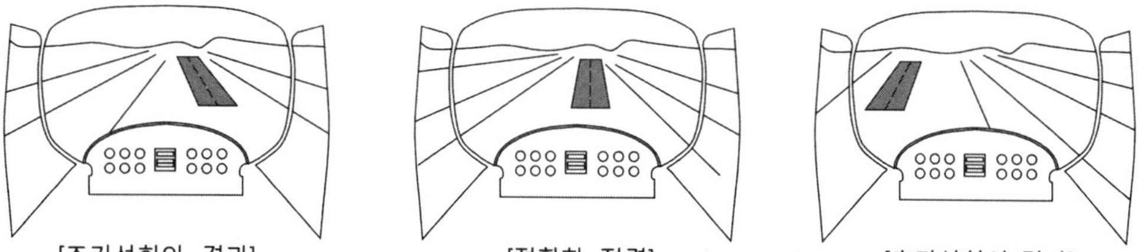

[조기선회의 결과] [정확한 정렬] [초과선회의 결과]

【그림7-16】 조기선회와 초과선회에 따른 활주로 정렬

와 고도를 준수하는 것은 매우 중요하다.

(10) 최종 강하조작

접근 착륙을 위한 강하조작이 시작되는 지점으로 착륙지점과 약 8~10°의 강하각을 이루는 지점이 된다. 이 지점에 도착하면 컬렉티브의 하방압을 적용하여 동력을 감소시키고 동시에 사이클릭 후방압으로 기수의 숙여짐을 방지하면서 우측 페달을 적용하여 빗놀이를 방지한다. 최초 강하지점(initial descent point)에서 조종사의 목측 판단은 매우 중요하며 강하 중 동일한 목측을 유지하도록 조종한다. 강하율은 컬렉티브를 적용하여 정상 활공경로(normal glide path)를 유지할 수 있다. 예를 들어 [그림7-17]의 위와 같이 목측이 너무 낮다면 활주로는 정상적으로 익혀두었던 활주로 형태가 원근이 뚜렷하고 납작하게 보이게 될 것이다. 이를 수정하기 위해서 컬렉티브의 상방압 양을 약간 적용하여 강하율을 감소시키면 헬리콥터는 다시 정상 활공경로에 진입한다. 이때 동력을 다시 조절해 주지 않으면 헬리콥터는 정상 활공경로 위로 벗어나 또 다른 수평조작이 요구되기 때문에 적시 적절한 동력 조종이 따라야 한다. 사이클릭은 최초 강하 조작할 때의 자세가 변하지 않도록 조종하여 규정된 접근 속도에서 점차 감소하여 착륙지점 상공에 도달하면 정지까지 점진적으로 감속될 수 있도록 조작한다. 반대로 너무 높게 접근하고 있다면 [그림7-17]의 위와 같이 활주로의 윤곽이 뚜렷하고 넓게 보일 수 있다. 헬리콥터는 이미 정상 강하경로 위로 벗어난 상태이기 때문에 컬렉티브를 더 내려주거나 필요하다면 동시에 사이클릭으로 기수를 낮추어 강하율을 증가시켜 원하는 강하경로에 진입해야 한다.

(11) 유효전이양력 상실 단계

헬리콥터의 속도가 점차로 감소하여 16~24노트 이하에 접어들면 헬리콥터는 자체의 후류 지역으로 진입하면서 침하 현상과 기수 상승, 좌요잉(left yawing) 현상이 발생하여 헬리콥터는 속도의 급감소와 함께 침하한다. 조종사는 컬렉티브 상방압으로 과도한 침하량을 방지하고 사이클릭 전방압으로 속도의 급정지를 방지하여 착륙지점까지 지속적으로 감속 강하할 수 있도록 조작해야 한다.

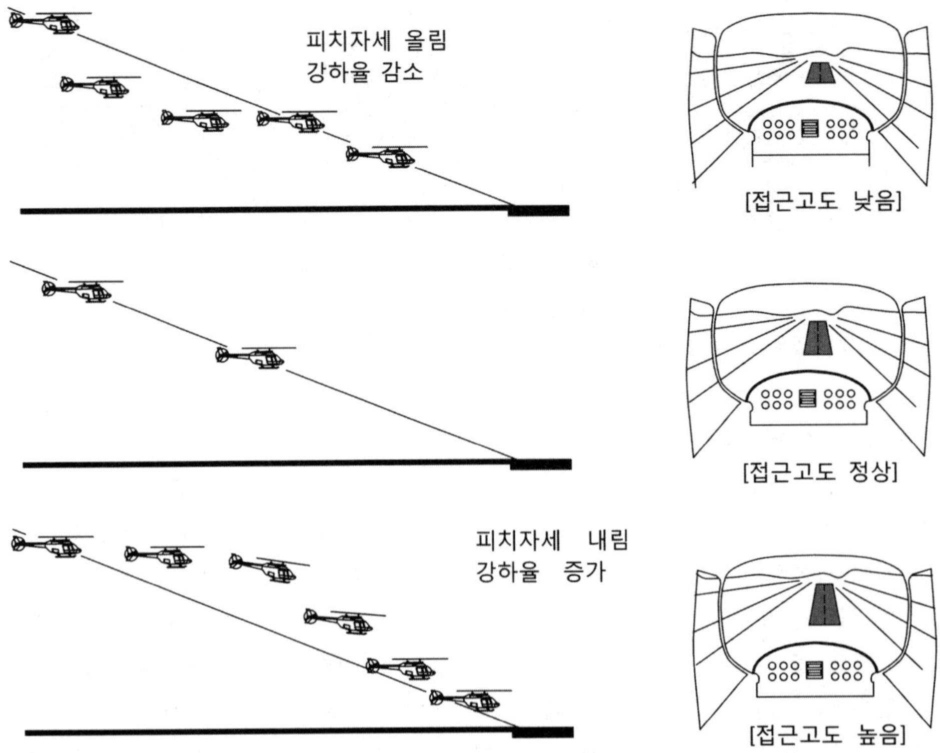

【그림7-17】 최종접근경로에서 고도 판단 및 수정

(12) 3피트 제자리비행으로 종료

유효전이양력 상실 단계에서 침하량을 방지하기 위한 증가한 동력을 다시 조절해 주지 않으면 고도 강하가 되지 않고 수평비행을 하므로 동력 재조절이 요구된다. 헬리콥터가 착륙 패드 상공에 도달하여 정지 상태가 되었을 때 헬리콥터의 모든 무게가 블레이드에 실리기 때문에 3피트 제자리비행을 위해서는 컬렉티브 상방압과 좌측 페달압이 적용되어야 기축을 유지할 수 있다.

제 8 장 비상절차

8.1 후진 블레이드 실속

8.1.1 실속 발생의 원인

헬리콥터를 제외한 모든 형태의 비행기는 규정된 속도 범위 내에서 운용되어야 하고 규정 속도 이하에서는 속도를 잃고 지상으로 곤두박질한다. 비행기의 양력(lift)은 상대풍과 날개가 형성하는 받음각에 의해서 발생하고 특정 임계받음각(critical angle of attack)에 도달하면 날개는 더는 양력을 발생하지 못하여 실속(stall)에 들어간다. 따라서 비행기 속도가 감소할수록 무게를 지지할 수 있는 받음각이 증가하여야 하나 임계받음각 때문에 한계가 지정되고 이로 인하여 비행기는 최저속도가 제한된다. 헬리콥터의 속도 범위는 정지상태에서 최대속도까지 운용된다. 따라서 비행기와 같이 최저속도는 제한되지 않으나 로터 블레이드의 회전속도차(전진 블레이드와 후진 블레이드)에서 발생하는 양력 불균형으로 인하여 최대속도가 제한되는 반대의 현상이 나타난다. 실속의 주원인은 과도한 받음각(angle of attack)에 있다. 예를 들어 [그림8-1]과 같이 물이 자연스럽게 흐르는 곳에 에어포일(airfoil)과 같은 나무판을 물의 흐름과 같은 각도로 설치했을 때 물은 나무판의 윗면과 아랫면으로 유연하게 흐른다. 그러나 나무판의 각도를 약간 상방으로 조절했을 때 윗면으로 흐르는 물의 흐름은 나무판 후방에 와류(vortex)가 형성되는 것을 관찰할 수 있으며, 나무판의 각도를 더욱 증가시켜 거의 90° 각으로 설치했을 때는 상당한 물의 저항을 받아 더 이상 에어포일의 역할을 할 수 없다. 이 실험에서 알 수 있듯이 실속의 주원인은 과도한 받음각이다. [그림8-2]는 헬리콥터가 초과금지속도에서 비행하는 것을 가정했을 때 각 위치의 블레이드에서 발생하는 받음각의 변화를 그림으로 보여주고 있다. 회전면 중앙에서는 0°, 2°, 4°, 8°까지 받음각 허용범위 내에서 운용되고 있음을 알 수 있다. 반면 블레이드 끝단의 받음각은 우측 블레이드는 약 4° 정도이지만 좌측 블레이드에서는 약 14°~18°까지 증가하고 있는 것을 알 수 있다. 결국, 후진 블레이드 끝단 부분에서 실속이 발생하고 있다는 것을 알 수 있다.

8.1.2 전진비행 중 블레이드에 발생하는 기류의 형태

헬리콥터가 전진비행할 때 세로축을 중심으로 우측에서 전진하는 블레이드(advancing

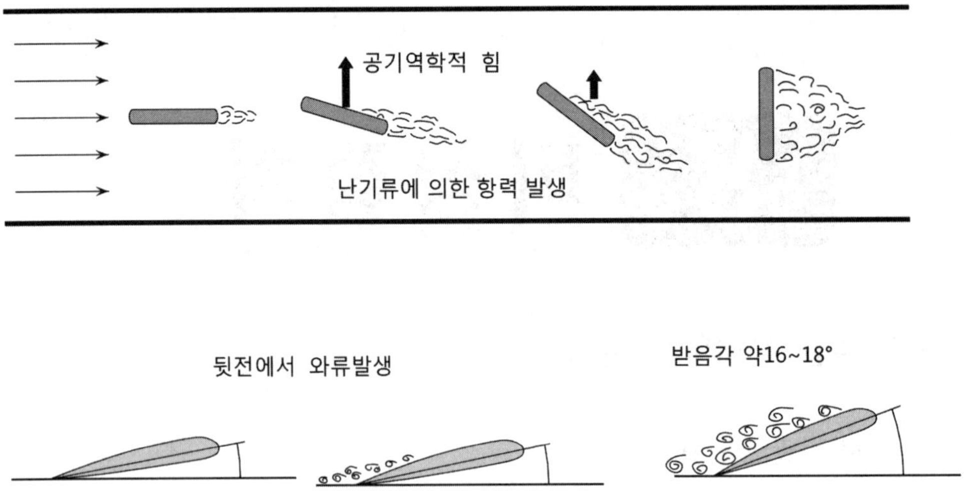

【그림8-1】 에어포일 주변의 공기흐름-와류발생

blade)와 좌측에서 후진하는 블레이드(retreating blade)가 발생하고 이들 두 블레이드의 속도차에 의해서 양력 불균형이 발생한다는 것과 이를 어떻게 해소하는가에 대해서는 앞장에서 이미 연구하였다. 전진비행 중에 블레이드에 형성되는 기류의 형태를 살펴보면 [그림8-3]과 같이 좌측 후진 블레이드 뿌리(blade root) 부근에 역류구역(area of reversed flow)이 형성된다. 이는 헬리콥터의 전진비행 속도가 빨라짐에 따라 특정 속도에서는 블레이드 뿌리의 회전속도와 비행속도가 일치하고 비행속도가 더욱 빨라짐에 따라 블레이드 뿌리 부분의 회전속도가 비행속도보다 늦어져 공기흐름이 반대로 흐르기 때문이다. 규정된 속도 범위 내에서 역류는 사이클릭 페더링 또는 블레이드 플랩핑에 의해서 보상된다. 그러나 비행속도가 점점 빨라지면 역류구역이 확산하고 심한 양력 불균형을 초래한다. 양력 불균형이 커질수록 후진 블레이드의 받음각이 증가하여야 균형을 이루나 초과금지속도(V_{NE})에 이르면 후진 블레이드의 끝단에서부터 과도한 받음각으로 실속이 발생하기 시작한다. [그림8-3]은 속도에 따라 역류의 발생 구역과 초과금지속도에서의 실속 발생을 보여주고 있다. 블레이드의 꼬임각이 블레이드 끝단보다 블레이드 뿌리부가 크다 할지라도 유도기류 때문에 블레이드 끝단에서 받음각이 더 크게 발생한다. 후진 블레이드의 실속구역을 분석해 볼 때 로터 회전면의 약 1/8 지역을 차지하고 블레이드의 받음각이 약 14°에서부터 실속이 발생한다.

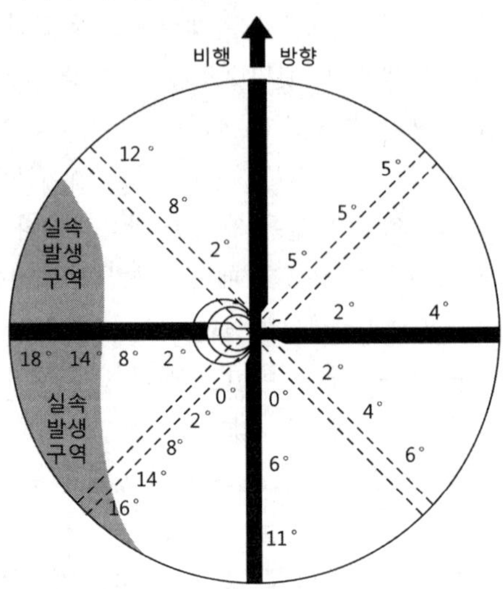

【그림8-2】 양력 불균형

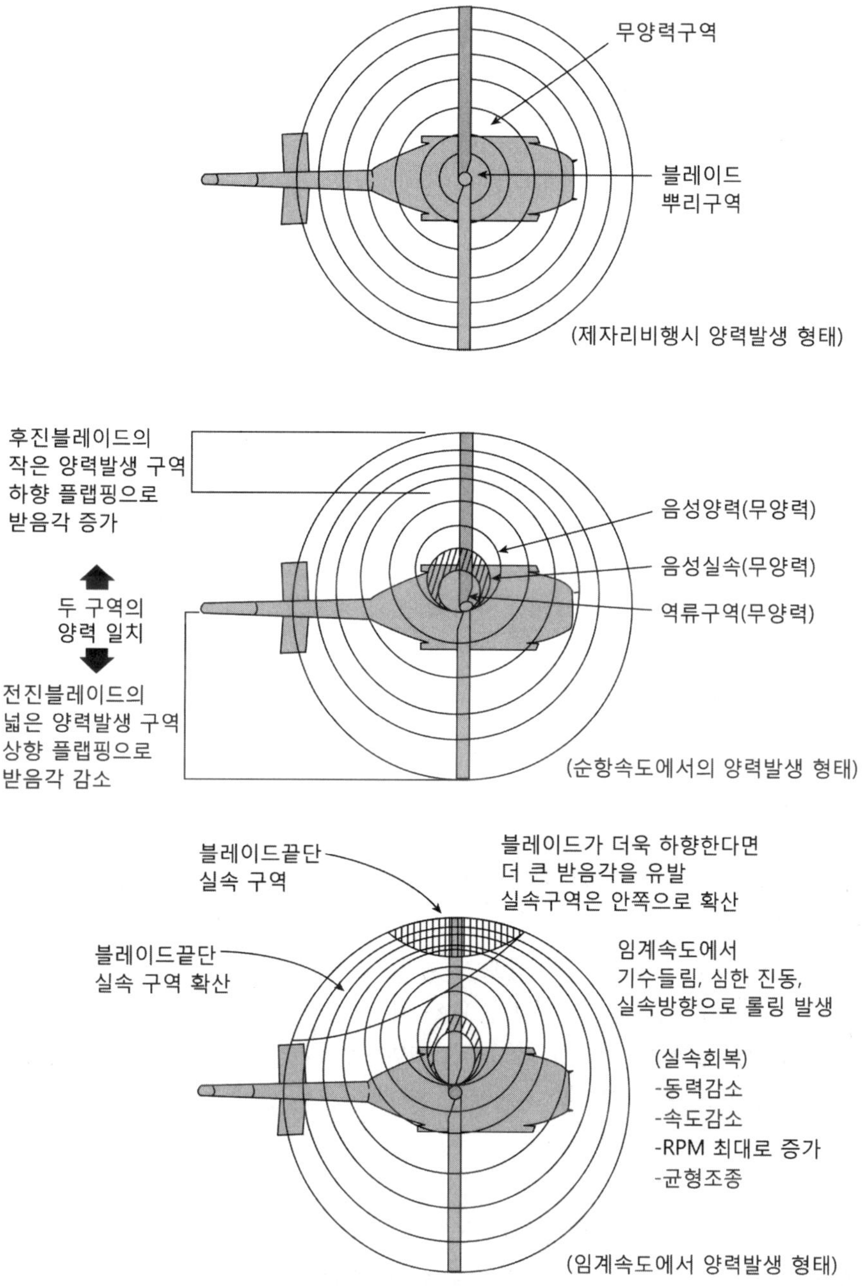

【그림8-3】 후진 블레이드 실속

8.1.3 후진 블레이드 실속 징후

헬리콥터의 초과금지속도에 이르러 후진 블레이드 실속 단계에 접어들면 가장 뚜렷하게 나타나는 징후가 심한 진동을 느낄 수 있으며, 기수들림과 실속 방향으로 기울어진다. 이 같은 후진 블레이드 실속을 감지했을 때 즉각적으로 컬렉티브 피치를 감소시키지 않거나 오히려 증가시켰을 때는 블레이드 실속을 더욱 악화시킨다. 후진 블레이드 실속 징후는 다음과 같다.
① 비정상적인 진동(vibration)
② 기수들림(nose-up)
③ 실속 방향으로 헬리콥터 경사

8.1.4 수정조작

일반적으로 블레이드 실속은 전진비행 속도가 높은 조건에서 급경사 선회라든지 급강하에서 급상승 기동과 같은 급기동에서 발생하기 쉽고, 이는 헬리콥터 블레이드 및 구조한계에 상당한 무리(stress)를 가하게 된다. 후진 블레이드 실속이 임박한 상황에서 속도를 감소시키기 위해서 사이클릭으로 후방압을 적용했을 때 동체는 플레어 효과를 받기 때문에 받음각이 더욱 커질 수 있고, 반대로 사이클릭을 앞으로 밀면 후진 블레이드의 받음각이 더 증가하여 실속을 더욱 악화시키게 된다. 또한, 다음과 같은 조건에서는 후진 블레이드 실속 발생률을 증가시킨다.
① 높은 블레이드 하중(높은 총중량)
② 낮은 로터 RPM
③ 고밀도고도(high density altitude)
④ 깊은각 선회(steep turn) 또는 급조작
⑤ 난기류

후진 블레이드 실속을 방지하기 위해서 다음과 같은 조건에서는 정상보다 낮은 속도로 운용해야 한다.
① 밀도고도(density altitude)가 표준보다 높은 지역에서 운용할 때
② 높은 총중량(gross loads) 하에서 운용할 때
③ 플루트(float), 투광 조명등(floodlight), 외부적재, 무기장착, 스피커, 외부인양(sling loads) 등과 같은 높은 항력을 유발하는 장비를 장착 후 운용할 때
④ 난기류에서 비행할 때

심한 후진 블레이드 실속은 급격한 기수들림과 좌측으로 헬리콥터가 기울어지고 조종성을 상실하게 된다. 따라서 블레이드 실속을 인지했을 때는 즉각적으로 다음과 같은 조치를 하여 실속에서 벗어나고 조종성을 회복한다.
① 컬렉티브를 내려 동력을 즉시 감소한다.
② 동시에 사이클릭 후방압을 적용하여 속도를 감소한다.
③ 선회 또는 급강하로부터 급상승 중 하중계수를 감소시킨다.
④ RPM 조정기가 가용한다면 RPM을 최대 한계까지 증가시킨다.
⑤ 동력의 변화에 따른 균형조종을 위해서 적절한 페달압을 적용한다.

8.2 동력고착

8.2.1 동력고착의 원인

후진 블레이드 실속은 전진비행속도가 빠를 때 발생하는 현상이라면, 동력고착은 낮은 전진속도와 수직 또는 수직에 가까운 강하할 때 발생하는 현상이다. 로터 블레이드는 강한 하강풍(downwash)을 발생한다. 이러한 하강풍이 헬리콥터의 강하와 조화되었을 때 하강풍 자체로 인하여 헬리콥터는 정상동력을 유지하고 있음에도 불구하고 조종불능 상태의 빠른 침하가 발생하게 되는데 이를 동력고착(settling with power)이라 한다. 동력고착이 발생할 수 있는 비행조건은 최소한 분당 300피트 이상의 수직강하(vertical descent) 또는 수직에 가까운 강하와 낮은 전진비행할 때 발생한다. 이러한 상황에서 헬리콥터 로터 시스템에서 가용 엔진 동력의 약 20~100%까지 이용되고 있으므로 침하율(sink rate)을 정지시키기에는 가용 동력이 부족하다. 동력고착이 발생할 수 있는 조건은 뒷바람(tailwind)을 받으면서 깊은각 접근을 한다든지 또는 편대 접근 중 앞 헬리콥터에서 발생하는 비행난기류(wake turbulence)의 영향을 받았을 때 쉽게 발생할 수 있다. 동력고착의 원인을 요약하면 다음과 같다.

① 강하율이 최소한 분당 300피트 이상으로 수직 또는 수직에 가깝게 강하할 때

② 로터 시스템에서 가용 엔진 동력의 약 20~100%까지를 사용하고 있을 때

③ 수평속도가 유효전이양력이 발생한 속도보다 낮을 때

[※ 위의 요소가 동력고착의 주요 원인이라고 하지만 실제 위험한 상태는 헬리콥터의 높은 총중량, 낮은 RPM, 고밀도고도 등이 조화되었을 때이다.]

8.2.2 동력고착 중 블레이드의 기류 행태

충분한 동력을 유지하여 제자리비행할 때 발생하는 유도기류의 형태는 블레이드 끝단에서는 크게 발생하고 내부로 갈수록 유도기류는 적게 발생한다. 이 상태에서는 블레이드 끝단에서만 원형와류가 형성되고 있을 뿐 다른 구역에서는 정상적인 하강풍이 발생하고 있다. 그러나 헬리콥터가 빠르게 강하하면 블레이드 내부의 유도기류 속도가 침하속도보다 낮아지는 시점이 발생하고 더욱 침하속도가 빨라지면 기류는 아래에서 위로 흐르는 형태로 변화된다. 블레이드 하강풍의 속도와 상향하는 역류(reversed flow)의 속도가 일치하는 지점에서는 또 하나의 와류(vortex)가 형성되어 블레이드 끝단에서 발생하는 와류와 함께 제2의 원형와류(vortex ring) 구역을 형성한다. [그림8-4]는 정상비행, 높은 수직속도, 오토로테이션, 그리고 오토로테이션의 에어브레이크가 적용되는 단계별로 역류의 발생 구역과 현상을 잘 보여주고 있다. 첫 번째와 같이 블레이드 끝단에서만 원형와류가 형성되고 있을 뿐 다른 구역에서는 정상적인 하강풍이 발생하고 있다. 그러나 두 번째 그림과 같이 수직속도가 비정상적으로 높을 때 블레이드에서 발생하는 하강풍 속도보

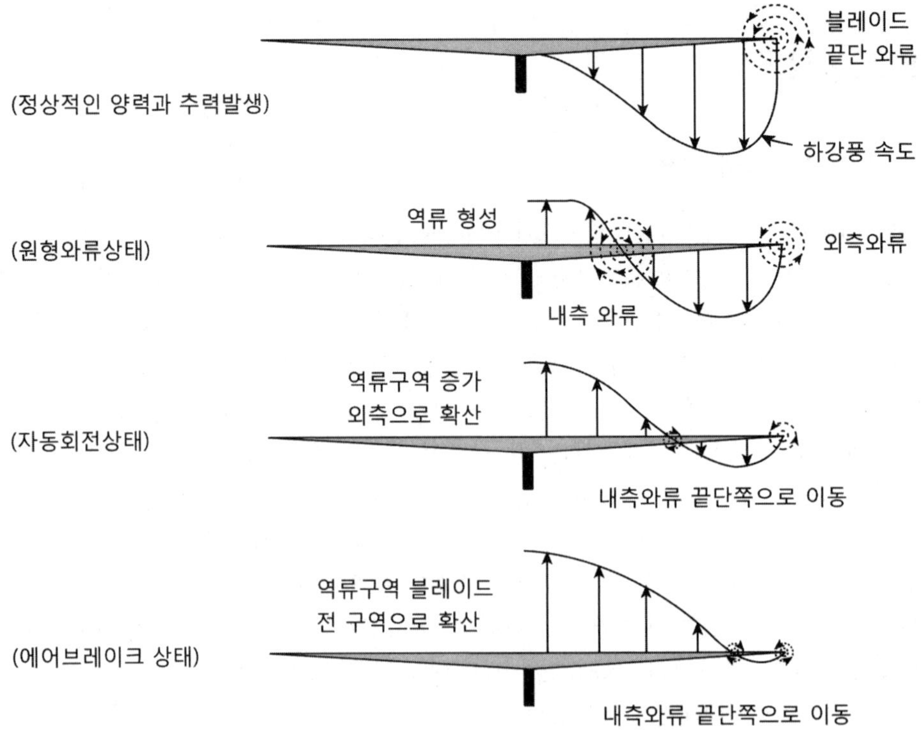

【그림8-4】 동력고착이 발생했을 때 블레이드 주변의 공기흐름

다 동체의 강하 속도가 빠르므로 유도기류가 정상적으로 아래로 흐르지 못하고 반대로 위로 흐르는 역류 현상이 발생하기 시작한다. 이 역류는 헬리콥터의 수직속도가 증가할수록 증가한다. 또한, 역류구역과 정상적인 하강풍 구역의 경계지점에서 또 다른 원형와류가 발생하고 있음을 알 수 있다. 이 같은 역류는 세 번째 그림과 같이 오토로테이션에서 뚜렷한 현상으로 나타나고 특히 네 번째 그림과 같이 감속하기 위해서 사이클릭을 후방으로 당겼을 때 에어브레이크가 적용되는 과정에서 최대로 발생한다. [그림8-5]에서 보듯이 로터 회전면의 대부분을 차지하는 두 개의 원형와류 지대는 동력이 충분히 공급된다 할지라도 로터 효율성(rotor efficiency)을 감소시키는 원인이 된다. 이러한 조건에서 강하를 정지시키거나 감소시킬 수 있는 충분한 동력없이 강하한다면 원형와류상태(vortex ring state)로 접어들게 된다. 원형와류상태에서 블레이드에는 불규칙한 회전성 공기흐름과 블레이드 스팬(span)을 따라 공기흐름의 불안정한 이동 때문에 조종이 거칠어지거나 상실(loss of control)될 수 있다.

8.2.3 수평속도와 수직속도의 관계 그래프

[그림8-6]의 그래프는 수평속도 대비 수직속도의 관계를 나타내고 있으며, 이 그래프에서 원형와류상태에 관한 다음과 같은 결론을 얻을 수 있다.

① 어느 속도 범위에서도 30° 이하의 얕은각 강하는 원형와류상태를 완전히 회피할 수

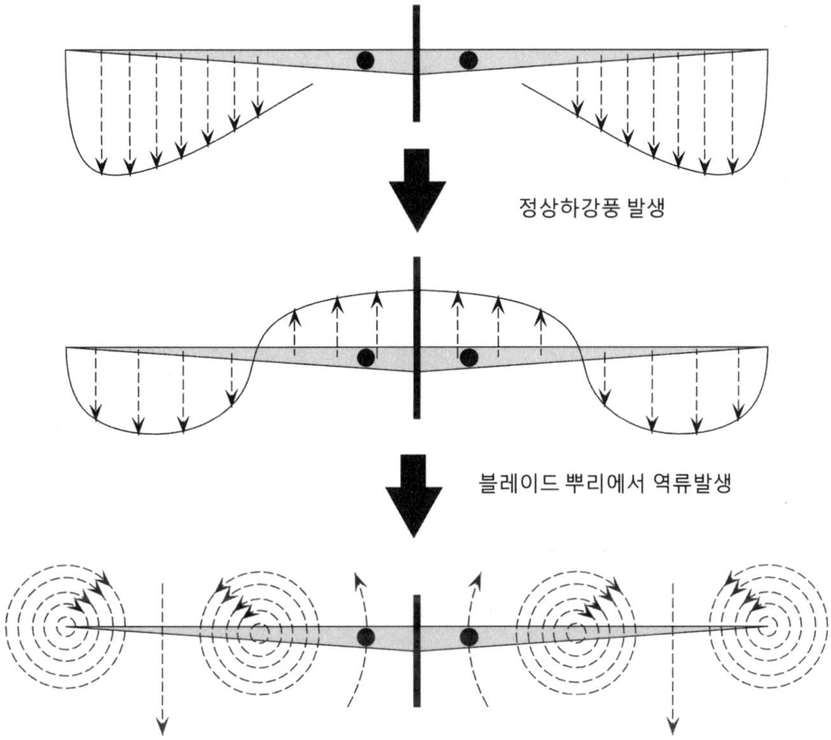

【그림8-5】 역기류와 원형와류의 발생

있다.

② 깊은각으로 접근할 때, 그래프에 표시된 심한 난기류와 추력 변화(severe turbulence and thrust variation)를 나타내는 구역을 통과할 수 있는 빠르거나 느린 수평속도에 대비한 강하율(rate of decent)로 접근해야 원형와류상태를 회피할 수 있다.

③ 매우 얕은각으로 강하할 때 원형와류는 헬리콥터 후방으로 흩어진다.

④ 깊은각일 때, 원형와류의 발생 위치는 낮은 강하율에서는 헬리콥터 하부에 그리고 높은 강하율에서는 헬리콥터 상부에 형성된다.

8.2.4 수정조작

동력고착(settling with power) 현상은 매우 불안정한 상태이고, 이를 계속 허용한다면 헬리콥터의 침하율(sink rate)이 더욱 가속되어 가용 동력을 적용하여도 회복하기 어려운 상태가 될 수 있으며 때로는 컬렉티브에 의한 동력의 증가는 원형와류상태(vortex ring state)를 더욱 악화시키는 결과를 초래할 수 있다. 동력고착의 초기 단계(early stage)에 과도한 동력의 적용은 로터 중심부의 역류를 극복할 수 있으나, 적절한 동력의 부족은 동력고착이 더 강화되어 침하율(sink rate)이 매우 높은 상태에 도달하면 역류를 극복할 수

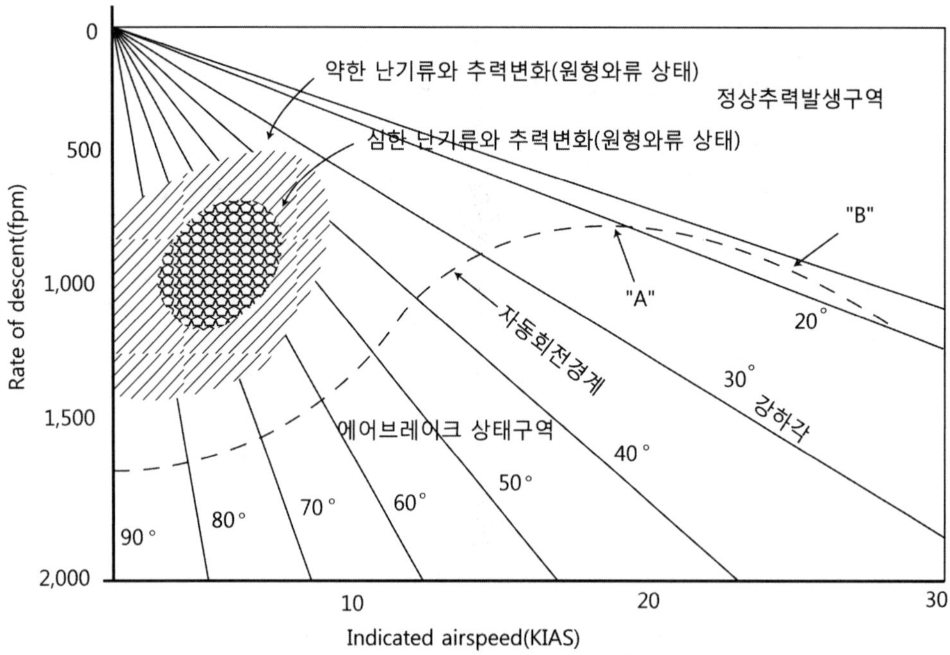

【그림8-6】 원형와류 그래프

없는 원형와류상태가 발생한다. 강하 중에 비정상적인 침하량을 감지한 조종사는 컬렉티브 피치와 동력을 적용하여 강하에서 회복하려는 경향이 있으며, 이때 하강풍이라든지 비행난기류(wake turbulence)에 조우하여 강하로부터 회복하기 위한 충분한 동력이 부족할 때는 높은 침하율과 난기류를 초래하는 동력고착 상태가 유발된다. 높은 수직강하를 정지시키기 위한 컬렉티브의 상방압은 이미 높은 총중량으로 인하여 적용할 수 있는 토크 한계를 쉽게 초과할 수 있을 뿐만 아니라 회전면의 실속영역을 더욱 증가시키는 결과를 초래하고, 남아있는 사이클릭 조종성마저도 상실하게 하는 원인이 될 수 있다. 일반적으로 동력고착 회복 조작은 컬렉티브 피치를 내리고 전진속도를 증가시킴으로써 회복할 수 있다. 속도를 먼저 증가시키는 것은 컬렉티브 피치를 낮추는 것보다 고도상실(loss of altitude)이 적을 수 있으며, 충분한 고도가 허용된다면 두 방법을 동시에 적용하는 것이 효과적이다. 그러나 이미 완전한 동력고착상태에 빠졌다면 헬리콥터의 수직 강하율은 급격히 증가할 것이기 때문에 의도적으로 오토로테이션을 적용하여 일단 전진속도를 얻으면서 동력회복(power recovery) 기술을 적용하여 벗어날 것을 권장하고 있다.

8.2.5 동력고착 시범 및 회복훈련

제자리비행할 수 있는 헬리콥터는 특성상 수직 또는 수직에 가까운 상태에서 기동해야 할 상황이 매우 많기 때문에 언제든지 동력고착(settling with power)에 대비하고 훈련하여야 한다. 수행해야 할 임무의 특성 또는 수요자의 요구에 따른 기동의 형태에서 동력고착에 영향을 미치는 총중량, 지면효과와 무지면효과 고도, 가용 동력 체크, 밀도고도,

풍향풍속, 낮은 RPM 조건 등은 반드시 고려되어야 한다. 동력고착을 위한 훈련은 지상으로부터 최소한 1,500피트(AGL) 이상의 고도에서 수행해야 한다.

[조작1] 제자리비행에 요구되는 동력 이하로 감소시킨다.

[조작2] 현재의 고도를 유지하면서 사이클릭으로 속도를 약 20노트까지 감소한다.

[조작3] 추가로 사이클릭 후방압을 적용하여 속도가 10노트 이하로 떨어지도록 하면 헬리콥터는 침하하기 시작할 것이다. 수직속도가 최소한 분당 300피트 이상이 될 때까지 대기한다.

[조작4] 헬리콥터의 수직속도가 급격히 증가하는 것을 확인하고 수직속도를 멈추기 위한 컬렉티브 상방압을 적용하면 진동과 함께 수직속도가 더욱 증가하는 것을 경험하게 될 것이다.

[조작5] 수직속도의 증가를 인지한 즉시 사이클릭을 앞으로 밀어 자세를 변경하여 증속을 유도하고 동시에 컬렉티브를 내려 유효전이양력을 얻는 속도에 도달하여 수평비행으로 회복한다.

8.3 마스트 범핑

마스트 범핑(mast bumping)이란 과도한 로터 플랩핑(excessive rotor flapping)으로 인하여 메인로터 허브(hub)가 마스트에 부딪히는 현상이다. 이 같은 마스트 범핑은 헬리콥터의 낮은 G하중(low-G) 기동, 엔진고장 또는 테일로터 고장이 발생했을 때 부적절한 조종사의 반응으로 발생할 수 있다. 각 로터 시스템은 최대 플랩핑 각으로 설계되어 있고 정적 제어장치(static stop) 또는 메인로터 허브에 의해서 그 이상의 플랩핑을 방지하고 있다. 따라서 고속비행, 높은 총중량, 또는 비행자세가 높은 상태에서 정상적인 비행조건을 유지한다면 마스트 범핑은 발생하지 않는다. 그러나 플랩핑이 설겟값 이상을 초과하는 부적절한 조종은 정적 제어장치(static stop) 또는 로터 허브가 마스트에 부딪혀 마스트 손상을 초래하거나 분리시키는 매우 위험한 상황을 유발할 수 있다. 마스트 범핑이 비록 인위적인 요인에 의해서 주로 발생하지만 때로는 강한 난기류 속을 비행할 때 무의식적으로 헬리콥터는 무하중 조건이 발생할 수 있다. 난기류는 급격한 기류의 수직 운동으로 급격히 상승했다가 떨어지는 순간에 헬리콥터는 무하중 조건이 될 수 있다. 따라서 난기류(turbulence) 속에 비행하게 될 때는 고속비행을 피하고 권장속도를 유지하면서 유연한 조종간의 조작이 필수적이다. 마스트 범핑은 [그림8-7]과 같이 벨(Bell) 헬리콥터나 로빈슨(Robinson)과 같이 시소형 힌지(teetering hinge)를 채택하고 있는 헬리콥터에서 주로 발생한다. 헬리콥터 기수는 항상 바람이 부는 쪽을 향하도록 언제든지 방향 조종이 가능하지만, 착륙 지역이 지극히 협소한 공간에서 측풍 수정을 위한 과도한 사이클릭 측방 조작은 때로는 한계를 초과하여 마스트 범핑 사고가 발생할 수 있다.

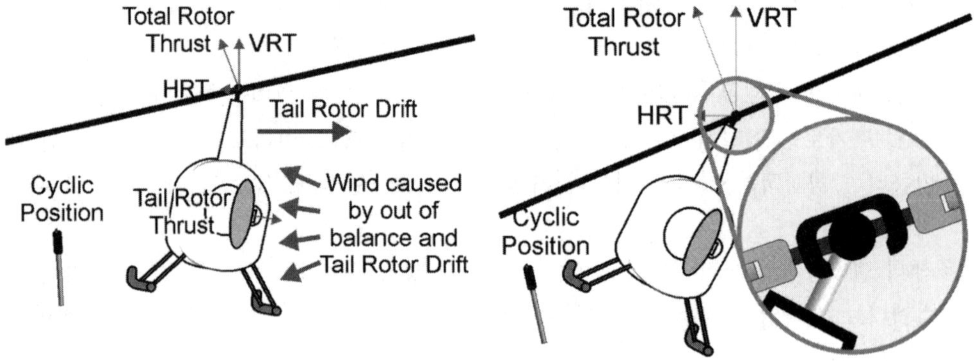

【그림8-7】 마스트 범핑

8.3.1 과도한 플랩핑의 원인

마스트 범핑은 플랩핑의 각도에 달려 있다. 정상적인 수평직선비행할 때 약 2° 정도의 플랩핑 각으로 마스트 범핑의 가능성은 희박하나 다음과 같은 조건과 급조작할 때 플랩핑 각도가 증가한다. 이 같은 조건에서 플랩핑 각도가 급격히 증가할 수 있으므로 마스트 범핑의 가능성이 증가하지만, 특히 낮은 G-하중 또는 무하중 상태에서의 마스트 범핑이 가장 위험하다.

① 고속 운용
② 낮은 로터 RPM
③ 고밀도고도(high density altitude)
④ 높은 총중량
⑤ 돌풍이 존재하는 상황
⑥ 헬리콥터의 최대허용속도 또는 무게중심 한계에서의 측면 비행
⑦ 급격한 사이클릭 적용에 의한 자세변경

8.3.2 낮은 G-하중과 마스트 범핑

헬리콥터의 기본 구조가 회전축(마스트)에 회전날개(블레이드)를 장착하는 방식이다. 마스트 범핑은 2-블레이드 시소형 로터계통(R22/R44, Bell 47, Bell 206 Bell 205/212)에서 주로 발생한다. 회전날개는 양력과 추력을 동시에 얻는 구조이기 때문에 추력을 얻기 위해서 필연적으로 회전면을 기울여야 한다. 회전면이 앞으로 기울면서 전진비행하고 뒤로 기울면서 후진비행이 가능한 특유의 장점이 있다. 또 다른 특징은 회전면과 동체가 분리되어 있으므로 회전면의 과도한 움직임에 동체가 따라가지 못하는 상황이 발생할 수 있다. 일반적으로 낮은 G-하중 또는 무하중(zero load)을 유발할 수 있는 비행 기동은 고속으로 지형을 따라 비행할 때 능선(ridge line)을 횡단하는 순간 자주 발생하고 특히

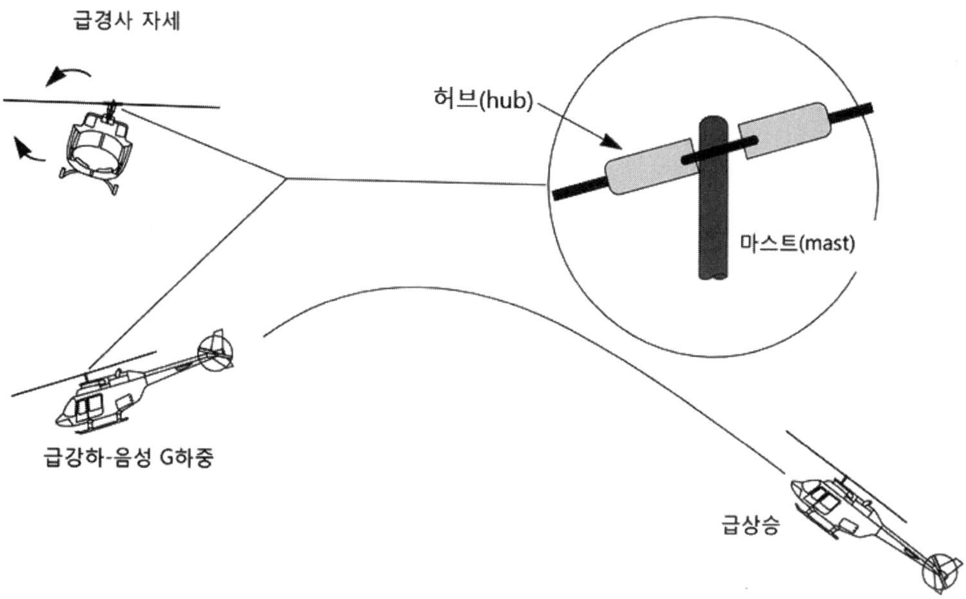

【그림8-8】 무하중 자세와 마스트 범핑

군항공기의 은폐와 노출(masking and unmasking) 또는 급강하에서 급상승(pullup)으로 전환할 때 발생할 수 있다. [그림8-8]에서 보는 것과 같이 능선의 정점에서 사이클릭을 앞으로 밀고 동시에 컬렉티브 피치를 감소시키는 조작이 동시에 적용될 수 있다. 이때 메인로터는 순간적으로 무하중(unload) 상태가 되어 양력(lift)이 없어지고 결국 추력 역시 소멸하는 상황이 발생한다. 이 같은 상황에서 메인로터 헬리콥터를 움직이는 힘이 없어 사이클릭 운동 특히 좌우 운동은 아무런 효과를 발생시키지 못하고 회전면 경사만 초래한다. 이때 테일로터에서는 정상적 추력이 발생하고 있으므로 헬리콥터 기수는 좌측으로 요잉(left yaw) 현상이 발생하고 헬리콥터는 우측으로 미끄러지면서(skid) 비행하여 이로 인한 동체는 우측으로 롤링(right roll)하는 현상이 발생한다. 그러나 이 현상 자체는 그리 위험한 상황이 아니지만, 동체가 약간 우측으로 기우는 것을 인식한 조종사는 이를 수정하기 위해서 사이클릭을 좌측으로 적용하게 될 것이다. 그러나 앞에서 언급한 것과 같이 사이클릭 좌우 운동은 이미 기능을 잃은 상태이기 때문에 동체를 움직이지 못하고 주회전날개의 회전면과 마스트 사이의 간격을 더욱 가깝게 하여 마스트 범핑을 초래할 수 있다. 이 같은 낮은 G-하중에서 발생할 수 있는 마스트 범핑을 방지하기 위해서는 최대한 유연하게 사이클릭을 앞으로 밀어 회전면에 완전한 하중이 걸린 상태에서 운용되도록 하는 방법이 최선의 예방책이 될 것이다. 그러나 일단 헬리콥터가 낮은 G-하중 상태에 진입했다고 판단될 때는 유연한 사이클릭 후방압으로 회전날개의 추력을 회복하는 것이 필수적이다. 일단 메인로터가 추력을 회복한 후에는 사이클릭 좌우운동이 효력을 발휘하기 때문에 헬리콥터의 수평자세를 회복할 수 있다. 마스트 범핑의 주요 원인은 다음과 같이 하중을 크게 변화시킬 수 있는 기동에서 발생할 수 있다.

- 비행 중 난기류
- 급격한 전후방 사이클릭 조작
- 급격한 컬렉티브 내림 조작
- 강력한 돌풍
- 최대 한계를 초과할 수 있는 측방비행
- 급경사 지역에 착륙
- 엔진고장
- 동시작동 수평안정판 고장
- 테일로터 고장

8.3.3 엔진고장과 마스트 범핑

정상적인 순항 비행할 때 헬리콥터의 자세는 약간 앞으로 낮아져 있고 주회전날개 역시 앞으로 약간 경사져 있는 상태가 된다. 메인로터 회전면 역시 우측으로 추력을 발생하는 테일로터의 힘을 상쇄시키기 위해서 약간 좌측으로 경사져 있고, 이때 롤 축(roll axis)은 테일로터 추력 아래에 위치하여 모든 힘이 균형을 이룬다. 그러나 엔진고장(engine failure)이 되었을 때 엔진은 더는 로터를 회전시킬 수 없으므로 RPM이 감소하고 마스트에 대한 토크가 없어진다. 엔진이 정지되면서 회전날개는 일종의 바람개비와 같이 회전성을 유지할 수 있는 것이 엔진고장 후 자동회전(오토로테이션)의 성공을 결정하는 가장 중요한 요소이고 최초의 반응은 “좌선회 경향”과 유사하다. 모든 엔진고장의 초기 반응이 동일하다고 할 수 없는 것은 기종, 속도, 고도, 자세 등 여러 요소가 복합적으로 작용하고 있기 때문이지만 기본적으로 기수가 왼쪽으로 틀어지면서 동시에 왼쪽으로 경사지는 경향이 발생한다는 것이 공통된 이론이다. 기수가 왼쪽으로 틀어지는 것은 토크 반작용으로 쉽게 이해되지만, 왼쪽으로 경사지는 현상은 정상 전진비행 속도에서 횡단류 효과를 상쇄시키기 위해서 사이클릭이 약간 왼쪽으로 치우쳐 있는 것을 원인으로 볼 수 있다. 엔진정지 경고음과 함께 조종사는 로터 RPM을 유지하기 위해서 다음과 같이 조치한다.

- 컬렉티브 풀다운(full-down)
- 우측페달
- 사이클릭 우전방 압을 적용

이 같은 조치는 필연적으로 헬리콥터의 방향안정과 직진 항적을 유지하기 위한 초동조치이다. 엔진고장 초기에 마스트 범핑을 초래한 과조작 요소가 존재한다. 이외에도 안정된 활공 단계를 종료하고 마지막 속도를 줄이고 동시에 착지 가능한 강하율을 얻기 위한 플레어 단계에서 과도한 사이클릭 후방압의 적용으로 회전면이 과도하게 뒤로 기울면서 마스트 범핑을 초래하여 테일붐을 칠 수 있다. 엔진 고장이 발생했을 때 가장 적절한 조치는 컬렉티브 피치를 감소시켜 로터 RPM을 유지하고 우측 페달압을 적용하여 기축을 유지할 수 있어야 한다. 따라서 로터 RPM이 정상을 회복할 때까지는 많은 양의 사이클릭 움직임이나 급격한 조작은 회피해야 한다.

8.3.4 테일로터 고장과 마스트 범핑

단일 로터 헬리콥터의 꼬리 회전날개는 헬리콥터의 기축을 유지하는 중요한 역할을 한다. 그러나 꼬리 회전날개의 기능고장(tail rotor failure)을 일으켜 더는 추력을 발생하지 못할 때 헬리콥터는 우측으로 빗놀이(right yawing)하면서 좌측으로 옆놀이(left rolling)하는 크로스 커플링 현상이 발생하게 될 것이다. 우측으로 요잉(yawing) 자세는 헬리콥터의 우측면과 기수가 상대풍(relative wind)에 노출되게 하고 이로 인하여 헬리콥터는 더욱 좌측으로 롤링(rolling)하고 노스-다운(nose-down) 자세를 초래한다. 이 같은 상황을 수정하기 위해서 조종사는 좌측 페달압을 적용하면서 사이클릭 우측 후방압을 적용하게 될 것이다. 그러나 이미 동체는 좌측으로 롤링하고 있어 조종사가 사이클릭을 우측으로 적용했을 때 블레이드 플랩핑(flapping)이 급격히 증가하여 마스트 범핑의 가능성을 증가시킨다. 이 같은 상황의 근본적인 원인은 꼬리 회전날개의 기능고장에 있다는 것을 판단하고 이에 필요한 조치가 우선되어야 한다. 따라서 조종사는 테일로터 고장 절차에 따라서 즉각적으로 동력을 감소시켜 토크 힘을 감소시켜야 한다. 이 같은 조치는 빗놀이를 감소시키면서 옆놀이를 수정할 수 있고 테일로터 고장 절차에 따라 유연한 스로틀 조정과 피치 적용으로 비행자세를 회복할 수 있어야 한다.

8.4 동적 전복

헬리콥터는 회전면의 경사에 의해서 움직이고 세로축보다는 가로축 운동이 매우 예민하게 반응한다. 수평으로 특정 임계 전복 각도(critical rollover angle)를 초과하면 헬리콥터는 전복되는 경향을 띠게 되는데 이를 동적 전복(dynamic rolling)이라 한다. 헬리콥터의 전복은 평탄한 지면에서도 일어날 수 있으나 회전면과 마스트가 경사를 이루는 경사지 운용 또는 측풍 이착륙할 때 발생 위험이 크다. 기동 중 특정 헬리콥터의 임계 전복 각도를 초과하면 조종사가 사이클릭으로 회복하려 해도 헬리콥터는 전복된다. 롤링 비율도 매우 중요한 요소이고 롤링 비율(rolling rate)이 증가하면 회복이 가능한 임계 전복 각도 역시 감소한다. 이 전복 각도는 스키드 또는 바퀴의 지면 착지 각도, 측풍 효과, 무게중심에서 수평 이격거리, 토크를 상쇄시키는데 적용된 페달의 양에 달려 있다.

8.4.1 동적 전복의 원인제공 요소

동적 전복은 헬리콥터의 한쪽 스키드 또는 바퀴가 지면에 착지하고 있을 때 시작된다. 지면에 착지 된 스키드는 [그림8-9]와 같이 수평으로 회전축(pivot point)이 되고 이때 사이클릭의 반응은 느슨해지고 제자리비행할 때보다 비효과적으로 된다. 착륙바퀴 또는

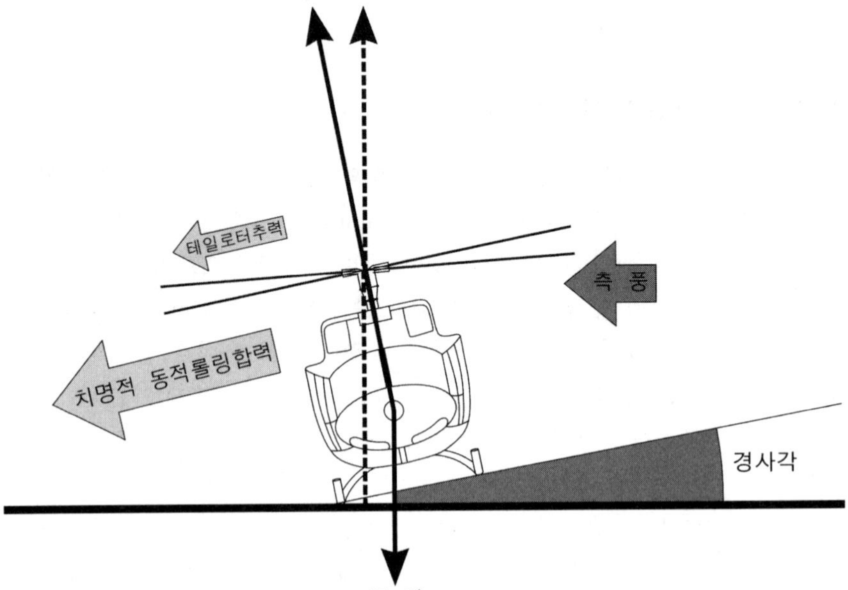

【그림8-9】 동적 전복

스키드는 여러 가지 원인에 의해서 회전축이 될 수 있다. 예를 들어 PSP판 구멍에 스키드가 걸린다든지 이륙이나 착륙할 때 부적절한 조작으로 한쪽 스키드나 바퀴가 지면 또는 활주로에 박히면서 회전축으로 작용한다. 또는 계류된 헬리콥터의 스키드 또는 바퀴를 고정하기 위한 각종 장치나 물건 등을 사전에 제거하지 못했을 때, 또는 스키드나 바퀴의 결빙으로 인하여 지면에 얼어붙었을 때 이를 제거하지 않고 부양을 시도했을 때 언제든지 발생할 수 있다. 어떠한 원인에 의해서 회전축이 발생하였든 이를 인지하지 못한 조종사는 반대 방향으로 사이클릭을 적용하게 될 것이고, 이미 회전축으로 작용하고 있는 상태에서는 추력 성분과 모멘트가 조화되어 동체를 더욱 기울어지게 한다. 또한, 테일로터의 측방 추력을 상쇄시키기 위한 사이클릭이 부적절하게 적용되었다면 테일로터도 동적 전복 경향을 증가시키는 요인으로 작용한다.

8.4.2 동적 전복 운동의 형태

(1) 치명적 동적 전복의 합력

동적 전복은 어느 헬리콥터에서나 발생할 수 있다. 동적 전복을 악화시킬 수 있는 조건들이 조화되었을 때 합력으로 나타나는 롤링은 매우 위험하다. [그림8-9]에서 보는 것과 같이 치명적인 동적 전복으로 발전할 수 있는 조건은 다음과 같다.

첫째, 테일로터의 추력과 전이성향으로 인하여 헬리콥터는 오른쪽으로 편류하는 경향이 있다.

둘째, 좌측풍이 불고 있다.
셋째, 무게중심의 오른쪽으로 치우쳐 있다.
넷째, 오른쪽 스키드 또는 바퀴가 회전축으로 작용할 때
다섯째, 오른쪽으로 경사진 지형에서 운용할 때

이 같은 비행조건은 상시 존재할 수 있기에 조종사는 동적 전복이 더 심해지지 않도록 주의해야 한다.

(2) 경사지에서의 동적 전복

경사진 착륙장소에 착지하는 과정에서 그 어느 기동보다도 동적 전복이 발생할 수 있는 조건을 갖추고 있다. 경사지에서 판단 미숙으로 컬렉티브를 급격히 내리거나 많은 양을 적용했을 때 사이클릭으로만 경사를 조절하려는 조작에서 쉽게 동적 전복이 발생할 수 있다. 경사지 운용에서 발생할 수 있는 동적 전복을 2가지 형태로 분석할 수 있는 데 경사지 위쪽으로 전복되는 경우와 경사지 아래쪽으로 전복되는 경우이다. [그림8-10]은 두 사례에 대한 동체의 움직임을 잘 보여주고 있다. 위의 그림은 경사지 위쪽으로 발생할 수 있는 동적 전복 현상이다. 착지 상태에서 부양을 시도하고 있는 조종사가 컬렉티브를 위로 당기면서 사이클릭이 경사면 반대쪽으로 과도하게 적용되었을 때 동체는 순간적으로 임계 동적 전복 한계를 초과할 수 있다. 경사지 착지 또는 부양 중 경사지 윗면 스키드가 경사면에 착지했을 때 경사지 아랫면 스키드가 사이클릭 가로 한계를 초과할 수 있는 정도로 높아질 수 있으며 이때 경사지 윗면으로 동적 전복 운동(upslope rolling motion)이 발생할 수 있다. 반대로 경사지 아래쪽으로도 동적 전복이 발생할 수 있는 데 경사지에 착지 또는 부양하기 위한 조작 중에 경사진 상태를 사이클릭으로 수정하고 있으나 부적절한 조치로 경사지 아래쪽으로 롤링을 허용하는 경우이다. 또한, 경사지 착지 또는 부양 중 경사지 아랫면 스키드가 경사면에 착지했을 때 경사지 윗면 스키드는 사이클릭 가로 한계를 초과할 수 있는 정도로 높아질 수 있고 이때 경사지 아랫면으로 동적 전복이 발생할 수 있다.

8.4.3 수정 방법

전복 경향이 나타날 때 가장 효과적으로 중지시키는 방법은 컬렉티브 피치를 유연하게 그리고 적절하게 변화시키는 것이다. 이때 컬렉티브를 급격히 증가시켜 동체와 블레이드가 충돌하지 않도록 변화되어야 한다.

(1) 이륙 전 점검

조종실에 탑승하기 전 이륙 전 점검을 수행하는 도중에 스키드 또는 바퀴의 고정 장치가 완전히 제거되었는지 또는 혹한으로 인하여 스키드 또는 바퀴가 지면에 결빙되지 않았는지 외부점검으로 외적 요인을 제거하여야 한다.

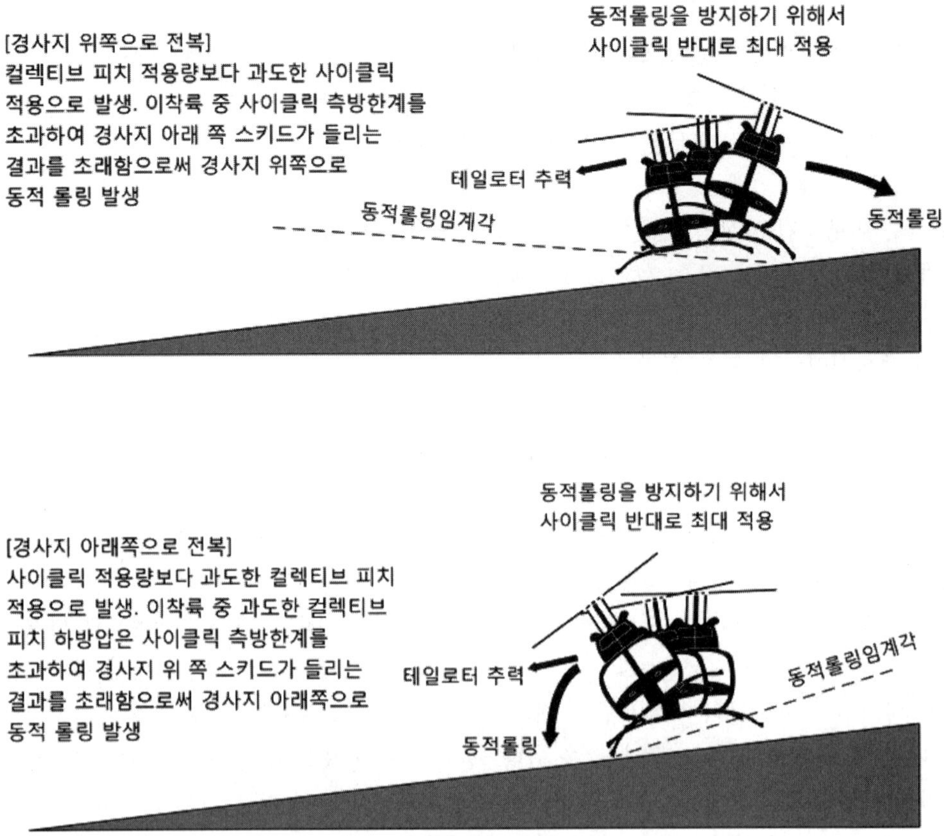

【그림8-10】 경사지에서 동적 전복

(2) 제자리비행 이륙과 착륙

동적 전복은 좌우측이 균형을 이루지 못하고 부양할 때 발생한다. 제자리비행할 때 이륙하기 전에 사이클릭을 약간 회전시켜 회전면이 수평 상태에 놓여 있는지를 확인한다. 부적절한 회전면의 기울기는 부양하는 순간 동체의 롤링, 요잉, 또는 피칭이 발생할 수 있다. 이 같은 상태에서 스키드 또는 바퀴가 회전축으로 작용할 때는 쉽게 동적 전복이 발생할 수 있다. 이 때문에 이륙 전에는 수직으로 이륙할 수 있어야 하고 착지하는 과정에서도 어느 한쪽 스키드 또는 바퀴가 먼저 지면에 착지하면서 축이 되어 동적 전복이 발생할 수 있다. 제자리비행 중 동적 전복이 발생했을 때는 사이클릭으로 수정하기보다는 즉시 컬렉티브를 유연하게 내려서 회전면에 의한 무게를 전이시켜 안정시킬 것을 권고한다. 특히 제자리비행으로 측면 또는 후방으로 이동하는 경우에는 이동 경로의 지표면에 스키드 또는 바퀴가 걸릴 수 있는 장애물의 여부를 반드시 확인하고 충분한 고도로 이동하여야 한다.

(3) 이륙과 착륙

지면으로부터 이륙 또는 러닝 착륙과 같은 기동 중에는 속도가 있어 더욱 위험한 동적 전복으로 발전할 수 있다. 지면으로부터 이륙 중 동력의 적용에 따른 기수의 빗놀이 현상과 너무 낮은 높이에서 어느 한쪽의 스키드 또는 바퀴가 지면에 부딪혔을 때 그 지점이 회전축으로 작용할 때는 이미 발생한 추력으로 인하여 쉽게 동적 전복이 발생할 수 있다. 특히 빠른 속도로 활주로에 러닝 착륙(running landing)하는 경우는 더욱 기축과 롤링의 발생에 주의를 기울여야 한다.

(4) 경사지 운용

경사지에서의 동적 전복 현상에 연구한 것과 같이 경사진 지형에서는 그 어느 상태보다 동적 전복이 쉽게 발생할 수 있다는 점을 염두에 두고 운용해야 한다. 이를 수정하기 위해서 컬렉티브를 갑자기 들어 올려 이륙하려는 조작은 전복을 효과적으로 중지시키지 못한다. 컬렉티브를 들어 올렸을 때 스키드나 바퀴가 PSP(pierced steel planking; 구멍 만 강철 철판) 철판의 구멍 등에 걸렸을 경우 전복성향은 더욱 커지고, 걸려 있던 스키드가 동력 증가로 분리되었다 하더라도 급격한 진자운동(pendulum motion)을 발생시켜 조종성을 상실할 수 있다. 상황에 따라 다르겠지만 경사지에서 동적 전복을 감지했을 때 더는 컬렉티브를 내리는 조치는 동적 전복을 더욱 악화시킬 수 있으므로 착지를 중지하고 유연하게 컬렉티브를 들어 올려 상승해야 한다. 그러나 이미 동적 전복이 상당히 진행된 상태에서 급격한 컬렉티브를 들어 올리는 조치는 앞에서 연구한 것과 같이 추력과 모멘트의 조화로 더욱 상황을 위험에 빠뜨릴 수 있다.

8.5 헬리콥터 착빙

착빙(icing)은 물체의 표면에 얼음이 달라붙거나 코팅되는 현상으로 습도(humidity)가 높고 기온이 0℃ 또는 그 이하일 때 발생한다. 헬리콥터의 착빙은 에어포일의 모양을 변형시켜 양력 계수(lift coefficient)를 감소시키고 반면에 항력 계수(drag coefficient)는 증가시킨다. 회전날개에 형성된 착빙은 블레이드(blades)의 무게를 직접 증가시키고 로터 허브(rotor hub)에 한계 이상으로 원심력을 증가시킨다. 각 블레이드에 비대칭으로 형성된 착빙은 심한 블레이드의 진동을 유발한다. 또한, 사이클릭과 컬렉티브 조종계통에 형성된 착빙은 헬리콥터의 조종성을 감소시킨다.

8.5.1 블레이드 착빙

헬리콥터 블레이드(blades)의 회전에 따라 착빙에 영향을 미치는 두 가지 요소를 유추해 볼 수 있다. 하나는 빠르게 회전하는 회전체 주위의 압력 변화이다. 회전날개 상부에

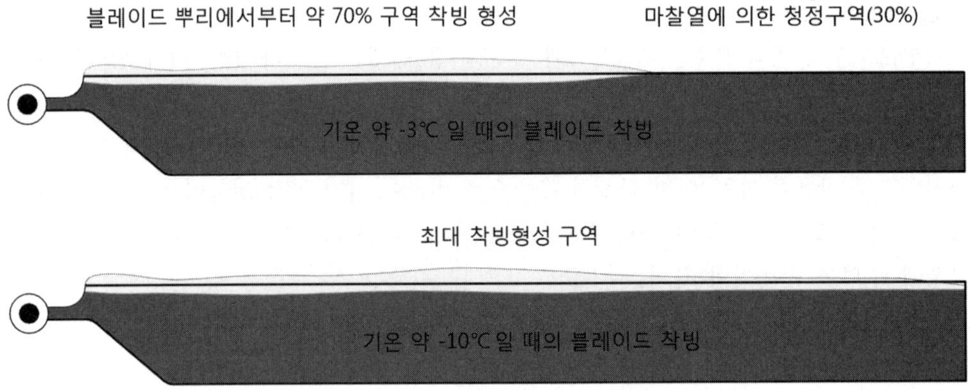

【그림8-11】 기온에 따른 블레이드 착빙

서 변형된 공기흐름(airflow)의 속도가 증가하면서 압력이 감소한다. 압력의 감소는 주변 기온 감소의 한 요인으로 작용하여 착빙(icing)을 유발할 수 있다. 반면에 블레이드 끝단(blade tip)이 빠른 속도로 회전하면서 공기와 표면과의 마찰(friction)에 의한 열이 발생할 수 있고, 이 열은 착빙의 형성을 방지할 수 있다. 그러나 이들 요소는 착빙의 형성과 방빙에 큰 영향을 미치지는 않는다. 실험에 따르면 회전체에 형성되는 착빙은 기온에 따라 매우 다르게 형성된다는 것을 알 수 있다. 예를 들어 외기온도(OAT)가 0°~ -6℃일 때 블레이드 뿌리(blade root)에서부터 약 70% 부근까지만 착빙(icing)이 형성되고 나머지 30% 부분은 회전마찰에 의한 열에 의해서 착빙이 형성되지 않는다. [그림 8-11]에서 보듯이 착빙이 가장 많이 형성되는 구역은 블레이드 중간과 국지적인 난기류(turbulence)가 형성되는 블레이드 뿌리(blade root)이다. 외기온도가 -6°~ -17℃ 사이에서는 블레이드 끝단에서 발생하는 마찰열이 감소하고 회전체 전체에 착빙이 형성된다. 그 이하의 기온에서 공기는 상대적으로 건조한(dry) 상태가 되기 때문에 착빙 형성이 감소한다.

8.5.2 착빙 감지 및 예방

비행 중 착빙은 단지 공기 중에 떠 있는 물방울의 크기나 기온이 낮은 조건에서만 형성되는 것이 아니고 영상의 기온에서도 형성될 수 있으며 공기 중에 함유된 습기의 양에 크게 좌우된다. 낮은 구름이라든지 지형 조건에 의해서 형성된 강수(precipitation)는 일반적으로 많은 습기를 함유하고 착빙의 가능성도 그만큼 크다. 어는비(freezing rain)는 가장 위험한 착빙의 한 조건이고 이 같은 상황에서 어떠한 방빙 및 제빙(anti-ice and de-ice) 장치로 이를 해소할 수 없다. 헬리콥터 블레이드 착빙의 첫 징후는 RPM 감소이다. 블레이드에 착빙이 형성되면서 항력(drag)이 증가하고 항력 증가는 로터 RPM의 감소를 초래하여 동력 증가를 요구한다. 또한, 블레이드에는 불규칙적으로 착빙이 형성되기 때문에 진동(vibration)이 발생하는 것으로도 착빙의 형성을 예측할 수 있어야 한다.

8.5.3 서 리

서리(frost)는 기온이 낮은 상태에서 창문의 유리나 자동차 표면에 형성된 착빙의 형태로 주로 야간에 계류 중인 물체 또는 항공기 표면에 형성된다. 서리의 형성은 맑고(clear), 안정된 대기 중에 미풍(light wind)이 있을 때 쉽게 형성된다. 서리는 표면(skin)의 기온이 주변 공기(adjacent air)의 이슬점(dew point) 기온과 일치하거나 낮을 때 이슬점이 결빙 기온 이하일 때 형성된다. 서리는 날개의 공기역학적 형태(aerodynamic shape)를 변형시키지는 않지만, 블레이드의 거친 표면(rough surface)은 공기의 정상적인 흐름을 분산시켜 양력의 감소를 유발한다. 이 때문에 조종사는 반드시 비행 전에 서리를 제거하고 비행하여야 한다.

8.6 헬리콥터 진동

어느 항공기를 막론하고 진동(vibration)이 발생할 수 있으나 특히 헬리콥터는 고정날개 항공기와 달리 많은 회전(rotating) 부품으로 구성되어 있어서 진동이 더 심할 수 있다. 진동은 엔진에서 발생할 수도 있으며 부정확한 블레이드 트래킹(tracking), 각 부품의 불균형으로 인한 힘 등 여러 가지 원인에 의해서 발생할 수 있다. 모든 부품이 아무리 정확하게 정렬되고 조절되었다 할지라도 진동을 완전히 제거할 수는 없으나 최소화함으로써 쾌적한 비행을 할 수 있다. 이 때문에 조종사는 진동의 발생 원인과 영향을 이해함으로써 비정상적인 진동이 발생했을 때 이를 조기에 발견하여 정비 의뢰함으로써 진동으로 인한 구조적 손상을 방지할 수 있다. 블레이드 회전에 따라 공기역학적 힘으로 발생하는 진동은 완전히 제거할 수 없으며 헬리콥터의 수명이나 부품의 노후 또는 느슨한 부분에 의해서도 진동이 발생할 수 있다. 엔진의 종류에 따라서도 왕복엔진의 경우는 피스톤의 수직 운동과 폭발로 동력을 발생하기 때문에 많은 진동을 예상할 수 있으나 엔진 회전력에 의해서 동력을 얻는 가스터빈엔진은 진동 발생이 비교적 적다. 이들 진동은 적절한 정비로 최소화할 수 있으나 완전히 제거하기는 어렵다. 또 다른 형태의 진동으로 부정확한 트래킹이나 로터 시스템에서 불균형 질량의 분배에 의한 진동이다. 후행하는 블레이드가 선행(preceding)하는 블레이드의 정확한 이동경로(travel path)를 따라 이동했을 때 정확한 트래킹 상태로 판단할 수 있으나 부정확한 트래킹은 이동경로의 불규칙으로 인하여 수직 및 가로 진동(vertical or lateral vibration)이 발생한다.

8.6.1 저주파 진동

저주파 진동(low frequency vibration)은 주로 주회전날개 계통으로부터 발생하는 진동으로 분당 100~500rpm 정도의 진동이다. 조종사와 승객에게 불편함을 초래하지만, 헬리콥터 운용에 즉각적인 위험 요소는 아니며 수직, 가로 그리고 혼합 형태의 비정상적인 진동이 발생했을 때 검사 및 정비(maintenance)를 의뢰하여 추가적인 기체의 손상을 예방하여야 한다. [그림8-12]

(1) 수직 진동(vertical vibration)

동체가 상하로 움직이는 진동으로 좌석에 앉아 있을 때 몸이 위아래로 떨리는 형태의 진동이다. 수직 진동은 주로 부정확한 트래킹에 의한 진동으로 블레이드 뒷전 트림 탭(trim tab)의 조절이나 마모된 피치 변경 베어링(pitch change bearing)을 교환함으로써 수정할 수 있다.

【그림8-12】 헬리콥터 진동

(2) 가로 진동(lateral vibration)

가로 진동은 헬리콥터의 동체가 좌우로 진동하는 것으로 로터의 질량이 불균형적으로 분배되었을 때 주로 발생한다. 가로 진동은 블레이드 손상, 표면의 벗어짐, 무게의 불균형이 주요 원인이지만 블레이드에 불규칙하게 들러붙은 착빙이나 먼지(ice or dust) 등에 의해서도 발생한다. 블레이드의 수평 이동을 방지하기 위한 댐퍼(damper)의 힘이 약해지거나 고장 났을 때 블레이드 사이의 각차이(angular difference)의 변화를 초래할 수 있으므로 가로 진동이 발생할 수 있다. 비록 사소하게 생각될지라도 한쪽 로터 허브 근처의 베어링에서 그리스를 제거하고 다른 쪽 베어링은 제거하지 않았을 때도 역시 불균형으로 인한 진동이 발생한다. 이 같은 가로 진동은 블레이드에 균형추를 삽입하여 정확한 균형을 유지함으로써 달성할 수 있다.

(3) 수직 및 가로 진동의 혼합

헬리콥터의 진동이 명확하게 수직 또는 가로 형태의 진동으로 발생한다면 판단하기 쉽지만, 수직 및 가로 진동이 혼합되어 발생할 때는 구분하기 어려울 때가 있다. 수직 및 가로 진동이 함께 발생할 때 동체는 요동(bump)하는 현상으로 나타난다. 혼합 형태의 진동은 낮은 진동률(low vibration rate)의 형태로 발생하고 이는 인간의 눈동자와 내장과 같은 기관(organs)의 공명(resonance)에 자연 주파수 범위에 근접하기 때문에 조종사나 승객에 상당한 불쾌감을 유발할 수 있다. 앞에서 언급한 것과 같이 수직 진동은 주로 트래킹에 의한 원인을 찾을 수 있고 가로 진동은 불균형 블레이드 질량을 원인으로 볼 수 있다. 수직 진동은 속도가 증가하면 진동은 증가하는 경향이 있고 가로 진동은 속도의 영향을 받지 않으나 속도가 증가함에 따라 큰 수직 진동으로 더 심해질 수 있다.

8.6.2 중주파수 진동

일반적으로 중주파수(medium frequency vibration) 진동은 테일로터 구동축(drive shaft), 엔진 활차(pulley) 또는 벨트 등과 관련된 부품으로 분당 1,000~2,000 rpm 정도의 진동이다. 이 같은 진동은 베어링의 마모라든지 부품의 정렬이 규정치를 벗어났을 때 발생한다. 특히 진동이 선회 중에만 발생할 때는 테일로터의 부적절한 플랩핑 작용이 주원인일 수 있다.

8.6.3 고주파 진동

고주파(high frequency) 진동은 테일로터(tail rotor), 냉각 팬, 기어박스, 구동축(drive shafts), 또는 베어링과 같이 분당 2,000 rpm 이상의 고속으로 회전하는 부품에서 발생한다. 이 같은 형태의 고주파 진동은 구성품의 균열(cracks)을 초래하거나 볼트나 너트와 같은 부품을 느슨하게 하는 주원인이기 때문에 매우 위험하다.

8.7 비상상황의 발생 유형

8.7.1 이륙 직후 엔진고장

이륙 직후 안전 고도에 도달하기 전에 엔진고장과 같은 비상상황에 접했을 때 일반적으로 기수를 돌려 다시 활주로로 진입하려는 시도는 다음과 같은 면에서 자세히 검토해 보아야 할 문제가 있다.

① 이륙은 맞바람으로 실시하였기 때문에 활주로 또는 이륙지역으로 되돌아오기 위한 선회는 접근 단계를 뒷바람으로 전환되어 감속 자세 변화량이 커진다.

② 이륙지역으로 되돌아오기 위한 180° 선회는 하중계수를 과도하게 증가시켜 고도의 급강하를 초래하고 원하는 지역까지 활공을 불가능하게 할 수 있다.

③ 선회를 위한 추가적인 조작과 180° 후방의 착륙지 선정을 위한 시기가 늦어져 급조작을 유발할 수 있다.

이 같은 사항을 고려해 볼 때 이륙지역으로 되돌아가기 위한 기동은 상당한 위험을 감수해야 하나 [그림8-13]과 같이 이륙경로 전방 또는 최소한의 선회로 가용한 불시착 장소의 선정은 맞바람의 조건에서 비행자세를 그대로 유지하면서 직진으로 착륙을 시도할 수 있으므로 충분한 시간적 여유와 불필요한 선회 기동으로 인한 고도 감소를 방지할 수 있다.

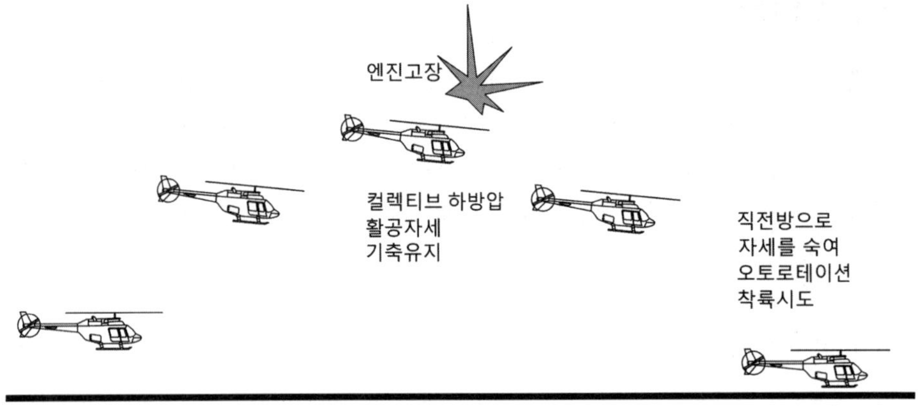

【그림8-13】 이륙 직후 엔진고장과 비상착륙

8.7.2 비행 중 엔진고장

순항비행 중에 엔진고장과 같은 비상상황에 처한 조종사는 즉각적으로 컬렉티브를 최대로 내려 로터 RPM을 유지하는 것이 매우 중요하다. 일단 로터 RPM, 규정 속도, 기축 정대를 한 후 자동회전 비행기술을 적용하여 선정된 장소에 불시착을 시도한다.

8.7.3 계기 고장으로 인한 판단 착오

조종사가 계기를 신뢰한다는 것은 매우 중요하다. 특히 계기비행 중이라면 신체의 감각보다는 계기를 신뢰해야 할 만큼 공중에서 계기는 매우 중요한 역할을 한다. 그러나 계기를 100% 신뢰할 수 없으므로 관련된 계기와 상호 비교함으로써 계기의 신뢰도를 높일 수 있으며, 이 같은 절차를 교차점검이라 한다. 예를 들어 엔진의 작동 상태를 지시해 주는 계기는 엔진 회전계, 토크 계기, 배기가스 온도계, 엔진고장 경고등과 경고음 그리고 엔진의 소음 등이 있다. 그러나 이중 어느 한 계기가 고장을 일으킬 수 있으며, 조종사가 고장 난 계기만을 믿고 비상절차에 들어갔을 때 또 다른 사고의 요인이 될 수 있으므로 이상을 발견한 조종사가 초동 조치를 한 후 지면에 도착할 때까지는 여유가 있으므로 계기의 교차점검 또한 사고 예방의 필수요소이다.

8.7.4 먼지나 눈 또는 수면에서 착각

헬리콥터가 포장되지 않은 지역이나 눈 덮인 지역에서 이륙 및 착륙하기 위해서 제자리비행할 때 하강풍(downwash)으로 인하여 헬리콥터 주위에 먼지나 눈가루가 형성되어 조종사의 시계(field of view)를 완전히 차단하는 상황이 발생할 수 있다. 시계 비행(VFR)에서 신체의 감각 중 시각은 거의 절대적인 역할을 한다. 그러나 시계가 차단된 상태에서 눈은 시각적 착각(visual illusion)을 일으킬 수 있다. 예를 들어 당신이 강을 건너고 있다고 가정할 때 강을 건너는 사람이 흐르는 물을 보면 자신은 똑바로 서 있음에도 불구하고 움직이는 듯한 착각(illusions)을 일으켜 그대로 서 있지 못하고 급류에 휘말리게 되는 것과 같은 현상이다. 시계(field of view)가 제한된 상황에서 헬리콥터를 조종할 때도 순간적으로 조종사는 시각적 착각에 빠지고 자세를 상실하여 전복되는 사고가 유발된다. 따라서 착륙 지역에 먼지가 예상되면 가능한 한 먼지의 와류 구역에 들어가지 않도록 즉시 착륙하거나 수직으로 이륙하여 먼지 발생 지역을 벗어난다.

8.7.5 테일로터 고장

단일로터 시스템 헬리콥터에서 테일로터는 주회전날개의 회전에 따른 토크를 상쇄시키는 데 있다. 테일로터의 추력 상실은 부주의한 과도한 사이클릭 후방으로 메인로터 블레이드가 테일 붐을 치면서 테일 붐이 절단되거나 테일로터 구동축의 고착 또는 절단되어 테일로터 자체가 기능을 완전히 상실한 사례가 있으며, 또 다른 경우는 테일로터의 기능은 정상적으로 작동되나 테일로터 페달의 고장 또는 고착되어 테일로터 추력을 사용할 수 없는 경우로 다음과 같이 조종할 수 있다.

① 우빗놀이는 동력감소로 제어하고 좌빗놀이는 동력 증가로 제어한다.
② 제자리비행할 때에는 기류의 영향을 받을 수 없지만, 순항속도에서는 기류의 영향으로 기축유지가 가능하다.
③ 동력의 증가는 우빗놀이를 더욱 가속시킬 수 있다.

(1) 제자리비행 중 테일로터 고장(시계반대방향으로 회전하는 헬리콥터)

제자리비행 중에 테일로터의 기능고장(tail rotor failure)이 발생했을 때 헬리콥터는 지면 가까이 있는 상태이기 때문에 어떠한 형태의 테일로터 고장에 대해서도 조종사가 선택할 수 있는 조치는 한정될 수밖에 없다. 제자리비행 중 기수는 오른쪽으로 돌아가는 우빗놀이가 발생하게 된다. 이 같은 기수의 우빗놀이의 주요 원인은 토크에 있으므로 토크를 제거한다면 우빗놀이 현상을 제거할 수 있을 것이다. 제자리비행 상태에서 스로틀 완전 줄임(throttle closed)만이 우빗놀이를 제거할 수 있는 유일한 수단이기 때문에 제자리비행 오토로테이션을 실시하는 것이 최상의 방법일 것이다. 만약 무의식적으로 부양하기 위해서 컬렉티브를 들어 올렸다면 동력을 더욱 증가시키는 것으로 우빗놀이의 가속을 촉진하는 결과가 될 것이고, 순간적으로 조종불능 상태에 빠질 수 있다.

(2) 순항비행 중 테일로터 고장

순항비행 중에 테일로터의 고장으로 추력을 조절할 수 없다 할지라도 속도로 인한 동체의 유선형 구조(streamlined structure)와 수직 구조물 등은 헬리콥터의 기축에 크게 영향을 주지 않는다. 비행 중에 약간 발생할 수 있는 기수의 빗놀이는 크래빙 기동을 적용하는 것과 같이 사이클릭 조종이 도움이 되겠지만 항력이 크게 발생할 수 있다는 점도 고려해야 한다. 문제는 속도를 감소시켜야 하는 착륙단계에 있다. 속도가 감소할수록 우빗놀이(right yawing) 현상이 뚜렷하게 나타날 것이기 때문에 가능하다면 기축을 유지할 수 있는 상태에서 러닝랜딩(running landing) 기술을 적용하여 착륙을 시도한다. 일단 활주로 상공에 낮은 고도로 접어들었을 때 스로틀 양을 정밀하게 조절하여 기축을 활주 방향과 일치시키고, 사이클릭으로 편류를 방지하여 비행 방향을 유지하면서 컬렉티브를 서서히 내려 무게가 스키드 또는 바퀴에 전이되어 이동할 수 있도록 조작한다. 그러나 오토로테이션이 필수적이라고 판단되면 순항고도에서 고도가 더는 감소하지 않도록 하는 것이 무엇보다 중요하다. 이는 충분한 오토로테이션 고도를 확보해야 하기 때문이다.

(4) 테일로터 추력이 남아있는 상태에서의 조종

테일로터에는 고장이 없으나 이를 조종하는 케이블(cables)이나 연결봉(connection rods)의 절단 혹은 고착으로 인하여 테일로터 추력을 조종할 수 없다면 오토로테이션 등을 실시해야 하는 것과 같은 위험한 상황은 아니다. 테일로터에서는 계속해서 추력을 발생하고 있지만 단지 조종사가 이를 제어할 수 없는 것으로 테일로터 페달이 고착된 시점에 따라 다르겠지만 적절하게 조치한다면 안전하게 착륙할 수 있다.

① 왼쪽 테일로터 페달의 고착

제자리비행 중에 왼쪽 페달을 사용할 수 없다면 컬렉티브를 내리는 순간 기수가 왼쪽으로 돌아가려 할 것이다. 이륙 또는 상승 중에 동력을 감소시키면 기수는 좌측으로 돌아가려 할 것이다. 이 상황에서 오토로테이션을 실시한다면 급격한 테일로터 추력의 감소로 좌빗놀이를 가속하는 악영향을 초래하게 될 것이다. 왼쪽 테일로터 페달이 고착된 상태에서 착륙하는 방법은 3-피트 제자리비행하는 순간까지 정상접근(normal approach)하는 것이다. 3-피트 제자리비행 순간에 기축이 유지되고 있다면 그대로 착륙하면 된다. 제자리비행하는 순간 기수가 우측으로 빗놀이가 발생했다면 스로틀을 줄여 기축을 유지하여 착륙하고, 기수가 왼쪽으로 돌아가기 시작한다면 더 빨라지기 전에 착륙하여야 한다. 그러나 이미 기수가 돌아가기 시작하는 속도가 빨라졌다면 컬렉티브를 적용하여 부양하면 기수의 좌빗놀이는 상쇄될 것임으로 다시 안정된 상태에서 착륙을 시도한다.

② 오른쪽 테일로터 페달의 고착

오른쪽 페달이 고착되었다는 것은 기수의 좌빗놀이(left yawing)를 제어할 수 없다는 점을 염두에 두어야 한다. 동력이 감소하면 기수는 왼쪽으로 돌아가는 성향이 발생한다는 점을 고려하여 접근 중에는 약간의 좌빗놀이 상태에서 강하하고 마지막 착륙단계에서 동력을 적용했을 때 기수가 오른쪽으로 돌아가면서 착륙 비행경로를 일치시키는 것이 매우 중요하다. 이것은 좌빗놀이는 동력을 적용하면 기수가 오른쪽으로 돌아가려는 성향 때문에 안전 마진이 허용되고, 이는 접근의 마지막 단계에 순간적인 동력의 적용을 허용하는 것이다. 따라서 가장 적절한 접근은 가능한 한 낮은 동력접근 혹은 강하로 활주 착륙을 시도할 것을 권장한다. 이를 위해서 깊은각으로 접근하면서 마지막 단계에서 헬리콥터를 정지시키기 위한 플레어를 적용하는 것이다. 이 지점에서 스로틀을 비행 아이들(flight idle)로 줄이고 착륙해야 한다. 순간적인 동력 적용은 강하를 중지시키고 스로틀 완전 줄임(throttle closed; 스로틀을 줄이는 것으로 "idle cut-off"과 구분할 것)하기 전에 헬리콥터를 수평으로 조작하기 위한 시간을 얻는 데 도움이 될 수 있다. 마지막 순간에 플레어를 했을 때 기수가 오른쪽으로 돌아오지 않고 계속 좌빗놀이 상태가 되었다면 스로틀을 비행 아이들(flight idle)로 줄이고, 컬렉티브를 적용하여 쿠션 착륙할 수 있도록 한다. 어떠한 러닝랜딩 중에 사이클릭은 지상항적(방향유지)으로 조종하는 데 사용되어야 한다.

8.8 불시착

8.8.1 불시착 장소와 접근 방향

불시착(forced landing) 장소는 충분한 활주 공간, 지면이 단단한 표면, 주위 장애물이 없는 지역에서 맞바람(headwind)을 받고 착륙할 수 있는 장소가 있다면 이상적인 불시착 장소로 선정될 수 있으나, 실제 이 같은 불시착 장소를 선정한다는 것은 매우 드물다. 또한, 헬리콥터의 활공거리(glide distance)가 경비행기와 비교하면 매우 짧고 강하율이 크기 때문에 착륙장 선정에 더욱 어려움이 있으나, 평소 비행 중 불시착(forced landing) 장소 선정에 관한 가상훈련을 해 봄으로써 주어진 상황에서 최고의 선택을 할 수 있을 것이다. 불시착 장소를 선정할 때 다음과 같은 사항을 고려한다.

① 목초지, 논, 밭, 또는 개활지 같은 충분한 공간이 제공되는 지역을 선정
② 가능한 한 맞바람으로 접근할 수 있는 장소
③ 접근 방향에서 아래로 경사진 방향보다 위로 경사진 방향
④ 접근경로 선상의 큰 구덩이, 큰 나무, 고압선이 있는 지역은 풍향이 불리해도 회피한다.
⑤ 갈아엎은 농경지라면 골을 따라 불시착 시도

실제 또는 모의 엔진고장 훈련할 때 위의 사항을 차분히 판단할 시간적 여유가 없다는 것을 느낄 수 있을 것이며, 전방 시야에 들어오는 장소 내에서 판단이 이루어져야 하고 필요하다면 선회를 할 수 있으나, 그만큼 하중계수가 증가하기 때문에 강하율이 증가할 수 있다는 것을 염두에 두어야 한다. 불시착 장소에 관한 판단이 빠를수록 조종사는 헬리콥터 조종에 주의를 집중할 수 있으므로 더 시간적 여유를 가질 수 있다.

8.8.2 조종사의 심리적 상태

어느 경우든 이상 징후를 인지한 조종사는 매우 당황하게 될 것이다. 이러한 예측불허의 상황 속에서 잘 훈련된 조종사라면 신속하고 적절한 초동 조치로 위기에 대처하고 자동회전(autorotation)으로 안전하게 불시착할 수 있을 것이다. 그러나 숙련되지 못한 조종사라면 초동 조치의 실패는 안전하게 불시착을 시도하는 데 치명적이 될 수 있다. 이는

고정된 날개를 갖추고 있는 고정날개 항공기와 달리 회전날개 항공기는 엔진 작동할 때나 정지할 때 규정된 로터 블레이드 회전속도(RPM)를 필수적으로 유지해야 하기 때문이다. 만약 로터 RPM을 유지하지 못했을 경우 헬리콥터는 수직 강하하게 될 것이다. 엔진의 고장은 예측할 수 없으며, 비상상황에 처한 조종사는 다음과 같은 심적 자세를 갖출 것을 권장한다.

(1) 비상상황을 받아들여라.

인간의 두 발이 지면에 있을 때 안정감을 가질 수 있다. 그러나 단 1미터만 공중에 떠 있다고 가정해도 인간은 불안을 느낀다. 하물며 수백 또는 수천 피트 상공에서 비행하는 조종사의 위험 정도는 그 어느 직업보다 위험 요소가 항상 존재한다. 엔진고장과 같은 비상상황에 접하여 침착성을 갖는 것은 매우 중요하다. 현재 상황에서 벗어나려는 생각만으로는 헬리콥터가 따라 주지 않기 때문에 조종사의 심적 상태에 따라 커다란 차이가 있을 수 있다.

(2) 침착성을 유지하고 초동 조치를 신속 정확하게 처리하라.

특히 헬리콥터는 블레이드의 회전속도를 유지할 수 있는 초동 조치가 자동회전의 성패를 좌우한다고 할 수 있다. 따라서 엔진고장 징후를 인지한 순간 조종사는 컬렉티브를 즉각 최대로 내려야 블레이드 피치각을 최저로 하여 로터 RPM을 유지할 수 있다. 초동 조치의 실패는 수초 이내에 블레이드 회전속도를 정지시킬 수 있기 때문이다.

(3) 부상에 대한 지나친 염려는 금물이다.

비상상황에 직면한 조종사가 부상에 대한 지나친 염려는 공포심을 유발하여 수족을 굳게 하여 비행 조작이 거칠어지거나 조작 시기를 놓칠 수 있으며, 이 같은 심적 공포심이 가중되면 신체의 감각 기관을 마비시킬 수 있는 심리적 공황으로 발전할 수 있다.

(4) 항공기의 안전은 곧 나와 승객의 안전을 의미한다.

헬리콥터를 조종하는 조종사나 조종사를 의지하고 동승한 승객 모두는 헬리콥터와 같은 운명에 처해 있다. 다시 말하면 헬리콥터가 크게 파손될 정도의 충격착륙을 시도했다면 동승하고 있는 조종사나 승객이 무사하기를 기대하기는 어렵다. 그러나 헬리콥터가 손상 없이 불시착했다는 것은 조종사나 승객 모두가 안전하다고 볼 수 있다. 따라서 조종사는 최후의 순간까지 헬리콥터의 안전은 곧 나와 승객의 안전을 보장할 수 있다는 심리적 자세는 어떠한 비상상황에 처하더라도 인적 물적 손실을 최소화할 수 있을 것이다. 항공기에 대한 최종적인 책임은 기장에게 있다.

【그림8-14】 헬리콥터의 오토로테이션 과정을 연속으로 보여주는 과정이다. 성공적 오토로테이션의 핵심은 로터의 회전력을 보존할 수 있는 능력에 달려 있다. 결코, 쉽지 않은 조작이지만 기장은 비행 중 엔진 고장이 발생했을 때 승객의 안전을 보장하기 위해서 꾸준한 기량을 유지해야 한다.

8.9 오토로테이션

지상에서 운용되는 자동차와 달리 공중을 운항하는 항공기는 엔진고장과 같은 비상상황에 언제든지 대비할 수 있어야 한다. 경비행기는 엔진이 정지되면 고정된 날개의 길이를 이용하여 활공(glide)할 수 있으며 헬리콥터는 [그림8-14]와 같이 블레이드의 회전력을 이용하여 자동회전이라 하는 오토로테이션(autorotation)을 할 수 있다. 일반적으로 고정날개 경비행기와 헬리콥터의 활공률을 비교했을 때 헬리콥터의 활공률(glide rate)은 매우 짧다. 따라서 오토로테이션을 한다 하더라도 상당한 위험 부담을 안게 된다. 헬리콥터의 오토로테이션 원리는 바람개비를 높은 위치에서 놓았을 때 손잡이의 무게로 인하여 내려오면서 바람개비 날개 사이의 공기흐름으로 인하여 회전하는 원리와 같다. 헬리콥터의 로터 블레이드는 엔진의 회전축에 연결되어 있고 엔진에서 발생한 동력으로 블레이드는 회전한다.

그러나 엔진이 정지되어 더는 동력을 전달하지 못하면 로터 블레이드와 엔진 회전축이 분리되어 로터 블레이드는 회전하던 힘과 공기흐름을 받아 지속적으로 회전할 수 있다. 로터 블레이드와 엔진 축을 분리시켜 주는 장치를 프리휠링(freewheeling) 장치라 한다. 이 장치는 자전거의 기어를 연상하면 더 쉽게 이해할 수 있다. 예를 들어 자전거를 전진시키기 위해서는 페달을 밟아 주어야 하고 바퀴 축과 기어는 서로 물려 있으므로 바퀴를 회전시킬 수 있으나 내리막길과 같은 지형에서는 페달을 사용할 필요가 없으며 이때는 자동으로 기어가 풀려 바퀴는 스스로 회전하게 되는 것과 같은 원리이다.

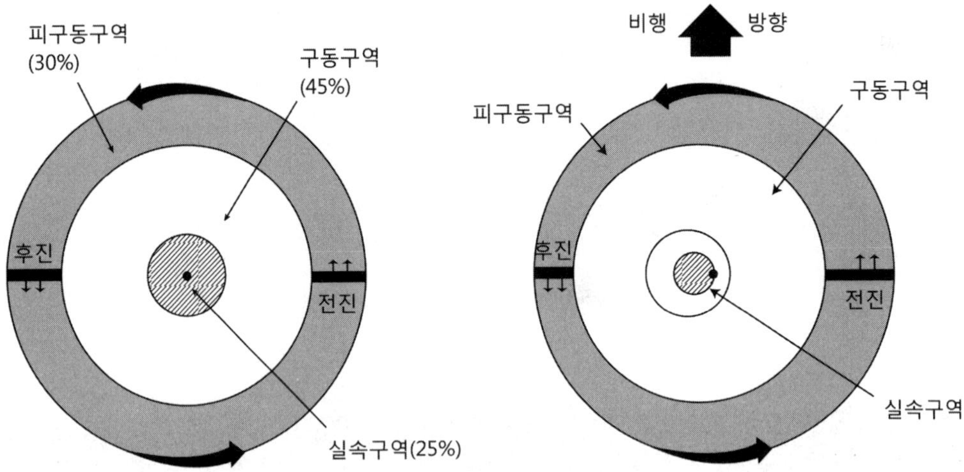

【그림8-15】 수직강하와 전진비행할 때 공기흐름 분석

8.9.1 오토로테이션의 공기역학적 분석

(1) 수직강하 중 공기역학적 분석

엔진고장으로 인한 블레이드의 오토로테이션은 엔진의 힘으로 회전할 때의 공기역학과는 다른 형태로 나타난다. 엔진고장 중에 블레이드를 회전시키는 힘은 블레이드에 부딪히는 상향기류를 어떻게 적절하게 활용하느냐에 달려 있다. 무풍상태에서 수직으로 오토로테이션 한다고 가정했을 때 로터 블레이드는 [그림8-15]의 왼쪽과 같이 어느 위치에서나 동일하기 때문에 양력 불균형으로 인한 문제는 발생하지 않는다. 수직 오토로테이션 중에 로터 회전면은 피구동 구역, 평형 구역, 구동 구역, 그리고 실속구역으로 구분할 수 있으며 힘의 벡터(vector)로 나타냈을 때는 [그림8-16]과 같이 네 부분으로 구분된다. 이와 같은 공기역학적 힘의 구역으로 나누어지는 것은 벡터에서 보는 것과 같이 블레이드의 꼬임각과 오토로테이션으로 강하할 때 회전성 상대풍의 변화로 인한 것이다.

① 피구동 구역(driven region)

프로펠러 구역이라고도 하며 블레이드 끝단 부분으로 회전날개 반경의 약 30%를 차지한다. 이 구역의 총공기역학적 힘은 [그림8-16]의 A와 같이 회전축에서 약간 후방에 위치한다. 이 부분에서 양력은 발생하지만, 회전 방향 반대로 작용하기 때문에 지속적으로 블레이드를 감속시키는 경향이 있고 이는 블레이드의 회전을 감소시키는 항력을 초래한다. 피구동 구역의 크기는 블레이드 피치 세팅, 강하율, 그리고 로터 RPM에 따라 다르다. 따라서 오토로테이션 RPM, 블레이드 피치, 또는 강하율이 변할 때 다른 구역에 관해서 피구동 구역의 크기 역시 변화하고 있다.

② 평형 구역(area of equilibrium)

블레이드 선상에 [그림8-16]의 B, D와 같이 두 개의 평형점(point of equilibrium)이 형

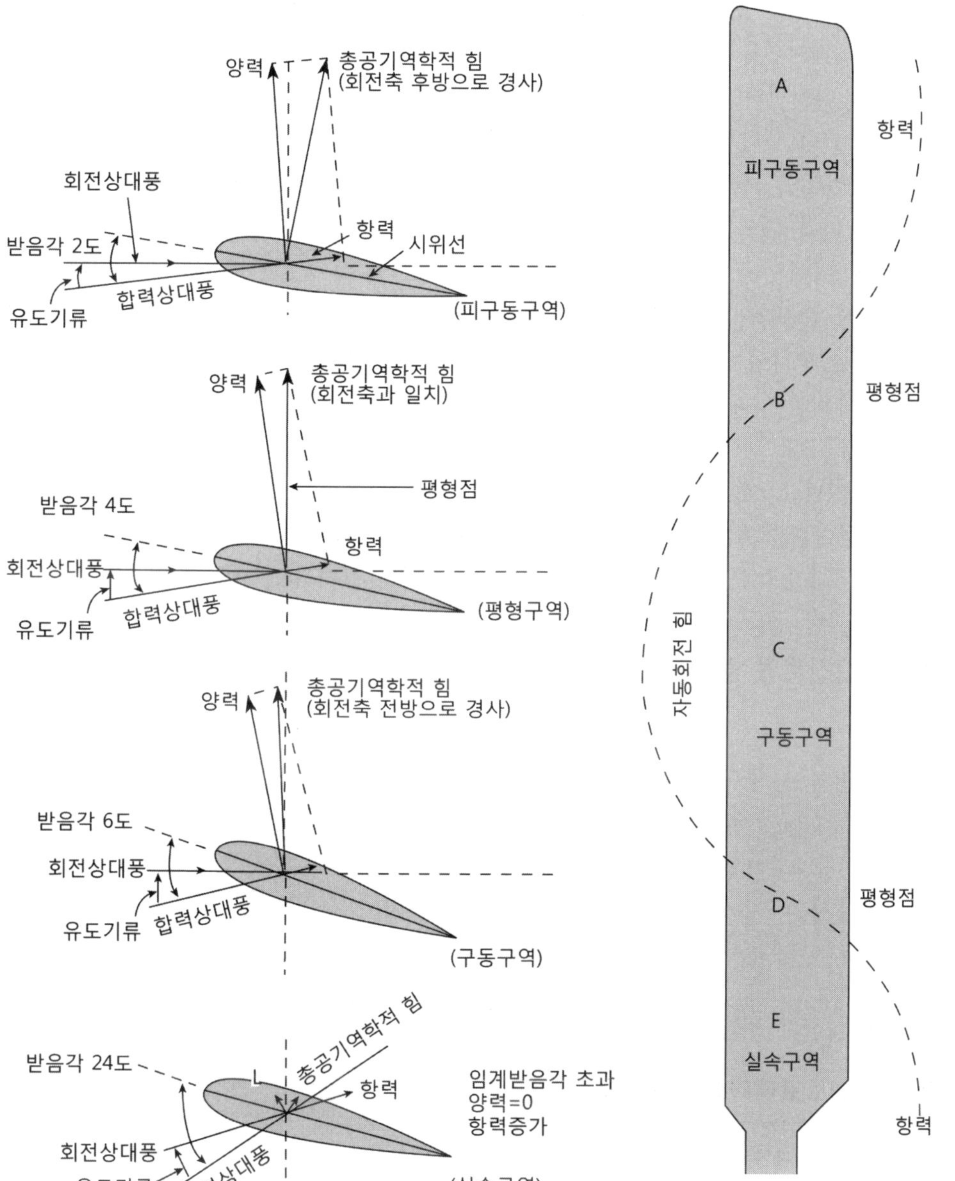

【그림8-16】 블레이드에 흐르는 공기흐름의 역학적 분석

성된다. 피구동 구역과 구동 구역 사이에 하나의 평형점이 형성되고 구동 구역과 실속구역 사이에 또 하나의 평형점이 형성된다. 평형점에서의 총공기역학적 힘(total aerodynamic force)은 회전축과 일치한다. 양력과 항력이 발생하지만, 전체 효과는 가속이나 감속이 발생하지 않는다.

③ 구동 구역 또는 오토로테이션 구역(driving region or autorotative region)
실제 오토로테이션을 할 수 있는 힘을 발생하는 부분으로 블레이드 반경(radius)의 약 25~70%를 차지한다. 이 구역의 총공기역학적 힘은 [그림8-16]의 C와 같이 회전축(axis of rotation)으로부터 약간 앞쪽으로 기울어져 있다. 이 경사는 블레이드 회전을 가속하는 추력(thrust)을 제공한다. 구동 구역의 크기는 블레이드 피치 세팅, 강하율 그리고 로터 RPM에 따라 다르다. 조종사는 오토로테이션 RPM을 조정하기 위해서 피구동 구역과 실속구역에 관해서 구동 구역의 크기를 조절한다. 예를 들어 컬렉티브를 들어 올리면 전 구역의 피치 받음각이 증가하고 평형점을 안쪽으로 이동시켜 피구동 구역의 크기를 증가시킨다. 구동 구역이 적어지는 동안 실속구역이 증가한다. 구동 구역의 크기 감소는 구동 구역의 가속력을 저해하고 결국 RPM을 감소시킨다.

④ 실속구역(stall region)
이 구역은 [그림8-16]의 E와 같이 블레이드 반경의 약 25%를 차지하며 실속 받음각 이상으로 작동되며 이는 블레이드의 회전을 감소시키는 항력의 주원인이다.

8.9.2 전진비행 중 공기역학적 분석

전진비행 중 오토로테이션 힘(autorotative force)은 무풍상태에서 수직으로 강하할 때 발생하는 힘과 거의 유사하다. 그러나 전진속도는 로터 블레이드 회전면을 통하여 위로 흐르는 공기흐름을 변화시키기 때문에 [그림8-15]의 오른쪽 그림과 같이 피구동 구역, 구동 구역, 실속구역 모두가 받음각이 커지는 회전면의 후진 블레이드 측면을 따라서 외측으로 이동한다. 전진 블레이드 측면은 받음각이 작기 때문에 피구동 구역이 증가하고 후진 블레이드 측면은 실속구역이 증가하기 때문에 블레이드 뿌리 부분에서는 역류구역(reversed flow region)이 형성되고 피구동 구역의 크기는 감소하게 된다.

8.9.3 오토로테이션 고려 요소

(1) 컬렉티브 조종

오토로테이션의 기본원리는 바람개비 효과를 최대한 활용하는데 성패가 달려 있으므로 엔진고장이 발생한 순간 로터 블레이드의 회전력을 보존하기 위해서 즉시 컬렉티브를 최대한 내려주어야 한다. 이 같은 조치는 "Collective full down, Rotor in green"의 신속 정확한 반응이다. 로터 RPM과 엔진 RPM은 한 계기에 지시되는 복식 지시침(dual needles) 시스템으로 되어 있다. 엔진고장과 함께 엔진 RPM은 급격히 떨어질 것이나 컬렉티브의 적절한 조작은 로터 RPM이 정상작동범위(녹색 표지) 내에 있도록 조치하여야 정상적인 오토로테이션을 수행할 수 있는 조건을 갖추게 된다. 만약 로터 RPM이 정상 이하로 떨어졌을 때 조종사가 선택할 수 있는 조치는 거의 없을 정도로 매우 중요한 초동 조치이다.

(2) 기축 유지

비록 엔진고장이 발생하였다 하더라도 정상적인 로터 RPM을 유지할 수 있다면 테일로터 역시 정상적으로 구동되기 때문에 엔진고장 순간 그 전에 유지되었던 토크가 없어지면서 기축의 변화가 발생할 수 있다. 따라서 정상적인 페달압을 적용하여 기축을 비행경로와 일치시켜야 한다. 오토로테이션 중에 어느 한 방향으로 빗놀이(yawing)의 허용은 상당한 유해항력을 유발하여 활공거리가 짧아지거나 지면에 착지하는 순간 심각한 착륙장치의 충격 또는 전복의 가능성을 증가시킨다.

(3) 활공속도

엔진고장 순간의 헬리콥터의 총중량, 밀도고도, 진대기속도, 그리고 로터 블레이드의 회전 등에 의한 영향을 받게 되겠지만 활공 중 가장 중요한 요소는 진대기속도(true airspeed; TAS)이다. 활공 중 전진속도는 사이클릭으로 조종한다. 만약 활공속도가 없다면 헬리콥터는 수직으로 떨어질 것이고, 최적의 활공속도에서 최소의 활공각으로 활공한다면 가장 먼 거리까지 활공할 수 있을 것이다. 조종사로서는 수직 활공률이 최저인 상태로 비행하기를 원할 것이다. 이는 수직 활공속도가 클수록 마지막 착지 단계에서 필요로 하는 로터 블레이드의 에너지가 크게 요구되기 때문이다. 이를 위해서 해당 헬리콥터의 운용자 매뉴얼에는 권장 활공속도가 지정되어 있고 이 권장 속도 범위에서 활공했을 때 최적의 활공률을 달성할 수 있을 것이다. 이 권장 속도보다 빠르거나 느리면 활공률도 감소한다.

(3) 활공률

활공률이란 엔진의 동력이 제공되지 않는 상태에서 항공기가 활공할 수 있는 거리는 수직고도에 대한 수평거리의 비율이다. 일반적으로 활공비가 큰 순서는 글라이더, 경비행기, 헬리콥터의 순이고 전투기나 대형 항공기일수록 동체의 크기와 무게보다 날개가 짧기 때문에 동력이 상실되면 활공을 거의 기대할 수 없다. 헬리콥터의 활공비는 속도가 매우 중요한 요소로 작용한다. 매우 낮은 속도에서 강하율은 높고, 중간 정도 속도에서는 최소로 감소하고, 빠른 속도에서 다시 증가한다. [그림8-6]은 속도와 강하율 사이의 관계를 보여주고 있다. 수평속도가 제로에서 가장 높은 강하율을 나타내고, 중간 수평속도인 "A"지점에서는 최소의 강하율을 나타낸다. 속도 증가에 따라 다시 증가하여 강하각을 나타내는 선과 오토로테이션 경계선(autorotative boundary line)이 접하는 "B" 지점에서 가용한 가장 얕은각 비행경로(shallowest flight path)를 제공한다. 이 지점의 속도가 최대활공거리(maximum glide distance)를 위한 최적의 수평 속도이다. 최대활공거리를 얻을 수 있는 속도는 각 헬리콥터의 운용자 매뉴얼에 명시되어 있고 통상 순항속도 또는 순항속도보다 약간 높은 속도이다. 최대활공거리는 헬리콥터의 총중량, 바람방향, 밀도고도 등에 따라 변한다. 예를 들어 최적의 활공속도에서도 맞바람과 뒷바람이 불 때의 활공거리는 현저한 차이가 나타날 수 있다.

(4) 오토로테이션 선회

오토로테이션 중에도 곡선 비행경로를 따라 기축은 일정하게 유지되어야 하고 선회는 반드시 사이클릭으로 수행되어야 한다. 만약 선회 중 테일로터 페달을 사용했다면 동체의 빗놀이(yawing)를 허용함으로써 더 많은 항력을 유발하여 진대기속도(TAS)가 급감하고 기수숙여짐(nose-down) 현상으로 활공률 역시 급감할 수 있다. 어느 경우도 페달은 기축을 유지하는데 적용되어야만 한다.

(5) 오토로테이션과 로터 RPM

엔진고장이 발생했을 때 최우선 조치는 “Collective full down, Rotor in green”이다. 만약 엔진고장 순간에 신속하고 과감한 조작으로 “collective full down” 했을 때 로터 RPM이 증가하는 현상이 발생할 수 있다. 이때는 컬렉티브를 약간 상방압을 적용하여 로터 RPM을 정상운용범위 내에 위치할 수 있도록 조치하고, 즉시 컬렉티브를 완전히 내려놓아야 한다.

8.9.4 제자리비행 오토로테이션

제자리비행 오토로테이션은 제자리비행 중 또는 제자리비행 활주(hover taxi) 중 발생할 수 있는 엔진고장(engine failure)을 가상하여 통상 3피트 고도에서 효과적으로 지면에 착지하는 기술을 익히는 데 있다. 비록 3피트 고도에서 엔진고장이 발생했다 할지라도 당황한 조종사가 순간적으로 컬렉티브의 상방압, 부적절한 편류 수정 및 자세를 유지하지 못했을 때는 착륙장치에 심한 충격 또는 전복사고를 유발할 수 있다.

[조작1] 착지 장소 선정과 제자리비행

해당 헬리콥터의 하중과 대기 상태를 고려하여 표면이 단단한 지역, 활주로 혹은 잔디밭을 선정하여 기수를 맞바람으로 향하고 정확한 3피트 제자리비행을 실시한다.

[조작2] 스로틀을 아이들로 줄인다.

정확한 3피트 제자리비행이 이루어지고 있다고 판단되면 스로틀을 아이들(idle)로 급속히 돌려 동력을 감소시킨다. 스로틀 아이들과 동시에 컬렉티브는 현 상태를 그대로 유지한다. 엔진 동력의 감소는 유지하고 있던 토크가 감소하기 때문에 기수가 좌로 빗놀이(yawing)하려는 경향이 발생한다. 이 때문에 즉각적인 우측 페달압을 적용하여 기축을 유지하고, 사이클릭으로 자세의 변화를 방지한다.

[조작3] 수직강하를 유지하라.

헬리콥터의 관성특성에 따라 즉각적으로 강하할 수도 있고 관성력에 의해서 잠시 후에 강하하기 시작할 수도 있다. 비록 낮은 높이이지만 동체가 요동하여 자세가 변하지 않고 수직으로 강하할 수 있도록 균형조종이 이루어져야 한다.

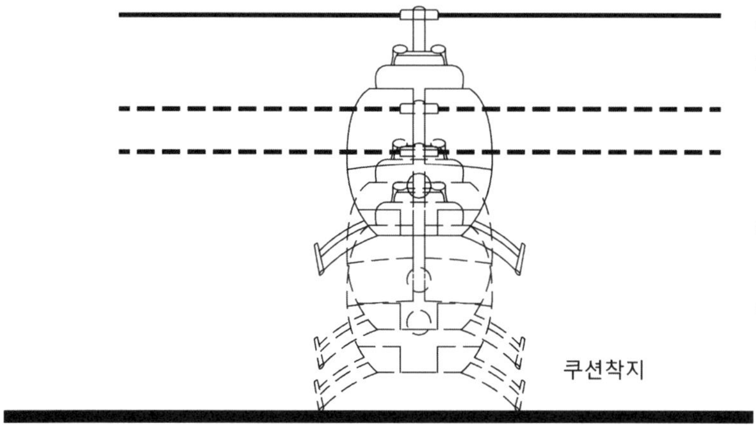

【그림8-17】 제자리비행 오토로테이션

[조작4] 컬렉티브를 위로 들어 올려 침하를 정지시키고 쿠션 착지를 한다.
지면으로부터 약 1~2피트 높이에서부터 컬렉티브를 들어 올려(유연하게 그리고 지속적으로) 침하속도를 감소시켜 지면에 착지하는 순간 컬렉티브도 최대가 될 수 있도록 들어 올려 가볍게 쿠션으로 착지하도록 조작한다.

[조작5] 착지 후에 즉시 컬렉티브를 완전히 내려준다.
스로틀을 아이들(idle)로 돌리는 순간에 컬렉티브를 상방으로 들어 올리면 급격한 양력 증가로 수직 상승을 하여 로터 RPM이 급속도로 감소하고 더는 사용할 컬렉티브 피치가 없기 때문에 높은 고도에서 충격착륙(hard landing)을 유발한다. 또한, 전방 또는 측방 편류(drift)를 방지하지 못했을 때는 착륙장치가 옆으로 지면에 부딪히기 때문에 심한 측방 충격을 유발하거나 동적 전복으로 발전할 수 있다. 제자리비행 오토로테이션의 일련의 과정은 거의 동시에 이루어지는 조작으로 정확한 판단력과 순발력이 요구될 뿐만 아니라 정확한 균형조작이 되어야 헬리콥터는 전후좌우 편류 없이 수직으로 착지할 수 있다. 3피트 제자리비행 오토로테이션의 숙달 정도에 따라 약간 높은 고도에서 수행하거나 제자리비행 활주 중에 실시하여 활주로에 미끄러지면서 착지시키는 기술로 발달할 수 있다.

[일반적인 실수]
① 스로틀을 줄이는 행동이 정확하지 못했다.
② 동력이 감소하는 순간 기축 유지에 실패했다.
③ 침하 중에 자세를 유지하지 못하여 편류를 허용했다.
④ 컬렉티브 적용 시기의 부적절한 판단으로 지면에 강하게 착륙하였다.

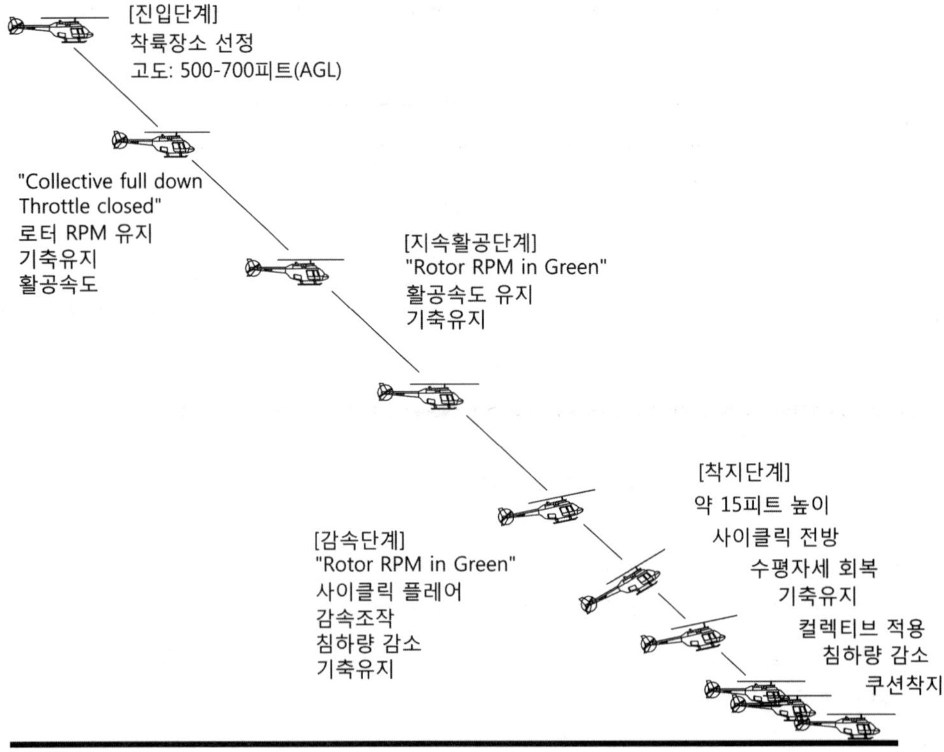

【그림8-18】 표준 오토로테이션

8.9.5 표준 오토로테이션

비상절차 훈련의 하나인 표준 오토로테이션은 비행 중 발생할 수 있는 엔진고장과 같은 비상상황에서 헬리콥터의 오토로테이션 원리를 최대한 이용하여 선정된 불시착 장소에 안전하게 착륙시키는 기술을 습득하는 데 있다. 표준 오토로테이션은 맞바람, 단단한 표면, 충분한 활주 공간이 주어진 조건에서 착륙 장소에 직진으로 접근하여 실시하는 훈련절차이다. 표준 오토로테이션은 엔진 동력을 아이들로 줄이고 착지하는 단계까지 일련의 과정이나 보다 상세한 설명을 위해서 진입, 지속강하 그리고 감속 및 착지단계로 구분하여 설명한다. 지면에 착지하는 과정은 훈련의 숙달 정도에 따라 3피트 제자리비행으로 종료할 수도 있고 활주로에 착지하는 것으로 종료할 수 있다. 실제 오토로테이션을 수행해야 할 상황은 엔진고장(engine failure)이 발생했을 때가 되겠지만 조종사의 판단에 테일로터 고장(tail rotor failure)이라든지 충분한 고도가 확보된 상태에서의 동력고착(settling with power)에서 벗어나기 위해서도 적용할 수 있다. 표준 오토로테이션 역시 일련의 연속과정으로 진행되고 이를 단계별로 구분해 본다면 [그림8-18]과 같이 진입단계-지속강하(활공)단계-감속(플레어)-착지와 같이 구분해 볼 수 있다.

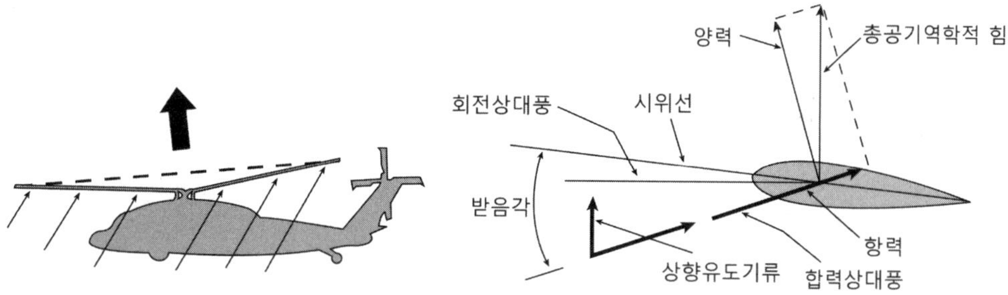

【그림8-19】 지속강하(활공) 단계

(1) 진입단계(entry)

오토로테이션 진입은 엔진 동력의 상실부터 시작된다. 동력의 상실은 로터 RPM이 떨어지고 엔진 토크가 상실되었기 때문에 좌로 빗놀이(yawing)하려는 경향이 발생한다. 로터 RPM은 높은 총중량, 빠른 전진속도, 고밀도고도 조건보다 빠르게 감소한다. 적절한 조치를 하지 못했을 때 대부분 헬리콥터는 단지 몇 초 내에 로터 RPM이 최저한계까지 감속될 수 있으며 이미 감속된 로터 RPM의 회복은 어렵다. 따라서 조종사가 취해야 할 가장 최우선 조치는 로터 RPM을 유지하는 것이다. 컬렉티브의 피치각을 감소시키기 위한 조종사의 초동조치는 “Collective full down, Rotor in green”에서 의미하는 것과 같이 즉각적으로 컬렉티브를 최대로 내려주고 로터 RPM을 정상운용범위 내에 있도록 하는 것이다. 만약 속도가 빠른 상태에서 엔진고장이 발생했다면 사이클릭 후방압도 로터 RPM을 유지하는 데 도움이 된다. 표준 오토로테이션 훈련은 지면으로부터 500~700피트(AGL) 고도에서 권장 진대기속도를 유지한 상태에서 실시한다. 적정 위치에 도달했을 때 컬렉티브를 유연하게 그리고 지속적으로 내리면서 스로틀을 줄여 “Rotor in Green” 상태를 유지하여 활공할 수 있도록 조종한다.

(2) 지속 활공단계

일단 적절한 초동 조치를 하면 헬리콥터는 [그림8-19]와 같이 지속 활공단계에 접어들고 블레이드는 풍차(windmill)와 같은 원리로 활공한다. 고도에 따라 활공할 수 있는 거리가 결정되기 때문에 충분한 고도를 유지하고 있다면 오토로테이션 하면서 재시동 절차를 수행하고 재시동에 실패했을 때는 불시착을 시도한다. 강하율과 RPM이 안정되면 헬리콥터도 일정한 활공각으로 활공한다. 일반적으로 활공각은 약 17~20° 정도가 되고 이는 헬리콥터의 기종, 바람 상태, 밀도고도 등에 따라 다르다. 지속 활공단계에서 조종사는 다음과 같은 사항을 판단하고 확인한다.

① 로터 RPM 운용범위 유지

② 규정된 활공속도 유지, 기축 유지

③ 불시착 장소와 접근 방향 결정

④ 주위 장애물 위치 판단

⑤ 관제기관에 위치 통보(가용할 때)

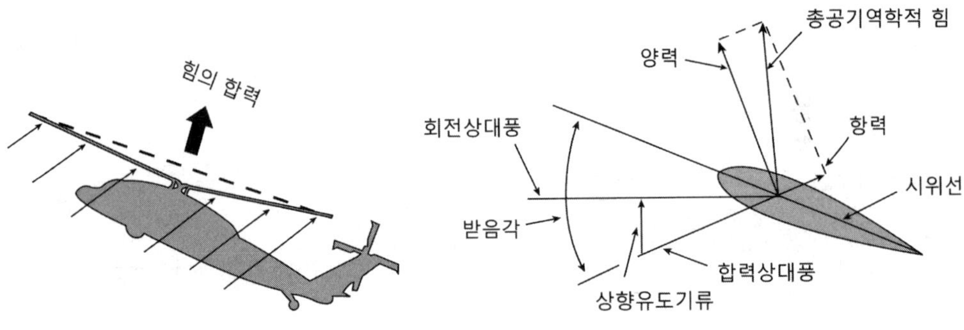

【그림8-20】 감속/플레어 단계

⑥ 연료차단밸브와 모든 전원 스위치 "OFF"

(3) 감속 또는 플레어(deceleration or flare)

오토로테이션의 성패를 좌우하는 활공속도 및 수직 강하율을 제로까지 감속시키는 단계이다. 바람개비를 높은 위치에서 놓았을 때 자동회전하면서 자체의 무게로 지면에 충격하면서 떨어지듯이 수천 파운드의 무게를 갖는 물체가 지면에 그대로 충격 착륙했을 때는 치명적인 사고를 유발한다. 감속 조작을 하는 시기는 헬리콥터가 지면으로부터 약 40~100피트 상공 또는 제작사에서 권장하는 고도에 도달했을 때 사이클릭 후방압을 적용하여 블레이드 회전면의 경사를 후방으로 기울게 함으로써 [그림8-20]과 같이 로터 블레이드가 풍차 브레이크(windmill brake)의 역할을 할 수 있도록 조작한다. 헬리콥터는 들리는 자세가 되고 속도와 강하율이 동시에 감소하면서 지속적으로 강하한다.

(4) 착지(touchdown)

고도가 지면으로부터 약 8~15피트 또는 제작사에서 권장하는 고도에 도달했다고 판단되면 속도도 거의 제로가 되는 시점에서 지속해서 침하(sink)하는 순간 사이클릭을 앞으로 밀어서 헬리콥터의 자세를 지면과 수평을 이루도록 해야 한다. 이때 헬리콥터는 거의 지면에 가까워지고 지면에 착지하는 순간 제로의 강하율을 만들기 위해서 컬렉티브 상방압으로 최대 위치까지 적용하여 쿠션 착륙(cushion landing)이 되도록 한다. 감속 및 착지단계에서의 판단력은 정확해야 하고 조종간은 동력이 없는 상태이기 때문에 과감한 조작이 요구된다. 지면에 착지하는 순간 동체가 활주로 표면을 따라 이동할 때 사이클릭으로 속도를 정지시키기 위한 과도한 사이클릭 후방압 조작은 블레이드가 테일 붐(tail boom)을 칠 우려가 있으므로 상당한 주의를 기울여야 한다. 착륙활주 속도를 줄여 정지시키기 위해서는 컬렉티브를 지속적으로 내려 헬리콥터의 무게를 스키드로 전이될 수 있도록 하여 정지시켜야 한다. 안정된 감속과 안전한 착지를 위한 판단력은 수십 차례의 반복 훈련을 통해서 감각적으로 이루어질 수 있으며, 판단력 부족에 의해 일어날 수 있는 현상은 다음과 같다.

① 너무 높은 고도에서 감속 조작을 했을 때는 감속 조작이 완료된 후에도 고도가 높기

때문에 충격착륙을 유발할 수 있다.

② 너무 낮은 고도에서 플레어(flare)를 실시했을 때는 감속 조작이 완료되기 전에 지면에 도달하여 높은 속도로 착지할 수 있으므로 지면이 고르지 못할 경우는 전복되는 사고를 유발할 수 있다.

③ 수평 자세를 유지하기 위한 시기가 늦으면 테일붐이 지면을 칠 수 있다.

④ 쿠션 착륙을 위한 컬렉티브 적용 시기가 늦거나 빠를 경우 충격착륙을 유발할 수 있다.

모의 오토로테이션 초기 숙달 과정은 지면에 착지하는 훈련을 하기보다는 지속 활공단계에서 규정된 고도(약 400피트)에 도달하면 서서히 스로틀을 감아서 동력을 완전히 회복한 상태에서 플레어 조작을 하여 3피트 제자리비행으로 종료하는 단계까지만 훈련하며, 실제 민간 항공에서는 3피트 제자리비행으로 종료하는 단계까지만 훈련한다. 오토로테이션 지면 착지 훈련은 충분한 공간과 표면이 단단한 활주로 지역에서 실시함으로써 수십 피트의 활주착륙(running landing)이 허용되나 실제 일반 지형은 표면이 고르지 않고 단단하지 않을 수 있으므로 전방으로 수 피트 정도의 미끄럼조차도 허용하지 않는다는 것을 염두에 두어야 한다.

8.9.6 선회 오토로테이션

비행 중 엔진고장이 발생했을 때 가능한 한 비행 전방의 적절한 착륙 장소를 선정하여 오토로테이션을 실시하여야 하나 적절한 착륙 장소가 뒤쪽에 있거나 옆에 있어 선회가 필수적일 때 수행된다. 통상 선회 오토로테이션은 그림에서 보는 것과 같이 90° 또는 180° 선회 오토로테이션 훈련을 한다. 모든 절차는 몇 가지 주의사항을 제외하고 표준 오토로테이션과 동일하게 수행된다.

첫째, 선회는 사이클릭으로 조종하고 페달은 기축 유지에만 사용되어야 한다.

둘째, 경사각은 최대 30°를 초과하지 않도록 경사각을 조절한다.

셋째, 선회의 시작은 권장 진대기속도에 안정된 후에 실시한다.

넷째, 지면으로부터 약 100피트(AGL) 지점에 도달해서는 착륙 장소와 직선 방향이 되도록 선회를 계획해야 한다.

8.9.7 오토로테이션 성능

대부분의 오토로테이션 성능 차트(autorotational performance charts)는 오토로테이션 강하 성능에서 대기속도의 기능이고 필연적으로 밀도고도와 총중량의 영향을 받지 않아야 한다. 여기서 기억해야 하는 중요한 사항은 오토로테이션 중 소비될 수 있는 잠재적/위치 에너지(potential energy)는 기동의 플레어와 착지 단계(flare and touchdown)를 위한 운동 에너지로 전환되어야 한다. 이 단계에서 밀도고도의 증가와 총중량의 증가는 오토로테이션의 성공적 실행에 큰 영향을 줄 수 있다. 로터 디스크는 헬리콥터의 하향 운

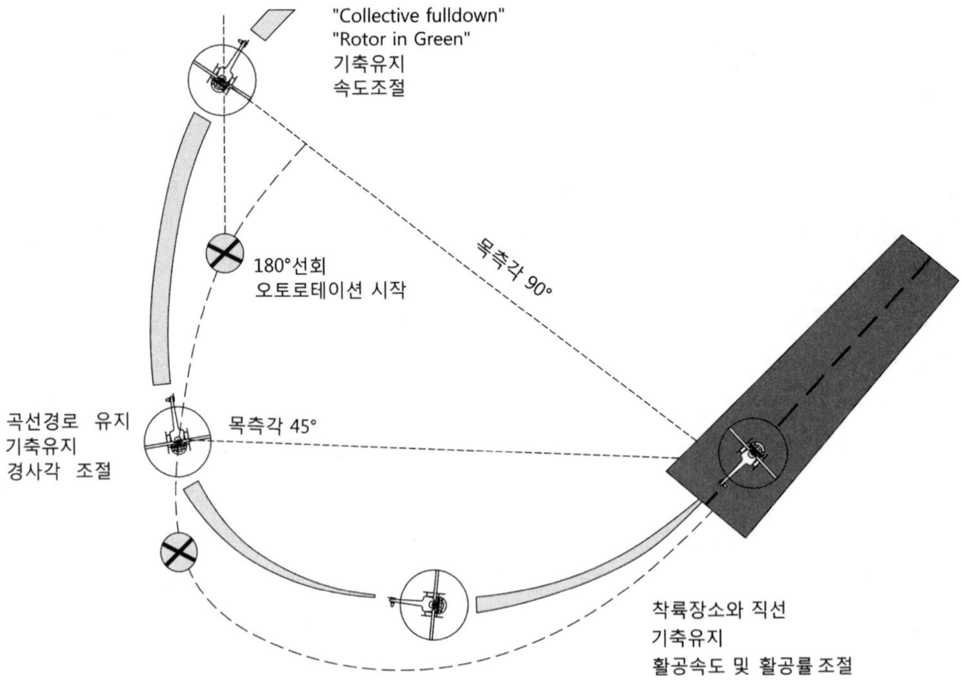

【그림8-21】 180도 선회 오토로테이션

동량(downward momentum)을 극복할 수 있어야 하고 쿠션(cushion) 착륙을 위한 충분한 양력을 제공해야 한다. 밀도고도와 총중량의 증가와 함께 양력 잠재성이 감소하고 더 큰 컬렉티브 피치각(붙임각)이 요구된다.

8.10 테일로터 효력상실

단일 로터 헬리콥터의 주회전날개(main rotor) 회전에 의한 토크를 정확하게 유지하고 있다면 헬리콥터의 기축은 정확하게 유지될 수 있다. 그러나 단일 로터 헬리콥터가 30노트 이하의 속도로 이동할 때 예측할 수 없는 빗놀이가 발생할 수 있는 데 이를 예측이 불가능한 빗놀이(unanticipated yaw)라 하고 이를 효과적으로 수정하지 않으면 조종성을 상실할 수 있다. 이 같은 요잉 현상에 의한 테일로터 효력상실(loss of tail rotor effectiveness; LTE)은 정상적인 테일로터의 추력(thrust)에 의한 기축 유지가 불가능할 때 또는 바람과 비행경로의 불규칙 조화로 발생하는 것으로 알려져 있다. 바람이 존재하는 상황에서 제자리비행 또는 저속(30노트 이하)으로 이동 중인 헬리콥터의 기수 방향에 따라 기축을 유지하는 데 요구되는 테일로터의 추력에 상당한 변화가 있음을 알 수 있다. 예를 들어 맞바람을 받으면서 제자리비행 또는 저속으로 이동 중일 때는 매우 안정된 상태에서 비행이 가능하다. 우측으로 선회하는 경우와 좌측으로 선회하는 경우 그리고 완전히 뒷바람을 받으면서 제자리비행 또는 저속으로 이동할 때의 테일로터 추력에는 상당한 변화가 발생할 수 있다는 것을 의미한다. 시험비행 또는 풍동시험으로 LTE가 발생할 수 있는 3개의 상대풍 영역(relative wind regions)이 존재한다는 것을 확인하였다. 이들 영역은 상호 겹치거나 독립적으로 작용할 수 있으며 때로는 상호 조화되어 작용하면서 추력의 변화가 뚜렷하게 나타날 수 있다. 그러나 시험비행을 통해서 테일로터가 실제로 실속되지 않으나 30노트 이하의 속도에서 이 영역에서 운용 중일 때는 조종사의 조종 하중(control load)이 상당히 증가한다.

8.10.1 테일로터 효력상실의 원인

(1) 주회전날개의 간섭(시계반대방향으로 회전)

[그림8-22]와 같이 바람이 좌전방 45도 방향(약 315-285)에서 약 10~30노트의 바람이 불고 있을 때 메인로터에서 발생한 와류성 흐름이 상대풍으로 작용하여 테일로터는 상당한 난기류 속에서 작동하게 된다. 이때 우측으로 선회하게 된다면 테일로터는 메인로터의 와류 영역 속으로 점점 더 진입하게 되기 때문에 추력의 감소가 발생한다. 이 같은 테일로터의 추력 감소는 메인로터에서 발생한 와류가 테일로터 회전면을 가로질러 통과하면서 발생하는 공기흐름의 변화 때문이다. 선회 초기에는 테일로터의 받음각이 증가함으로써 추력이 증가하여 선회에 정지되거나 선회율이 지연되는 현상이 발생할 수 있다. 조종사는 일정한 선회율을 유지하기 위해서 더욱 우측 페달에 압을 적용하였고, 메인로터 와류가 테일로터 회전면 영역을 통과하면서 받음각이 감소하고 이는 추력 감소를 초래한다. 결국, 우측으로 선회하려는 힘은 당신이 증가한 우측 페달압과 와류에 의한 추력 감소가 조화되어 동체는 급속히 가속되는 경향을 띠게 될 것이다. 이 같은 추력 감소는 갑자기 발생할 수 있고, 만약 이를 적절히 제어하지 못한다면 동체는 마스트를 중심으로 조종 불가능한 급회전으로 발전할 수 있다. 따라서 이 영역에서 제자리비행 또는 저속비행할 때 테일로터 추력이 급격히 감소할 수 있다는 점을 인지하고 즉각적인 좌측 페달압으로 수정할 수 있어야 한다.

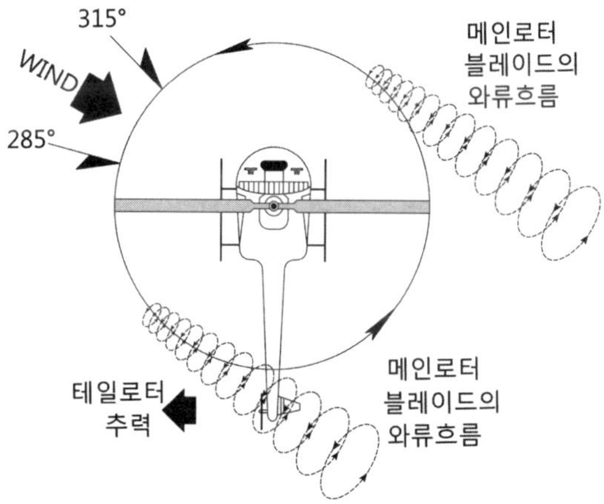

【그림8-22】 메인로터 와류의 간섭

(2) 풍향계 안정성(weathercock stability)

헬리콥터가 [그림8-23]과 같은 구역에서 부는 뒷바람(tailwind)을 받으면서 제자리비행 또는 저속 비행할 때 헬리콥터 기수는 풍향계와 같이 기수가 바람방향을 향하려는 경향을 띤다. 이 같은 상황에서 적절한 페달압으로 제어하지 않으면 기수는 바람 부는 방향

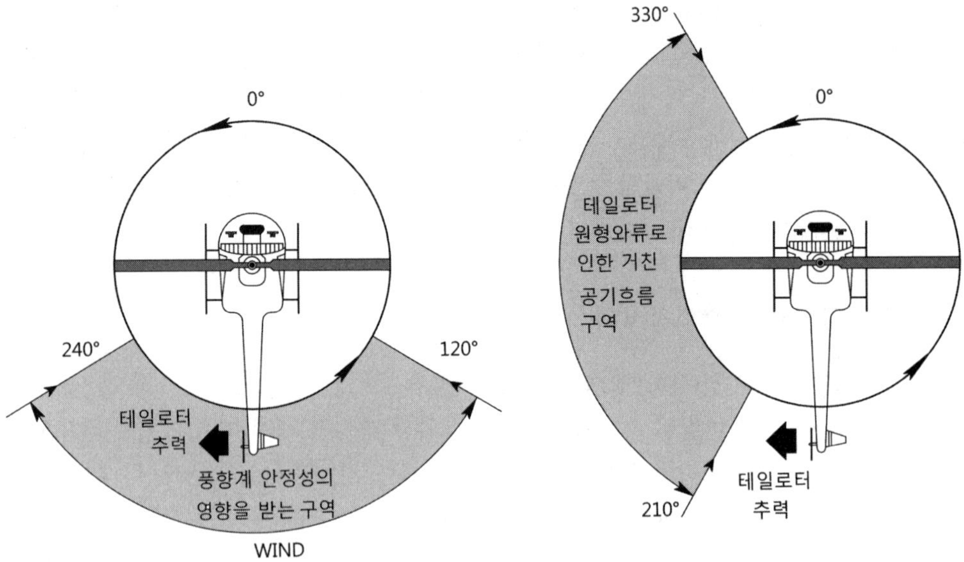

【그림8-23】 풍향계 안정성의 영향과 테일로터 원형와류상태 영역

에 따라 우측 또는 좌측으로 선회하게 될 것이다. 만약 조종사가 우측으로 기수가 돌아가는 것을 막지 못하여 헬리콥터의 테일로터가 이 구역에 진입했을 때 기수의 빗놀이는 매우 빠르게 가속될 것이다. 뒷바람 상태에서 발생할 수 있는 LTE를 회피하기 위해서 확실한 테일로터 페달압의 적용으로 요잉 비율을 제어할 수 있도록 헬리콥터 비행에 최대의 주의를 집중하여야 한다.

(3) 테일로터 원형와류상태(tail rotor vortex ring state)

[그림8-23]에서 보는 것과 같이 바람이 이 구역에서 불 때 테일로터 원형와류(vortex ring)가 발달할 수 있는 원인이 될 수 있다. 토크를 상쇄시키기 위한 테일로터의 추력과 좌측풍이 충돌하면서 테일로터에는 불규칙한 공기흐름이 유입되면서 테일로터에는 원형와류가 형성된다. 원형와류는 테일로터의 추력에 변화를 일으키고 결국 기수의 빗놀이(yawing)를 초래하게 되는 것이다. 이로 인한 결과는 테일로터에서 심한 진동(vibration)을 일으키는 원인이 되는 것으로 알려져 있다. 실제 활주로에 좌측풍을 받으면서 접근 중 유효전이양력을 상실하는 과정에서 자체의 진동이 발생하고 아울러 테일로터 원형와류상태에 말려들었을 때는 심한 진동을 경험하게 되는 것도 이 같은 원인에 기인한다. 따라서 이 구역에 접어들었을 때는 심한 기축의 변화가 발생할 수 있으므로 정확한 헤딩의 유지가 곤란할 수 있고, 신속한 좌우측 페달압을 적용하여 기축을 유지할 수 있어야 한다. 그러나 이 특성이 수정조작이 너무 지연되지 않는 한 심각한 문제가 되지는 않으나 너무 과도한 페달압의 적용이라든지 집중력 부족 그리고 과조작(overcontrolling)은 테일로터 효력상실(LTE)의 원인이 될 수 있다. 테일로터에서 발생한 추력이 동체의 기축을 유지하는데 요구되는 추력보다 작을 때 헬리콥터는 오른쪽으로 기수가 틀어지게(right yawing) 될

것이다. 좌측풍을 받으면서 제자리비행할 때 조종사는 유연한 테일로터의 좌우측 압을 적용하여 기축 유지에 집중하여야 하고, 특히 우측으로 조종사가 제어할 수 없는 기수의 빗놀이를 허용해서는 안 된다. 이 같은 상황에서 조기에 우측 기수 빗놀이를 수정하지 못했을 때 헬리콥터는 앞에서 학습한 풍향계 안정성 영역으로 진입할 수 있으며 기수의 빗놀이는 조종사가 제어할 수 없을 정도로 빠르게 가속될 것이다.

8.10.2 예방과 회복

(1) 고도와 테일로터 효력상실

고도가 증가할수록 공기밀도는 감소한다. 비록 고도가 높지 않다고 하더라도 고밀도고도(high density altitude) 조건에서 회전날개의 전반적인 성능은 떨어진다. 테일로터의 추력 역시 감소하고 이는 곧 기축을 유지하기가 어려워 조종사가 제어할 수 없는 기수의 빗놀이가 발생할 수 있다. 특히 지면효과를 벗어난 고고도에서 제자리비행 할 때 테일로터 추력이 방향 조종을 할 수 없을 정도로 감소한다면 테일로터 효력상실의 한 원인이 될 수 있다. 이 같은 상황에서 제자리비행 최대고도(hovering ceiling)는 테일로터의 추력에 의해서 제한되는 것이지 가용마력(power available)에 의해서 제한되는 것은 아니다. 따라서 총중량을 감소시켜 운용하거나 아니면 더 낮은 밀도고도 조건에서 운용해야 한다.

(2) 예방 조치

다음은 테일로터 효력상실을 조기에 예방하기 위한 권장 절차들이다.

① 가용 RPM을 최대로 유지한다. RPM의 감소는 곧 테일로터 추력의 감소를 초래할 수 있기 때문이다.

② 30노트 이상의 속도에서 뒷바람을 회피한다. 이는 유효전이양력의 상실로 동력의 증가가 요구되고, 부가적인 테일로터 추력이 요구되기 때문이다.

③ 30노트 이하의 속도에서 무지면효과 제자리비행 또는 높은 동력이 요구되는 기동을 하지 마라.

④ 바람이 약 8~12노트가 부는 상황에서 제자리비행할 때 특히 풍향풍속에 주의하라. 전이양력이 감소하였다는 것을 지시해주는 계기가 없고, 전이양력의 상실로 추가적인 동력이 요구되면서 테일로터의 추력 역시 증가하기 때문이다.

⑤ 제자리비행 할 때 기축을 유지하는 데 왼쪽 페달압에 많은 양을 사용하고 있다면 우측 빗놀이에 대한 추가적인 수정량이 요구될 때 페달 한계에 도달할 수 있음에 주의하라.

⑥ 산 능선이나 고층빌딩을 따라서 비행할 때 경험할 수 있는 풍향풍속의 변화에 주의하라.

(3) 회복 조작

제자리비행 또는 저속비행(30노트 이하) 중 조종사가 제어할 수 없을 정도의 기수의 우빗놀이(right yaw)가 발생했을 때 테일로터 효력상실(LTE)의 가능성에서 벗어나기 위한 기술은 좌측 페달을 최대로 적용하면서 동시에 사이클릭 전방압으로 속도를 증가시키는 것이다. 속도의 증가는 유효전이양력을 받을 수도 있겠지만 테일로터 부근에서 발생한 원형와류 구역에서 벗어남으로써 부가적인 테일로터 추력 증가를 얻을 수 있다. 고도가 허용된다면 동력을 줄이는 것도 기수의 우빗놀이를 감소시키는 데 도움이 된다.

컬렉티브를 사용한 회복은 다음과 같은 점이 고려되어야 한다.

첫째, 컬렉티브 피치를 감소시키는 것 역시 우빗놀이를 감소시키는 데 도움이 되겠지만 이로 인하여 과도한 고도상실을 초래할 수 있으므로 주의하여야 한다.

둘째, 지면 또는 장애물에 부딪히는 것을 방지하기 위해서 급격한 컬렉티브의 사용은 기수의 우빗놀이(right yaw)를 더욱 증가시키면서 RPM의 감소를 초래할 수 있다.

따라서 컬렉티브를 이용한 회복은 반드시 충분한 고도가 확보된 상태에서만 적용해야 한다. 그러나 접근 중에 테일로터 효력상실(LTE)로 인하여 우빗놀이를 제어할 수 없고 지면에 거의 도달했다면 오토로테이션을 실시하여 지상에 착지하는 것이 최상의 방법이다. 오토로테이션은 동력을 줄이는 것으로 우빗놀이 현상을 최소화하여 기축을 유지할 수 있기 때문이다. 이때 좌측 페달은 빗놀이를 정지시키기 위해서 최대로 적용하여야 하고, 기축이 정상적으로 회복한 후에는 기수방위를 유지한다.

8.11 수상 불시착

2019년 10월 31일 밤 11시 26분경 독도 해상에서 구조용 헬리콥터가 한 대가 바다에 추락하는 사고가 발생했다. 사고 헬리콥터 Airbus Helicopters H225(기존 유로콥터 EC225 슈퍼푸마)는 유로콥터(Eurocopter)에서 개발한 차세대 민간용 슈퍼푸마 계열의 장거리 여객 운송 헬리콥터다. 이 헬리콥터는 2개의 Turbomeca Makila 2A1 터보축 엔진을 장착하고 있고, 이들 엔진은 14% 더 높은 엔진 출력을 제공할 수 있다. 현재 EC225를 위해 에어버스 헬리콥터가 설계한 총 4개의 주요 형상이 있다. 승객 운송 버전은 최대 28명의 승객을 수용할 수 있는 고밀도 좌석 배치와 함께 충격에 강한(충돌 대비) 좌석 배열의 경우 19명의 승객이 탑승할 수 있다. VIP 버전에는 최대 12명의 승객이 탑승할 수 있는 대형 라운지와 객실 승무원이 탑승한다. 응급의료서비스(EMS) 형상은 들것 6개, 의료인용 4개 좌석과 의료기기를 갖추고 있다. 수색 및 구조(SAR) 형상은 운영자 좌석, 호이스트 맨(hoist man) 좌석, 최대 8개의 구조용 좌석 및 3개의 들것 그리고 수색 및 구조 장비를 위한 공간을 제공한다. 시계비행상태에서 1인 조종사가 항공기를 조종할 수 있지만, 전형적인 승무원 구성은 2인 조종사이고, 임무에 따라 객실 승무원이나 항공기관사도 탑승할 수 있다.

이들 헬리콥터는 해상 비행 중 사고에 대비한 비상 플로팅(부력) 장치를 갖추고 있다. 사고기의 동체가 인양되었을 때 플로트가 전개되었지만 어떠한 이유로 찢어졌거나 정상적으로 작동되지 않아 동체와 함께 가라앉은 것으로 보인다. 비상상황에 대비해서 수동

【그림8-24】 성공적 헬리콥터 비상착수의 사례다. 왼쪽 헬리콥터는 메인로터가 물을 치면서 그 반동으로 마스트가 절단되어 메인로터와 테일 붐도 함께 절단되었다. 오른쪽 헬리콥터는 이상적인 예방착수하였다. 두 헬리콥터 모두 플로팅 장치가 정상 작동되었고 모든 탑승객은 안전하게 구조되었다.

혹은 자동 전개 방식의 플로트가 정상작동하지 않은 원인을 철저히 분석해야 할 것이다. 위 [그림8-24]는 이와 유사한 사고에서 수면에 떠 있는 헬리콥터에서 동체 플로트와 기수 위치 플로트를 관찰할 수 있다. 여기서는 사고 과정과 원인을 다루기보다 삼면이 바다로 둘러싸여 있는 지리적 환경과 함께 헬리콥터 운용에 대한 수요가 꾸준히 확대되는 추세에서 비상 플로팅 장치에 대해서 간단하게 알아보고 아울러 해상 불시착에 따른 훈련과 생존을 위한 최소한의 지식을 소개한다.

8.11.1 헬리콥터 비상착수

(1) 정의

비상착수(ditching)란 항공기(aircraft)가 바다, 강 또는 호수에 착륙하는 것으로 수상기를 제외하고 엔진 고장(engine failure)과 같은 비정상적인 상태로 고려되는 비상상황이다. 해상 임무를 수행하는 대부분 헬리콥터는 비상착수와 관련된 형식 인증(type certification)을 받은 운송용 헬리콥터 또는 SAR 지원 헬리콥터다. 헬리콥터 비상착수의 성공 가능성은 주기적인 훈련 여부에 달려 있다. 조종사와 운용자들은 가능한 상황에서 철저하고 지속적인 훈련이 생존의 핵심이라는 것을 아무리 강조해도 지나치지 않다.

(2) 비상착수의 형태

일반적으로 비상착수(ditching)는 엔진 고장과 같이 동력이 없는 상태에서 수행되는 무동력(power-off) 비상착수와 트랜스미션 혹은 테일로터 고장이나 심각한 진동과 같이 구조적으로 비정상적 상태 또는 쌍발엔진 중 한 엔진 고장과 같은 최소한의 동력을 유지한 상태에서 실행하는 유동력(power-on) 예방 착수와 같은 상황이 있을 수 있다. 헬리콥터에 플로팅 장치를 갖추고 있고, 유동력 예방 착수라면 저고도 수면을 정찰하여 수색과 구조에 유리한 위치에 비상착수한 후 구조를 기다리는 것이 다행이지만 문제는 무동력으로 착수했거나 플로팅 장치의 비정상 작동 혹은 조종사의 판단 미숙으로 동체가 기울어졌거나 뒤집혀 가라앉을 수 있는 상황이다. 위의 사고 헬리콥터 역시 플로팅 장치를 갖추고 있었지만 어떠한 이유로 물 위에 떠 있지 못하고 급속히 물속에 잠기면서 탑승자들이 탈출하지 못한 것으로 추정된다. 헬리콥터의 운용 특성상 저고도로 비행하고 활공률이 매우 낮아 비행 중 엔진 고장과 같은 비상상황이 발생했을 때 탈출할 수 있는 시간이 절대적으로 부족하다는 것을 항상 명심해야 한다. 여기서는 주로 무동력 비상착수와 동체가 기울어졌거나 뒤집혀 가라앉을 수 있는 긴박한 비상상황에서 탈출에 관해서 다룬다.

8.11.2 무동력 비상착수

비상착수는 해상의 파도가 잔잔하더라도 헬리콥터가 똑바로 떠 있지 못하거나 빠르게 가라앉을 가능성이 매우 크다. 이외에도 탑승자가 동체에서 무사히 탈출하였고 구명조끼를 포함한 생존장비를 착용하고 있다 하더라도 구조되기 전까지 찬물 속에서 견딜 수 있어야 하므로 저체온증을 고려하여 신속하게 구조되어야 한다.

(1) 비상착수의 결심

헬리콥터 예방 착수(controlled ditching)는 조종력 상실 또는 실제 발생이 예상될 때 수행된다. 예방 착수를 결심해야 하는 조종력 상실(loss of control)의 또 다른 잠재적 원인으로는 화재가 발생할 수 있거나 구조적 결함, 그리고 트랜스미션 혹은 로터계통의 결함 징후 등으로 인한 절차적 대응이 "즉시 착륙(land immediately)"을 지시할 때이다.

(2) 헬리콥터 해상 비행 고려사항

R22 헬리콥터의 총중량은 약 590kg, 그리고 사고 헬리콥터(EC225)의 최대중량은 대략 11,200kg이다. 이 무게가 물 위에서 떨어졌다고 가정했을 때 부력장치가 작동하지 않았다면 거의 동시에 물속으로 가라앉게 된다. 실제 사고 영상을 보더라도 동력을 잃은 헬리콥터는 상당한 충격으로 수면에 떨어지면서 물에 잠기는 영상을 분석했을 때 성공적 탈출은 훈련에 따른 자동 행동에 달려 있다. 모든 비상착수에는 많은 변수가 있지만, 생존 가능성을 높일 수 있도록 특히 다음 사항들은 평소 훈련에 반드시 고려해야 한다.

① QRH

해상을 주로 하는 헬리콥터는 비행 중 어떠한 결함이 발생했을 때 비행 승무원의 빠른 결심을 돕기 위해서 "가능한 한 빨리 착륙(land as soon as possible)"이 아닌 "즉시 착륙(land immediately)"할 수 있도록 신속하게 대응할 수 있는 QRH(quick reference handbook; 신속점검표)를 갖추어야 한다. 저고도에서 비행 중 비상상황에서 무엇이, 왜, 그리고 이를 합리적으로 대처할 수 있는 시간적 여유가 거의 없으므로 평소 훈련에서 QRH에 따른 "즉시 착륙(land immediately)" 상황에 익숙해 있어야 한다.

② 조종성 유지

항공기 비상상황에서 강조하는 것이 항공기의 조종성을 유지하는 것이다. 특히 엔진 고장과 같은 상황에서 즉시 오토로테이션을 실행해야 하는 것은 지상에 있을 때와 동일하게 수행하면 된다. 비상상황에서 우선 조종성을 유지하는 것은 고도에 따라 유리한 착수 장소를 선택할 수 있고 결정적으로 중량의 헬리콥터를 최대한 낮은 강하율로 착수할 수 있도록 하는 것은 생존 가능성을 높이는 요소이기 때문이다. 헬리콥터는 비교적 저고도에서 비행하는 경우가 많으며, 이때 항공기 결함은 비상착수의 결심이 생각보다 빨리 도달하는 경향 있다. 따라서 철저한 CRM과 반복 훈련은 성공적 비상착수의 핵심이다.

③ 수면에 대한 고려

공중에서 이루어지는 비상절차는 동일하게 수행된다 할지라도 결정적으로 물 위에 착륙한다는 것을 고려한다면 정상적인 착륙장치의 쿠션 기능은 물론 생명을 위협하는 물이 동체로 빠르게 유입될 수 있다. 정상적인 오토로테이션으로 수면 위 몇 미터 상공에서 전진속도와 강하율이 거의 제로가 되어야 하고, 플레어(flare) 자세 역시 수면과 가능한 한 수평 상태에서 착수될 수 있도록 하는 것이 중요하다. 착수하는 순간 자세 불안정으로 메인로터가 수면을 칠 수 있고 이때 동체는 심하게 흔들리면서 어느 한쪽으로 심하게 기울어질 수 있다. 만약 플레어 조작이 너무 늦은 테일-로(tail low) 자세에서 착수했다면 테일로터가 먼저 수면을 칠 수 있어 테일 붐(tail boom)이 절단되거나 동체가 심하게 흔들리면서 한쪽으로 심하게 기울어질 수 있다.

④ 수상 활주

비행기는 긴 동체와 날개가 있어 수면에서 활주할 수 있고 공기를 가두고 있는 공간이 많아 더 오랫동안 물 위에 떠 있을 수 있다. 이것은 탑승객이 탈출할 수 있는 시간을 확보하는 데 매우 유리한 요소다. 그러나 헬리콥터는 가로와 세로축이 짧아 심하게 흔들릴 수 있고 탑승객이나 화물이 어느 한쪽으로 쏠렸을 때는 전복될 가능성이 크다. 헬리콥터는 일부 수상 활주가 승인된 기종을 제외하고 수면에서 활주할 수 없다. 특히 스키드 혹은 고정식 바퀴형 착륙장치라면 이들 장치가 먼저 수면에 닿으면서 회전축으로 작용하여 동체가 기울어지거나 전복될 수 있다.

⑤ 훈련된 자동 행동

수천 파운드의 헬리콥터가 수면에 기울어졌거나 뒤집혔다면 물이 빠르게 들어올 수 있으므로 비상용장비를 찾고 착용 방법을 생각하거나 창문을 열고 탈출하는 방법을 생각하기에는 너무 시간이 짧다. 이 같은 상황을 고려했을 때 생존을 위한 가장 좋은 방법은 착수 상황에서 무의식적으로 탈출할 수 있는 꾸준한 훈련만이 그동안 사고사례를 통해 얻은 소중한 결론이라는 것을 명심해야 한다. 특히 어둠 속에서 거친 바다에 오토로테이션 하는 것은 시간이 극히 제한되기 때문에 훈련된 자동 행동으로 즉각 전환이 필요하다.

(3) 구조요청과 비상탈출 대비

비행 중 비상상황을 인지한 조종사는 즉각 관제기관이나 구조대에 조난 상황을 알려야

【그림8-25】 이 헬리콥터는 해변에 거의 접근해서 수직으로 물에 추락하였다. 물에 떨어지는 순간 상당한 물보라와 함께 메인로터가 물에 부딪히면서 동체가 심하게 흔들려 옆으로 기울어졌다. 출입문이 열린 상태이고 얕은 물 속에 추락하여 탑승객은 모두 탈출할 수 있었다.

한다. 이를 위해서 비행계획에 확인점(checkpoints)과 함께 항공사 혹은 관제기관에서 쉽게 추적할 수 있는 예정 비행경로를 따라 비행하는 것이 무엇보다 중요하다. 저고도를 비행하는 헬리콥터의 특성상 아래 사항들을 모두 준수할 수 있는 충분한 시간적 여유가 없을 수 있지만 가능한 한 평소의 훈련으로 자동 반응할 수 있도록 훈련되어야 한다.

① "MAYDAY, MAYDAY, MAYDAY"
해상 비행 중 레이더 조력을 받고 있는지와 관계없이 현재 교신 중인 주파수를 이용해서 즉시 "MAYDAY" 송신과 함께 비상상황임을 알린다. 이들 주파수가 가용하지 않다면 121.5 또는 UHF 또는 HF 주파수를 이용하여 비상상황을 전송하고, 트랜스폰더에 조난을 알리는 코드 7700을 맞춘다. 또한, 가능하다면 비상위치발신기(ELT)도 작동시킨다.

② 비상착수 위치 선정
조종사는 MAYDAY에 응답한 관제기관이 예방 착수하게 될 지점을 인지하고 있는지 확인하라. 고도에 따라 다르겠지만 헬리콥터의 특성상 비상착수는 초기 강하 지점으로부터 그리 멀리 활공하지 못한다. 항공기의 비상착수를 인지한 관제기관은 주변의 다른 항공기, 선박, 그리고 해양구조대에 긴급 전파하여 구조 임무를 개시할 것이다. 유동력이나 무동력 비상착수를 시도하여 수면에 떠 있다면 동체를 표류하게 될 것이다. 비상착수 후 생존 가능성은 연안 부두 근처가 아닌 한 얼마나 빨리 발견되느냐에 달려 있다. 만약 해안에서 멀리 떨어져 있다면 선박의 가시권 내에 착수하도록 하는 것도 신속한 구조를 위해서 고려해야 할 요소다.

③ 플로팅 장치 작동 준비
비상착수가 불가피하다는 것이 명백해짐에 따라 조종사와 운용자는 비상 플로팅 장치

(EFS; emergency floatation systems)를 작동시킬 수 있도록 준비상태 모드가 되어있는지 확인해야 한다.

④ 탈출 준비

비상착수가 불가피하다면 즉시 탑승객들에게도 알려 가능한 한 빨리 탈출하고 생존에 필요한 대비를 할 수 있도록 미리 경고해야 한다. 이 절차는 기장과 부기장의 의무이지만, 객실 승무원이 탑승해 있다면 기장을 보조하여 탈출과 생존을 위한 브리핑을 제공할 수 있도록 준비해야 한다. 일부 헬리콥터는 비상상황에서 신속한 탈출을 위한 비상 출구로 창문을 밀어낼 수 있도록 설계되어 있다. 이 플라스틱 창문은 창틀 주위에 고무 찢김 시일(seal)로 고정되어 있어 탈출 전 이 시일을 먼저 제거해야 한다는 것을 주지시켜야 한다. 일단 시일이 제거되면 손으로 창문을 밀어낸다. 착수 전에 승객에게 시일을 먼저 제거하도록 안내하고(창문이 아닌) 항공기가 전복될 경우 비상 탈출구로 사용할 것을 알려야 한다.

(4) 비상착수 실행

공중에서 이루어지는 수상 비상절차는 지상에서의 절차와 같지만, 생존을 위한 몇 가지 사항에 대한 고려는 필수이다.

① 최종접근과 착수

조종사는 가용한 범위에서 해수 상태 및 풍향을 고려하여 적절한 비상착수 장소에 접근할 수 있는 최적의 방향을 결정한다. 바람이 잔잔하지 않는 한 풍향은 너울(swell)과 다를 수 있다. 너울이 크고 뚜렷하다면 측풍 분력(crosswind component)과 더 높은 착수 속도를 수용할 수 있는 너울을 따라서 착수하는 것이 좋다. 이것은 솟아오르는 너울의 전면으로 착수하게 될 가능성을 최소화한다. 부기장은 무선 고도계(radio altimeter)를 참고하여 수면으로부터 실제 높이를 큰소리로 외침으로써 기장은 높이는 판단하는 데 주간과 야간 모두 도움이 될 수 있다. 최우선 목표는 헬리콥터가 똑바로(upright) 착수할 가능성을 최대화하는 것이다. 따라서 비행속도와 강하율은 최대한 낮아야 유리하고 적절한 피치 자세 역시 착수 순간 메인로터와 테일로터가 의도하지 않은 상황에서 물에 부딪히면서 동체가 기울어지거나 전복되는 상황이 발생할 수 있다는 점도 고려해야 한다. 착수가 임박했을 때 가능하다면 발밑에서 바다를 보기보다 수평선을 바라봄으로써 너울에 부딪힐 가능성을 줄여 착수를 쉽게 해야 한다. 특히 야간에 바다 상태를 판단하는 것은 어려울 수 있다. 만약 유동력 예방 착수라고 한다면 낮은 고도에서 수면의 상태를 관찰하는 것도 성공적 비상착수를 위한 충분한 가치가 있을 수 있다.

② 탈출

일단 착수했고 엔진이 작동 중이라면 엔진을 끄고 메인로터의 회전을 정지시켜야 한다.

【그림8-26】 플로트가 정상 작동하지 않았거나 착수하면서 동체가 기울어졌거나 아니면 전복되었을 때 동체로 물은 생각보다 빠르게 유입된다. 이외에도 동체가 심하게 흔들리거나 구조물이 탈출을 어렵게 하는 요인이다. 전문적으로 훈련을 받지 않은 사람이 물속에서 숨을 쉬지 않고 견딜 수 있는 시간은 약 30~60초 정도이지만, 생명을 위협하는 비상상황에서는 더 단축될 수 있다.

이 과정에서 로터 브레이크를 사용하는 것은 동체를 통해서 에너지가 전이되는 동안 동체를 전복시키기에 충분히 커질 수 있어 사용해서는 안 된다. 일단 로터 회전이 멈추면 탑승자에게 탈출을 지시한다. 착수 후 일차 목표는 즉각 적재된 구명정(liferafts)을 전개하고 탑승하는 것이다. 동체가 기울어졌거나 뒤집힌 후 떠내려갈 수 있거나 가라앉을 위험이 있을 때 함께 떠내려가는 것을 방지하기 위해서 구명정을 항공기에서 분리해야 한다. 헬리콥터가 침몰할 때 찢어질 수 있도록 설계된 전단형 연결부(shear type connection)가 있는 구명정 "긴 선(long line)"은 헬리콥터에 부착되어 있게 남겨 둘 수 있다. 이들이 사고 지점에 가까이 있도록 함으로써 수색과 구조팀이 수색하기 위한 단서가 되고 수면에 떠 있는 오일이나 부유물은 수색팀을 위한 부가적인 시각 단서를 제공한다.

만약 물에 잠긴 동체로부터 절단해야 한다면 구명정의 키트(liferaft's kitbag)에 생존용 칼을 사용해서 절단한다. 만약 구명정이 둘 이상이라면 이들을 서로 연결해 놓아야 한다. 구명정 해상 닻을 내려 안정성을 높이고, 가능한 한 빨리 뱃멀미약을 모든 사람에게 투여하라. 한 사람이 뱃멀미할 때 다른 사람도 뒤따라 뱃멀미하는 것이 불가피해지면서 생존자들의 피로와 탈수를 증가시키고 사기를 떨어뜨릴 수 있다.

③ 착수 후 생존

비상착수 후 생존 가능성은 위에서 설명한 여러 행동에 달려 있다. 평소 철저한 훈련과 절차의 준수만이 안전하게 착수할 수 있도록 하게 될 것이다. 또한, 리더십과 함께 강한 정신력이 필요하다. 생존자들은 예기치 못한 환경에 처하게 될 것이고 때로는 극도로 혹독한 환경에서 살아남아야 한다는 것을 깨닫게 될 것이다. 지속적인 생존은 물과 기온, 바람과 바다의 상태, 개인의 신체적 그리고 정신적 상태, 착용하고 있는 의복의 상태 그리고 유용한 생존 장비의 가용성에 달려 있다. 구조대에게 신속하게 사고장소를 알리는 것이 구조의 결정적 요소이다.

(5) 비상착수와 생존 훈련

헬리콥터 연안 항공편의 모든 탑승자에게 생존 장비, 탈출 절차 및 해상 생존에 대한 사전 숙지 및 반복 훈련이 가장 중요하다. 실제 사고에서 훈련할 기회는 없다. 헬리콥터 수중 탈출에 대한 정기적인 훈련은 승무원의 경력 내내 계속되어야 하며 승객들에게도 마찬가지로 중요하다. 비록 해상 교통을 운영하는 모든 헬리콥터에는 비상 플로팅 시스템과 자동 전개 비상 위치발신기 및 탑승자가 어떤 형태로든 구명조끼와 비상 호흡 장비를 갖추고 있을 가능성이 있지만, 비상착수 후 생존을 위한 준비는 물에 떠 있는 헬리콥터가 전복되기 전에 신속하게 탈출할 수 있는 것이 훈련의 핵심이다. 끝으로 모든 상황이 결코 동일하지 않고 교과서적으로 진행되는 것은 아니다. 때로는 위의 모든 절차가 단 몇 분만 종료될 수 있다는 점을 명심하고 평소 철저한 해상 비행에 관한 연구와 훈련만이 성공적 비상착수를 보장할 것이다.

8.11.3 비상 플로팅 장치(EFS)

모든 해상 운송을 전문으로 하는 헬리콥터 조종사는 해당 기종에 장착된 플로팅 장치의 기본 구조와 성능에 관한 내용을 정확하게 알고 있어야 할 뿐만 아니라 비정상적인 작동 상황에 대해서도 잘 알고 있어야 한다. 비상 플로팅 시스템(EFS)은 헬리콥터가 수면에 비상착수할 때 가라앉거나 전복될 가능성을 최소화하도록 설계되었다. 플로트를 사용하는 EFS의 장착은 잔잔한 수면을 제외한 다양한 조건에 대해서도 항상 불안정성의 문제가 있음을 인식해야 한다. 이것은 통상 긴 날개의 비행기와 달리 헬리콥터의 구조상 로터계통, 동력전달장치, 엔진의 위치가 위쪽에 있어 무게중심이 상대적으로 높기 때문이다.

EFS 부력을 제공하는 플로트는 기체 내부 공간에 포장되어 있거나 측면 또는 하부 구조물의 팩으로 장착되어 있다. 플로트의 팽창은 기내에 설치된 가압 실린더에 저장된 가스로 제공된다. 급속 팽창이 필요한 긴급한 순간에는 가스에 헬륨을 채워 달성할 수 있지만, 통상 다른 가스와 혼합된다. 비상착수에 대비할 수 있도록 설계된 헬리콥터의 형식인증이 반드시 성공적 비상착수를 보장하는 것은 아니다. 이것은 비상착수 장비가 충격으로 손상되고 전체 혹은 부분적으로 정상 작동하지 못할 수도 있다는 의미이다.

기본 플로트 시스템의 충돌 견고성을 개선하는 방법도 고려되었으며, 비록 모든 곳에서 필연적으로 현재의 정책 또는 규제 요건은 아니지만, 많은 사람이 EFS를 모든 수상 도착 및 출발에 대해 수동으로 준비상태(armed)가 되어야 하고, 준비상태(armed) 모드에 있지 않을 때조차도 모든 수면 충돌에서 자동으로 작동되어야 하는 시스템이 되어야 한다. EFS의 충돌 견고성을 높이는 또 다른 방법은 헬리콥터가 플로트 손상이나 해상 조건 때문에 헬리콥터가 똑바로 자세를 유지하지 못했을 때 뒤집히지 않고 한쪽으로 기울어지도록 하는 것이다.

EASA는 2007년에 헬리콥터 수상착수와 충돌 견고성에 관한 연구를 의뢰했다. 이는 "헬리콥터가 한쪽으로 기울어 있을 때 어떤 유형의 대피 절차를 수행할 수 있는지 파악하고 이를 완전히 뒤집힌 객실에서의 대피와 비교하기 위한 것"을 모색했다. 이 실험에는 객실 벽의 꼭대기를 따라서 단독으로 또는 폼(foam)으로 가득 찬 카울링 패널과 함께 추가 플로트를 설치하는 것이 포함되었다. 이것은 해수 상태와 동등한 조건에서 수조에서

【그림8-27】 비상 플로팅 장치(EFS)의 작동 전과 후의 상태를 관찰할 수 있다.

의 모형실험은 일반적인 수직 위치와 한쪽 위치 둘 다 탈출에 사용할 수 있음을 보여주었다. 또한, 동일 연구에서는 부력이 불충분할 때 수면에 떠 있는 헬리콥터가 좌우로 흔들리는 경향은 부력의 양을 증가시킬 뿐만 아니라, 무게중심에서 최대 가로 변위가 발생할 때 카울링 패널이 대신해서 부력을 가짐으로써 해결할 수 있도록 설계되었다.

연습문제 I-기본과정

【1】 에어포일의 앞전에서 뒷전까지 이어지면서 상부와 하부 윤곽선으로부터 모든 지점에서 동등한 거리에 그려지는 선은 무엇인가?

① 평균 캠버선　　② 캠버선
③ 시위선　　④ 양력선

【해설】 에어포일의 앞전에서 뒷전까지 이어지면서 상부와 하부 윤곽선으로부터 모든 지점에서 동등한 거리에 그려지는 선을 평균 캠버선(mean camber line)이라 한다. 시위선(chord line)은 에어포일의 앞전에서 뒷전을 잇는 직선이다. 캠버선(camber line)은 에어포일의 상부와 하부 표면의 곡선(면)이다.

【2】 에어포일의 시위선과 상대풍 사이의 각도는 무엇인가?

① 양력　　② 받음각
③ 붙임각　　④ 항력

【해설】 날개의 시위선과 상대풍 사이의 예각을 받음각(angle of attack)이라 한다.

【3】 에어포일 선상에서 양력이 작용하고 있는 지점은 어디인가?

① 무게중심　　② 추력중심
③ 시위의 중간지점　　④ 압력중심

【해설】 날개에서 모든 상향 양력의 힘은 에어포일의 압력중심(center of pressure)에 집중되는 것으로 볼 수 있다. 무게중심은 모든 힘이 집중하는 지점이다. 시위의 중간지점은 에어포일 앞전과 뒷전 사이의 중간지점이다.

【4】 블레이드의 제로 받음각에서 상부 표면을 따라 압력은 어떻게 존재하는가?

① 대기압과 동등해진다.　　② 대기압보다 더 커진다.
③ 대기압보다 더 낮아진다.　　④ 변화가 없다.

【해설】 비대칭형 에어포일(symmetrical airfoil)의 모양 때문에 받음각이 제로(0)라 할지라도 블레이드의 상부 표면을 따라서 압력은 대기압보다 낮게 형성될 것이다.

【5】 에어포일에서 생산되고 있는 양력과 수직으로 작용하고 있는 순 힘은 무엇인가?

① 시위　　② 캠버선
③ 항공기의 세로축　　④ 상대풍

▣ 1.①　2.②　3.④　4.③　5.④

【해설】 에어포일에서 생산되는 양력은 항상 상대풍의 방향에 수직으로 작용한다.

【6】 특히 비행경로와 자세 조종에 있어서 조종사의 조종 입력에 반응하도록 하는 항공기의 능력은 무엇인가?

① 반응성 ② 조종성
③ 기동성 ④ 안정성

【7】 대칭형 에어포일의 받음각이 증가할 때 압력중심은 어떻게 되는가?

① 영향을 받지 않는다.
② 영향은 속도에 비례하여 증가한다.
③ 에어포일 표면을 따라서 후방으로 이동한다.
④ 매우 작은 움직임이 나타난다.

【해설】 대칭형 에어포일(symmetrical airfoil)에서 압력중심의 이동은 매우 제한적이다.

【8】 항력과 대기속도를 비교할 때 이들의 관계에 대해서 맞는 것은 어느 것인가?

① 유도항력은 대기속도의 제곱으로 증가한다.
② 유도항력은 대기속도의 제곱으로 반비례하여 변한다.
③ 단면항력은 대기속도의 제곱으로 반비례하여 변한다.
④ 유해항력은 대기속도의 제곱으로 반비례하여 변한다.

【해설】 유도항력은 대기속도의 제곱으로 반비례한다. 만약 속도가 원래 속도의 절반으로 감소했다면 유도항력은 4배가 증가할 것이다. 단면 항력(profile drag)은 대기속도의 제곱으로 비례하여 변하는 유해항력이다.

【9】 로터 블레이드의 플랩핑은 무엇을 보상하기 위한 설계 개념인가?

① 추력 불균형 ② 양력 불균형
③ 횡단류 흐름 ④ 후진 블레이드 실속

【10】 헬리콥터 블레이드의 팁 경로 평면을 맞게 설명하고 있는 것은 어느 것인가?

① 수평비행에서 로터 디스크의 세로축이다.
② 디스크 하중에 비례한다.
③ 로터 디스크와 동일한 의미이다.
④ 원심 하중에 비례한다.

【해설】 블레이드의 팁 경로 평면(tip path plane)은 메인로터 블레이드 팁이 회전하면서 그려지는 가상 원형 평면이다. 메인로터의 팁 경로 평면 내에 있는 면적을 디스크 면적(disc area) 혹은 로터 디스크(rotor disc)라고도 한다.

■ 6.② 7.④ 8.② 9.② 10.③

【11】 공기가 날개의 표면을 따라 흐를 때 공기의 점성으로 인한 저항 또는 스킨 마찰은 무엇인가?

① 형상항력(form drag) ② 단면항력(profile drag)
③ 유해항력(parasite drag) ④ 유도항력(induced drag)

【해설】 단면항력(profile drag)은 공기의 점성(viscosity)으로 인해서 발생하는 항력이다. 이 항력은 공기흐름 속에 놓여 있는 에어포일의 전체적인 모양에 따른 항력이다. 형상항력(form drag)은 항공기의 전면면적(frontal area)으로 인해서 발생하는 항력이다.

【12】 선회율을 증가시키고 동시에 선회반경을 감소시키기 위해서 어떻게 해야 하는가?

① 얕은 경사와 대기속도 증가 ② 얕은 경사와 대기속도 감소
③ 깊은각 경사와 대기속도 증가 ④ 깊은각 경사와 대기속도 감소

【해설】 선회율(rate of turn)은 수평양력분력에 달려 있고, 선회반경(radius of turn)은 대기속도에 달려 있다. 선회율을 증가시키고 동시에 선회반경을 감소시키기 위해서 경사는 깊어져야 하고 대기속도는 감소하여야 한다.

【13】 헬리콥터를 선회하도록 하는데 필수적으로 작용해야 하는 것은 무엇인가?

① 양력 방향의 변화 ② 항공기의 빗놀이
③ 추력 방향의 변화 ④ 항력 방향의 변화

【해설】 항공기에 경사를 주는 것은 선회를 시작하게 한다. 이 경사는 수직으로 경사지도록 양력(angled lift)의 방향을 변화시키고 이 경사진 양력이 수평양력분력이다. 수평양력분력은 항공기 기수를 선회 방향으로 향하게 한다. 빗놀이는 항공기를 수직축에 대해서 회전하도록 한다. 추력 방향은 항공기의 비행 방향을 변화시키는 것이 아니다.

【14】 만약 헬리콥터 기수가 사이클릭을 앞으로 밀어주고 놓은 후 새로운 위치에 그대로 남아 있으려는 초기 경향을 보였다면 어떠한 상태라고 볼 수 있는가?

① 중립 동적 안정성 ② 음성 정적 안정성
③ 양성 정적 안정성 ④ 중립 정적 안정성

【15】 만약 헬리콥터 기수가 사이클릭을 앞으로 밀어주고 놓은 후 원래 위치로 복원하려는 초기 경향을 보였다면 어떠한 상태라고 볼 수 있는가?

① 양성 정적 안정성 ② 중립 동적 안정성
③ 음성 동적 안정성 ④ 양성 동적 안정성

【16】 만약 헬리콥터의 총중량이 3,000파운드라면 60° 경사 수평선회 중 이 헬리콥터는 얼마의 하중을 받는가?

① 3,000파운드 ② 5,200파운드
③ 6,000파운드 ④ 7,500파운드

【해설】 헬리콥터가 60° 수평 균형선회를 하고 있다면 이 항공기의 하중계수는 2G가 된다.

■ 11.② 12.④ 13.① 14.④ 15.① 16.③

이것은 60° 수평 균형선회에서 항공기 무게의 2배의 하중을 받는다는 것을 의미한다.

【17】 블레이드의 가로세로비를 맞게 설명하고 있는 것은 어느 것인가?

① 블레이드 뿌리에 대한 블레이드 스팬의 비율이다.
② 평균 시위에 대한 블레이드 스팬의 비율이다.
③ 블레이드 스팬에 대한 시위의 제곱 비율이다.
④ 블레이드 길이에 대한 시위의 제곱 비율이다.

【해설】 가로세로비(aspect ratio)는 블레이드의 평균 시위에 대한 스팬의 비율이다.

【18】 [그림참고] 이들 블레이드 중 가장 높은 가로세로비를 갖는 것은 어느 것인가?

① 1　② 2
③ 3　④ 4

【해설】 가로세로비는 블레이드의 평균 시위에 대한 스팬의 비율이고 각 블레이드의 가로세로비는 다음과 같다.

- *블레이드 1; 40÷6=6.7*
- *블레이드 2; 35÷5=7*
- *블레이드 3; 48÷6=8*
- *블레이드 4; 30÷6=5*

	블레이드 1	블레이드 2	블레이드 3	블레이드 4
스팬 길이(인치)	40	35	48	30
시위 길이(인치)	6	5	6	6

【그림】 블레이드 시위와 스팬의 비율

【19】 [그림참고] 이들 블레이드 중 가장 낮은 가로세로비를 갖는 것은 어느 것인가?

① 1　② 2
③ 3　④ 4

【20】 통상 지표면으로부터 얼마의 높이에 있을 때 지면효과의 영향을 받을 수 있는가?

① 블레이드 스팬의 3~4배 높이
② 지표면 위로부터 블레이드 스팬의 2배
③ 블레이드 스팬의 4~5배 높이
④ 지표면 위로부터 블레이드 스팬의 절반 이하의 높이

【해설】 지면 위의 높이는 지면효과(ground effect)의 양을 결정한다. 실제 항공기에 영향을 줄 수 있는 지면효과는 블레이드(blade span)의 1/2과 동등한 높이까지 발생한다.

【21】 헬리콥터가 지면효과를 벗어날 때 예상할 수 있는 현상은 무엇인가?

① 필수 동력이 감소하게 될 것이다.
② 동일 양력계수를 얻기 위해서 받음각을 낮추어야 할 필요가 있다.
③ 안정성이 감소하고 기수-업 모멘트가 발생할 수 있다.
④ 동일 항력계수를 얻기 위해서 받음각을 증가해야 할 필요가 있다.

■ 17.② 18.③ 19.④ 20.④ 21.③

【해설】 헬리콥터가 지면효과를 벗어날 때 다음과 같은 현상을 예상할 수 있어야 한다.

- *동일 양력계수(lift coefficient)를 유지하기 위한 받음각 증가가 필요하다.*
- *유도항력의 증가로 동력 증가가 필요하다.*
- *안정성이 감소하고 모멘트에서 피치-업 변화가 발생한다.*
- *정압원(static source pressure)이 감소하여 지시속도는 증가하게 될 것이다.*

【22】 전진 블레이드와 후진 블레이드 사이에 존재하는 양력차는 무엇인가?

① 전이양력 ② 양력 불균형

③ 전이성향 ④ 추력 불균형

【해설】 전진 블레이드(advancing blade)와 후진 블레이드(retreading blade) 사이에 존재하는 양력차(lift differential)를 양력 불균형(dissymmetry of lift)이라 한다. 블레이드가 오른쪽 90° 위치에 있는 전진 블레이드는 블레이드 자체의 회전 속도와 헬리콥터의 전진 속도를 더한 속도가 된다. 왼쪽 90° 위치에 있는 후진 블레이드는 블레이드 자체의 회전 속도에서 헬리콥터의 속도를 빼주어야 한다.

【23】 양력 불균형이란 무엇인가?

① 추력의 불균형으로 인한 전진 블레이드 절반과 후진 블레이드 절반 사이에 존재하는 양력의 차이이다.

② 전진비행 중 로터 디스크의 후방 부분과 전진 부분 사이에 존재하는 양력의 차이이다.

③ 동력 비행에서 로터를 통한 하향 공기흐름과 오토로테이션 비행에서 로터를 통한 위로 흐르는 공기흐름 사이를 구분하기 위해서 사용되는 용어이다.

④ 디스크 면적의 전진 블레이드 절반과 후진 블레이드 절반 사이에 존재하는 양력의 차이이다.

【해설】 양력 불균형은 전진비행에서 발생하는 디스크 면적의 전진 블레이드 절반과 후진 블레이드 절반 사이에 존재하는 양력의 차이이다. 전진 블레이드는 블레이드 자체의 속도에 헬리콥터의 속도를 더한 속도이고, 후진 블레이드는 블레이드 자체의 속도에서 헬리콥터의 속도를 빼준 속도이다. 양력은 블레이드 속도와 함수 관계에 있기 때문에 전진 블레이드에서 생산되는 양력은 후진 블레이드에서 생산되는 양력보다 더 크다.

【24】 제자리비행 중 테일로터 추력의 방향으로 편류하는 헬리콥터의 경향은 무엇인가?

① 코리올리스의 힘 ② 횡단류 효과

③ 전이성향 ④ 양력 불균형

【해설】 제자리비행(hovering) 중인 헬리콥터는 테일로터 추력의 방향으로 이동하려는 경향을 갖고 이를 전이성향(translating tendency)이라 한다.

【25】 원뿔 현상을 증가하게 하는 원인은 무엇인가?

① 양력 증가, 원심력 증가 ② 양력 증가, 원심력 일정

③ 양력 감소, 원심력 감소 ④ 양력 증가, 원심력 감소

■ 22.② 23.④ 24.③ 25.④

【26】 헬리콥터가 전이성향이 발생할 때 어떤 현상을 예측할 수 있는가?

① 테일로터 추력의 방향으로 이동하는 경향이 있다.

② 로터 시스템 위의 공기가 약 15노트에 도달했을 때 로터 효율성이 증가한다.

③ 헬리콥터가 이륙 중 15노트에 도달했을 때 약간 오른쪽으로 기울어지는 경향이 있다.

④ 로터 시스템 위의 공기가 약 25노트에 도달했을 때 로터 효율성이 증가한다.

【해설】 제자리비행(hovering) 중인 헬리콥터는 테일로터 추력의 방향으로 이동하려는 경향을 갖고 이를 전이성향(translating tendency)이라 한다.

【27】 양력과 원심력의 결합으로 나타나는 현상은 무엇인가?

① 코리올리스 효과 ② 플랩핑

③ 원뿔 현상 ④ 전이성향

【해설】 원뿔(coning) 현상은 양력과 원심력이 결합하면서 블레이드가 위로 굽어지는 현상이다. 양력이 증가하면 원심력이 감소하여 원뿔 현상은 커진다.

【28】 정상 작동 RPM에서 회전하고 있는 로터에서 블레이드를 위로 휘게 하는 원인은 무엇인가?

① 원심력보다 더 큰 양력이 존재하기 때문이다.

② 양력보다 더 크게 존재하는 원심력 때문이다.

③ 항력보다 더 크게 존재하는 양력 때문이다.

④ 양력보다 더 크게 존재하는 항력 때문이다.

【29】 프리휠링 장치의 주요 목적은 무엇인가?

① 이것은 메인로터 시스템을 구동시키지 않고 엔진 시동을 허용한다.

② 이것은 테일로터 시스템을 메인로터 시스템과 분리시킨다.

③ 이것은 엔진, 메인로터 시스템, 그리고 테일로터 사이에 감속을 제공한다.

④ 이것은 오토로테이션을 위한 로터 시스템으로부터 엔진을 분리시키는 데 있다.

【해설】 프리휠링 장치(free-wheeling units)는 엔진이 정지되었거나 혹은 상응하는 로터 RPM 이하로 회전하고 있을 때 엔진으로부터 로터 시스템(rotor system)을 분리시켜 오토로테이션을 할 수 있는 능력을 제공한다.

【30】 클러치의 주요 목적은 무엇인가?

① 이것은 메인로터 시스템을 구동시키지 않고 엔진 시동을 허용한다.

② 이것은 오토로테이션을 위한 로터 시스템으로부터 엔진을 분리하는 데 있다.

③ 이것은 엔진 동력을 메인로터, 테일로터, 발전기/교류발전기, 그리고 다른 보기류에 전달한다.

④ 이것은 오토로테이션에서 테일로터 시스템을 분리하는 역할을 한다.

【해설】 클러치(clutch)는 메인로터 시스템을 구동시키지 않고 엔진을 시동할 수 있도록 한다. 엔진이 적정 속도에 도달했을 때 로터 하중(rotor load)이 점차 적용될 수 있다.

■ 26.① 27.③ 28.① 29.④ 30.①

【31】 비행 중 갑자기 발생한 고주파수 진동은 어느 부품의 결함으로 볼 수 있는가?

① 메인로터 장치 ② 점화계통

③ 프리휠링 장치 ④ 트랜스미션

【해설】 헬리콥터의 운용과 관련된 고주파수(high frequency vibration)의 진동은 통상 엔진의 속도와 직접 관련이 있다. 비행 중 급격한 진동은 트랜스미션 베어링(transmission bearing)의 결함이 주원인일 수 있다.

【32】 비행 중 고주파수 진동의 잠재적 문제를 가장 잘 일으킬 수 있는 요인은 무엇인가?

① 메인로터 블레이드의 균형

② 피스톤 엔진 결함

③ 메인로터 시스템에서 부품의 마모

④ 보기류 시스템

【해설】 왕복엔진은 스파크 플러그 파울링, 부정확한 마그네토 타이밍, 기화기 착빙 또는 부정확한 혼합비와 같은 엔진 결함으로 인하여 악화될 수 있는 정상적인 양의 고주파수 진동을 발생시킨다.

【33】 일반적으로 저주파수 진동과 관련이 있는 것은 어느 것인가?

① 엔진 ② 메인로터

③ 테일로터 ④ 트랜스미션

【해설】 비정상적인 저주파수 진동(low-frequency vibration)은 통상 메인로터 블레이드(main rotor blade)와 관련이 있다.

【34】 지면공진이 가장 잘 발생할 수 있는 시기는 언제인가?

① 일련의 충격들이 로터 시스템의 불균형을 초래할 때

② 회전평면의 속도에서 급격하게 변화할 때

③ 초기 지상 접촉이 높은 총중량과 낮은 RPM이 결합하여 이루어졌을 때

④ 급격한 원뿔 현상으로 인한 로터 시스템 불균형

【해설】 지면공진(ground resonance)은 일련의 충격이 로터 헤드(rotor head)에 불균형을 초래했을 때 발생한다.

【35】 밀도고도는 어떻게 변하는가?

① 오직 기온과 함께 증가한다.

② 기온과 공기 속의 습기와 함께 증가하고 기압과 함께 감소한다.

③ 기압, 기온, 그리고 공기 중의 습기와 함께 증가한다.

④ 기압과 습기와 함께 증가한다.

【해설】 기압이 감소하고 기온이 올라가는 것 모두는 공기밀도를 감소시키고 밀도고도를 증가시킨다. 수증기(water vapor)는 건조 공기(dry air)보다 밀도가 낮기 때문에 공기 중의 수분(moisture)이 증가하는 것은 밀도고도(density altitude)를 높이는 요인이다.

■ 31.④ 32.② 33.② 34.① 35.②

【36】 공항에서 밀도고도를 증가시키는 것은 무엇인가?

① 기온 증가　　② 상대습도 낮아짐

③ 대기압 증가　　④ 기온 감소와 상대습도 감소

【해설】 기온이 오르면 공기밀도는 낮아지고 밀도고도는 증가한다. 상대습도(relative humidity)가 감소하고 대기압이 증가하는 것은 밀도고도를 감소시키는 요인이다.

【37】 기압고도는 무엇인가?

① 위치와 설치 오차를 수정한 지시고도이다.

② 절대고도에서 비표준 기온을 수정한 지시고도이다.

③ 비표준 기온과 기압을 위해서 수정한 지시고도이다.

④ 기압계 스케일을 29.92에 맞추었을 때 지시하는 고도이다.

【해설】 기압고도는 다음 중 한 방법으로 결정할 수 있다.

- *기압고도계 수정치(altimeter setting)를 29.92에 맞추었을 때 고도계가 지시하는 고도*
- *보고된 고도계 수정치에 따른 공항 표고에 기압고도 전환계수를 적용한 고도*

【38】 헬리콥터의 무게중심은 어떻게 결정되는가?

① 총 암을 총 모멘트로 나눈다.　　② 총 모멘트와 총무게를 곱한다.

③ 총 암을 총 무게로 곱한다.　　④ 총 모멘트를 총무게로 나눈다.

【해설】 무게중심(CG)은 총모멘트를 총무게로 나누어 구한다.

【39】 수평선회 중 일정한 하중계수를 유지하는 동안 대기속도의 증가는 어떠한 결과를 초래할 수 있는가?

① 선회반경의 감소　　② 원심력 증가

③ 선회반경의 증가　　④ 선회반경에 변화가 없음

【해설】 균형선회(coordinated turn)에서 속도가 증가하는 동안 일정한 하중계수가 유지되고 있다면 선회반경은 증가할 것이다.

【40】 상승으로부터 특정 고도까지 수평조작을 하는데 필요한 적절한 선도 고도를 결정하기 위해서 사용되는 지시 수직속도는 대략 얼마인가?

① 10%　　② 20%

③ 25%　　④ 30%

【해설】 선도 고도(lead altitude)는 상승률과 조종사의 기량에 달려 있다. 일반적으로 권장하는 선도 고도는 수직속도의 10%를 적용하는 것이다. 예를 들어 분당 500피트(fpm)로 상승하고 있다면 목표 고도에 도달하기 약 50피트 전에서 수평조작(level-off)을 시작해야 한다.

■ 36.①　37.④　38.④　39.③　40.①

【41】 강하로부터 지정된 고도까지 수평으로 전환하기 위해서 조종사는 대략 얼마의 선도량을 적용해야 하는가?

① 수직속도의 10%　　② 수직속도의 20%

③ 수직속도의 30%　　④ 수직속도의 40%

【해설】 강하 속도에서 강하로부터 수평조작(level-off)은 반드시 원하는 고도에 도달하기 전에 시작해야 한다. 적절한 선도량(amount of lead)은 강하율과 조종사의 기량에 달려 있다. 만약 너무 적은 선도량을 적용했다면 원하는 고도를 초과할 것이다. 이를 위해서 적정 선도량은 수직 속도의 10% 고도를 적용하는 것이 적당하다.

【42】 특정 조건에서 사이클릭 움직임을 크게 또는 불필요하게 적용하는 것은 어떠한 것의 원인이 되는가?

① 메인로터 블레이드의 플렉싱과 테일로터 시스템의 파손 가능성

② 지면공진의 원인이 될 수 있다.

③ 헬리콥터는 코리올리스 효과를 받을 수 있다.

④ 양력분력의 변화와 양력의 부분적 손실

【해설】 헬리콥터의 제자리비행(hovering) 중 사이클릭 움직임을 크게 또는 불필요하게 적용하는 것은 특정 조건에서 헬리콥터가 지상으로 급격하게 내려앉는(settle) 양력손실의 원인이 될 수 있다.

【43】 지표면에서 안전하고 효율적인 방법으로 활주하기 위해서 사이클릭 피치를 어떻게 사용해야 하는가?

① 활주 속도 조종　　② 측풍 상태에서 편류 수정

③ 측풍 상태에서 기수방위 유지　　④ 활주 방향 조종 및 고도 조절

【해설】 측풍을 받으면서 활주 중 사이클릭 스틱(cyclic stick)은 편류(drift)를 방지하기에 충분한 양으로 바람이 부는 쪽으로 적용해 주어야 한다.

【44】 제자리비행까지 가장 높은 동력 세팅이 필요한 상황은 어느 것인가?

① 중간정도의 배풍　　② 콘크리트 상공

③ 중간정도의 측풍　　④ 무풍에서 큰 풀 상공

【해설】 큰 풀(tall grass) 위에서 제자리비행할 때 특히 무풍 상황에서 지면효과를 분산시키거나 흡수할 수 있기 때문에 더 높은 동력이 필요하다. 이 같은 상황에서 이륙이 어려울 수 있다.

【45】 스팬방향 축에 대해서 회전하는 로터 블레이드의 능력을 무엇이라 하는가?

① 플랩핑　　② 페더링

③ 드래깅과 헌팅　　④ 플랩핑과 드래깅

【해설】 전관절 로터계통(fully articulated rotor system)의 블레이드는 페더(feathered)할 수 있다. 이것은 스팬방향 축(spanwise axis)에 대해서 회전한다는 것을 의미한다. 페더

■ 41.① 42.④ 43.② 44.④ 45.②

링(feathering)은 로터 블레이드의 피치각이 자동으로 그리고 주기적으로 변화한다는 것을 의미한다.

【46】 비행 중인 헬리콥터에서 선회하는 힘은 어떻게 발달하는가?

① 수평양력분력

② 원심력

③ 선회하고자 하는 방향의 안티토크 페달 압

④ 로터 디스크의 상향 측면에 있는 로터 블레이드의 큰 받음각

【해설】 헬리콥터의 선회는 제자리비행과 전진비행이 다르게 조작되어야 한다. 제자리비행 중 선회는 안티토크 페달에 압을 적용해서 방향 조종을 하지만 비행 중에는 사이클릭을 선회 방향으로 적용하여 선회한다.

【47】 테일로터 계통의 주요 목적은 무엇인가?

① 메인로터의 토크 효과 상쇄

② 균형선회를 보조하기 위한 러더로 작용

③ 비행 중 헬리콥터의 선회

④ 전진비행 중 기수방위 유지

【48】 헬리콥터 선회 중 고도를 유지하기 위해서 컬렉티브를 증가시켜야 하는 이유는?

① 수평양력분력의 손실을 보상하기 위해서

② 수직양력분력의 손실을 보상하기 위해서

③ 항력 증가를 보상하기 위해서

④ 수직양력분력에 동등한 수평양력분력을 증가시키기 위해서

【49】 하중계수란 무엇인가?

① 양력을 총무게로 곱한 것이다. ② 총무게에서 양력을 뺀 것이다.

③ 총모멘트를 총무게로 나눈 값이다. ④ 양력을 총무게로 나눈 값이다.

【해설】 하중계수(load factor)는 헬리콥터의 로터 블레이드가 지지하고 있는 총하중의 비율 또는 블레이드로의 양력으로 지지하는 실제 하중을 비행기의 총무게로 나눈 값이다.

【50】 유동력 침하로부터 초기 회복은 어떻게 조치해야 하는가?

① 전진속도를 낮추고 컬렉티브를 약간 올려준다.

② 전진속도를 높이고 컬렉티브를 약간 올려준다.

③ 전진속도를 높이고 컬렉티브를 약간 낮추어 준다.

④ 전진속도를 낮추고 컬렉티브를 약간 낮추어 준다.

【해설】 유동력 침하(settling with power)로부터 회복은 전진속도를 증가시키거나 아니면 컬렉티브 피치를 약간 낮추어 주어야 한다. 이것은 동체가 자체 와류 구역에서 벗어나게 함으로써 회복에 도움이 된다는 것을 의미한다.

■ 46.① 47.① 48.② 49.④ 50.③

【51】 헬리콥터에서 테일로터 블레이드의 피치각이 감소하는 것은 어떠한 경향을 초래하는가?

① 메인로터 축 주변에서 토크 회전의 반대 방향으로 회전하도록 한다.

② 메인로터 축 주변에서 토크 회전의 방향으로 회전하도록 한다.

③ 이륙 RPM에 의해서 생산된 메인로터 토크를 상쇄시키는 것을 필요로 한다.

④ 피치각 감소는 메인로터 축 주변에서 어떠한 변화도 발생하지 않는다.

【해설】 시계반대방향으로 회전하는 메인로터의 토크(위에서 보았을 때)는 동체를 시계방향(clockwise direction)으로 회전하게 하려는 경향이 있다. 테일로터는 동체를 시계반대방향(counterclockwise direction)으로 회전하게 함으로써 이를 상쇄시켜 헬리콥터는 직선비행이 가능하다. 이때 테일로터의 피치를 감소시켰다면 메인로터의 토크는 동체를 시계방향으로 회전하게 하는 경향이 발생한다.

【52】 회전날개 항공기의 외부 하중에서 화물 투하의 이상적인 위치는 작용선이 어디에 있을 때인가?

① 전 시간 무게중심 후방을 통과할 때

② 전 시간 무게중심 전방을 통과할 때

③ 투하 시점에 무게중심 전방을 통과할 때

④ 전 시간 무게중심을 통과할 때

【해설】 회전날개 항공기의 외부 하중(rotorcraft external-loading)에서 화물 투하(cargo release)를 위한 이상적인 위치(ideal location)는 작용선(line of action)이 전 시간 헬리콥터의 무게중심(center of gravity)을 통과할 때이다.

【53】 날개 시위선과 상대풍 사이에 형성되는 예각은?

① 세로 상반각　　② 붙임각

③ 받음각　　④ 실속각

【해설】 받음각(angle of attack)은 날개의 시위선(chord line)과 상대풍(relative wind) 사이에 형성되는 예각(acute angle; 직각보다 작은 각)이다.

【54】 헬리콥터 테일로터 조종의 주기능은?

① 토크와 방향 조종

② 가로와 빗놀이 위치 조종

③ 자세와 대기속도 조종

④ 자세와 고도 조종

【해설】 단일 메인로터 헬리콥터(single main rotor helicopter)의 꼬리 부분에 있는 테일로터(tail rotor)는 토크(torque)를 보상하고 방향 조종(directional control)을 제공한다.

■ 51.② 52.④ 53.③ 54.①

【55】 헬리콥터가 수직으로 이륙하기 위해서 사용되는 조종장치는?

① 스로틀의 증감 ② 사이클릭 피치 변화

③ 컬렉티브 피치 변화 ④ 메인로터 RPM의 증감

【해설】 헬리콥터 로터 시스템에서 생산되는 양력의 양(amount of lift)은 메인로터 시스템의 컬렉티브 피치(collective pitch)를 변화시켜 이루어진다. 따라서 수직 비행(vertical flight)은 컬렉티브 피치를 증감시켜 달성할 수 있다.

【56】 헬리콥터의 순항 전진비행 형상은 무엇으로 조종되는가?

① 원하는 방향으로 메인로터 디스크의 기울임

② 로터 RPM의 변화

③ 메인로터 블레이드의 피치 변화

④ 컬렉티브와 스로틀 증감의 조화

【해설】 헬리콥터 전진비행(forward flight)은 사이클릭 피치 조종간(cyclic pitch control)을 이용해서 원하는 방향(desired direction)으로 메인로터 디스크를 기울여(by tilting the main rotor disk) 헬리콥터는 전진비행을 한다.

【57】 메인로터 블레이드 트래킹 점검을 수행하는 주요 목적은?

① 회전하는 블레이드의 무게중심

② 회전하는 블레이드의 비행경로

③ 회전하는 블레이드의 밸런스가 벗어난 정도

④ 회전하는 블레이드의 상대적인 위치

【해설】 메인로터 블레이드 트래킹(tracking)을 수행하는 목적은 모든 블레이드의 팁이 전체 회전 사이클을 통해서 동일 팁 경로(same tip path)를 유지할 수 있도록 하는 것이다. 따라서 트래킹은 블레이드의 상대적 위치(relative position of the blades)를 보여주는 것이지 비행경로(flight path)를 점검하기 위한 것이 아니다.

【58】 단일 로터 헬리콥터가 수평 전진비행 중이라면 전진 블레이드의 받음각은?

① 후진 블레이드보다 더 크다.

② 후진 블레이드와 동등하다.

③ 받음각에 영향을 주지 않는다.

④ 후진 블레이드보다 더 작다.

【해설】 전진 블레이드(advancing blade)의 받음각은 후진 블레이드(retreating blade)의 받음각보다 더 작다. 이들 두 블레이드 사이의 받음각 차이는 두 블레이드 사이의 속도차에 의해서 상쇄되어 로터 디스크(rotor disk) 주변에서 균등한 양력(uniform lift)을 제공함으로써 양력 불균형(dissymmetry lift)을 방지한다.

■ 55.③ 56.① 57.④ 58.④

【59】 메인로터 블레이드의 회전 중 같은 크기의 원뿔 모양이 되지 않는 것은 어떠한 상태라 고 할 수 있는가?

① 동일 회전 트랙에서 벗어남
② 컬렉티브 피치가 벗어남
③ 밸런스를 벗어남
④ 무게중심에서 벗어남

【해설】 헬리콥터 로터의 블레이드가 동일 평면에서 원뿔(cone) 모양이 되지 않는다면 이것은 블레이드의 회전 트랙이 벗어난(out of track) 상태로 볼 수 있다.

【60】 테일로터를 갖추고 있는 헬리콥터의 제자리비행 방향 조종은 어떻게 이루어지는가?

① 테일로터 RPM의 변화
② 메인로터 디스크를 원하는 방향으로 기울임
③ 메인로터의 토크 변화
④ 테일로터 블레이드의 피치 변화

【해설】 헬리콥터의 테일로터(tail rotor)는 조종사의 양쪽 발을 이용해서 조종하고 테일로터 블레이드의 피치(pitch)를 변화시키는 것은 생산되는 추력의 양(amount of thrust)을 결정한다. 따라서 이 추력은 제자리비행(hovering) 중인 헬리콥터의 방향 조종(directional control)에 사용된다.

【61】 헬리콥터 엔진과 트랜스미션 사이에 있는 프리휠링 장치의 기능을 가장 잘 서술하고 있는 것은?

① 동력으로 강하할 때 로터에 작용하는 공기역학적 하중을 낮추기 위함이다.
② 시동 하중을 완화하기 위해서 엔진으로부터 로터를 분리한다.
③ 무동력 강하 중 로터에 작용하는 공기역학적 하중을 낮추기 위함이다.
④ 엔진 고장이 발생했을 때 엔진으로부터 로터를 자동으로 분리하도록 한다.

【해설】 헬리콥터 로터 계통(rotor system)에 있는 프리휠링 장치(freewheeling unit)는 엔진 고장이 발생했을 때 엔진으로부터 로터를 자동으로 분리되도록 하는 데 사용된다. 이 장치는 엔진이 로터를 구동시키기 위해서 설계되었지만, 로터 속도가 엔진 속도보다 빨라졌다면 이 장치는 로터가 엔진을 회전시키는 것을 방지한다.

【62】 헬리콥터 구동 장치에서 프리휠링 장치의 목적은 무엇인가?

① 엔진이 정지되거나 로터 RPM과 등가 이하로 느려질 때마다 로터를 분리시킨다.
② 시동을 위한 로터 브레이크를 완화시킨다.
③ 시동 중 로터 블레이드에서 밴딩 응력을 완화시킨다.
④ 헬리콥터의 유동력 활공 특성을 향상시킨다.

■ 59.① 60.④ 61.④ 62.①

【63】 헬리콥터의 토크 효과에 관해서 맞는 것은?

① 토크 방향은 로터 블레이드 방향과 동일하다.

② 마력이 감소함에 따라 토크는 증가한다.

③ 토크 방향은 항상 중력 방향과 일치한다.

④ 토크 방향은 로터 블레이드 회전의 반대이다.

【해설】 헬리콥터 로터 시스템의 토크 방향(torque direction)은 로터 회전 방향의 반대이다.

【64】 헬리콥터에서 세로축에 대한 운동을 일으키는 조종은?

① 컬렉티브 피치 조종

② 테일로터 피치 조종

③ 사이클릭 피치 조종

④ 스로틀 증감 조종

【해설】 헬리콥터에서 세로축(longitudinal axis)에 대한 운동(movement; rolling)은 사이클릭 피치 조종간(cyclic pitch control)을 좌우로 움직임에 따라 영향을 받는다.

【65】 헬리콥터의 가로축에 대한 운동을 일으키는 조종은?

① 컬렉티브 피치 조종　　② 스로틀 증감 조종

③ 테일로터 피치 조종　　④ 사이클릭 피치 조종

【해설】 헬리콥터에서 가로축(lateral axis)에 대한 운동(pitching)은 사이클릭 피치 조종간(cyclic pitch control)을 전후로 움직임에 따라 영향을 받는다.

【66】 헬리콥터의 블레이드 그립(blade grip)으로부터 블레이드를 외측으로 당기려는 힘은?

① 비틀림 힘　　② 원심력

③ 구심력　　④ 토크 힘

【해설】 원심력(centrifugal force), 원심력은 회전하는 물체를 외측으로 끌어당기는 힘이다. 헬리콥터의 로터 블레이드(rotor blade)는 회전하지 않을 때 아래로 처져(droop) 있다. 그러나 회전하면서 원심력으로 수평 상태가 된다. 소형 헬리콥터의 각 블레이드에서 약 20,000파운드의 원심력이 발생하고 대형 헬리콥터의 각 블레이드에서는 약 100,000파운드의 원심력이 작용하기 때문에 로터 허브(rotor hub)와 블레이드 그립(blade grip)은 이에 견딜 수 있게 설계되어야 한다.

【67】 헬리콥터의 로터 축(rotor shaft)에 작동하는 가장 큰 응력은 무엇인가?

① 비틀림 응력　　② 원심력

③ 구심력　　④ 토크 힘

【해설】 비틀림 응력(torsional stress), 로터 축의 한 앤드는 엔진의 힘으로 인한 회전력이고 로터의 질량은 이에 반대로 작동하는 힘이다. 따라서 로터 축은 이들 힘이 서로 작용하여 상당히 비틀림 응력을 받는다.

■ 63.④　64.③　65.④　66.②　67.①

연습문제 II-고등과정

【1】 다음 중 베르누이 정리를 가장 잘 설명하고 있는 것은 어느 것인가?

① 에어포일의 굽어진 상부 표면 위를 빠르게 이동하는 공기는 상부 표면에서 낮은 압력을 유발한다.

② 날개의 하부 표면이 공기를 하향으로 편향시킴에 따라 부가적인 상향 힘이 발생한다.

③ 모든 작용에는 동등하고 반대의 반작용이 있다.

④ 에어포일의 굽어진 상부 표면 위를 느리게 이동하는 공기는 상부 표면에서 낮은 압력을 유발한다.

【해설】 베르누이 원리(Bernoulli's principle)는 단면적이 다른 관을 통과하는 유체의 속도와 압력의 관계를 정의하였다. 단면적인 좁은 곳에서 유체 속도는 빨라지고 압력은 낮아진다. 반면 단면적이 큰 곳에서 유체 속도는 느려지고 압력은 높아진다. 이를 에어포일에 적용했을 때 에어포일 곡면을 따라 이동하는 공기의 속도는 빨라지고 압력은 낮아지면서 에어포일 아랫면에서는 반대의 현상이 발생하여 양력은 높은 곳에서 낮은 곳으로 이동하는 힘이 발생한다. 이것이 에어포일을 부양하게 하는 양력(lift)이다. 작용과 반작용은 뉴턴의 운동 법칙이다.

【2】 헬리콥터 블레이드에서 양력이 발생하기 위해서 어떻게 설계되어야 하는가?

① 블레이드 하부에서 음성 공기 압력 그리고 블레이드 상부에서 양성 공기 압력

② 블레이드 하부에서 양성 공기 압력 그리고 블레이드 상부에서 중립 공기 압력

③ 블레이드 위의 더 큰 압력중심 그리고 블레이드 아래에서 더 작은 압력중심

④ 블레이드 하부에서 양성 공기 압력 그리고 블레이드 상부에서 음성 공기 압력

【해설】 공기역학적 양력(aerodynamic lift)은 블레이드 상하부의 공기 압력의 차이로 인해서 얻어진 결과이다. 윗면에서는 음성 압력이 그리고 하부에서는 양성 압력이 형성되어야 한다. 이들의 압력차는 블레이드 위로 흐르고 있는 공기흐름을 아래로(downward) 편향하도록 한다. 공기의 하향 편향은 공기역학적 양력인 상향 힘을 생산하게 된다.

【3】 에어포일의 양력 발생으로 인한 총항력 부분은 무엇인가?

① 유도항력, 그리고 대기속도의 변화가 없다.

② 유해항력, 그리고 대기속도의 변화가 없다.

③ 유해항력, 그리고 대기속도의 변화로 크게 영향을 받는다.

④ 유도항력, 그리고 대기속도의 변화로 크게 영향을 받는다.

【해설】 유도항력(induced drag)은 양력이 발생하는 것과 동일한 요소로 발생하는 항공기

■ 1.① 2.④ 3.④

총항력(total drag)의 부분이다. 유도항력은 속도가 증가하면 감소한다. 속도가 감소하면 동일한 양의 양력을 발생하기 위해서 받음각이 증가해야 한다.

【4】 다음 중 에어포일의 받음각을 직접 제어할 수 있는 것은 무엇인가?

① 블레이드의 붙임각
② 블레이드의 상부와 하부 공기흐름의 양
③ 블레이드에 작용하고 있는 양성과 음성 압력의 분포
④ 블레이드의 붙임각과 상반각

【해설】 받음각은 블레이드의 시위선과 상대풍 사이의 예각이다. 따라서 받음각을 변화시키는 것은 블레이드 상하부 사이의 압력분포(pressure distribution)를 직접 제어할 수 있는 수단이다.

【5】 수평비행에서 대기속도가 증가함에 따라 항공기의 총항력은 최대 양항비 속도에서 생산된 총항력보다 더 커진다. 그 이유는 무엇인가?

① 유도항력이 증가하기 때문이다.
② 유도항력이 감소하기 때문이다.
③ 유해항력과 관련이 없다.
④ 유해항력이 증가하기 때문이다.

【해설】 유해항력(parasite drag)은 속도의 제곱으로 증가한다. 속도가 감소함에 따라 유도항력이 급격하게 상승하기 때문에 총항력은 더 커진다. 이와 유사하게 속도가 최대 양항비를 생산하는 범위를 초과하여 증가하고 있다면 유해항력이 증가하기 때문에 총항력은 다시 증가한다. 유도항력의 감소는 유해항력의 증가보다 다소 낮다.

【6】 수평비행에서 대기속도가 감소함에 따라 항공기의 총항력은 최대 양항비 속도에서 생산된 총항력보다 더 커진다. 그 이유는 무엇인가?

① 유도항력이 감소하기 때문이다.
② 유도항력이 증가하기 때문이다.
③ 유해항력이 증가하기 때문이다.
④ 유도항력과 관련이 없다.

【해설】 유도항력은 속도 감소와 함께 증가한다. 이것은 저속에서 필요한 양력을 생산하기 위해서 더 높은 받음각이 필요하기 때문이다.

【7】 경사각이 증가함에 따라 수직양력분력은

① 증가하고 침하율이 증가한다.
② 감소하고 침하율이 증가한다.
③ 증가하고 침하율이 감소한다.
④ 감소하고 침하율은 변함이 없다.

【해설】 선회 중 총양력은 수평과 수직양력분력으로 나누어진다. 수평양력분력은 항공기를 선회 방향으로 당기는 역할을 하고 수직양력분력(vertical component of lift)은 무게에 반대이다. 만약 선회가 받음각의 증가 없이 수행되었다면 총양력은 변함이 없다. 경사각이 증가함에 따라 수직양력분력은 감소할 것이고 받음각을 증가시키지 않는 한 고도를 유지할 수 없게 될 것이다.

■ 4.③ 5.④ 6.② 7.②

【8】 등속도 수평직선비행하고 있는 헬리콥터에 작용하는 힘들에 관해서 맞게 서술하고 있는 것은 어느 것인가?

① 무게는 항상 상대풍에 평행하게 전방으로 작용하고 항력보다 크다.

② 추력은 항상 상대풍에 평행하게 전방으로 작용하고 항력보다 크다.

③ 양력은 항상 날개의 세로축에 수직으로 작용하고 무게보다 크다.

④ 무게는 항상 지구 중심을 향해서 수직으로 작용한다.

【해설】 등속도(constant airspeed) 수평직선비행(straight and level flight)하는 헬리콥터에 작용하는 힘들 사이의 관계는 다음과 같다.

- *추력은 항력에 반대 방향으로 작용한다.*
- *항력은 추력의 반대 방향에서 상대풍에 평행하게 작용한다.*
- *양력은 상대풍에 수직으로 작용한다.*
- *중력에 의한 무게는 항상 지구 중심을 향해서 수직으로 작용한다.*

등속도 비행은 추력=항력의 관계이다. 수평비행에서 양력=무게의 관계가 되어야 한다.

【9】 헬리콥터 지속상승 중 상승각은 무엇에 달려 있는가?

① 초과 추력 ② 가용 동력

③ 필수 추력 ④ 필수 동력

【해설】 지속상승(steady climb) 중 상승각(angle of climb)은 초과추력(excess of thrust)에 따라 달라질 수 있다.

【10】 헬리콥터 지속상태 상승 중인 항공기에 작용하는 힘들에 관해서 맞게 설명하고 있는 것은 어느 것인가?

① 모든 전방으로 향하는 힘들의 총계는 모든 후방으로 향하는 힘들의 총계보다 크다.

② 모든 상향으로 향하는 힘들의 총계는 모든 하향으로 향하는 힘들의 총계와 동등하다.

③ 모든 상향으로 향하는 힘들의 총계는 모든 하향으로 향하는 힘들의 총계보다 작다.

④ 모든 상향으로 향하는 힘들의 총계는 모든 하향으로 향하는 힘들의 총계보다 크다.

【해설】 지속상승 중 모든 상향으로 작용하는 힘들은 하향으로 작용하는 모든 힘의 합계와 동등하다.

【11】 헬리콥터 지속상승 중 상승률은 무엇에 따라 달라지는가?

① 초과 동력

② 초과 추력

③ 가용 추력

④ 가용 동력

【해설】 지속 상승 중 상승률(rate of climb)은 초과 동력에 달려 있다. 상승각(angle of climb)은 초과추력(excess of thrust)에 달려 있다. 가용 추력(thrust available)은 상승률에 기여하지 않는다.

■ 8.④ 9.① 10.② 11.①

【12】 지속비행 상태로부터 방해를 받았을 때 원래 상태로 복원하기 위해서 힘을 발생시키는 항공기의 경향은 무엇인가?

① 안정성　　② 조종성
③ 기동성　　④ 반응성

【해설】 안정성(stability)이란 평형(equilibrium) 상태의 항공기가 어떠한 원인으로 방해를 받았을 때 자체적으로 원래의 평형 상태로 복원할 수 있는 능력이다. 안정성은 항공기 설계 특성(design characteristic)이다. 조종성(controllability)은 비행경로와 자세와 관련해서 조종사의 조종(pilot′ control)에 반응하는 항공기의 능력이다. 기동성(maneuverability)이란 항공기를 쉽게 기동하도록 하고 기동으로 인한 응력(stress)에 견딜 수 있는 항공기의 품질(quality)이다.

【13】 지속비행 상태로부터 방해를 받았을 때 항공기가 원래 위치로부터 더욱 멀어지도록 힘이 발달하는 항공기의 초기 경향은 무엇인가?

① 동적 불안정성　　② 음성 정적 안정성
③ 양성 정적 안정성　　④ 음성 동적 안정성

【해설】 음성 정적 안정성(negative static stability)은 평형 상태의 항공기가 외부의 힘을 받았을 때 평형에서 더욱 멀어지는 형태의 안정성이다. 만약 항공기가 음성 정적 안정성을 보유하고 있다면 한번 기수가 낮아졌을 때 회복이 어려울 수 있고 더욱 기수가 낮아지려는 경향이 있다. 동적 불안정성(dynamic instability)은 시간이 지나면서 진폭이 점차 커지는 경향이다.

【14】 만약 항공기 음성 동적 그리고 양성 정적 안정성을 갖고 있다면 이것은 어떠한 결과로 나타날 수 있는가?

① 불감쇠 진동　　② 수축 진동
③ 확산 진동　　④ 감쇠 진도

【해설】 양성 정적 안정성을 갖는 항공기는 외부의 힘으로 평형에서 벗어난 후 원래의 상태로 복원하는 경향을 보인다. 그러나 음성 동적 안정성을 갖는다면 정적 수정은 증가하면서 확산 진동(divergent oscillation)이 초래될 것이다.

【15】 높은 가로세로비를 갖는 블레이드는 낮은 가로세로비를 갖는 블레이드와 비교했을 때 어떠한 특성을 갖는가?

① 높은 받음각에서 낮은 항력
② 높은 받음각에서 항력 증가
③ 낮은 대기속도에서 조종성이 불량함
④ 낮은 대기속도에서 항력 증가

【해설】 높은 가로세로비(high-aspect ratio)를 갖는 블레이드는 낮은 가로세로비 블레이드와 비교하면 특히 높은 받음각에서 항력이 낮다.

■ 12.① 13.② 14.③ 15.①

【16】 일정한 공기흐름 속도에서 높은 가로세로비의 블레이드는 낮은 가로세로비의 블레이드에 비해서 어떠한 특성을 갖는가?

① 특히 낮은 받음각에서 항력 증가
② 특히 높은 받음각에서 항력 감소
③ 특히 높은 받음각에서 항력 증가
④ 특히 낮은 받음각에서 항력 감소

【17】 만약 무지면효과와 동일한 받음각을 지면효과에서 그대로 유지되고 있다면 양력은 어떻게 예상할 수 있는가?

① 감소, 유해항력이 감소할 것이다.
② 감소, 유해항력이 증가할 것이다.
③ 증가, 유도항력은 감소할 것이다.
④ 증가, 유도항력은 증가할 것이다.

【해설】 만약 헬리콥터가 무지면효과(out of ground effect; OGE)와 동일한 받음각을 지면효과에서 그대로 유지되고 있다면 양력은 증가할 것이다. 이것은 블레이드 끝단 와류(vortices)에 의한 에너지의 손실이 감소했기 때문이다. 와류의 효과가 감소하는 것은 스팬방향 양력 분포(spanwise lift distribution)를 변화시키고 받음각을 감소시킴으로써 유도항력을 감소시킨다.

【18】 헬리콥터는 높은 고도에서 수평비행을 유지하는데 필요한 대기속도보다 지표면 바로 상공에서 약간 더 낮은 대기속도에서 비행이 가능하다. 다음 중 이를 가능하게 하는 결과는 무엇인가?

① 속도계에 있는 허위 지시를 초래하는 정압 시스템과 함께 지면 간섭 때문이다.
② 지상과 강하하고 있는 헬리콥터 사이에 갇혀 있는 공기의 쿠션 효과로 인한 것이다.
③ 비행 중인 헬리콥터에 대한 공기흐름 패턴과 함께 지표면의 간섭 때문이다.
④ 헬리콥터에 대한 공기흐름 패턴과 함께 지상풍의 간섭 때문이다.

【해설】 헬리콥터가 지면효과를 받고 있을 때 무지면효과를 받고 있을 때의 대기속도보다 약간 더 낮은 대기속도에서 지표면(수면) 위를 비행할 수 있다. 이것은 공기역학적 효율성(aerodynamic efficiency)이 증가했기 때문이다. 헬리콥터가 지면효과에 있는 동안 블레이드 끝단 와류의 행태가 변하고, 스팬방향 양력 분포에서 감소하는 변화가 발생함으로써 받음각의 증가 없이 양력이 증가한다.

【19】 헬리콥터에 작용하는 힘의 벡터 중 항력에 평행하게 작용하는 것은?

① 원뿔각으로 인하여 로터 블레이드의 회전평면에 평행하다.
② 추력과 평행하고 양력에 수평이다.
③ 상대풍에 평행하고 양력에 수직이다.
④ 붙임각에 평행하고 양력에 수직이다.

【해설】 항력은 공기를 통해서 이동하는 에어포일의 움직임을 저지하는 관성과 바람 저항

■ 16.② 17.③ 18.③ 19.③

(inertia and wind resistance)의 힘이다. 헬리콥터에서 항력은 에어포일의 이동 방향에 평행하면서 반대 방향으로 작용하거나 상대풍과 동일 방향에서 양력에 수직으로 작용한다.

【20】 비행 중 조종사가 왼쪽으로 대략 90° 위치에서 로터 블레이드의 피치각 감소를 초래하는 사이클릭 조종압을 적용했다면 로터 디스크는 어느 쪽으로 기울어질 것인가?

① 오른쪽　　② 왼쪽

③ 후방　　④ 전방

【해설】 만약 사이클릭 입력(cyclic input)이 조종사의 왼쪽에서 블레이드 피치각을 감소하도록 행해졌다면 자이로 세차(gyroscopic precession)로 인해서 최대 하향 편향(maximum downward deflection)은 블레이드가 90°를 지난 후방 위치(aft position)에서 발생한다. 동시에 반대 블레이드의 최대 상향 편향(upward deflection)은 전진 위치에서 발생함으로써 로터 디스크(rotor disk)의 후방 기울어짐(aft tilt)이 초래된다.

【21】 로터 블레이드 플랩핑 작용에 대해서 가장 잘 설명하고 있는 것은 어느 것인가?

① 대기속도와 블레이드 받음각을 변화시키기 위한 원하지 않는 반작용이다.

② 고속 비행에 대한 공기역학적 반작용이고 조종사가 조종할 수 없다.

③ 전이성향을 보상하기 위한 로터 블레이드 받음각에서 지속적인 변화를 허용하고 있는 설계 특징이다.

④ 로터 블레이드 받음각에서 양력 불균형을 보상하기 위해서 지속적인 변화를 허용하고 있는 설계 특성이다.

【해설】 블레이드 플랩핑(blade flapping)은 헬리콥터가 전진비행할 때 로터 시스템에서 양력 불균형을 보상하기 위한 설계 특성이다. 전진 블레이드는 후진 블레이드에 비해서 더 빠르게 이동하고 양력 발생이 더 크다. 양력이 증가하면서 블레이드를 상향하게 하고, 받음각과 양력을 감소시킨다. 반대로 후진 블레이드는 속도가 감소하기 때문에 양력이 감소하고 블레이드는 하향하면서 받음각과 양력이 증가한다.

【22】 전진비행과 일정한 블레이드-피치각에서 전진 블레이드의 양력이 증가하는 것은 어떠한 원인에 의한 것인가?

① 플랩-다운, 받음각의 증가로 인한 것이다.

② 플랩-업, 받음각의 증가로 인한 것이다.

③ 플랩-다운, 받음각의 감소로 인한 것이다.

④ 플랩-업, 받음각의 감소로 인한 것이다.

【해설】 전진비행에서 전진 블레이드는 후진 블레이드보다 더 빠른 속도를 갖는다. 만약 전진 블레이드의 받음각을 일정하게 유지하고 있다면 전진 블레이드는 양력을 더 크게 생산하고 상향 플랩하게 한다. 블레이드가 상향하면서 받음각은 감소한다.

■ 20.③　21.④　22.④

【23】 [그림8-16, 본문] 오토로테이션에 기여하고 있는 로터 블레이드의 구역은 무엇인가?
① 70~100%, 실속 구역이라 한다.
② 0~25%, 구동 구역이라 한다.
③ 25~70%, 구동 구역이라 한다.
④ 50~70%, 실속 구역이라 한다.

【해설】 엔진이 로터에 더 이상 동력을 공급할 수 없을 때 로터를 회전하게 하는 힘을 생산하는 로터 블레이드의 부분은 중심으로부터 외측으로 약 25~70% 반경 사이의 구역이다. 이 부분을 오토로테이션 영역 혹은 구동 영역(autorotative or driving region)이라 한다.

【24】 [그림8-16] 오토로테이션 중 로터 RPM을 유지하는데 필요한 추력을 제공하는 로터 블레이드의 구역은 어느 것인가?
① 내측 또는 실속구역　　② 내측 자동회전구역
③ 외측 또는 추진구역　　④ 중간 또는 자동회전구역

【25】 오토로테이션 중 유동력 비행에서 필요로 하는 것보다 더 많은 사이클 전방압이 필요한 이유는 무엇인가?
① 로터 시스템에서 평형 RPM에 도달할 수 있는 대기속도를 얻기 위함이다.
② 안티-오토로테이션 힘을 중립화하기 위함이다.
③ 정상 RPM까지 로터를 가속하기 위한 공기역학적 힘의 벡터를 허용하기 위함이다.
④ 최대 RPM까지 로터를 가속하기 위한 추력 벡터를 허용하기 위함이다.

【해설】 오토로테이션 중 로터 RPM은 구동 구역(driving region)의 오토로테이션 힘(추력)과 피구동 구역(driven region)의 안티-오토로테이션 힘(항력) 그리고 실속 구역(stall region)이 동등해졌을 때 안정된다. 만약 로터 RPM이 상승기류(updraft)의 유입으로 증가하였다고 가정했을 때 전체 블레이드 선상에서 받음각이 감소하는 현상이 발생한다. 이것이 오토로테이션 힘을 감소하게 함으로써 로터 속도가 감소하게 되는 공기역학적 힘의 벡터에서 변화를 초래한다. 만약 로터 RPM이 하강기류(downdraft)가 유입되면서 감소하였다면 오토로테이션 힘은 로터 속도를 다시 평형 RPM까지 가속시키는 경향이 있다.

【26】 회전날개 항공기의 전진 속도를 제한하는 주요 원인은 무엇인가?
① 고주파 진동
② 횡단류 효과
③ 양력 불균형
④ 전이성향

【해설】 회전날개 항공기의 전진 속도를 제한하는 것은 양력 불균형(dissymmetry lift)이다. 헬리콥터의 전진속도가 증가함에 따라 전진 블레이드와 후진 블레이드 사이의 속도차는 더욱 커진다. 높은 전진속도에서 후진 블레이드의 더 느린 속도는 실속을 초래할 수 있는 더 높은 받음각에 도달하게 된다.

■ 23.③　24.④　25.①　26.③

【27】 일정한 대기속도와 고도에서 전진 순항비행 중 각각의 로터 블레이드를 서로 비교했을 때 어떤 방식으로 작동하는가?

① 다른 대기속도, 동등한 받음각, 그리고 다른 양력 모멘트

② 다른 대기속도, 다른 받음각, 그리고 동등한 양력 모멘트

③ 일정한 대기속도, 다른 받음각, 그리고 다른 양력 모멘트

④ 일정한 받음각, 다른 대기속도, 그리고 다른 양력 모멘트

【해설】 양력 불균형으로 인해서 전진 순항비행 중 개별 블레이드는 다른 대기속도, 다른 받음각으로 회전하지만 동등한 양력 모멘트(equal lift moments)를 갖는다.

【28】 회전날개 항공기가 일정한 고도를 유지하면서 수평직선비행으로부터 30° 경사로 전환될 때 총양력 힘은 어떻게 되어야 하는가?

① 증가, 그리고 하중계수는 증가할 것이다.

② 증가, 그리고 하중계수는 감소할 것이다.

③ 일정, 그리고 하중계수는 증가할 것이다.

④ 일정, 그리고 하중계수는 감소할 것이다.

【해설】 헬리콥터는 수직양력분력(vertical lift component)과 무게가 동등할 때 수평비행을 하게 될 것이다. 총 양력 벡터(total lift vector)는 항상 원뿔각의 이등분선(bisector)이고, 로터 디스크가 기울어졌을 때 총 양력 벡터 역시 기울어지기 때문에 이것은 수직과 수평 분력 모두를 갖는다. 헬리콥터가 경사 선회(banked turn)할 때 헬리콥터의 무게와 선회로 인한 원심력(centrifugal force)에 의해서 초래된 부가 하중을 더한 것과 동등하기에 충분할 정도로 양력이 증가해야 수평 선회가 가능하다.

【29】 특정 단일로터 헬리콥터에서 마스트는 수직 위치로부터 약 1° 정도 기울어져 있다. 이 약간의 수직 오프셋이 상쇄시키는 것은 무엇인가?

① 빗놀이(요) ② 옆놀이(롤)

③ 토크 ④ 편류

【해설】 로터 마스터(rotor mast)의 오프셋(offset)은 테일로터 추력으로 인한 편류(drift)를 보상하기 위해서 약간의 수평 분력(slight horizontal component)을 메인로터 양력에 제공하는 것이다.

【30】 대부분 항공기는 제자리비행 할 때 오른쪽으로 편류하는 경향이 있다. 이를 상쇄시키는 방법은 어느 것인가?

① 테일로터 추력의 방향은 안티-토크 페달을 사용해서 변화시킬 수 있다.

② 마스트를 약간 왼쪽으로 기울여 준다.

③ 자이로 세차와 함께 사이클릭 피치 시스템을 앞쪽으로 조정하여 이 경향을 수정한다.

④ 마스트를 편류하는 방향으로 기울여 준다.

【해설】 제자리비행(hovering) 중인 헬리콥터는 테일로터 추력의 방향으로 이동하려는 경향을 보이고 이를 전이성향(translating tendency)이라 한다. 이를 상쇄시키기 위해서 일부

■ 27.② 28.① 29.④ 30.②

헬리콥터에서는 로터 마스트(rotor mast)를 약간 왼쪽으로 기울게 조절하여 팁 경로 평면(tip-path plane)이 왼쪽으로 약간 기울도록 함으로써 약간의 측면 추력(side thrust)을 발생하도록 한다.

【31】 헬리콥터가 전이양력에 진입했을 때 감지할 수 있는 진동의 원인은 무엇인가?

① 전진 블레이드의 압축성　　② 횡단류 효과

③ 양력 불균형　　④ 원심력 증가

【해설】 헬리콥터가 전이양력에 진입했을 때 발생하는 약간의 흔들림 혹은 진동은 횡단류 효과로 인한 것이다.

【32】 횡단류 효과는 어떠한 현상의 결과인가?

① 전진 블레이드와 후진 블레이드의 속도차로 인한 결과이다.

② 자이로 세차로 인한 공기흐름의 방해로 인한 것이다.

③ 전방 비행의 방향에 반대의 로터 시스템을 통한 공기흐름으로 인한 것이다.

④ 로터 디스크의 후방 부분 위를 흐르는 공기흐름의 하강풍 속도의 증가로 인한 것이다.

【해설】 전진비행에서 로터 디스크의 후방 부분(rear portion)을 통과하는 공기흐름은 전방 부분(forward portion)을 통과해서 흐르는 공기보다 더 높은 하강풍 속도(downwash velocity)를 갖는다. 이것은 후방 부분을 통과하고 있는 공기는 전방 부분을 통과하고 있는 공기보다 더 긴 시간 동안 가속되기 때문이다. 디스크의 후방에서 이 가속 하강풍 속도는 받음각과 블레이드 양력을 감소시키기 때문에 자이로 세차(gyroscopic precession)와 결합되었을 때 로터 디스크를 오른쪽으로(전진 블레이드 측면) 기울어지게 하는 원인이 된다. 로터 디스크의 전방 부분에서 양력은 후방 부분의 양력보다 더 크다. 자이로 세차의 원리에 따라 로터 블레이드의 최대 편향은 회전 방향에서 90°를 지난 지점에서 발생한다. 이것은 로터 블레이드는 왼쪽에서 최대 상향 편향(maximum upward deflection)에 도달하고 오른쪽 측면에서 최대 하향 편향(maximum downward deflection)에 도달한다는 것을 의미한다. 이 횡단류 효과는 저속에서 헬리콥터의 트림이 필요한 측방 사이클릭 스틱 조종(lateral cyclic stick control)의 주요 부분에 기여하는 요소이다.

【33】 헬리콥터 비행 중 유효전이양력을 얻을 수 있는 시점은 언제인가?

① 제자리비행이 유지될 수 있을 때

② 대지속도의 증가가 제자리비행으로부터 전이를 필요로 하는 부가 성능을 제공할 때

③ 부가 양력이 로터 디스크를 통한 공기흐름의 증가로부터 얻을 수 있을 때

④ 양력 불균형이 해소되었을 때

【해설】 전이양력은 수평비행에 진입했을 때 로터 시스템의 효율이 증가하면서 부가 양력(additional lift)을 얻는다. 로터 시스템은 전진비행에서 더 큰 양력을 생산한다. 이것은 유입 속도(inflow velocity)가 증가하면서 제자리비행할 때 받아들이는 것보다 단위 시간당 더 많은 공기의 질량(mass of air)이 로터 디스크에 공급되기 때문이다. 전이양력은 속도가 약 15노트에 도달할 때까지 뚜렷하지 않지만, 수평 이동 중에 항상 나타난다. 이 속도에서

■ 31.② 32.④ 33.③

가용한 부가 양력을 유효전이양력(effective translating lift)이라 하고 실제 비행에서 헬리콥터의 성능이 증가하는 것으로 쉽게 인지할 수 있다.

【34】 3-블레이드, 전관절 로터 시스템에서 선도-지연 힌지의 목적은 무엇을 상쇄하기 위한 것인가?

① 진동을 감쇠시키기 위함이다. ② 코리올리스 효과
③ 블레이드 플랩핑 경향 ④ 양력 불균형

【해설】 로터 블레이드의 가속과 감속 작용은 댐퍼(damper) 혹은 블레이드 구조 자체에서 흡수해야 한다. 3-블레이드, 전관절 로터 시스템에서 선도-지연 힌지의 목적은 코리올리스 효과(Coriolis effect)를 상쇄시키는 것이다.

【35】 로터 블레이드에서 코리올리스 효과는 어떠한 작용을 하게 하는가?

① 받음각을 변화하도록 한다.
② 블레이드를 가속 또는 감속하도록 한다.
③ 회전 방향에서 90° 선행하도록 한다.
④ 원뿔각을 증가시킨다.

【해설】 회전 평면에서 물체 운동(mass movement)으로 인한 블레이드의 속도를 가속 또는 감속시키는 블레이드의 경향을 코리올리스 효과라 한다. 로터 블레이드의 가속과 감속 작용은 댐퍼(damper) 혹은 블레이드 구조 자체에서 흡수해야 한다. 3-블레이드, 전관절 로터 시스템에서 선도-지연 힌지(lead-lag hinge)의 목적은 코리올리스 효과(Coriolis effect)를 상쇄시키는 것이다.

【36】 헬리콥터에서 수평안정판의 목적은 무엇을 제공하기 위함인가?

① 동체의 공기역학적 피칭 모멘트의 충분한 조종성을 부여한다.
② 고정 표면으로 비행 중 속도를 향상하기 위함이다.
③ CG 한계 또는 근처에서 비행 중일 때 적절한 사이클릭 조종 이동을 제공하기 위함이다.
④ 가로안정성을 증대시키기 위함이다.

【해설】 헬리콥터에 있는 수평안정판(horizontal stabilizer)의 목적은 동체를 수평으로 하고 항력을 감소시키는 데 있다. 모든 수평안정판이 고정된 것은 아니다. 수평안정판의 하향 힘은 특히 CG가 후방 범위에 있을 때 사이클릭 전방 이동을 제한한다.

【37】 각 블레이드가 플랩-업 그리고 플랩-다운 함에 따라 질량 중심의 전환이 발생한다. 블레이드가 플랩-업할 때 CG는 회전축에 가깝게 이동하면서 블레이드에는 어떠한 경향을 예상할 수 있는가?

① 회전성 속도의 감속, 이 경향은 양력 불균형이라 한다.
② 회전성 속도의 안정, 따라서 양력 불균형을 보상한다.
③ 회전성 속도의 감속, 이 경향을 전이성향이라 한다.
④ 회전성 속도의 가속, 이 경향은 코리올리스 효과라 한다.

■ 34.② 35.② 36.① 37.④

【해설】 헬리콥터의 로터 블레이드가 상향으로 플랩핑 함에 따라 블레이드의 질량 중심이 회전 중심에 더욱 가까이 이동시키면서 블레이드의 속도가 증가하는 경향이 있다. 이를 코리올리스 효과라 한다.

【38】 기온과 무게가 헬리콥터의 V_{NE}에 어떠한 영향을 주는가?

① 기온과 무게가 증가함에 따라 V_{NE}는 증가한다.
② 기온과 무게가 증가함에 따라 V_{NE}는 감소한다.
③ 기온과 무게가 감소함에 따라 V_{NE}는 감소한다.
④ 기온과 무게가 증가함에 따라 V_{NE}는 변함이 없다.

【해설】 높은 기온은 고밀도 상태가 되어 헬리콥터의 성능을 감소한다. 총중량이 더 무거워질수록 제자리비행과 전진비행을 위한 동력은 더 많이 요구된다. 이것은 가용 동력(power available)이 낮아져 헬리콥터의 성능이 더 떨어지기 때문에 V_{NE}는 기온과 무게가 증가함에 따라 감소한다.

【39】 조종사가 첨단 항공전자를 개인적 또는 환경적 한계까지 더 가까이 운용할 수 있다고 믿을 때 어떠한 결과가 나타날 수 있는가?

① 위험이 증가할 수 있다.
② 항공기의 활용성을 더 크게 달성할 수 있다.
③ 위험이 감소할 수 있다.
④ 항공기 활용성과 위험을 크게 낮출 수 있다.

【해설】 첨단 항공전자(advanced avionics)는 조종사의 위험 관리 행위에서 부정적 영향을 줄 수 있다. 때로는 이들 장치로부터 수많은 정보는 차라리 정보가 없는 것보다 더 위험한 결과를 초래할 수 있다. 첨단 항공전자는 안전을 증가시키기 위한 것이지 위험을 감소시키는 것은 아니라는 것을 명심해야 한다.

【40】 로터 블레이드 피치각은 블레이드 시위선과 어느 요소 사이의 예각인가?

① 받음각 ② 비행경로
③ 상대풍의 방향 ④ 로터 회전평면

【해설】 헬리콥터 로터 블레이드(rotor blade)의 피치각은 블레이드의 시위선과 로터 회전평면(plane of rotor rotation) 사이의 예각(acute angle)이다.

【41】 항공기 자동화로 입증된 사항 중 하나로 경각심을 가져야 하는 것으로 맞는 것은?

① 조종사는 이들을 절대적으로 신뢰할 수 있게 되었다.
② 자동화는 기본적으로 무결함임이 입증되었다.
③ 사고를 방지하는 것이 입증되었다.
④ 이들의 한계에서 새로운 위험이 있을 수 있다.

【해설】 첨단 항공전자는 항공기의 실용성(utility)과 함께 안전을 향상하기 위해서 설계되었다. 그러나 어느 시스템이든지 결함이 없는(infallible) 것은 없다. 자동화(automation)가

■ 38.② 39.① 40.④ 41.④

기존의 많은 실수를 방지하는 데 도움이 되지만 이들 시스템으로 인한 새로운 종류의 실수 가능성이 존재한다는 것을 잊어서는 안 된다.

【42】 디지털 비행계기(글라스 칵핏)와 관련된 조종실 업무가 감소한 것은

① 비행승무원 피로를 낮추는 데 유용하다.

② 안전이 향상되었음이 입증되었다.

③ 운항승무원의 방심(자만)으로 이어질 수 있다.

④ 조종실 업무의 전체를 자동화 계기에 위임함으로써 조종사는 충분한 휴식을 취할 수 있어 사고 예방에 기여하고 있음이 입증되었다.

【해설】 위험관리(risk management)는 첨단 항공전자 항공기에서 마스터하는데 필수적인 3가지 비행 관리 기술의 마지막 단계이다. 글라스 칵핏(glass cockpit)으로 인한 상황인식(situational awareness)과 자동화 능력은 안전과 활용성 면에서 향상되었다. 동시에 조종실 업무가 줄어든 것은 방심/자만(complacency; 모든 것을 자동화가 해결해 줄 것이라는)이라는 새로운 위험요소가 등장하였다.

【43】 로터 시스템에 관해서 맞게 설명하고 있는 것은 어느 것인가?

① 메인로터 블레이드는 서로 독립된 장치로 플랩과 페더할 수 있는 것은 반경식 로터 시스템이다.

② 반경식 로터 시스템의 메인로터 블레이드는 한 장치로써 플랩과 페더할 수 있다.

③ 댐퍼는 통상 전관절 로터 시스템에서 사용하여 각 로터 블레이드의 스팬방향 축에 대한 과도한 운동을 방지한다.

④ 전관절 로터 시스템에 있는 수평 플랩핑 힌지는 메인로터 블레이드를 헌트할 수 있다.

【해설】 반경식 로터 시스템(semirigid rotor system)에서 블레이드는 허브(hub)에 견고하게 상호 연결되어 있지만, 허브는 로터 축(rotor shaft)에 관해서 자유롭게 기울어지고(tile and rock) 흔들린다. 블레이드는 한 장치로써 플랩과 페더(flap and feather)한다.

【44】 전관절 로터 시스템의 메인로터 블레이드는 어떠한 운동을 하는가?

① 독립적으로 플랩, 드래그, 페더

② 집단적으로 플랩과 페더

③ 독립적으로 플랩과 드래그, 집단적으로 페더

④ 상호 연관적 플랩과 페더

【해설】 전관절 로터 시스템(fully-articulated rotor system)에서 각 블레이드는 플랩핑 힌지(flapping hinge; 수평), 드래그 힌지(drag hinge; 수직)로 허브에 연결되어 있다. 블레이드의 스팬방향(spanwise) 축에 대해서 자유롭게 회전하도록 장착되어 있다. 따라서 각 블레이드는 독립적으로 플랩(flap), 드래그(drag), 그리고 페더(feather) 운동을 한다.

■ 42.③ 43.② 44.①

【45】 대부분 헬리콥터에서 비행 중 중간 주파수 진동의 한 원인은 무엇인가?

① 조종계통의 리깅 불량

② 메인 트랜스미션에 있는 베어링 결함

③ 테일로터의 부정확한 리깅

④ 메인로터의 부정확한 리깅

【해설】 헬리콥터의 운용과 관련된 중간 주파수(medium frequency vibration)의 진동은 테일로터의 부정확한 리깅(improper rigging)이 원인일 수 있다.

【46】 저밀도고도와 비교해서 고밀도고도는 블레이드 효율에 어떠한 영향을 줄 수 있고 그 이유는 무엇인가?

① 블레이드에 마찰이 작기 때문에 효율이 증가한다.

② 블레이드에 더 작은 힘이 발휘되기 때문에 효율이 감소한다.

③ 더욱 얇은 공기가 블레이드의 힘을 증가시키기 때문에 효율이 감소한다.

④ 더 큰 힘이 블레이드에 발휘되어 마찰이 크기 때문에 효율이 감소한다.

【해설】 회전하는 블레이드를 통해서 가속되고 있는 공기의 질량에 비례하여 양력이 생산된다. 만약 공기밀도가 낮다면 블레이드 효율은 감소한다.

【47】 고밀도고도는 헬리콥터 성능에 어떻게 영향을 주는가?

① 이것은 엔진 성능을 증가시킨다.

② 이것은 상승 성능을 감소시킨다.

③ 이것은 이륙 성능을 증가시킨다.

④ 엔진 성능에는 변함이 없다.

【해설】 고밀도고도(high density altitude)는 모든 항공기 성능 변수를 감소시킨다. 이것은 정상적으로 예상할 수 있는 출력(output)이 감소한다는 것을 의미한다. 따라서 블레이드 효율(blade efficiency)이 감소하고 헬리콥터 운용 환경에서 동체를 지지하기 위해서 더 높은 진대기속도가 필요하다. 이것은 이륙과 착륙을 위해서 더 긴 이륙 거리가 필요하고 상승률 역시 감소할 것이다.

【48】 헬리콥터의 V_{NE}를 제한하는 것은 무엇인가?

① 로터 블레이드의 원심 비틀림 모멘트

② 로터의 횡단류 효과

③ 토크로 전환할 수 있는 엔진의 가용 마력

④ 가로 조종성과 후진 블레이드 실속

【해설】 헬리콥터 로터 블레이드의 실속은 고속으로 인해서 제한된다. 헬리콥터 후진 블레이드(retreading blade) 위를 흐르는 공기는 전진속도가 증가함에 따라 감소한다. 반면 전진 블레이드(advancing blade) 위를 흐르는 공기는 전진속도(forward speed)가 증가함에 따라 증가한다.

■ 45.③ 46.② 47.② 48.④

【49】 회전날개 항공기 성능을 위해서 가장 바람직한 상태의 결합은 무엇인가?

① 저밀도고도, 낮은 총중량, 그리고 중간에서 강풍

② 저밀도고도, 높은 총중량, 그리고 무풍과 미풍

③ 고밀도고도, 낮은 총중량, 그리고 중간에서 강풍

④ 고밀도고도, 높은 총중량, 그리고 중간에서 강풍

【해설】 헬리콥터 성능을 위한 가장 바람직한 상태의 결합은 저밀도고도, 낮은 총중량, 그리고 중간에서 강한 바람이 조화되었을 때이다. 저밀도고도는 엔진의 성능과 로터에서 생산되는 양력 모두를 증가시킨다. 낮은 총중량은 헬리콥터를 최대 성능보다 낮은 상태에서 운용할 수 있도록 한다. 중간에서 강한 바람은 헬리콥터가 최저의 대지속도로 유효 전이양력을 얻도록 하는 데 도움이 된다.

【50】 모든 다른 요소들이 일정하다면 상대습도의 증가는 어떠한 현상을 초래할 것인가?

① 공기밀도가 낮아져 제자리비행 실링이 증가한다.

② 공기밀도가 낮아져 제자리비행 실링이 감소한다.

③ 공기밀도가 높아져 제자리비행 실링이 감소한다.

④ 공기밀도가 높아져 제자리비행 실링이 증가한다.

【해설】 수증기는 건조 공기(dry air) 무게의 5/8 정도에 불과하고, 상대습도가 높을 때 공기밀도는 표준보다 낮다. 따라서 엔진은 더 낮은 동력을 생산하고 로터 블레이드 역시 표준일 때보다 더 낮은 양력을 생산한다. 모든 다른 요소가 일정하다고 한다면 상대습도(relative humidity)가 증가하는 것은 제자리비행 실링(hovering ceiling)을 낮출 것이다.

【51】 헬리콥터의 성능은 무엇으로 결정되는가?

① 제자리비행을 유지할 수 있는 가장 높은 고도

② 기압고도, 총중량, 그리고 가용동력

③ (π×로터 직경)÷블레이드 면적

④ 밀도고도, 총중량, 그리고 지상풍

【해설】 고고도(high altitude)에서 헬리콥터의 성능을 제한하는 것은 총중량(gross weight), 밀도고도(density altitude), 그리고 바람(wind)이다.

【52】 고도가 증가함에 따라 대부분 항공기의 V_{NE}는 어떻게 변하는가?

① 증가 ② 감소

③ 변함없음 ④ 증가 후 감소

【해설】 고도가 증가함에 따라 대부분 헬리콥터에서 V_{NE}는 감소한다.

【53】 기온이 매우 높은 날 헬리콥터를 운용 중 권장되는 기술은 무엇인가?

① 접근 중 신속한 강하 ② 정지에서 수직으로 상승

③ 이륙 중 전진비행으로 신속한 가속 ④ 이륙 중 전진비행으로 서서히 가속

【해설】 날씨가 매우 더운 날 헬리콥터의 운용은 다음과 같은 절차를 권장한다.

■ 49.① 50.② 51.④ 52.② 53.④

- *바람과 유효전이양력을 최대한 활용하라.*
- *제자리비행은 가능한 한 낮은 고도로 수행하라.*
- *최대 허용가능 엔진 RPM을 유지하라.*
- *서서히 전진속도로 가속하라.*
- *필요하다면 러닝 이륙과 착륙(running takeoff and landing) 기술을 적용하라.*
- *최대성능이륙과 깊은각 접근에 주의하라.*

【54】 총중량을 계산하는 데 있어서 헬리콥터 소유주의 매뉴얼에 주어진 무게 정보의 활용에 관해서 원래 장비들에 추가로 설치한 것이 있다면 이를 알아야 하는 것이 중요하다. 그 이유는 무엇인가?
① 최대 허용 가능한 유상하중이 증가한다.
② 허용가능 유용하중은 변함이 없다.
③ 최대 허용가능 총중량이 증가한다.
④ 허용가능 유용하중을 감소시킨다.
【해설】 대부분 제작자 매뉴얼에 제공되는 자중과 모멘트(empty weight and moment)는 추가적인 선택 장비(optional equipment)를 설치하기 전의 기본 헬리콥터를 위한 것이다. 만약 헬리콥터 소유주가 후에 무선장치, 오토파일럿, 제빙기와 같은 장비를 추가로 설치했다면 자중과 모멘트는 변할 수 있다. 이 변화는 헬리콥터 무게와 균형 표(weight and balance sheet)에 반드시 기록되어야 하고 무게와 균형을 계산할 때 적용해야 한다.

【55】 CG가 전방 한계에 있는 헬리콥터가 수평비행을 유지하기 위해서 부가 하향하중이 수평안정판에 추가되어야 한다. 이 상황에 관해서 가장 잘 설명하고 있는 것은?
① 블레이드가 지지해야 하는 부가 하중이다.
② 블레이드로 지지해야 하는 더 낮은 하중이다.
③ 항력 감소로 대기속도는 더 빨라진다.
④ 항력 증가로 대기속도는 더 빨라진다.
【해설】 헬리콥터기가 최대 전방 CG 위치가 되도록 적재되었을 때 수평 순항비행을 유지하기 위해서 기수들림 트림(nose-up trim)이 필요하다. 기수들림 트림은 수평꼬리 표면에서 생산되는 하향하중을 증가시킨다. 이 하향 하중(down-load)은 공기역학적 하중(aerodynamic load)이지만 이것은 어느 다른 무게와 같이 블레이드로 지지해야 한다. 전방 CG는 더 높은 블레이드 하중을 초래하고 항력을 증가시키고 순항속도를 더 낮게 하는 경향이 있다.

【56】 후방 한계에 CG가 놓이도록 적재되어 있다. 헬리콥터 조종성에 어떠한 영향을 줄 수 있는가?
① 세로안정성에 심각한 영향을 받을 수 있다.
② 가로안정성에 심각한 영향을 받을 수 있다.
③ 수직안정성에 심각한 영향을 받을 수 있다.
④ 안정성에 큰 영향을 주지 않는다.

■ 54.④ 55.① 56.①

【해설】 항공기의 CG가 최대 후방 위치에 놓여 있을 때 세로안정성에 심각한 영향을 받을 수 있다.

【57】 헬리콥터의 CG가 후방 한계에 놓이도록 적재되었다. 전방 CG 한계에 적재되었을 때와 비교했을 때 나타나는 성능 특성은?

① 후방 CG는 가장 높은 실속속도와 순항속도를 제공한다.

② 후방 CG와 함께 더 작은 양력을 제공하는데 필요한 승강타 또는 수평안정판에 의한 더 큰 유해항력 때문에 순항속도는 낮다.

③ 후방 CG와 함께 더 많은 양력을 제공하는데 필요한 승강타 또는 수평안정판에 의한 더 큰 유도항력 때문에 순항속도는 낮다.

④ 후방 CG는 가장 낮은 실속속도, 가장 높은 순항속도, 그리고 낮은 안정성을 제공한다.

【해설】 헬리콥터의 CG가 후방 한계(aft limit)에 놓이도록 적재되었을 때 수평꼬리 표면은 가장 작은 하향하중(download) 조건에 놓이게 된다. 이것은 블레이드 하중의 부분을 완화하고 더 낮은 받음각에서 고도를 유지할 수 있도록 한다. 항력이 작아져 헬리콥터는 더 빠른 순항속도에서 비행하게 될 것이다. CG 후방 한계 적재로 인한 단점은 세로안정성이 감소하는 것이다.

【58】 CG가 후방으로 이동함에 따라 헬리콥터는 어떠한 영향을 받을 수 있는가?

① 안정성이 낮아지고 조종성도 떨어진다.

② 안정성이 낮아지지만, 조종성은 더 양호해진다.

③ 후방 CG를 초과하지 않는 한 안정성과 조종성이 더 나아진다.

④ 안정성이 낮아지지만, 조종성은 양호해진다.

【해설】 헬리콥터의 CG가 후방으로 이동함에 따라 안정성과 조종성 모두 떨어진다. CG가 후방 한계 또는 근처에 있을 때 후방에 다소 낮은 하향하중이 부여된다. 이것은 다운-피칭 모멘트는 안정성을 감소시키기 때문이다.

【59】 헬리콥터가 전방 CG 한계를 초과했을 때 비행 특성에 어떻게 영향을 줄 수 있는가?

① 유도항력을 감소시키기 때문에 성능이 향상된다.

② 더욱 양호한 세로안정성에 기여한다.

③ 매우 가벼운 사이클릭 조종력은 헬리콥터에 부주의한 과도한 응력을 초래할 수 있다.

④ 세로안정성이 떨어져 기수 들림 경향이 발생할 수 있다.

【해설】 전방 CG 한계에 적재된 헬리콥터는 CG가 앞으로 이동할수록 세로안정성이 증가한다. 전방 CG는 속도가 감소함에 따라 기수를 낮추려는 경향이 증가한다.

■ 57.④ 58.① 59.②

【60】 CG가 최전방 허용가능 위치에 있고 일정한 동력과 고도를 유지하고 있다면 지시속도의 특성은 무엇인가?

① CG 위치와 지시속도 사이에는 아무런 관계가 없다.
② CG가 최후방 허용가능 위치에 있는 것보다 지시속도는 낮아질 것이다.
③ CG가 최후방 허용가능 위치에 있는 것보다 지시속도는 더 높아질 것이다.
④ CG 위치는 헬리콥터 자세가 높아짐에 따라 전방으로 이동하기 때문에 지시속도는 낮아질 것이다.

【해설】 헬리콥터가 최전방 CG 위치에 적재되어 있을 때 수평비행을 유지하기 위해서 기수-들림 트림(nose-up trim)이 필요하다. CG가 후방한계에 있는 것보다 전방한계에 있을 때 일정한 동력과 고도를 유지하기 위한 지시속도는 낮아질 것이다.

【61】 CG가 허용가능 한계의 후방에 있다면 이 상황에서 조종사가 불가능하다는 것을 발견할 수 있는 것은 무엇인가?

① 돌풍 속에서 비행 중 기수를 올리는 조작
② 강한 맞바람에서 제자리비행할 때 불균형 상태의 인지
③ 강한 측풍에서 전진비행할 때 불균형 상태의 인지
④ 불충분한 전방 사이클릭 조종으로 인하여 상부 허용가능 대기속도 범위에서 비행

【해설】 헬리콥터에서 CG가 허용가능 후방한계에 적재되었다면 헬리콥터는 테일-로 자세(tail-low attitude)가 될 것이고, 무풍 상황에서 제자리비행하기 위해서 사이클릭 스틱의 과도한 전방 변위(forward displacement)를 초래하게 될 것이다. 또한, 기수-낮음 자세(nose-low attitude)를 유지하기 위한 사이클릭 전방 변위가 충분하지 않기 때문에 상부 허용가능 속도 범위에서 비행을 불가능하게 할 수 있다.

【62】 헬리콥터에서 후방 무게중심이 제한하는 것은 무엇인가?

① 상부 허용 가능한 대기속도 범위
② 블레이드 선상을 따라서 압력중심의 이동
③ 전진비행에 따른 과도한 원뿔각
④ 깊은각 강하로부터 정지, 플레어, 또는 회복할 수 있는 능력

【해설】 후방 CG 조건에서 계속 비행한다면 헬리콥터는 기수-낮음 자세(nose-low attitude)를 유지하기 위한 사이클릭 전방 변위가 충분하지 않기 때문에 상부 허용가능 속도 범위에서 비행을 불가능하게 할 수 있다.

【63】 비행 중 사이클릭의 과도한 전방 위치 이동이 초래할 수 있는 원인은 무엇인가?

① 횡단류 효과로 인한 기수의 피치-업 경향
② 최대 총중량에서 과도한 전방 속도
③ 임계 후방 CG
④ 고밀도고도와 양력 불균형

■ 60.② 61.④ 62.① 63.③

【64】 부양 직후 제자리비행하는 동안 과도한 양의 사이클릭 전방은 지상 위에서 원하는 위치를 유지하는 데 필요하다. 만약 비행을 계속한다면 이 상황은 어떻게 전개될 것인가?

① 만약 연료탱크가 CG의 후방에 있다면 더욱 악화될 것이다.

② 연료탱크의 위치와 관계없이 향상되지 않을 것이다.

③ 연료탱크의 CG는 어떠한 영향도 주지 않는다.

④ 만약 연료탱크가 CG 전방에 있다면 더욱 악화될 것이다.

【해설】 헬리콥터가 후방 CG 상태라면 지상 위에서 원하는 위치를 유지하기 위해서 과도한 사이클릭 전방 압을 필요로 한다. 이 상황은 연료 탱크가 CG 전방에 있다면 탱크로부터 연료가 사용됨에 따라 CG는 더 후방으로 이동하기 때문에 상황을 더욱 악화시킬 수 있다.

【65】 헬리콥터는 허용가능 후방한계 CG의 후방에 적재되었다. 이 위험한 상황에 대해서 맞게 설명하고 있는 것은 어느 것인가?

① 고속 비행 중 돌풍성 바람으로 인한 기수를 낮추기 위해서 가용한 전방 사이클릭 조종이 충분하지 못할 수 있는 헬리콥터의 피치-업이 될 수 있다.

② 이 불균형 상황은 강한 맞바람에서 제자리비행할 때 쉽게 인지될 수 있다.

③ 저속 비행 중 충분한 후방 사이클릭 조종이 정확한 플레어를 위해서 가용하지 않을 수 있다.

④ 오토로테이션의 경우 충분한 후방 사이클릭 조종이 정확한 플레어를 위해서 가용하지 않을 수 있다.

【해설】 헬리콥터가 허용가능 후방한계 CG에 있을 때 돌풍 상황에서 비행 중 매우 위험할 수 있다. 만약 헬리콥터가 고속 비행 중 돌풍(gust wind)으로 인하여 기수가 들렸다면 기수를 더욱 들리게 하면서 사이클릭 스틱의 최대 전방 압을 적용했을지라도 기수를 다시 낮출 수 있는 충분한 힘이 부족할 수 있다.

【66】 균형선회에서 일정한 경사각을 유지하는 동안 선회 지시침의 변위는 어떻게 될 것인가?

① 대기속도가 감소함에 따라 감소할 것이다.

② 대기속도가 증가함에 따라 증가할 것이다.

③ 대기속도와 관계없이 일정하다.

④ 대기속도가 감소함에 따라 증가할 것이다.

【해설】 선회 지시침(turn needle)의 변위는 요 비율(yaw rate)에 따라 달라진다. 만약 균형선회(coordinated turn)에서 일정한 경사각이 유지되고 있다면 요 비율 또는 선회 지시침의 변위는 속도가 감소함에 따라 증가할 것이다.

【67】 30° 경사선회 중 대기속도의 감소는 선회율과 선회변경에 어떻게 영향을 주는가?

① 선회율 감소; 선회반경 증가　　② 선회율 증가; 선회반경 감소

③ 선회율 감소; 선회반경 감소　　④ 선회율과 선회반경은 동일

【해설】 균형선회(coordinated turn)에서 일정한 30° 경사를 유지하고 있으면서 속도의 감소는 선회율(rate of turn)을 증가시키고 선회반경(radius of turn)을 감소시킨다.

■ 64.④　65.①　66.④　67.②

【68】 수평직선비행에서 피치조종을 위한 가장 적절한 정보를 제공하는 계기는 어느 것인가?
① 고도계 ② 자세계
③ 속도계 ④ 승강계

【해설】 수평직선비행에서 고도계는 주요 피치 계기(primary pitch instrument)다. 이것은 피치 조종이 필요하다는 것을 직접 지시하는 것이다.

【69】 수평직선비행으로부터 정속 상승에 진입할 때 보조계기는 어느 것인가?
① 기수방위 지시계 ② 선회 코디네이터와 기수방위 지시계
③ 속도계 ④ 자세계와 선회 코디네이터

【해설】 수평직선비행으로부터 정속상승(constant airspeed climb)에 진입할 때 자세계는 주요 피치 그리고 보조 경사 계기(supporting bank indicator)이다. 기수방위 지시계(heading indicator)는 주요 경사 지시계이고 선회 코디네이터(turn coordinator)는 보조 경사 지시계이다.

【70】 수평 표준율 선회를 확립할 때 주요 경사와 보조 경사계기는 각각 어느 것인가?
① 선회 코디네이터와 기수방위 지시계
② 속도계와 고도계
③ 선회 코디네이터와 자세계
④ 자세계와 선회 코디네이터

【해설】 수평, 표준율 선회(standard rate turn)가 확립되었을 때 선회 시작을 위한 주요 경사계기는 자세계이고, 선회가 확립된 후 주요 경사계기는 선회 코디네이터이다.

【71】 비정상자세에서 자세계가 그 한계를 초과하였다면 회복 전 피치자세를 결정하기 위해서 어느 계기에 의존해야 하는가?
① 속도계와 고도계 ② 선회 코디네이터와 승강계
③ 승강계와 속도계 ④ 기수방위 지시계와 자세계

【해설】 비정상 자세(unusual attitude)에서 자세계는 한계를 초과할 수 있고 신뢰할 수 없다. 따라서 비정상 자세로부터 회복을 시작하기 위해서 속도계와 고도계는 피치 지시를 참고할 수 있는 계기이다.

【72】 수평직선비행으로부터 정속 상승으로 전환하는 동안 주요 피치, 경사, 그리고 동력 계기는 각각 어느 것인가?
① 자세계, 기수방위 지시계, 그리고 매니폴드 게이지 또는 태코미터
② 피치와 경사를 위한 자세계, 동력을 위한 속도계
③ 승강계, 자세계, 그리고 매니폴드 게이지 또는 태코미터
④ 속도계, 기수방위 지시계, 그리고 매니폴드 게이지 또는 태코미터

【해설】 자세계는 자세의 전환 중 주요 피치(primary pitch) 지시계이고, 기수방위 지시계는 경사, 그리고 태코미터 또는 매니폴드압(tachometer or manifold pressure) 게이지는

■ 68.① 69.④ 70.④ 71.① 72.①

동력 계기이다. 속도가 안정됨에 따라 속도계가 주요 피치 계기가 된다.

【73】 일단 표준율 선회가 확립된 후 주요 경사계기는 무엇인가?

① 자세계 ② 선회 코디네이터
③ 기수방위 지시계 ④ 속도계

【해설】 *선회 코디네이터는 항공기의 롤 비율(roll rate)에 비례하는 롤 축(roll axis)에서 항공기의 움직임을 보여준다. 따라서 선회 코디네이터는 일단 표준율 선회(standard rate of turn)가 확립된 후 주요 경사계기가 된다.*

【74】 헬리콥터가 안정된 오토로테이션 중 주요 피치계기는 어느 것인가?

① 고도계 ② 속도계
③ 승강계 ④ 선회계

【해설】 *오토로테이션 중 속도계는 주요 피치 계기가 되고 권장 오토로테이션 속도에 맞추어야 한다.*

【75】 일정한 고도에서 표준율 선회를 확립할 때 주요 피치계기는 어느 것인가?

① 선회계 ② 승강계
③ 속도계 ④ 고도계

【해설】 *고도계는 수평 표준율 선회가 확립되었을 때 주요 피치 계기가 된다.*

【76】 대략 100피트 미만의 고도 수정은 무엇으로 수정해야 하는가?

① 자세계에서 2-바 폭
② 자세계에서 3-바 폭 미만
③ 자세계에서 절반-바 폭 미만
④ 자세계에서 전체-바 폭 미만

【해설】 *자세계기비행 중 100피트 미만의 고도 수정은 자세계 수평지시기의 절반폭(half-bar width)을 적용해야 한다.*

【77】 수평 표준율 선회를 확립할 때 초기 주요 경사계기는 어느 것인가?

① 선회 코디네이터 ② 기수방위 지시계
③ 자세계 ④ 고도계

【해설】 *자세계는 수평 표준율 선회를 확립할 때 초기 주요 경사 계기로 활용해야 한다.*

【78】 수평직선비행으로부터 정속 상승으로 진입하는 동안 보조 경사계기는 어느 것인가?

① 기수방위 지시계
② 자세계와 선회 코디네이터
③ 선회 코디네이터와 기수방위 지시계
④ 속도게와 고도게

■ 73.② 74.② 75.④ 76.④ 77.③ 78.②

【해설】 수평직선비행으로부터 정속 상승(constant airspeed climb)으로 진입할 때 자세계와 선회 코디네이터는 보조 경사계기로 활용해야 한다.

【79】 수평직선비행으로부터 왼쪽으로 표준율 선회로 전환하는 동안 주요 경사계기는 어느 것인가?

① 자세계　② 기수방위 지시계
③ 선회 코디네이터　④ 고도계

【해설】 수평 표준율 선회를 확립할 때 자세계는 초기 주요 경사계기로 활용해야 한다.

【80】 수평비행 중 높은 순항속도에서 낮은 순항속도로 변경하기 위해서 동력이 감소함에 따라 주요 피치, 경사, 그리고 동력 계기는 각각 어느 것인가?

① 자세계, 기수방위 지시계, 그리고 매니폴드 게이지 또는 태코미터
② 고도계, 자세계, 그리고 속도계
③ 고도계, 기수방위 지시계, 그리고 선회 코디네이터
④ 고도계, 기수방위 지시계, 그리고 매니폴드 게이지 또는 태코미터

【해설】 이 상황에서 주요 계기는 다음과 같다.
- *피치; 고도계*
- *경사; 기수방위 지시계*
- *동력; 매니폴드압 게이지 또는 태코미터*

【81】 수평직선비행에서 경사 조종을 위한 가장 적절한 계기는 어느 것인가?

① 선회경사 지시계　② 자세계
③ 기수방위 지시계　④ 고도계

【해설】 수평직선비행 중 주요 계기는 다음과 같다.
- *피치; 고도계*
- *경사; 기수방위 지시계*
- *동력; 속도계*

【82】 수평 표준율 선회를 확립하는 동안 경사 조종을 위한 주요와 보조 계기는 어느 것인가?

① 선회 코디네이터와 자세계　② 자세계와 선회 코디네이터
③ 선회 코디네이터와 기수방위 지시계　④ 고도계와 속도계

【해설】 수평 표준율 선회에 진입(roll-in)할 때 자세계를 이용해서 대략적인 경사각을 확립하는 데 사용하고(주요 경사), 정확한 표준율 선회 지시를 위해서 선회 코디네이터를 보조 경사계기로 활용해야 한다.

【83】 자세계 외에 피치 계기는 어느 것인가?

① 고도계와 속도계만　② 고도계와 승강계만
③ 고도계, 속도계, 그리고 승강계　④ 자세계와 속도계

■ 79.①　80.④　81.③　82.②　83.③

【해설】 피치자세를 지시하는 계기는 고도계, 자세계, 속도계, 그리고 승강계이다.

【84】 자세계를 참고하지 않고 비정상자세로부터 회복하는 동안 대략적인 수평 피치자세는 어떻게 판단할 수 있는가?

① 속도계와 고도계 지시침의 움직임이 중지되고 승강계가 역으로 이동하려는 경향

② 대기속도가 순항속도에 도달하고, 고도계가 역으로 이동하려는 경향, 그리고 승강계 지시침의 움직임이 정지되는 것

③ 고도계와 승강계 지시침이 역으로 이동하려는 경향과 속도계의 지시침 움직임이 정지되는 것

④ 속도계와 고도계 지시침의 움직임이 느려지고 승강계가 중지될 때

【해설】 고도계와 속도계의 지시침의 움직임은 느려지고 승강계 지시침이 반대로 움직이려는 경향을 보일 때 항공기는 수평 피치자세에 접근하고 있음을 알 수 있다.

【85】 수평직선비행에서 피치 조종의 필요성을 제공하는 가장 계기는 어느 것인가?

① 자세계　　② 속도계

③ 고도계　　④ 기수방위 지시계

【해설】 수평직선비행 중 주요 계기는 다음과 같다.

- *피치; 고도계*
- *경사; 기수방위 지시계*
- *동력; 속도계*

【86】 수평 선회에서 대기속도의 변화 중 피치 조종을 위한 보조 계기로 고려되는 것은 어느 것인가?

① 속도계와 승강계　　② 고도계와 자세계

③ 자세계와 승강계　　④ 자세계와 선회 코디네이터

【해설】 수평 선회에서 속도의 변화 중 피치를 보조하는 계기는 자세계와 승강계이다.

【87】 헬리콥터가 비정상자세에 있고 자세계 지시가 그 한계를 초과하고 있다면 회복을 시작하기 전에 피치자세를 결정하기 위해서 의존해야 하는 계기는 어느 것인가?

① 선회계와 승강계

② 속도계, 승강계, 그리고 고도계

③ 승강계와 V_{S1} 또는 V_{MO}에 접근을 감지하기 위한 속도계

④ 기수방위 지시계, 고도계, 매니폴드압 게이지

【해설】 비정상자세(unusual attitude)로부터 회복하기 위해서 경사와 피치자세를 수정하고 필요시 동력을 조절해 주어야 한다. 자세계를 참고할 수 없는 상황에서 피치자세는 고도계, 속도계, 승강계를 활용해서 회복해야 한다.

■ 84.① 85.③ 86.③ 87.②

【88】 수평선회에서 속도가 변화할 때 대기속도가 원하는 값에 도달함에 따라 주요 동력으로 고려되는 것은 어느 계기인가?

① 지수방위 지시계　　② 자세계

③ 고도계　　④ 속도계

【해설】 수평선회(level turn) 중 속도가 변하는 동안 매니폴드압 게이지 또는 태코미터를 주요 동력 계기로 활용해야 한다. 속도계가 원하는 속도를 지시하고 있을 때 속도계를 주요 동력 계기로 활용해야 한다.

【89】 조종사가 부여된 고도에서 벗어났을 때 피치 수정을 위해서 사용되어야 하는 계기는 어느 것인가?

① 고도계와 승강계

② 매니폴드압 게이지와 승강계

③ 자세계, 고도계, 승강계

④ 고도계와 매니폴드압 게이지

【해설】 자세계기비행 중 피치계기는 자세계, 고도계, 속도계, 그리고 승강계이다. 피치 오류가 발견되었을 때 약간의 조종압(light control pressure)으로 즉시 수정 조치를 해야 한다.

【90】 조종사는 엔진 시동 전 선회경사 지시계의 어떠한 상태를 점검해야 하는가?

① 지시침이 수평선과 함께 날개 또는 로터의 각도에 대해서 정확하게 반응해야 한다.

② 엔진이 정지되어 있는 동안 지시침은 자유롭게 움직여야 한다.

③ 항공기가 기울어질 때 볼이 튜브의 한쪽 끝에서 다른 끝까지 움직여야 한다.

④ 지시침이 대략 중앙이 되어야 하고 튜브는 유체가 충만되어 있어야 한다.

【해설】 일반적으로 조종사는 엔진 시동 전 다음 항목을 점검해야 한다.

- *선회경사 지시기(turn and slip indicator)와 자기 나침반의 유체 수위*
- *전기구동 계기는 전원을 공급하고 비정상적인 기계음이 들리지 않는지 확인*
- *계기의 외부, 장착상태, 표지 혹은 손잡이 등의 정상적인 상태, 그리고 일부 계기의 정전과 경고기(warning flag)의 상태*

【91】 표준율 선회를 유지하고 있다면 기수방위 090°로부터 300°까지 좌선회하는데 얼마의 시간이 필요한가?

① 30초　　② 40초

③ 50초　　④ 60초

【해설】 표준율 선회(standard rate of turn)는 기수방위가 초당 3°의 비율로 선회하는 것이다. 문제에서 총 150°를 선회해야 한다. 초당 3° 선회율을 적용했을 때 약 50초가 소요될 것이나.

■ 88.④　89.③　90.④　91.③

【92】 비정상자세로부터 회복 중 수평비행으로 회복되었다고 판단할 수 있는 시기는 언제인가?

① 자세계에 있는 수평지시기가 정확하게 모형항공기와 겹치는 순간

② 승강계 지시가 제로 상승률을 지시하는 순간

③ 고도계와 속도계 지시침이 이동 방향의 역방향으로 이동하기 전 정지되는 순간

④ 고도계 지시침의 움직임이 느리게 움직이는 순간

【해설】 비정상자세로부터 회복 중 수평-피치자세는 속도계와 고도계 지시침의 역방향으로 이동하기 전 정지되는 순간으로 판단한다.

【93】 수평직선비행 중 피치 조종을 위한 주요 정보를 제공하는 것은 어느 것인가?

① 고도계 ② 자세계

③ 속도계 ④ 기수방위 지시계

【해설】 수평직선비행 중 고도계는 주요 피치 계기로 활용되어야 한다. 고도계는 피치 조종을 위한 필요성을 직접 지시한다.

【94】 수평직선비행에서 일정한 상승속도로 진입할 때 보조 경사를 지시하는 계기는 어느 것인가?

① 기수방위 지시계

② 선회 코디네이터와 기수방위 지시계

③ 자세계와 선회 코디네이터

④ 고도계와 속도계

【해설】 수평직선비행으로부터 일정한 대기속도로 상승에 진입할 때 자세계를 주요 피치 계기로 그리고 보조 경사계기로 활용해야 한다. 기수방위 지시계는 주요 경사계기로 그리고 선회 코디네이터는 보조 경사계기로 활용해야 한다.

【95】 정상 접근 중 제자리비행까지 사이클릭 피치 조종은 주로 무엇을 위해서 사용해야 하는가?

① 기수방위 유지 ② 지상 근접율 조종

③ 강하각 조종 ④ 빗놀이(요) 방지

【해설】 정상 접근 중 제자리비행까지 강하각(angle of descent)은 컬렉티브를 이용해서 조종하고, 접근 속도(rate of closure)는 사이클릭을 이용해서 조종한다. 최종 접근에서 기수방위는 안티토크 페달로 조종한다.

【96】 상승 선회 중 엔진 RPM은 원하는 세팅에 있지만, 매니폴드압은 원하는 값보다 약간 높다. 원하는 RPM 세팅을 유지하고 매니폴드압을 수정하기 위해서 어떠한 초기 조종 행위를 취해야 하는가?

① 컬렉티브 피치만 낮춘다.

② 컬렉티브 피치를 낮추고 스로틀을 감소시킨다.

③ 컬렉티브 피치를 올리고 스로틀을 증가시킨다.

④ 컬렉티브 피치를 낮추고 스로틀을 증가시킨다.

■ 92.③ 93.① 94.③ 95.② 96.②

【해설】 매니폴드압(manifold pressure)을 낮추고 일정한 RPM을 유지하기 위해서 주요 매니폴드압을 조종하는 컬렉티브 피치(collective pitch)를 감소시켜야 한다. 컬렉티브 피치를 낮추었을 때 로터의 항력이 감소하고 RPM이 증가한다. RPM을 다시 원하는 값으로 조정하기 위해서 스로틀을 약간 줄여야 할 필요가 있다.

【97】 컬렉티브 피치는 다음과 같이 조종해야 한다. 이 중 맞는 것은 무엇인가?

(1) 수평선회 중 양력 상실을 수정한다.
(2) 원하는 엔진 동력을 유지한다.
(3) 오토로테이션 중 높은 로터 RPM을 수정한다.

① (2) ② (1), (2)
③ (1), (2), (3) ④ (2), (3)

【해설】 헬리콥터 구조상 컬렉티브 피치 조종(collective pitch control)은 메인로터 블레이드의 모든 피치를 동시에 변화시킨다. 이것은 기계적 연결장치를 통해서 스로틀 캠(throttle cam)까지 연결되어 있기 때문에 엔진 동력(engine power)은 컬렉티브 레버를 올릴 때 자동으로 증가하고 내릴 때 자동으로 감소한다. 컬렉티브 조종은 다음과 같이 활용된다.

- *수평선회 중 양력 손실을 보상한다.*
- *원하는 엔진 동력을 유지한다.*
- *오토로테이션 중 높은 로터 RPM을 수정한다.*

【98】 헬리콥터 조종사는 안전하고 효율적인 방법으로 지표면에서 활주하기 위해서 무엇을 사용해야 하는가?

① 출발, 활주 속도, 그리고 정지를 조종하기 위해서 사이클릭 피치
② 출발, 활주 속도, 그리고 정지를 조종하기 위해서 스로틀
③ 측풍 상태에서 기수방위를 유지하기 위한 사이클릭 조종
④ 출발, 활주 속도, 그리고 정지를 조종하기 위해서 컬렉티브 피치

【해설】 헬리콥터가 지상에서 활주할 때 컬렉티브 피치(collective pitch)를 이용해서 이동을 시작하고 정지 그리고 속도를 조절할 수 있다. 컬렉티브 피치가 더 높을수록 활주 속도는 더 빠르다.

【99】 정상 이륙 중 유효전이 양력을 얻은 후 속도가 증가함에 따라 약간의 사이클릭 전방 압을 필요로 한다. 이 같은 행동의 이유는 무엇인가?

① 기수들림을 초래할 수 있는 양력의 증가를 상쇄하기 위함이다.
② 자이로 세차를 상쇄시키기 위함이다.
③ 헬리콥터가 왼쪽으로 롤하게 하는 양력불균형을 상쇄하기 위함이다.
④ 좌빗놀이를 방지하기 위함이다.

【해설】 헬리콥터가 유효전이양력(effective translational lift)까지 가속됨에 따라 상승을 시작하게 될 것이고, 기수는 양력의 증가로 인해서 들리는 경향이 있다. 조종사는 이 시점에서 컬렉티브 피치를 정상 상승 동력(normal climb power)으로 조절하고 사이클릭을 전

■ 97.③ 98.④ 99.①

방으로 밀어줌으로써 기수들림(nose-up) 경향을 극복할 수 있다.

【100】 유동력 접근 중 제자리비행까지 조종에 관해서 가장 잘 설명하고 있는 것은 어느 것인가?

① 사이클릭 피치는 주로 강하각을 조종하고, 컬렉티브 피치는 주로 대지속도를 조종한다.
② 사이클릭 피치는 주로 강하각과 대지속도를 조종하고, 컬렉티브 피치는 주로 강하율을 조종한다.
③ 컬렉티브 피치는 주로 강하각을 조종하고, 로터 RPM은 주로 강하율을 조종하고, 사이클릭 피치는 대지속도를 조종한다.
④ 컬렉티브 피치는 주로 강하각을 조종하고, 사이클릭 피치는 주로 대지속도를 조종한다.

【해설】 동력 접근(powered approach) 중 제자리비행까지 강하각(angle of descent)은 컬렉티브를 이용해서 조종하고, 접근 속도(rate of closure)는 사이클릭을 이용해서 조종한다. 최종 접근에서 기수방위는 안티토크 페달로 조종한다.

【101】 측풍 이륙 중 정확한 조종 기술을 설명하고 있는 것은 어느 것인가?

① 페달은 기수방위와 이동방향 모두를 조종한다.
② 기수방위는 사이클릭으로 유지하고; 이동방향(대지속도와 항적)은 페달로 유지한다.
③ 기수방위는 사이클릭으로 유지하고; 이동방향(대지속도와 항적)은 컬렉티브로 유지한다.
④ 기수방위는 페달로 유지하고; 이동방향(대지속도와 항적)은 사이클릭으로 유지한다.

【해설】 측풍 이륙에서 헬리콥터의 지상항적(ground track)은 사이클릭으로 유지하고, 기수방위는 상승이 확립될 때까지 안티토크 페달로 조종한다.

【102】 다음 중 안티토크 페달의 사용에 관해서 맞는 것은 어느 것인가?

(1) 순항비행 중 기수방위 유지
(2) 오토로테이션 중 토크 상실 수정
(3) 측풍 이륙과 접근 중 기수방위 유지

① (2), (3)　　② (1), (3)
③ (1), (2), (3)　　④ (1), (3)

【해설】 엔진 고장(engine failure)으로 인하여 오토로테이션(autorotation)에 진입 중 토크를 상실했을 때 오른쪽 안티토크 페달(antitorque pedal)은 기수방위를 유지하기 위해서 사용되어야 한다. 또한, 안티토크 페달은 측풍 이륙과 접근 중 기수방위를 유지하기 위해서도 사용된다.

【103】 오토로테이션을 수행한 후 헬리콥터가 완전히 정지한 다음 조종사는 어떠한 조치를 해야 하는가?

① 컬렉티브를 들어 올린다.　　② 컬렉티브를 내려준다.
③ 사이클릭 후방압을 적용한다.　　④ 오른쪽 페달압을 적용해야 한다.

【해설】 오토로테이션으로 착지점(touchdown point)에 착지한 후 조종사는 즉시 컬렉티브

▣ 100.④　101.③　102.①　103.②

를 완전히 내려 주어야 한다. 만약 앞으로 이동하는 것을 사이클릭 후방압으로 정지시키려고 시도했을 때 메인로터가 테일 붐(tail boom)을 칠 수 있다.

【104】 전진비행 중 안티토크 시스템의 고장이 발생했다면 어떠한 조치를 해야 하는가?
① 즉각적이고 유연한 사이클릭 후방압을 적용한다.
② 사이클릭 최대 후방으로 급정지한다.
③ 즉각 컬렉티브를 약간 낮추면서 추가로 스로틀을 적용해야 한다.
④ 컬렉티브를 낮추면서 스로틀을 줄여 정상 오토로테이션을 실시해야 한다.
【해설】 전진비행 중 안티토크 시스템(anti-torque system)이 고장 났다면 컬렉티브를 낮추고 스로틀을 줄이면서 정상 오토로테이션을 실행해야 한다.

【105】 비행 중 안티-토크 시스템 고장에 따른 사이클릭 조종 움직임은 어떻게 조치해야 하는가?
① 기수의 하향 피칭을 조종하기 위해서 후방으로 적용해야 한다.
② 오른쪽 요잉 경향을 상쇄시키기 위해서 왼쪽으로 적용해야 한다.
③ 롤링 모멘트가 중지될 때까지 최대 속도를 유지한다.
④ 피칭 모멘트가 중지될 때까지 최소한으로 유지되어야 한다.
【해설】 비행 중 안티-토크 시스템이 고장 났을 때 사이클릭 조종 움직임은 모든 피칭이 진정될 때까지 최소한으로 움직여야 한다. 특히 사이클릭 스틱의 급격한 후방 움직임은 피해야 한다.

【106】 제자리비행 중 안티-토크 시스템 고장이 발생했다면 컬렉티브는 어떻게 조치해야 하는가?
① 스로틀을 줄이고 오토로테이션을 실시한다.
② 오른쪽으로 선회하려는 토크를 중지시키는데 필요한 왼쪽 페달을 적용한다.
③ 메인로터 블레이드에 하중을 낮추기 위해서 컬렉티브 피치를 낮추어 준다.
④ 왼쪽으로 선회하려는 토크를 강화하기 위해서 왼쪽 페달을 적용한다.
【해설】 제자리비행 중 안티-토크 시스템 고장이 발생했다면 선회 효과를 제거하기 위해서 컬렉티브 피치 위치를 변화시키지 않고 즉시 스로틀을 완전히 줄여야 한다. 동시에 사이클릭은 헬리콥터가 직하방으로 착지할 수 있도록 어떠한 전방, 측방, 또는 후방으로 이동하는 것을 방지하기 위해서 적용해야 한다.

【107】 헬리콥터 비행 중 슬립과 스키드에 관해서 가장 잘 설명하고 있는 것은 어느 것인가?
① 스키드는 너무 많은 페달 압을 선회 반대 방향으로 적용했을 때 발생한다.
② 스키드는 선회율이 적용된 경사량에 비해서 너무 느릴 때 발생한다.
③ 오른쪽으로 강하 선회에서 불충분한 오른쪽 페달 압이 감소한 토크 효과를 상쇄시키기 위해서 적용되었을 때 슬립이 발생할 수 있다.
④ 슬립과 스키드는 오직 부적절한 러더 페달압의 적용이 주원인이다.

■ 104.④ 105.④ 106.① 107.③

【해설】 슬립(slip)은 헬리콥터가 선회중심(center of turn)을 향해서 옆으로 미끄러지고 있을 때 발생한다. 만약 선회에 따른 기수를 유지하기 위해서 부적절한 페달압(improper pedal pressure)을 적용했다면 헬리콥터는 선회중심을 향해서 옆으로 미끄러질 수 있다. 오른쪽 강하 선회(descending turn) 중 토크 효과(torque effect)의 감소를 보상하기 위해서 오른쪽 페달압이 너무 적게 적용되었을 때도 슬립이 발생할 수 있다.

【108】 테일로터는 왼쪽으로 추력을 생산할 수 있는가?

① 없다; 오직 오른쪽으로만 추력을 생산하여 꼬리를 왼쪽으로만 이동하게 한다.
② 있다; 주로 제자리비행 선회에서만 오른쪽으로 추력이 발생한다.
③ 있다; 오토로테이션 중 트랜스미션의 항력을 상쇄하기 위해서 발생한다.
④ 없다; 오직 왼쪽으로만 추력을 생산하여 꼬리를 왼쪽으로만 이동하게 한다.

【해설】 테일로터(tail rotor)는 왼쪽으로 추력을 생산할 수 있어야 한다. 이는 음성 피치각(negative pitch angle)을 의미한다. 오토로테이션 중 트랜스미션의 항력(drag of transmission)은 기수를 왼쪽으로 빗놀이(yaw)하게 하는 경향이 있기 때문이다.

【109】 로터 블레이드의 페더링이 블레이드의 각변화로 인해서 얻을 수 있는 효과는 무엇인가?

① 로터 디스크의 반대쪽에서(후진과 전진 블레이드) 양력을 동등하게 하기 위함이다.
② 로터 디스크의 정풍과 배풍 측면에서 양력을 동등하게 하기 위함이다.
③ 자이로 세차를 상쇄시키기 위함이다.
④ 후진과 전진 블레이드 양력을 다르게 하기 위함이다.

【해설】 로터 블레이드의 피치각이 변함에 따라 각 블레이드의 받음각 역시 변하게 된다. 따라서 로터 블레이드의 페더링(feathering of rotor blades)은 로터 디스크의 반대쪽에서(후진과 전진 블레이드) 양력을 동등하게 하기 위함이다.

【110】 메인로터 시스템의 블레이드 회전 중 사이클릭 조종의 움직임은 어떠한 각도를 변화시키는가?

① 각 블레이드의 받음각
② 상대풍과 시위선 사이의 각도
③ 각 블레이드의 붙임각
④ 블레이드 뿌리와 팁 사이의 블레이드 받음각

【해설】 사이클릭 스틱(cyclic stick)을 앞으로 움직이면 로터 디스크(rotor disc)는 앞으로 기울어지고, 사이클릭을 뒤로 움직이면 로터 디스크는 뒤로 기울어진다. 로터 블레이드 피치각의 증가는 받음각을 증가시키고 피치각이 감소하면 받음각도 감소한다.

【111】 [그림8-2, 본문] 블레이드 팁 실속이 가장 잘 발생할 수 있는 구역은 어느 곳인가?

① 오른쪽, 낮은 전진속도에서　　② 오른쪽, 높은 전진속도에서
③ 왼쪽, 높은 전진속도에서　　④ 왼쪽, 낮은 전진속도에서

【해설】 후진 블레이드 위의 공기흐름 속도는 헬리콥터의 전진속도가 증가함에 따라 감소

■ 108.③　109.①　110.④　111.③

한다. 블레이드 실속(blade stall)은 후진 블레이드(retreating stall)에서 발생한다.

【112】 플레어 방식 오토로테이션의 플레어 중 로터 RPM이 순간적으로 증가할 수 있다. 이 같은 로터 RPM을 증가시키는 원인은 무엇인가?

① 하강풍 속도의 증가
② 전방 운동의 부족으로 인해서 초래된 로터 항력의 감소
③ 기수의 과도한 낮아짐
④ 메인로터 디스크의 받음각이 증가로부터 초래된 부가 양력

【해설】 *헬리콥터가 오토로테이션 착륙(autorotation landing) 중 플레어(flare)할 때 로터 RPM은 순간적으로 증가할 수 있다. 이 같은 현상은 플레어 중 로터 디스크를 통과하는 부가적인 상향 공기흐름(upward)의 양으로 인한 것이다. 이 공기흐름이 블레이드의 받음각을 증가시키고 양력을 증가시킨다.*

【113】 무동력 최종 접근 중에 조종사는 너무 평평한 활공 자세에 있고 이어지는 높은 강하율을 위한 정확한 회복 절차는 어느 것인가?

① 순간적으로 기수를 낮추어야 하지만 동력을 증가시켜서는 안 된다. 이것은 기수를 다시 들릴 수 있게 하기 때문이다.
② 동력을 증가시키고, 만약 고도가 허용한다면 기수를 낮춘다.
③ 사이클릭 후방 압을 적용하여 로터 양력을 증가시킨다.
④ 동력을 증가시키고 사이클릭 전방 압을 적용한다.

【해설】 *오토로테이션 중 조종사가 강하율(rate of descent)을 조종할 수 있는 것은 대기속도이다. 만약 활공이 너무 평평(flat)하다고 판단되었다면 대기속도가 너무 빠르기 때문이다. 이것은 약간의 사이클릭 후방압(aft cyclic pressure)을 적용하여 로터 양력을 증가시키는 방법으로 수정할 수 있다.*

【114】 오토로테이션 강하에 대해서 맞게 설명하고 있는 것은 어느 것인가?

① 만약 짧은 선회가 높은 하중의 헬리콥터로 수행되었다면 로터 RPM은 감소하는 경향이 있다.
② 컬렉티브 피치는 강하율을 조종하기 위해서 사용되어야 한다.
③ 선회는 사이클릭 조종만을 적용해야 한다.
④ 선회는 반드시 페달 조종으로 보조되어야 한다.

【해설】 *오토로테이션 강하(autorotative descent) 중 선회를 해야 한다면 사이클릭 조종만을 적용할 것을 권장한다. 선회를 보조하기 위해서(특히 왼쪽 페달을 사용할 때) 안티토크 페달을 사용했을 때 대기속도의 손실과 기수의 숙여짐(downward pitching)이 더욱 깊어질 수 있기 때문에 주의해야 한다. 오토로테이션을 시작할 때 충분한 오른쪽 페달압을 적용하여 직선 비행(straight flight)을 유지하고 왼쪽으로 빗놀이(yawing)하는 것을 방지한다. 그러나 페달압이 선회를 보조할 정도로 변화되어서는 안 된다.*

▣ 112.④ 113.③ 114.③

【115】 무동력 착륙의 풀-플레어 구간 중에서 로터 RPM은 어떠한 경향을 보이는가?

① 지속적으로 감소한다.

② 초기에 감소한다.

③ 고밀도고도에서 감소하고 저밀도고도에서 증가한다.

④ 초기에 증가한다.

【해설】 오토로테이션 강하 중 전방 속도는 조종사에게 로터 디스크를 후방으로 기울어지게 하여 플레어(flare)의 원인이 되도록 한다. 로터 디스크를 통해서 더 많은 양의 공기흐름으로 생성된 부가 유도 양력(additional induced lift)은 플레어 중 로터 RPM을 초기에 증가시키지만, 전진속도와 강하율이 제로가 되면서 부분적으로 상향 공기흐름이 중지되고 로터 RPM은 다시 감소한다.

【116】 순항고도에서 비행 중 완전한 동력장치 고장이 발생했을 때 반드시 컬렉티브 피치를 낮추어야 하는 이유는 무엇인가?

① 엔진으로부터 메인로터 시스템을 분리한다.

② 프리휠링 장치를 연결해서 정확한 로터 RPM을 유지할 수 있게 한다.

③ 모든 로터 블레이드의 피치를 감소시켜 정확한 로터 RPM을 유지할 수 있게 한다.

④ 최대활공거리를 확보하기 위함이다.

【해설】 엔진 고장이 발생했을 때 즉시 컬렉티브 피치를 낮추는 것은 양력과 항력을 감소시키고 헬리콥터는 즉시 강하하기 시작하기 때문에 로터 시스템을 통해서 상향 공기흐름으로 전환된다.

【117】 고밀도고도 또는 강한 돌풍 상태에서 오토로테이션할 때 정상 대기속도보다 약간 더 높게 유지할 것을 권장하는 이유는 무엇인가?

① 더 낮은 강하율로 인하여 조종사에게 착지점을 예측하는데 더 많은 시간을 허용한다.

② 활공각은 가벼운 하중, 저밀도고도, 또는 무풍의 상태에서 약간 감소한 대기속도의 것에 근접할 것이다.

③ 더 낮아진 로터 속도는 가벼운 하중, 저밀도고도, 또는 무풍의 상태에서 약간 증가한 로터 속도의 것에 근접한 강하율의 원인이 될 것이다.

④ 이것은 가장 낮은 활공률을 유지하는데 필수 요소이기 때문이다.

【해설】 헬리콥터가 고밀도고도(high density altitude) 또는 강한 돌풍(strong gust) 조건에서 과도하게 높은 하중으로 운용 중일 때 강하에서 최대 성능은 약간 증가한 속도에서 얻을 수 있다. 이들 조건에서 속도를 증가시키는 것은 헬리콥터가 가벼운 하중, 저밀도고도, 또는 무풍과 같은 조건에서 약간 감소한 대기속도를 위해서 적용할 수 있는 것과 대략 동일한 활공각(glide angle)을 달성할 수 있다.

■ 115.④ 116.③ 117.②

【118】 오토로테이션 초기에 컬렉티브 피치를 낮추어야 하는 이유는 무엇인가?

① 원하는 강하각을 유지한다.
② 로터 RPM 상실을 방지한다.
③ 최대 활공각을 유지하기 위함이다.
④ 엔진 과속을 방지한다.

【해설】 엔진 고장이 발생했을 때 즉시 컬렉티브 피치를 낮추는 것은 양력과 항력을 감소시키고 헬리콥터는 즉시 강하하기 시작하기 때문에 로터 시스템을 통해서 상향 공기흐름으로 전환된다. 로터 블레이드에 이 상향 공기흐름(upward flow)이 부딪치면서 강하 중에 로터 RPM을 유지할 수 있는 충분한 추력을 제공하는 램 효과(ram effect)가 발생한다.

【119】 터치다운 오토로테이션을 수행할 때 가장 적절한 행동은 어느 것인가?

① 안티-토크 페달은 지상에 착지한 후 중립이 되어 있어야 한다.
② 착지 직전 동체의 이동을 멈추기 위해서 컬렉티브를 완전히 내려야 한다.
③ 착지 후 후방 사이클릭 적용은 지상활주를 감소하기 위해서 필요하다
④ 스키드는 착지에서 세로 수평 자세가 되어야 한다.

【해설】 헬리콥터가 정상 제자리비행 고도(normal hovering altitude)에 접근함에 따라 사이클릭으로 착륙 자세(landing attitude)를 유지하고, 페달로 기수방위, 그리고 쿠션 착지할 수 있도록 충분한 컬렉티브 피치를 적용해야 한다. 또한, 헬리콥터는 지상의 원하는 착지 방향과 평행이 될 수 있어야 한다.

【120】 오른쪽으로 오토로테이션 선회 중 과도한 오른쪽 페달 압을 적용했다면 헬리콥터의 기수는 어떠한 경향이 나타날 것인가?

① 피치-업 그리고 로터 RPM이 증가할 것이다.
② 피치-다운 그리고 로터 RPM이 증가할 것이다.
③ 피치-다운 그리고 로터 RPM이 감소할 것이다.
④ 피치-업 그리고 로터 RPM이 감소할 것이다.

【해설】 오토로테이션 강하(autorotative descent) 중 선회를 해야 한다면 사이클릭 조종만을 적용해야 한다. 선회를 보조하기 위해서(특히 왼쪽 페달을 사용할 때) 안티토크 페달을 사용했을 때 대기속도의 손실과 기수의 숙여짐(downward pitching)이 더욱 깊어질 수 있으므로 주의해야 한다. 선회 중 사이클릭 후방압의 증가는 로터를 통해서 더 많은 공기가 유입되도록 하기 때문에 RPM이 증가한다. 이때 너무 많은 양의 오른쪽 페달압은 부가적인 사이클릭 후방압이 필요하고 로터 RPM은 증가할 수 있다.

【121】 후진 블레이드 실속 진동이 발생했을 때 조종사는 어떠한 조치를 해야 하는가?

① 진동이 없어질 때까지 모든 조종의 사용을 제한한다.
② 컬렉티브 피치를 낮추고, 로터 RPM 증가, 전진속도 감소, 그리고 기동을 최소화한다.
③ 컬렉티브 피치를 낮추고, 로터 RPM 감소, 전진속도 증가, 그리고 기동을 최소화한다.
④ 컬렉티브 피치를 올리고, 로터 RPM 증가, 전진속도 증가, 그리고 기동을 최소화한다.

■ 118.② 119.④ 120.② 121.②

【해설】 헬리콥터의 후진 블레이드 실속(retreading blade stall)은 후진 블레이드에서 과도한 받음각이 원인이다. 블레이드 실속으로 인한 진동이 발생했을 때 다음과 같은 조치를 해야 한다.

- *컬렉티브 피치를 낮추어 받음각 감소*
- *로터 RPM 증가*
- *전진속도 감소*
- *기동 최소화*

【122】 오토로테이션 강하 중 오른쪽 선회를 보조하기 위해서 오른쪽 페달을 사용하는 것은 어떠한 결과를 초래할 수 있는가?

① 기수의 피치-업, 로터 RPM 증가, 침하율 감소, 그리고 지시속도 감소
② 기수의 피치-업, 로터 RPM 감소, 침하율 감소, 그리고 지시속도 증가
③ 기수의 피치-다운, 로터 RPM 감소, 침하율 증가, 그리고 지시속도 증가
④ 기수의 피치-다운, 로터 RPM 증가, 침하율 증가, 그리고 지시속도 감소

【123】 플레어 오토로테이션 강하와 착륙 중 초기 컬렉티브 피치를 적용한 후 기수방위를 유지하기 위해서 추가로 오른쪽 페달 압을 필요로 한다. 이 같은 조치가 필수적인 이유는 무엇 때문인가?

① 자이로 세차
② 활공거리 조절
③ 오토로테이션 중 헬리콥터의 전이성향
④ 로터 RPM 감소

【해설】 플레어 오토로테이션 강하와 착륙(flare autorotative descent and landing)에서 강하를 정지시키기 위해서 컬렉티브 피치를 증가시켰을 때 로터 RPM의 감소로 인하여 기수방위를 유지하기 위해서 부가적인 오른쪽 페달을 적용해야 하고 이것은 테일로터의 효율을 감소시킨다.

【124】 후진 블레이드 실속 상황이 발생하고 있음을 지시하고 있는 초기 현상들은 무엇인가?

① 저주파수 진동, 기수의 피치-다운, 그리고 동체의 롤 경향
② 고주파수 진동, 기수의 피치-다운, 그리고 동체의 롤 경향
③ 기수의 느린 피치-업, 고주파수 진동, 그리고 동체의 롤 경향
④ 저주파수 진동, 기수의 피치-업, 그리고 동체의 롤 경향

【해설】 일반적으로 후진 블레이드 실속이 발생하기 위한 초기 징후로 다음과 같은 현상들이 있다.

- *2-블레이드 로터에서 회전 당 비정상적인 2-진동 또는 3-블레이드 로터에서 회전 당 3-진동*
- *기수 들림(pitch-up)*
- *롤 경향(roll tendency)*

■ 122.④ 123.④ 124.④

【125】 높은 전진속도에서 운항 중일 때 후진 블레이드 실속이 가장 잘 발생할 수 있는 조건들은 무엇인가?

① 높은 총중량, 높은 RPM, 그리고 양호한 기류
② 높은 총중량, 낮은 RPM, 그리고 난기류
③ 낮은 총중량, 높은 RPM, 그리고 고밀도고도
④ 낮은 총중량, 낮은 RPM, 그리고 난기류

【해설】 헬리콥터가 높은 전진속도에서 비행할 때 다음과 같은 조건에서 후진 블레이드 실속이 가장 잘 발생할 수 있다.

- *높은 총중량*
- *낮은 RPM*
- *고밀도고도*
- *깊은각 혹은 급선회*
- *난기류 속에서 비행*

【126】 후진 블레이드 실속에 관해서 맞게 설명하고 있는 것은 어느 것인가?

① 실속이 임박했을 때 기수의 피치-업 그리고 오른쪽으로 롤 경향
② 실속이 임박했을 때 기수의 피치-다운 그리고 어느 한 방향으로 롤 경향
③ 높은 전진속도, 난기류 또는 깊은각 그리고 급격한 선회 기동을 할 때 후진 블레이드 실속의 원인이 될 수 있다.
④ 낮은 전진속도, 난기류 또는 깊은각 그리고 어느 한 방향으로 롤 경향

【해설】 후진 블레이드 위의 공기흐름은 전진속도가 증가함에 따라 감소한다. 이 상황에서 후진 블레이드는 전진 블레이드와 동일한 양력을 생산해야 한다. 공기흐름 속도가 감소함에 따라 블레이드의 받음각은 실속이 발생할 수 있는 양력까지 증가할 것이다.

【127】 착륙 시도 중 지면공진이 발생했다면 조종사는 어떠한 조치를 해야 하는가?

① RPM 세팅과 관계없이 이륙을 시도한다.
② 즉시 스로틀을 완전히 줄이고 컬렉티브 피치를 올려 진동을 감쇠시킨다.
③ 만약 RPM이 적정 범위에 있다면 즉시 이륙을 시도하고 그렇지 않다면 스로틀을 완전히 줄이고 컬렉티브 피치를 낮춘다.
④ RPM 세팅과 관계없이 착륙을 시도한다.

【해설】 착륙 과정에서 헬리콥터가 지면에 부딪힐 때 지면공진(ground resonance)이 발생할 수 있다. 이때 RPM이 충분하게 유지되고 있다면 즉시 이륙한다. 그렇지 않으면 스로틀을 줄이고 컬렉티브 피치를 낮추어야 한다.

【128】 유동력 침하에서 동력을 추가로 적용하는 것은 어떠한 현상을 초래하는가?

① 대기속도 증가　　② 사이클릭 효율성의 증가
③ 더 큰 강하율　　④ 강하율 감소

【해설】 헬리콥터가 유동력 침하(settling with power) 상태에 있을 때 동력을 더 증가시

■ 125.② 126.③ 127.③ 128.③

키는 것은 헬리콥터의 강하를 더욱 강화하는 결과를 초래할 수 있다.

【129】 헬리콥터의 유동력 침하가 가장 잘 발생할 수 있는 상황은 어느 것인가?

① 전진속도 10 MPH 미만으로 고도를 유지하고 있을 때

② 분당 300피트를 초과하는 강하율로 전진 순항속도를 유지하고 있을 때

③ 분당 500피트를 초과하는 강하율로 전진 순항속도를 유지하고 있을 때

④ 분당 300피트를 초과하는 강하율로 전진속도 10 MPH 미만을 유지하고 있을 때

【해설】 유동력 침하가 발생하는 주요 원인은 로터 블레이드의 하강풍이 자체 와류를 생성할 때이다. 따라서 헬리콥터의 속도가 10 MPH 이하일 때 또는 분당 300피트 이상의 수직 혹은 수직에 가깝게 강하할 때 가장 잘 발생할 수 있다.

【130】 경사지 착륙을 시도할 때 사이클릭 피치 조종은 어떻게 사용하여야 하는가?

① 하경사 스키드를 지상으로 낮추어야 한다.

② 항상 중립 위치에 놓아야 한다.

③ 로터 디스크를 경사에 평행하게 높여야 한다.

④ 경사에 대해서 상경사 스키드를 유지해야 한다.

【해설】 헬리콥터의 경사지 착륙(slope landing)에서 사이클릭 피치 조종은 경사 반대쪽 스키드가 컬렉티브 피치로 낮아지는 동안 경사에 대해서 스키드를 유지할 수 있도록 경사 방향으로 적용되어야 한다.

【131】 스키드-착륙장치 헬리콥터가 착륙할 수 있는 경사각의 정도는 무엇에 달려 있는가?

① 총중량

② CG의 위치

③ 컬렉티브의 양

④ 사이클릭을 측방으로 이동할 수 있는 양

【해설】 헬리콥터가 경사지에 착륙할 수 있는 경사도는 사이클릭을 측방(lateral cyclic travel)으로 적용할 수 있는 양에 달려 있다. 만약 경사도(steepness)에 따라 사이클릭을 옆으로 적용할 수 있는 한계를 초과한다면 다른 장소로 이동하거나 컬렉티브를 완전히 내리지 않고 스키드가 경사에 기대어 있을 수 있도록 조작해야 한다.

【132】 경사지 착륙 중 경사지 위쪽에 스키드가 지면에 접촉됨에 따라 조종사가 취해야 하는 다음 조치는 무엇인가?

① 사이클릭 피치 조종은 항공기가 움직이지 않도록 정지 상태로 있어야 한다.

② 컬렉티브 피치는 정지되어 있어야 하고 사이클릭 피치 조종은 지면에 하경사 스키드를 낮추기 위해서 사용해야 한다.

③ 컬렉티브 피치 조종은 지면에 하경사 스키드를 낮추기 위해서 사용해야 한다.

④ 사이클릭 피치 조종은 지면에 상경사 스키드를 낮추기 위해서 사용해야 한다.

【해설】 경사지 착륙 중 스키드가 경사지 위쪽에 착지했을 때 사이클릭 피치 조종은 경사

■ 129.④ 130.④ 131.④ 132.③

반대쪽 스키드가 컬렉티브 피치로 낮아지는 동안 경사에 대해서 스키드를 유지할 수 있도록 경사 방향으로 적용되어야 한다.

【133】 급감속에 관해서 가장 잘 설명하고 있는 것은 어느 것인가?
① 이 기동의 주요 목적은 유효전이양력을 상실하는 데 있다.
② 이 기동을 시작할 때 통상 로터 RPM이 증가하는 경향이 있지만, 기동이 종료되는 시기에는 감소하는 경향이 있다.
③ 이 기동을 시작할 때 헬리콥터의 기수는 통상 오른쪽으로 빗놀이 경향이 있고 기동이 끝났을 때 왼쪽으로 빗놀이하는 경향이 있다.
④ 이 기동을 시작할 때 통상 로터 RPM이 감소하는 경향이 있지만, 기동이 종료되는 시기에는 약간 증가하는 경향이 있다.
【해설】 급감속(rapid deceleration) 기동의 목적은 헬리콥터가 원하는 대지속도까지 감소하는 동안 일정한 고도, 기수방위, 그리고 RPM을 유지하는 것이다. 급감속 기동 중 로터 RPM은 진입할 때 증가하고 기동이 수행되는 동안에 점차 감소한다.

【134】 급정지 중 고도가 증가하였다면 이것은 무엇 때문인가?
① 컬렉티브 피치의 감소율에 비해 사이클릭 후방 압이 너무 빠르게 증가하였다.
② 컬렉티브 피치가 낮아짐에 따라 로터 RPM의 너무 많은 증가를 허용하였다.
③ 기동은 너무 빠른 대기속도에서 시작되었다.
④ 기동은 너무 느린 대기속도에서 시작되어 로터 RPM의 너무 많은 증가를 허용하였다.
【해설】 급정지 기동의 공통 실수(common error)는 사이클릭 후방압을 너무 빨리 적용하는 것이다. 이것은 헬리콥터를 떠오르게 하는 원인이 된다.

【135】 급정지 조작을 시작하기 위한 정확한 절차는 무엇인가?
① 컬렉티브를 올리면서 오른쪽 페달을 적용하면서 사이클릭 전방 압 적용
② 컬렉티브를 올리면서 왼쪽 페달을 적용하면서 사이클릭 왼쪽으로 적용
③ 컬렉티브를 낮추면서 왼쪽 페달을 적용하면서 사이클릭 오른쪽으로 적용
④ 컬렉티브를 낮추면서 오른쪽 페달을 적용하면서 사이클릭 후방 압 적용
【해설】 급정지 기동은 전방 속도를 낮추기 위해서 사이클릭 후방압을 적용하면서 시작된다. 동시에 컬렉티브 피치는 상승 경향(climbing tendency)을 상쇄시킬 수 있을 정도로 낮추어야 한다. 컬렉티브 피치가 낮아짐에 따라 기수방위를 유지하기 위해서 오른쪽 페달압을 적용해야 한다.

【136】 제한지에서 운용하고자 할 때 고공정찰의 주요 목적은 무엇을 결정하기 위한 것인가?
① 착륙 구역의 적합성 ② 착지 장소의 표면 상태
③ 착륙장 주변 비산물 ④ 정확한 장애물의 높이
【해설】 제한지 운용(confined area operation)을 위한 고공정찰(high reconnaissance)의 목적은 착륙장소가 적합한지를 결정하기 위함이고 다음과 같은 사항들을 확인한다.

■ 133.② 134.① 135.④ 136.①

- *풍향풍속*
- *진입과 출발을 위한 가장 적절한 비행경로 그리고 불시착 장소*
- *접근을 계획하고 착지점 선정*
- *주변의 장애물 위치와 크기*

【137】 조종사는 난기류와 강풍의 상태에서 옥상 헬리포트에 산정접근 중 헬리콥터를 어떻게 운용해야 하는가?

① 정상 접근보다 깊은각, 컬렉티브 적용으로 원하는 강하각을 유지해야 한다.
② 정상 접근, 사이클릭 적용으로 장상 강하율보다 더 낮게 유지해야 한다.
③ 얕은각 접근, 사이클릭 적용으로 일정한 강하경로를 유지해야 한다.
④ 깊은 접근, 사이클릭 적용으로 원하는 강하각을 유지해야 한다.

【해설】 조종사는 난기류 혹은 강풍과 같은 조건에서 옥상 헬리포트(rooftop heliport)에 산정접근(pinnacle approach)을 수행할 때 정상 접근보다 더 깊은각으로 접근하고, 컬렉티브 적용으로 원하는 강하율을 유지해야 한다.

【138】 러닝착륙 중 정상 로터 RPM이 유지되어야 하는 것은 어떠한 이유 때문인가?

① 충분한 전진속도가 가용하도록 하기 위해서
② 헬리콥터가 정지할 때까지 적절한 방향 조종을 위해서
③ 비상시에 충분한 양력이 가용하도록 하기 위해서
④ 최단거리 착륙을 위해서

【해설】 헬리콥터의 러닝착륙(running landing) 중 방향 조종(directional control)을 확실하게 유지하기 위해서 정상 작동 RPM이 헬리콥터가 정지할 때까지 유지되어야 한다.

【139】 비행 중 로터 디스크의 총하중과 헬리콥터의 총중량 사이의 비율은 무엇인가?

① 동력 하중　　　② 중력계수
③ 가로세로비　　　④ 하중계수

【해설】 하중계수(load factor)는 로터 디스크(rotor disk)가 받는 실제 하중을 총무게로 나눈 값이다.

【140】 받음각과 다른 요소들이 일정하고 대기속도가 두 배가 되었다면 대기속도와 양력 사이에는 어떠한 관계가 있는가?

① 양력은 동일하다.　　　② 양력은 두 배가 된다.
③ 양력은 네 배가 된다.　　　④ 변함이 없다.

【해설】 양력은 항공기 속도의 제곱(square)으로 증가한다. 만약 항공기의 속도가 100노트에서 200노트로 두 배(two times)로 증가하였다면 양력은 4배(four times)로 증가한다. 단, 받음각과 다른 요소들이 일정해야 한다.

■ 137.① 138.② 139.④ 140.③

【141】 강한 바람과 난기류가 있는 옥상 헬리포트에 산정접근 방식에 관해서 가장 잘 설명하고 있는 것은 어느 것인가?

① 컬렉티브로 원하는 접근율을 유지하면서 정상보다 깊은각 접근
② 사이클릭으로 정상 강하율을 유지하면서 정상 접근
③ 컬렉티브로 원하는 강하각을 유지하면서 정상보다 깊은각 접근
④ 사이클릭으로 일정한 강하각을 유지하면서 얕은각 접근

【해설】 산정 후방에는 강한 바람과 난기류(severe turbulence)가 존재하기 때문에 이를 회피하기 위해서 정상보다 높은 깊은각으로 접근해야 한다. 산정접근(pinnacle-type approach) 강하율(angle of descent)은 컬렉티브로 그리고 접근율(ratio of close)은 사이클릭(cyclic)으로 조종한다.

【142】 지정된 위치에 급정지하기 위한 기동은 어떻게 시작해야 하는가?

① 컬렉티브 피치를 올린다.
② 컬렉티브 피치를 올리는 동안 RPM을 감소시킨다.
③ 사이클릭 후방압을 적용한다.
④ 컬렉티브를 급격하게 내려 준다.

【해설】 급정지 혹은 퀵스톱(quick stop)은 지상으로 충분한 고도를 유지한 상태에서 지정된 속도로 이동 중 사이클릭 후방압(aft cyclic)과 거의 동시에 동고도를 유지하기 위해서 컬렉티브를 내려 주고 오른쪽 페달을 적용해서 기축이 변하지 않도록 조작해야 한다.

【143】 헬리콥터의 V_{NE} 속도는 고도에 따라 어떻게 변하는가?

① 고도에 비례하여 변한다. ② 해수면에서만 일정하다.
③ 고도에 반비례하여 변한다. ④ 모든 고도에서 일정하다.

【해설】 V_{NE}는 고도에 따라 변하지 않고 속도계에 적색 선(red radial line)으로 표시된다.

【144】 헬리콥터의 고속비행을 제한하는 것은 무엇인가?

① 조화 공진 ② 후진 블레이드 실속
③ 로터 RPM 제한 ④ 동력장치의 운용 범위의 초과

【해설】 헬리콥터의 고속비행을 제한하는 주요소는 전진 블레이드(advancing blade)와 후진 블레이드 사이의 속도차로 인한 양력차(dissymmetry of lift)가 발생하는 후진 블레이드 실속(retreading blade stall)이다.

【145】 저속으로 비행 중 유동력 침하로부터 회복하기 위한 조종사의 올바른 조치는 무엇인가?

① 전방속도를 증가시키고 컬렉티브 피치를 약간 낮춘다.
② 전방속도를 감소시키고 컬렉티브 피치를 약간 올린다.
③ 전방속도를 감소시키고 컬렉티브 피치를 올린다.
④ 전방속도를 증가시키고 컬렉티브 피치를 올린다.

■ 141.③ 142.③ 143.④ 144.② 145.①

【146】 헬리콥터의 전진 블레이드와 후진 블레이드 사이에 존재하는 양력 차이는 무엇인가?
① 코리올리스 효과 ② 횡단류 효과
③ 전이성향 ④ 양력 불균형

【147】 제자리비행 중 헬리콥터가 테일로터 추력의 방향에서 편류하는 경향을 무엇이라 하는가?
① 전이성향 ② 횡단류 효과
③ 자이로 세차 ④ 코리올리스 효과

【148】 전관절형 헬리콥터 로터장치의 3-블레이드에서 선도-지연 힌지의 목적은 무엇인가?
① 자동회전(오토로테이션) 중 가로 불안정을 상쇄한다.
② 자이로 세차 경향을 수정한다.
③ 코리올리스 효과를 보상한다.
④ 기하 균형을 제공한다.
【해설】 3-블레이드 로터장치(3-bladed rotor system)의 로터 블레이드가 전방으로 플랩할 때 그 블레이드의 질량 중심이 회전축에 가까워지고 블레이드 가속이 발생한다. 블레이드가 하향으로 플랩할 때 그 블레이드의 질량 중심은 회전축으로부터 더 멀리 이동하여 블레이드 감속이 발생한다. 질량 이동으로 인한 회전 평면에서 블레이드 속도의 가속과 감속은 코리올리스 효과(Coriolis effect)로 알려져 있다. 이 같은 블레이드의 가속과 감속(선도-지연; lead-lag hinge)은 3-블레이드 로터장치에서 댐퍼 또는 블레이드 구조 자체적으로 흡수되도록 설계되어야 한다.

【149】 오토로테이션(컬렉티브 완전 내림) 중 로터 RPM을 증가시키는 원인은 무엇인가?
① 엔진 구동축이 다시 연결되었기 때문이다.
② 로터계통을 통과하는 공기흐름의 감소
③ 로터계통을 통과하는 공기흐름의 증가
④ 대기속도의 감소
【해설】 오토로테이션 중 공기흐름은 로터를 통과해서(through rotor system) 위로 흐른다. 오토로테이션에서 로터를 회전시키는 힘을 생산하는 블레이드 구역은 약 25~70%가 되고 이를 구동구역(driving region)이라 한다. 오토로테이션(autorotation)에서 구동구역의 증가는 로터 블레이드 회전을 증가시킨다.

【150】 후진 블레이드 실속을 방지하기 위해서 취해야 하는 올바른 조치는 무엇인가?
① 컬렉티브 피치 증가와 로터 RPM 증가
② 컬렉티브 피치 감소와 로터 RPM 증가
③ 컬렉티브 피치 감소와 로터 RPM 감소
④ 컬렉티브 피치 증가와 로터 RPM 감소
【해설】 후진 블레이드 실속(retreading blade stall) 진동을 인지했을 때 조종사는 컬렉티브 피치를 내리고, 로터 RPM 증가, 전방속도 감소 그리고 기동을 최소화한다.

■ 146.④ 147.① 148.③ 149.③ 150.②

【151】 후진 블레이드 실속에 접근하고 있음을 경고해 주는 주요 현상은 무엇인가?

① 고주파 진동

② 실속된 로터에 반대 방향으로 롤링 경향

③ 기수가 들리는 경향

④ 로터 RPM의 급격한 변동

【해설】 후진 블레이드 실속 징후는 다음과 같다.

- *메인로터 블레이드의 회전 당 블레이드 수(number of blades per revolution)와 동등한 저주파 진동*
- *기수의 피치-업*
- *로터가 실속된 방향(stalled side of the rotor)으로 헬리콥터의 롤 경향*

【152】 고밀도고도는 헬리콥터에 어떻게 영향을 주는가?

① 엔진과 로터 효율성 증가

② 엔진과 로터 효율성 감소

③ 제자리비행 성능과 상승률 향상

④ 엔진 효율성 감소, 로터 효율성 증가

【해설】 높은 표고(high elevation), 고온(high temperature), 그리고 높은 상대습도 모두는 고밀도고도(high density altitude)에 기여하는 요소들로 헬리콥터의 엔진과 로터 효율성(rotor efficiency) 모두를 떨어뜨린다.

【153】 헬리콥터의 상승 성능에 가장 악영향을 줄 수 있는 요소는 어느 것인가?

① 표준기온보다 낮고 그리고 낮은 상대습도

② 표준기온보다 낮고 그리고 높은 상대습도

③ 표준기온보다 높고 그리고 낮은 상대습도

④ 표준기온보다 높고 그리고 높은 상대습도

【154】 로터 블레이드에서 관찰할 수 있는 코리올리스 효과는 무엇인가?

① 로터 블레이드의 차등 추력

② 회전으로 인한 받음각의 변화

③ 플랩핑 블레이드 질량의 이동

④ 로터 블레이드의 원뿔각

【155】 로터 블레이드 선상을 흐르고 있는 공기흐름의 경계층이 분리된다면 어떤 현상이 발생할 수 있는가?

① 항력이 감소한다.

② 날개는 실속 직전이 되고 양력 발생이 중지된다.

③ 얼음이 승화되지만 얼지 않는다.

④ 블레이드의 실제 모양이 작아진다.

■ 151.③ 152.② 153.④ 154.③ 155.②

【해설】 경계층(boundary layer)은 어느 물체에서나 실제 물리적 모양을 약간 다르게 하고 물체로부터 분리되도록 하여 실제 물리적 모양(physical shape)과 크게 다른 유효 모양(effective shape)을 형성한다. 경계층의 물리적 모양에서 이 변화는 양력을 크게 감소시키고 항력을 증가시키는 원인이 된다. 이 현상이 발생할 때 에어포일은 실속될 수 있다.

【156】 로터 블레이드가 지면효과를 받고 있을 때 더 효율이 높은 이유는 무엇인가?

① 유도항력 감소　　② 유도 받음각 증가

③ 하강풍 속도의 가속　　④ 유해항력 감소

【해설】 헬리콥터가 지표면 가까이에서 비행할 때 로터 블레이드의 하강풍 속도가 완전하게 발달하지 못한다. 하강풍 속도(downwash velocity)의 감소는 각 로터 블레이드의 유도 받음각을 감소시키는 원인이 되고 이는 결국 유도항력(induced drag)의 감소를 초래한다.

【157】 일정 속도에서 수평 선회할 때 필수 총양력과 하중계수에 어떠한 영향을 줄 수 있는가?

① 총양력 힘과 하중계수 모두 증가한다.

② 필수 양력은 증가하고 하중계수는 감소한다.

③ 총양력 힘은 일정하고 하중계수는 감소한다.

④ 필수 양력은 일정하고 하중계수는 증가한다.

【해설】 헬리콥터가 경사질 때 합력 양력은 더욱 수평적이면서 수직 요소는 감소한다. 수평 선회를 유지하기 위해서 합력 양력(resultant lifting force)은 증가해야 한다. 헬리콥터가 곡선 비행경로(curved flight path)에 있을 때 헬리콥터가 받는 원심력은 부가적인 하중계수의 원인이다.

【158】 만약 경사각이 증가함에 따라 수정 조치를 하지 않았다면 헬리콥터의 수직양력분력과 침하율에 어떠한 영향을 줄 수 있는가?

① 양력 증가와 침하율 증가　　② 양력 감소와 침하율 감소

③ 양력 감소와 침하율 증가　　④ 양력 증가와 침하율 감소

【해설】 헬리콥터가 경사질 때 양력은 수직과 수평양력분력으로 분리된다. 동고도 선회를 위해서 수직양력분력(vertical component of lift)과 무게가 동등하기 위해서는 받음각 또는 속도가 증가해야 한다.

【159】 일정한 동력으로 선회 중 헬리콥터의 반응에 관해서 맞는 것은?

① 기수는 숙여질 것이다.

② 감속될 것이다.

③ 강하율이 증가할 것이다.

④ 하중계수가 증가할 것이다.

【해설】 헬리콥터가 경사질 때 양력은 수직과 수평양력분력으로 분리된다. 만약 총양력이 증가하지 않는다면(컬렉티브 올림, 받음각 증가) 기수는 낮아질 것이다. 하중계수는 경사각에 영향을 받는다.

■ 156.① 157.① 158.③ 159.①

【160】 경사각이 일정한 상태에서 동고도 균형선회 중 헬리콥터와 조종사 모두 받을 수 있는 하중계수는 어떻게 될 것인가?

① 비행기의 총중량과 직접적인 관련이 있다.
② 일정하다.
③ 선회율에 따라 다르다.
④ 선회반경에 따라 다르다.

【해설】 주어진 경사각에서 하중계수는 일정하다.

【161】 조종사가 동시에 선회율을 증가시키고 선회반경을 감소시키기 위해서는 어떻게 해야 하는가?

① 경사각 증가와 속도 증가
② 경사각 감소와 속도 감소
③ 경사각 감소와 속도 증가
④ 경사각 증가와 속도 감소

【해설】 경사각을 증가시키면 선회율(rate of turn)이 증가하고 선회반경(radius of turn)은 감소한다. 선회반경은 속도 감소와 함께 감소할 것이다.

【162】 경사각은 일정다. 속도의 증가와 함께 선회율과 선회반경의 올바른 관계는?

① 선회율 감소, 선회반경 증가
② 선회율 증가, 선회반경 감소
③ 선회율과 선회반경 모두 증가
④ 선회율과 선회반경 모두 감소

【163】 일정한 경사각과 고도를 유지하면서 균형선회하는 동안 속도의 증가는 어떠한 영향을 줄 수 있는가?

① 선회율은 하중계수의 감소를 초래하면서 감소할 것이다.
② 선회율은 하중계수의 증가를 초래하면서 감소할 것이다.
③ 선회율은 하중계수의 변화 없이 증가할 것이다.
④ 선회율은 하중계수의 변화 없이 감소할 것이다.

【해설】 주어진 경사에서 선회율은 속도에 따라 달라진다. 일정한 경사는 하중계수의 변화를 초래하지 않는다. 만약 경사각이 일정하고 속도가 증가한다면 선회율은 감소할 것이다. 선회반경은 속도에 따라 달라진다. 속도가 증가하면 선회반경은 증가한다.

【164】 일부 헬리콥터에서 테일로터가 왼쪽으로 직접 추력의 발생이 필수적이어야 하는 이유는 무엇인가?

① 좌측풍에서 기수방위를 유지하기 위해서
② 기수의 오른쪽 요를 수정하기 위해서
③ 오토로테이션 중 트랜스미션의 항력을 상쇄하기 위해서
④ 우측으로 제자리비행 선회를 실행하기 위해서

【해설】 주회전날개가 회전하고 있는 동일 방향에서 트랜스미션의 항력(drag of the transmission)이 기수를 왼쪽으로 빗놀이시키려는 경향 때문에 오토로테이션 중 음성 피치각(negative pitch angle)에서 테일로터는 왼쪽으로 추력이 발생하도록 설계되어야 한다.

■ 160.② 161.④ 162.① 163.④ 164.③

【165】 V_{TOSS} 용어에 대해서 올바르게 설명하고 있는 것은 어느 것인가?

① 터빈엔진 동력 운송범주 비행기의 이륙안전속도

② 범주(category)-B 헬리콥터의 이륙안전속도

③ 터보프로펠러 동력 비행기의 이륙 유형에서 이륙 실속속도

④ 범주(category)-A 헬리콥터의 이륙안전속도

【해설】 V_{TOSS}는 Category A 헬리콥터의 이륙안전속도(takeoff safety speed)이다.

【166】 헬리콥터 수평직선비행 중 수평자세가 의미하는 것은 무엇인가?

① 가속　　② 강하

③ 안정된 비행　　④ 상승

【해설】 수평직선비행(straight-and-level flight) 그리고 등가속도 전진비행(unaccelerated forward flight,)에서 양력은 무게와 동등하고 추력은 항력과 동등하다.

【167】 조종간을 중립에 놓았을 때 헬리콥터의 자세가 새 자세에 그대로 남아 있다면 어떠한 상태의 초기 안정성인가?

① 음성 세로 정적 안정성　　② 중립 세로 동적 안정성

③ 중립 세로 정적 안정성　　④ 양성 세로 동적 안정성

【168】 조종간을 중립에 놓았을 때 헬리콥터 자세가 원래 위치로부터 더 멀리 움직이는 것은 어떤 상태의 초기 안정성인가?

① 중립 동적 안정성　　② 양성 정적 안정성

③ 음성 동적 안정성　　④ 음성 정적 안정성

【169】 조종간을 중립에 놓았을 때 헬리콥터 자세가 원래 위치로 되돌아가려는 경향은 어떠한 상태의 초기 안정성인가?

① 양성 동적 안정성　　② 양성 정적 안정성

③ 중립 동적 안정성　　④ 음성 동적 안정성

【170】 헬리콥터가 세로 불안정성의 특성을 보일 때 어떠한 경향이 나타나는가?

① 피치 진폭이 점점 더 커진다.

② 경사 진폭이 점점 더 커진다.

③ 헬리콥터는 일정하게 피치 하향하는 경향이 있다.

④ 헬리콥터는 지속적으로 선회하려는 경향을 보인다.

【171】 헬리콥터가 동적 세로 안정성 특성이 있을 때 어떠한 경향이 나타나는가?

① 세로축에 대한 운동　　② 가로축에 대한 운동

③ 수직축에 대한 운동　　④ 세로와 수직축에 대한 운동

▣ 165.④ 166.③ 167.③ 168.④ 169.② 170.① 171.②

【172】 로터 블레이드 선상에서 기하 피치의 변화가 적용된 이유는 무엇인가?
① 순항비행 중 블레이드 허브 또는 뿌리 근처의 실속을 방지한다.
② 순항비행 중 전체 길이 선상에서 상대적으로 일정한 받음각을 허용한다.
③ 순항비행 중 전체 길이 선상에서 상대적으로 일정한 붙임각을 허용한다.
④ 순항비행 중 블레이드 끝단의 실속을 방지한다.

【해설】 블레이드 끝단(tip)으로 갈수록 기하 피치(geometric pitch)가 감소하도록 설계되어 있다. 이것은 순항비행(cruising flight) 중 전체 길이에서 상대적으로 일정한 받음각을 제공하기 위함이다. 이를 블레이드 와시아웃(washout) 혹은 비틀림(twist) 설계라 한다.

【173】 헬리콥터가 지면효과로부터 벗어날 때 어떠한 현상이 발생할 것으로 예상할 수 있는가?
① 받음각 증가로 인한 유도항력 증가
② 받음각 감소를 허용하는 유해항력 감소
③ 동적 안정성 증가
④ 유해항력의 급증

【해설】 헬리콥터가 지면효과를 벗어나면서(leaves ground effect) 동일한 양력계수를 유지하기 위해서 받음각이 증가해야 하고 기수들림 현상과 함께 안정성이 떨어지고 정압원이 감소함에 따라 지시속도가 증가할 수 있다.

【174】 지면공진에 더욱 취약한 로터장치는 어느 것인가?
① 전관절 로터장치 ② 반고정식 로터장치
③ 고정식 로터장치 ④ 고정식과 반고정식 로터장치

【해설】 전관절 로터장치(fully articulated rotor system)에서 블레이드의 선도-지연(lead-lag)으로 인하여 착륙장치가 지면에 부딪혔을 때 충격이 동체를 통해서 로터까지 전달된다. 이것은 블레이드의 전후 간격을 강제로 넓히면서 후속 블레이드와 간격은 더욱 가까워지면서 로터장치는 균형을 상실한다. 조종사가 이를 인지하고 즉각 조치를 하지 않는다면 진자 진동(pendulum-like oscillation)이 유발되는 원인이 된다.

【175】 지면공진은 언제 발생하는가?
① 반고정식 로터장치 헬리콥터가 불균형되게 착륙했을 때
② 반고정 로터장치가 균형을 잃었을 때
③ 조종사가 과도하게 팽창된 타이어로 착륙했을 때
④ 전관절 로터장치가 불균형될 때

【176】 메인로터 블레이드에서 발생하는 진동은 어떠한 형태인가?
① 저주파수 진동 ② 중간 주파수 진동
③ 고주파수 진동 ④ 중간 또는 고주파수 진동

【해설】 일반적으로 비정상 저주파수 진동과 관련된 것은 로터장치이고, 로터 RPM과 메인로터의 블레이드 수(number of blades of the main rotor)와 관련이 있다.

■ 172.② 173.① 174.① 175.④ 176.①

【177】 결함이 있는 트랜스미션에서 발생하는 진동 주파수의 형태는 어느 것인가?

① 오직 저주파수 진동
② 중간 또는 저주파수 진동
③ 고주파수 또는 중간 주파수 진동
④ 저주파수와 중간 주파수 진동

【해설】 엔진과 관련된 진동은 대부분 고주파수(분당 2,000 사이클 이상) 진동이다. 트랜스미션(defective transmission)의 기어계통의 결함(통상 베어링)으로 인한 진동은 엔진 속도와 직접적인 관련이 있다.

【178】 안티토크 페달에서 주로 나타나는 중간 또는 그 이상의 진동 주파수에 대해서 맞는 것은 무엇인가?

① 일반적으로 엔진 냉각 팬 어셈블리에서 감지할 수 있다.
② 테일로터 계통의 결함이 원인이 될 수 있다.
③ 정상적으로 예상할 수 있고 수용할 수 있다.
④ 메인로터 계통의 결함이 원인이 될 수 있다.

【해설】 대부분 헬리콥터에서 중간 진동 주파수는 테일로터에서 발생한다. 부정확한 리깅, 불균형, 결함 블레이드, 베어링 불량 등이 주요 원인이다. 만약 진동이 선회 중에 발생한다면 진동은 불충분한 테일로터 플랩핑 작용(insufficient tail rotor flapping action)이라고 볼 수 있다.

【179】 결함 테일로터 장치에서 나타날 수 있는 진동 주파수의 종류는 어느 것인가?

① 저주파수와 중간 주파수 진동
② 중간과 고주파수 진동
③ 저주파수와 고주파수 진동
④ 저주파수 진동

【180】 프리휠링장치의 주요 목적은 무엇인가?

① 엔진, 메인로터 로터장치, 그리고 테일로터 장치 사이의 감속을 제공한다.
② 엔진 고장이 발생했을 때 메인로터의 회전력을 보존할 수 있는 보조 동력을 제공한다.
③ 엔진 동력을 메인로터, 테일로터, 발전기/교류발전기 그리고 다른 보기류에 전달한다.
④ 오토로테이션을 위해서 로터장치로부터 엔진 구동축 분리를 제공한다.

【해설】 프리휠링장치 또는 커플링(freewheeling unit/coupling)은 엔진이 정지되었을 때 엔진과 메인로터 장치를 분리하는 데 사용된다. 그러나 테일로터는 트랜스미션으로 계속 구동된다.

■ 177.③ 178.② 179.② 180.④

【181】 전관절 로터장치의 주회전 로터 블레이드는 어떠한 운동을 하는가?

① 집합적으로 플랩, 드래그 그리고 페더

② 독립적으로 서로 다른 플랩, 드래그 그리고 페더

③ 플랩과 드래그는 독립적이지만 페더는 집합적으로

④ 집합적으로 플랩과 페더

【해설】 전관절 로터장치(fully articulated rotor)는 다른 블레이드에 대해서 서로 독립적인 수평 힌지(flapping), 수직 힌지(vertical hinge; drag), 그리고 페더(feather; 스팬방향축에 대한 회전 운동)할 수 있도록 로터 허브에 장착된 3개 또는 그 이상의 로터 블레이드로 구성된다.

【182】 반고정식 로터장치의 메인로터 블레이드는 어떠한 운동을 허용하는가?

① 한 장치로서 플랩과 페더

② 독립적으로 플랩, 드래그 그리고 페더

③ 플랩과 드래그는 독립적이지만 페더는 집합적으로

④ 집단적으로 플랩, 드래그 그리고 페더

【해설】 반고정식(semirigid rotor system; 2-블레이드) 로터장치에서 블레이드는 허브(hub)에 견고하게 상호 연결되어 있고 한 장치로서 플랩 운동을 한다. (한 블레이드가 플랩-업하면 다른 블레이드는 동등하게 플랩-다운) 스와시플레이트는 각 블레이드의 피치 각도를 동등하게 변화시킨다.

【183】 고속/대형 헬리콥터가 고정날개 항공기로 고려될 수 있는 조건은 어느 것인가?

① IFR 비행과 소음경감지역

② 유도로 이용, 이륙과 착륙 순서, 그리고 동일한 장주의 사용

③ 유도로 이용, 이륙과 착륙 순서, 그리고 동일 적재 램프의 사용

④ IFR 비행, 소음경감지역, 그리고 활주로 또는 유도로의 사용

【해설】 대형/고속 헬리콥터가 고정날개 항공기(fixed-wing aircraft)로 고려될 수 있는 상황은 IFR 비행, 소음경감지역(noise avoidance route)의 회피, 밀집 지역에서 로터 하강풍(rotor downwash)의 위험한 영향을 최소화하기 위한 활주로/유도로의 사용 등이 포함된다.

【184】 하중이 CG 후방한계에 적재된 헬리콥터에서 나타나는 특성은 무엇인가?

① 비행 효율이 매우 높다.

② 가로 조종력에서 매우 불균형하다.

③ 세로축 조종에서 매우 무겁게 느껴진다.

④ 어떠한 변화도 보이지 않는다.

■ 181.② 182.① 183.④ 184.③

【185】 CG가 후방한계의 뒤쪽에 적재된 헬리콥터 하중의 결과는 무엇인가?

① 상위 허용가능 속도영역에서 비행하기 위한 불충분한 전방 사이클릭 조종

② 강풍 조건에서 제자리비행할 때 이 위험 상태를 인지하지 못하게 함

③ 접근 중 정확하게 감속하기 위한 불충분한 후방 사이클릭 조종

④ 순항비행 중 불충분한 후방 사이클릭 조종

【해설】 만약 무게중심이 너무 후방에 놓여 있다면 헬리콥터는 기수가 들린 상태가 될 것이고 사이클릭 조종중심은 앞쪽으로 이동해 있을 것이다. 이 상태에서 전진비행을 했을 때 기수 숙여짐 자세를 유지하기 위한 불충분한 전방 사이클릭 조종 변위(cyclic control displacement)로 인하여 상위 허용가능 속도영역에서 비행이 어려워질 수 있다.

【186】 직사각형 코스를 시작할 때 항공기가 비행하게 될 필드 경계로부터 거리를 고려하는 데 있어서 결정적인 요소는 무엇인가?

① 선회에서 원하는 경사각의 깊이

② 선정된 직사각형 지역의 크기

③ 바람방향과 구간의 길이

④ 바람 속도

【해설】 직사각형 코스(rectangular course)를 계획할 때 가장 좋은 방법은 비행경로가 조종사 좌석에서 항공기의 외측을 확실하게 관찰할 수 있는 필드 경계의 외부에 있어야 한다. 항공기의 항적이 더욱 가까워질수록 선회 지점에서 더 급경사를 적용해야 한다. 따라서 선회할 때 경사각의 깊이(steepness of bank)를 우선 고려해야 한다.

【187】 [그림48] 직사각형 코스를 비행하는 데 있어서 항공기가 90° 미만으로 선회하는 시기는 언제인가?

① 모서리 2, 3　　② 모서리 1, 4

③ 모서리 2, 4　　④ 모서리 1, 2

【해설】 항공기는 1번과 4번 위치에서 90° 미만으로 선회한다. 1번 위치에 있는 항공기는 편류 수정을 위해서 크래빙으로 기동해야 하기 때문이고, 4번 위치 항공기는 선회를 시작할 때 편류 수정을 적용해야 하기 때문에 90° 미만의 선회가 되어야 한다.

【188】 [그림48] 직사각형 코스를 비행하는 데 있어서 항공기가 90° 이상으로 선회하는 시기는 언제인가?

① 모서리 2, 3　　② 모서리 1, 3

③ 모서리 2, 4　　④ 모서리 1, 4

【해설】 항공기는 2번과 3번 위치에서 90° 이상으로 선회해야 한다. 2번 위치에 있는 항공기는 편류 수정을 하는 동안 선회는 90° 이상으로 선회해야 하고, 3번 위치 항공기는 선회하면서 편류 수정을 적용해야 하기 때문에 90° 이상의 선회가 되어야 한다.

■ 185.① 186.① 187.② 188.①

【189】 [그림48] 직사각형 코스를 비행하는 데 있어서 항공기가 깊은 경사에서 중간 경사로 선회하는 시기는 언제인가?

① 모서리 1 ② 모서리 3

③ 모서리 2, 3 ④ 모서리 1, 3

【해설】 항공기는 3번 위치에서 깊은 경사에서 중간 경사로 변해야 한다. 이 위치에서 선회는 배풍경로 비행 중 시작되어야 하기 때문에 경사는 깊어져야 하고, 선회가 진행됨에 따라 중간 경사로 얕아져야 한다.

【190】 원형비행 중 가로축에 대한 조종사의 눈과 평행한 가상선이 파일론을 향하고 있는 지점이 될 때 항공기는 어느 위치가 되는가?

① 측풍 ② 오직 배풍에서만

③ 정풍 또는 배풍 ④ 오직 정풍에서만

【해설】 원형 선회(turns around a point) 중 날개와 파일론(pylon)이 일직선이 되는 시기는 항공기가 정풍(upwind) 혹은 배풍(downwind)을 받고 있을 때이다.

【191】 [그림49] 대지속도가 같아지는 지점은 어디인가?

① 1과 5 ② 1과 5, 2와 4, 6과 8

③ 1과 5, 2와 8, 4와 6 ④ 1과 3, 2와 8

【해설】 항공기가 동일한 맞바람 분력(headwind component)으로 비행할 때 대지속도가 같아지고 이 경우 1과 5, 2와 4, 그리고 6과 8번 위치이다.

【192】 [그림49] 경사각이 거의 같아지는 지점은 어디인가?

① 3과 7 ② 1과 5

③ 4와 6 ④ 2와 3

【해설】 항공기가 측풍 하에서 비행할 때 항공기의 경사각은 거의 동일하다. 이 경우 1번과 5번 위치이고, 이때 경사각은 가장 깊은각과 가장 얕은각 사이이다.

【193】 [그림50] 대지속도가 같아지는 지점은 어디인가?

① 2와 5 ② 1과 6, 2와 5

③ 1과 6, 2와 5, 3과 4 ④ 2와 4, 3과 4

【해설】 항공기가 동일한 맞바람 기수방위에 있을 때 대지속도는 동일하다.

■ 189.② 190.③ 191.② 192.② 193.③

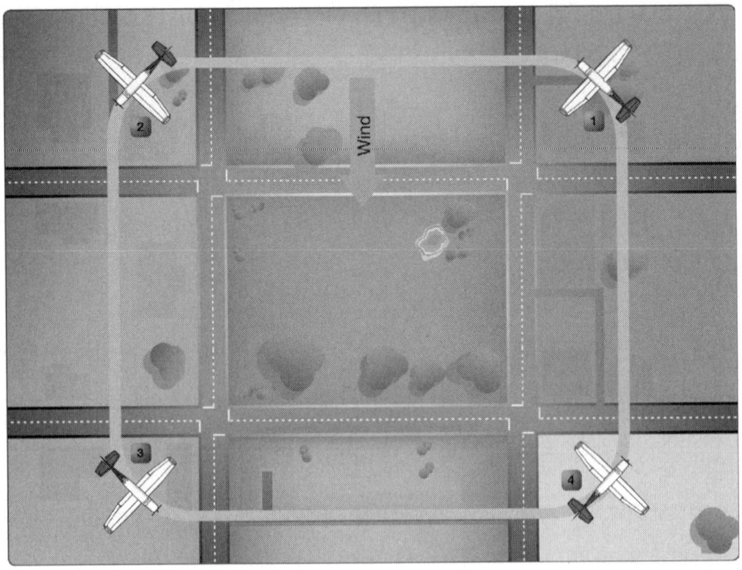

【그림48】

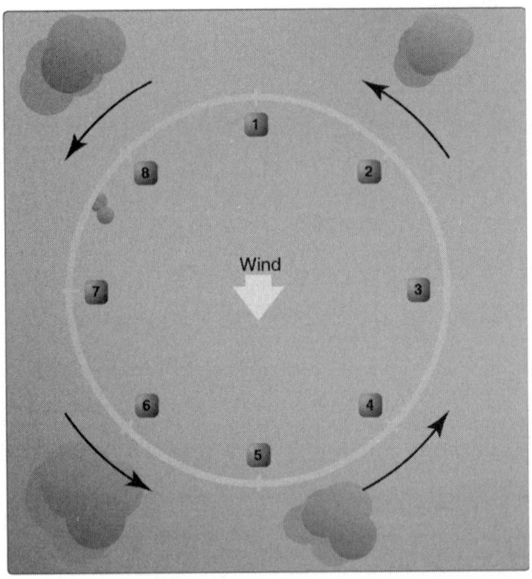

【그림49】

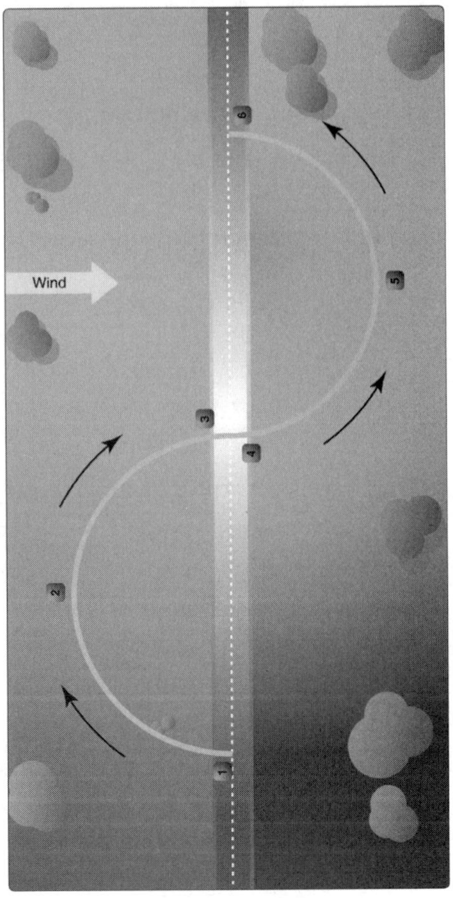

【그림50】

실전 평가

【1】 다음 중 베르누이 정리를 가장 잘 설명하고 있는 것은 어느 것인가?

① 모든 작용에는 동등하고 반대의 반작용이 있다.
② 날개의 하부 표면이 공기를 하향으로 편향시킴에 따라 부가적인 상향 힘이 발생한다.
③ 에어포일의 굽어진 상부 표면 위를 빠르게 이동하는 공기는 상부 표면에서 낮은 압력을 유발한다.
④ 에어포일의 굽어진 상부 표면 위를 느리게 이동하는 공기는 상부 표면에서 낮은 압력을 유발한다.

【2】 에어포일의 양력 발생으로 인한 총항력 부분은 무엇인가?

① 유도항력, 그리고 대기속도의 변화가 없다.
② 유도항력, 그리고 대기속도의 변화로 크게 영향을 받는다.
③ 유해항력, 그리고 대기속도의 변화로 크게 영향을 받는다.
④ 유해항력, 그리고 대기속도의 변화가 없다.

【3】 헬리콥터 지속상태 상승 중인 항공기에 작용하는 힘들에 관해서 맞는 것은?

① 모든 전방으로 향하는 힘들의 총계는 모든 후방으로 향하는 힘들의 총계보다 크다.
② 모든 상향으로 향하는 힘들의 총계는 모든 하향으로 향하는 힘들의 총계와 동등하다.
③ 모든 상향으로 향하는 힘들의 총계는 모든 하향으로 향하는 힘들의 총계보다 작다.
④ 모든 상향으로 향하는 힘들의 총계는 모든 하향으로 향하는 힘들의 총계보다 크다.

【4】 헬리콥터가 지면효과를 벗어날 때 예상할 수 있는 현상은 무엇인가?

① 필수 동력이 감소하게 될 것이다.
② 안정성이 감소하고 기수-업 모멘트가 발생할 수 있다.
③ 동일 양력계수를 얻기 위해서 받음각을 낮추어야 할 필요가 있다.
④ 동일 항력계수를 얻기 위해서 받음각을 증가해야 할 필요가 있다.

【5】 대칭형 에어포일의 받음각이 증가할 때 압력중심은 어떻게 되는가?

① 영향을 받지 않는다.
② 영향은 속도에 비례하여 증가한다.
③ 에어포일 표면을 따라서 후방으로 이동한다.
④ 매우 작은 움직임이 나타난다.

【6】 헬리콥터는 높은 고도에서 수평비행을 유지하는데 필요한 대기속도보다 지표면 바로 상공에서 약간 더 낮은 대기속도에서 비행이 가능하다. 다음 중 이를 가능하게 하는 결과는 무엇인가?

① 비행 중인 헬리콥터에 대한 공기흐름 패턴과 함께 지표면의 간섭 때문이다.
② 지상과 강하하고 있는 헬리콥터 사이에 갇혀 있는 공기의 쿠션 효과로 인한 것이다.
③ 속도계에 있는 허위 지시를 초래하는 정압 시스템과 함께 지면 간섭 때문이다.
④ 헬리콥터에 대한 공기흐름 패턴과 함께 지상풍의 간섭 때문이다.

【7】 전진비행과 일정한 블레이드-피치각에서 전진 블레이드의 양력이 증가하는 것은 어떠한 원인에 의한 것인가?

① 플랩-다운, 받음각의 증가로 인한 것이다.
② 플랩-업, 받음각의 증가로 인한 것이다.
③ 플랩-다운, 받음각의 감소로 인한 것이다.
④ 플랩-업, 받음각의 감소로 인한 것이다.

【8】 오토로테이션 중 유동력 비행에서 필요로 하는 것보다 더 많은 사이클릭 전방압이 필요한 이유는 무엇인가?

① 정상 RPM까지 로터를 가속시키기 위한 공기역학적 힘의 벡터를 허용하기 위함이다.
② 안티-오토로테이션 힘을 중립화하기 위함이다.
③ 로터 시스템에서 평형 RPM에 도달할 수 있는 대기속도를 얻기 위함이다.
④ 최대 RPM까지 로터를 가속시키기 위한 추력 벡터를 허용하기 위함이다.

【9】 양력 불균형이란 무엇인가?

① 추력의 불균형으로 인한 전진 블레이드 절반과 후진 블레이드 절반 사이에 존재하는 양력의 차이다.
② 전진비행 중 로터 디스크의 후방 부분과 전진 부분 사이에 존재하는 양력의 차이다.
③ 동력 비행에서 로터를 통한 하향 공기흐름과 오토로테이션 비행에서 로터를 통한 위로 흐르는 공기흐름 사이를 구분하기 위해서 사용되는 용어이다.
④ 디스크 면적의 전진 블레이드 절반과 후진 블레이드 절반 사이에 존재하는 양력의 차이다.

【10】 횡단류 효과는 어떠한 현상의 결과인가?

① 전진 블레이드와 후진 블레이드의 속도차로 인한 결과이다.
② 자이로 세차로 인한 공기흐름의 방해로 인한 것이다.
③ 전방 비행의 방향에 반대의 로터 시스템을 통한 공기흐름으로 인한 것이다.
④ 로터 디스크의 후방 부분 위를 흐르는 공기흐름의 하강풍 속도의 증가로 인한 것이다.

【11】 각 블레이드가 플랩-업 그리고 플랩-다운 함에 따라 질량 중심의 전환이 발생한다. 블레이드가 플랩-업할 때 CG는 회전축에 가깝게 이동하면서 블레이드에는 어떠한 경향을 예상할 수 있는가?

① 회전성 속도를 가속시키고, 이 경향은 코리올리스 효과라 한다.
② 회전성 속도를 안정시키고, 따라서 양력 불균형을 보상한다.
③ 회전성 속도를 감속시키고, 이 경향을 전이성향이라 한다.
④ 회전성 속도를 감속시키고, 이 경향은 양력 불균형이라 한다.

【12】 기온과 무게가 헬리콥터의 V_{NE}에 어떠한 영향을 주는가?

① 기온과 무게가 증가함에 따라 V_{NE}는 증가한다.
② 기온과 무게가 증가함에 따라 VNE는 변함이 없다.
③ 기온과 무게가 감소함에 따라 VNE는 감소한다.
④ 기온과 무게가 증가함에 따라 VNE는 감소한다.

【13】 항공기 자동화 시스템에서 조종사가 경각심을 가져야 하는 것은?

① 조종사는 이들을 절대적으로 신뢰할 수 있게 되었다.
② 자동화는 기본적으로 무결함임이 입증되었다.
③ 사고를 방지하는 것이 입증되었다.
④ 이들의 한계에서 새로운 위험이 있을 수 있다.

【14】 프리휠링 장치의 주요 목적은 무엇인가?

① 이것은 메인로터 시스템을 구동시키지 않고 엔진 시동을 허용한다.
② 이것은 오토로테이션을 위한 로터 시스템으로부터 엔진을 분리시키는 데 있다.
③ 이것은 엔진, 메인로터 시스템, 그리고 테일로터 사이에 감속을 제공한다.
④ 이것은 테일로터 시스템을 메인로터 시스템과 분리시킨다.

【15】 고밀도고도는 헬리콥터 성능에 어떻게 영향을 주는가?

① 이것은 엔진 성능을 증가시킨다.
② 이것은 상승 성능을 감소시킨다.
③ 이것은 이륙 성능을 증가시킨다.
④ 엔진 성능에는 변함이 없다.

【16】 모든 다른 요소들이 일정하다면 상대습도의 증가는 어떠한 현상을 초래할 것인가?

① 공기밀도가 낮아져 제자리비행 실링이 감소한다.
② 공기밀도가 낮아져 제자리비행 실링이 증가한다.
③ 공기밀도가 높아져 제자리비행 실링이 감소한다.
④ 공기밀도가 높아져 제자리비행 실링이 증가한다.

【17】 총중량을 계산하는 데 있어서 헬리콥터 소유주의 매뉴얼에 주어진 무게 정보의 활용에 관해서 원래 장비들에 추가로 설치한 것이 있다면 이를 알아야 하는 것이 중요하다. 그 이유는 무엇인가?

① 최대 허용 가능한 유상하중이 증가한다.
② 허용 가능한 유용하중은 변함이 없다.
③ 허용 가능한 유용하중을 감소시킨다.
④ 최대 허용 가능한 총중량이 증가한다.

【18】 항공기의 CG가 후방한계에 놓이도록 적재되었다. 전방 CG 한계에 놓인 항공기와 비교했을 때 성능 특성은 무엇인가?

① 후방 CG는 가장 높은 실속속도와 순항속도를 제공한다.
② 후방 CG와 함께 더 작은 양력을 제공하는데 필요한 승강타 또는 수평안정판에 의한 더 큰 유해항력 때문에 순항속도는 낮다.
③ 후방 CG와 함께 더 많은 양력을 제공하는데 필요한 승강타 또는 수평안정판에 의한 더 큰 유도항력 때문에 순항속도는 낮다.
④ 후방 CG는 가장 낮은 실속속도, 가장 높은 순항속도, 그리고 낮은 안정성을 제공한다.

【19】 균형선회에서 일정한 경사각을 유지하는 동안 선회 지시침의 변위는 어떻게 될 것인가?

① 대기속도가 감소함에 따라 증가할 것이다.
② 대기속도가 증가함에 따라 증가할 것이다.
③ 대기속도와 관계없이 일정하다.
④ 대기속도가 감소함에 따라 감소할 것이다.

【20】 비정상자세에서 자세계가 그 한계를 초과하였다면 회복 전 피치자세를 결정하기 위해서 어느 계기에 의존해야 하는가?

① 속도계와 고도계
② 선회 코디네이터와 승강계
③ 승강계와 속도계
④ 기수방위 지시계와 자세계

【21】 헬리콥터가 비정상자세에 있고 자세계 지시가 그 한계를 초과하고 있다면 회복을 시작하기 전에 피치자세를 결정하기 위해서 의존해야 하는 계기는 어느 것인가?

① 선회계와 승강계
② 승강계와 V_{S1} 또는 V_{MO}에 접근을 감지하기 위한 속도계
③ 속도계, 승강계, 그리고 고도계
④ 기수방위 지시계, 고도계, 매니폴드압 게이지

【22】 특정 조건에서 사이클릭 움직임을 크게 또는 불필요하게 적용하는 것은 어떠한 것의 원인이 되는가?

① 양력 분력의 변화와 양력의 부분적 손실
② 지면공진의 원인이 될 수 있다.
③ 헬리콥터는 코리올리스 효과를 받을 수 있다.
④ 메인로터 블레이드의 플렉싱과 테일로터 시스템의 파손 가능성

【23】 테일로터는 왼쪽으로 추력을 생산할 수 있는가?

① 없다; 오직 오른쪽으로만 추력을 생산하여 꼬리를 왼쪽으로만 이동하게 한다.
② 있다; 주로 제자리비행 선회에서만 오른쪽으로 추력이 발생한다.
③ 있다; 오토로테이션 중 트랜스미션의 항력을 상쇄하기 위해서 발생한다.
④ 없다; 오직 왼쪽으로만 추력을 생산하여 꼬리를 왼쪽으로만 이동하게 한다.

【24】 오른쪽으로 오토로테이션 선회 중 과도한 오른쪽 페달 압을 적용했다면 헬리콥터의 기수는 어떠한 경향이 나타날 수 있는가?

① 피치-업 그리고 로터 RPM이 증가할 것이다.
② 피치-다운 그리고 로터 RPM이 감소할 것이다.
③ 피치-다운 그리고 로터 RPM이 증가할 것이다.
④ 피치-업 그리고 로터 RPM이 감소할 것이다.

【25】 후진 블레이드 실속 진동이 발생했을 때 조종사는 어떠한 조치를 해야 하는가?

① 진동이 없어질 때까지 모든 조종의 사용을 제한한다.
② 컬렉티브 피치를 낮추고, 로터 RPM 증가, 전진속도 감소, 그리고 기동을 최소화한다.
③ 컬렉티브 피치를 낮추고, 로터 RPM 감소, 전진속도 증가, 그리고 기동을 최소화한다.
④ 컬렉티브 피치를 올리고, 로터 RPM 증가, 전진속도 증가, 그리고 기동을 최소화한다.

【26】 유동력 침하로부터 초기 회복은 어떻게 조치해야 하는가?

① 전진속도를 낮추고 컬렉티브를 약간 올려준다.
② 전진속도를 높이고 컬렉티브를 약간 올려준다.
③ 전진속도를 낮추고 컬렉티브를 약간 낮추어 준다.
④ 전진속도를 높이고 컬렉티브를 약간 낮추어 준다.

【27】 헬리콥터의 고속비행을 제한하는 것은 무엇인가?

① 후진 블레이드 실속
② 조화 공진
③ 로터 RPM 제한
④ 동력장치의 운용 범위의 초과

【28】 저속으로 비행 중 유동력 침하로부터 회복하기 위한 조종사의 올바른 조치는 무엇인가?
① 전방속도를 증가시키고 컬렉티브 피치를 약간 낮춘다.
② 전방속도를 감소시키고 컬렉티브 피치를 약간 올린다.
③ 전방속도를 감소시키고 컬렉티브 피치를 올린다.
④ 전방속도를 증가시키고 컬렉티브 피치를 올린다.

【29】 헬리콥터 선회 중 고도를 유지하기 위해서 컬렉티브를 증가시켜야 하는 이유는 무엇인가?
① 수평양력분력의 손실을 보상하기 위해서
② 수직양력분력에 동등한 수평양력분력을 증가시키기 위해서
③ 항력 증가를 보상하기 위해서
④ 수직양력분력의 손실을 보상하기 위해서

【30】 고속/대형 헬리콥터가 고정날개 항공기로 고려될 수 있는 조건은 어느 것인가?
① IFR 비행, 소음경감지역, 그리고 활주로 또는 유도로의 사용
② 유도로 이용, 이륙과 착륙 순서, 그리고 동일한 장주의 사용
③ 유도로 이용, 이륙과 착륙 순서, 그리고 동일 적재 램프의 사용
④ IFR 비행과 소음경감지역

실전평가 정답

1.③ 2.② 3.② 4.② 5.④ 6.① 7.④ 8.③ 9.④ 10.④
11.① 12.④ 13.④ 14.② 15.② 16.① 17.③ 18.④ 19.① 20.①
21.③ 22.① 23.③ 24.③ 25.② 26.④ 27.① 28.① 29.④ 30.①

【찾 아 보 기】

[ㄱ]
가로 안정성 131
가로균형 154
가로세로비 45
가로축 127
가속도의 법칙 95
가용동력 167
각운동량 보존 138
감응공진 143
거버너 33
경사지 운용 252
고공정찰 248
고정식 로터 69
고주파 진동 283
공중활주 204
공진 143
관성의 법칙 95
교통장주 255
균형조종 39
급정지(퀵스톱) 250
기본운용중량 150
기본자중 151
기화기 83
기화기 착빙 91
깊은각 접근 227

[ㄴ]
날씬비 46
내리흐름 102
노타(NOTAR) 60
높이-속도 도표 186

[ㄷ]
단면항력 114
단일로터 헬리콥터 19
대칭형 에어포일 101
더블러 44
데이텀 150
데이텀 155
델타-3 힌지 117
동력 체크 173
동력고착 267
동력장치 62
동압 97
동적롤링 275
동적안정성 129
동체 42
동축 엇회전 헬리콥터 20
뒤젖힘 46

[ㄹ]
러닝랜딩 228
로터 블레이드 43
로터 한계 37
로터 허브 54
리드-레그 힌지 55

[ㅁ]
마스트 범핑 271
메인로터 트랜스미션 77
메인로터 헤드 53
모멘트 150
무게와 균형 149
무게중심 149, 152
무인 헬리콥터 16

[ㅂ]
반고정식 로터 67
반토크 로터 123
받음각 108
방빙장치 91
방향 안정성 131
베르누이 정리 98
벡터량 94
벤투리관 98
벨트 구동 클러치 80
복식 타코미터 78
복합 헬리콥터 28
불시착 287
붙임각 110
블레이드 댐퍼 55
블레이드 스팬 100
블레이드 착빙 91, 289
블레이드 처짐 51
블레이드 탭 52
블레이드 트래킹 52
블레이드 플랩핑 211
비대칭형 에어포일 101

[ㅅ]
사이클릭 29
사이클릭 페더링 213
산정이착륙 248
상대풍 104
선분원 255
선회 238
세로 안정성 129
세로축 126
수리온 7
수직축 127
수평안정판 61
수평직선비행 231
스로틀 33
스와시플레이트 54, 135
스칼라 량 94
스키드 240
스테빌라이저 130
스테빌라이저 바 75
슬립 239
시위선 100
시저 55
쌍축로터 헬리콥터 23

[ㅇ]
안전구역 186
안정성 증대장치 87
안티토크 페달 31
압력중심 101
압축성 기류 145
앞전 100
액티브 증대장치 88
양력 110
양력불균형 209
언더슬렁 로터 76
에어포일 99
엔진 방빙 91
연료공급장치 81
연료분사장치 83
연료조정장치 82
오토로테이션 12, 289
오프셋 피치 혼 118
와시아웃 47
원심 클러치 80
원심력 103
원추현상 103
원형선회 245
위상후행 136
위치등 63
유도항력 114
유도흐름 107
유압계통 86
유해항력 114
유효전이양력 208

[ㅈ]
자동조종장치 89
자이로 세차 140
자이로플레인 24
자체중량/자중 150
작용과 반작용의 법칙 95
장주비행 255
저공정찰 248
저주파 진동 281
전관절 로터 71
전기계통 84
전복 275
전선 절단기 65
전이성향 123
전진비행 206
전환식 항공기 26
정상착륙 223
정압 97
정적안정성 128
제빙 92
제자리비행 191
제자리비행 성능 174
제자리비행 최대중량 179
제한지 이착륙 247
주의구역 186
중주파 진동 283
지면공진 143
지면효과 192
지상활주 203
직사각형 코스 240
진자 운동 141

[ㅊ]
착륙장치 62
총항력 115
최대상승각속도 170
최대상승률속도 169
최대성능이륙 221
최대이륙중량 150
최대항속거리속도 171
최대항속시간속도 171
추력 122
충격파 형성 146
충돌방지등 64
컬렉티브 31

[ㅋ, ㅌ, ㅍ, ㅎ]
코리올리스 효과 138
크래빙 234
클러치 79
테일 스키드 62
테일로터 57
테일로터 효력상실 300
테일붐 61
텐덤로터 로터 헬리콥터 22
토크 122
트림 조종장치 34
트림장치 87
틸트로터 항공기 27
팁-제트 로터 헬리콥터 26
페더링 119
평균 캠버선 100
프리휠링 장치 56
플래카드 38
플랩핑 116
플랩핑 힌지 55
피네스트론 59
피치 체인지 로드 54
필요동력 165
하중계수 134
합력 상대풍 106
항공레저 헬리콥터 17
항력 114
헬리콥터 성능 164
헬리콥터 조종실 39
회피구역 186
횡단류 효과 215
후진 블레이드 실속 263
후크 조인트 효과 139
힐러 시스템 75

【참 고 서 적】

1. Instrument Flying Handbook, U.S. Department of Transportation, FAA, 1975
2. Pilot's Weight and Balance Handbook, U.S. Department of Transportation, FAA, 1974
3. Fundamentals of Flight, HQ U.S. Department of Army, 1988
4. Learning to Fly Helicopters, R, Randall Padfield, TAB, 1992
5. Aero Engines. Bill Gunston, 1998
6. Robinson R-22 Flight Training guide, Robinson Helicopter company, Inc
7. Sikorsky S-76 Pilot Training Manual
8. Complete Encyclopedia of World Aircraft, David Donald, 1997
9. Aeronautical information manual(AIM), FAA, 2015
10. Website....wikipedia.org